建筑施工五大员岗位培训丛书

材料员必读

（第三版）

张常庆　主编

中国建筑工业出版社

图书在版编目（CIP）数据

材料员必读/张常庆主编．—3版．—北京：中国建筑工业出版社，2012

（建筑施工五大员岗位培训丛书）

ISBN 978-7-112-13981-1

Ⅰ.①材… Ⅱ.①张… Ⅲ.①建筑材料-基本知识 Ⅳ.①TU5

中国版本图书馆CIP数据核字（2012）第012637号

本书介绍建筑施工企业材料员必须掌握的基础知识及材料应用和管理知识。基础知识包括简要的建筑力学、建筑识图、房屋构造及有关的标准、计量等内容；应用知识介绍工程材料的分类、品种规格、质量要求、用途、进场验收和保管。

这次修订第三版按近5～6年来颁布的新标准、新规范进行；加强了材料的环保性能和防火性能方面的专业知识，并对材料的管理内容进行了调整。

本书可供施工企业材料员学习、培训用。也可供材料供销和质量检验人员参考。

* * *

责任编辑：袁孝敏
责任设计：李志立
责任校对：张 颖 赵 颖

建筑施工五大员岗位培训丛书

材料员必读

（第三版）

张常庆 主编

*

中国建筑工业出版社出版、发行（北京西郊百万庄）
各地新华书店、建筑书店经销
霸州市顺浩图文科技发展有限公司制版
化学工业出版社印刷厂印刷

*

开本：787×1092毫米 1/16 印张：29¾ 字数：709千字
2012年5月第三版 2012年11月第十三次印刷
定价：**66.00**元

ISBN 978-7-112-13981-1
（21976）

《材料员必读》（第三版）
编委会成员

第三版出版说明

建筑施工企业现场五大员（施工员、预算员、质量员、安全员和材料员）是建筑施工企业关键岗位的基层管理人员，他们的个人素质和职业技能直接关系着建设项目的成败。

2001年初，我社根据建设部对现场技术管理人员的要求，编辑出版了“建筑施工五大员岗位培训丛书”共五册，着重对五大员的基础知识和专业知识作了介绍。其中基础知识部分浓缩了建筑业几大科目的知识要点，便于各地施工企业短期、集中培训用。

2005年夏，我社根据建筑业新的发展形势，结合一系列法规文件的出台及专业规范的更新对这套丛书进行了修订，出版了该套“必读丛书”的第二版。原书第一版及修订后第二版的出版满足了图书市场的需求，前后共印刷了40多万册，读者反映良好。

近5～6年来，我国建筑业的发展迅猛，建筑施工的政策法规进一步健全，新的标准规范陆续出版，管理经验不断完善。为了适应这一形势的发展，我们及时组织了对这套“丛书”的修订。不仅按照新的法规、规范及标准对施工现场五大员的专业技术做了大量的调整和及时的更新，而且在基础知识的整体架构、施工企业管理的控制和方法等方面也做了详尽的论述，并且对近年来建筑行业涌现的新技术、新工艺、新材料、新方法等方面也做了介绍和归纳。

希望丛书第三版的出版，对建筑施工现场的基层管理人员起进一步的促进作用，通过对这套“必读丛书”的学习，能具备扎实的基础知识和丰富的专业知识，在建筑业新的发展形势下，从容对应施工现场的技术工作，在各自的岗位上作出应有的贡献。

中国建筑工业出版社

2011年12月

第二版出版说明

建筑施工现场五大员（施工员、预算员、质量员、安全员和材料员），担负着繁重的技术管理任务，他们个人素质的高低、工作质量的好坏，直接影响到建设项目的成败。

2001年初，我社根据建设部对现场技术管理人员的要求，编辑出版了“建筑施工五大员岗位培训丛书”共五册，着重对五大员的基础知识和专业知识作了介绍。其中基础知识部分浓缩了建筑业几大科目的知识要点，便于各地施工企业短期、集中培训用。这套书出版后反映良好，共陆续印刷了近10万册。

近4～5年来，我国建筑业形势有了新的发展，《建设工程质量管理条例》、《建设工程安全生产管理条例》、《建设工程工程量清单计价规范》等一系列法规文件相继出台；由建设部负责编制的《建筑工程施工质量验收统一标准》及相关的十几个专业的施工质量验收规范也已出齐；施工技术管理现场的新做法、新工艺、新技术不断涌现；建筑材料新标准及有关的营销管理办法也陆续颁发。建筑业的这些新的举措和大好发展形势，不啻为我国施工现场的技术管理工作规划了新的愿景，指明了改革创新的方向。

有鉴于此，我们及时组织了对这套“丛书”的修订。修订工作不仅在专业层面上，按照新的法规和标准规范做了大量调整和更新；而且在基础知识方面，对以人为本的施工安全、环保措施等内容以及新的科学知识结构方面也加强了论述。希望施工现场的五大员，通过对这套“丛书”的学习和培训，能具备较全面的基础知识和专业知识，在建筑业发展新的形势和要求下，从容应对施工现场的技术管理工作，在各自的岗位上作出应有的贡献。

中国建筑工业出版社

2005年6月

第三版前言

2005 年 6 月《材料员必读》（第二版）出版后至今已有六年了。六年来随着我国建筑业的迅速发展，建设工程用的各种材料也越发呈现出它优越的功能。为了使材料员能更进一步更新所学的专业知识，同时掌握新材料运用，重新修订出版了《材料员必读》（第三版）。

第三版与第二版相比，总体框架基本不变，主要的工作是删除已淘汰的产品，补充新材料新品种；删去作废规范，引用新标准新规范，并按新标准新规范要求编写；删去管理上过时的要求，补充现行规定。同时，第三版在个别章节上作了调整，例如，原第一篇“基础知识”的第一、二、三章适当压缩；原第二篇第五章增加一节“建筑材料的防水性能”；原第二篇第七章第五节“绝缘材料”调整为第三节“节能材料”，并根据节能材料的品种、类型相应调整内容；在第二篇第七章中增加一节“住宅厨房、卫生间排气道”；第二篇还增加了第八章“周转材料”，主要补充了钢管和扣件两节内容。第三版取消了第三篇，将原第三篇第八、九、十、十一章材料管理按现行要求调整，改写成第二篇第九章“建材质量管理”和第十章“建设工程材料质量监督管理”。

《材料员必读》第三版主要特点：

（1）调整部分内容，运用最新版本产品标准阐述各类产品的分类及特点，明示了对水泥、砂、石子、商品混凝土、预制混凝土构件、墙体材料、管道、门窗、防水材料等结构性和功能性建材产品的技术要求和技术指标。

（2）增加建筑材料防火性能的专业知识，明确应掌握建筑材料的燃烧性能和分级要求。

（3）修正建筑材料环保性能的部分要求。使材料员对如何区分有污染源的建筑材料及应达到相应的环保性能要求。

（4）罗列材料验收规定，明确资料验收和实物质量验收的要点，指导材料员接收材料时应看什么，验什么，怎么做，从而起到提供工作指南，指导实际操作的作用。

（5）提出了建设工程各方主体对建筑材料的质量责任，列举了在各个领域依法查处质量不良行为的条款，强化基础管理的要求，使施工现场第一线的材料员，明确应承担的责任。

编者

2011 年 12 月

目　录

第一篇　基础知识

第二篇 应用知识

第一篇

基 础 知 识

第一章　建筑力学基础知识

第一节　静力学基础知识

一、静力学的基本概念

（一）力

力是物体与物体之间的相互机械作用，这种作用的效果会使物体的运动状态发生变化（力的运动效应或外效应），或者使物体的形状发生变化（力的变形效应或内效应）。如图1-1所示。

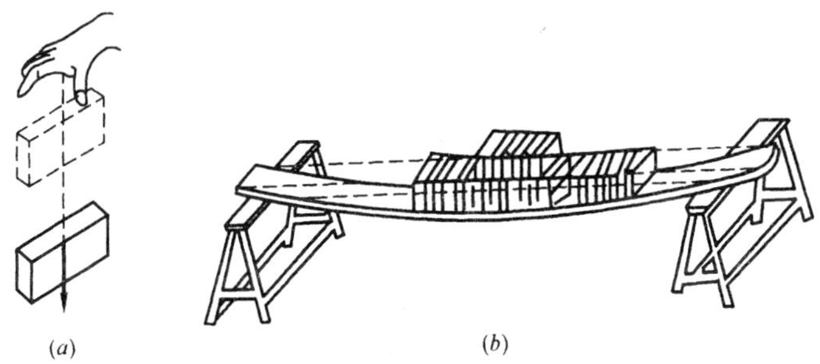

图1-1　力的作用效果

（a）砖在重力作用下坠落；（b）脚手板在砖块作用下弯曲

力不能脱离物体而单独存在，有受力物体，必定有施力物体。两物体之间力的作用方式有两种。一种是直接的、互相接触的，称为接触力，如塔吊吊装构件时，钢丝绳对构件的拉力使其上升；另一种是间接的、互相不接触的，称为非接触力，如建筑物所受的地心引力（也称重力）。

力对物体的作用效果取决于力的大小、方向和作用点三个要素，三个要素中的任何一个要素发生了改变，力的作用效果也会随之改变。要表达一个力，就要把力的三要素都表示出来。

1. 力的大小

它反映物体间相互作用的强弱程度。通常用数量表示，力的度量单位，在国际单位制中为牛顿（N，简称牛）或千牛顿（kN，简称千牛）；在工程实际中有时为千克力（kgf）或吨力（tf），它们的换算关系为：

1kN＝1000N，1tf＝1000kgf；

1kgf＝9.80665N≈10N，1tf＝9.80665kN≈10kN。

2. 力的方向

包括方位和指向两个含义。如说重力的方向是“铅垂向下”，“铅垂”是力的方位，

"向下"则是力的指向。

3. 力的作用点

指物体受力的地方。实际上，作用点并非一个点，而是一个面积。当作用面积很小时，可以近似看成一个点。通过力的作用点，沿力的方向的直线，称为力的作用线。

力是既有大小，又有方向的物理量，我们把这种既有大小，又有方向的量称为矢量。它可以用一个带有箭头的直线线段（即有向线段）表示，如图 1-2 所示。其中线段的长短按一定的比例尺表示力的大小，线段的方位和箭头的指向表示力的方向，而线段的起点或终点就表示力的作用点，通过力的作用点，沿力的矢量方位画出的直线就表示力的作用线，这就是力的图示法。

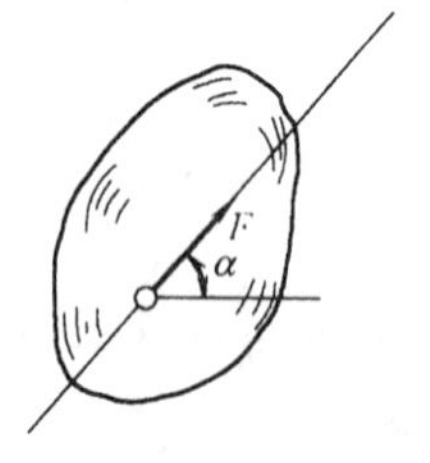

图 1-2　力的图示法

本书凡是矢量都以黑体英文字母表示，通过力 **F**；而以白体的同一字母表示其大小，如 F。

（二）平衡

所谓平衡，就是指物体相对于地面处于静止状态或保持匀速直线运动状态。例如：我们不仅说静止在地面上的房屋、桥梁和水坝是处于平衡状态的，而且也说在直线轨道上作匀速运动的塔吊以及匀速上升或者下降的升降台等也是处于平衡状态的，但是，在书本中没有特殊说明时所说的平衡，系单指物体相对于地面处于静止状态。

（三）力系和合力

一群力同时作用在一物体上，这一群力就称为力系。作用在物体上的力或力系统称为外力。

如果有一力系可以代替另一力系作用在物体上而产生同样的机械运动效果，则两力系互相等效，可称为等效力系见图 1-3。

我们记为　$F_1+F_2+F_3=R_1+R_2$

如用一个力来代替一力系作用在物体王而产生同样效果，则这个力称为该力系的合力，而原力系中的各力称为合力的分力，见图 1-4。

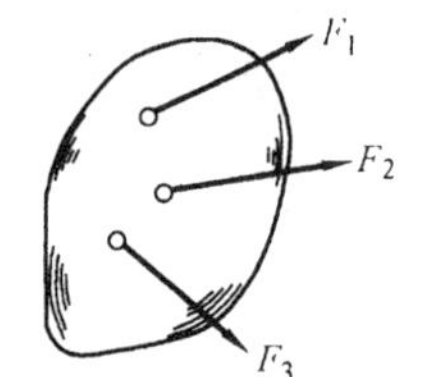

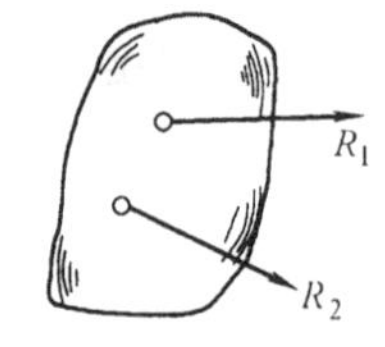

图 1-3　等效力系

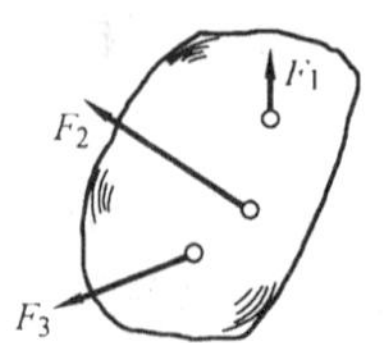

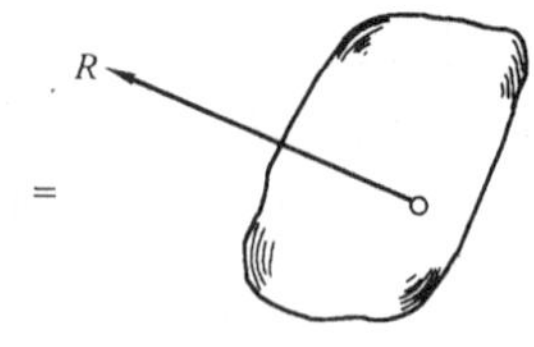

图 1-4　力系的合力

我们记为　$R=F_1+F_2+F_3=\sum F_i$

物体会沿着合力的指向作机械运动。所以有合力作用在物体上，该物体一定会作机械运动。如果要物体保持静止（或作匀速直线运动），则合力应该等于零，换言之，要使物体处于平衡状态，则作用在物体上的力系应是一组平衡力系，即合力为零的力系。合力为零称为力系的平衡条件。

（四）刚体

在外力作用下，形状、大小均保持不变的物体称为刚体。在静力学中，所研究的物体都是指刚体。显然，在自然界中刚体是不存在的，任何物体在力作用下，都将发生变形。

但是工程实际中许多物体的变形都很微小，对物体平衡问题的研究影响不大，在本节讨论中可以忽略不计。

必须注意：“刚体”的概念在以后各节中将不再适用，因为在计算结构的内力、应力、变形时，结构的变形在所研究的问题中处于主要地位，不能忽略不计了。

二、静力学的基本公理

静力学基本公理是人们在长期的生产活动和生活实践中，经过反复观察和实践总结出来的客观规律，它正确地反映了作用在物体上的力的基本性质。

（一）二力平衡公理

作用于同一刚体上的两个力，使刚体平衡的必要与充分条件是：这两个力的大小相等，方向相反，且在同一直线上。如图 1-5。

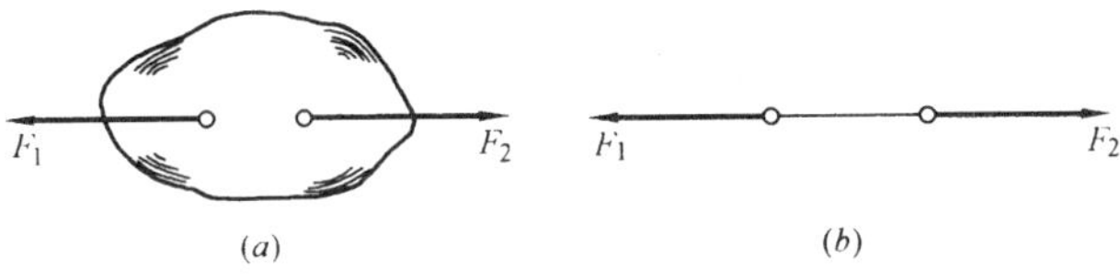

图 1-5　二力平衡原理

（二）加减平衡力系公理

可以在作用于刚体上的任一力系上，加上或减去任意的平衡力系，而不改变原力系对刚体的作用效果。

应用这个公理可以推导出静力学中一个重要的定理——力的可传性原理，即作用在刚体上的力，可沿其作用线移动，而不改变该力对刚体的作用效果。如图 1-6 所示。

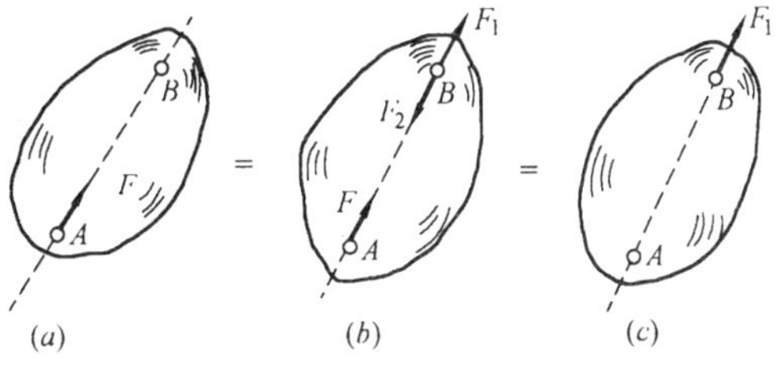

图 1-6　力的可传性原理

F_1、F_2 为大小与 F 相等的一平衡力系

（三）力的平行四边形法则

作用于刚体上一点的两个力的合力亦作用于同一点，且合力可用以这两个力为邻边所构成的平行四边形的对角线来表示。

利用力的平行四边形法则可以简化为力的三角形法则，即用力的平行四边形的一半来表示。如图 1-7 所示。据此可以进一步将作用于同一点的两个以上的力的合力简化为多边形法则。

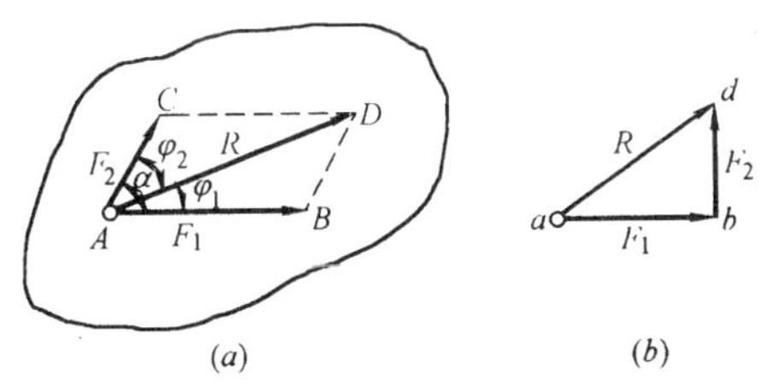

图 1-7　力的平行四边形法则和三角形法则

利用力的平行四边形法则，可以将作用于刚体上同一点的两个力合成为一个合力；反过来利用平行四边形法则也可以将作用于刚体上的一个力分解为作用于同一点的两个相交的分力。

（四）作用力与反作用力公理

当一个物体给另一个物体一个作用力时，另一物体也同时给该物体以反作用力。作用力与反作用力大小相等，方向相反，且沿着同一直线。此公理概括了自然界中物体间相互作用的关系，普遍适用于任何相互作用的物体。即作用力与反作用力同时出现，同时消失，说明了力总是成对出现的。如图 1-8 所示。

值得注意的是，不能将作用力与反作用力公理和二力平衡公理混淆起来，作用力与反作用力虽然也是大小相等，方向相反，且沿着同一直线，但此两力分别作用在两个不同的物体上，而不是同时作用在同一物体上，故不能构成力系或平衡力系。而二力平衡公理中的两个力是作用在同一物体上的，这就是它们的区别。

应用上述静力学基本公理和力的可传性原理可以证明静力学的一个基本定理——三力汇交定理：

在刚体上作用着三个相互平衡的力 F_1、F_2 和 F_3，如其中两个力 F_1 和 F_2 的作用线相交于点 A，则第三个力 F_3 的作用线一定通过汇交点 A，如图 1-9 所示。

图 1-8　作用力与反作用力

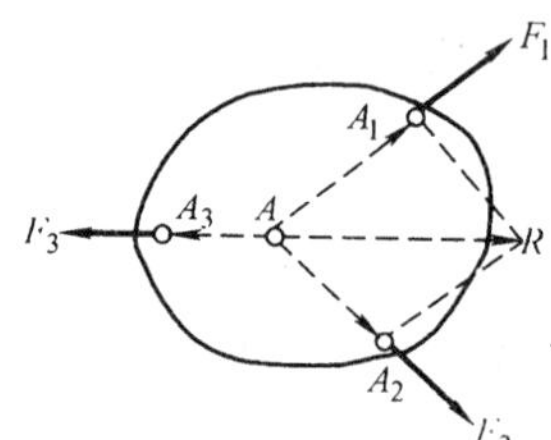

图 1-9　三力汇交定理

三、力矩

（一）力矩的概念

力对物体的作用可以使物体的运动状态发生两种改变，既能产生平动效应，又能产生转动效应。一个力作用在具有固定转动轴的刚体上，如果力的作用线不通过该固定轴，那么刚体将会发生转动，例如用手推门、用扳手转动螺母等。

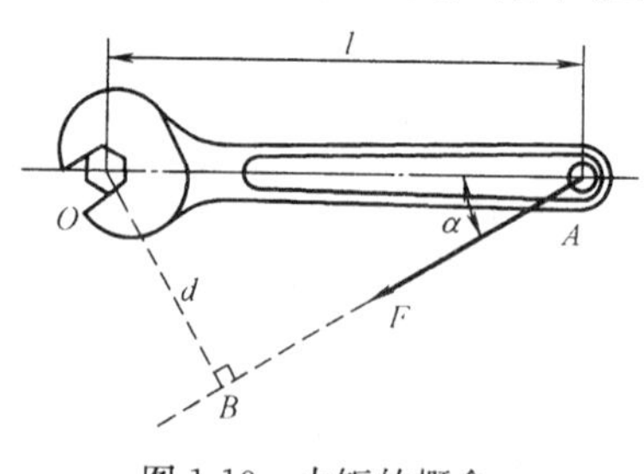

图 1-10　力矩的概念

力使刚体绕某点（轴）旋转的效果的大小，不仅与力的大小有关，而且与该点到力的作用线的垂直距离有关，见图 1-10。

我们称力 F 对某点 O 的转动效应为力 F 对 O 点的矩，简称力矩，点 O 称为矩心，点 O 到力 F 作用线的距离称为力臂，以字母 d 表示。力 F 对点 O 的力矩可以表示成 M_O（F）则

$$M_O(F) = \pm F \cdot d$$

力使物体绕矩心转动的方向就是力矩的转向，转向为逆时针方向时力矩为正，反之为负。力矩是一个代数量。

力矩的单位是牛顿米（N·m）或千牛顿米（kN·m）。

由力矩的定义可知：

当力的大小为零或者力的作用线通过矩心时，力矩为零。当力沿作用线移动时，它对某一点的矩不变。

【例】 已知 $F_1 = 2\text{kN}$，$F_2 = 10\text{kN}$，$F_3 = 5\text{kN}$，作用方向如图 1-11，求各力对 O 点的矩。

【解】 由力矩的定义可知：

$$M_O(F_1)=F_1\cdot d_1=2\times1=2\text{kN}\cdot\text{m}$$

$$M_O(F_2)=F_2\cdot d_2=-10\times2\cdot\sin30=-10\text{kN}\cdot\text{m}$$

$$M_O(F_3)=F_3\cdot d_3=5\times0=0$$

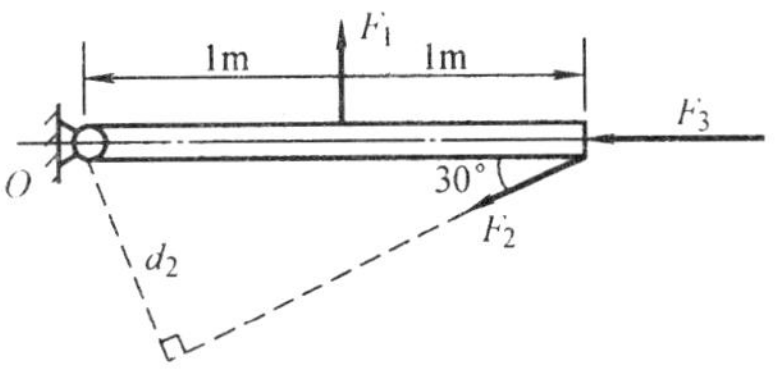

图 1-11

（二）合力矩定理

合力对平面内任意一点的力矩，等于各分力对该点力矩的代数和。即：

如果 $R=F_1+F_2+F_3+\cdots\cdots+F_n$，

则 $M_O(R)=M_O(F_1)+M_O(F_2)+M_O(F_3)+\cdots\cdots+M_O(F_n)=\sum M_O(F_i)$

于同一平面内的各力作用于某一物体上，该力系使刚体绕某点不能转动的条件是，各力对该点的力矩代数和为零（合力矩为零）。

即：
$$\sum M_O(F_i)=0$$

称为力矩平衡方程。

四、力偶

力使物体绕某点转动的效果可用力矩来度量，然而在生产实践和日常生活中，还经常通过施加两个大小相等、方向相反，作用线平行的力组成的力系使物体发生转动。例如司机操纵汽车的方向盘时，两手加在方向盘上的一对力使方向盘绕轴杆转动；木工师傅用麻花钻钻孔时，加在钻柄上的一对力，如图 1-12 所示。

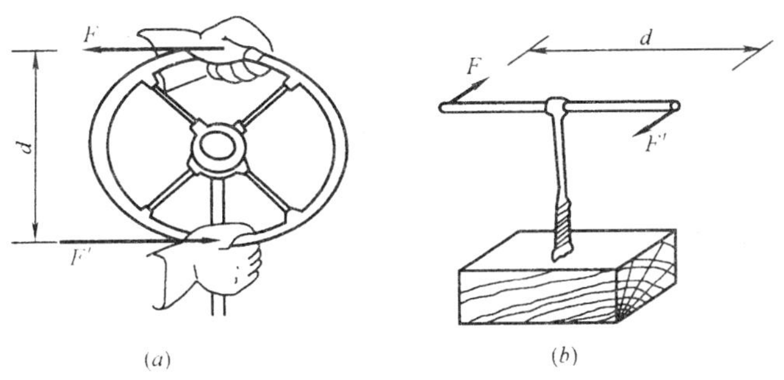

图 1-12 力偶的概念

我们将大小相等、方向相反，作用线互相平行而不共线的力 F 和 F'，称为力偶，记为（F、F'），两力作用线的距离，称为力偶臂，记为 d，力偶所在的平面，称为力偶的作用面。

力偶不可能用更简单的一个力来代替它对物体的作用效果，所以力偶和力都是构成力系的基本元素。

力偶使物体发生转动的效果的大小，不仅与力的大小有关，而且与力偶臂的大小有关。

我们称力偶（F、F'）的转动效应为力偶矩，可以表示为 $m(F、F')=m=\pm F\cdot d$。

力偶使物体转动的方向就是力偶矩的方向，转向为逆时针时力偶矩为正，反之为负。力偶是一个代数量。

力偶矩的单位也是牛顿米（N·m）或千牛顿米（kN·m）。

根据力偶的性质和特点，今后我们在研究一个平面内的力偶时，只考虑力偶矩，而不必论及力偶中力的大小和力偶臂的长短，今后一般用一带箭头的弧线表示力偶，并在其附近标记 m、m' 等字样，其中 m、m' 表示力偶矩的大小，箭头表示力偶的转向，如下图所示。

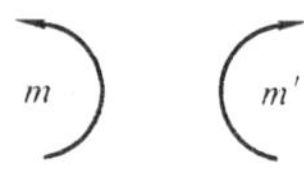

五、荷载及其简化

（一）荷载的概念

作用在建筑结构上的外力称为荷载。它是主动作用在结构上的外力，能使结构或构件产生内力和变形。

确定作用在结构上的荷载，是一项细致而复杂的工作，在进行结构或构件受力分析时，必须根据具体情况对荷载进行简化，略去次要和影响不大的因素，突出本质因素。在结构设计时，需采用现行《建筑结构荷载规范》的标准荷载，它是指在正常使用情况下，建筑物等可能出现的最大荷载，通常略高于其使用期间实际所受荷载的平均值。

（二）荷载的概念

1. 按作用时间分类

（1）恒载：

指长期作用在结构上的不变荷载，如结构自重、土的压力等。结构的自重，可根据其外形尺寸和材料密度计算确定。

（2）活载：

指作用在结构上的可变荷载。如楼面活动荷载、屋面施工和检修荷载、雪荷载、风荷载、吊车荷载等。在规范中，对各种活载的标准值都作了规定。

2. 按分布情况分类

（1）集中荷载：

在荷载作用面积相对于结构或构件的尺寸较小时，可将其简化为集中地作用在某一点上，称为集中荷载。如屋架传给柱子的压力，吊车轮传给吊车梁的压力，人站在脚手板上对板的压力等。单位是牛（N）或千牛（kN）。

（2）分布荷载：

连续地分布在一块面积上的荷载称为面荷载，用 P 表示，其单位是牛顿每平方米（N/m^2）或千牛每平方米（kN/m^2）；当作用面积的宽度相对于其长度较小时，就可将面荷载简化为连续分布在一段长度上的荷载，称为线荷载，用 q 表示，其单位是牛顿每米（N/m）或千牛每米（kN/m）。

根据荷载分布是否均匀，分布荷载又分为均布荷载和非均布荷载。

1）均布荷载：

在荷载的作用面或作用线段上，每个单位面积或单位长度上的作用力都相等。如等截面混凝土梁的自重就是均布线荷载，等截面混凝土预制楼板的自重就是均布面荷载，见图 1-13 所示。

2）非均布荷载：

在荷载的作用面上或作用线段上，每单位面积或单位长度上都有荷载作用，但不是平

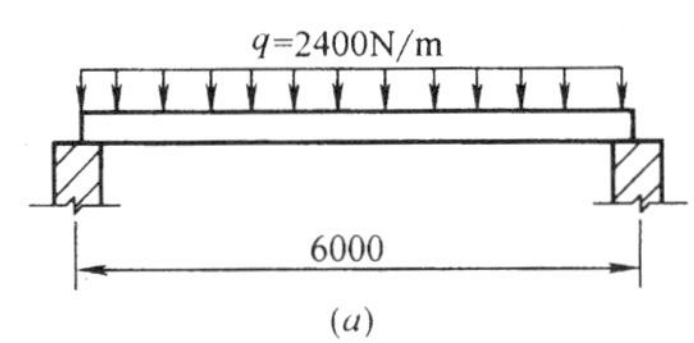

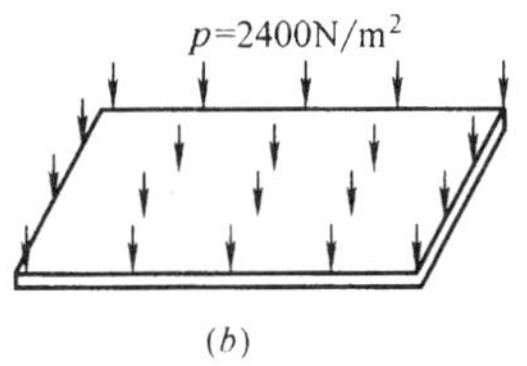

图 1-13　均布荷载示意

(a) 均布线荷载；(b) 均布面荷载

均分布而是按一定规律变化的。例如挡土墙、水池壁都是承受这类荷载，如图 1-14 所示。

此外根据荷载随时间的变化，还可将荷载分为静力荷载和动力荷载两种。前者指缓慢施加的荷载，后者指大小、方向、位置急骤变化的荷载（如地震、机器振动、风荷载等）。

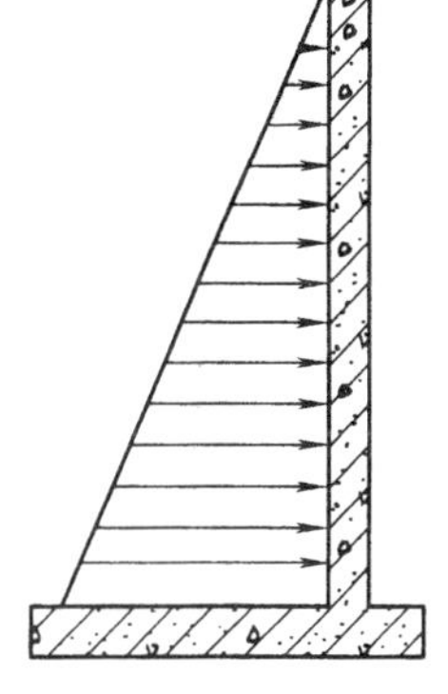

图 1-14　非均布荷载示意

六、约束和约束反力

（一）约束和约束反力的概念

在工程实践中，如塔吊，房屋结构中的梁、板，吊车钢索上的预制构件等物体的运动大都受到某些限制而不能任意运动，阻碍这些物体运动的限制物就称为该物体的约束，如墙对梁、轨道对塔吊等，都是约束。

物体沿着约束所能限制的方向运动或有运动趋势时，约束对该物体必然有力的作用，这种力称为约束反力，它是一种被动产生的力，不同于主动作用于物体上的荷载等主动力。

工程上的物体，一般都同时受荷载等主动力和约束反力等被动力的作用。主动力通常是已知的，约束反力是未知的，它的大小和方向随物体所受主动力的情况而定。

（二）工程中常见约束及约束反力的特征

约束反力的确定，与约束的类型及主动力有关，以下是常见的几种典型的约束。

1. 柔体约束

钢丝绳、皮带、链条等柔性物体用于限制物体的运动时都是柔体约束。由于柔体约束只能限制物体沿柔体中心线伸长的方向运动，故其约束反力的方向一定沿着柔体中心线，背离被约束物体。即柔体约束的反力恒为拉力，通常用 T 表示，如图 1-15 所示。

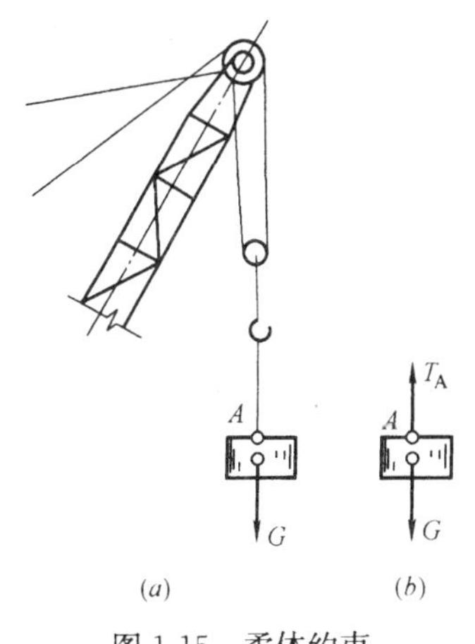

图 1-15　柔体约束

2. 光滑接触面约束

物体与光滑支承面（不计摩擦）接触时，不论支承面形状如何，这种约束只能限制物体沿接触面公法线指向光滑面方向的运动。故其约束反力方向必定沿着接触面公法线指向被约束物体，即为压力。如图 1-16 所示。

3. 固定铰支座

在工程实际中，常将一支座用螺栓与基础或静止的结构物固定起来，再将构件用销钉与该支座相连接，构成固定铰支座，用来限制构件某些方向的位移。其简图及约束反力如图 1-17 所示。

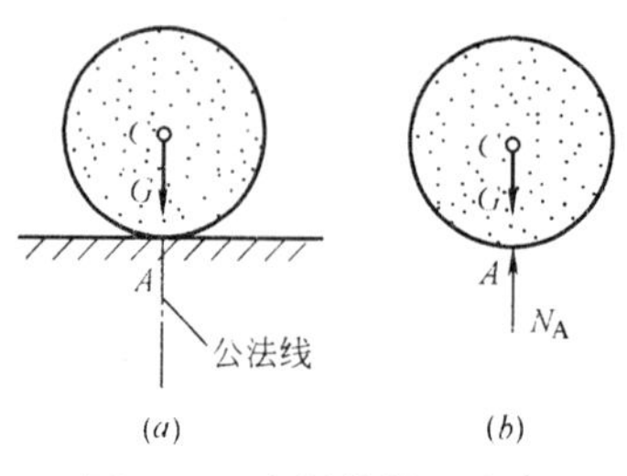

图 1-16　光滑接触面约束

支座约束的反力称为支座反力，简称支反力。以后我们将会经常用到支座反力这个概念。

4. 可动铰支座

在固定铰支座下面用几个滚轴支承于平面上构成的支座。这种支座只能限制构件垂直于支承面方向的移动，而不能限制物体绕销钉轴线的转动和沿支承面方向的移动。故其支座反力通过销钉中心，垂直于支承面，指向未定。其简图及支反力如图 1-18 所示。

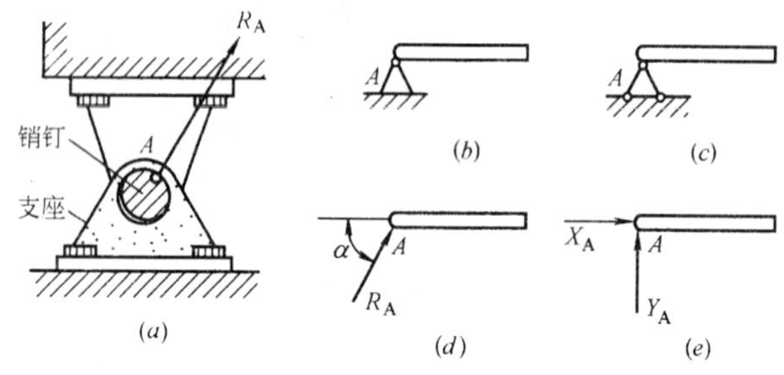

图 1-17　固定铰支座

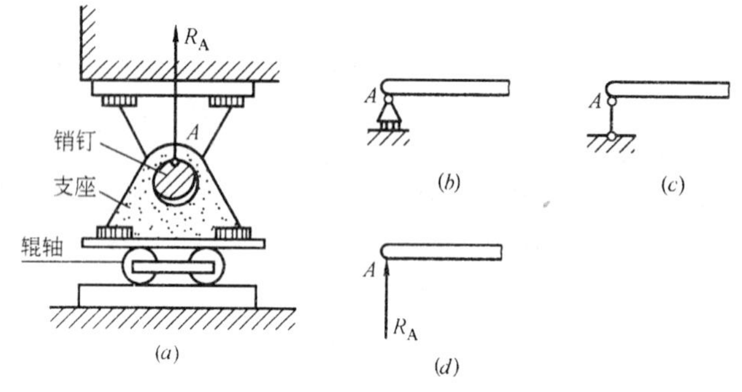

图 1-18　可动铰支座

5. 固定端支座

构件的一端被牢固地嵌在墙体内或基础上，这种支座称为固定端支座。它不仅限制了被约束物体任何方向的移动，而且限制了物体的转动。所以，它除了产生水平和竖向的支座反力外，还有一个阻止转动的支座反力偶 m_A，其简图及支座反力如图 1-19 所示。

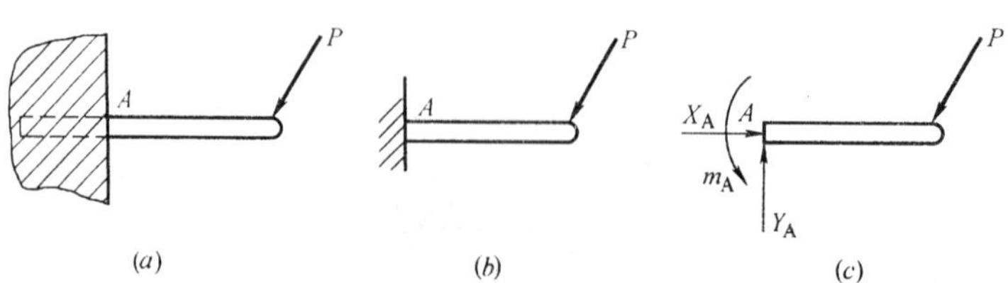

图 1-19　固定端支座

上面介绍的几种约束是比较典型的约束。工程实际中，结构物的约束不一定都做成上述典型的形式。例如柱子插入杯形基础后，在杯口周围用沥青麻丝作填料时，基础允许柱子在荷载作用下产生微小转动，但不允许柱子上下左右移动。因此这种基础可简化为固定铰支座。如图 1-20 所示。

又如屋架的端部支承在柱子上，并将预埋在屋架和柱子上的两块钢板焊接起来。它可以阻止屋架上下左右移动，但因焊缝长度有限，不能限制屋架的微小转动。因此，柱子对屋架的约束可简化为固定铰支座。如图 1-21 所示。

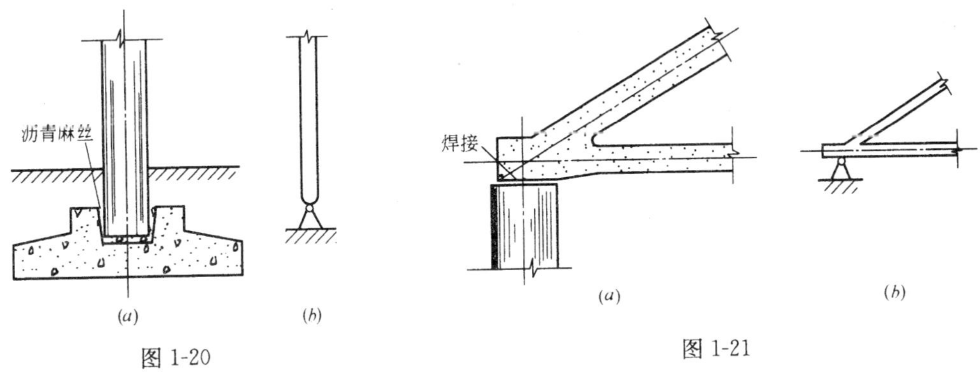

图 1-20　　图 1-21

七、受力图和结构计算简图

（一）受力图

为能清晰地表示物体的受力情况，通常将要研究的物体（称为受力体）从与其联系的周围物体（称为施力体）中分离出来，单独画出其简单的轮廓图形，把施力物体对它的作用分别用力表示，并标于其上。这种简单的图形，称为受力图或分离体图。物体的受力图是表示物体所受全部外力（包括主动力和约束反力）的简图。

【例】 重量为 W 的球置于光滑的斜面上，并用绳系住，如图 1-22（a）所示。试画出圆球的受力图。

【解】 取球为研究对象，把它单独画出。与球有联系的物体有斜面、绳和地球。球受到地球的引力 W，作用于球心，垂直于地球表面，指向地心；绳对球的约束反力 T_A 通过接触点 A 沿绳作用，方向背离球心；斜面对球的约束反力 N_B 通过切点 B，垂直于斜面指向球心。于是便画出了球的受力图，如图 1-22（b）所示。

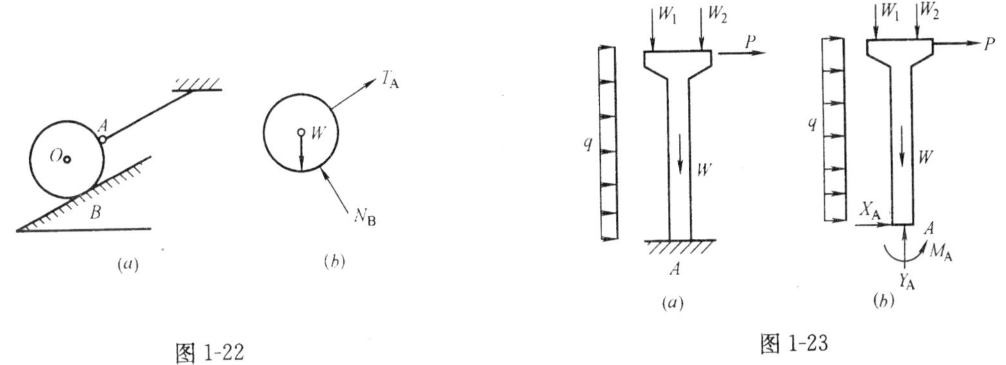

图 1-22　　图 1-23

【例】 图 1-23（a）所示为一支管道支架，其自重为 W，迎风面所受的风力简化成沿架高均匀分布的线荷载为 q，支架上还受有由于管道受到风压而传来的集中荷载 P，以及由于管道重量而造成的铅垂压力 W_1 和 W_2。试画出支架的受力图。

【解】 取管道支架为研究对象。

（1）单独画出管道支架的轮廓。

（2）管道支架受到荷载或主动力有自重 W，风压 q，管道重量压力 W_1 和 W_2，以及管道传给支架的风压力 P，将这些力按规定的作用位置和方向标出。

（3）管道支架在其根部 A 受固定端支座的约束，有一对正交垂直的反力 X_A、Y_A，以及一个反力偶 M_A，于是画出管道支架的受力图如图 1-23（b）所示。

通过上面两个例子不难看出，画物体的受力图可分为以下三个步骤：

（1）画出受力物体的轮廓。

（2）将作用在受力物体上的荷载或主动力照抄。

（3）根据约束的性质，画出受力物体所有约束的反力。

（二）结构计算简图

实际的建筑结构比较复杂，不便于力学分析和计算。因此，在对建筑结构进行分析和计算时，需要略去次要因素，抓住主要矛盾，对其进行简化，以便得到一个既能反映结构受力情况，又便于分析和计算的简图。根据力学分析和计算的需要，从实际结构简化而来的图形，称为结构计算简图。

确定结构计算简图的原则是：

（1）能基本反映结构的实际受力情况。

（2）能使计算工作简便可行。

简化过程一般包括三个方面：

（1）构件简化：将细长构件用其轴线表示。

（2）荷载简化：将实际作用在结构上的荷载以集中荷载或分布荷载表示。

（3）支座简化：根据支座和结点的实际构造，用典型的约束加以表示。

【例】 图 1-24（a）所示为钢筋混凝土楼盖，它由预制钢筋混凝土空心板和梁组成，试选取梁的计算简图。

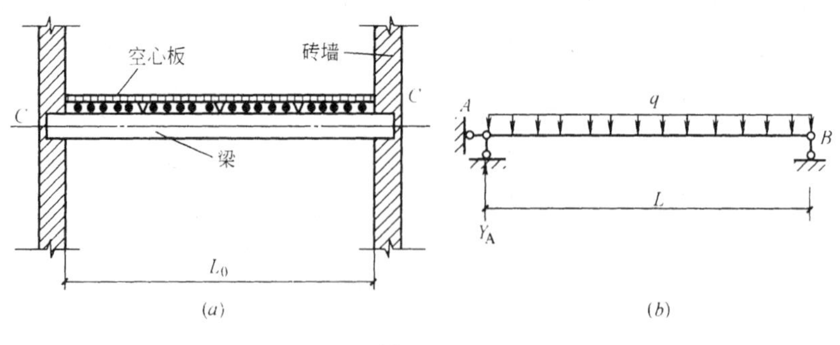

图 1-24

【解】（1）构件的简化。梁的纵轴线为 C-C，在计算简图中，以此线表示梁 AB，由板传来的楼面荷载，以及梁的自重均简化为作用在通过 C-C 轴线上的铅直平面内

（2）支座的简化。由于梁端嵌入墙内的实际长度较短，而砂浆砌筑的墙体本身坚实性差，所以在受力后，：梁端有产生微小松动的可能，即由于梁受力变弯，梁端可能产生微小转动，所以起不到固定端支座的作用，只能将梁端简化成为铰支座。另外，考虑到作为整体，虽然梁不能水平移动，但又存在着由于梁的变形而引起其端部有微小伸缩的可能性。因此，可把梁两端支座简化为一端固定铰支座，另一端为可动铰支座。这种形式的梁

称为简支梁。

（3）荷载的简化。将楼板传来的荷载和梁的自重简化为作用在梁的纵向对称平面内的均布线荷载。

经过以上简化，即可得图1-24（*b*）所示的计算简图。

上例简单地说明了建立结构计算简图的过程。实际上，作出一个合理的结构计算简图是一件极其复杂而重要的工作。需要深入学习，掌握各种构造知识和施工经验，才能提高确定计算简图的能力。

第二节　轴向拉伸和压缩

一、强度问题和构件的基本变形

（一）强度问题

建筑结构要正常安全地使用，不仅要做到在外力（荷载和支座反力）作用下满足平衡条件，即不能倒，还要做到结构中的构件，如梁、板、柱等在外力作用下不发生破坏，即不能塌。上一节我们主要讨论的是物体的受力分析和平衡问题，以下几节所要讨论的是物体的破坏问题，也就是强度问题，主要是构件抵抗破坏的能力和承载能力，同时涉及抵抗变形的能力（刚度）和保持平衡的能力（稳定性）问题。

在研究强度问题时，构件不再是刚体，而是变形体，静力学中的某些基本公理，如力的可传性原理、力的平移定理、加减平行力系公理以及等效力系的代换均不再适用。

（二）构件的基本变形

变形是强度问题不可回避的主要问题，构件的变形可分为基本变形和组合变形。基本变形有以下四种：

（1）轴向拉伸与压缩。

（2）剪切。

（3）弯曲。

（4）扭转。

我们重点介绍前三种变形的强度问题。

二、轴向拉伸与压缩的内力和应力

（一）轴向拉伸与压缩的内力——轴力

当作用于杆件上的外力作用线与杆的轴线重合时，杆件将产生轴向伸长或缩短变形，这种变形形式就称为轴向拉伸或压缩。产生轴向拉伸或压缩变形的杆就称为拉杆或压杆。也可以说受拉构件或受压构件。

在建筑结构中，拉杆和压杆是最常见的结构构件之一，例如桁架中的各杆均是拉杆或压杆，还有门厅的柱子是压杆等等。

1. 内力的概念

工程结构在工作时，组成结构的杆件将受到外力作用，由于制作杆件的材料是由许多分子组成的，分子间的距离便发生改变，因此杆件产生变形，而分子之间为了维持它们原来的距离，就产生一种相互作用的力，力图阻止距离变化。这种相互作用的力叫内力。杆件受的外力越大，则变形越大，内力也越大。当内力达到一定限度时，分子就不能再维持它们间的相互联系了，于是杆件就发生破坏。因此内力是直接与构件的强度相联系的，为了解决强度问题，必须算出杆件在外力作用下的内力数值。

2. 轴向拉伸和压缩的内力

现在来讨论杆件在轴向拉伸或压缩时产生的内力。为了便于观察它的变形现象，以图1-25所示橡皮受拉为例。

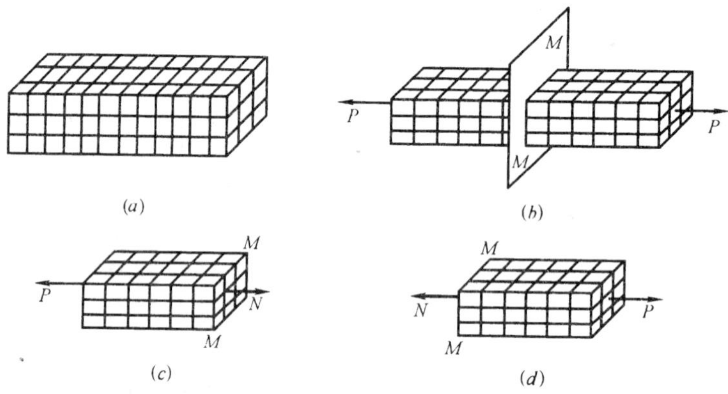

图 1-25　轴向内力示意

当橡皮两端沿轴线加上拉力 P 后，可以看到所有的小方格都变成了矩形格子，即橡皮伸长了，也就是说产生了伸长变形。同时，在橡皮内部产生了内力。为了研究内力的大小，假设用 M-M 截面将杆件分成两部分（这种方法称为截面法），它的左段受到右段给它的作用力 N，而右段受到左段给它的反作用力 N。由于构件在外力作用下是平衡的，所以左段和右段也各自保持平衡，即必须满足平衡条件，由

$$\sum F_x = 0$$

得

$$N - P = 0 \quad N = P$$

这种通过杆件轴线的内力称为轴力。一般规定：拉力为正，压力为负。内力的单位通常用牛顿（N）或千牛顿（kN）表示。

（二）轴向拉伸和压缩的应力

由实践而知，两根由同一材料制成的不同截面的杆件，在受相等的轴向拉力时，截面小的杆件容易破坏。因此，杆件的破坏与否，不但与轴力的大小有关，还与截面的大小有关。所以我们必须进一步研究单位截面面积上的内力，即应力。

从橡皮拉伸试验中可以看到，如果外力通过橡皮的轴线，则所有的格子变形都大致相同，即基本上是均匀拉伸，这说明横截面上的应力是均匀的。这种垂直于横截面的应力称为正应力（或称法向应力），以 σ 表示。见图 1-26 所示。

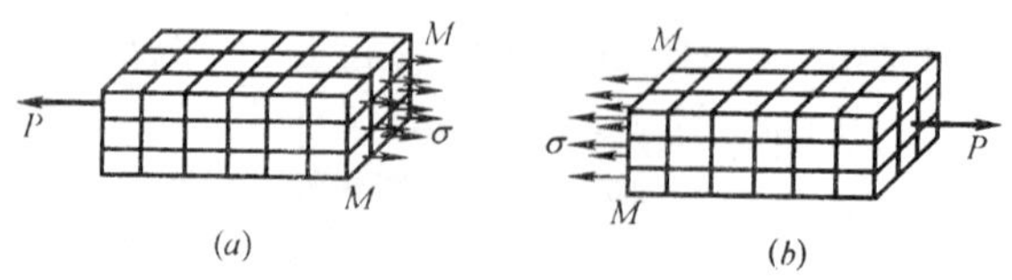

图 1-26　轴向内应力示意

若用 F 代表横截面面积，正应力公式可表达为

$$\sigma = N/F$$

当轴力为拉力时，σ 为拉应力，用正号表示；当轴力为压力时，σ 为压应力，用负号表示。

正应力常用的单位是帕斯卡，中文代号是帕，国际代号是 Pa，1Pa＝1N/m^2。在工程实际中，应力的数值较大，常用兆帕（MPa）或吉帕（GPa）表示，1MPa＝10^6Pa，1GPa＝10^9Pa。

三、轴向拉伸与压缩的变形

（一）弹性变形与塑性变形

杆件在外力作用下发生的变形分为弹性变形与塑性变形两种。

外力卸除后杆件变形能完全消除的叫弹性变形。材料的这种能消除由外力引起的变形的性能，称为弹性。常用的钢材、木材等建筑材料可以看成是完全弹性体，材料保持弹性的限度称为弹性范围。

如果外力超过弹性范围后再卸除外力，杆件的变形就不能完全消除，而残留一部分。这部分不能消除的变形，称为塑性变形或残余变形。材料的这种能产生塑性变形的性能称为塑性。利用塑性人们可将材料加工成各种形状的物品。

材料发生塑性变形时，常使构件不能正常工作。所以，工程中一般都把构件的变形限定在弹性范围内。这里介绍的也就是弹性范围内的变形情况。

（二）绝对变形与相对变形

取一根矩形截面的橡皮棒。如在它的两端加一轴向拉力 P，可以看到，棒的纵向尺寸沿轴线方向伸长，而横向尺寸缩短；纵向尺寸由原来的长度 l，伸长为 l_1，横向尺寸 a 缩短为 a_1，b 缩短为 b_1。如在棒的两端加轴向压力，则情况相反，纵向尺寸缩短，横向尺寸增大。见图 1-27 所示。

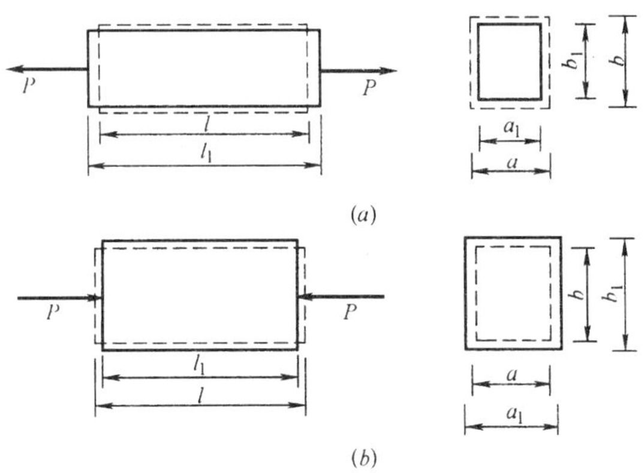

图 1-27　拉伸和压缩变形

拉伸时纵向的总伸长 $\Delta l=l_1-l$，称为绝对伸长；压缩时纵向的总缩短称为绝对缩短。绝对伸长和绝对缩短与杆的原来长度有关。在其他条件相同的情况下，直杆的原来长度 l 越大，则绝对伸长（或缩短）Δl 越大。为了消除原来长度对变形的影响，改用单位长度的伸长或缩短来量度杆件的变形，用 ε 来表示。实验证明，等截面直杆的纵向变形沿杆长几乎是均匀的，故有：

$$\varepsilon=\Delta l/l$$

比值 ε 称为相对伸长或相对缩短，也叫纵向应变，它在拉伸时为正，压缩时为负。

横向应变用ε'表示，同样

$$\varepsilon'=\Delta b/b \text{ 或 } \varepsilon'=\Delta a/a$$

式中：$\Delta b=b-b_1$，$\Delta a=a-a_1$

应变ε和ε'都是比值，是无量纲的量。

（三）弹性定律

实验证明材料在弹性范围内应力σ与应变ε之比是一常数，通常用E表示：

$$E=\sigma/\varepsilon$$

称为弹性定律，又称虎克定律。上述公式也可表示为：

$$\Delta l=Nl/EF$$

E称为材料的拉压弹性模量。如果应力不变，E越大，则应变ε越小。所以，E表示了材料抵抗弹性变形的能力。由于ε是一个比值，无量纲，故弹性模量E的单位与应力的单位相同。E的数值随材料而异，是通过试验测定的，可查有关的手册得到。

四、材料在拉伸和压缩时的力学性质

材料的力学性质是指材料受力时在强度和变形方面表现出来的各种特性。在对构件进行强度、刚度和稳定性计算时，都要涉及材料在拉伸和压缩时的一些力学性质。这些力学性质都要通过力学实验来测定。

工程上所使用的材料根据破坏前塑性变形的大小可分为两类：塑性材料和脆性材料。这两类材料的力学性质有明显的差别。低碳钢和铸铁分别是工程中使用最广泛的塑性材料和脆性材料的代表。下面主要介绍这两种材料在拉伸和压缩时的力学性质。拉伸试验一般将材料做成标准试件，常用标准试件都是两端较粗而中间有一段等值的部分，将此等值部分规定一段作为测量变形的标准，称为工作段，其长度l称为标距。

1. 材料在拉伸时的力学性质

(1) 低碳钢拉伸时的力学性质：

图1-28所示为低碳钢在拉伸时的应力-应变曲线。

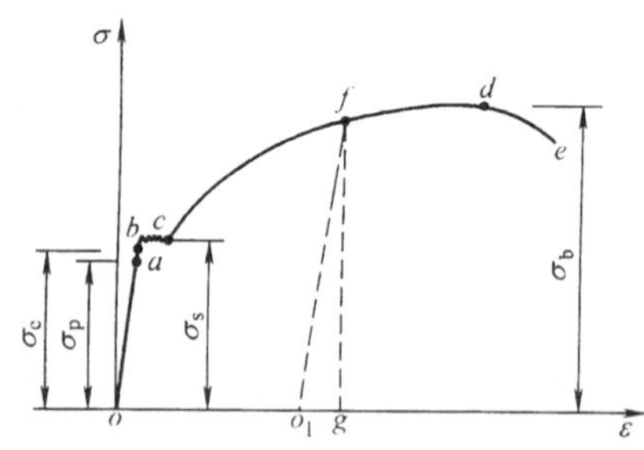

图1-28　低碳钢拉伸应力-应变曲线

该曲线可分为以下四个阶段：

1) 弹性阶段（ob段）

从图中可以看出，oa是直线，说明在oa范围内应力与应变成正比，材料服从虎克定律。即：

$$\sigma=E\times\varepsilon$$

与a点所对应的应力值，称为材料的比例极限，用σ_p表示。

应力超过比例极限后，应力与应变已不再是直线关系。但只要应力不超过b点，材料的变形仍然是弹性的。b点对应的应力称为弹性极限，用σ_e表示。由于a、b两点非常接近，工程上对弹性极限和比例极限不加严格区分，常认为在弹性范围内应力和应变成正比。

2) 屈服阶段（bc段）：

当应力超过b点所对应的应力后，应变增加很快，应力仅在很小范围内波动。在应力-应变图上呈初出接近水平的锯齿形线段，说明材料暂时失去了抵抗变形的能力。这种

现象称为屈服（或流动）现象。此阶段的应力最低值称为屈服极限，用 σ_s 表示。

应力达到屈服极限时，由于材料出现了显著的塑性变形，就会影响构件的正常使用。

3）强化阶段（cd 段）：

这一阶段，曲线在缓慢地上升，表示材料抵抗变形的能力在逐渐加强。强化阶段最高点 d 所对应的应力是材料所能承受的最大应力，称为强度极限，用 σ_b 表示。应力达到强度极限时，构件将被破坏。

若在强化阶段内任一点 f 卸去荷载，应力-应变曲线将沿着与 oa 近似平行的直线回到 o_1 点。图中 o_1g 代表消失的弹性变形，oo_1 代表残留的塑性变形。如果卸载后立即重新加载，应力-应变关系将大致沿 o_1f 直线变化。到达 f 点后；又沿着 fde 变化。这表明经过加载、卸载处理的材料，其比例极限和屈服极限都有所提高，这种现象称为冷作硬化。

工程中常利用冷作硬化来提高材料的承载能力。如冷拉钢筋、冷拔钢丝等。但另一方面，这样做降低了材料的塑性。

4）颈缩阶段（de 段）：

应力达到强度极限后，试件局部显著变细，出现“颈缩”现象，如图 1-29 所示。因此，试件继续变形所需的拉力反而下降。到达 e 点，试件被拉断。

试件拉断后，弹性变形消失，只剩下塑性变形。工程上用塑性变形的大小来衡量材料的塑性性能。常用的塑性指标有两个，一个是延伸率，用 δ 表示：

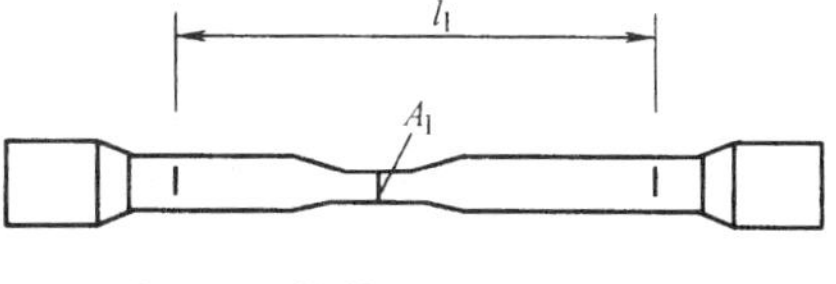

图 1-29　拉伸试件“颈缩”现象

$$\delta=(l_1-l)/l\times100\%$$

式中：l 是试件标距原长，l_1 是拉断后的长度。$\delta>5\%$ 的材料，工程上称为塑性材料；$\delta<5\%$ 的材料，称为脆性材料。低碳钢的 $\delta=20\%\sim30\%$。

另一个塑性指标是截面收缩率，用 ψ 表示

$$\psi=(A-A_1)/A\times100\%$$

式中：A 为试件原横截面积，A_1 为试件拉断后颈缩处的最小横截面积。

低碳钢的 $\psi=60\%$

（2）铸铁拉伸时的力学性质：

铸铁是典型的脆性材料，其 $\delta=0.4\%$。铸铁拉伸时的应力-应变图如图 1-30 所示。图中没有明显的直线部分，但应力较小时接近于直线，可近似认为服从虎克定律，以割线的斜率 tg$a$ 为近似的弹性模量正值。铸铁拉伸时没有屈服和颈缩现象，断裂是突然的。强度极限是衡量铸铁强度的唯一指标。

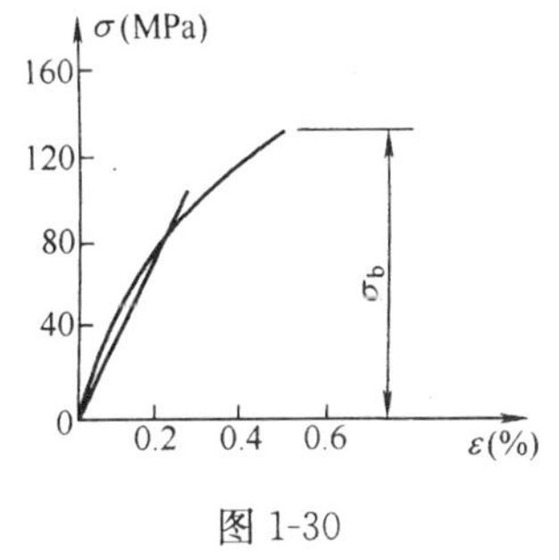

图 1-30

2. 材料在压缩时的力学性质

（1）低碳钢压缩时的力学性质：

低碳钢压缩时的应力-应变曲线如图 1-31 所示。图中虚线为低碳钢拉伸时的应力-应变曲线，两条曲线的主要部分基本重合。低碳钢压缩时的比例极限 σ_p、屈服极限 σ_s、弹性模量 E 都与拉伸时相同。故在实用上可以认为低碳钢是拉压等强度材料。

当应力到达屈服极限后，试件越压越扁；横截面积逐

渐增大，因此试件不可能被压断，故得不到压缩时的强度极限。

（2）铸铁压缩时的力学性质：

脆性材料在拉伸和压缩时的力学性能有较大差别。图 1-32 所示为铸铁压缩时的应力-应变曲线。其压缩时的图形与拉伸时相似，但压缩时的强度极限约为拉伸时的 4～5 倍。一般脆性材料的抗压能力显著高于其抗拉能力。

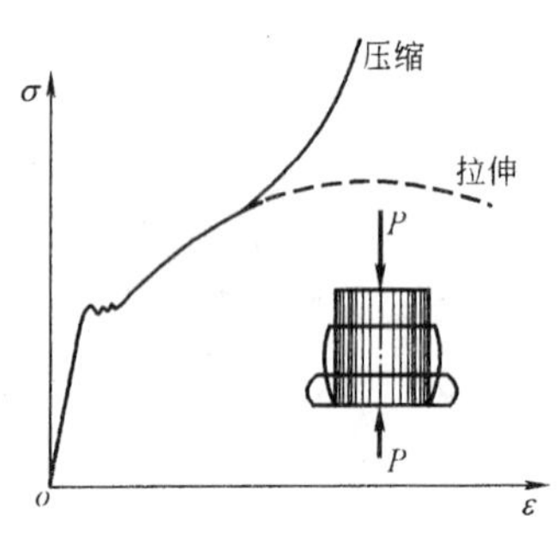

图 1-31 低碳钢压缩应力-应变曲线

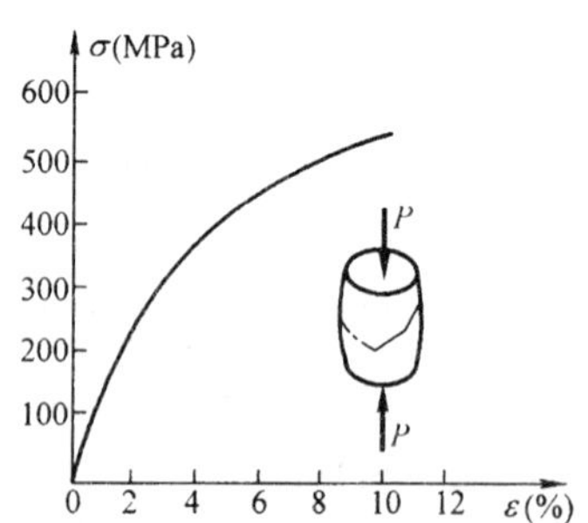

图 1-32 铸铁压缩应力-应变曲线

3. 两类材料力学性质比较

塑性材料抗拉强度和抗压强度基本相同，有屈服现象，破坏前有较大塑性变形，材料可塑性好；脆性材料抗拉强度远低于抗压强度，不宜用作受拉杆件，无屈服现象，构件破坏前无先兆，材料可塑性差。总的来说，塑性材料优于脆性材料。但脆性材料最大的优点是价廉，故受压构件宜采用脆性材料。这样，既发挥了脆性材料抗压性能好的特长，又发挥了它价廉的优势。

五、许用应力和安全系数

构件正常工作时应力所能达到的极限值称为极限应力，用 σ^0 表示。其值可由实验测定。

塑性材料达到屈服极限时，将出现显著的塑性变形；脆性材料达到强度极限时会引起断裂。构件工作时发生断裂或出现显著的塑性变形都是不允许的，所以

对塑性材料 $\sigma^0=\sigma_s$

对脆性材料 $\sigma^0=\sigma_b$

由于在设计计算构件时，有许多实际不利因素无法预计，为保证构件的安全和延长使用寿命，杆内的最大工作应力不仅应小于材料的极限应力，而且还应留有必要的安全度。因此，规定将极限应力 σ_0 缩小 K 倍作为衡量材料承载能力的依据，称为许用应力，用 $[\sigma]$ 表示：

$$[\sigma]=\sigma^0/K$$

K 为大于 1 的数，称为安全系数。一般工程中

脆性材料 $[\sigma]=\sigma_b/K_b$

塑性材料 $[\sigma]=\sigma_s/K_s$

根据工程实践经验和大量的试验结果，对于一般结构的安全系数规定如下：

钢材 $K_s=1.5\sim2.0$

铸铁、混凝土 $K_b=2.0\sim5.0$

木材 $K_b=4.0\sim6.0$

表 1-1 列举了几种材料的许用应力，供大家参考。

常用材料的许用应力　　表 1-1

材料名称	牌号	许用应力(MPa)	
		轴向拉伸	轴向压缩
低碳钢	Q235	170	170
低合金钢	16Mn	230	230
灰口铸铁		34～54	160～200
混凝土	C20	0.44	7
混凝土	C30	0.6	10.3
红松(顺纹)		6.4	10

注：适用于常温、静荷载和一般工作条件下的拉杆和压杆。

六、拉伸和压缩时的强度计算

(一) 拉（压）杆的强度条件

拉（压）杆横截面上的正应力 $\sigma=N/A$，是拉（压）杆工作时由荷载引起的应力，称为工作应力。

为保证构件安全正常工作，杆内最大工作应力 σ_{max} 不得超过材料的许用应力。即：

$$\sigma_{max}=N/A\leqslant[\sigma]$$

上式称为轴向拉压杆的强度条件。

对于作用有几个外力的等截面直杆，最大应力 σ_{max} 在最大轴力所在的截面上；对于轴力不变而截面面积变化的杆，最大应力 σ_{max} 在截面面积最小处。这些发生最大正应力的截面，称为危险截面。

(二) 拉（压）杆强度条件的应用

利用拉压杆强度条件，可以解决工程实际中有关构件强度的三类问题。

1. 校核强度

已知构件的横截面面积 A，材料的许用应力 $[\sigma]$ 及所受荷载，可检查构件的强度是否满足要求。

【例】 已知 Q235 钢拉杆受轴向拉力 $P=21.9$kN 作用，杆由直径 $d=14$mm 的圆钢制成，许用应力 $[\sigma]=170$MPa，试校核拉杆强度。

【解】 (1) 计算轴力

$$N=P=21.9\text{kN}$$

(2) 校核拉杆强度

由强度条件

$$\sigma_{max}=N/A\leqslant[\sigma]$$

代入已知数据得

$$\sigma_{max}=N/A=21.9\times10^{3}\times10^{6}/(1/4\times\pi\times14^{2})=142.3\times10^{6}\text{N/m}^{2}$$
$$=142.3\text{MPa}<[\sigma]=170\text{MPa}$$

故满足强度要求

2. 设计截面尺寸

已知构件所受的荷载及材料的许用应力 $[\sigma]$，则构件所需的横截面面积可按下式计算

$$A\geqslant N/[\sigma]$$

【例】 已知钢拉杆用圆钢制成，其许用应力 $[\sigma]=120\text{MPa}$，受轴向拉力为 $P=8\text{kN}$，试确定钢拉杆的直径。

【解】 (1) 计算轴力 $N=P=8\text{kN}$。

(2) 确定截面面积

由强度条件得

$$A \geqslant N/[\sigma]=8\times10^{3}/(120\times10^{6})=0.667\times10^{-4}\text{m}^{2}$$

(3) 确定钢拉杆直径

$$d \geqslant (4\text{A}/\pi)^{0.5}=(4\times0.667\times10^{-4}/\pi)^{0.5}$$
$$=0.92\times10^{-2}\text{m}=9.2\text{mm}$$

鉴于安全，取 $d=10\text{mm}$ 即可。

3. 设计许可荷载

已知构件的横截面面积 A 及材料的许用应力 $[\sigma]$，则构件所能承受的许可轴力为

$$N \leqslant [\sigma]\cdot A$$

然后根据轴力与荷载的关系，即可确定许可荷载的大小。

【例】 已知钢拉杆用圆钢制成，其直径为 $d=20\text{mm}$，其许用应力 $[\sigma]=160\text{MPa}$，求该拉杆的许可荷载。

【解】 由强度条件得

$$N \leqslant [\sigma]\times A=160\times10^{6}\times(\pi/4)\times(20\times10^{-3})^{2}$$
$$=50240\text{N} \quad N=50.24\text{kN}$$

该圆钢拉杆能承受的最大荷载为 $P_{max}=50.24\text{kN}$

第三节 剪　　切

一、剪切的概念

杆件承受垂直于轴线的一对大小相等、方向相反而相距极近的平行力作用，使两相邻横截面沿外力作用方向发生相对错动的现象，称为剪切。垂直于轴线的外力称为横向力。图 1-33 为用切断机切割钢筋的示意图。

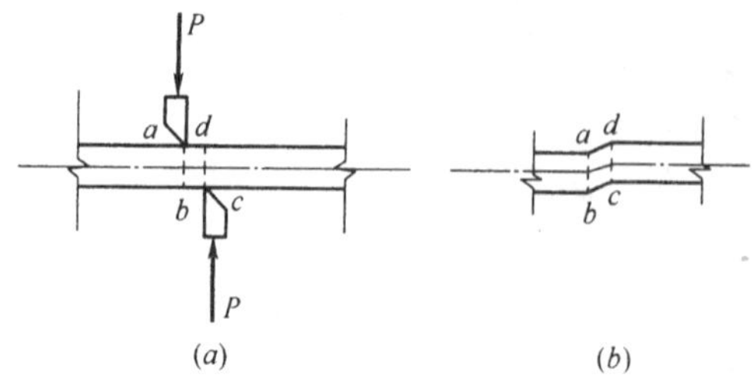

图 1-33　切断钢筋示意图

用切断机切割钢筋，两个刀口一上一下，一左一右，相距极近，在这一对 P 力作用下，钢筋在沿刀口的两个相邻横截面 ab 和 cd 上受到力的作用，这种力就是剪力。由于剪力使 ab 和 cd 两横截面产生相对错动，原来的矩形 $abcd$ 变成了平行四边形，这种变形称为剪切变形。当 P 力足够大时，就会切断钢筋，使钢筋的左面部分沿 ab 面与右面部分分开，分开后还可以看到剪切的残余变形。

在工程上剪切变形多数发生在结构构件和机械零件的某一局部位置及其连接件上，例如图 1-34 (*a*) 所示的插于钢耳片内的轴销，图 1-34 (*b*) 所示的连接钢板的铆钉等。

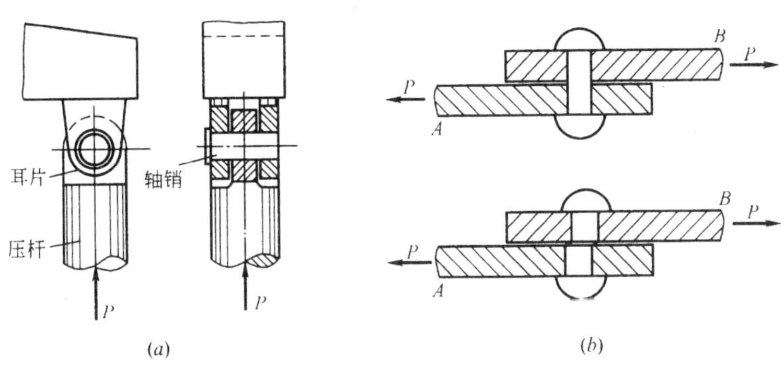

图 1-34　工程中常见剪切变形实例

二、剪切的应力-应变关系

(一) 剪切变形

杆件受到一对横向力作用后，截面上产生剪力，同时两截面 ab 和 cd 开始相对错动，使原来的矩形 $abcd$ 变成平行四边形 $abc'd'$ 即剪切变形，如图 1-35 所示。

与简单拉伸中的相对伸长 ε 相比较，γ 又可称为剪应变或相对剪切。剪切变形 γ 是角变形，而简单拉伸变形 ε 是线变形。

(二) 剪力与剪应力

如果把受剪的物体在两力之间截开，取其中一部分，用内力代替去掉的那部分对留下部分的作用，这些内力作用在截面上如图 1-36 所示。因分布在截面上的内力 Q 需与外力 P 保持平衡，故 Q 必须在数量上等于 P，方向相反。称 Q 为该截面的剪力，其单位与力的单位一样。

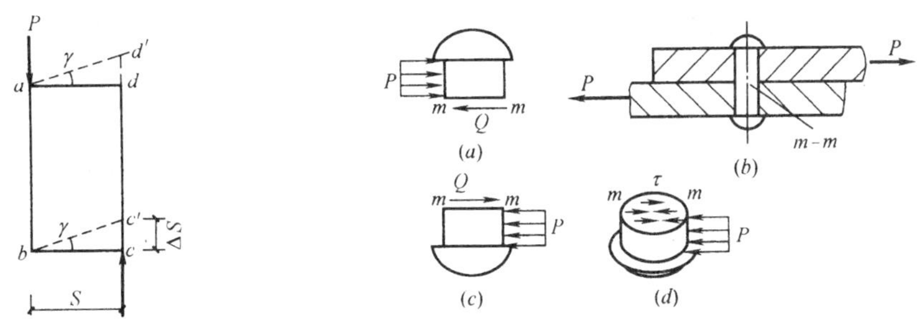

图 1-35　剪切变形

图 1-36　剪力和剪应力示意图

由于剪力是平行于截面的，其分布规律相当复杂，应用时假定内力是均匀分布在截面上的，所以平行于截面的应力称剪切应力（或剪应力），可按下式求得：

$$\tau=P/A=Q/A$$

其单位与正应力的单位一样。

(三) 剪切虎克定律

实验证明，剪应力 τ 不超过材料剪切比例极限 τ_P 时，剪应力与剪应变 γ 成正比关系：

$$\gamma=\tau/G \text{ 或 } \tau=G\times\gamma$$

比例常数就是剪变模量 G。此关系为剪切弹性定律，也就是剪切虎克定律。表 1-2 是常见材料的剪变模量的值。

常用材料的剪变模量 G　　表 1-2

材 料	G		材 料	G	
	MPa	kgf/cm²		MPa	kgf/cm²
钢 铸铁 铜	$(8\sim8.1)\times10^4$ 4.5×10^4 $(4\sim4.6)\times10^4$	$(8\sim8.1)\times10^5$ 4.5×10^5 $(4\sim4.6)\times10^5$	铝 木材	$(2.6\sim2.7)\times10^4$ 5.5×10^2	$(2.6\times2.7)\times10^5$ 0.055×10^5

剪切虎克定律与拉、压虎克定律是完全相似的。在建筑力学中，无论进行实验分析，还是进行理论研究，经常用到这两个定律。

三、剪切的强度计算

根据强度要求，剪切时，截面上的剪应力不应超过材料的许用剪应力：

$$\tau=Q/A\leqslant[\tau]$$

式中：$[\tau]$ 称为材料的许用剪应力，它由实验测定的极限剪应力 τ 除以安全系数得到，材料的具体数值可在设计手册或技术规范中查到。

通常同种材料的许用剪应力 $[\tau]$ 和许用拉应力 $[\sigma]$ 之间存在着一定的近似关系。因此，也可以根据其关系式由许用拉应力 $[\sigma]$ 的值得出许用剪应力 $[\tau]$ 的值。

对于塑性材料　　$[\tau]=(0.6\sim0.8)[\sigma]$

对于脆性材料　　$[\tau]=(0.8\sim1.0)[\sigma]$

【例】 对图 1-37（*a*）所示的铆接构件，已知钢板和铆钉材料相同，许用应力 $[\sigma]=160\text{MPa}$，$[\tau]=140\text{MPa}$，$[\sigma_j]=320\text{MPa}$，铆钉直径 $d=16\text{mm}$，$P=110\text{kN}$。试校核该铆接连接件的强度。

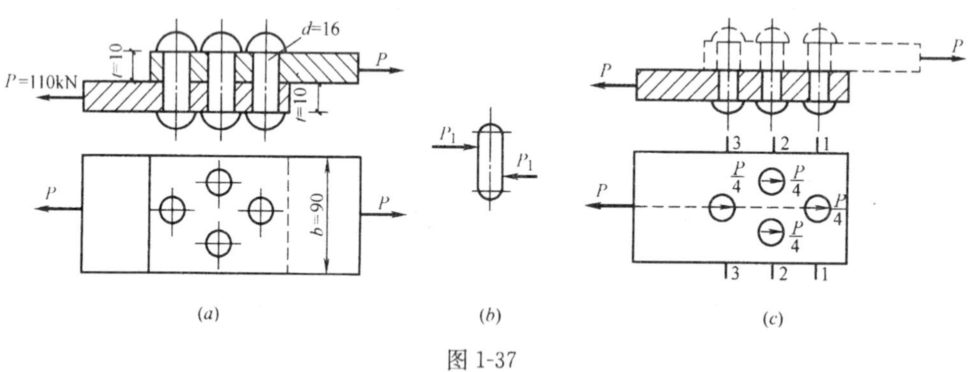

图 1-37

【解】 详细分析，可得知铆接接头的破坏可能有下列两种形式：

（1）铆钉直径不够大的时候铆钉将被剪断。

（2）如果钢板的厚度不足或铆钉布置不当致使钢板截面削弱过大时，钢板会沿削弱的截面被拉断。

因此，为了保证一个铆接接头的正常工作，就必须避免上述两种可能破坏形式中的任何一种形式的发生，这样就要求对上述两种情况都作出相应的强度校核。

（1）铆钉的剪切强度校核

以铆钉作为研究对象，画出铆钉的受力图，图 1-37（*b*）。当连接件上有几个铆钉时，可假定各铆钉剪切变形相同，所受的剪力也相同，拉力 P 将平均地分布在每个铆钉上，即可求得每个铆钉受到的作用力为：

$$P_1 = P/n = P/4$$

而每个铆钉受剪面积为：

$$A = \pi d^2/4$$

由剪切强度条件式

$$\begin{aligned}\tau &= Q/A = P_1/A = P/(n\times\pi\times d^2/4)\\ &= (110\times 103)/[4\times\pi\times(16\times 10^{-3})^2/4]\\ &= 136.8\times 10^6\,\mathrm{N/m^2}\\ &= 136.8\mathrm{MPa} < [\tau] = 140\mathrm{MPa}\end{aligned}$$

所以铆钉的剪切强度条件满足。

(2) 校核钢板的拉伸强度

因两块钢板受力和开孔情况相同，只需校核其中一块即可如图 1-37 (*c*) 所示。现以下面一块钢板为例。钢板相当于一根受多个力作用的拉杆。

1-1 截面与 3-3 截面受铆钉孔削弱后的净面积相同，而 1-1 截面上的轴力大小为 $P/4$，比 3-3 截面上的轴力（大小为 P）小，所以，3-3 截面比 1-1 截面更危险，不再校核 1-1 截面。而 2-2 截面与 3-3 截面相比较，前者净面积小，轴力 N_2 也较小，大小为 $3P/4$；后者净面积大而轴力 N_3 也大，大小为 P。因此，两个截面都有可能发生破坏，到底谁最危险，难于一眼看出，都需计算并校核其强度。

截面 2-2：
$$\begin{aligned}\sigma_{2\text{-}2} &= N_2/[(b-2d)t] = (3\times P/4)/[(b-2d)t]\\ &= (3/4\times 110\times 10^3)/[(90-2\times 16)\times 10\times 10^{-6}]\\ &= 142\times 10^6\,\mathrm{N/m^2}\\ &= 142\mathrm{MPa} < [\sigma] = 160\mathrm{MPa}\end{aligned}$$

截面 3-3：
$$\begin{aligned}\sigma_{3\text{-}3} &= N_3/[(b-2d)t] = (3\times P/4)/[(b-2d)t]\\ &= (3/4\times 110\times 10^3)/[(90-2\times 16)\times 10\times 10^{-6}]\\ &= 142\times 10^6\,\mathrm{N/m^2}\\ &= 142\mathrm{MPa} < [\sigma] = 160\mathrm{MPa}\end{aligned}$$

所以，钢板的拉伸强度条件也是满足的。因此，图 1-37 (*a*) 所示的整个连接件的强度都是满足的。

第四节　梁的弯曲

一、梁的弯曲内力

(一) 梁的概念

杆件或构件在垂直于其纵轴线的横向荷载作用下，其轴线由直线变成曲线，这就是弯曲变形的特征。

凡是发生弯曲变形或以弯曲变形为主的杆件和构件，通常叫梁。

梁是一种十分重要的构件，它的功能是通过弯曲变形将承受的荷载传向两端支承，从而形成较大的空间供人们活动，因此，梁在建筑工程中占有十分重要的地位，如在吊车轮的作用下，工业厂房中的吊车梁发生弯曲变形；在荷载作用下，阳台的两根挑梁也发生弯曲变形，见图 1-38。

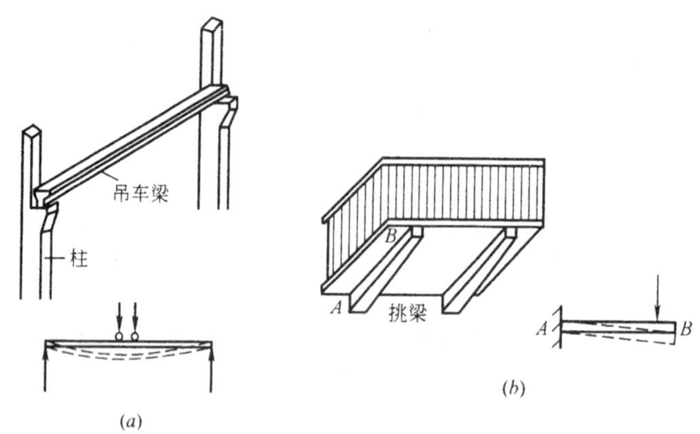

图 1-38 梁及其弯曲变形

在工程中常见的梁的横截面多为矩形、圆形、工字形等，这些梁的横截面通常至少有一个对称轴，可以想到，梁的各横截面的对称轴将组成一个纵向对称面，显然纵向对称平面是与横截面垂直的。见图 1-39 所示。

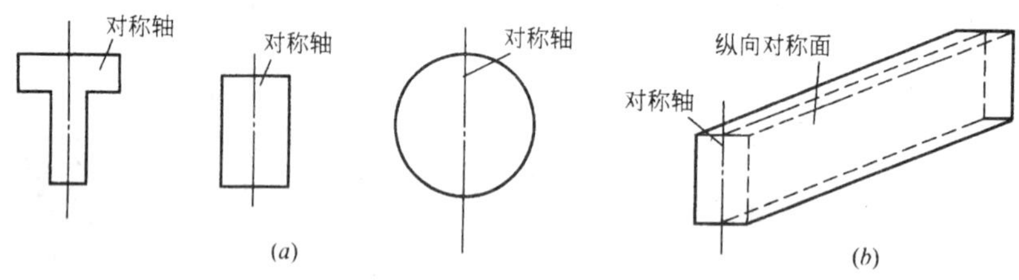

图 1-39 梁的横截面与纵向对称面

如梁上荷载及支座反力均作用在这个对称面内，则弯曲后的梁轴线将仍在这个平面内而成为一条平面曲线，这种弯曲一般称为平面弯曲。平面弯曲是梁弯曲中最简单的一种，实际上，这也是最常见的梁。本节只研究梁的平面弯曲问题。

依靠静力学平衡条件，能求出在已知荷载下的支座反力的梁叫静定梁，否则叫超静定梁，本节只讨论静定梁。

静定梁的基本形式有以下三种：

(1) 悬臂梁：一端固定、一端自由的梁。

(2) 简支梁：一端是固定铰支座，另一端为滚动铰支座的梁。

(3) 外伸梁：具有外伸部分的简支梁。

梁的支座间的距离叫做梁的跨度。

(二) 梁弯曲时的内力—剪力和弯矩

1. 梁截面的内力分析

梁受外力作用后，在各个横截面上会引起与外力相当的内力，内力的确定是解决强度问题的基础和选择横截面尺寸的依据。

考虑一简支梁 AB，在外力作用下处于平衡状态。如图 1-40 所示。

现在研究梁上任一横截面 m-m 上的内力，截面 m-m 离左端支座的距离为 x。

首先，利用截面法，在截面 m-m 处将梁切成左、右两段，并任取一段（如左段）为研究对象。在左端梁上，作用有已知外力 R_A 和 P_1，则在截面 m-m 上，一定作用有某些内力来维持这段梁的平衡。

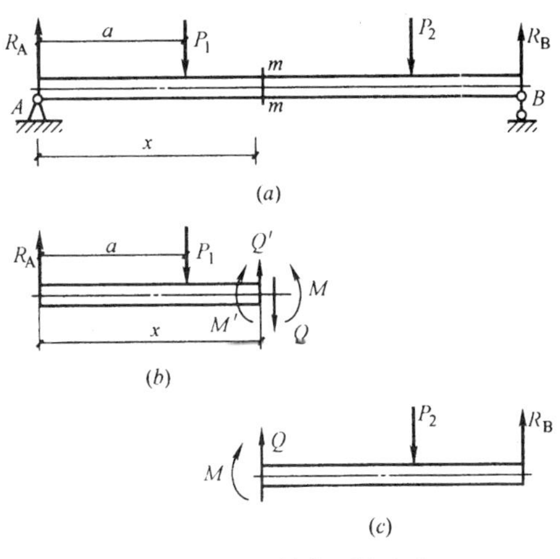

图 1-40 梁截面的内力

现在，如果将左段梁上的所有外力向截面 m-m 的形心 C 简化，可以得到垂直于梁轴的主矢 Q' 和一主矩 M'。

为了维持左段梁的平衡，横截面 m-m 上必然同时存在两个内力：与主矢 Q 平衡的内力 Q；与主矩 M' 平衡的内力偶矩 M。内力 Q 应位于所切开横截面 m-m 上，是剪力；内力偶矩 M 称为弯矩。所以，当梁弯曲时，横截面上一般将同时存在剪力和弯矩两个内力。

如果以右端梁为研究对象，可以得出同样的结论，并且根据作用力和反作用力公理，右端梁 m-m 截面上的剪力和弯矩分别与左端梁 m-m 截面上的剪力和弯矩大小相等而方向相反。

剪力的常用单位为牛顿（N）或千牛顿（kN），弯矩的常用单位为牛顿米（N·m）或千牛顿米（kN·m）。

2. 剪力 Q 与弯矩 M 的符号

为了使由左段或右段梁作为研究对象求得的同一截面上的弯矩和剪力，不但数值相同而且符号也一致，把剪力和弯矩的符号规则与梁的变形联系起来，规定：在横截面 m-m 处，从梁中取出一微段，若剪力 Q 使微段绕对面一端作顺时针转动，见图 1-41（a），则横截面上的剪力 Q 的符号为正；反之如图 1-41（b）所示剪力的符号为负。若弯矩 M 使微段产生向下凸的变形（上部受压，下部受拉）见图 1-41（c），则截面上的弯矩 M 的符号为正；反之如图 1-41（d）所示弯矩的符号为负。

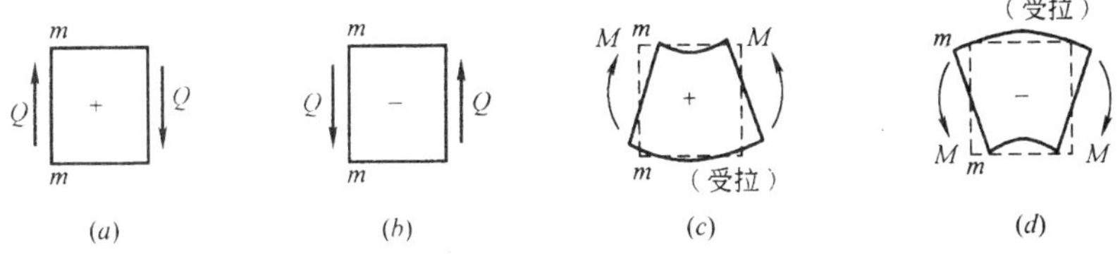

图 1-41 梁截面的剪力和弯矩

按上述规定，一个截面上的剪力和弯矩无论用这个截面左侧的外力或右侧的外力来计算，所得数值与符号都是一样的，此外，根据上述规则可知，对某一指定的截面来说，在它左侧的指向向上的外力，或在它右侧的指向向下外力将产生正值剪力；反之，则产生负值剪力。至于弯矩，则无论力在指定截面的左侧还是右侧，向上的外力总是产生正值弯矩，而向下的外力总是产生负值弯矩。

3. 梁的内力方程和内力图

在一般情况下，梁横截面上的剪力和弯矩都是随截面位置不同而变化。若以横坐标 x

表示横截面沿梁轴线的位置，则梁内各横截面上的剪力和弯矩可以写成坐标 x 的函数，即：

$$Q=Q(x)$$
$$M=M(x)$$

上面的函数表达式分别称为梁的剪力方程和弯矩方程，它表明剪力、弯矩沿梁轴线变化的情况。求内力函数需要一定的数学基础，在实用上，表示剪力、弯矩沿梁轴线变化情况的另一种方法是绘制剪力图和弯矩图，其绘制方法为：先用平行于梁轴线的横坐标 x 为基线表示该梁的横坐标位置，用垂直于梁的纵坐标的端点表示相应截面的剪力或弯矩。把各纵坐标的端点连接起来，得到的图形就称为内力图。如内力是剪力即剪力图，如内力是弯矩即弯矩图。习惯将正剪力画在 x 轴上方，负剪力画在 x 轴下方，而弯矩则规定画在梁受拉的一侧，即正弯矩画在 x 轴的下方，负弯矩画在 x 轴的上方，及弯矩图在哪侧，受力钢筋就应配在哪侧。

表 1-3 给出了简支梁、悬臂梁在单一荷载作用下的内力图。

简支梁、悬臂梁在单一荷载作用下的内力图 **表 1-3**

	均布荷载	集中荷载	力偶荷载
q 图	q; l	P; a; b; l	a; b; m; l
Q 图	$\frac{ql}{2}$; $\frac{ql}{2}$	$\frac{Pb}{l}$; $\frac{Pa}{l}$	⊖; $\frac{m}{l}$
M 图	$\frac{ql^2}{8}$	$\frac{Pab}{l}$	$\frac{ma}{l}$; $\frac{mb}{l}$
q 图	q; a	a; P	a; m
Q 图	qa	P	
M 图	$\frac{qa^2}{2}$	Pa	m

在工程中，梁的结构形式与荷载组合往往比以上情况要复杂得多，这时梁的内力方程和内力图可以用叠加法或通过有关结构计算手册查找到。

4. 叠加法绘制剪弯内力图

当梁上荷载比较复杂，即梁上同时作用着几种不同类型的荷载时，我们可以先分别画出各个荷载单独作用下的剪力图和弯矩图，然后将他们的纵坐标叠加起来，从而得到在所有荷载共同作用下的剪力图和弯矩图。这种绘制剪力和弯矩图的方法，称为叠加法。

【例】 试用叠加法绘制图 1-42（a）所示的悬臂梁 AB 的剪力图和弯矩图。

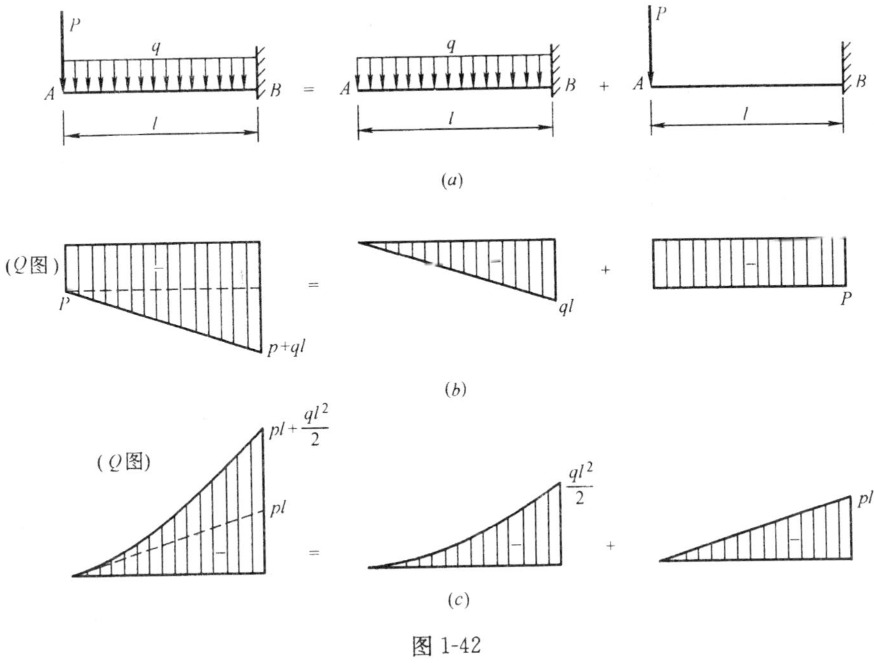

图 1-42

【解】 悬臂梁 AB 上原有荷载较复杂，可看成是均布荷载 q 和 A 端的集中荷载 p 的组合图。

由悬臂梁在单一荷载下的内力图表中，可得在简单荷载 q 和 p 的单独作用下的剪力图、弯矩图，然后将它们的纵坐标叠加起来，便可得到在 q 和 p 的共同作用下悬臂梁的剪力图和弯矩图。

二、梁的弯曲应力和强度计算

作出梁的内力图，确定最大内力值及其所在的截面——危险截面后，还必须研究梁横截面上应力分布规律和计算公式，进而建立强度条件，才能解决强度问题。

由直杆的拉伸、压缩、剪切可知，应力与内力是相联系的，应力为横截面上单位面积上的分布内力，而内力则是由应力合成的。梁弯曲时，横截面上一般产生两种内力，即剪力 Q 和弯矩 M。剪力是与横截面相切的内力，它只能是横截面上剪应力的合力。而弯矩是在纵向对称平面内作用着的力偶钜，显然，它只能是横截面上沿法线方向作用的正应力组成的。由此说明，梁弯曲时，横截面上存在两种应力，即剪应力 τ 和正应力 σ，它们是互相垂直的，又是互相独立的，之间没有什么直接的关系。这样，在研究梁的强度时，可以把正应力与剪应力分别进行讨论。一般情况下，梁很少发生剪切破坏，下面我们主要讨论梁的正应力问题。

（一）纯弯曲时的正应力

纯弯曲是平面弯曲的特殊情况，所谓纯弯曲就是梁弯曲时横截面上的内力只有弯矩 M，而没有剪力 Q。例如图 1-43 所示的简支梁在 CD 段内就是纯弯曲。在这段梁内，任一截面的剪力 $Q=0$，弯矩 $M=Pa$。纯弯曲时，梁的横截面上没有剪应力 τ，只有正应力 σ 存在。

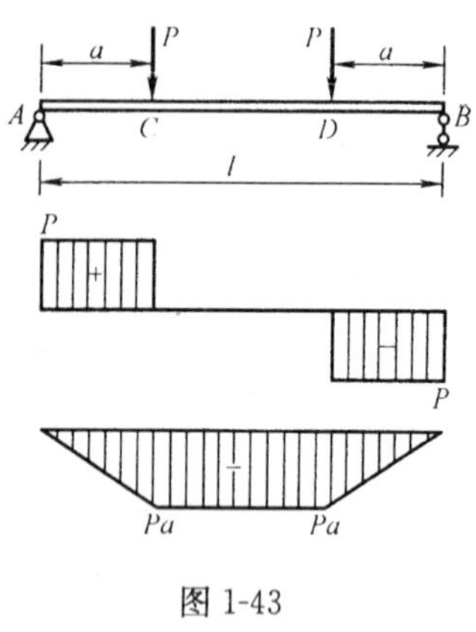

图 1-43

为了回答这个问题。我们做一个橡皮模型梁的纯弯曲实验。取一块矩形截面的橡皮，并在它的侧面画许多方格，然后用双手使橡皮梁的两端各受到一集中力偶 M，使它发生纯弯曲，见图 1-44。

橡皮梁弯曲时我们可以看到：

(1) 侧面上的纵线（和梁轴线平行的直线）都变成了曲线，而且在向外凸出的一面伸长了，凹进的一面缩短了。

(2) 侧面上的横线（和梁轴线垂直的线）仍旧是直线，但倾斜了一个角度。这说明梁受弯曲时，由这些横线所代表的横截面仍然保持平面状态，只不过转动了一个角度。

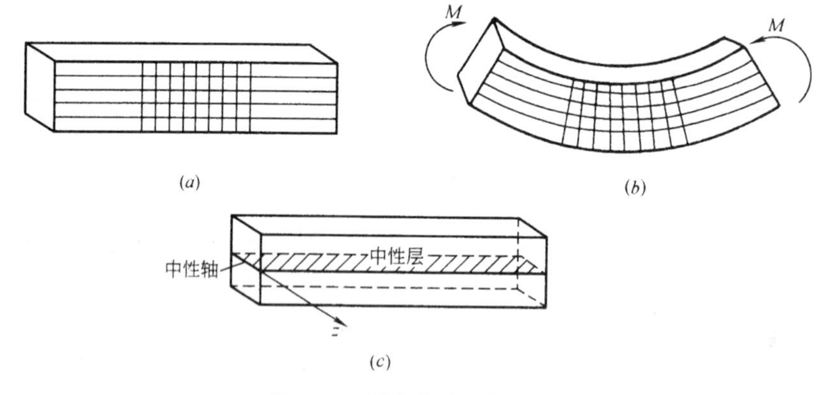

(a)　(b)　(c)

图 1-44　梁弯曲时的中性层

(a) 弯曲前；(b) 弯曲后；(c) 中性轴中性层

假想梁由许多纤维薄层组成（纤维与梁的轴线平行），又假定内部的弯曲情况与外部的完全相同。那么，在凸出方面的各层纤维都是被拉长的，在凹进方面的纤维都是缩短的。很显然，在两者之间一定有一层纤维既不伸长也不缩短，这个长度不变的纤维层叫做中性层。中性层与横截面的交线叫做中性轴 z。中性轴的位置是确定的，它必通过截面的形心。

离开中性层越远的纤维变形（伸长或缩短）越大，而且与中性层平行的任何纤维层上各根纤维都具有相同的变形。换句话说，纤维的变形是与距中性层的距离成正比的。

由此可知，梁弯曲时横截面上的正应力 σ 的大小与距中性轴的距离成正比。也就是说，正应力在梁截面上是依照高低位置按直线规律分布的，见图 1-45 所示。

中性轴将截面分成受拉区和受压区两部分，前者位于凸出的一侧，后者位于凹进的一侧。受拉区各点的正应力是拉应力，受压区各点的正应力为压应力。因为梁的上下边缘离开中性层最远，所以梁的上下边缘处的正应力最大。

截面正应力 σ 的大小还与作用在该截面上的弯矩 M 的大小有密切的关系。弯矩 M 越大，则由此产生的正应力 σ 也就越大。

截面正应力 σ 的大小还与梁截面的几何形状和尺寸大小有关。

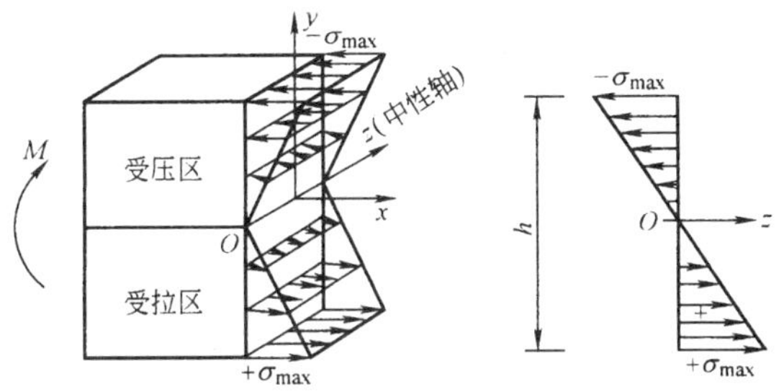

图 1-45 梁弯曲时截面正应力分布图

综合上述，可得截面上某一点的正应力的计算公式为：

$$\sigma=M\times y/J_z$$

式中 σ——所求点处得正应力；

M——作用在该截面上的弯矩；

y——该点与中性轴的距离；

J_z——横截面对中性轴的惯性矩，由梁截面的几何形状和尺寸大小决定的截面参数，对于高为 h，宽为 b 的矩形截面，$J_z=bh^3/12$；对于直径为 d 的圆形截面，$J_z=\pi d^4/64$；各种型钢的 J_z 可以查表求得。

（二）梁的正应力强度条件

对于某一横截面来说，它的最大正应力发生在梁的上下边缘处；对于整个梁来说，如果梁是等截面的，那么最大正应力必在弯矩最大的截面（危险截面），梁的破坏正是从危险截面开始的。因此，梁内最大正应力应该发生在危险截面的上下边缘上。只要最危险截面的工作应力不超过材料的许用应力，梁就不会破坏，其条件为：

$$\sigma_{max}=M_{max}/W_z\leqslant[\sigma]$$

式中 σ_{max}——危险截面的最大正应力；

M_{max}——危险截面的弯矩；

W_z——危险截面的抗弯截面模量，$W_z=I_z/y_{max}$，由梁横截面的几何形状和尺寸大小决定的截面参数；

$[\sigma]$——材料弯曲时的许用正应力。对于塑性材料许用弯曲拉应力和许用弯曲压应力相同。对于脆性材料，其许用弯曲压应力要远大于许用弯曲拉应力。

以下为常见截面的抗弯截面模量公式：

1. 矩形截面（图 1-46）

2. 圆形截面（图 1-47）

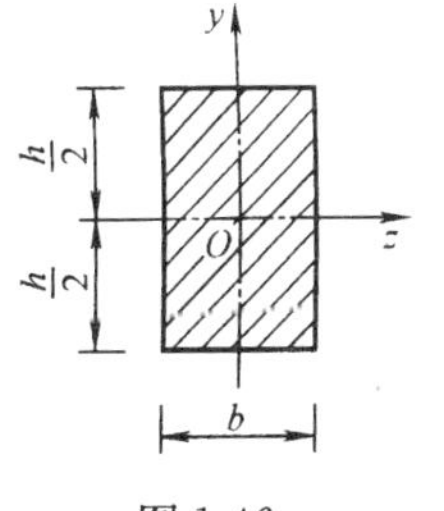

$W_z=bh^3/6$

图 1-46

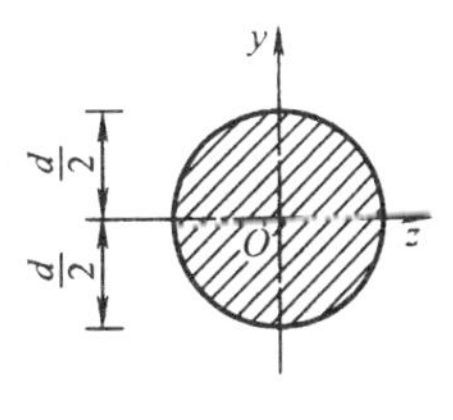

$W_z=\pi d^3/32=\pi r^3/4$

图 1-47

3. T形截面和其他异型截面

可以通过查表求得。

运用梁的正应力强度条件，可以进行以下三方面的强度计算；

(1) 强度校核：

当已知梁的材料（即已知许用应力 $[\sigma]$）、截面尺寸及形状（由此可求出抗弯截面模量 W_z）及其荷载情况（可求出最大弯矩 M_{max}）时，可校核梁是否满足强度条件。即

$$\sigma_{max}=M_{max}/W_z\leqslant[\sigma]$$

(2) 设计截面：

当已知梁的材料（即已知许用应力 $[\sigma]$）和荷载情况（可求出最大弯矩 M_{max}）时，可确定抗弯截面模量。即：

$$W_z\geqslant M_{max}/[\sigma]$$

在确定了 W_z 后，即可按所选择的截面形状，进一步确定截面尺寸。当选用型钢时，可按有关材料手册确定型钢型号等。

(3) 确定许用荷载：

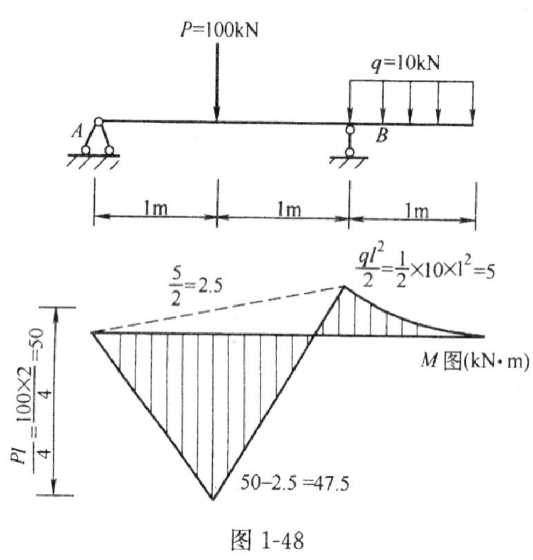

图 1-48

当那个已知梁的材料（即已知许用应力 $[\sigma]$）及截面尺寸（可计算出 W_z）时，可计算梁所能承受的最大弯矩 M_{max}。即：

$$M_{max}\leqslant[\sigma]W_z$$

然后根据最大弯矩与荷载的关系，计算出许用荷载值。

【例】 一外伸钢梁，荷载及尺寸如图 1-48 所示，若弯曲许用正应力 $[\sigma]=160MPa$，试分别选择工字钢、矩形($h/b=2$)、圆形三种截面，并比较截面积的大小。

【解】 (1) 绘制弯矩图，可采用叠加法，因此可不必求出支座反力。

由 M 图可以看出，最大弯矩值为：

$$M_{max}=47.5kN\cdot m$$

(2) 选择截面

$$W_{z1}\geqslant M_{max}/[\sigma]=47.5\times10^3/(160\times10^6)=297cm^3$$

采用工字钢：查型钢手册，选择工字钢型号，使 W_z 值接近且略大于 $297cm^3$，故选用 No. 22a，$W_{z1}=300cm^3\geqslant297cm^3$，$A_1=42cm^2$。

采用矩形截面：取 $h/b=2$ 则：

$$W_{z2}=bh^2/6=h^3/12\geqslant297cm^3$$

$$h\geqslant\sqrt[3]{12\times297}=15.3cm$$

取：$b=7.7cm$，$h=15.3cm$，$A_2=bh=117.8cm^2$

采用圆形截面：

$$W_{z3}=\pi D^3/32\geqslant297cm^3$$

$$D \geqslant \sqrt[3]{\frac{32\times 297}{3.14}} = 14.46\text{cm}$$

取 $D=14.5\text{cm}$，$A_3=\pi D^2/4=165\text{cm}^2$

三种截面面积之比为：

$A_1:A_2:A_3=42:117.8:165=1:2.8:3.93$

由上例可知：工字形截面最节约材料，其次为矩形截面，圆形截面用料最多。因此，工字形截面是梁的理想截面。

【例】 简支梁受荷载作用如图 1-49 所示，截面为 No. 40a 工字钢，已知 $[\sigma]=140\text{MPa}$，试在考虑梁的自重时，求跨中的许用荷载 $[P]$。

【解】 由型钢手册查得：$W_z=1090\text{cm}^3$，$q=676\text{N/m}$。

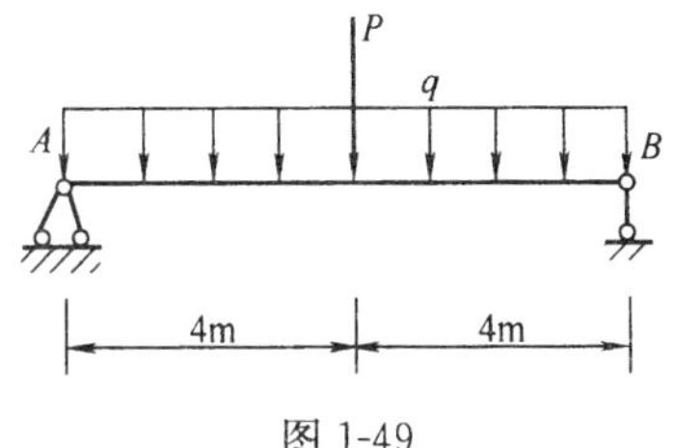

图 1-49

由叠加法可知，最大弯矩为：

$$\begin{aligned} M_{\max} &= Pl/4+ql^2/8 \\ &= P\times 8/4+0.676\times 8^2/8 \\ &= 2P+5408\ (\text{N}\cdot\text{m}) \end{aligned}$$

再由强度条件得：

$$\begin{aligned} M_{\max} &\leqslant W_z[\sigma] \\ &= 1090\times 10^{-6}\times 140\times 10^6 \\ &= 152.6\times 10^3\ (\text{N}\cdot\text{m}) \end{aligned}$$

则 $2P+5408\leqslant 152.6\times 10^3$

$$P\leqslant 1/2\times(152.6\times 10^3-5408)=73600\text{N}=73.6\text{kN}$$

$$[P]=73.6\text{kN}$$

（三）提高梁抗弯强度的途径

设计梁时，一方面要保证梁具有足够的强度，使梁在荷载作用下能安全地工作，也就是不至于弯曲折断；另一方面还要使梁能充分发挥材料的潜力，减少材料用量，以降低造价。

设计梁的主要依据是弯曲正应力强度条件，从正应力强度条件 $\sigma=M_{\max}/W_z\leqslant[\sigma]$ 来看，梁的弯曲与其所用材料，横截面的形状和尺寸，以及外力引起的弯矩有关。因此，为了提高梁的强度也应该围绕这三个因素从以下三个面来考虑。

1. 选择合理的截面形状

(1) 从弯曲强度方面考虑，梁内最大工作应力与抗弯截面模量 W_z 成反比，W_z 值愈大，梁能够抵抗的弯矩也愈大。因此，经济合理的截面形状应该是在截面面积相同的情况下，取得最大抗弯截面模量的截面。如在截面面积相同时，正方形的抗弯截面模量比圆形截面要大；高为 h、宽为 b 的矩形截面，当面积不变时，高度 h 愈大则其抗弯截面模量愈大。

(2) 根据正应力在截面上的分布规律（沿截面高度呈直线规律分布），离中性轴愈远正应力就愈大，当离中性轴最远处的正应力到达许用应力时，中性轴附近各点处的正应力仍很小，而且，由于他们离中性轴近，力臂小，所承担的弯矩也很小。所以，如果设法将较多的材料放置在远离中性轴的部位，必然会提高材料的利用率。因此，人们把矩形截面中性轴附近的一部分材料移到应力较大的上下边缘，就形成工字形和槽形截面，在工程中常见的空心板，有孔薄腹梁等都是通过在中性轴附近挖去部分材料而收到良好的经济效果的例子。

（3）在研究截面合理形状时。除应注意使材料远离中性轴外。还应考虑到材料的特性，最好使截面上最大的拉应力和最大压应力同时达到各自的许用值，因此，对于抗拉、抗压强度相同的塑性材料（如钢材）应优先使用对称于中性轴的截面形状，对于抗拉，抗压强度不相同的脆性材料（如铸铁），其截面形状最好使中性轴偏于强度较弱一侧，比如采用T形截面等。

以上所讲的合理截面是从强度这一方面考虑的。这是通常用以确定合理截面形状的主要因素。此外，还应综合考虑梁的刚度、稳定性，以及制造、使用等诸方面的因素，才能真正保证所选截面的合理性。

2. 采用变截面梁和等强度梁

（1）在一般情况下，梁内不同截面处的弯矩是不同的，因此，在按最大弯矩所设计的等截面梁中，除最大弯矩所在截面外，其余截面的材料强度均不能得到充分利用。根据上述情况，为了减轻构件重量和节省材料，在工程实际中，常根据弯矩沿梁轴的变化情况，使梁也相应的设计成变截面的。在弯矩较大处，宜采用大截面。在弯矩较小处，宜选用小截面。这种截面沿梁轴变化的梁称为变截面梁。

（2）从弯曲强度来考虑，理想的变截面应该使所有横截面上的最大弯曲正应力均相同，并等于许用应力，即：

$$\sigma_{\max}=M(x)/W(x)=[\sigma]$$

这种梁称为等强度梁。由式中可看出，在等强度梁中 $W(x)$ 应当按照 $M(x)$ 成比例地变化。在设计变截面梁时，由于要综合考虑其他因素，通常只要求 $W(x)$ 的变化规律大体上与 $M(x)$ 的变化规律相接近。

建筑工程中阳台或雨篷等悬臂梁，跨中弯矩大，两边弯矩小，从跨中到支座，截面逐渐减小的简支梁，是变截面梁的例子。屋盖上的薄腹大梁、工业厂房中的鱼腹式吊车梁是等强度梁的例子。见图 1-50。

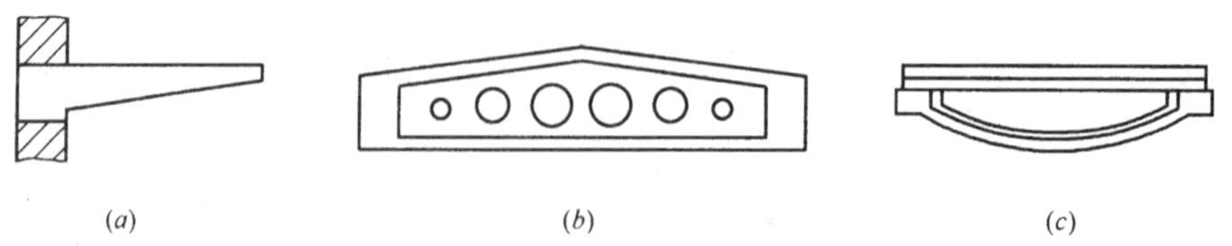

图 1-50　变截面梁和等强度梁示例

3. 改善梁的受力情况

合理安排梁的约束和加载方式，可达到提高梁的承载能力的目的。

例如图 1-51 所示简支梁，受均布荷载 q 作用，如果把梁的两端铰支座各向内移动 $0.2l$，则其梁中最大弯矩仅为简支梁的 1/5。

又如，一简支梁，跨度中点受几种荷载 P 作用，如将该荷载分解为两个大小相等、方向相同的力，分别作用在离梁端 1/4 处，则其梁中最大弯矩仅为前者的一半。

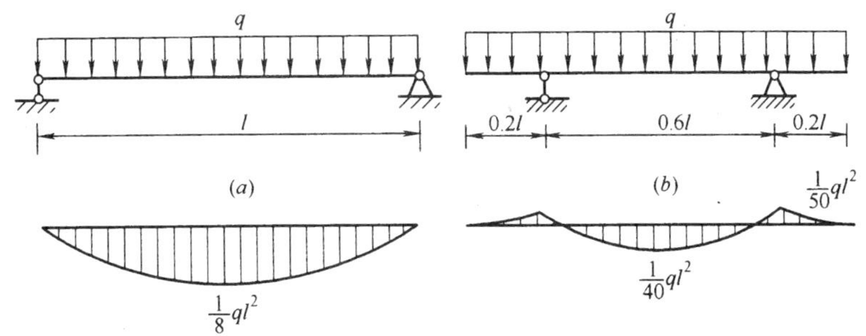

图 1-51　梁的支座位置对内力的影响

三、梁的弯曲变形及刚度校核

（一）梁的弯曲变形

梁发生弯曲时，由受力前的直线变成了曲线，这条弯曲后的曲线就称为弹性曲线或挠曲线。在平面弯曲的情况下，梁的挠曲线是一条位于外力作用面内的连续而光滑的平面曲线，如图 1-52 所示。由此可见，梁变形时，各横截面均发生了位移。因此，梁的变形可由受力前与受力后的相对位移来度量。梁的位移可分为两种，一种是线位移，一种是角位移，它们是表示梁变形大小的主要指标。

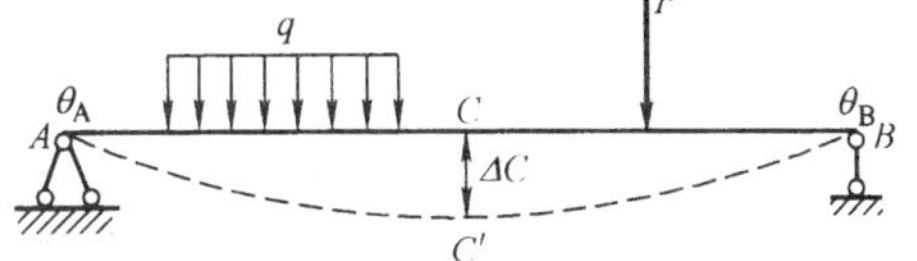

图 1-52　梁的线位移和角位移

例如：图 1-52 所示的梁在荷载作用下，截面 C 的形心从 C 点移到了 C' 点，则 Δc 就是截面 C 的线位移，也称为梁在该截面的挠度。而截面 A 虽然没有线位移，但此截面绕中性轴转了一个角度 θ_A，这个转角 θ_A 就是截面 A 的角位移，同理，转角 θ_B 就是截面 B 的角位移，而其他各截面既有线位移又有角位移。

实际上线位移既有水平方向的，又有垂直方向的，但由于变形极其微小，水平方向的线位移与垂直方向的线位移相比也极其微小，因此，水平线位移在计算中忽略不计，而只考虑垂直线位移。

一般说来，作用在梁上的荷载越大，弯曲变形也就越大。所以挠度和转角与荷载大小之间存在着一定的比例关系。另外，挠度和转角与梁的跨度、截面材料和形状都有密切的关系。在此不作详细讨论。

（二）梁的刚度校核

为了保证梁的正常工作，对梁的变形必须加以控制，这就是梁的刚度问题。校核梁的刚度，就是检查梁在荷载作用下所产生的变形，是否超过允许的数值。梁的变形超过了允许的数值，梁就不能正常地工作了。例如厂房的吊车梁如变形过大，会影响吊车的正常行驶；顶棚的龙骨如弯曲得太厉害，就会引起平顶开裂、抹灰脱落，不但影响美观，而且给人以不安全的感觉。

通常校核梁的刚度是计算梁在荷载作用下的最大相对线位移 Δ/l，使其不得大于许用的相对线位移 $[\Delta/l]$，即：

$$\Delta/l \leqslant [\Delta/l]$$

在工程设计中，根据杆件的不同用途，对于弯曲变形的允许值，在有关规范中都作出了具体规定。表 1-4 中列出了土建工程中一般受弯构件的许用相对挠度值，可供参考。

在机械制造方面当设计传动轴时，除了对相对挠度值需要作必要的限制外，还要求转角的绝对值应限制在允许范围之内，即：

$$\theta \leqslant [\theta]$$

一般受弯构件的许用相对线位移（挠度）值 **表 1-4**

<table>
<tr><th>结构类型</th><th colspan="2">构 件 类 别</th><th>许用相对挠度值</th></tr>
<tr><td rowspan="4">木结构</td><td colspan="2">檩条</td><td>1/200</td></tr>
<tr><td colspan="2">椽条</td><td>1/150</td></tr>
<tr><td colspan="2">抹灰吊顶的受弯构件</td><td>1/250</td></tr>
<tr><td colspan="2">楼板梁和搁栅</td><td>1/250</td></tr>
<tr><td rowspan="5">钢结构</td><td rowspan="2">吊车梁</td><td>手动吊车</td><td>1/500</td></tr>
<tr><td>电动吊车</td><td>1/600～1/750</td></tr>
<tr><td colspan="2">屋盖檩条</td><td>1/150～1/200</td></tr>
<tr><td rowspan="2">楼盖梁和工作平台</td><td>主梁</td><td>1/400</td></tr>
<tr><td>其他梁</td><td>1/250</td></tr>
<tr><td rowspan="5">钢筋混凝土结构</td><td rowspan="2">吊车梁</td><td>手动吊车</td><td>1/500</td></tr>
<tr><td>电动吊车</td><td>1/600</td></tr>
<tr><td rowspan="3">屋盖、楼盖及楼梯构件</td><td>当 $L<7$m 时</td><td>1/200</td></tr>
<tr><td>当 $7 \leqslant L \leqslant 9$m 时</td><td>1/250</td></tr>
<tr><td>当 $L>9$m 时</td><td>1/300</td></tr>
</table>

应当指出：对于一般土建工程中的构件，强度要求如果能够满足，刚度条件一般也能满足。因此，在设计工作中，刚度要求比起强度要求来，常常处于从属地位。一般都是先按强度要求设计出杆件的截面尺寸，然后将这个尺寸按刚度条件进行校核，通常都会得到满足。只有当正常工作条件对构件的变形限制得很严的情况下，或按强度条件所选用的构件截面过于单薄时，刚度条件才有可能不满足，这时，就要设法提高受弯构件的刚度。

（三）提高弯曲刚度的措施

梁的弯曲变形与弯矩大小、支承情况、梁截面形状和尺寸、材料的力学性能及梁的跨度有关。所以提高梁的弯曲刚度，应从以下各因素入手：

（1）在截面面积不变的情况下，采用适当形状的截面使其面积尽可能分布在距中性轴较远的地方，如工字形、箱形截面。

（2）缩小梁的跨度或增加支承。

（3）调整加载方式以减小弯矩的数值。

第二章 建筑识图

第一节 建筑工程图的概念

一、什么是建筑工程图

（一）建筑工程图的概念

建筑工程图就是在建筑工程上所用的，一种能够十分准确地表达出建筑物的外形轮廓，大小尺寸、结构构造和材料做法的图详。

建筑工程图是房屋建筑施工时的依据，施工人员必须按图施工，不得任意变更图纸或无规则施工。看懂图纸，记住图纸内容和要求，是搞好施工必须具备的先决条件，同时学好图纸，审核图纸也是施工准备阶段的一项重要工作。

（二）建筑工程图的作用

建筑工程图是审批建筑工程项目的依据；在工程施工中，它是备料和施工的依据；当工程竣工时，要按照工程图的设计要求进行质量检查和验收，并以此评价工程质量优劣；建筑工程图还是编制工程概算、预算和决算及审核工程造价的依据；建筑工程图是具有法律效力的技术文件。

二、图纸的形成

建筑工程图是按照国家工程建设标准有关规定、用投影的方法来表达工程物体的建筑、结构和设备等设计的内容和技术要求的一套图纸。

（一）投影图

1. 投影的概念

在日常生活中我们常常看到影子这种自然现象，如在阳光照射下的人影、树影、房屋或景物的影子，见图 2-1。

物体产生影子需要两个条件，一要有光线，二要有承受影子的平面，缺一不行。

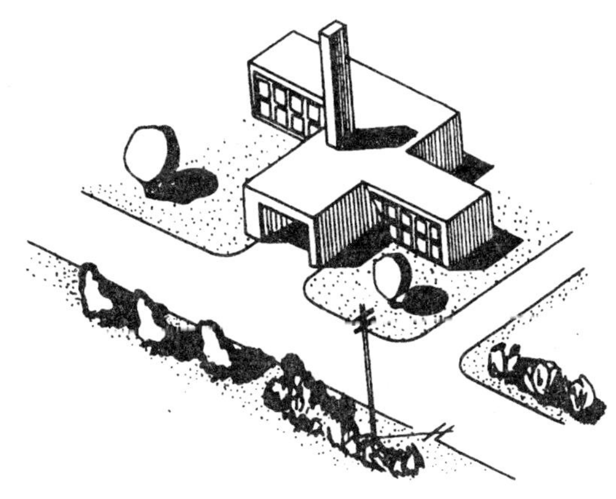

图 2-1 房屋、树、电线杆在阳光下的影子

影子一般只能大致反映出物体的形状和轮廓，而表达不出空间形体的真面目，如果要准确地反映出物体的形状和大小，就要使光线对物体的照射按一定的规律进行，并假设光线能够透过形体而将形体的各个顶点和棱线都在承影面上投下影子，从而使点、线的影子组成能反映空间形体形状的图形，这样形成的影子称为投影，

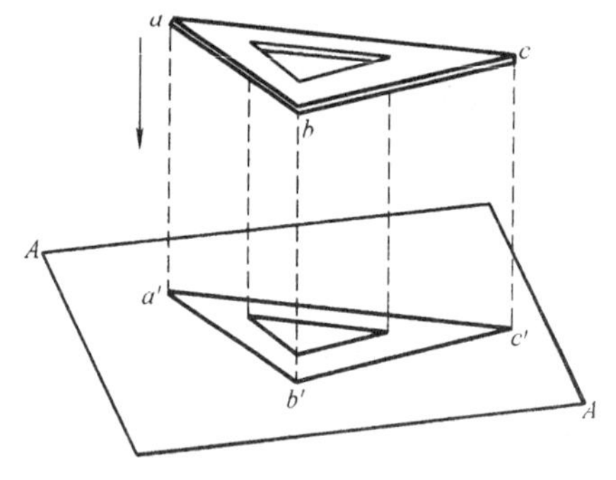

图 2-2　三角板的正投影

同时把光线称为投影线，把承受影子的平面称为投影面，把影子称为物体这一面的投影。

使光线互相平行，并且垂直照射物体和投影面的投影方法称为正投影，正投影是建筑工程图中常用的投影方法，本章主要介绍这种方法。通常我们用箭头表示投影方向，虚线表示投影线。见图 2-2。

一个物体一般都可以在空间六个相垂直的投影面上投影，如一块砖可以向上、下、左、右、前、后的六个面上投影，反映出它的大小和形状，由于砖是一个平行六面体，它各有两个面是相同的，所以只要取它向下、后、右三个平面的投影图形，就可以知道这块砖的形状和大小了，我们称之为三面投影。三个投影面，一个是水平投影面（*H* 面），一个是正立投影面（*V* 面），再一个是侧力投影面（*W* 面），三个投影面相互垂直又都相交，交线成为投影轴，分别用 *OX*、*OY*、*OZ* 标注，三投影轴的焦点 *O*，称为原点，物体的三个投影分别叫水平投影（*H* 投影）、正面投影（*V* 投影）、侧面投影（*W* 投影）。见图 2-3。

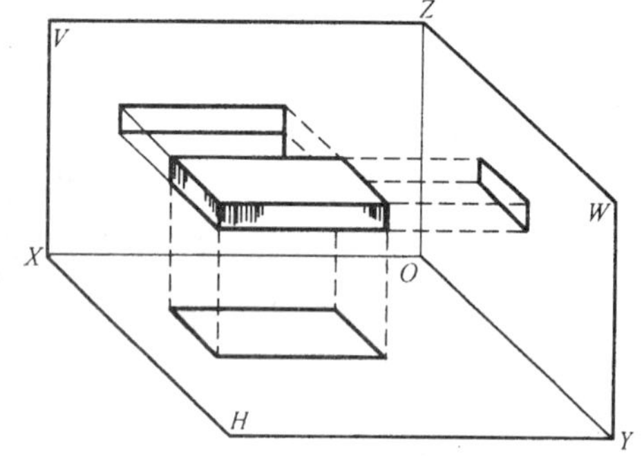

图 2-3　一块砖的三面投影

建筑工程图设计图纸的绘制，就是按照这种方法绘成的，我们只要学会看懂这种图形，就可以在头脑中想象出一个物体的立体形象。

2. 点、线、面的正三面投影

(1) 一个点在空间各投影面上的投影，总是一个点，见图 2-4。

(2) 一条线在空间各投影面上的投影，由线和点来反映，如图 2-5。

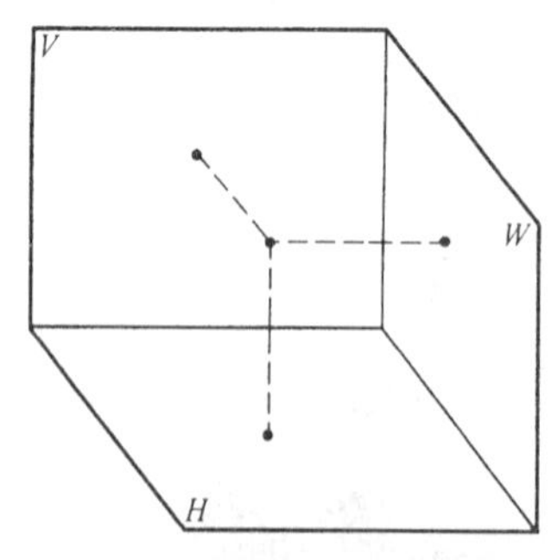

图 2-4　点的正三面投影示例

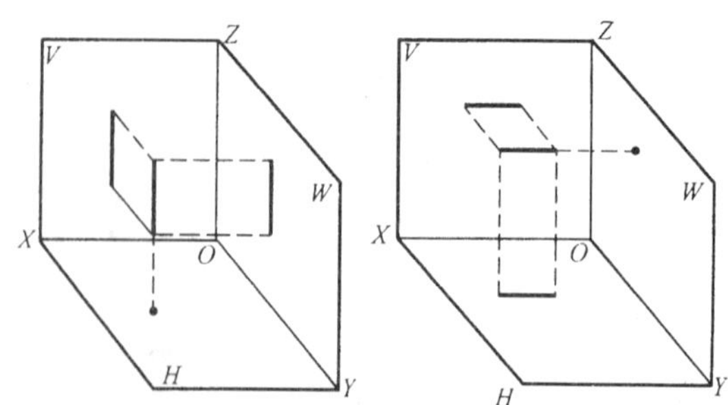

图 2-5　竖直向下和水平线的正三面投影

(3) 一个几何体的面在空间各投影面上的投影，由线和面来反映，如图 2-6。

3. 物体的正三面投影

物体的投影比较复杂，它在空间各投影面上的投影，都是以面的形式反映出来，如图 2-7。

（二）剖面图

一个物体用三面投影画出的投影图，只能表明形体的外部形状，对于内部构造复杂的形体，仅用外形投影是无法表达清楚的，例如一幢房子的内部构造。为了能清晰地表达出形体内部构造形状，比较理想的图示方法就是形体的剖面图。

假想用一个剖切面将形体剖开，移去剖切面与观察者之间的部分，作出剩下那部分形体的投影，所得投影图称为剖面图，简称剖面。图 2-8 就是一个关闭的木箱剖切后的内部投影图。

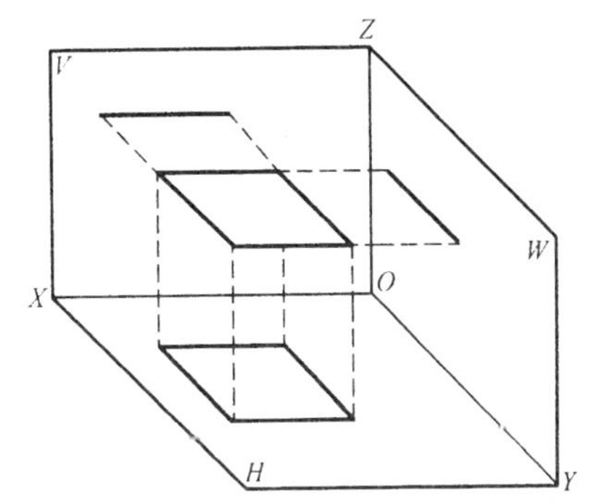

图 2-6　平行于水平投影面的平行四边形的正三面投影

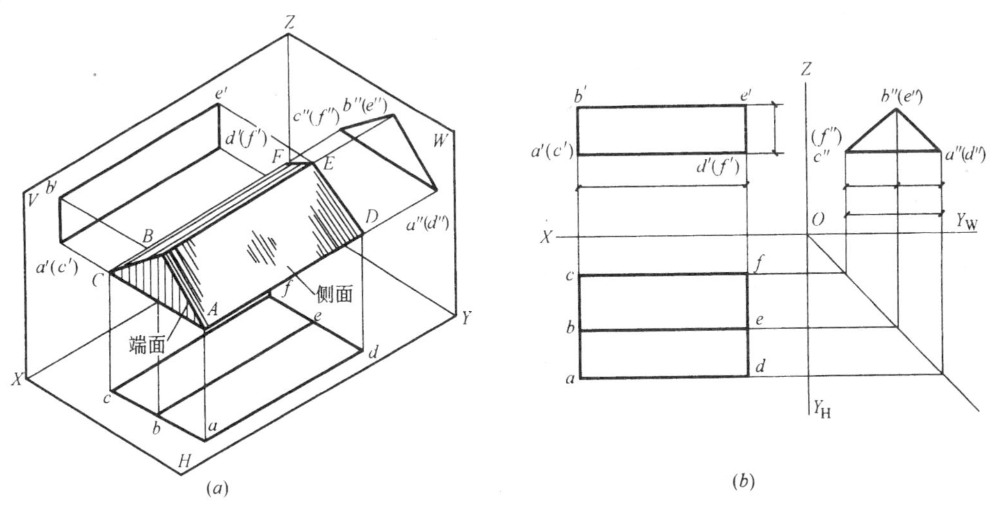

图 2-7　三棱柱的投影

(a) 直观图；(b) 投影图

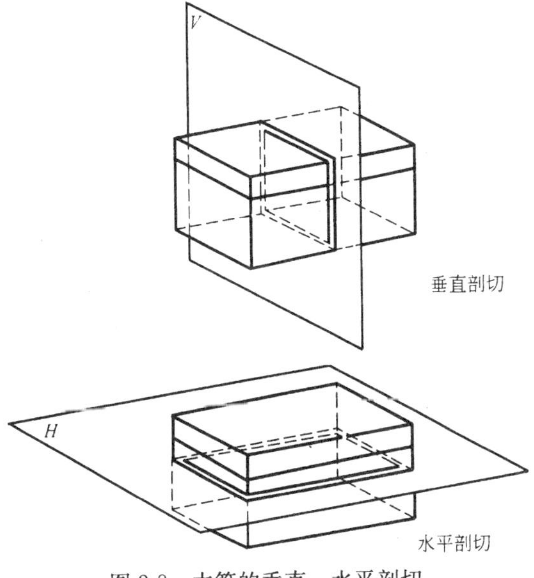

图 2-8　木箱的垂直、水平剖切

（三）视图

视图就是人从不同的位置所看到的一个物体在投影面上投影后所绘成的图纸。一般分为：

（1）上视图，也称为平面图。即人在物体的上部往下看，物体在下面投影面上所投影出的形象。

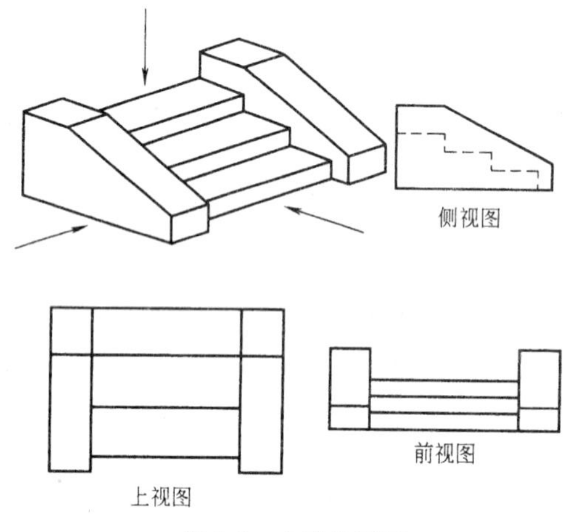

图 2-9　台阶的视图

（2）前、后、侧视图，也称立面图。是人在物体的前、后、侧面看到的这个物体的形象。

（3）仰视图。这是人在物体下部向上观看所见到的形象。

（4）剖视图。假想一个平面把物体某处剖切后，移走一部分，人站在未移走的那部分物体剖切面前所看到的物体剖切平面上的投影的形象。

图 2-9 就是一个台阶的视图。

图 2-10 为一个建筑物的视图和剖面图。

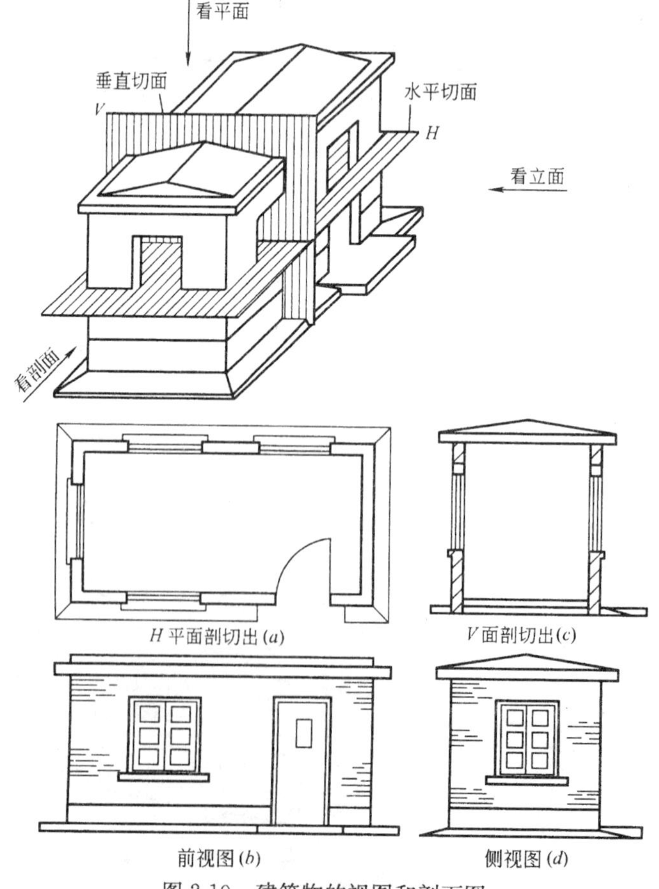

图 2-10　建筑物的视图和剖面图

从视图的形成说明物体都可以通过投影用面的形式来表达。这些平面图形又都代表了物体的某个部分。施工图纸就是采用这个办法，把想建造的房屋利用投影和视图的原理，绘制成立面图、平面图、剖面图等，使人们想象出该房屋的形象，并按照它进行施工变成实物。

三、建筑工程图的内容

（一）建筑工程图设计程序

建造房屋要先进行设计，房屋设计一般可概括为两个阶段，即初步设计阶段和施工图设计阶段。

1. 初步设计阶段

设计人员接受设计任务后，根据使用单位的设计要求，收集资料，调查研究，综合分析，合理构想，提出几种设计方案草图供选用。

在设计方案确定后，就着手用制图工具按比例绘出初步设计图，即房屋的总平面布置、房屋外形、基本构件选型、房屋的主要尺寸和经济指标等，供送有关部门审批用。

2. 施工图设计阶段

首先根据审批的初步设计图，进一步解决各种技术问题，取得各工种的协调与统一，进行具体的构造设计和结构计算。最后，从满足施工要求的角度绘制出一套能反映房屋整体和细部全部内容的图样，这套图样称施工图，它是房屋施工的主要依据。

（二）建筑工程图的种类

房屋施工图由于专业分工不同，一般分为建筑施工图、结构施工图和水暖电施工图。各专业图纸中又分为基本图和详图两部分。基本图表明全局性的内容，详图表明某些构件或某些局部详细尺寸和材料构成等。

1. 建筑施工图（简称建施）

主要表示建筑物的总体布局、外部造型、内部布置、细部构造、装修和施工要求等。基本图包括总平面图、建筑平面图、立面图和剖面图等；详图包括墙身、楼梯、门窗、厕所、屋檐及各种装修、构造的详细做法。

2. 结构施工图（简称结施）

主要表示承重的布置情况、构件类型及构造和做法等。基本图包括基础图、柱网平面布置图、楼层结构平面布置图、屋顶结构平面布置图等。构件图（即详图）包括柱、梁、楼板、楼梯、雨篷等。

3. 给水、排水、采暖、通风、电气等专业施工图（亦可统称它们为设备施工图）

简称分别为水施、暖通、电施等，它们主要表示管通（或电气线路）与设备的布置和走向、构件做法和设备的安装要求等。这几个专业的共同点是基本图都是由平面图、轴侧系统图或系统图所组成；详图有构件配件制作或安装图。

上述施工图，都应在图纸标题栏注写上自身的简称与图号，如“建施 1”、“结施 1”等。

（三）图纸的规格

所谓图纸的规格就是图纸幅面大小的尺寸，为了做到建筑工程制图基本统一，清晰简明，提高制图效率，满足设计、施工、存档的要求，国家制定了全国统一的标准，规定了图纸幅面的基本尺寸为五种，代号分别为 A0、A1、A2、A3、A4，如 A1 号图纸的基本幅尺寸为 594mm×841mm。

（四）图标与图签

图标与图签是设计图框的组成部分。

图标是说明设计单位、图名、编号的表格，一般在图纸的右下角。图签是供需要会签的图纸用的，一般位于图纸的左上角。见图 2-11。

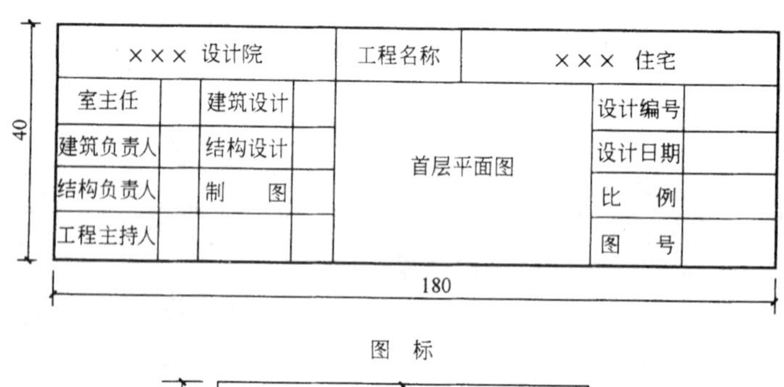

图　标

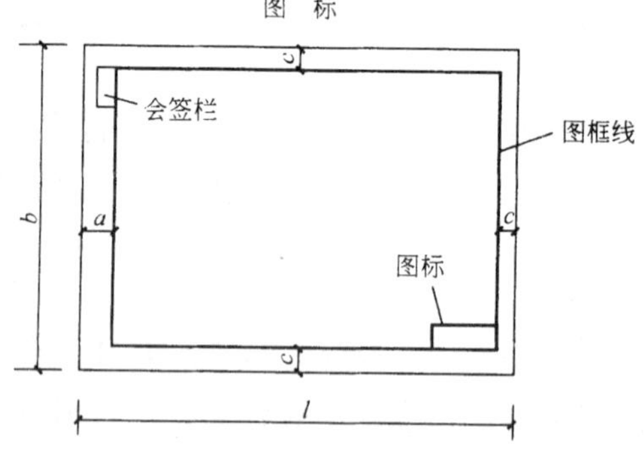

图 2-11　图纸中图标和图签的位置

（五）施工图的编排顺序

一套建筑施工图可有几张，甚至几百张之多，应按图纸内容的主次关系，系统地编排顺序。

一般一套建筑施工图的排列顺序是：图纸目录、设计总说明、建筑总平面图、建筑施工图、结构施工图、给水排水施工图、采暖通风施工图、电气工程施工图、煤气管道施工图等。

图纸目录便于查阅图纸，通常放在全套图纸的最前面。图纸目录上图号的编排顺序应与图纸一致。一般单张图纸在图标中图号用“建施 3/12”或“结施 4/10”的办法来表示，分子代表建施或结施的第几张图，分母代表建施或结施图纸的总张数。

四、建筑工程图的常用图形和符号

（一）图线

1. 线形和线宽

为了在工程图上表示出图中的不同内容，并且能分清主次，绘图时，必须选用不同的线形和不同线宽，详见表 2-1。

2. 线条种类和用途

(1) 定位轴线，采用细点画线表示。它是表示建筑物的主要结构或墙体的位置，亦可作为标志尺寸的基线。定位轴线一般应编号。在水平方向的编号，采用阿拉伯数字，由左

图线　　　　表 2-1

名称		线型	线宽	用途
实线	粗		b	1. 平、剖面图中被剖切的主要建筑构造(包括构配件)的轮廓线 2. 建筑立面图或室内立面图的外轮廓线 3. 建筑构造详图中被剖切的主要部分的轮廓线 4. 建筑构配件详图中的外轮廓线 5. 平、立、剖面的剖切符号
	中粗		$0.7b$	1. 平、剖面图中被剖切的次要建筑构造(包括构配件)的轮廓线 2. 建筑平、立、剖面图中建筑构配件的轮廓线 3. 建筑构造详图及建筑构配件详图中的一般轮廓线
	中		$0.5b$	小于 $0.7b$ 的图形线、尺寸线、尺寸界限、索引符号、标高符号、详图材料做法引出线、粉刷线、保温层线、地面、墙面的高差分界线等
	细		$0.25b$	图例填充线、家具线、纹样线等
虚线	中粗		$0.7b$	1. 建筑构造详图及建筑构配件不可见的轮廓线 2. 平面图中的起重机(吊车)轮廓线 3. 拟建、扩建建筑物轮廓线
	中		$0.5b$	投影线、小于 $0.5b$ 的不可见轮廓线
	细		$0.25b$	图例填充线、家具线等
单点长画线	粗		b	起重机(吊车)轨道线
	细		$0.25b$	中心线、对称线、定位轴线
折断线	细		$0.25b$	部分省略表示时的断开界线
波浪线	细		$0.25b$	部分省略表示时的断开界线,曲线形构间断开界限 构造层次的断开界限

注：地平线宽可用 $1.4b$。

向右依次注写；在竖直方向的编号，采用大写汉语拼音字母，由下而上顺序注写。轴线编号一般标志在图面的下方及左侧，如图 2-12 所示。

两个轴线之间，如有附加轴线时，图线上的编号就采用分数表示，分母表示前一轴线的编号，分子表示附加的第几道轴线，分子用阿拉伯数字顺序注写。表示方法见图 2-13。

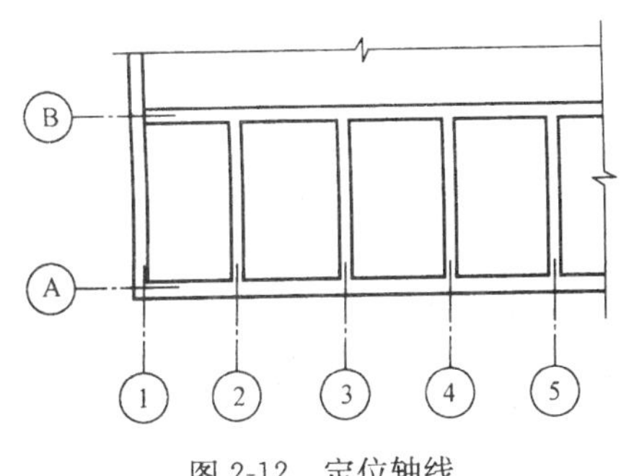

图 2-12　定位轴线

图 2-13　附加轴线编号表示法

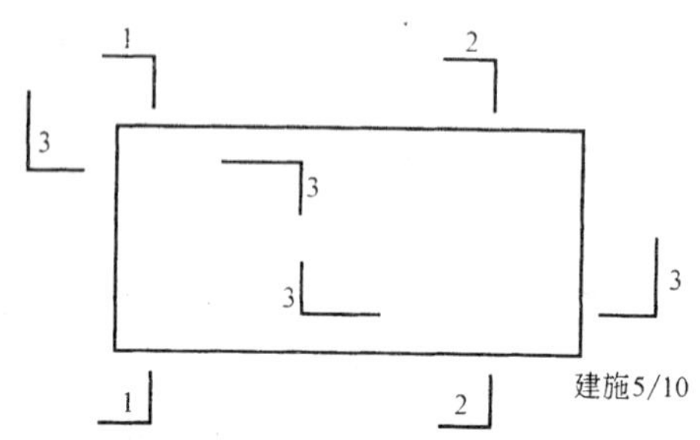

图 2-14　剖面切线表示法

（2）剖面的剖切线，一般采用粗实线。图线上的剖切线是表示剖面的剖切位置和剖视方向。编号是根据剖视方向注写于剖切线的一侧，如图 2-14，其中“2-2”剖切线就是表示人站在图右面向左方向（即向标志 2 的方向）视图。

剖面编号采用阿拉伯数字，按顺序连续编排。此外转折的剖切线的转折次数一般以一次为限。当我们看图时，被剖切的图面与剖面图不在同一张图纸上时，在剖切线下会有注明剖面图所在图纸的图号。

再有，如构件的截面采用剖切线时，编号亦用阿拉伯数字，编号应根据剖视方向注写于剖切线的一侧，例如向左剖视的数字就写在左侧，向下剖视的，就写在剖切线下方，见图 2-15。

（3）尺寸线，尺寸线多数用细实线绘出。尺寸线在图上表示各部位的实际尺寸。它由尺寸界线、起止点的短斜线（或圆黑点）和尺寸线所组成。尺寸界线有时与房屋的轴线重合，它用短竖线表示，起止点的斜线一般与尺寸线成 45°角，尺寸线与界线相交，相交处应适当延长一些，便于绘短斜线后使人看时清晰，尺寸大小的数字应填写在尺寸线上方的中间位置（见图 2-16）。

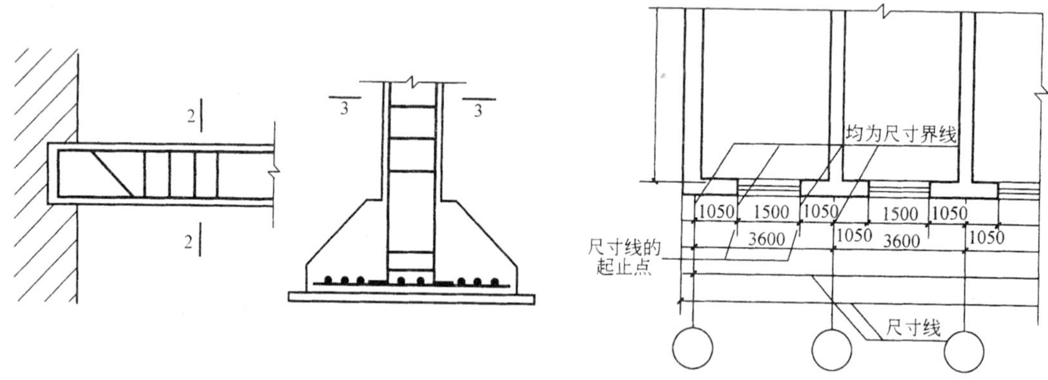

图 2-15　剖切线编号表示法

图 2-16　尺寸线表示法

此外桁架结构类的单线图，其尺寸在图上都标在构件的一侧，单线一般用粗实线绘制。标志半径，直径及坡度的尺寸，其标注方法见图 2-17。半径以 R 表示，直径以 ϕ 表

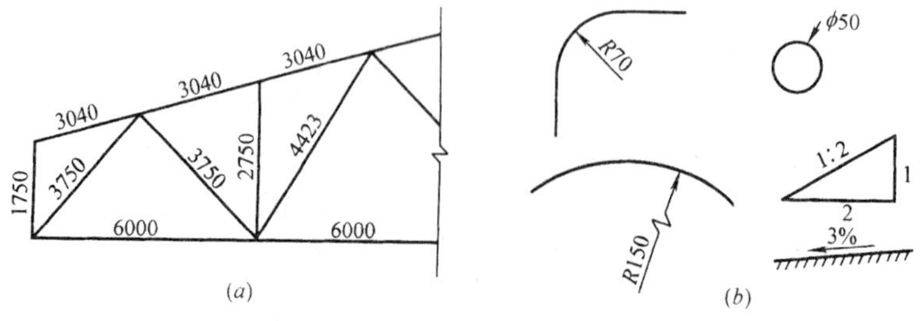

图 2-17　桁架等结构表示法

示，坡度用三角形或百分比表示。

（4）引出线，引出线用细实线绘制。引出线是为了注释图纸上某一部分的标高、尺寸、做法等文字说明时，因为图面上书写部位尺寸有限，而用引出线将文字引到适当部位加以注解。引出线的形式如图 2-18 所示。

（5）折断线，一般采用细实线绘制。折断线是绘图时为了少占图纸而把不必要的部分省略不画的表示。见图 2-19。

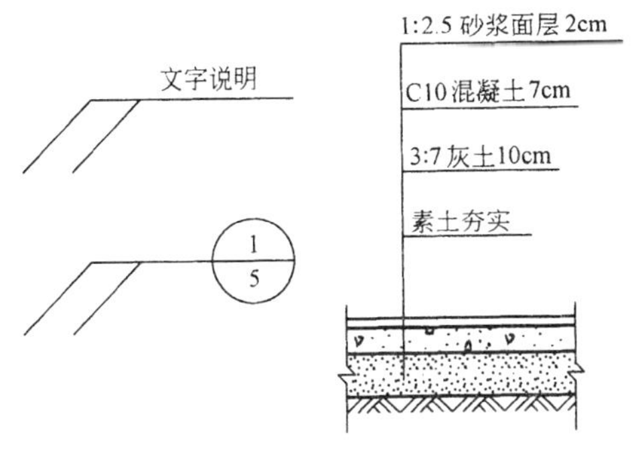

图 2-18　引出线表示法

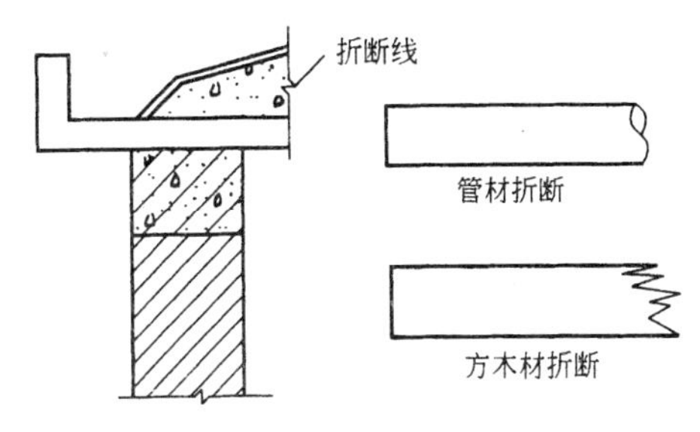

图 2-19　折断线表示

（6）虚线，虚线是线段及间距应保持长短一致的断续短线。它在图上有中粗、细线两类。它表示：建筑物看不见的背面和内部的轮廓或界线；设备所在位置的轮廓。如图 2-20，表示一个基础杯口的位置和一个房屋内锅炉安放的位置。

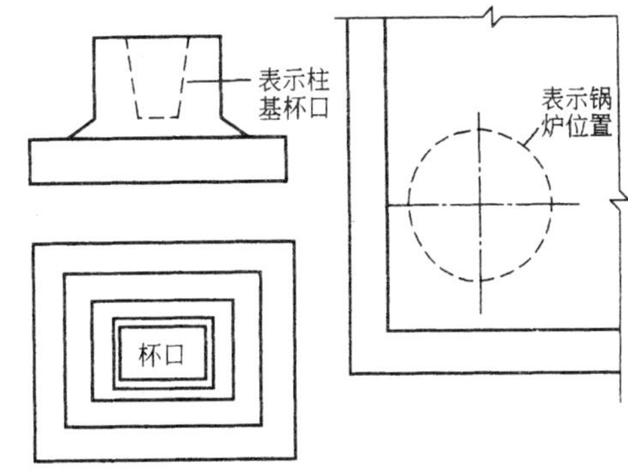

图 2-20　虚线表示法

（二）尺寸和比例

1. 图纸的尺寸

一栋建筑物，一个建筑构件，都有长度、宽度、高度，它们需要用尺寸来表明它们的大小。平面图上的尺寸线所示的数字即为图面某处的长、宽尺寸。按照国家标准规定，图纸上除标高的高度及总平面图上尺寸用米（m）为单位标志外，其他尺寸一律用毫米（mm）为单位。为了统一起见所有以毫米（mm）为单位的尺寸在图纸上就只写数字不再注单位了。如果数字的单位不是毫米，那么必须写清楚。

2. 图纸的比例

图纸上标出的尺寸，实际上并非在图上就真是那么长，如果真要按实足的尺寸绘图，几十米长的房子是不可能用桌面大小的图纸绘出来的。而是通过把所要绘的建筑物缩小几十倍、几百倍甚至上千倍才能绘成图纸。我们把这种缩小的倍数叫做“比例”。如在图纸上用图面尺寸为 1cm 的长度代表实物长度 1m（也就是代表实物长度 100cm）的话，那么我们就称用这种缩小的尺寸绘成的图的比例叫做 1∶100。反之一栋 60m 长的房屋用 1∶100 的比例描绘下来，在图纸上就只有 60cm 长了，这样在图纸上也就可以画得下了。所以我们知道了图纸的比例之后，只要量得图上的实际长度再乘上比例倍数，就可以知道该建筑物的实际大小了。

（三）标高及其他

1. 标高

标高是表示建筑物的地面或某一部位的高度。在图纸上标高尺寸的注法都是以米（m）为单位的，一般注写到小数点后三位，在总平面图上只要注写到小数点后二位就可以了。

在建筑施工图纸上用绝对标高和建筑标高两种方法表示不同的相对高度。

绝对标高，它是以海平面高度 0 点（我国是以青岛黄海海平面为基准），图纸上某处所注的绝对标高高度，就是说明该图面上某处的高度比海平面高出多少。绝对标高一般只用在总平面图上，以标志新建筑处地的高度。有时在建筑施工图的首层平面上也有注写，它的标注方法是如±0.000＝▼ 50.00，表示该建筑的首层地面比黄海海面高出 50m，绝对标高的图式是黑色三角形，建筑标高，除总平面图外，其他施工图上用来表示建筑物各部位的高度，都是以该建筑物的首层（即底层）室内地面高度作为 0 点（写作±0.000）来计算的。比 0 点高的部位我们称为正标高，如比 0 点高出 3m 的地方，我们标成▽3.000，而数字前面不加（＋）号。反之比 0 点低的地方，如室外散水低 45cm，我们标成▽-0.450，在数字前面加上（－）号。

2. 指北针与风玫瑰

在总平面图及首层的建筑平面图上，一般都绘有指北针，表示该建筑物的朝向。

风玫瑰是总平面图上用来表示该地区每年风向频率的标志。它是以十字坐标定出东、南、西、北、东南、东北、西南、西北……十六个方向后，根据该地区多年平均统计的各个方向吹风次数的百分数值，绘成的折线图形，我们叫它风频率玫瑰图，简称风玫瑰图。见图 2-21。

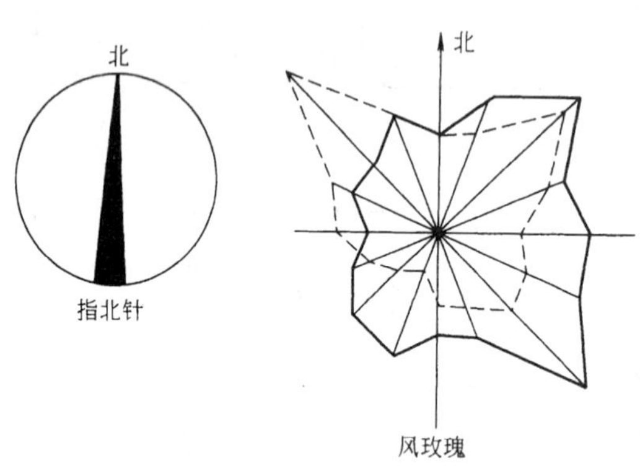

图 2-21　指北针与风玫瑰

3. 索引标志

索引标志是表示图上该部分另有详图的意思。它用圆圈表示，索引标志的不同表示方法有以下几种：

(1) 所索引的详图在本图纸上（图 2-22，*a*）。

(2) 所索引的详图不在本张图纸上（图 2-22，*b*）。

(3) 所索引的详图，采用标准详图（图 2-22，*c*）。

(4) 局部剖面详图的表示：详图表示在索引线边上有一根短粗直线，表示剖视方向（图 2-22，*d*）。

(5) 金属零件、钢筋、构件等编号也用圆圈表示（图 2-22，*e*）。

4. 符号

(1) 对称符号。这个符号的含义是当绘制一个完全对称的图形时，为了节省图纸篇幅，在对称中心线上，绘上对称符号，则其对称中心的另一边可以省略不画。中心线用细点画线绘制，在中心线上下划两条平行线，这便是对称符号，另一边的图就不必画了（见图 2-23）。

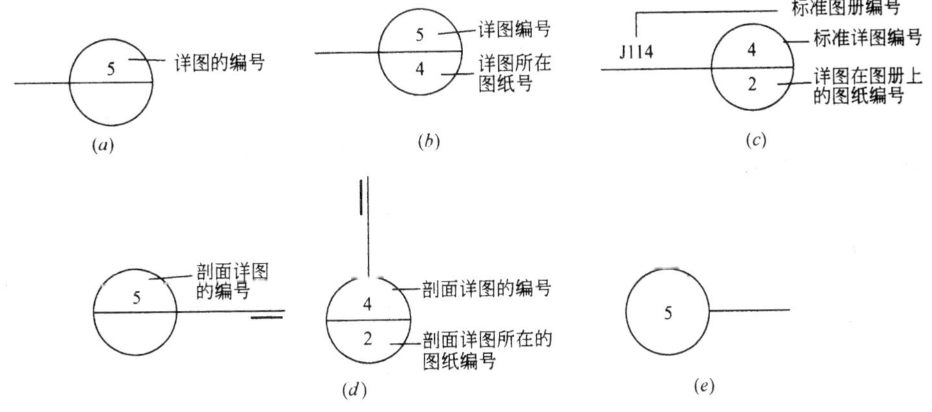

图 2-22　索引标志的表示法

(2) 连接符号。它是用在连接切断的结构构件图形上的符号。如当一个构件的这一部分和需要相接的另一部连接时就采用这个符号来表示。它有两种情形：第一，所绘制的构件图形与另一个构件的图形仅部分不相同时，可只画另一构件不同的部分，并用连接符号表示相连，两个连接符号应对准在同一线上。第二，当同一个构件在绘制时图纸有限制，那时在图纸上就将它分为两部分绘制，在相连的地方再用连接符号表示。有了这个符号就便于我们在看图时找到两个相连部分，从而了解该构件的全貌。见图 2-24。

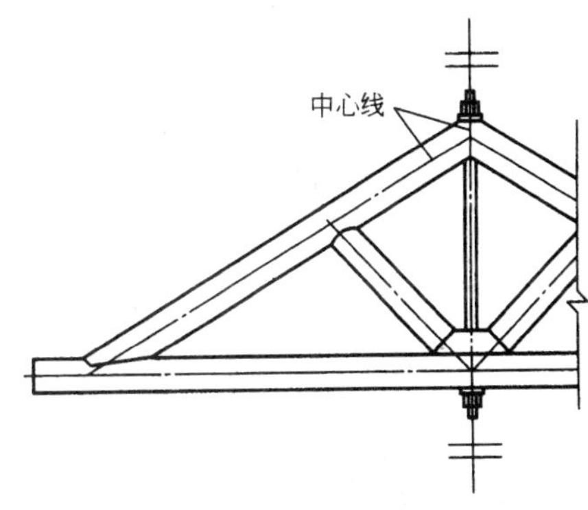

图 2-23　中心线和对称符号的表示法

5. 图例

图例是建筑工程图纸上用图形来表示一定含义的一种符号，具有一定的形象性，使人看了能体会到它代表的东西。以下常用图例选自现行国家标准《建筑制图标准》、《房屋建筑制图统一标准》。

(1) 建筑总平面图上常用的图例（表 2-2）

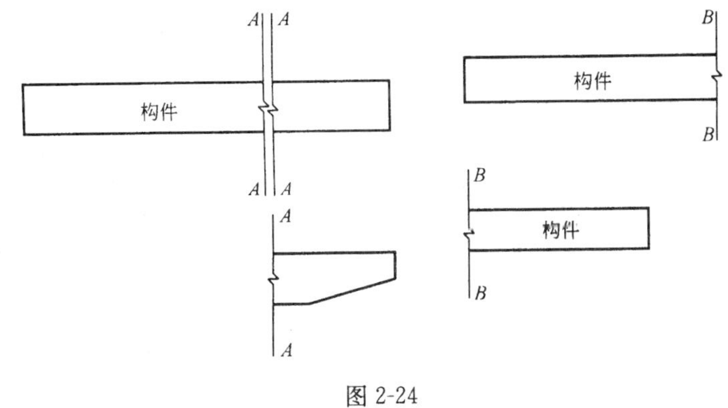

图 2-24

总平面图上常用的图例 表 2-2

名称	图例	说明	名称	图例	说明
新建的建筑物	8	1. 用▲表示出入口图例 2. 需要时，可在图形内右上角以点数或数字（高层宜用数字）表示层数 3. 用粗实线表示	烟囱		实线为烟囱下部直径，虚线为基础，必要时可注写烟囱高度和上、下口直径
原有的建筑物		1. 应注明拟利用者 2. 用细实线表示	围墙及大门		上图为砖石、混凝土或金属材料的围墙 下图为通透性围墙 如仅表示围墙时不画大门
计划扩建的预留地或建筑物		用中粗虚线表示	坐标	X110.00 Y85.00 A132.51 B271.42	上图表示测量坐标 下图表示建筑坐标
拆除的建筑物		用细实线表示	雨水口		
新建的地下建筑物或构筑物		用粗虚线表示	消火栓井		
漏斗式贮仓		左、右图为底卸式中图为侧卸式	室内标高	15.00	
散状材料露天堆场		需要时可注明材料名称	室外标高	80.00	
铺砌场地			原有道路		
			计划扩建道路		
水塔、贮罐		左图为水塔或立式贮罐右图为卧式贮藏	桥梁		1. 上图为公路桥，下图为铁路桥 2. 用于旱桥时应说明

（2）常用建筑材料的图例（表 2-3）

常用建筑材料图例 表 2-3

名称	图例	说明	名称	图例	说明
自然土壤		包括各种自然土壤	混凝土		1. 本图例仅适用于能承重的混凝土及钢筋混凝土 2. 包括各种强度等级、骨料、添加剂的混凝土 3. 在剖面图上画出钢筋时，不画图例线 4. 断面较窄，不易画出图例线时，可涂黑
夯实土壤					
砂、灰土		靠近轮廓线点较密的点	钢筋混凝土		
天然石材		包括岩层、砌体、铺地、贴面等材料			

续表

名称	图 例	说 明	名称	图 例	说 明
多孔材料		包括水泥珍珠岩、沥青珍珠岩、泡沫混凝土、非承重加气混凝土、泡沫塑料、软木等	粉刷		本图例点以较稀的点
			毛石		
石膏板			普通砖		1. 包括砌体、砌块 2. 断面较窄,不易画出图例线时,可涂红
金属		1. 包括各种金属 2. 图形小时,可涂黑	耐火砖		包括耐酸砖等
玻璃		包括平板玻璃、磨砂玻璃、夹丝玻璃、钢化玻璃等	空心砖		包括各种多孔砖
防水材料		构造层次多或比例较大时,采用上面图例	饰面砖		包括铺地砖、陶瓷锦砖(马赛克)、人造大理石等

(3) 常用建筑构造及配件的图例(表 2-4)

常用建筑构造及配件图例 **表 2-4**

名 称	图 例	说 明
墙体		1. 上图为外墙,下图为内墙 2. 外墙细线表示有保温层或有幕墙 3. 应加注文字或涂色或图案填充表示各种材料的墙体 4. 在各层平面图中防火墙宜着重以特殊图案填充表示
隔断		1. 加注文字或涂色或图案填充表示各种材料的轻质隔断 2. 适用于到顶与不到顶隔断
玻璃幕墙		幕墙龙骨是否表示由项目设计决定
栏杆		—
楼梯	下 下 上 上	1. 上图为顶层楼梯平面,中图为中间层楼梯平面,下图为底层楼梯平面 2. 需设置幕墙扶手或中间扶手时,应在图中表示

续表

名　称	图　例	说　明
检查口		左图为可见检查口,右图为不可见检查口
孔洞		阴影部分亦可填充灰度或涂色代码
坑槽		—
墙预留洞、槽	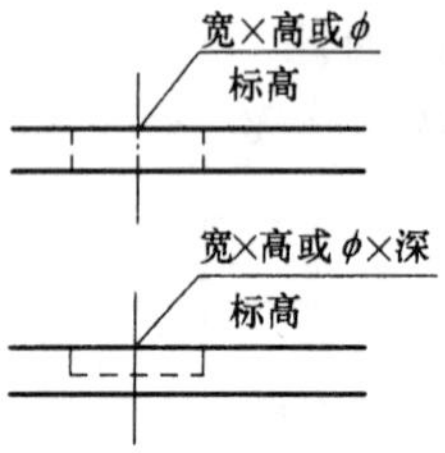 宽×高或ϕ 标高 宽×高或ϕ×深 标高	1. 上图为预留洞,下图为预留槽 2. 平面以洞(槽)中心定位 3. 标高以洞(槽)底或中心定位 4. 宜以涂色区别墙体和预留洞(槽)
地沟	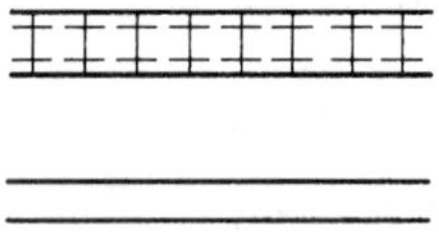	上图为有盖板地沟,下图为无盖板明沟
烟道	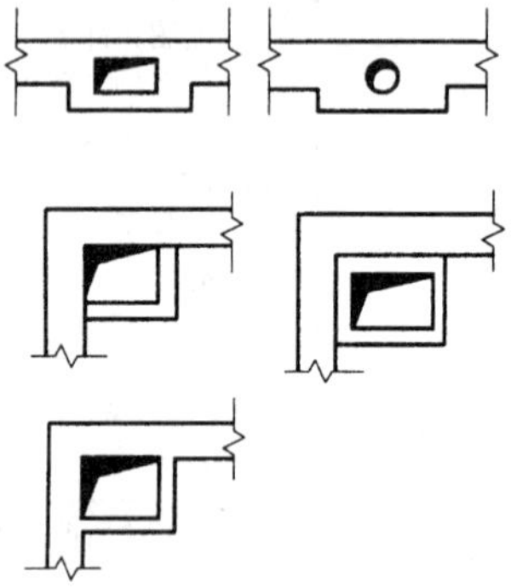	1. 阴影部分亦可填充灰度或涂色代替 2. 烟道、风道与墙体为相同材料,其相接处墙身线应连通 3. 烟道、风道根据需要增加不同材料的内衬
风道	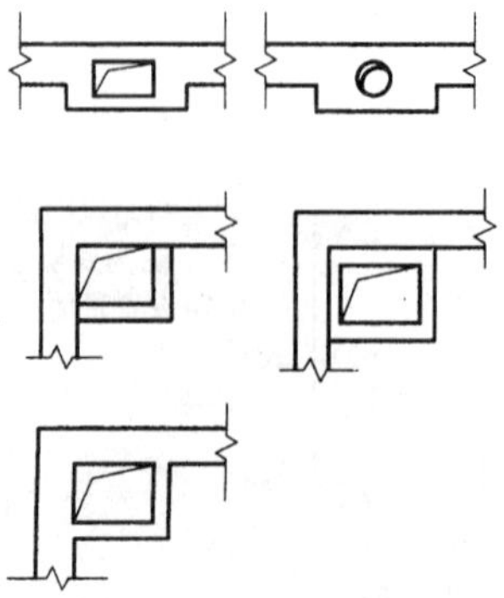	

<table>
<tr><th>名　称</th><th>图　例</th><th>说　明</th></tr>
<tr><td>空门洞</td><td>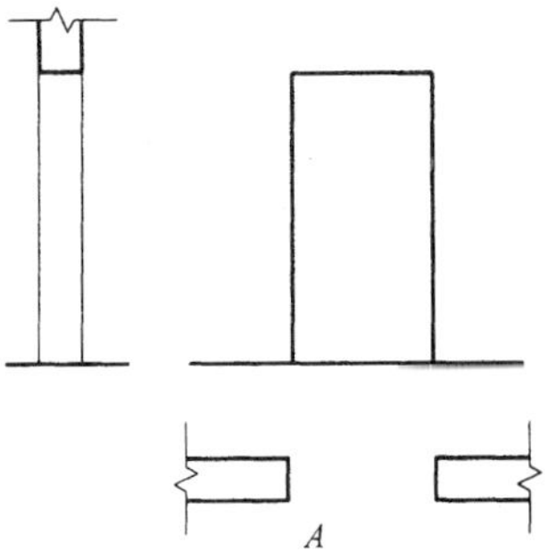</td><td>A 为门洞高度</td></tr>
<tr><td>单面开启单扇门（包括平开或单面弹簧）</td><td>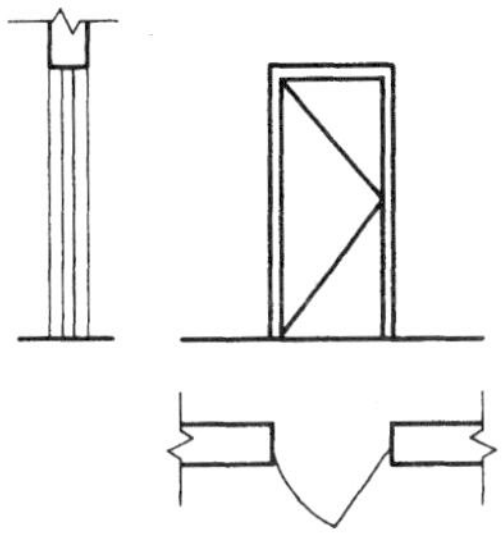</td><td rowspan="3">1. 门的名称代号用 M 表示
2. 平面图中，下为外，上为内
门开启线为 90°、60°或 45°，开启弧线宜绘出
3. 立面图中，开启线实线为外开，虚线为内开。开启线交角的一侧为安装合页一侧。开启线在建筑立面图中可不表示，在立面大样图中可根据需要绘出
4. 剖面图中，左为外，右为内
5. 附加纱扇应以文字说明，在平、立、剖面图中均不表示
6. 立面形式应按实际情况绘制</td></tr>
<tr><td>双面开启单扇门（包括双面平开或双面弹簧）</td><td>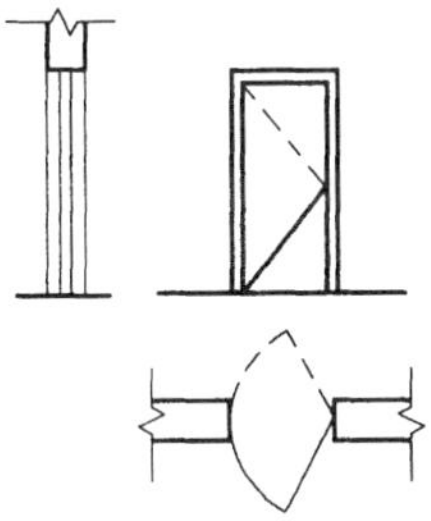</td></tr>
<tr><td>双层单扇平开门</td><td>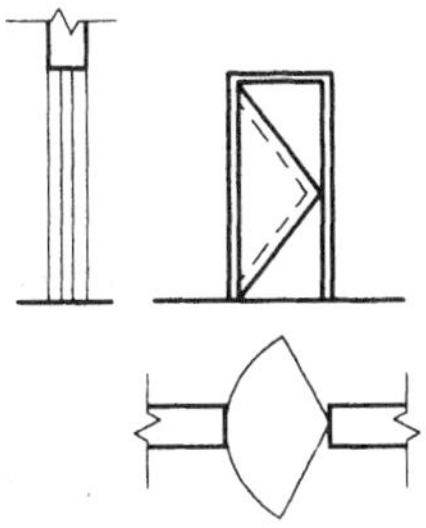</td></tr>
<tr><td>单面开启双扇门（包括平开或单面弹簧）</td><td>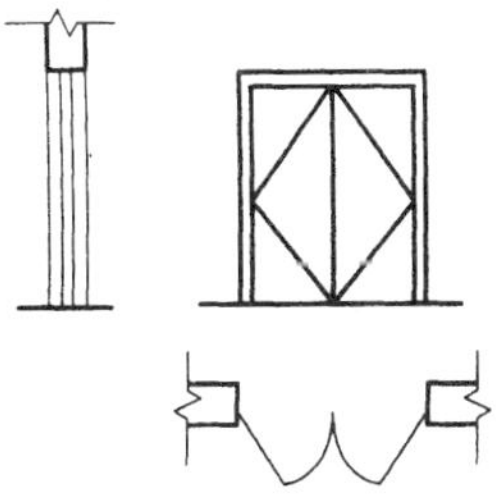</td><td>1. 门的名称代号用 M 表示
2. 平面图中，下为外，上为内
门开启线为 90°、60°或 45°，开启弧线宜绘出
3. 立面图中，开启线实线为外开，虚线为内开。开启线交角的一侧为安装合页一侧。开启线在建筑立面图中可不表示，在立面大样图中可根据需要绘出
4. 剖面图中，左为外，右为内
5. 附加纱扇应以文字说明，在平、立、剖面图中均不表示
6. 立面形式应按实际情况绘制</td></tr>
</table>

续表

名　称	图　例	说　明
双面开启双扇门（包括双面平开或双面弹簧）	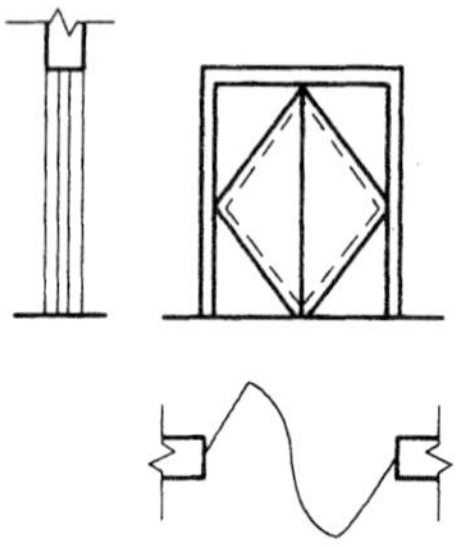	1. 门的名称代号用 M 表示 2. 平面图中，下为外，上为内 门开启线为 90°、60°或 45°，开启弧线宜绘出 3. 立面图中，开启线实线为外开，虚线为内开。开启线交角的一侧为安装合页一侧。开启线在建筑立面图中可不表示，在立面大样图中可根据需要绘出 4. 剖面图中，左为外，右为内 5. 附加纱扇应以文字说明，在平、立、剖面图中均不表示 6. 立面形式应按实际情况绘制
双层双扇平开门	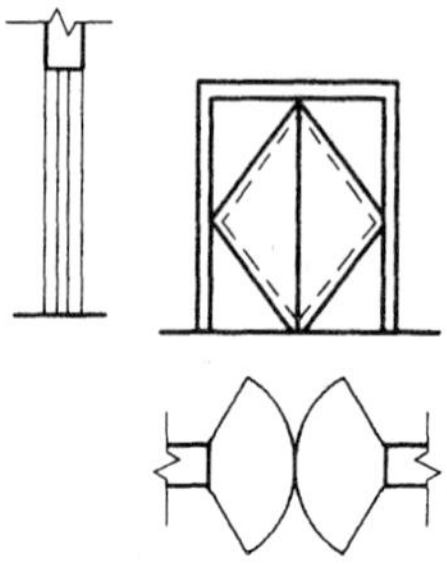	
立转窗	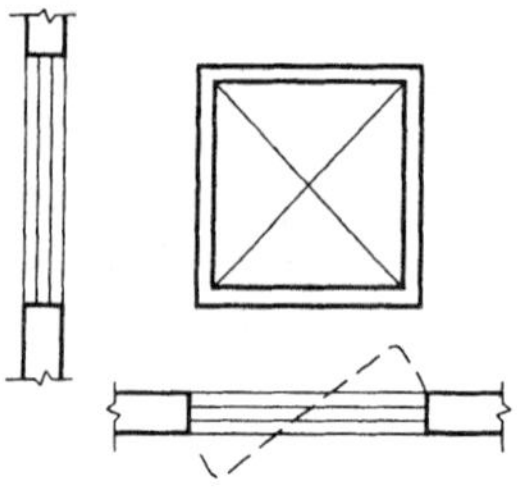	1. 窗的名称代号用 C 表示 2. 平面图中，下为外，上为内 3. 立面图中，开启线实线为外开，虚线为内开。开启线交角的一侧为安装合页一侧。开启线在建筑立面图中可不表示，在门窗立面大样图中需绘出 4. 剖面图中，左为外、右为内。虚线仅表示开启方向，项目设计不表示 5. 附加纱窗应以文字说明，在平立、剖面图中均不表示 6. 立面形式应按实际情况绘制
内开平开内倾窗	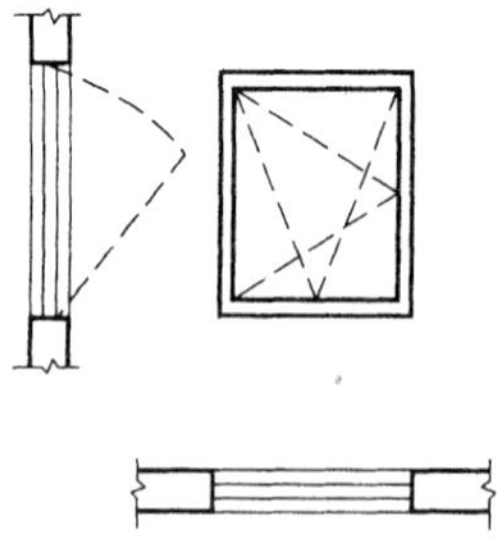	
单层外开平开窗	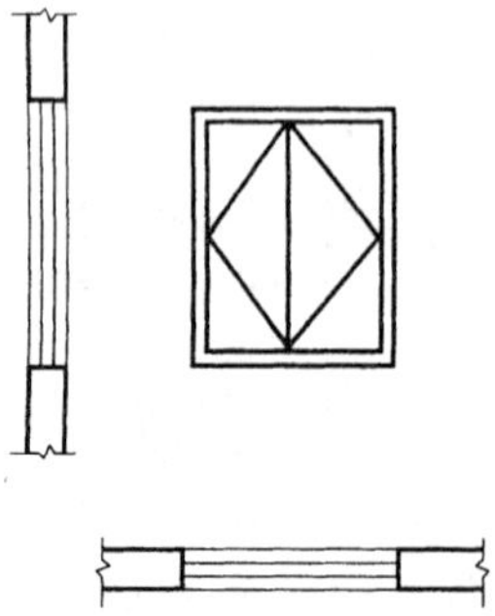	

续表

<table>
<tr><th>名　称</th><th>图　例</th><th>说　明</th></tr>
<tr><td>单层内开平开窗</td><td>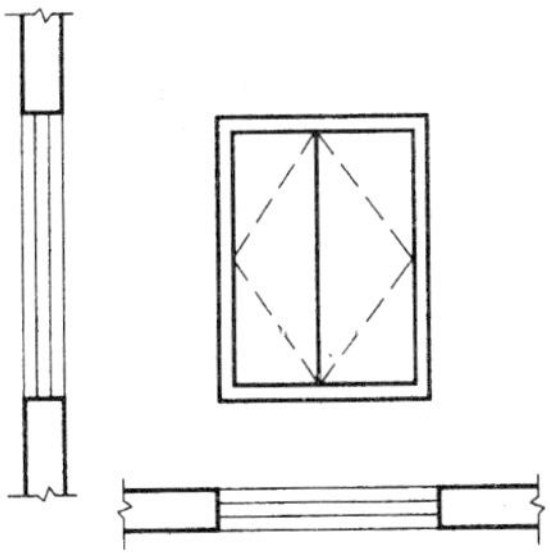</td><td rowspan="2">1. 窗的名称代号用C表示
2. 平面图中，下为外，上为内
3. 立面图中，开启线实线为外开，虚线为内开。开启线交角的一侧为安装合页一侧。开启线在建筑立面图中可不表示，在门窗立面大样图中需绘出
4. 剖面图中，左为外、右为内。虚线仅表示开启方向，项目设计不表示
5. 附加纱窗应以文字说明，在平立、剖面图中均不表示
6. 立面形式应按实际情况绘制</td></tr>
<tr><td>双层内外开平开窗</td><td>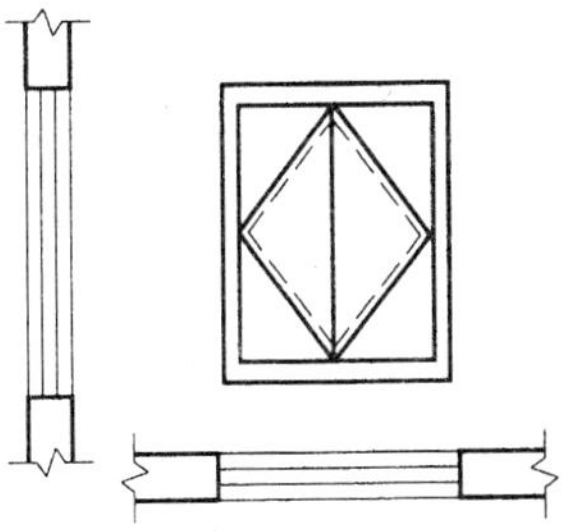</td></tr>
<tr><td>单层推拉窗</td><td>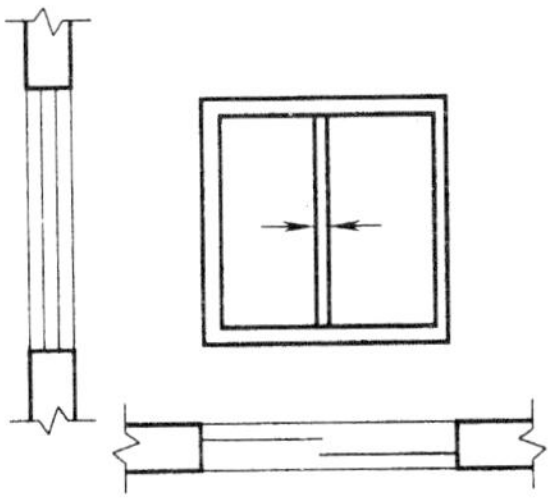</td><td>1. 窗的名称代号用C表示
2. 立面形式应按实际情况绘制</td></tr>
<tr><td>双层推拉窗</td><td>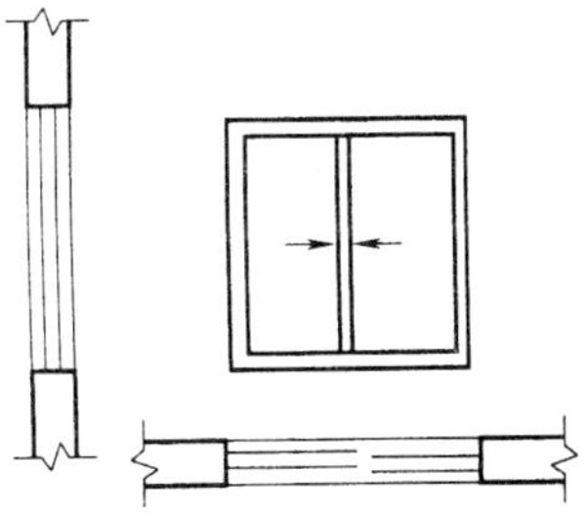</td><td>1. 窗的名称代号用C表示
2. 立面形式应按实际情况绘制</td></tr>
</table>

其他还有表示卫生器具、水暖、钢筋焊接接头、钢结构连接等图例，就不一一列举，可以从现行国家标准《建筑制图标准》GB/T 50104、《房屋建筑制图统一标准》GB/T 50001中查到。

第二节　看图的方法和步骤

一、一般方法和步骤

（一）看图的方法

看图的方法一般是先要弄清是什么图纸，根据图纸的特点来看。从看图经验的顺口溜说，看图应：“从上往下看、从左向右看、由外向里看、由大到小看、由粗到细看，图样与说明对照看，建施与结施结合看”。必要时还要把设备图拿来参照看，这样看图才能收到较好的效果。

但是由于图面上的各种线条纵横交错，各种图例、符号密密麻麻，对初学的看图者来说，开始时必须仔细认真，并要花费较长的时间，才能把图看懂。为了使读者能较快获得看懂图纸的效果，在举例的图上绘制成一种帮助读者看懂图意的工具符号，我们给这个工具符号起个名字，叫做“识图箭”，它由箭头和箭杆两部分组成，箭头是涂黑的带鱼尾状的等腰三角形，箭杆是由直线组成，箭头所指的图位，即是箭杆上文字说明所要解释的部位，起到说明图意内容的作用。

（二）看图的步骤

(1) 图纸拿来之后，应先把目录看一遍。了解是什么类型的建筑，是工业厂房还是民用建筑，建筑面积多大，是单层、多层还是高层，是哪个建设单位，哪个设计单位，图纸共有多少张等。这样对这份图纸的建筑类型有了初步的了解。

(2) 按照图纸目录检查各类图纸是否齐全，图纸编号与图名是否符合；如采用相配的标准图则要了解标准图是哪一类的，图集的编号和编制的单位，要把它们准备存放在手边以便到时可以查看。图纸齐全后就可以按图纸顺序看图了。

(3) 看图程序是先看设计总说明，了解建筑概况，技术要求等，然后看图。一般按目录的排列往下逐张看图，如先看建筑总平面图，了解建筑物的地理位置、高程、坐标、朝向，以及与建筑有关的一些情况。如果是一个施工技术人员，那么他看了建筑总平面图之后，就得进一步考虑施工时如何进行平面布置等设想。

(4) 看完建筑总平面图之后，则先看建筑施工图中的建筑平面图，了解房屋的长度、宽度、轴线尺寸、开间大小、一般布局等。再看立面图和剖面图，从而达到对这栋建筑物有一个总体的了解。最好是通过看这三种图之后，能在脑子中形成这栋房屋的立体形象，能想象出它的规模和轮廓。这就需要运用自己的生产实践经历和想象能力了。

(5) 在对建筑图有了总体了解之后，我们可以从基础图一步步地深入看图了。从基础的类型、挖土的深度、基础尺寸、构造、轴线位置等开始仔细地阅读。按基础——结构——建筑（包括详图）这个施工顺序看图，遇到问题还要记下来，以便在继续看图中得到解决，或到设计交底时提出。在看基础图时，还可以结合看地质勘探图，了解土质情况以便施工时核对土质构造。

(6) 在图纸全部看完之后，可按不同工种有关的施工部分，将图纸再细读，如砌砖工序要了解墙厚度、高度、门、窗口大小，清水墙还是混水墙，窗口有没有出檐，用什么过梁等。木工工序就关心哪儿要支模板，如现浇钢筋混凝土梁、柱就要了解梁、柱断面尺寸、标高、长度．高度等等；除结构之外木工工序还要了解门窗的编号、数量、类型和建筑上有关的木装修图纸。钢筋工序则凡是有钢筋的地方，都要看细，经过翻样才能配料和绑扎。其他工序都可以从图纸中看到施工需要的部分。除了会看图之外，有经验的人还要考虑按图纸的技术要求，如何保证各工序的衔接以及工程质量和安全作业等。

(7) 随着生产实践经验的增长和看图知识的积累，在看图中间还应该对照建筑图与结构图看看有无矛盾，构造上能否施工，支模时标高与砌砖高度能不能对口（俗称能不能交圈）等。

二、建筑总平面图

（一）什么是建筑总平面图

在地形图上画上新建房屋和原有房屋的外轮廓的水平投影及场地，道路、绿化的布置的图形即为建筑总平面图。

建筑群的总平面图的绘制，建筑群位置的确定，是由城市规划部门先把用地范围规定下来后，设计部门才能在他们规定的区域内布置建筑总平面。当在城市中布置需建房屋的总平面图时，一般以城市道路中心线为基准，再由它向需建设房屋的一面定出一条该建筑物或建筑群的“红线”（所谓“红线”就是限制建筑物的界限线），从而确定建筑物的边界位置，然后设计人员再以它为基准，设计布置这群建筑的相对位置，绘制出建筑总平面布置图。

（二）建筑总平面图的内容及看图方法

我们以图 2-25 为例进行说明。

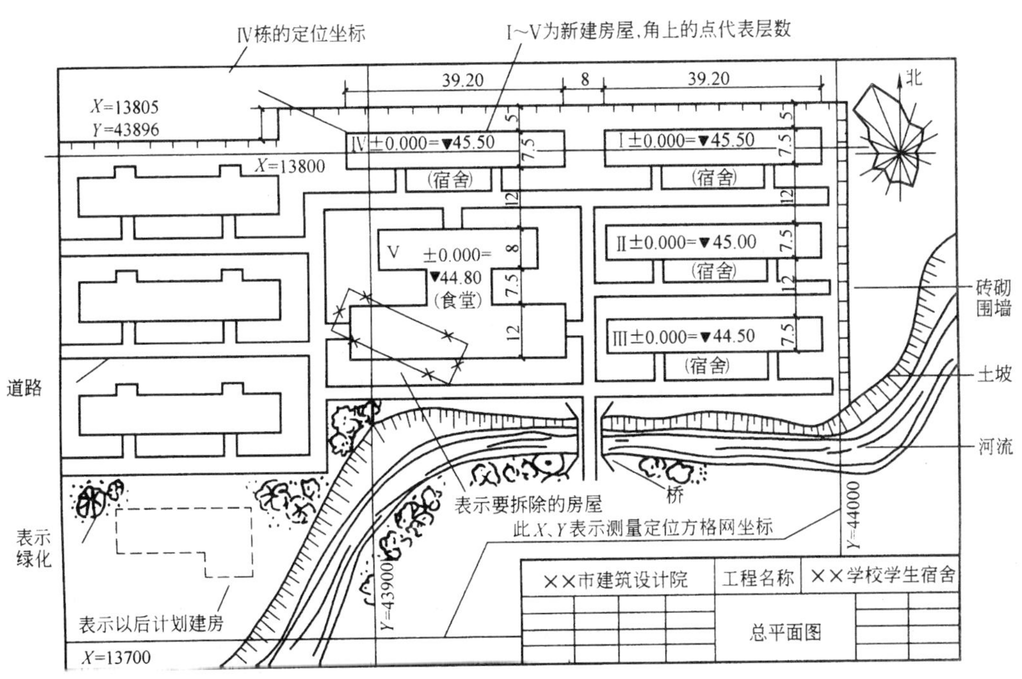

图 2-25　建筑总平面图

1. 总平面图的内容

从图中我们可以看到总平面图的基本组成有房屋的方位，河流、道路、桥梁、绿化、风玫瑰和指北针，原有建筑，围墙等。

2. 怎样看图

(1) 先看新建的房屋的具体位置，外围尺寸，从图中可看到共有五栋房屋是用粗实线画的，表示这五栋房屋是新设计的建筑物，其中四栋宿舍，一栋食堂，房屋长度均为39.20m（国家标准规定总平面图上的尺寸单位为“m”），相隔间距8m，前后相隔12.00m，住宅宽度7.50m，食堂是工字形，一宽8m，一宽12.00m。因此得出全部需占地范围为86.40m长，46.5m宽，如果包括围墙道路及考虑施工等因素占地范围还要大，可以估计出约为120.00m长，80.00m宽。

(2) 再看这些房屋首层室内地面的±0.000标高是相当于多少绝对标高。从图上可看出北面高，南面低，北面两栋，±0.000=▼45.50m，东面两栋住宅分别为：▼45.00m和▼44.50m，食堂为▼44.80m等。这就给我们测量水平标高，引进水准点时有了具体数值。

(3) 看房屋的坐向，从图上可以看出新建房屋均为坐北朝南的方位。并从风玫瑰图上看得知该地区全年风量以西北风最多，这样可以给我们施工人员在安排施工时考虑到这一因素。

(4) 看房屋的具体定位，从图上可以看出，规划上已根据坐标方格网，将北边Ⅳ号房的西北角纵横轴线交点中心位置用$x=13805$，$y=43896$定了下来。这样使我们施工放线定位有了依据。

(5) 看与房屋建筑有关的事项。如建成后房屋周围的道路，现有市内水源干线，下水管道干线，电源可引入的电杆位置等（该图上除道路外均没有标出，这里是泛指）。如现在图上还有河流、桥梁、绿化需拆除的房屋等的标志，因此这些都是在看总平面图后应有所了解的内容。

(6) 最后如果从施工安排角度出发，还应看旧建筑相距是否太近，在施工时对居民的安全是否有保证，河流是否太近，土方坡度牢固否等。如何划出施工区域等作为施工技术人员应该构思出的一张施工总平面布置图的轮廓。

三、建筑施工图

（一）什么是建筑施工图

建筑施工图是工程图纸中关于建筑构造的那部分图，主要用来表明建筑物内部布置和外部的装饰，以及施工需用的材料和施工要求的图样。它只表示建筑上的构造，而不表示结构性承重需要的构造，主要用于放线和装饰。通常分为建筑平面图、立面图、剖面图和详图（包括标准图）。

1. 建筑平面图

建筑平面图就是将房屋用一个假想的水平面，沿窗口（位于窗台稍高一点）的地方水平切开，这个切口下部的图形投影至所切的水平面上，从上往下看到的图形即为该房屋的平面图。而设计时，则是设计人员根据业主提出的使用功能，按照规范和设计经验构思绘制出房屋建筑的平面图。

建筑平面图包含的内容为：

(1) 由外围看可以知道它的外形、总长、总宽以及建筑的面积，像首层的平面图上还绘有散水、台阶、外门、外窗的位置，外墙的厚度，轴线标注，有的还可能有变形缝、外用铁爬梯等图示。

(2) 往内看可以看到图上绘有内墙位置、房间名称、楼梯间、卫生间等布置。

(3) 从平面图上还可以了解到开间尺寸，内门窗位置，室内地面标高，门窗型号尺寸以及表明所用详图等符号。

平面图根据房屋的层数不同分为首层平画图、二层平面图、三层平面图等。如果楼层仅与首层不同，那么二层以上的平面图又称为标准层平面图。最后还有屋顶平面图，屋顶平面图是说明屋顶上建筑构造的平面布置和雨水泛水坡度情况的图。

2. 建筑立面图

建筑立面图是建筑物的各个侧面，向它平行的竖直平面所作的正投影，这种投影得到的侧视图，我们称为立面图。它分为正立面，背立面和侧立面；有时又按朝向分为南立面，北立面，东立面，西立面等。立面图的内容为：

(1) 立面图反映了建筑物的外貌，如外墙上的檐口、门窗套、出檐、阳台、腰线，门窗外形、雨篷、花台、水落管、附墙柱、勒脚、台阶等等构造形状；同时还表明外墙的装修做法，是清水墙还是抹灰，抹灰是水泥还是干粘石，还是水刷石，还是贴面砖等。

(2) 立面图还标明各层建筑标高、层数、房屋的总高度或突出部分最高点的标高尺寸。

有的立面图也在侧边采用竖向尺寸，标注出窗口的高度，层高尺寸等。

3. 建筑剖面图

为了了解房屋竖向的内部构造，我们假想一个垂直的平面把房屋切开，移去一部分，对余下部分向垂直平面作正投影，从而得到的剖视图即为该建筑在某一所切开处的剖面图。剖面图的内容为：

(1) 从剖面图可以了解各层楼面的标高，窗台、窗上口、顶棚的高度，以及室内净空尺寸。

(2) 剖面图还画出房屋从屋面至地面的内部构造特征。如屋盖是什么形式的，楼板是什么构造的，隔墙是什么构造的，内门的高度等。

(3) 剖面图上还注明一些装修做法，楼、地面做法，对其所用材料等加以说明。

(4) 剖面图上有时也可以标明屋面做法及构造，屋面坡度以及屋顶上女儿墙、烟囱等构造物的情形等。

4. 建筑详图（亦称大样图）

我们从建筑的平、立、剖面图上虽然可以看到房屋的外形，平面布置和内部构造情况，及主要的造型尺寸，但是由于图幅有限，局部细节的构造在这些图上不能够明确表示出来，为了清楚地表达这些构造，我们把它们放大比例绘制成（如 1：20，1：10，1：5 等）较详细的图纸，我们称这些放大的图为详图或大样图。

详图一般包括：房屋的屋檐及外墙身构造大样，楼梯间、厨房、厕所、阳台、门窗、建筑装饰、雨篷、台阶等等的具体尺寸、构造和材料做法。

详图是各建筑部位具体构造的施工依据，所有平、立、剖面图上的具体做法和尺寸均以详图为准，因此详图是建筑图纸中不可缺少的一部分。

(二) 民用建筑建筑施工图

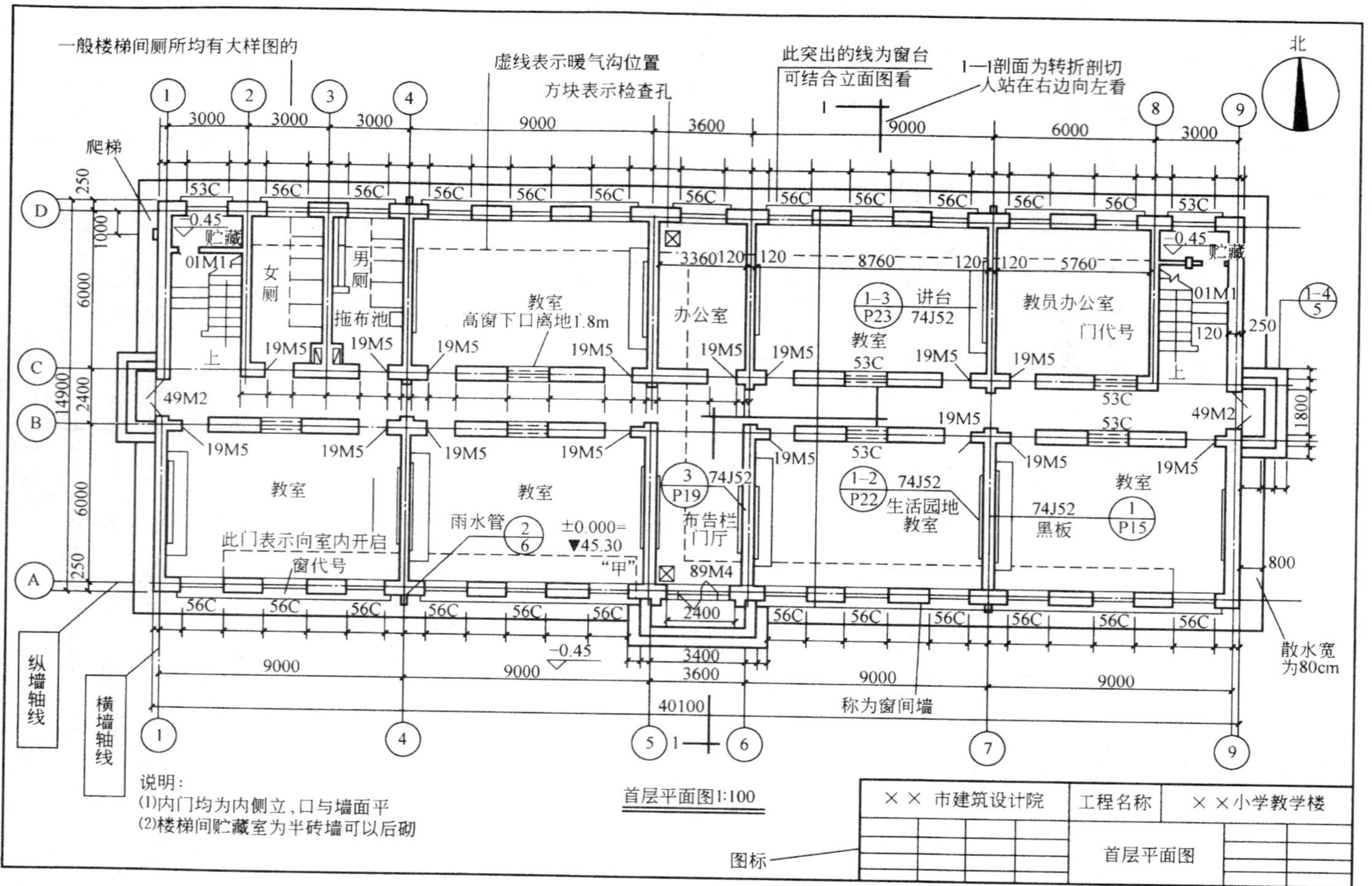

一般楼梯间厕所均有大样图的
虚线表示暖气沟位置
方块表示检查孔
此突出的线为窗台
可结合立面图看
1—1剖面为转折剖切
人站在右边向左看
北
爬梯
贮藏
01M1
女
厕
男
厕
拖布池
上
教室
高窗下口离地1.8m
办公室
讲台
74J52
教员办公室
门代号
49M2
19M5
53C
56C
教室
雨水管
±0.000=
▼45.30
"甲"
此门表示向室内开启
窗代号
布告栏
门厅
89M4
生活园地
教室
黑板
散水宽
为80cm
称为窗间墙
纵墙轴线
横墙轴线
40100
14900
-0.45
说明：
(1)内门均为内侧立，口与墙面平
(2)楼梯间贮藏室为半砖墙可以后砌
首层平面图1:100
× × 市建筑设计院
工程名称
× ×小学教学楼
首层平面图
图标

图 2-26　建筑平面图

1. 建筑平面图

（1）看图的顺序：

1）先看图纸右下角的图标，了解图名、设计人员、图号、设计日期、比例等。

2）看房屋的朝向、外围尺寸，轴线有几道，轴线间距离尺寸，外门、窗的尺寸和编号，窗间墙宽度，有无砖垛，外墙厚度，散水宽度，台阶大小，雨水管位置等。

3）看房屋内部，房间的用途，地坪标高，内墙位置、厚度，内门、窗的位置，尺寸和编号，有关详图的编号、内容等。

4）看剖切线的位置，以便结合剖面图时看图用。

5）看与安装工程有关的部位、内容，如暖气沟的位置等。

（2）看图实例：

我们以图 3-26 这张小学教学楼的建筑平面图为例进行介绍。

1）我们从图标中可以看到这张图是××市建筑设计院设计的，是一座小学教学楼，这张图是该楼的首层平面图，比例为 1∶100，图中尺寸毫米（mm）可以不标。

2）我们看到该栋楼是朝南的房屋。纵向长度从外墙边到边为 40100（即 40m 零 10cm)，由横向 9 道轴线组成，轴线间距离①—④轴是 9000（即 9m，注以后从略），⑤—⑥轴线是 3600，而①—②，②—③，③—④各轴线间距离均为 3000，其他从图上都可以读得各轴间尺寸。横向房屋的总宽度为 14900，纵向轴线由ⒶⒷⒸⒹ四道组成，其中Ⓐ～Ⓑ及Ⓒ～Ⓓ轴间距离均为 6000，Ⓑ～Ⓒ轴为 2400。我们还可以从外墙看出墙厚均为 370，而且①、⑨、Ⓐ、Ⓓ这些轴线均为墙的偏中位置，外侧为 250，内侧为 120。

我们还看到共有三个大门，正中正门一樘，两山墙处各有一樘侧门。所有外窗宽度均为 1500，窗间墙尺寸也均有注写。

散水宽度为 800，台阶有三个，大的正门的外围尺寸为 1800×4800，侧门的为 1400×3200，侧门台阶标注有详图图号是第 5 张图纸 1～4 节点。

3）从图内看，进大门即是一个门厅，中间有一道走廊，共六个教室，两个办公室，两上楼梯间带地下贮藏室，还有男、女厕所各一间。楼梯间、厕所间图纸都另有详细的平面及剖面图。

内门、窗均有编号、尺寸、位置，从图上可看出门大多是向室内开启的，仅贮藏室向外开的。高窗下口距离地面为 1.80m。

内墙厚度纵向两道为 370，从经验上可以想得出它将是承重墙，横墙都为 240 厚。楼梯间贮藏室墙为 120 厚。

教室内有讲台，黑板，门厅内有布告栏，这些都用圆圈的标志方法标明它们所用的详图图册或图号。

所有室内标高均为±0.000 相当于绝对标高 45.30m，仅贮藏室地面为−0.450，有三步踏步走下去。

4）从图上还可以看出虚线所示为暖气沟位置，沟上还有检查孔位置，这在土建施工时必须为水暖安装做好施工准备。同时可以看到平面图上正门处有一道剖切线，在过道外拐一弯到后墙切开，可以结合剖面图看图。

2. 建筑立面图

（1）看图顺序：

1）看图标，先辨明是什么立面图（南或北立面、东或西立面）。图 2-27 是该楼的正立面图，相对平面图看是南立面图。

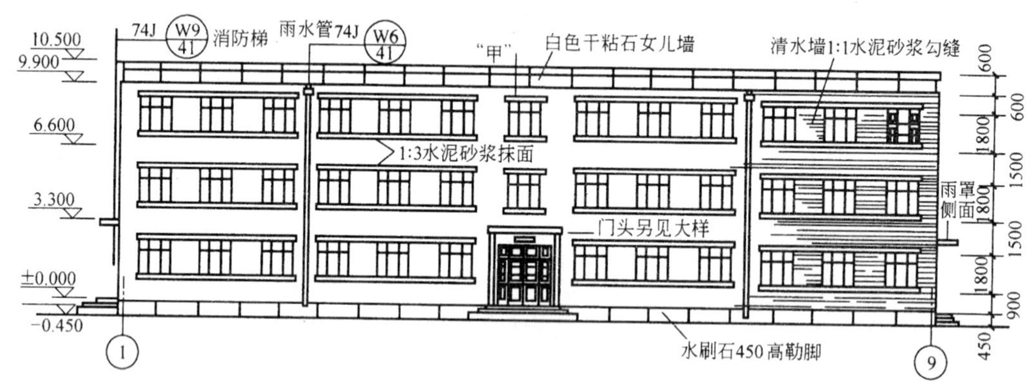

图 2-27　正立面图

2）看标高、层数、竖向尺寸。

3）看门、窗在立面图上的位置。

4）看外墙装修做法，如有无出檐，墙面是清水还是抹灰，勒脚高度和装修做法，台阶的立面形式及所示详图，门头雨篷的标高和做法，有无门头详图等。

5）在立面图上还可以看到雨水管位置，外墙爬梯位置，如超过 60m 长的砖砌房屋还有伸缩缝位置等。

（2）看图实例：

我们仍以上述小学教学楼的这张南立面图为例进行介绍。

1）该教学楼为三层楼房，每层标高分别为：3.30m、6.60m、9.90m。女儿墙顶为 10.50m，是最高点。竖向尺寸，从室外地坪计起，于图的一侧标出，图右侧高度尺寸均为毫米（mm），图左侧标高的单位均为米（m），而且是小数点后 3 位。

2）外门为玻璃大门。外窗为三扇式大窗（两扇开，一扇固定），窗上部为气窗。首层窗台标高为 0.90m，每层窗身高度为 1.80m。

3）可以看到外墙大部分是清水墙，用 1∶1 水泥砂浆勾缝，窗上下出砖檐并用 1∶3 水泥砂浆抹面；女儿墙为混水墙，外装修为干粘分格饰面，勒脚为 45cm 高，采用水刷石分格饰面。门头及台阶做法都有详图可以查看。

4）可以看到立面图上有两条雨水管，位置可以结合平面图看出是在④轴和⑦轴线处，立面图上还有“甲”节点以示外墙构造大样详图。立面上没有伸缩缝，在山墙上可以看到铁爬梯的侧面。

3. 建筑剖面图

（1）看图顺序：

1）看平面图上的剖切位置和剖面编号，对照剖面图上的编号是否与平面图上的剖面编号相同。

2）看楼层标高及竖向尺寸，楼板构造形式，外墙及内墙门，窗的标高及竖向尺寸，最高处标高，屋顶的坡度等。

3）看在外墙突出构造部分的标高，如阳台、雨篷、檐子；墙内构造物如圈梁、过梁的标高或竖向尺寸。

4）看地面、楼面、墙面、屋面的做法：剖切处可看出室内的构造物如教室的黑板、讲台等。

5）在剖面图上用圆圈划出的，需用大样图表示的地方，以便可以查对大样图。

（2）看图实例：

我们仍以上述小学教学楼的一张剖面图（图 2-28）为例进行介绍。

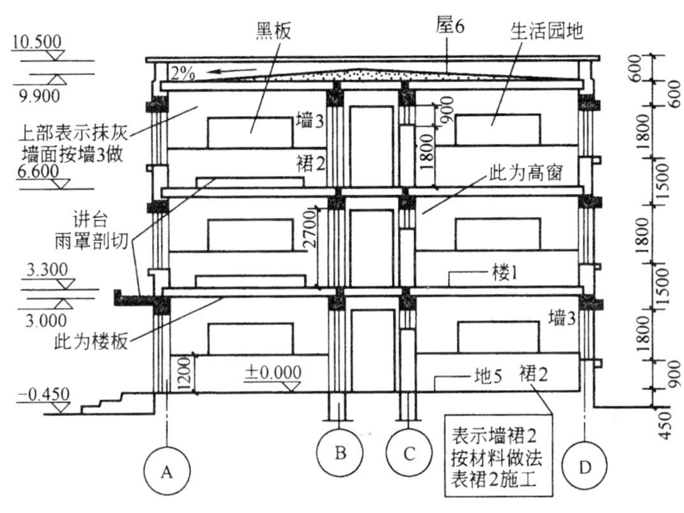

图 2-28 剖面图

1）该教学楼的各层标高为 3.30m、6.60m、9.90m、檐头女儿墙标高为 10.50m。

2）我们结合立面图可以看到门、窗的竖向尺寸为 1800，上层窗和下层窗之间的墙高为 1500，窗上口为钢筋混凝土过梁，内门的竖向尺寸为 2700，内高窗为离地 1800，窗口竖向尺寸为 900，内门内窗口上亦为钢筋混凝土过梁。

3）看到屋顶的屋面做法，用引出线作了注明为屋 6；看到楼面的做法，写明楼面为楼 1，地面为地 5 等；这些均可以看材料做法表。从室内可见的墙面也注写了墙 3 做法，墙裙注了裙 2 的做法等。

4）可看出屋面的坡度为 2%，还有雨篷下沿标高为 3.00m。

5）还可以看出每层楼板下均有圈梁。

4. 屋顶平面图

（1）看图程序：

有的屋顶平面图比较简单，往往就绘在顶屋平面图的图纸某一角处，单独占用一张图纸的比较少。所以要看屋顶平面图时，需先找一找目录，看它安排在哪张建施图上。

拿到屋顶平面图后，先看它的外围有无女儿墙或天沟，再看流水坡向，雨水出口及型号，再看出入孔位置，附墙的上层顶铁梯的位置及型号，基本上屋顶平面图就是这些内容，总之是比较简单的。

（2）看图实例：

我们以图 2-29 这张屋顶平面图为例进行介绍。

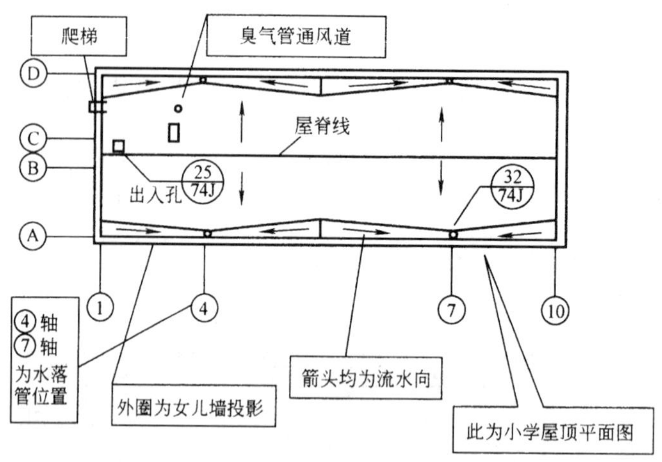

图 2-29　屋顶平面图

1）我们看出这是有女儿墙的长方形的屋顶。正中是一条屋脊线，雨水向两檐墙流，在女儿墙下有四个雨水入口，并沿女儿墙有泛水坡流向雨水入口。

2）看出屋面有一出入孔，位于①～②轴线之间。有一上屋顶的铁梯，位于西山墙靠近北面大角，从侧立面知道梯中心离Ⓓ轴线尺寸为 1m。

3）可看到标注那些构造物的详图的标志，如出入孔的做法，雨水出口型号，铁梯型号等。

（三）工业厂房建筑施工图

工业厂房建筑施工图的看图方法和步骤与民用建筑施工图的看图方法和步骤基本相似，但因建筑功能不同，引起构造上产生一些变化，以下仅就看图的顺序作简单介绍。

1. 建筑平面图看图顺序

(1) 工业建筑图开始也先看该图纸的图标，从而了解图名、图号、设计单位、设计日期、比例等。

(2) 看车间朝向，外围尺寸，轴线的位置，跨度尺寸，围护墙的材质、厚度、外门、窗的尺寸、编号，散水宽度，门外斜坡、台阶的尺寸，有无相连的露天跨的柱及吊车梁等。

(3) 看车间内部，有关土建的设施布置和位置，桥式吊车（俗称天车）的台数和吨位，有无室内电平车道，以及车间内的附属小间，如工具室、车间小仓库等。

(4) 看剖切线位置，和有关详图的编号标志等，以便结合看其他的图。

2. 建筑立面图看图顺序

看图顺序同民用建筑。

3. 建筑剖面图看图顺序

(1) 平面图的剖切线位置，与剖切图两者结合起来看就可以了解到剖面图的所在位置的构造情况。

(2) 看横剖面图，包括看地坪标高，牛腿顶面及吊车梁轨顶标高，屋架下弦底标高，女儿墙檐口标高，天窗架上屋顶最高标高，看外墙处的竖向尺寸（包括窗口竖向尺寸，门口竖向尺寸，圈梁高度），这些项目还可以对照立面图一起看。

(3) 看纵剖面图，看吊车梁的形式，柱间支撑的位置，以及有不同柱距时的构造等。还可以从纵剖面图上看到室内窗台高度，上天车的钢梯构造等。

(4) 在剖面图上还可以看出围护墙的构造，采用什么墙体，多少厚度，大门有无雨篷，散水宽度，台阶坡度，屋架形式和屋顶坡度等有关内容。

4. 屋顶平面图看图顺序

在找到厂房屋顶平面图之后，其看图顺序基本同看学校屋顶平面图相似。首先看外围尺寸及有无女儿墙，流水走向，上人铁梯，水落口位置，天窗的平面位置等。

第三章　房屋构造和结构体系

第一节　房屋建筑的类型

一、房屋建筑的类型

（一）按建筑使用功能分类

1. 民用建筑

供人们居住和进行公共活动的建筑的总称。民用建筑分为居住建筑和公共建筑两类。

1）居住建筑：供人们居住使用的建筑。如住宅、公寓、别墅、宿舍。

2）公共建筑：主要是指提供人们进行各种社会活动的建筑物，其中包括：

行政办公建筑：写字楼（包括机关、企事业单位的办公楼）、工业建筑中的办公楼等。

文教建筑：学校、图书馆、文化宫等。

托教建筑：托儿所、幼儿园、养老所等。

科研建筑：研究所、科学实验楼、研发楼等。

医疗建筑：医院、门诊部、疗养院、卫生院等。

商业建筑：商店、商场、购物中心、便利店等。

观览建筑：电影院、剧院、展览中心等。

体育建筑：体育馆、体育场、健身房、游泳池等。

旅游建筑：旅馆、宾馆、招待所、洗浴中心等。

交通运输建筑：航空港、水路客运站、火车站、汽车站、地铁站等。

通信广播建筑：电信楼、广播电视台、邮电局等。

园林建筑：公园、动物园、植物园、亭台楼榭等。

纪念性的建筑：纪念堂、纪念碑、陵园、教堂、庙宇等。

其他建筑类：如监狱、派出所、消防站。

2. 工业建筑

以工业性生产为主要使用功能的建筑。如生产车间、辅助车间、动力用房、仓储建筑等。厂房类建筑又可以分为单层厂房和多层厂房两大类。

3. 农业建筑

以农业性生产为主要使用功能的建筑。

（二）按建筑规模分类

1. 大量性建筑

是指单体建筑规模不大，但建设总量大的；与人们生活密切相关的；分布面广的建筑。如住宅小区、中小学校、医院、中小型影剧院、中小型工厂等。

2. 大型性建筑

是指单体建筑规模大，耗资多的建筑。一般指建筑面积大于 20000m^2 的公共建筑，如大型体育馆、大型影剧院、航空港、海港、火车站、博物馆、大型工厂等。

（三）按建筑层数分类

1. 居住建筑

(1) 低层建筑：一般指 1～3 层的建筑。

(2) 多层建筑：一般指 4～6 层的建筑。

(3) 中高层建筑：一般指 7～9 层的建筑。

(4) 高层建筑：一般指 10 层及以上的住宅，建筑总高度超过 24m 的公共建筑。

(5) 超高层建筑：一般指 30 层或 100m 以上的建筑。

2. 公共建筑

(1) 单层公共建筑。

(2) 多层公共建筑：一般指 2 层及 2 层以上，且建筑高度不超过 24m 的公共建筑。

(3) 高层公共建筑：2 层及 2 层以上，且建筑高度超过 24m 的公共建筑。

(4) 超高层公共建筑：一般指建筑高度大于 100m 的公共建筑。

3. 工业建筑

(1) 单层厂房（仓库）。

(2) 多层厂房（仓库）：一般指 2 层及 2 层以上，且建筑高度不超过 24m 的厂房（仓库）。

(3) 高层厂房（仓库）：一般指 2 层及 2 层以上，且建筑高度超过 24m 的厂房（仓库）。

（四）按主要承重结构材料分类

1. 木结构

是指单纯由木材或主要由木材承受荷载的结构，通过各种金属连接件或榫卯手段进行连接和固定。这种结构因为是由天然材料所组成，受着材料本身条件的限制，因而木结构多用在民用和中小型工业厂房的屋盖中。木屋盖结构包括木屋架、支撑系统、吊顶、挂瓦条及屋面板等。

2. 砌体结构（砖混结构）

是指由块材（砖、砌块、石）和砂浆砌筑而成的墙、柱作为建筑物主要受力构件的结构，楼、屋盖一般采用钢筋混凝土，也可采用木楼、屋盖，轻钢屋盖等，所以也称砖混结构。砖木结构是砖混结构的一种特殊形式，采用砌体墙（外）和木骨架（内柱及楼、屋盖）混合承重，常见于古建筑及老的民居，现代建筑已少有采用。

3. 钢筋混凝土结构

是指由钢筋和混凝土两种性能不同的材料浇筑而成的构件（板、梁、柱、墙等）称为钢筋混凝土构件，由其组成的结构称为钢筋混凝土结构。钢筋混凝土结构具有很好的耐久性、整体性和可塑性，防火、防水性能良好，是目前应用最广泛的结构类型。

4. 钢结构

是指用热轧型钢、焊接型钢以及冷弯薄壁型钢制成的承重构件（钢梁、钢屋架等）或承重结构（钢框架、轻钢门式刚架等）统称为钢结构。钢结构强度高、自重轻。钢构件还可以和钢筋混凝土构件混合形成钢—混凝土混合结构。

二、房屋建筑的等级划分

（一）建筑物安全等级划分

房屋建筑结构的安全等级根据结构破坏可能产生后果的严重性划分成三级，见表3-1。

建筑物安全等级划分 **表 3-1**

安全等级	破坏后果	示例
一级	很严重：对人的生命、经济、社会或环境影响很大	大型的公共建筑等
二级	严重：对人的生命、经济、社会或环境影响较大	普通的住宅和办公楼等
三级	不严重：对人的生命、经济、社会或环境影响较小	小型的或临时性储存建筑等

（二）建筑物设计使用年限划分

房屋建筑结构的设计使用年限按建筑物性质划分成四类，见表 3-2。房屋建筑结构的耐久性应不低于设计使用年限。

建筑物设计使用年限划分 **表 3-2**

类别	设计使用年限(年)	示例
1	5	临时性建筑
2	25	易于替换的结构构件
3	50	普通房屋和构筑物
4	100	标志性建筑和特别重要的建筑结构

（三）按建筑物重要性划分抗震设防类别

建筑物的抗震设防类别根据重要性划分成四类，见表 3-3。

建筑物抗震设防类别 **表 3-3**

类别	重要性	示例
特殊设防类（甲类）	使用上有特殊设施，涉及国家公共安全的重大建筑工程和地震时可能发生严重次生灾害的建筑	特别重要的电力、邮电通信、广播通信建筑，承担特别重要任务的医院、疾控中心等
重点设防类（乙类）	地震时使用功能不能中断或需尽快恢复的生命线相关建筑，以及地震时可能导致大量人员伤亡等重大灾害后果的建筑	医院、疾控中心，幼儿园、小学、中学，大型体育场馆、电影院、剧场、大型商业建筑等
标准设防类（丙类）	非甲、乙、丁类	居住建筑，除甲、乙、丙类外的其他建筑
适度设防类（丁类）	使用上人员稀少且震损不致产生次生灾害，允许在一定条件下适度降低要求的建筑	一般的储存物品的价值低、人员活动少、无次生灾害的单层仓库等

（四）建筑物构件的燃烧性能和耐火极限划分

建筑的耐火等级根据使用功能以及高度、体量等分为一、二、三、四级，不同耐火等级建筑物各类构件的燃烧性能和耐火极限可参见表 3-4。

不同耐火等级建筑物各类构件燃烧性能 **表 3-4**

构件名称	一级	二级	三级	四级
防火墙[①]	不燃烧体 3.00	不燃烧体 3.00	不燃烧体 3.00	不燃烧体 3.00
承重墙[②]	不燃烧体 3.00	不燃烧体 2.50	不燃烧体 2.00	难燃烧体 0.50
楼梯间、电梯井的墙、住宅分户墙	不燃烧体 2.00	不燃烧体 2.00	不燃烧体 1.50	难燃烧体 0.50
疏散走道两侧的隔墙	不燃烧体 1.00	不燃烧体 1.00	不燃烧体 0.50	难燃烧体 0.25
非承重外墙[③]	不燃烧体 0.75	不燃烧体 0.50	不燃烧体 0.50	难燃烧体 0.25
房间隔墙	不燃烧体 0.75	不燃烧体 0.50	难燃烧体 0.50	难燃烧体 0.25
柱	不燃烧体 3.00	不燃烧体 2.50	不燃烧体 2.00	难燃烧体 0.50
梁	不燃烧体 2.00	不燃烧体 1.50	不燃烧体 1.00	难燃烧体 0.50
楼板	不燃烧体 1.50	不燃烧体 1.00	不燃烧体 0.75	难燃烧体 0.50
屋顶承重构件	不燃烧体 1.50	不燃烧体 1.00	难燃烧体 0.50	燃烧体
疏散楼梯	不燃烧体 1.50	不燃烧体 1.00	不燃烧体 0.75	燃烧体

注：① 用于甲、乙类厂房，甲、乙、丙类仓库时，耐火极限要求 4h；

② 用于高层民用建筑一、二级耐火等级时，耐火极限可为 2h；

③ 于民用建筑一、二级耐火等级时，耐火极限要求 1h。

第二节 房屋建筑基本构成

一、房屋建筑的构成

不论民用建筑还是工业建筑，房屋建筑一般由以下这些部分组成：

（1）基础；

（2）主体结构（墙、柱、梁、板或屋架等）；

（3）门窗；

（4）屋面（包括保温、隔热、防水或瓦屋面等）；

（5）楼面和地面（包括楼梯）及其各层构造；

（6）各种装饰；

（7）给水、排水系统，动力、照明系统，采暖、空调系统，煤气系统，通信等弱电系统，电梯等。

图 3-1、图 3-2 为一栋单层工业厂房和住宅的大致构成图

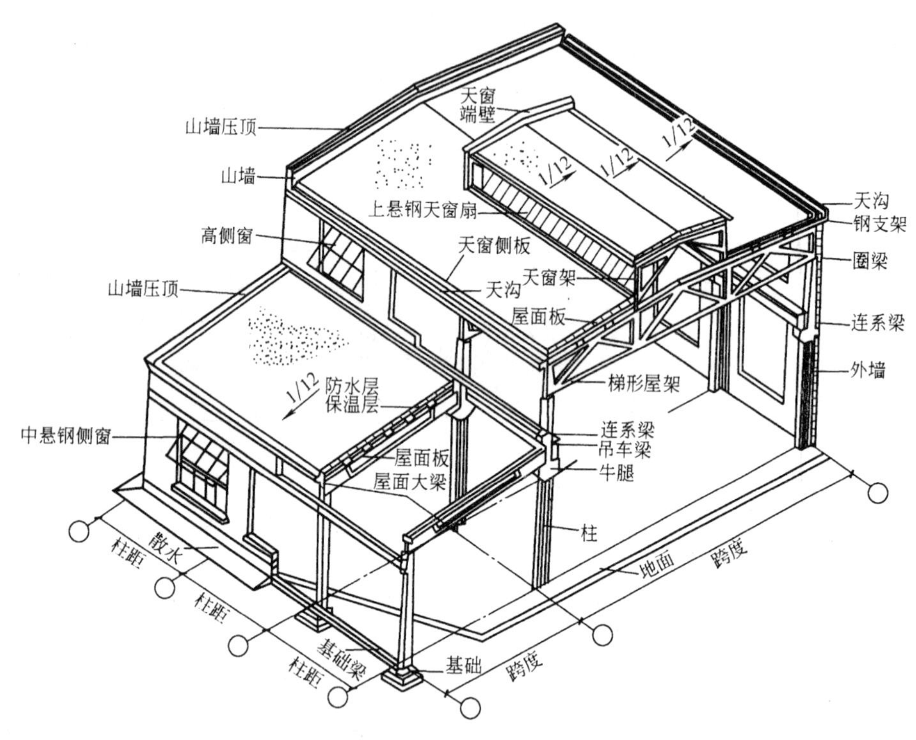

图 3-1　工业厂房的建筑构成

二、房屋建筑基础

基础是房屋中传递建筑上部荷载到地基去的中间构件。房屋所受的荷载和结构形式不同，加上地基土的不同，所采用的基础也不相同，按照构造形式不同一般分为条形基础、独立基础、整体式筏形基础、箱形基础、桩基础五种。

（一）条形基础

该类基础适用于砖混结构房屋，如住宅、教学楼、办公楼等多层建筑。做基础的材料可以是砖砌体、石砌体、混凝土材料，以至钢筋混凝土材料，基础的形状为长条形，见图 3-3。

（二）独立基础

该种基础一般用于柱子下面，一根柱子一个基础，往往单独存在，所以称为独立基础。它可以用砖、石材料砌筑而成，上面为砖柱形式；而大多用钢筋混凝土材料做成，上面为钢筋混凝土柱或钢柱。基础形状为方形或矩形，可见图 3-4。

（三）整体式筏形基础

这种基础面积较大，多用于大型公共建筑下面，它由基板、反梁组成，在梁的交点上竖立柱子，以支承房屋的骨架，其外形可看图 3-5。

（四）箱形基础

箱形基础也是整块的大型基础，它是把整个基础做成上有顶板，下有底板，中间有隔墙，形成一个空间如同箱子一样，所以称为箱形基础。为了充分利用空间，人们又把该部分做成地下室，可以给房屋增添使用场所。箱形基础的大致形状可看图 3-6。

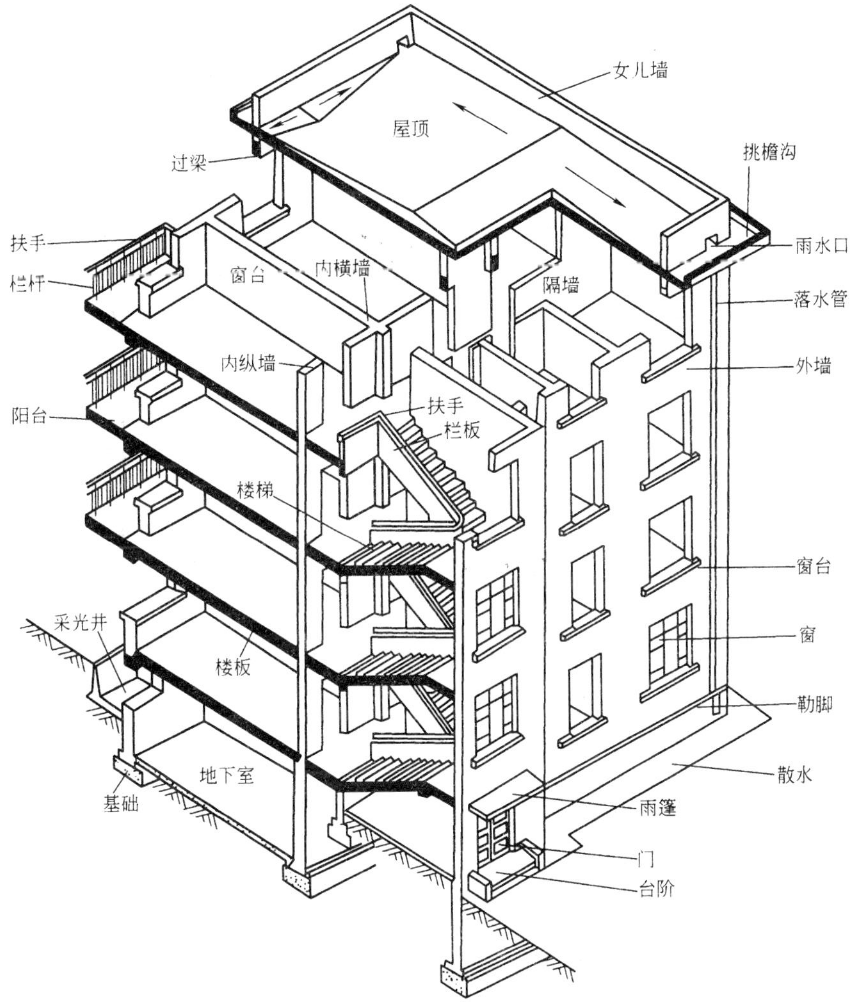

图 3-2 住宅的建筑构成

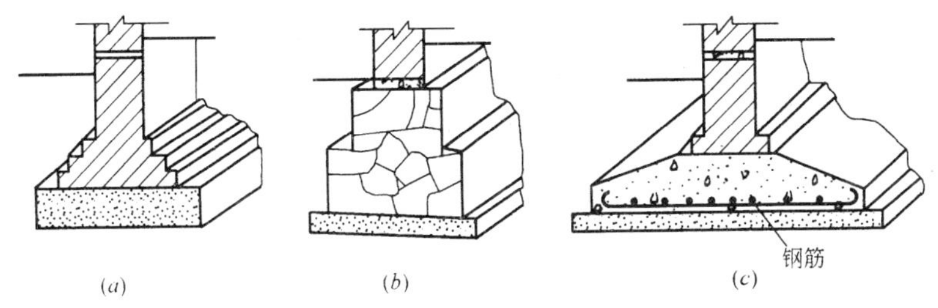

图 3-3 条形基础

(a) 砖基础；(b) 毛石基础；(c) 混凝土基础

（五）桩基础

桩基础是在地基条件较差时，或上部荷载相对大时采用的房屋基础。桩基础由一根根桩打人土层；或钻孔后放钢筋再浇混凝土做成。打入的桩可用钢筋混凝土材料做成，也可

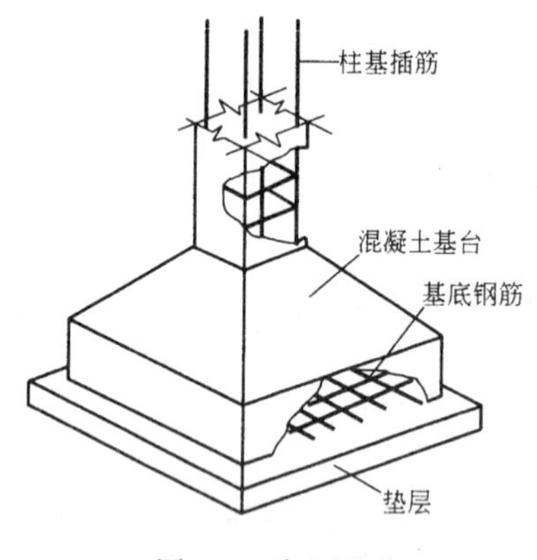

图 3-4 独立基础

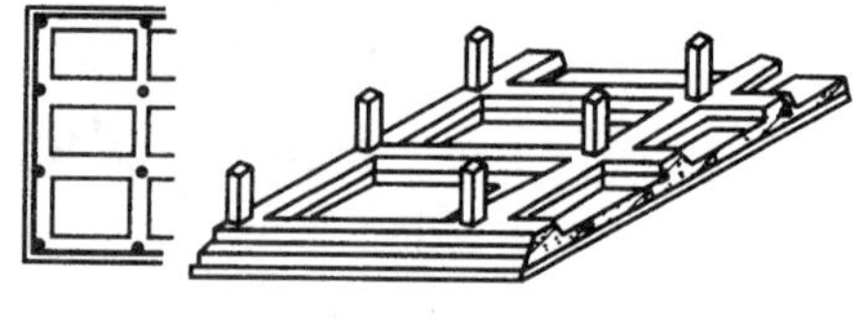

图 3-5 筏形基础示意

用型钢或钢管做成。桩的部分完成后，在其上做承台，在承台上再立柱子或砌墙，支承上部结构。桩基础形状可参看图 3-7。

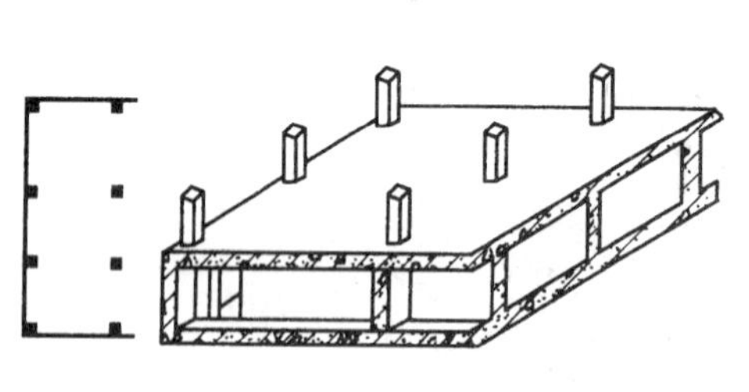

图 3-6 箱形基础示意

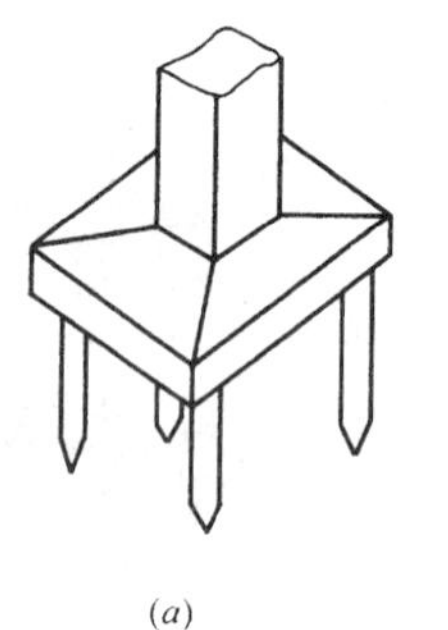

(*a*) (*b*)

图 3-7 桩基础示意

(*a*) 独立柱下桩基；(*b*) 地梁下桩基

三、房屋骨架墙、柱、梁、板

（一）墙体的构造

墙体是在房屋中起受力作用、围护作用、分隔作用的构件。

墙在房屋上位置的不同可分为外墙和内墙。外墙是指房屋四周与室外空间接触的墙；内墙是位于房屋外墙包围内的墙体。

按照墙的受力情况又分为承重墙和非承重墙。凡直接承受上部传来荷载的墙，称为承重墙；凡不承受上部荷载只承受自身重量的墙，称为非承重墙。

按照所用墙体材料的不同可分为：砖墙、石墙、砌块墙、轻质材料隔断墙、玻璃幕墙等。

墙体在房屋中的构造可参看图 3-8。

（二）柱、梁、板的构造

柱子是独立支撑结构的竖向构件。它在房屋中顶住梁和板这两种构件传来的荷载。

梁是跨过空间的横向构件。它在房屋中承担其上面板传来的荷载，再传到支承它的柱上。

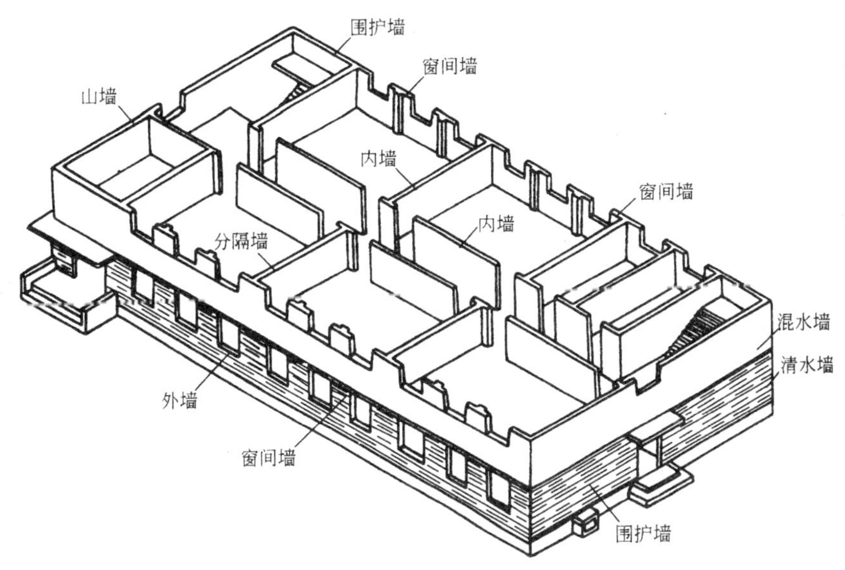

图 3-8　墙体的种类

板是直接承担其上面的平面荷载的平面构件。它支承在梁上或直接支承在柱上，把所受的荷载再传给梁或柱子。

柱、梁和板，可以是预制的，也可以在工地现制。装配式的工业厂房，一般都采用预制好的构件进行安装成骨架；而民用建筑中砖混结构的房屋，其楼板往往用预制的多孔板；框架结构或板柱结构则往往是柱、梁、板现场浇制而成。它们的构造形式可见图 3-9～图 3-11。

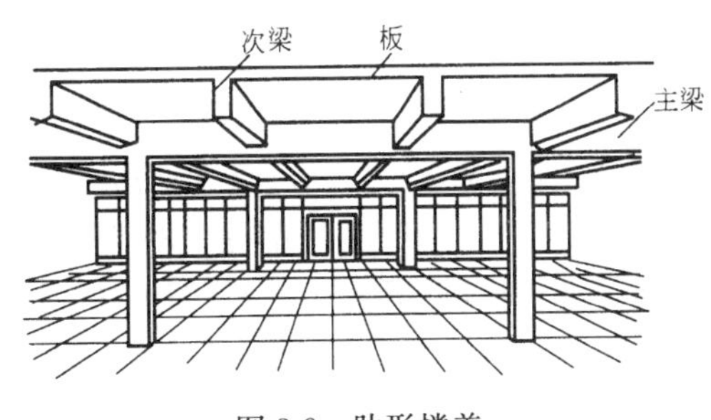

图 3-9　肋形楼盖

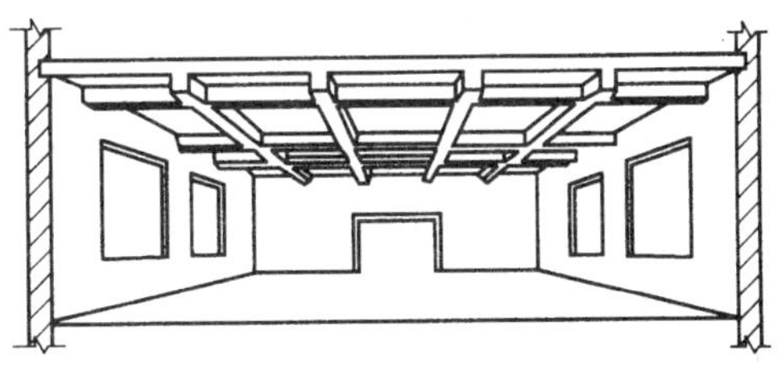

图 3-10　井式楼盖

四、其他构件的构造

房屋中在构造上除了上述的那些主要构件外，还有其他相配套的构件如楼梯、阳台、雨篷、屋架、台阶等。

（一）楼梯的构造

楼梯是供人们在房屋中楼层间竖向交通的构件。它是由楼段、休息平台、栏杆和扶手组成，见图 3-12。

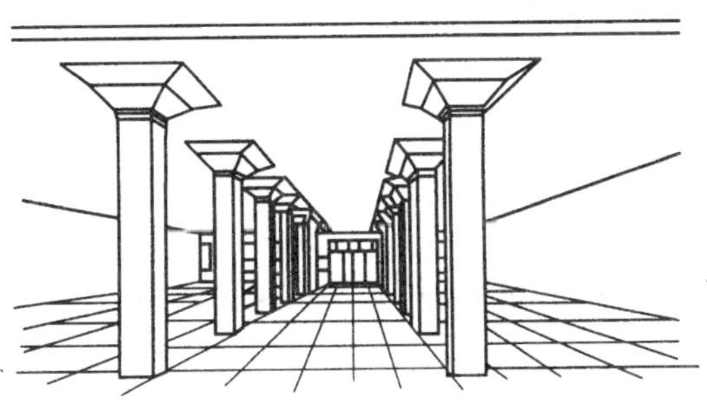

图 3-11　无梁楼盖

楼梯的休息平台及楼段支承在平台

梁上。楼梯踏步又有高度和宽度的要求，踏步上还要设置防滑条（图 3-13）。楼梯踏步的高和宽按下面公式计算：$2h+b=600\sim610$mm

式中　h——踏步的高度；

　　　b——踏步的宽度。

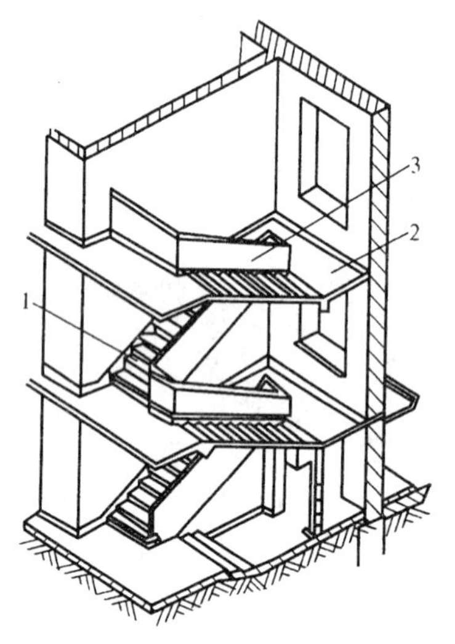

图 3-12　楼梯的组成

1—楼梯段；2—休息平台；3—栏杆或栏板

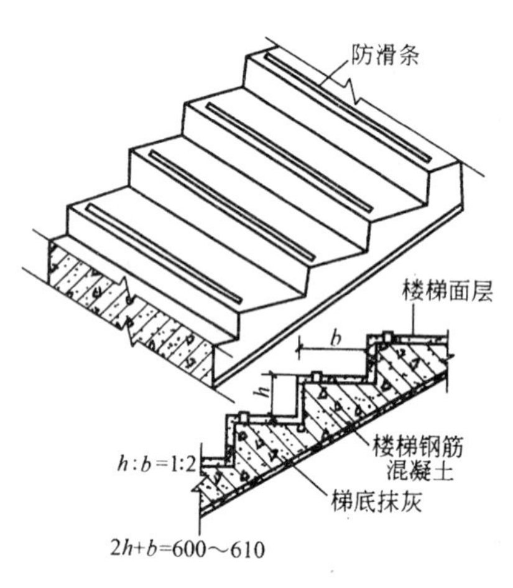

图 3-13　楼梯踏步构造

其高宽的比例根据建筑使用功能要求不同而不同。一般住宅的踏步高为 156～175mm，宽为 250～300mm；办公楼的踏步高为 140～160mm，宽为 280～300mm；而幼儿园的踏步则高为 120～150mm，宽为 250～280mm。

楼梯在结构构造上分为板式楼梯和梁式楼梯两种。在外形上分为单跑式、双跑式、三跑式和螺旋形楼梯。楼梯的坡度一般在 20°～45°之间。楼梯段上下人处的空间，最少处应大于或等于 2m，这样才便于人及物的通行。再有，休息平台的宽度不应小于梯段的宽度。这些都是楼梯对构件的要求，也是我们在看图、审图和制图时应了解的知识。

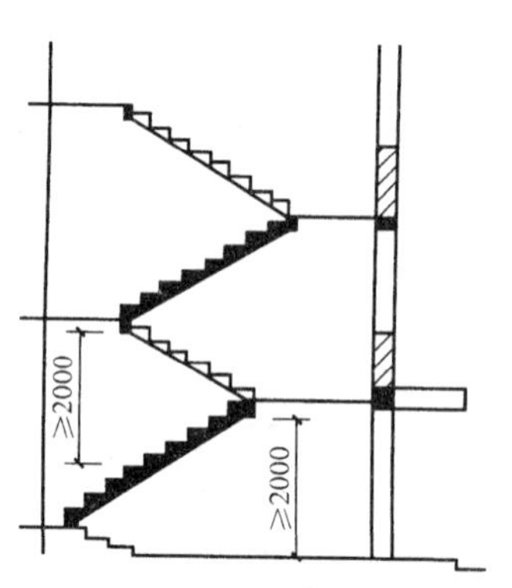

图 3-14　楼梯剖面示意

梯段通行处应大于等于 2m，见图 3-14。

楼梯的栏杆和扶手：在构造上栏杆有板式的，栏杆式的；扶手则有木扶手、金属扶手等。栏杆和扶手的高度除幼儿园可低些外，其他都应高出梯步 90cm 以上。见图 3-15。

楼梯的踏步可以做成木质的、水泥的、水磨石的、磨光花岗石的、地面砖的或在水泥面上铺地毯的。

（二）阳台的构造

阳台在住宅建筑中是不可缺少的构件。它是居住在楼层上的人们的室外空间。人们有了这个空间可以在其上晒晾衣服、种植盆景、乘凉休闲，也是房屋使用上的一部分。阳台分为挑出式和凹进式两种，一般以挑出式为好。目前挑出部分用钢筋混凝土材料做成，它由栏杆、扶手、排水口等组成。图 3-16 是一个挑出阳台的侧面形状。

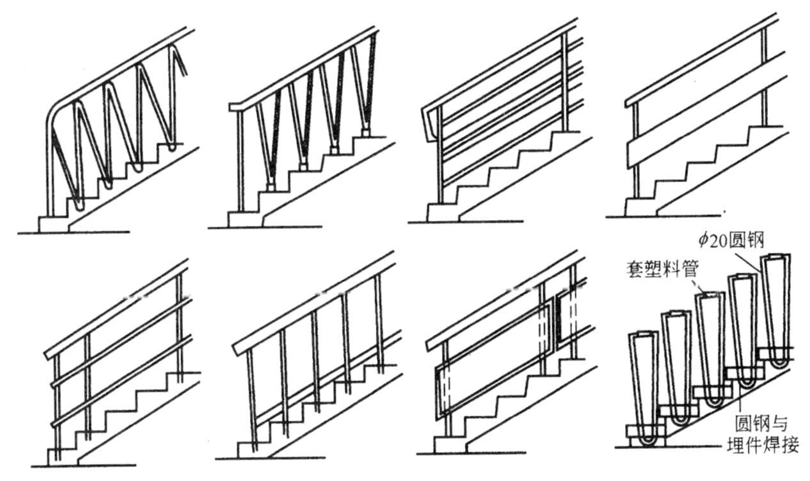

图 3-15　栏杆的形式

（三）雨篷的构造

雨篷是房屋建筑入口处遮挡雨雪、保护外门免受雨淋的构件。雨篷大多是悬挑在墙外的一般不上人。它由雨篷梁、雨篷板、挡水台、排水口等组成，根据建筑需要再做上装饰图 3-17。

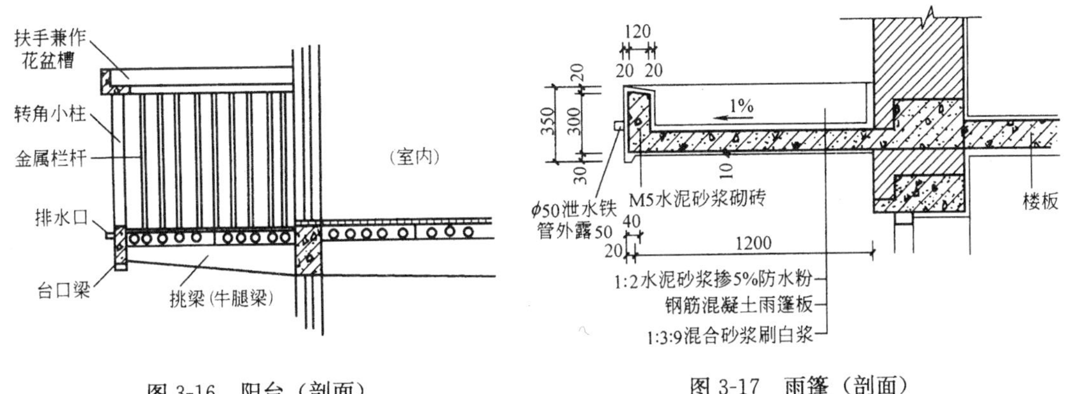

图 3-16　阳台（剖面）

图 3-17　雨篷（剖面）

（四）屋架和屋盖构造

民用建筑中的坡形屋面和单层工业厂房中的屋盖，都有屋架构件。屋架是跨过大空间（一般在 12～30m）的构件，承受屋面上所有的荷载，如风压、雪重、维修人的活动、屋面板（或檩条、椽子）、屋面瓦或防水、保温层的重量。屋架一般两端支承在柱子上或墙体和附墙柱上。工业厂房的屋架可参看工业厂房的建筑构成图 3-1，民用建筑坡屋面的屋架及构造可看图 3-18。

（五）台阶的构造

台阶是房屋的室内和室外地面联系的过渡构件。它便于人们从大门口出入。台阶是根据室内外地面的高差做成若干级踏步和一块小的平台。它的形式有图 3-19 所示的几种。

台阶可以用砖砌成后做面层，可以用混凝土浇制成，也可以用花岗石铺砌成。面层可以做成最普通的水泥砂浆，也可做成水磨石、磨光花岗石、防滑地面砖和斩细的天然石材。

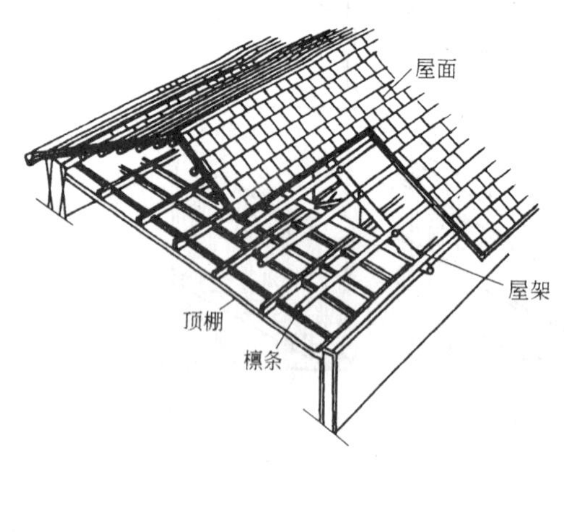

图 3-18　坡屋面

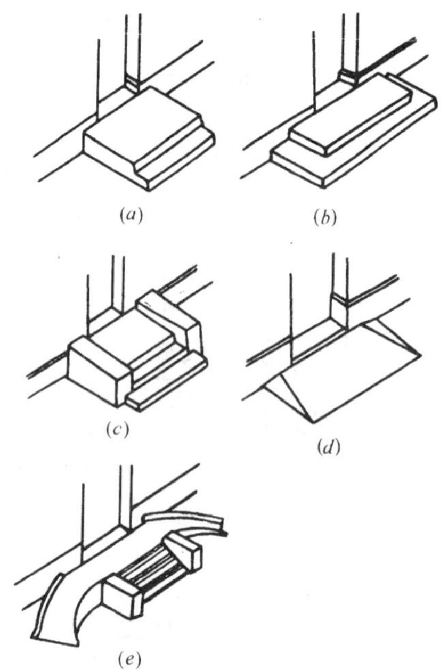

图 3-19　台阶的形式

(a) 单面踏步式；(b) 三面踏步式；
(c) 单面踏步带方形石；(d) 坡道；
(e) 坡道与踏步结合

五、房屋的门窗、地面和装饰

房屋除了上面介绍的结构件外，还有很多使用上必备的构造，像门、窗，地面面层和层次构造，屋面防水构造和为了美观舒适的装饰构造，都是近代建筑所不可缺少的。

(一) 门和窗的构造

门和窗是现代建筑不可缺少的建筑构件。门和窗不但有实用价值，还有建筑装饰的作用。窗是房屋上阳光和空气流通的"口子"；门则主要是分隔室内外及房间的主要通道。

当然也是空气和阳光要经过的通道"口子"。门和窗在建筑上还起到围护作用，起到安全保护、隔声、隔热、防寒、防风雨的作用。

门和窗按其所用材料的不同分为：木门窗、钢门窗、钢木组合门窗、铝合金门窗、塑料或塑钢门窗，还有贵重的铜门窗和不锈钢门窗，以及用玻璃做成的无框厚玻璃门窗等。

门窗构件与墙体的结合是：木门窗用木砖和钉子把门窗框固定在墙体上，然后用五金件把门窗扇安装上去；钢门窗是用铁脚（燕尾扁铁连接件）铸入墙上预留的小孔中，固定住钢门窗框，钢门窗扇是钢铰链用铆钉固定在框上；铝合金门窗的框是把框上设置的安装金属条，用射钉固定在墙体上，门扇则用铝合金铆钉固定在框上，窗扇目前采用平移式为多，安装在框中预留的滑框内；塑料门窗基本上与铝合金门窗相似。其他门窗也都有它们特定的办法和墙体相连接。

门窗按照形式可以分为：夹板门、镶板门、半截玻璃门、拼板门、双扇门、联窗门、推拉门、平开大门、弹簧门、钢木大门、旋转门等；窗有平门窗、推拉窗、中悬窗、上悬窗、下悬窗、立转窗、提拉窗、百叶窗、纱窗等等。

根据所在位置不同，门有：围墙门、栅栏门、院门、大门（外门）、内门（房门、厨房门，厕所门）、还有防盗门等；窗有外窗、内窗、高窗、通风窗、天窗、“老虎”窗等。

以单个的门窗构造来看，门有门框、门扇。框又分为上冒头、中贯档、门框边梃等。门扇由上冒头、中冒头、下冒头、门边梃、门板、玻璃芯子等构成，见图 3-20。

窗由窗框、窗梃、窗框上冒头、中贯档、下冒头及窗扇的窗扇梃、窗扇的上、下冒头和安装玻璃的窗棂构成，见图 3-21。

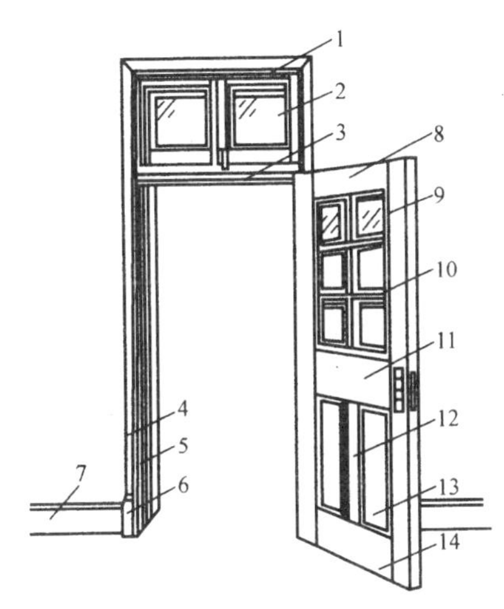

图 3-20　木门的各部分名称

1—门樘冒头；2—亮子；3—中贯档；4—贴脸板；5—门樘边梃；6—墩子线；7—踢脚板；8—上冒头；9—门梃；10—玻璃芯子；11—中冒头；12—中梃；13—门肚板；14—下冒头

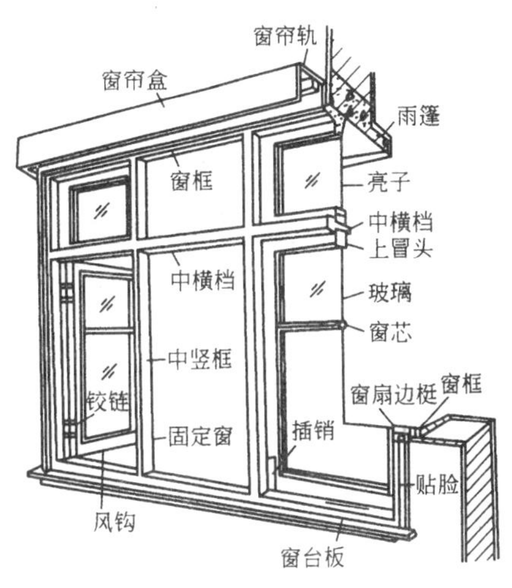

图 3-21　窗的组成

（二）楼面和地面层次的构造

楼面和地面是人们生活中经常接触行走的平面，楼地面的表层必须清洁、光滑。在人类开始时，地面就是压实稍平的土地；在烧制砖瓦后，开始用砖或石板铺地；近代建筑开始用水泥地面，而到目前地面的种类真是不胜枚举。

地面的构造必须适合人们生产、生活的需要。楼面和地面的构造层次一般有：

基层：在地面，它的基层是基土，在楼层，它的基层是结构楼板（现浇板或多孔预制板）。

垫层：在基层之上的构造层。地面的垫层可以是灰土或素混凝土，或两者的叠加；在楼面可以是细石混凝土。

填充层：在有隔声、保湿等要求的楼面则设置轻质材料的填充层，如水泥蛭石、水泥炉渣、水泥珍珠岩等。

找平层：当面层为陶瓷地砖、水磨石及其他，要求面层很平整的，则先要做好找平层。

面层和结合层：面层是地面的表层，是人们直接接触的一层。面层是根据所用材料不同而定名的。

水泥类的面层有：水泥混凝土面层、水泥砂浆面层、水磨石面层、水泥石子无砂面层、水泥钢屑面层等。

块材面层有：条石面层、缸砖面层、陶瓷地砖面层、陶瓷锦砖（马赛克）面层、大理石面层、磨光花岗石面层、预制水磨石块面层、水泥花砖和预制混凝土板面层等。

其他面层如有：木板面层（即木地板）、塑料面层（即塑料地板）、沥青砂浆及沥青混凝土面层、菱苦土面层、不发火（防爆）面层等。

面层必须在其下面的构造层次做完后，才能去做好。图 3-22 为楼面和地面构造层次的示意图，供参考。

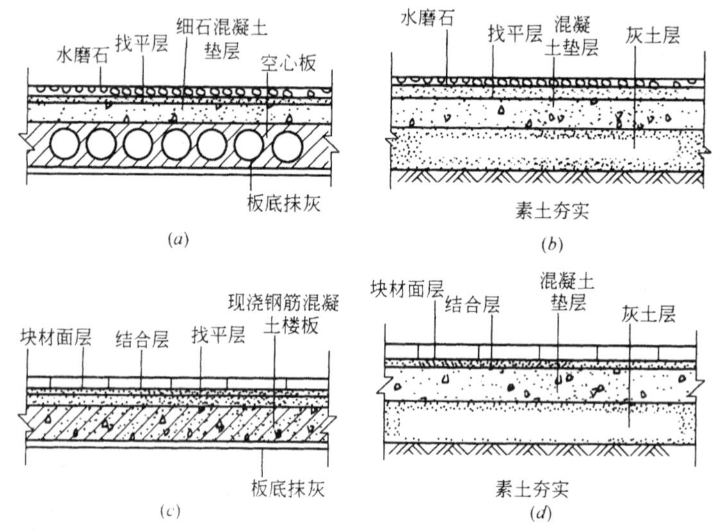

图 3-22 楼板上楼面和基土上地面构造形式

（三）屋盖及屋面防水的构造

目前的房屋建筑屋盖系统，一般分为两大类。一种是坡屋顶，一种是平屋顶。坡屋顶通常为屋架、檩条、屋面板和瓦屋面组成；平屋顶则是在屋面平板上做保温层、找平层、防水层，无保温层的也可做架空隔热层。

屋盖在房屋中是顶部围护构造，它起到防风雨、日晒、冰雪，并起到保温、隔热作用；在结构上它也起到支撑稳定墙身的作用。

1. 坡屋顶的构造

坡屋顶即屋面的坡度一般大于 150，它便于倾泻雨水，对防雨排水作用较好。屋面形成坡度可以是硬山搁檩或屋架的坡度等造成。它的构造层次为。屋架、檩条、望板（或称屋面板）、油毡、顺水条、挂瓦条、瓦等。可见图 3-23 所示剖面。

2. 平屋顶的构造

所谓平屋顶即屋面坡度小于 5%的屋顶。当前主要由钢筋混凝土屋面板为构造的基层，其上可做保温层（如用水泥珍珠岩或沥青珍珠岩），再做找平层（用水泥砂浆），最后做防水层（图 3-24）。

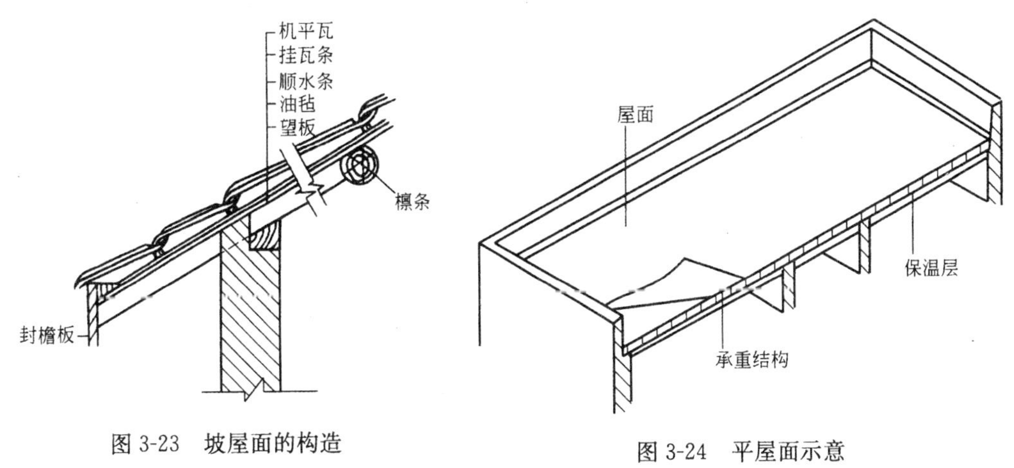

图 3-23　坡屋面的构造

图 3-24　平屋面示意

防水层又分为刚性防水层、卷材防水层和涂膜防水层三种，其屋面的构造和细部防水层做法可参看图 3-25。

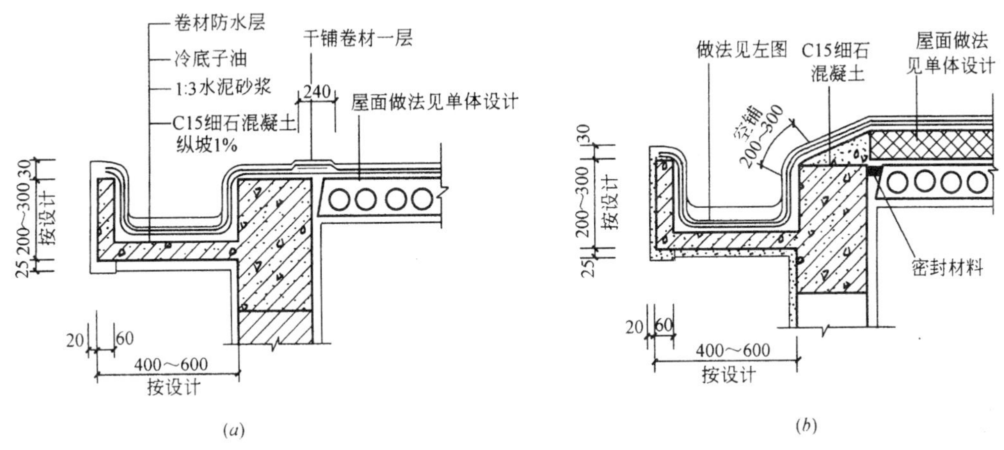

图 3-25　平屋面防水节点构造

（a）无保温屋顶；（b）有保温屋顶

（四）房屋内外的装饰和构造

装饰能对房屋起保护作用并且可增加房屋建筑的美感，也是体现建筑艺术的一种手段。犹如人们得体的美容和服饰一样，在现代建筑中装饰是不可缺少的内容。

装饰分为外装饰和室内装饰。外装饰是对建筑的外部，如墙面、屋顶、柱子、门、窗、勒脚、台阶等表面进行美化；内装饰是在房屋内对墙面、顶棚、地面、门、窗、卫生间、内庭院等进行建筑美化。

1. 墙面的装饰

当前外墙面的装饰有涂料，在做好的各种水泥线条的墙上涂以相应的色彩，增加美观；现在大多是用饰面材料进行装饰，如用墙面砖、锦砖、大理石、花岗石等；还有风行一时的玻璃幕墙利用借景来装饰墙面。

内墙面一般装饰以清洁、明快为主，最普通的是抹灰加涂料，或抹灰后贴墙纸；较高级一些的是做石膏墙面或木板、胶合板装饰。

2. 屋顶的装饰

屋顶的装饰，最好说明的是我国的古建筑，它飞檐、戗角，高屋建瓴的脊势给建筑带来庄重和气派。现代建筑中的女儿墙、大檐子、空架式的屋顶装饰构造，也给建筑增添不少情趣。

3. 柱子的装饰构造

如果柱的外观是毛坯的混凝土，不会给人带来美感，当它在外面包上一层镜面不锈钢的面层，就会使人感到新颖。当然柱子的外层可以用各种方法装饰得美观，但在构造上主要靠与结构的有效连接，才能保证长期良好的使用。

4. 勒脚和台阶

勒脚和台阶相当多的采用石材，并在外面进行装饰，达到稳重、庄严的效果。

5. 顶棚的装饰构造

人们在对平板的顶棚不感兴趣后，开始对它设想成立体的、多变的并增加线条，用石膏粘贴花饰和做成重叠的顶棚；达到装饰效果。

6. 门、窗的装饰

在门窗的外圈加以修饰，使门窗的立体感更强，再在门窗的选形上，本身在花饰上增加线条或图案，也起到装饰效果。这些都是房屋建筑装饰的一个部分。

7. 其他的装饰构造

为了室内适用和美观，往往要做些木质的墙裙、木质花式隔断，为采光较好，一些隔断做成铝合金骨架装透光不见形的玻璃，有些公共建筑走廊为了增添些花饰在廊柱之间做些中国古建中的挂落等。总之室内、外为了增添建筑外观美和实用性出现了各种装饰造型，这在今后建筑中将会不断增加。

六、机电设备

完整的房屋建筑必须具备配套的机电设备。根据房屋建筑的使用功能不同，这些机电设备通常包括给水，排水，通风与空调，采暖，供配电，消防、电梯等。

（一）给水

建立给水系统的目的是将符合水质标准的水送至建筑内生活、生产、和消防给水的各个用水点，满足水量和水压的要求。它通常由取水点（城镇供水管网或蓄水池）埋水管经过总水表进入建筑内部，再通过主管、支管等不同直径的水管、各种接头、三通、弯头、丝堵、阀门、分水表等等构件的安装组合，将水供至用水点处。另外，如果取水点水压经过建筑内管网的阻力达到用水点时水压不足，就需要加设增压设备（如水箱、水池、水泵等），以满足用水点的水压要求。

（二）排水

建筑内部排水系统的功能是将人们在日常生活和工业生产过程中产生的污水、废水以及屋面的雨水和雪水收集起来，及时排至室外。污废水排水系统的基本组成部分包括：卫生器具和生产设备的受水器、排水管道、清通设备和通气管道。在有些建筑的污废水排水系统中，根据需要还设有污废水的提升设备（如水泵）等。雨水排水系统按建筑物内是否有雨水管道分为内排水系统和外排水系统。降落到屋面上的雨水，沿屋面流入雨水斗，经连接管流入竖向立管，再经排出管流入雨水井或埋地排至室外雨水管道。

（三）通风与空调

建筑通风的主要任务是控制生产过程中产生的粉尘、有害气体、高温、高湿，控制室内有害物容量不超过卫生标准，创造良好的空气环境条件，保障人们的健康，提高劳动生产率，保证产品质量。建筑通风的功能主要由空气处理设备（各类风机）与空气输送管道（风管）等设备实现。

空调系统是调节和控制建筑内的温度、相对湿度、空气流速、空气的洁净度等，并提供足够量的新鲜空气的系统。空调系统通常由空气处理设备（如空调机、新风机）、空气输送管道（风管）等及冷源、热源部分来共同实现。

（四）采暖

我国长江以北地区由于冬季寒冷，建筑中多设有采暖系统。它由锅炉房（或其他热源）通过管道将热水或蒸汽送到建筑内。供蒸汽的管道要求能承受较大的压力，供热水的可以与给水系统的管道一样，其构造与给水系统一样有管接头、弯头等，所不同的是送至室内后要接在散热装置上（散热片或地面排管等）。散热装置一头为进入管，一头为排出管（排出散热后的冷却水）。

（五）供配电

建筑供配电系统由电源、电力传输网、用电设备三部分组成。电源通常由市政电网或发电机组成，经过配电区域内的配电线及配电设施组成的电力传输网为用电设备供电。电力传输网通过把大容量的电线电缆分支成容量越来越小的电线电缆的办法来组成，各级分支通常还需要设置合适的分断开关来管理与维护整个电力网。用电设备通常包括照明灯具、空调、风机、水泵、计算机等等需要电力运行的设备。

（六）消防、电梯

火灾一直是危害建筑内人员生命财产安全的重大隐患，因此建筑内通常需要设置一些消防设施，例如消火栓系统、喷淋系统、火灾报警系统等，以及用来配合火灾发生时人员逃生用的排烟、应急照明、疏散指示、消防广播等辅助逃生设施。

现代建筑中，电梯的应用十分普遍。主要有用来竖向直达各层的升降电梯和作为自动通道和楼层间通道的自动扶梯两种类型。

第三节　常见建筑结构类型简介

一、建筑结构的基本概念和应用

1. 建筑结构的组成

建筑结构，主要指的是建筑物的承重骨架。其作用就是保证建筑物在使用期限内把作用在建筑物上的各种荷载或作用可靠地承担起来；并在保证建筑物的强度、刚度和耐久性的同时，把所有的作用力可靠地传到地基中去。

建筑结构，根据建筑功能的不同（高度、体量、空间等）及是否需要考虑抗震设防等其他要求，组成形式可以有多种多样。本节仅就砌体房屋、多层与高层房屋、单层工业厂房、大跨度建筑的结构组成及其特点，予以概要介绍。

2. 建筑结构承受的荷载（作用）

建筑结构承受的竖向荷载包括恒载（构件自重等永久荷载）和活荷载（楼、屋面使用

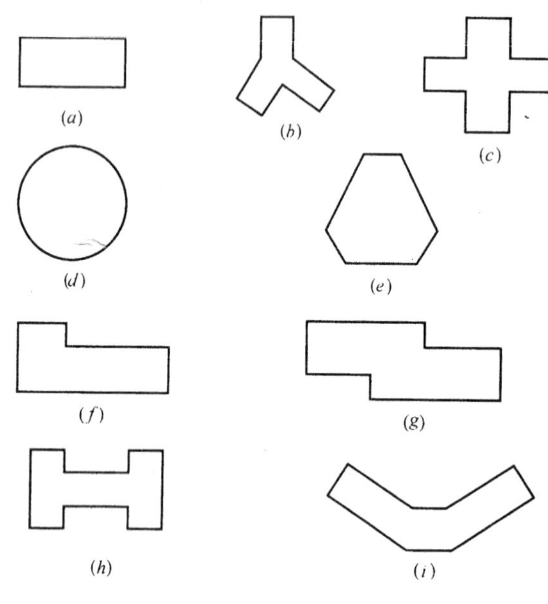

图 3-26　高层建筑结构平面形状

等可变荷载），其数值可按实际情况并不小于《建筑结构荷载规范》GB 50009 规定的数值确定。

建筑结构承受的水平荷载（作用）主要包括风荷载和抗震设防地区的地震作用等。

3. 建筑结构的布置

建筑结构布置的基本原则是避免复杂体型、力求传力途径简洁、明确。平面布置尽可能规则对称，竖向布置应上下连续、均匀变化，尤其是抗震设防地区，建筑结构的平面、竖向布置更应从严控制。

一般建筑结构平面如图 3-26，其中（*a*）、（*d*）、（*e*）平面规则；（*b*）、（*c*）平面相对规则，用于高层建筑时，承受的风荷载较前者大；（*f*）、（*g*）、（*h*）、（*i*）平面相对不规则，当用于抗震设防地区时应对薄弱部位予以加强。

4　变形缝

变形缝包括沉降缝、伸缩缝和防震缝，在抗震设防地区，建筑结构设置的沉降缝、伸缩缝必须满足防震缝的宽度要求。

沉降缝用于划分层数相差较多、荷载相差较大的相邻建筑结构单元，避免由于沉降差异而使结构产生损坏。沉降缝不但应贯通上部结构，而且应贯通基础本身。

伸缩缝（也称温度缝）用于超长建筑结构的分段划分，防止结构因温度变化和混凝土收缩而产生裂缝。伸缩缝应贯通上部结构。

防震缝用于抗震设防地区将体型复杂、平立面特别不规则的建筑结构划分成相对规则的结构单元，抗震设计应通过调整平面形状、采取加强措施等方法尽可能避免设缝，如需设缝的就要分得彻底。防震缝应贯通上部结构，并保证有足够宽度。

二、多层砌体房屋

砌体结构指由块材（砖、砌块、石）和砂浆砌筑而成的墙、柱作为建筑物主要受力构件的结构，楼、屋盖一般采用钢筋混凝土，也可采用木楼、屋盖，轻钢、瓦才屋盖等，也称砖混结构。

1. 砌体结构的特点和适用范围

(1) 主要优点

主要承重结构用砖、砌块、石砌筑而成，这些材料便于就地取材；

可以节省钢筋、混凝土材料，有较好的经济性能指标；

施工比较方便，技术要求低，施工设备简单。

(2) 主要缺点

砌体强度低，建造的房屋层数有限。

砌体是脆性材料，抗压能力尚可，抗拉、抗剪能力较差，因此抗震性能差。

（3）适用范围

可用于多层住宅、普通办公楼、学校、小型医院等民用建筑以及中小型工业建筑。

层数一般不超过 7 层，在抗震设防地区，可建层数（高度）随抗震设防烈度提高而减少（降低）。

2. 砌体结构承重体系

不同功能需求的建筑，平面布置各不相同，根据房间布局和大小要求，砌体结构的承重方式一般有三种：纵墙承重、横墙承重、纵横墙共同承重。

（1）纵墙承重体系

纵墙是主要的承重墙，荷载主要传递途径是：板→梁→纵墙→基础→地基，见图 3-27。

采用纵墙承重体系可以取得较大的空间，平面布置比较灵活，适用于教学楼、实验楼、办公楼、食堂、仓库和中小型厂房等。但由于纵墙承重体系不利于传递横向水平地震作用，所以不应用于抗震设防地区。

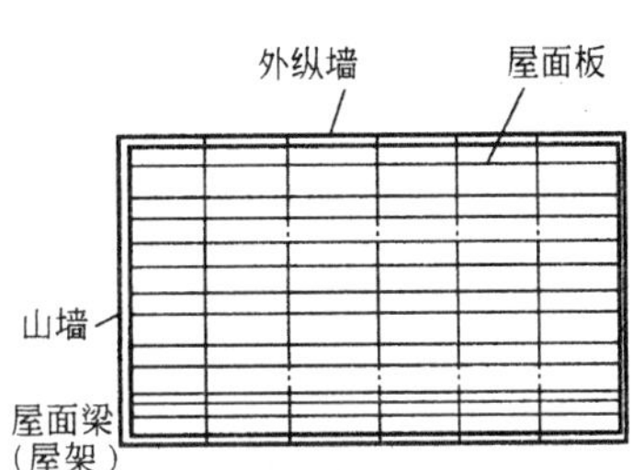

图 3-27　纵向承重方案

（2）横墙承重体系

横墙是主要的承重墙，荷载主要传递途径是：板→梁→横墙→基础→地基，见图 3-28。

采用横墙承重体系的建筑整体刚度大，抗震性能较好；由于外纵墙不是承重墙，立面处理相对比较方便，适用于宿舍、住宅等居住建筑和小型办公楼等。

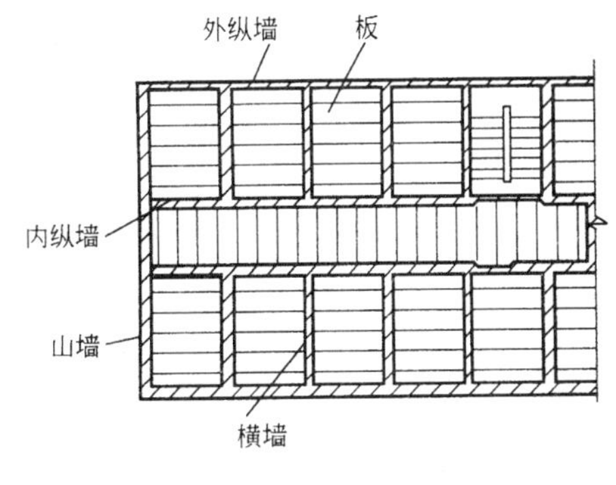

图 3-28　横墙承重方案

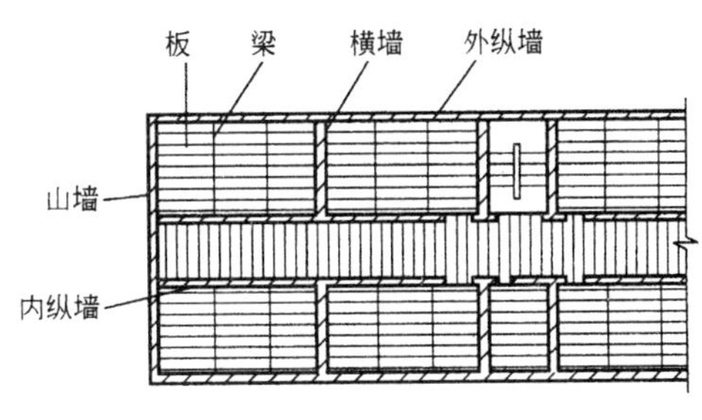

图 3-29　纵横墙共同承重方案

（3）纵横墙共同承重体系

根据功能需求，混合采用纵墙或横墙承重，横墙间距比纵墙承重密、比横墙承重稀，兼有两种体系的特征，见图 3-29。

3. 采用砌体承重的其他结构体系

当砌体结构主要的承重体系不能满足建筑功能需求时，还可选择混合采用钢筋混凝土构件的其他结构体系，如：内框架结构、底部框架—抗震墙砌体结构。

（1）内框架结构

内框架结构采用钢筋混凝土柱代替内承重墙，这种结构既不是全框架承重，也不是全由砖墙承重，见图 3-30。

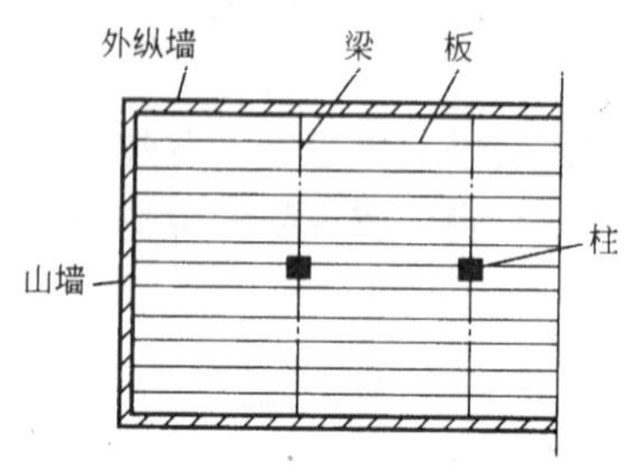

图 3-30 内框架承重方案

内框架承重体系可以取得较大的空间，故可用于教学楼、医院、商店、旅馆等建筑。但由于内框架结构体系空间刚度较差，抗震性能不好，所以不得用于有抗震设防要求的地区。

（2）底部框架—抗震墙砌体结构

底部框架—抗震墙砌体结构是多层砌体房屋的一种特殊形式，其底部一层或两层改用钢筋混凝土框架一抗震墙结构，见图 3-31。

底部框架—抗震墙砌体结构适用于临街的、在底部有设置商店、餐厅、车库等需求的宿舍、住宅等居住建筑或小型办公楼房屋，其底部一层或两层由于大空间的需要而采用框架—抗震墙，上部因纵、横墙比较多而采用砌体承重。这种结构形式具有比多层钢筋混凝土结构造价低和施工方便的优点，性价比较高。但由于底部框架—抗震墙砌体结构上、下层采用不同材料、不同结构形式，对抗震性能不利，所以不应用于抗震设防地区需要重点关注的学校、医院等建筑和高烈度（8.5 度及以上）设防地区。

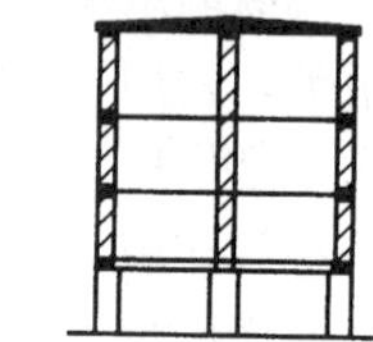

图 3-31 底部框架—抗震墙结构

4. 砌体结构圈梁、构造柱的重要性

在砌体房屋中设置圈梁可以增强房屋的整体刚度，防止由于地基的不均匀沉降或较大振动荷载等对房屋的不利影响。

在砌体房屋的墙体中设置构造柱，并通过拉结筋、马牙槎等措施与墙体形成整体，使墙体刚度增加，墙体的承载力、稳定性均相应得到提高。

抗震设防地区的砌体房屋，设置圈梁、构造柱是一项重要的抗震构造措施，布置合理的圈梁和构造柱把墙体分片包围，能对墙体的约束和防止墙体开裂后砖的散落起到显著的作用，改善砌体房屋的抗震性能。

圈梁、构造柱的设置要求随层数的增加而提高，随抗震设防烈度的提高而提高。

三、多层、高层房屋

除砌体结构外，多层、高层房屋主要采用钢筋混凝土结构，其次是钢结构、钢-混凝土混合结构等，分别介绍几种主要的结构类型。

1. 多层、高层房屋的施工分类

（1）全现浇式

所有构件均在现场绑扎钢筋、支模、浇筑、养护而成，结构整体性和抗震性能好、省钢材、造价低，但现场工作量大、模板耗费多、施工周期长。随着施工工艺及技术水平的发展和提高，如定型钢模板、商品混凝土等工艺和措施的推广，这些缺点正在逐步克服。

（2）装配式

所有构件均由构件预制厂预制，然后在现场将这些构件通过焊接拼装连接成整体的结构。具有节约模板、缩短工期、便于机械化生产、改善劳动条件等优点，是建筑业标准化、工业化的方向。但它的缺点是节点连接复杂、用钢量大、房屋整体性差、不利于抗震。

（3）装配整体式

装配整体式指将预制的构件安装就位后，焊接或绑扎节点区钢筋，通过节点区浇筑混凝土、板面混凝土叠合整浇等措施，使之结合成整体，兼有全现浇式和装配式的一些特点。

（4）半现浇式

半现浇式指部分构件现浇、部分构件预制，一般以相对次要的构件预制为主，如现浇梁、柱，预制板；或现浇柱，预制梁、板等。

2. 框架结构

（1）框架结构的特点和适用范围

框架结构是由梁、柱组成的骨架作为承受建筑物的竖向荷载和水平荷载（作用）的结构体系，发达国家较多采用钢材作为框架结构的材料，我国以钢筋混凝土为主。

框架结构的优点是在建筑上能够提供较大的空间，平面布置灵活，因而它的应用极为广泛，很适合用于多层工业厂房和各种类型的民用建筑。

框架结构的缺点是结构抗侧刚度较小，在水平荷载作用下位移大，抗震性能好于砌体结构但差于带剪力墙的其他类型结构体系，在房屋高度、或在抗震设防地区使用时受到一定限制。框架结构在非抗震设防地区适用高度为 70m 以下，在抗震设防地区适用高度随设防烈度提高而降低。

（2）框架结构的布置

在房屋结构中，通常将短轴方向称为横向、长轴方向称为纵向，按楼面竖向荷载传递路线的不同，框架的布置有横向框架承重、纵向框架承重和纵横向框架共同承重三种方式，主要承重的框架也称为主框架。

横向框架承重时，楼板（现浇楼盖中的次梁）平行于长轴布置，支撑在横向主梁上，各榀主框架用连系梁连接。一般房屋横向受风面积比纵向大且横向柱列柱子数量少于纵向柱列，所以比较强的横向框架有助于提高房屋的横向刚度，以利于抵抗风荷载的作用。在实际工程中较多采用这种布置方式，见图 3-32（*a*）。

纵向框架承重时，楼板（现浇楼盖中的次梁）平行于短轴布置，支撑在纵向主梁上，横向设连系梁。这种方式房屋的横向刚度较差，仅可用于大开间柱网且房屋进深较小的房屋。在实际工程中较少采用这种布置方式，见图 3-32（*b*）。

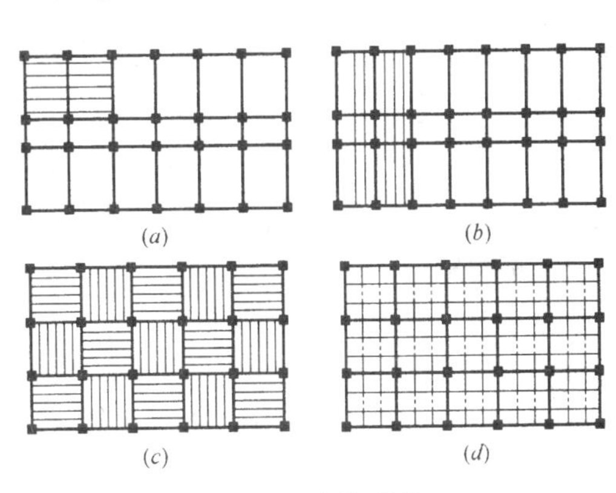

图 3-32　框架结构

纵横向框架共同承重时，两个方向均布置框架主梁承受楼面荷载。当柱网布置为正方形或接近正方形，或当楼面上作用有较大荷载，或当楼面有较大开孔时，常采用这种布置方式，尤其适用于现浇板楼屋盖。在实际工程中这种布置方式应有也较广泛，由于纵横向框架共同承重方式使房屋结构具有比其他布置方式更好的整体工作性能，所以在抗震设防地区更能体现优势，见图 3-32（*c*、*d*）。

3. 其他结构

有剪力墙结构、框架-剪力墙结构、筒体结构和钢-混凝土混合结构等。

第四章　标准计量知识

第一节　标准与标准化

新中国成立以来，我国政府就十分重视标准化事业。1988 年 12 月第七届全国人民代表大会常务委员会第五次会议通过了《中华人民共和国标准化法》（以下简称《标准化法》），随后于 1990 年 4 月 6 日发布施行《中华人民共和国标准化法实施条例》。使标准化工作正式纳入了法制轨道，使我国标准化事业得以蓬勃发展，标准化工作得到社会各界的广泛重视，在社会主义现代化建设的过程中占有十分重要的地位。国家先后制定了《标准化‘十一五’发展规划》和《标准化发展战略纲要》密切跟踪国内外标准化发展形势，有力促进了我国标准化事业的发展。

经过几十年的努力，我国标准从无到有，从工业生产领域拓展到涉及工业、农业、服务业、安全、卫生、环境保护和管理等各个领域。截止到 2010 年底，国家标准已经达到 24000 多项，形成了较完整的标准体系。

按照标准的内容，标准可以分为基础标准、试验标准、产品标准、工程建设标准、过程标准、服务标准、接口标准。

其中，工程建设标准化是随着我国社会主义经济建设的发展而发展的。1990 年以来，建设部根据工程建设标准化工作的特点，相继颁发了《工程建设国家标准管理办法》《工程建设行业标准管理办法》等部门规章和规范性文件，促进了工程建设标准化工作的开展。初步形成了包括城乡规划、房屋建筑、城市建设、工业建筑、水利工程、水运工程、电力工程、信息工程、铁道工程、石油和化工建设工程、矿山工程、广播电影电视工程、民航机场工程和公路工程等 14 部分的工程建设标准体系。

一、基础知识

（一）标准与标准化的基本概念

1. 标准

标准是为了在一定的范围内获得最佳秩序，经协商一致制定并由公认机构批准，共同使用的和重复使用的一种规范性文件。标准宜以科学、技术和经验的综合成果为基础，以促进最佳的共同效益为目的特殊文件。其特殊性主要表现在以下五个方面：

（1）是经过公认机构批准的文件。

（2）是根据科学、技术和经验成果制定的文件。

（3）是在兼顾各有关方面利益的基础上，经过协商一致而制定的文件。

（4）是可以重复和普遍应用的文件。

（5）是公众可以得到的文件。

2. 标准化

标准化是指为在一定的范围内获得最佳秩序，对实际的或潜在的问题制定共同和重复使用的规则的活动。标准化是一个活动过程，主要是指制定标准、宣传贯彻标准、对标准的实施进行监督管理、根据标准实施情况修订标准的过程。这个过程不是一次性的，而是一个不断循环、不断提高、不断发展的运动过程。每一个循环完成后，标准化的水平和效益就提高一步。标准是标准化活动的产物。标准化的目的和作用，都是通过制定和贯彻具体的标准来体现的。

（二）标准化的作用

标准化由于其领域的广泛性、内容的科学性和制定程序的规范性，在经济建设和社会发展中发挥了重要作用。主要作用如下：

（1）生产社会化和管理现代化的重要技术基础。

（2）提高质量，保护人体健康，保障人身、财产安全，维护消费者合法权益的重要手段。

（3）发展市场经济，促进贸易交流的技术纽带。

（三）我国标准的分级、编号和性质

1. 标准的分级

所谓标准分级，就是根据标准适用范围的不同，将其划分为若干不同的层次。我国《标准化法》规定，我国标准分为四级，即：国家标准、行业标准、地方标准和企业标准。

（1）国家标准：是指由国务院标准化行政主管部门编制计划，组织草拟，统一审批、编号、发布的在全国范围内统一和适用的标准。

工程建设国家标准由国务院工程建设行政主管部门编制计划，组织草拟，审查批准，由国务院标准化行政主管部门统一编号，由国务院标准化行政主管部门和工程建设行政主管部门联合发布。

（2）行业标准：是指为没有国家标准而又需要在全国某个行业范围内统一的技术要求而制定的标准。行业标准由国务院有关行政主管部门编制计划，组织草拟，统一审批、编号、发布，并报国务院标准化行政主管部门备案。行业标准是对国家标准的补充，行业标准在相应国家标准实施后，自行废止。

工程建设行业标准的计划根据国务院工程建设行政主管部门的统一部署由国务院有关行政主管部门组织编制和下达，报国务院工程建设行政主管部门备案。工程建设行业标准由国务院有关行政主管部门审批、编号和发布。

（3）地方标准：是指为没有国家标准和行业标准而又需要在省、自治区、直辖市范围内统一的工业产品的安全和卫生要求而制定的标准。地方标准由省、自治区、直辖市人民政府标准化行政主管部门编制计划，组织草拟，统一审批、编号、发布，并报国务院标准化行政主管部门和国务院有关行政主管部门备案。地方标准不得与国家标准、行业标准相抵触，在相应的国家标准或行业标准实施后，地方标准自行废止。

工程建设地方标准在省、自治区、直辖市范围内由省、自治区、直辖市有关主管部门统一计划、统一审批、统一发布和管理。工程建设地方标准批准发布 30 日内，应向建设部门备案。

（4）企业标准：是指企业所制定的产品标准和在企业内需要协调、统一的技术要求和管理、工作要求所制定的标准。企业生产的产品没有国家标准、行业标准和地方标准时，应当制定相应的企业标准，作为组织生产和交付的依据。对已有国家标准、行业标准和地方标准时，国家鼓励企业制定严于国家标准、行业标准和地方标准的企业标准，在企业内部适用。企业标准由企业制定，由企业法人代表或法人代表授权的主管领导批准、发布和管理。企业的产品标准，应在发布后30日内报当地标准化行政主管部门和有关行政主管部门备案。

(5) 其他标准：其他标准是指在改革开放中适应市场经济的需要而产生的标准，目前这些标准的法律地位尚未明确，有待《标准化法》修订后进一步明确。主要有：①协会标准。协会标准是市场经济发展的产物，也是标准化体系结构转化的方向。工程建设行业化协会，在这方面作了有益的尝试，工程建设行业化协会（CECS）标准使用中可视同行业标准。②企业联合标准。企业联合标准是由若干企业联合编制的标准，由若干企业联合编制，技术内容协商一致并共同实施，较一般企业标准有更强的适应性。企业联合标准其本质上还是企业标准。

2. 标准的编号

我国国家标准的代号，用“国标”两个字汉语拼音的第一个字母“G”和“B”表示。强制性国家标准的代号为“GB”，推荐性国家标准的代号为“GB/T”。国家标准的编号由国家标准的代号、国家标准顺序号和国家标准发布的年号三部分构成。工程建设的国家标准顺序号为50＊＊＊。

行业标准代号由国务院标准化行政主管部门规定。目前，国务院标准化行政主管部门已批准发布了64个行业标准代号。工程建设行业标准的代号为“xxJ”，例如建设工程行业标准的代号为“JGJ”。建材行业标准的代号为“JC”。行业标准的编号由行业标准代号、标准顺序号及年号组成。

地方标准的代号，由汉语拼音字母“DB”加上省、自治区、直辖市行政区划代码前两位数、再加斜线、顺序号和年号共四部分组成。

3. 标准的性质

国家标准、行业标准分为强制性标准和推荐性标准。保障人体健康，人身、财产安全，工程建设质量、安全、卫生标准和法律、行政法规规定强制执行的标准是强制性标准，其他标准是推荐性标准。《标准化法》同时还规定，省、自治区、直辖市标准化行政主管部门制定的工业产品的安全、卫生要求的地方标准，在本行政区域内是强制性标准。

强制性标准可分为全文强制和条文强制两种形式：

标准的全部技术内容需要强制的，为全文强制形式；

标准中部分技术内容需要强制的，为条文强制形式。

强制性标准以外的标准是推荐性标准，也就是说，推荐性标准是非强制执行的标准，国家鼓励企业自愿采用推荐性标准。

所谓推荐性标准，是指生产、交换、使用等方面，通过经济手段调节而自愿采用的一类标准，又称自愿性标准。这类标准任何单位都有权决定是否采用，违反这类标准，不承担经济或法律方面的责任。但是，一经接受采用，或各方面商定同意纳入商品、经济合同之中，就成为各方共同遵守的技术依据，具有法律上的约束力，各方必须严格遵照执行。

二、采用国际标准和国外先进标准

（一）国际标准和国外先进标准

国际标准是指国际标准化组织（ISO）、国际电工委员会（IEC）和国际电信联盟（ITU）制定的标准，以及国际标准化组织确认并公布的其他国际组织制定的标准。国际标准在世界范围内统一使用。

国外先进标准是指未经 ISO 确认并公布的其他国际组织的标准、发达国家的国家标准、区域性组织的标准、国际上有权威的团体标准和企业（公司）标准中的先进标准。

（二）采用国际标准

采用国际标准是指将国际标准的内容，经过分析研究和试验验证，等同或修改转化为我国标准（包括国家标准、行业标准、地方标准和企业标准），并按我国标准审批发布程序审批发布。国家鼓励积极采用国际标准和国外先进标准。采用国际标准和国外先进标准是我国一项重要的技术经济政策，是技术引进的重要组成部分。

我国标准与相应国际标准的一致性程度分为“等同”、“修改”和“非等效”三种，分别用表 4-1 代号表示：

等同：是指与国际标准在技术内容和文本结构上相同，同时可以包含最小限度的编辑性修改。

修改：是指与国际标准之间存在技术性差异，并且这些差异及其产生的原因清楚地说明，文本结构变化，但同时有清楚的比较。还可含编辑性修改。

非等效：与国际标准的技术内容和（或）文本结构不同，同时这种差异没有被清楚地说明。“非等效”还包括在标准中只保留了少量或不重要的国际标准条款的情况。

一致性程度代号 **表 4-1**

一致性程度	代　　号
等同	IDT
修改	MOD
非等效	NEQ

在《采用国际标准管理办法》规定了我国标准与相应国际标准的一致性程度的表示方法，即有“对应的国际标准编号、逗号和一致性程度代号”组成，例如：ISO 9000：2005，IDT。

三、企业标准化

（一）企业标准化的概念和基本任务

所谓企业标准化是指以提高经济效益为目标，以搞好生产、管理、技术和营销等各项工作为主要内容，制定、贯彻实施和管理维护标准的一种有组织的活动。企业标准化有以下三个特征：

1. 企业标准化必须以提高经济效益为中心

企业标准化也必须以提高经济效益为中心，把能否取得良好的效益，作为衡量企业标准化工作好坏的重要标志。

2. 企业标准化贯穿于企业生产、技术、经营管理活动的全过程

现代企业的生产经营活动，必须进行全过程的管理，即产品（服务）开发研究、设

计、采购、试制、生产、销售、售后服务都要进行管理。

3. 企业标准化是制定标准和贯彻标准的一种有组织的活动

企业标准化是一种活动，而这种活动是有组织的、有目标的、有明确内容的。其实际内容就是制定企业所需的各种标准，组织贯彻实施有关标准，对标准的执行进行监督，并根据发展适时修订标准。

（二）企业标准体系的构成

所谓企业标准体系是指企业内部的标准按其内在联系形成的科学有机整体。

企业标准体系的构成，以技术标准为主体，包括管理标准和工作标准。

企业技术标准主要包括：技术基础标准、设计标准、产品标准、采购技术标准、工艺标准、工装标准、原材料及半成品标准、能源和公用设施技术标准、信息技术标准、设备技术标准、零部件和器件标准、包装和储运标准、检验和试验方法标准、安全技术标准、职业卫生和环境保护标准等。

企业管理标准主要包括：管理基础标准、营销管理标准、设计与开发管理标准、采购管理标准、生产管理标准、设备管理标准、产品验证管理标准、不合格品纠正措施管理标准、人员管理标准、安全管理标准、环境保护和卫生管理标准、能源管理标准、服务标准和质量成本管理标准等。

企业工作标准主要包括：中层以上管理人员通用工作标准、一般管理人员通用工作标准和操作人员通用工作标准以及各工作岗位的工作标准等。

（三）企业标准贯彻实施的监督

对企业标准贯彻实施进行监督的主要内容是：

（1）国家标准、行业标准和地方标准中的强制性标准、强制性标准条文企业必须严格执行；不符合强制性标准的产品，禁止出厂和销售。

（2）企业生产的产品，必须按标准组织生产，按标准进行检验。经检验符合标准的产品，由企业质量检验部门签发合格证书。

（3）企业研制新产品、改进产品、进行技术改造和技术引进，都必须进行标准化审查。

（4）企业应当接受标准化行政主管部门和有关行政主管部门，依据有关法律、法规，对企业实施标准情况进行的监督检查。

第二节　计量基础知识

一、基本概念

（一）计量基本概念

人类在认识和改造自然界的过程中，对自然界各种现象或物质进行了大量的比较。在不断比较中积累经验，逐渐产生了“量”的概念，使自然界各种现象或物质都能通过一定的“量”来描述和体现。也就是说，“量是现象、物体或物质可定性区别与定量确定的一种属性”。对各种“量”进行分析和确认是认识世界和造福人类必不可少的，人们不但要区分量的性质，还要确定其量值。计量正是达到这种目的的重要手段之一。从广义上说，计量是对“量”的定性分析和定量确认的过程。

计量是实现单位统一、保障量值准确可靠的活动。计量学是关于测量的科学，它涵盖测量理论和实践的各个方面。在相当长的历史时期内，计量的对象主要是物理量。在历史上，计量被称为度量衡，即指长度、容积、质量的测量，所用的器具主要是尺、斗、秤。早在公元前221年，秦始皇统一六国后，就决定把战国时混乱的度量衡制度统一起来。随着科技、经济和社会的发展，计量的对象逐渐扩展到工程量、化学量、生理量，甚至心理量。与此同时，计量的内容也在不断地扩展和充实，通常可概括为六个方面：

(1) 计量单位与单位制；

(2) 计量器具（或测量仪器），包括实现或复现计量单位的计量基准、计量标准与工作计量器具；

(3) 量值传递与溯源，包括检定、校准、测试、检验与检测；

(4) 物理常量、材料与物质特性的测定；

(5) 测量不确定度、数据处理与测量理论及其方法；

(6) 计量管理，包括计量保证与计量监督等。

计量涉及社会的各个领域。根据其作用与地位，计量可分为科学计量、工程计量和法制计量三类，分别代表计量的基础性、应用性和公益性三个方面。

科学计量是指基础性、探索性、先行性的计量科学研究，它通常采用最新的科技成果来准确定义和实现计量单位，并为最新的科技发展提供可靠的测量基础。

工程计量是指各种工程建设、工业企业中的实用计量。随着工程建设、工业产品技术含量提高和复杂性的增大，为保证经济贸易全球化所必需的一致性和互换性，它已成为生产过程控制不可缺少的环节。

法制计量是指由政府或授权机构根据法制、技术和行政的需要进行强制管理的一种社会公用事业，其目的主要是保证与贸易结算、安全防护、医疗卫生、环境监测、资源控制、社会管理等有关的测量工作的公正性和可靠性。

计量属于国家的基础事业。它不仅为科学技术、国民经济和国防建设的发展提供技术基础，而且有利于最大限度地减少商贸、医疗、安全等诸多领域的纠纷，维护社会各方的合法权益。

(二) 计量的特点

计量的特点可以归纳为准确性、一致性、溯源性及法制性四个方面。

(1) 准确性是指测量结果与被测量真值的一致程度。

(2) 一致性是指在统一计量单位的基础上，测量结果应是可重复、可再现（复现）、可比较的。

(3) 溯源性是指任何一个测量结果或测量标准的值，都能通过一条具有规定不确定度的不间断的比较链，与测量基准联系起来的特性。

(4) 法制性是指计量必需的法制保障方面的特性。

由此可见，计量不同于一般的测量。测量是以确定量值为目的的一组操作，一般不具备、也不必完全具备上述特点。计量既属于测量而又严于一般的测量，在这个意义上可以狭义地认为，计量是与测量结果置信度有关的、与测量不确定度联系在一起的一种规范化的测量。

(三) 计量法律和法规

我国现已基本形成由《中华人民共和国计量法》简称《计量法》及其配套的计量行政

法规、规章（包括规范性文件）构成的计量法规体系。

《计量法》，是调整计量法律关系的法律规范的总称。1985 年 9 月 6 日经第六届全国人民代表大会常务委员会第十二次会议审议通过，中华人民共和国主席令予以公布，自 1986 年 7 月 1 日起施行。《计量法》共 6 章 35 条，基本内容包括：1. 计量立法宗旨；2. 调整范围；3. 计量单位制；4. 计量器具管理；5. 计量监督；6. 计量授权；7. 计量认证；8. 计量纠纷的处理；9. 计量法律责任等。

（四）计量认证、实验室认可

1. 计量认证

计量认证是指依据《计量法》的规定对产品质量检验机构的计量检定、测试能力和可靠性、公正性进行考核，证明其是否具有为社会提供公证数据的资格。经计量认证的产品质量检验机构所提供的数据，用于贸易出证、产品质量评价、成果鉴定作为公正数据，具有法律效力。

2. 实验室认可

实验室认可是指对从事相关检测检验机构（实验室）资质条件与合格评定活动，由国家认监委按照国际通行做法对校准、检测、检验机构及实验室实施统一的资格认定。是我国加入 WTO 和参与经济全球化、适应社会生产力发展和满足人民群众日益增长的物质文化需求的需要，也是规范市场秩序的重要手段，提高我国产品质量、增强出口竞争力保护国内产业的重要举措。

二、计量单位

为定量表示同种量的大小而约定地定义和采用的特定量，称为计量单位；为给定量值按给定规则确定的一组基本单位和导出单位，称为计量单位制；由国家法律承认、具有法定地位的计量单位，称为法定计量单位。实行法定计量单位是统一我国计量制度的重要决策，我国《计量法》规定："国家采用国际单位制。国际单位制计量单位和国家选定的其他计量单位，为国家法定计量单位。"它将彻底结束多种计量单位制在我国并存的现象，并与国际主流相一致。

国际单位制是我国法定计量单位的主体，所有国际单位制单位都是我国的法定计量单位。国际标准 ISO 1000 规定了国际单位制的构成及其使用方法。我国规定的法定计量单位的使用方法，包括量及单位的名称、符号及其使用、书写规则，与国际标准的规定一致。

国家选定的作为法定计量单位的非国际单位制单位，是我国法定计量单位的重要组成部分，具有与国际单位制单位相同的法定地位。

国际标准或有关国际组织的出版物中列出的非国际单位制单位（选入我国法定计量单位的除外），一般不得使用。若某些特殊领域或特殊场合下有特殊需要，可以使用某些非法定计量单位，但应遵守相关的规定。

（一）法定计量单位的构成

国际单位制是在米制的基础上发展起来的一种一贯单位制，其国际通用符号为"SI"。它由 SI 单位（包括 SI 基本单位、SI 导出单位），以及 SI 单位的倍数单位（包括 SI 单位的十进倍数单位和十进分数单位）组成，具有统一性、简明性、实用性、合理性和继承性等特点。SI 单位是我国法定计量单位的主体，所有 SI 单位都是我国的法定计量单位。此外，我国还选用了一些非 SI 的单位，作为国家法定计量单位。

1. 我国法定计量单位的构成（表 4-2）如下：

(1) SI 基本单位共 7 个，见表 4-3；

(2) 包括 SI 辅助单位在内的具有专门名称的 SI 导出单位共 21 个，见表 4-4；

(3) 由 SI 基本单位和具有专门名称的 SI 导出单位构成的组合形式的 SI 导出单位；

(4) SI 单位的倍数单位包括 SI 单位的十进倍数单位和十进分数单位，构成倍数单位的 SI 词头共 20 个，见表 4-5；

(5) 国家选定的作为法定计量单位的非 SI 单位共 16 个，见表 4-6；

(6) 由以上单位构成的组合形式的单位。

中华人民共和国法定计量单位构成 **表 4-2**

<table>
<tr><td rowspan="6">中华人民共和国法定计量单位</td><td rowspan="4">国际单位制(SI)单位</td><td rowspan="3">SI 单位</td><td colspan="2">SI 基本单位</td></tr>
<tr><td rowspan="2">SI 导出单位</td><td>包括 SI 辅助单位在内的具有专门名称的 SI 导出单位</td></tr>
<tr><td>组合形式的 SI 导出单位</td></tr>
<tr><td colspan="3">SI 单位的倍数单位(包括 SI 单位的十进倍数单位和十进分数单位)</td></tr>
<tr><td colspan="4">国家选定的作为法定计量单位的非 SI 单位</td></tr>
<tr><td colspan="4">由以上单位构成的组合形式的单位</td></tr>
</table>

2. SI 基本单位

表 4-3 列出了 7 个 SI 基本量的基本单位，它们是构成 SI 的基础。

SI（国际单位制）基本单位 **表 4-3**

量的名称	单位名称	单位符号
长度	米	m
质量	千克(公斤)	kg
时间	秒	s
电流	安[培]	A
热力学温度	开[尔文]	K
物质的量	摩[尔]	mol
发光强度	坎[德拉]	cd

注：1. 圆括号中的名称，是它前面的名称的同义词。
2. 无方括号的量的名称与单位名称均为全称。方括号中的字，在不致引起混淆、误解的情况下，可以省略。去掉方括号中的字即为其名称的简称。
3. 本表所称的符号，除特殊指明外，均指我国法定计量单位中所规定的符号和国际符号。
4. 人民生活和贸易中，质量习惯称为重量。

3. SI 导出单位

SI 导出单位是用 SI 基本单位以代数形式表示的单位。这种单位符号中的乘和除采用数学符号。它由两部分构成：一部分是包括 SI 辅助单位在内的具有专门名称的 SI 导出单位；另一部分是组合形式的 SI 导出单位，即用 SI 基本单位和具有专门名称的 SI 导出单位（含辅助单位）以代数形式表示的单位。

某些 SI 单位，例如力的 SI 单位，在用 SI 基本单位表示时，应写成 $kg \cdot m/s^2$。这种表示方法显然比较繁琐，不便使用。为了简化单位的表示式，经国际计量大会讨论通过，给它以专门的名称——牛［顿］，符号为 N。类似地，热和能的单位通常用焦［耳］（J）代替牛顿米（N·m）和 $kg \cdot m/s^2$。这些导出单位，称为具有专门名称的 SI 导出单位。

电离辐射、医疗卫生领域中的某些量，涉及人类健康和安全防护。这些量的量纲相同，或具有与其他量相同的量纲，因此，用 SI 基本单位表示这些量的 SI 导出单位时，也具有相同的形式。为了便于区分不同的物理量，避免使用时混淆而造成事故，这些量的 SI 导出单位也被赋予专门的名称。例如：吸收剂量、比授［予］能及比释动能的单位，通常用戈［瑞］（Gy）代替焦耳每千克（J/kg），剂量当量单位则用希［沃特］（Sv）代替焦耳每千克（J/kg）。

SI 单位弧度（rad）和球面度（sr），称为 SI 辅助单位，它们是具有专门名称和符号的量纲为一的量的导出单位。例如：角速度的 SI 单位可写成弧度每秒（rad/s）。

电阻率的单位通常用欧姆米（Ω·m）代替伏特米每安培（V·m/A），它是组合形式的 SI 导出单位之一。

表 4-4 列出的是包括 SI 辅助单位在内的具有专门名称的 SI 导出单位。

包括 SI 辅助单位在内的具有专门名称的 SI 导出单位　　表 4-4

量的名称	SI 导出单位		
	名称	符号	用 SI 基本单位和 SI 导出单位表示
［平面］角	弧度	rad	1rad=1m/m=1
立体角	球面度	sr	$1sr=1m^2/m^2=1$
频率	赫［兹］	Hz	$1Hz=1s^{-1}$
力	牛［顿］	N	$1N=1kg \cdot m/s^2$
压力，压强，应力	帕［斯卡］	Pa	$1Pa=1N/m^2$
能［量］，功，热量	焦［耳］	J	1J=1N·m
功率，辐［射能］通量	瓦［特］	W	1W=1J/s
电荷［量］	库［仑］	C	1C=1A·s
电压，电动势，电位，（电势）	伏［特］	V	1V=1W/A
电容	法［拉］	F	1F=1C/V
电阻	欧［姆］	Ω	1Ω=1V/A
电导	西［门子］	S	$1S=1\Omega^{-1}$
磁通［量］	韦［伯］	Wb	1Wb=1V·s
磁通［量］密度，磁感应强度	特［斯拉］	T	$1T=1Wb/m^2$
电感	亨［利］	H	1H=1Wb/A
摄氏温度	摄氏度	℃	1℃=1K
光通量	流［明］	lm	1lm=1cd·sr
［光］照度	勒［克斯］	lx	$1lx=1lm/m^2$
［放射性］活度	贝可［勒尔］	Bq	$1Bq=1s^{-1}$
吸收剂量	戈［瑞］	Gy	1Gy=1J/kg
剂量当量	希［沃特］	Sv	1Sv=1J/kg

4. SI 单位的倍数单位

在 SI 中，用以表示倍数单位的词头，称为 SI 词头。它们是构词成分，用于附加在 SI 单位之前构成倍数单位（十进倍数单位和分数单位），而不能单独使用。

表 4-5 共列出 20 个 SI 词头，所代表的因数的覆盖范围为 10^{-24}～10^{24}。

用于构成的十进倍数和分数单位的词头 **表 4-5**

因数	词头名称		符号
	英文	中文	
10^{24}	yotta	尧[它]	Y
10^{21}	zetta	泽[它]	Z
10^{18}	exa	艾[可萨]	E
10^{15}	peta	拍[它]	P
10^{12}	tera	太[拉]	T
10^{9}	giga	吉[咖]	G
10^{6}	mega	兆	M
10^{3}	kilo	千	k
10^{2}	hecto	百	h
10^{1}	deca	十	da
10^{-1}	deci	分	d
10^{-2}	centi	厘	c
10^{-3}	milli	毫	m
10^{-6}	micro	微	μ
10^{-9}	nano	纳[诺]	n
10^{-12}	pico	皮[可]	p
10^{-15}	femto	飞[母托]	f
10^{-18}	atto	阿[托]	a
10^{-21}	zepto	仄[普托]	z
10^{-24}	yocto	幺[科托]	y

词头符号与所紧接着的单个单位符号（这里仅指 SI 基本单位和 SI 导出单位）应视作一个整体对待，共同组成一个新单位，并具有相同的幂次，而且还可以和其他单位构成组合单位。例如：$1\text{cm}^3=(10^{-2}\text{m})^3=10^{-6}\text{m}^3$，$1\mu\text{s}^{-1}=(10^{-6}\text{s})^{-1}=10^6\text{s}^{-1}$，$1\text{mm}^2/\text{s}=(10^{-3}\text{m})^2/\text{s}=10^{-6}\text{m}^2/\text{s}$。

由于历史原因，质量的 SI 基本单位名称“千克”中已包含 SI 词头，所以，“千克”的十进倍数单位由词头加在“克”之前构成。例如：应使用毫克（mg），而不得用微千克（μkg）。

5. 可与 SI 单位并用的我国法定计量单位

由于实用上的广泛性和重要性，在我国法定计量单位中，为 11 个物理量选定了 16 个与SI单位并用的非SI单位，如表4-6所示。其中10个是国际计量大会同意并用的非SI单位，它们是：时间单位——分、[小]时、日（天）；[平面]角单位——度、[角]分、[角]秒；体积单位——升；质量单位——吨和原子质量单位；能量单位——电子伏。另外6个，即海里、节、公顷、转每分、分贝、特[克斯]，则是根据国内外的实际情况选用的。

可与SI单位并用的我国法定计量单位 **表4-6**

量的名称	单位名称	单位符号	与SI单位的关系
时间	分	min	1min=60s
	[小]时	h	1h=60min=3600s
	日,(天)	d	1d=24h=86400s
[平面]角	度	°	$1°=(\pi/180)$rad
	[角]分	′	$1'=(1/60)°=(\pi/10800)$rad
	[角]秒	″	$1''=(1/60)'=(\pi/648000)$rad
体积	升	L,(l)	$1L=1dm^3=10^{-3}m^3$
质量	吨 原子质量单位	t u	$1t=10^3kg$ $1u\approx1.660540\times10^{-27}kg$
旋转速度	转每分	r/min	$1r/min=(1/60)s^{-1}$
长度	海里	nmile	1nmile=1852m （只用于航行）
速度	节	kn	1kn=1nmile/h=(1852/3600)m/s （只用于航行）
能	电子伏	eV	$1eV\approx1.602177\times10^{-19}J$
级差	分贝	dB	
线密度	特[克斯]	tex	$1tex=10^{-6}kg/m$
面积	公顷	hm^2	$1hm^2=10^4m^2$

注：1. 平面角单位度、分、秒的符号，在组合单位中应采用（°）、（′）、（″）的形式。例如：不用°/s而用（°）/s。

2. 升的符号中，L的小写字母l为备用符号。

3. 公顷的国际通用符号为ha。我国工程界通用的公顷符号为hm^2——编者注。

（二）法定计量单位的基本使用方法

我国国家标准《国际单位制及其应用》GB 3100—93和《有关量、单位和符号的一般原则》GB 3101—93，对SI单位的使用方法作了规定，并与国际标准ISO 1000：1992和ISO 31-0：1992的规定一致。

1. 法定计量单位的名称

表4-3和表4-4规定了法定计量单位的名称，名称中去掉方括号中的部分是单位的简称。用于叙述性文字和口述中。简称和全称可任意选用，以表达清楚明了为原则。

组合单位的中文名称，原则上与其符号表示的顺序一致。单位符号中的乘号没有对应的名称，只要将单位名称接连读出即可。例如：N·m的名称为“牛顿米”，简称为“牛·米”。而表示相除的斜线（/），对应名称为“每”，且无论分母中有几个单位，“每”只在分母的前面出现一次。例如：单位J/(kg·K)的中文名称为“焦耳每千克开尔文”，简称为“焦每千克开”。

如果单位中带有幂，则幂的名称应在单位之前。二次幂为二次方，三次幂为三次方，依次类推。但是，如果长度的二次和三次幂分别表示面积和体积，则相应的指数名称分别称为平方和立方；否则，仍称为“二次方”和“三次方”。例如：m^2/s 这个单位符号，用于表示运动黏度时，名称为“二次方米每秒”；但用于表示覆盖速率时，则为“平方米每秒”。负数幂的含义为除，既可用幂的名称，也可用“每”。例如：$℃^{-1}$ 的名称为每摄氏度，亦称负一次方摄氏度。

2. 法定计量单位和词头的符号

法定计量单位和词头的符号，是代表单位和词头名称的字母或特种符号，它们应采用国际通用符号。在中、小学课本和普通书刊中，必要时也可将单位的简称（包括带有词头的单位简称）作为符号使用，这样的符号称为“中文符号”。

法定计量单位和词头的符号，不论拉丁字母或希腊字母，一律用正体。单位符号一般为小写字母，只有单位名称来源于人名时，其符号的第一个字母大写；只有“升”的符号例外，可以用 L。例如：时间单位“秒”的符号是 s，电导单位“西［门子］”的符号是 S，压力、压强、应力的单位“帕［斯卡］”的符号是 Pa。摄氏度的符号℃可以作为中文符号使用。

词头符号的字母，当其所表示的因数小于 10^6 时，一律用小写体；而当大于或等于 10^6 时，则用大写体。

单位符号没有复数形式，不得附加任何其他标记或符号来表示量的特性或测量过程的信息。它不是缩略语，除正常语句结尾的标点符号外，词头或单位符号后都不加标点。

由两个以上单位相乘构成的组合单位，相乘单位间可用乘点也可不用。但是，单位中文符号相乘时必须用乘点。例如：力矩单位牛顿米的符号为 N·m 或 Nm，但其中文符号仅为牛·米。相除的单位符号间用斜线表示或采用负指数。例如：密度单位符号可以是 kg/m^3 或 $kg \cdot m^{-3}$，其中文符号可以是千克/米^3 或千克·米$^{-3}$。单位中分子为 1 时，只用负数幂。例如：用 m^{-3}，而不用 $1/m^3$。表示相除的斜线在一个单位中最多只有一条，除非采用括号能澄清其含义。例如：用 W/（K·m），而不用 W/K/m 或 W/K·m。也可用水平线表示相除。

词头的符号与单位符号之间不得留空隙，也不加相乘的符号。口述单位符号时应使用单位名称而非字母名称。

3. 法定计量单位和词头的使用规则

法定计量单位和词头的名称，一般适宜在口述和叙述性文字中使用。而符号可用于一切需要简单明了表示单位的地方，也可用于叙述性文字之中。

单位的名称与符号必须作为一个整体使用，不得拆开。例如：摄氏度的单位符号为℃，20℃不得读成或写成“摄氏 20 度”或“20 度”，而应读成“20 摄氏度”，写成“20℃”。

用词头构成倍数单位时，不得使用重叠词头。例如：不得使用纳米、微微法拉等。选用 SI 单位的倍数单位，一般应使量的数值处于 0.1～1000 的范围内。例如：1.2×10^4 N 可以写成 12kN；1401Pa 可以写成 1.401kPa。

4. 法定计量单位与习用非法定计量单位的换算

法定计量单位与习用非法定计量单位换算表 **表 4-7**

量的名称	习用非法定计量单位		法定计量单位		单位换算关系
	名称	符号	名称	符号	
力	千克力	kgf	牛顿	N	1kgf=9.80665N≈10N
	吨力	tf	千牛顿	kN	1tf=9.80665kN≈10kN
线分布力	千克力每米	kgf/m	牛顿每米	N/m	1kgf/m=9.80665N/m≈10N/m
	吨力每米	tf/m	千牛顿每米	kN/m	1tf/m=9.80665kN/m≈10kN/m
面分布力、压力	千克力每平方米	kgf/m^2	牛顿每平方米（帕斯卡）	N/m^2(Pa)	$1kgf/m^2≈10N/m^2$(Pa)
	吨力每平方米	tf/m^2	千牛顿每平方米（千帕斯卡）	kN/m^2(kPa)	$1tf/m^2≈10kN/m^2$(kPa)
	标准大气压	atm	兆帕斯卡	MPa	1atm=0.101325MPa≈0.1MPa
	工业大气压	at	兆帕斯卡	MPa	1at=0.0980665MPa≈0.1MPa
	毫米水柱	mmH_2O	帕斯卡	Pa	$1mmH_2O$=9.80665Pa≈10Pa（按水的密度为 $1g/cm^3$ 计）
	毫米汞柱	mmHg	帕斯卡	Pa	1mmHg=133.322Pa
	巴	bar	帕斯卡	Pa	$1bar=10^5Pa$
体分布力	千克力每立方米	kgf/m^3	牛顿每立方米	N/m^3	$1kgf/m^3=9.80665N/m^3≈10N/m^3$
	吨力每立方米	tf/m^3	千牛顿每立方米	kN/m^3	$1tf/m^3=9.80665kN/m^3≈10kN/m^3$
力矩、弯矩、扭矩、力偶矩、转矩	千克力米	kgf·m	牛顿米	N·m	1kgf·m=9.80665N·m≈10N·m
	吨力米	tf·m	千牛顿米	kN·m	1tf·m=9.80665kN·m≈10kN·m
双弯矩	千克力平方米	$kgf·m^2$	牛顿平方米	$N·m^2$	$1kgf·m^2=9.80665N·m^2≈10N·m^2$
	吨力平方米	$tf·m^2$	千牛顿平方米	$kN·m^2$	$1tf·m=9.80665kN·m^2≈10kN·m^2$
应力、材料强度	千克力每平方毫米	kgf/mm^2	兆帕斯卡	MPa	$1kgf/mm^2$=9.80665MPa≈10MPa
	千克力每平方厘米	kgf/cm^2	兆帕斯卡	MPa	$1kgf/cm^2$=0.0980665MPa≈0.1MPa
	吨力每平方米	tf/m^2	千帕斯卡	kPa	$1tf/m^2$=9.80665kPa≈10kPa
弹性模量、剪变模量、压缩模量	千克力每平方厘米	kgf/cm^2	兆帕斯卡	MPa	$1kgf/cm^2$=0.0980665MPa≈0.1MPa
压缩系数	平方厘米每千克力	cm^2/kgf	每兆帕斯卡	MPa^{-1}	$1cm^2/kgf=(1/0.0980665)Mpa^{-1}$
地基抗力刚度系数	吨力每平方米	tf/m^3	千牛顿每立方米	kN/m^3	$1tf/m^3=9.80665kN/m^3≈10kN/m^3$
地基抗力比例系数	吨力每四次方米	tf/m^4	千牛顿每四次方米	kN/m^4	$1tf/m^4=9.80665kN/m^4≈10kN/m^4$
功、能、热量	千克力米	kgf·m	焦耳	J	1kgf·m=9.80665J≈10J
	吨力米	tf·m	千焦耳	kJ	1tf·m=9.80665kJ≈10kJ

续表

量的名称	习用非法定计量单位		法定计量单位		单位换算关系
	名称	符号	名称	符号	
功、能、热量	立方厘米标准大气压	cm^3 · atm	焦耳	J	1cm^3 · atm=0.101325J≈0.1J
	升标准大气压	L · atm	焦耳	J	1L · atm=101.325J≈100J
	升工程大气压	L · at	焦耳	J	1L · at=98.0665J≈100J
	国际蒸汽表卡	cal	焦耳	J	1cal=4.1868J
	热化学卡	cal_{th}	焦耳	J	1cal_{th}=4.184J
	15℃卡	cal_{15}	焦耳	J	1cal_{15}=4.1855J
功率	千克力米每秒	kgf · m/s	瓦特	W	1kgf · m/s=9.80665W≈10W
	国际蒸汽表卡每秒	cal/s	瓦特	W	1cal/s=4.1868W
	千卡每小时	kcal/h	瓦特	W	1kcal/h=10163W
	热化学卡每秒	cal_{th}/s	瓦特	W	1cal_{th}/s=4.184W
	升标准大气压每秒	L · atm/s	瓦特	W	1L · atm/s=101.325W≈100W
	升工程大气压每秒	L · at/s	瓦特	W	1L · at/s=98.0665W≈100W
	米制马力		瓦特	W	1米制马力=735.499W
	电工马力		瓦特	W	1电工马力=746W
	锅炉马力		瓦特	W	1锅炉马力=9809.5W
动力黏度	千克力秒每平方米	kgf · s/m^2	帕斯卡秒	Pa · s	1kgf · s/m^2=9.80665Pa · s≈10Pa · s
	泊	P	帕斯卡秒	Pa · s	1P=0.1Pa · s
运动黏度	斯托克斯	St	平方米每秒	m^2/s	1St=$10^{-4}$$m^2$/s
发热量	千卡每立方米	kcal/m^3	千焦耳每立方米	kJ/m^3	1kcal/m^3=4.1868kJ/m^3
	热化学千卡每立方米	$kcal_{th}$/m^3	千焦耳每立方米	kJ/m^3	1$kcal_{th}$/m^3=4.18kJ/m^3
汽化热	千卡每千卡	kcal/kg	千焦耳每千克	kJ/m	1kcal/kg=4.1968kJ/m
热负荷	千卡每小时	kcal/h	瓦特	W	1kcal/h=1.163W
热强度、容积热负荷	千卡每立方米小时	kcal/(m^3 · h)	瓦特每立方米	W/m^3	1kcal/(m^3 · h)=1.163W/m^3
热流密度	卡每平方厘米秒	cal/(cm^2 · s)	瓦特每平方米	W/m^2	1cal/(m^2 · s)=41868W/m^2
	千卡每平方厘米小时	kcal/(m^2 · h)	瓦特每平方米	W/m^2	1kcal/(m^3 · h)=1.163W/m^2
比热容	千卡每千克摄氏度	kcal/(kg · ℃)	千焦耳每千克开尔文	kJ/(kg · K)	1kcal/(kg · ℃)=4.1868kJ/(kg · K)
	热化学千卡每千克摄氏度	$kcal_{th}$/(kg · ℃)	千焦耳每千克开尔文	kJ/(kg · K)	1$kcal_{th}$/(kg · ℃)=4.184kJ/(kg · K)

续表

量的名称	习用非法定计量单位		法定计量单位		单位换算关系
	名称	符号	名称	符号	
体积热容	千卡每立方米摄氏度	kcal/(m^3·℃)	千焦耳每立方米开尔文	kJ/(m^3·K)	1kcal/(m^3·℃)=4.1868kJ/(m^3·K)
	热化学千卡每立方米摄氏度	$kcal_{th}$/(m^3·℃)	千焦耳每立方米开尔文	kJ/(m^3·K)	1$kcal_{th}$/(m^3·℃)=4.1868kJ/(m^3·K)
传热系数	卡每立方厘米秒摄氏度	cal/(cm^3·s·℃)	瓦特每平方米开尔文	W/(m^2·K)	1cal/(cm^3·s·℃)=41868W/(m^2·K)
	千卡每立方米小时摄氏度	kcal/(m^3·h·℃)	瓦特每平方米开尔文	W/(m^2·K)	1kcal/(m^3·h·℃)=1.163W/(m^2·K)
导热系数	卡每厘米秒摄氏度	cal/(cm·s·℃)	瓦特每米开尔文	W/(m·K)	1cal/(cm·s·℃)=418.68W/(m·K)
	千卡每米小时摄氏度	kcal/(m·h·℃)	瓦特每米开尔文	W/(m·K)	1kcal/(m·h·℃)=1.163W/(m·K)
热阻率	厘米秒摄氏度每卡	cm·s·℃/cal	米开尔文每瓦特	m·K/W	1cm·s·℃/cal=(1/418.68)m·K/W
	米小时摄氏度每千卡	m·h·℃/kcal	米开尔文每瓦特	m·K/W	1m·h·℃/kcal=(1/1.163)m·K/W
光照度	辐透	ph	勒克斯	lx	1ph=10^{4}lx
光亮度	熙提	sb	坎德拉每平方米	cd/m^2	1sd=10^{4}cd/m^2
	亚熙提	asb	坎德拉每平方米	cd/m^2	1asd=(1/π)cd/m^2
	朗伯	la	坎德拉每平方米	cd/m^2	1la=(10^4/π)cd/m^2

三、量值溯源

（一）量值溯源性

量值溯源性是指通过一条具有规定不确定度的不间断的比较链，使测量结果或测量标准的值能够与规定的参考标准（通常是国家计量基准或国际计量基准）联系起来的特性。

这种特性使所有的同种量值，都可以按这条比较链，通过校准向测量的源头追溯，也就是溯源到同一个计量基准（国家基准或国际基准），从而使测量的准确性和一致性得到技术保证。否则，量值出于多源或多头，必然会在技术上和管理上造成混乱。

（二）校准和检定

校准和检定是实现量值溯源的最主要的技术手段。

1. 校准

校准是指在规定条件下，为确定测量仪器或测量系统所指示的量值，或实物量具或参考物质所代表的量值，与对应的标准所复现的量值之间关系的一组操作。

校准的主要目的有：确定示值误差；得出标称值偏差的报告，并对其进行修正；给标尺标记、参考物质赋值或确定其他特性；实现量值溯源。

校准的依据是校准规范或校准方法，国家校准规范是由国务院计量行政部门组织制定并批准颁布，特殊情况下也可自行制定。校准结果应在校准证书或校准报告上反映。

2. 检定

查明和确认测量仪器（计量器具）是否符合法定要求的程序，称为测量仪器（计量器具）的检定。

计量检定具有法制性，其对象是依法管理的测量仪器（计量器具），计量检定分为强制检定和非强制检定。根据《计量法》规定“用于贸易结算、安全防护、医疗卫生、环境监测方面列入强制检定目录的工作计量器具，实行强制检定。”其他测量仪器属非强制检定工作计量器具。

由政府计量行政主管部门所属的法定计量检定机构或授权的计量检定机构，对测量仪器实行的一种定点定期的检定，称为强制检定；由使用者自行或委托具有社会公共计量标准的计量检定机构，对强制检定以外的测量仪器依法进行的一种定期检定，称为非强制检定。

检定的依据是计量检定规程。计量检定规程是由国务院计量行政部门制定，并按法定程序审批公布，任何企业和其他实体都无权制定检定规程。检定结果中必须有合格与否的结论，并出具证书或加盖印记。

3. 校准和检定的主要区别

（1）校准不具法制性，是企业自愿溯源行为；检定则具有法制性，属计量管理范畴的执法行为。

（2）校准主要确定测量仪器的示值误差；检定则是对其计量特性及技术要求的全面评定。

（3）校准的依据是校准规范、校准方法，通常应作统一规定，有时也可自行制定；检定的依据则是检定规程。

（4）校准通常不判断测量仪器合格与否，必要时也可确定其某一性能是否符合预期要求；检定则必须做出合格与否的结论。

（5）校准结果通常是出具校准证书或校准报告；检定结果则是合格的发检定证书，不合格的发不合格通知书。

随着社会主义市场经济的发展，在强化检定的法制性的同时，对大量的非强制检定的测量仪器，为达到统一量值的目的，应以校准为主，正确确立校准在量值溯源中的地位。

（三）检测和检验

检测有时也称测试或试验，是指对给定的产品、材料、设备、生物体、物理现象、工艺过程或服务，按照规定的程序确定一个或多个特性或性能的技术操作。为确保检测结果准确到一定程度，必须在规定的检测范围内，按照规定程序和方法进行。检测结果通常采用检测报告或检测证书等方式给出。

检验是对实体的一个或多个特性进行诸如测量、检查、试验，并将其结果与规定要求进行比较，以确定每项特性的合格情况所进行的活动。检验的对象是实体，泛指可以单独描述的事物，例如产品、活动或过程、组织、体系或人，以及它们的任意组合。检验的目的是确定它们的一个（或多个）特性是否合格或是否符合规定的要求。检验是通过测量、检查、试验来实施的，将测量结果、检测结果、试验（测试、检测）结果与规定的要求相比较，然后做出合格与否的结论。

第三节　材料员对标准计量知识的应用

材料员在工程建设材料采购、验收、保管、使用过程中会涉及材料的各项性能指标，这些性能指标又通过标准、合同等形式提出。为了保证工程建设材料的质量，便于对材料供应商管理，必须熟悉建筑材料产品标准和建筑施工验收规范，并了解两者之间的关系。才能合理地对工程建设材料进行管理，做到物尽其用，提高工程建设材料的管理水平，降低工程建设材料成本。

工程建设材料的检测必须确定执行的标准以后才能进行。否则，将无法判断建材产品合格与否，是否可以用于建设工程。同时还必须了解建设工程材料使用的有关技术发展政策，不用明令禁止使用的淘汰产品，尽量避免使用技术落后的限制使用的材料，大力推广符合技术发展政策的新技术、新材料。在实际工作中要做到能够合理解读产品标准和检验报告，这是材料员必须掌握的基本知识。

一、产品标准

（一）产品标准

材料员在采购工程建设材料之前应了解并确定建材产品执行的标准，是否满足设计文件对材料的要求，然后再订材料采购合同。建材产品的技术指标也能在工程建设施工验收规范中找到，工程建设施工验收规范中往往仅列出材料的主要性能指标，一般不规定材料的试验方法和合格评定程序。只作为工程建设施工的起码要求，性能指标一般低于产品标准，也不具备产品验收的全部要素，不能作为施工现场材料验收的依据。对执行不同的产品标准应有相应的管理措施，建材产品执行的标准主要从以下几方面来解读：

1. 标准的合法性

执行国家标准或行业标准的，首先必须确认标准现行有效，避免执行已被新版标准替代的或已废止的标准，同时，也要避免执行批准、发布后尚未实施的标准和标准的送审稿、报批稿。执行企业标准的，除了确认标准现行有效外，还必须确认标准是经过当地标准化行政主管部门和有关行政主管部门备案（企业产品标准备案的有效期为 3 年），看标准上是否有备案编号和备案机构的印章。

2. 标准的适用范围

每个产品都有一个适用范围，是否适合工程的需要。特别是执行企业标准时必须确认产品执行的标准是和工程建设所需材料相一致。有一些企业标准给产品起了个非常动听的商品名称，其实质仅是一种达不到相应推荐性标准的产品。还有一些产品是某些专用产品根本达不到工程建设材料的质量要求。例如：将农用塑料管当给水管、将包装用防水卷材当建筑防水卷材。

3. 标准的技术要求

产品标准中的技术要求必须满足工程建设施工验收规范中所列出材料的主要性能指标。企业标准中的技术要求项目设置应合理，指标值应能满足使用要求。标准的技术要求并非越高越好，标准也不存在好坏，最合适的才是最好的。技术指标项目设置过多、指标值过高，必然增加生产成本产品价格也会较高。在日常工作中，常拿相类似产品的国家标准或行业标准作比较，再根据产品的实际增减技术指标项目、调整指标值。避免一些企业因产品某项达不到相应国家标准或行业标准的要求，制定企业标准时故意将该指标删除。

4. 标准中产品的试验方法

试验方法不同、试验条件不同或试样制备的要求不同将给试验带来不同的结果，在标准中应选用公认的试验方法和试验条件，当有多种试验方法同时并用时，应选用能使同类的不同产品之间具有可比性的方法，否则应当对新方法进行验证。一些企业标准中自搞一套试验方法或任意设置试验条件，其中就可能有猫腻的嫌疑。如：塑料建材产品的试验温度对试验结果将产生影响；又如：防水卷材低温柔性试验的冷冻温度、时间和卷曲半径都将影响试验结果。

5. 标准的检验规则与判定规则

检验规则，建材产品一般采用抽样检验的方法其中包括：组批规则、抽样规则、检验分类、检验项目等，要合理的对建筑材料产品进行检验，既能够反映建筑材料产品的质量水平，又可以节约检验成本。因此，既要防止过分强调增加出厂检验项目，又要防止重要指标的漏检。判断规则是合格评定的内容，在抽样检验中根据不同的产品合理确定检验水平（IL）、合格质量水平（AQL）和抽样方案类型使建材质量得到有效控制。

（二）基础标准和相关标准

材料员不但应当熟悉产品标准，还要熟悉基础标准和相关标准。在产品标准以外还有一些基础标准。有规定产品系列的基础标准（流体输送用热塑性塑料管材公称外径和公称压力 GB/T 4217）、产品的安全性能标准（室内装饰装修材料人造板及其制品中甲醛释放限量 GB 18580）等。这些标准在产品标准中虽然没有直接引用，但是这些标准是标准化的基础，必须严格执行。建材产品违反了这些基础标准同样是不合格产品。在标准中还引用了大量试验方法标准和其他相关标准，材料员也必须熟悉掌握。

对执行企业标准的建材产品，材料员必须了解产品执行的标准以及基础标准和相关标准，并对其进行论证，只有确认该产品能够符合建筑工程的需要才能签订材料采购合同。执行国家标准或行业标准的包括执行强制性标准和推荐性标准，这些材料执行的标准一般能较全面反映材料的各项技术指标和合格评定规则，可以直接用作材料采购的依据。在材料采购合同中应当明确执行的标准号，对于标准中有产品分类、分等或多种规格的，应当明确采购的是哪类、哪个等级和什么规格。避免产生不必要的经济纠纷。

二、检验报告

工程建设材料确定了执行的标准以后，依据产品标准对材料进行检验，是确认产品质量必不可少的环节。不论是专业检验机构还是材料生产企业的试验室都将以检验报告的形式给出检验结果。对检验报告的每一项内容的了解是有效控制工程建设材料质量的重要手段，建材产品的检验报告主要从以下几方面来解读：

（一）检验机构的法律地位

对材料供应商提供的检测报告，应当了解检验机构是否具有对社会出具公正数据的资格，也就是必须通过由省级以上人民政府计量行政部门对其测试能力和可靠性考核即计量认证，通过计量认证的机构检验报告封面上显著位置应当标有 CMA 计量认证标志并有计量认证编号。应该指出的是计量认证是针对产品或检测项目的，在确认标志的同时还必须核对经计量认证的产品和检测项目，防止检测机构超范围进行检测。材料生产企业一般只能对本企业生产的产品提供检测，只有通过计量认证后才具有对社会出具公正数据的资格。检验报告上还可能标有产品质量检验机构认可标志和国家实验室认可标志等。这些标志的真伪和经计量认证的产品和检测项目可以在相关省级以上人民政府计量行政部门网站上查询。

（二）检验类别

检验类别表示检验的种类，常见的有：监督抽样检验、委托抽样检验、送样检验等。监督抽样检验是指由政府质量管理行政部门依据产品质量法或上级行政主管部门对产品质量实行监督而进行的抽样检验；委托抽样检验是指受材料生产商、供应商或其他社会组织委托而进行的抽样检验；送样检验是指由委托检验者自行选取的样品进行的检验。抽样检验一般都在一定批量的产品中，根据预先规定的抽样规则随机抽取具有代表性的样本，以样本的检验结果来代表该批产品的质量情况。而送样检验结果只能代表所送样品的质量情况，一般检验机构只对来样负责。

根据产品的特点检验又可分为：出厂检验（常规检验、交收检验、交付检验）、质量一致性检验、型式检验、定型检验、鉴定检验、首件检验等。建材产品一般采取出厂检验和型式检验，出厂检验是检验产品的部分主要指标，对每一批产品都必须进行检验，作为产品出厂的依据。型式检验是检验产品的全部技术指标，由于型式检验成本较高、检测设备要求较高，所以产品标准中对性能比较稳定、检验成本较高、检测设备投资高的检验项目，允许以一次检验结果来代表稳定生产时的一段时间该项目的质量。具体代表时间间隔根据产品性质和检验项目性质由产品标准规定。因此，材料员在订购材料时要求供应商提供型式检验周期以内的型式检验报告；在材料交付时还要求供应商提供材料同批号产品的出厂检验报告。

（三）检验结果和结论

拿到检验报告，首先，要检查报告是否齐全，一般检验报告上都有页码，同时检验单位盖有检验章和各页的骑缝章。一份检验报告各页组成一个文件，取其中的一部分是没有意义的。其次，要检查报告里是否包含产品标准所规定的每个检验项目和其他强制性标准所规定的检验项目，当一项产品检验由几份报告组成时所取的试样必须是同一批号，检验报告上每个检验项目给出的检验结果（包括多次抽样）经按预先规定的综合判定原则判定为合格时，才能认为该批产品合格。再次，要注意给出的单位和标准上的单位是否一致；检验依据和综合判定原则是否合理并符合预先的约定；检验环境条件是否符合要求；主要检验设备是否满足标准要求；检测结果的不确定度是否合理。

第四节　计量单位换算、常用公式

一、常用计量单位换算

由于我国具有悠久的发展历史，在历史上曾使用过一些传统的计量单位。在我国随着社会主义市场经济的发展和加入 WTO 后技术贸易壁垒的消除，工程建设材料和设备将会进行全球采购。对材料员来说了解一些西方国家还在使用的传统计量单位和我国历史上曾使用过的计量单位也是必不可少的，根据具体情况将其折合成我国法定计量单位或对非法定计量单位的计量器具进行修改，以适合我国国情。表 4-8～表 4-24 列出了部分西方国家还在使用的传统计量单位和我国历史上曾使用过的计量单位的换算关系，供材料员参考。

（一）长度单位

常用长度单位换算表 **表 4-8**

米 (m)	厘米 (cm)	毫米 (mm)	市尺	英尺 (ft)	英寸 (in)
1	100	1000	3	3.28084	39.3701
0.01	1	10	0.03	0.032808	0.393701
0.001	0.1	1	0.003	0.003281	0.03937
0.333333	33.3333	333.333	1	1.09361	13.1234
0.3048	30.48	304.8	0.9144	1	12
0.0254	2.54	25.4	0.0762	0.083333	1

常用英制长度单位表 **表 4-9**

1 英里(哩,mile)=1760 码　　1 码(yd)=3 英尺　　1 英尺(ft)=12 英寸
1 英寸(in)=1000 密耳(英毫,mil)　　1 英寸=8 英分

常用市制长度单位表 **表 4-10**

1 市里=150 市丈　　1 市丈=10 市尺　　1 市尺=10 市寸
1 市寸=10 市分　　1 市分=10 市厘　　1 市厘=10 市毫

（二）面积单位

常用面积单位换算表 **表 4-11**

平方米 (m^2)	平方厘米 (cm^2)	平方毫米 (mm^2)	平方市尺	平方英尺 (ft^2)	平方英寸 (in^2)
1	10000	1000000	9	10.7639	1550
0.0001	1	100	0.0009	0.001076	0.1550
0.000001	0.01	1	0.000009	0.000011	0.0155
0.111111	111.11	111111	1	1.19599	172.223
0.92903	929.03	92903	0.836127	1	144
0.000645	6.4516	645016	0.005806	0.006944	1

公顷 (hm^2)	公亩 (a)	市亩	英亩 (acre)
1	100	15	2.47105
0.01	1	0.15	0.024711
0.066667	6.66667	1	0.164737
0.404686	40.4686	6.07029	1

常用英制面积单位表 **表 4-12**

1 平方码(yd^2)=9 平方英尺　　平方英尺(ft^2)=144 平方英寸(in^2)

1 英亩(A)=4840 平方码=43560 平方英尺

常用市制面积单位表 **表 4-13**

1 平方市丈=100 平方市尺　　1 平方市尺=100 平方市寸

1[市]亩=10 市分=60 平方市丈=6000 平方市尺
1[市]分=10 市厘=600 平方市尺　　1[市]厘=60 平方市尺

（三）体积单位

常用体积单位换算表 **表 4-14**

立方米 (m^3)	升 (L)	立方英寸 (in^3)	英加仑 (Ukgal)	美加仑(液量) (Usgal)
1	1000	61023.7	219.969	2640172
0.001	1	6100237	0.219969	0.264172
0.000016	0.016387	1	0.003605	0.004329
0.004546	4.54609	2770420	1	1.20095
0.003785	3.78541	231	0.832674	1

常用英、美制体积单位表 **表 4-15**

类别	单位名称	代号	进位	折合升	
				英制	美制
干量	品脱	pt		0.568261	0.550610
	夸脱	qt	=2 品脱	1.13652	1.10122
	加仑	gal	=4 夸脱	4.54609	4.40488
	配克	pk	=2 加仑	9.09218	8.80976
	蒲式耳	bu	=4 配克	36.3687	35.2391
液量	及耳	gi		0.142065	0.118294
	品脱	pt	=4 及耳	0.568261	0.473176
	夸脱	qt	=2 品脱	1.13652	0.946353
	加仑	gal	=4 夸脱	4.54609	3.78541

常用市制体积单位表 **表 4-16**

1 市石=10 市斗　　1 市斗=10 市升　　1 市升=10 市合
1 市合=10 市勺　1 市勺=10 市撮　1 市升=1 升(法定计量单位)

（四）质量单位

常用质量单位换算表 **表 4-17**

吨 (t)	千克 (kg)	市担	市斤	英吨 (ton)	美吨 (shton)	磅 (lb)
1	1000	20	2000	0.984207	1.10231	2204.62
0.001	1	0.02	2	0.000984	0.001102	2.20462
0.05	50	1	100	0.049210	0.055116	110.231
0.0005	0.5	0.01	1	0.000492	0.000551	1.10231
1.01605	1016.05	20.3209	2032.09	1	1.12	2240
0.907185	907.185	18.1437	1814037	0.892857	1	2000
0.000454	0.453592	0.009072	0.907185	0.000446	0.0005	1

常用英、美制质量单位表 **表 4-18**

1 英吨(长吨,ton)=2240 磅　　　　1 美吨(短吨,shton)=2000 磅
1 磅(lb)=16 盎司(oz)=7000 格令(gr)

常用市制质量单位表 **表 4-19**

1 市担=10 市斤　1 市斤=10 市两　1 市两=10 市钱　1 市钱=10 市分　1 市分=10 市厘

（五）力、力矩、强度、压力单位

常用力单位换算表 **表 4-20**

牛 (N)	千克力 (kgf)	克力 (gf)	磅力 (lbf)	英吨力 (tonf)
1	0.101972	101.972	0.224809	0.0001
9.80665	1	1000	2.20462	0.000984
0.009807	0.001	1	0.002205	0.000001
4.4822	0.453592	453.592	1	0.000446
9964.02	1016.05	1016046	2240	1

常用力矩单位换算表 **表 4-21**

牛·米 (N·m)	千克力·米 (kgf·m)	克力·厘米 (gf·cm)	磅力·英尺 (lbf·ft)	磅力·英寸 (lbf·in)
1	0.101972	101972	0.737562	8.85075
9.80665	1	100000	7.23301	86.7962
0.000098	0.00001	1	0.000072	0.000868
1.35582	0.138255	13825.5	1	12
0.112985	0.011521	1152.12	0.083333	1

常用强度（应力）和压力、压强单位换算表 **表 4-22**

牛/毫米²(N/mm^2) 或兆帕(MPa)	千克力/毫米² (kgf/mm^2)	千克力/厘米² (kgf/cm^2)	千磅力/英寸² ($1000lbf/in^2$)	英吨力/英寸² ($tonf/in^2$)
1	0.101972	10.1972	0.145038	0.064749
9.80665	1	100	1.42233	0.634971
0.098067	0.01	1	0.014223	0.006350
6.89476	0.703070	70.3070	1	0.446429
15.4443	1.57488	157.488	2.24	1
帕(Pa) 或牛/米²(N/m^2)	**千克力/厘米² (kgf/cm^2)**	**磅力/英寸² (lbf/in^2)**	**毫米水柱 (mmH_2O)**	**毫巴 (mbar)**
1	0.00001	0.000145	0.101972	0.01
98066.5	1	14.2233	10000	980.665
6894.76	0.070307	1	703.070	68.9476
9.80665	0.000102	0.001422	1	0.098067
100	0.001020	0.014504	10.1972	1

（六）功、能、热量及功率单位

常用功、能、热量单位换算表 **表 4-23**

焦 (J)	瓦·时 (W·h)	千克力·米 (kgf·m)	磅力·英尺 (lbf·ft)	卡 (cal)	英热单位 (Btu)
1	0.000278	0.101972	0.737562	0.238846	0.000948
3600	1	367.098	2655.22	859.845	3.41214
9.80665	0.00274	1	7.23301	2.34228	0.009295
1.35582	0.000377	0.138255	1	0.323832	0.001285
4.1868	0.001163	0.426936	3.08803	1	0.003967
1055.06	0.293071	107.587	778.169	252.074	1

常用功率单位换算表 **表 4-24**

千瓦(kW)	米制马力(PS)	英制马力(HP)
1	1.35962	1.34102
0.735499	1	0.986320
0.74570	1.01387	1

（七）温度单位

摄氏温度与华氏温度转换公式：

$$摄氏温度=(华氏温度-32°)\times 5/9$$

$$华氏温度=摄氏温度\times 9/5+32°$$

二、常用计算公式

在工程建设施工中经常会碰到一些简单的计算，经常碰到的有面积、体积、型钢的截面和重量，为了方便材料员的运算，现提出以下常用的计算公式，供材料员参考。

（一）常用面积计算公式（表 4-25）

常用面积计算公式 **表 4-25**

序号	名称	简图	计算公式
1	正方形		$A=a^2$；$a=0.7071d=\sqrt{A}$； $d=1.4142a=1.4142\sqrt{A}$
2	长方形		$A=ab=a\sqrt{d^2-a^2}=b\sqrt{d^2-b^2}$； $d=\sqrt{a^2+b^2}$；$a=\sqrt{d^2-b^2}=\frac{A}{b}$； $b=\sqrt{d^2-a^2}=\frac{A}{a}$
3	平行四边形		$A=bh$；$h=\frac{A}{b}$；$b=\frac{A}{h}$
4	三角形		$A=\frac{bh}{2}=\frac{b}{2}\sqrt{a^2-\left(\frac{a^2+b^2+c^2}{2b}\right)^2}$； $P=\frac{1}{2}(a+b+c)$； $A=\sqrt{P(P-a)(P-b)(P-c)}$
5	梯形		$A=\frac{(a+b)h}{2}$；$h=\frac{2A}{a+b}$； $a=\frac{2A}{h}-b$；$b=\frac{2A}{h}-a$

序号	名 称	简 图	计 算 公 式
6	正六角形	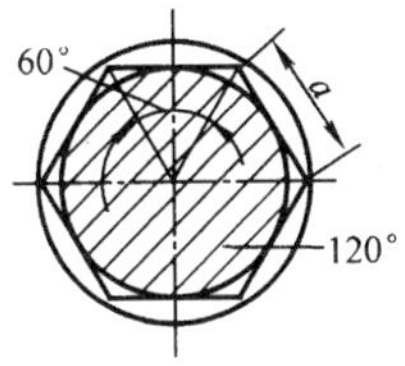 60° a 120°	$A=\frac{(a+b)h}{2}$；$h=\frac{2A}{a+b}$； $a=\frac{2A}{h}-b$；$b=\frac{2A}{h}-a$
7	圆	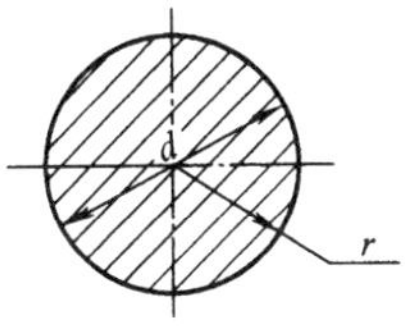 d r	$A=2.5981a^2=2.9581R^2=3.4641r^2$ $R=a=1.1547r$； $r=0.86603a=0.86603R$
8	椭圆	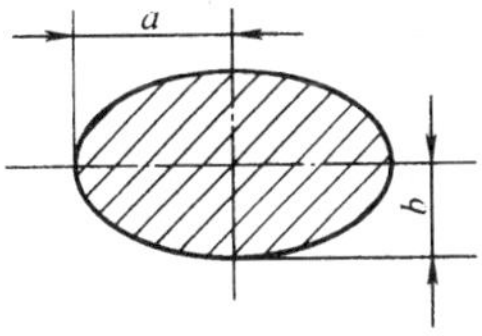 a b	$A=\pi ab=3.1416ab$； 周长的近似值： $2p=\pi\sqrt{2(a^2+b^2)}$； 比较精确的值： $2p=\pi[1.5(a+b)-\sqrt{ab}]$
9	扇形	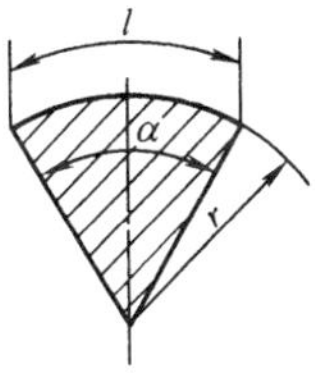 l α r	$A=\frac{1}{2}rl=0.0087266\alpha r^2$； $l=2A/r=0.017453\alpha r$； $r=2A/l=57.296l/\alpha$； $\alpha=\frac{180l}{\pi r}=\frac{57.296l}{r}$
10	弓形	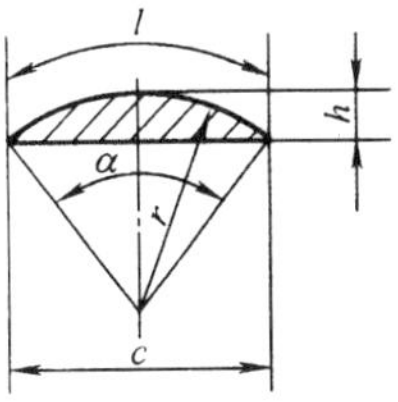 l h α r c	$A=\frac{1}{2}[rl-c(r-h)]$；$r=\frac{c^2+4h^2}{8h}$； $l=0.017453\alpha r$；$c=2\sqrt{h(2r-h)}$； $h=r-\frac{\sqrt{4r^2-c^2}}{2}$；$\alpha=\frac{57.296l}{r}$
11	弓形圆环	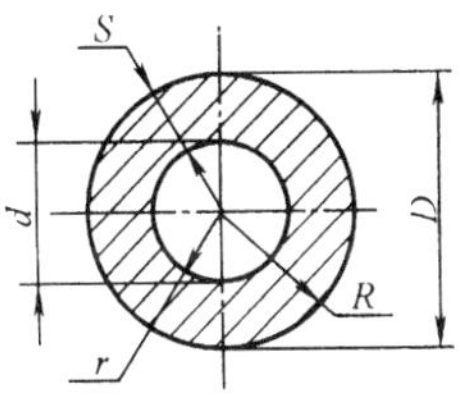 S d D R r	$A=\pi(R^2-r^2)=3.1416(R^2-r^2)$ $=0.7854(D^2-d^2)=3.1416(D-S)S$ $=3.1416(d+S)S$； $S=R-r=(D-d)/2$
12	环式扇形	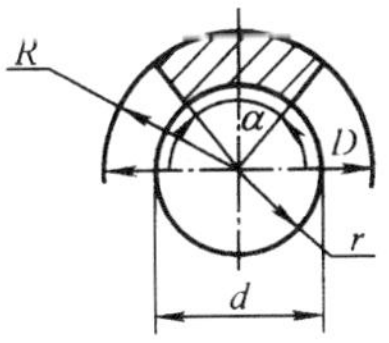 R α D r d	$A=\frac{\alpha\pi}{360}(R^2-r^2)$ $=0.008727\alpha(R^2-r^2)$ $=\frac{\alpha\pi}{4\times360}(D^2-d^2)$ $=0.002182\alpha(D^2-d^2)$

（二）常用体积和表面积计算公式（表 4-26）

常用体积和表面积计算公式 **表 4-26**

序号	名称	简图	计算公式	
			表面积 S、侧表面积 M	体积 V
1	正立方体		$S=6a^2$	$V=a^3$
2	长立方体		$S=2(ah+bh+ab)$	$V=abh$
3	圆柱		$M=2\pi rh=\pi dh$	$V=\pi r^2h=\frac{\pi d^2h}{4}$
4	空心圆柱(管)		M=内侧表面积+外侧表面积$=2\pi h(r+r_1)$	$V=\pi h(r^2-r_1^2)$
5	斜体截圆柱		$M=\pi r(h+h_1)$	$V=\frac{\pi r^2(h+h_1)}{2}$
6	正六角柱		$S=5.1962a^2+6ah$	$V=2.5981a^2h$

续表

序号	名称	简图	计算公式	
			表面积 S、侧表面积 M	体积 V
7	正方角锥台		$S=a^2+b^2+2(a+b)h_1$	$V=\frac{(a^2+b^2+ab)h}{3}$
8	球		$S=4\pi r^2=\pi d^2$	$V=\frac{4\pi r^3}{3}=\frac{\pi d^3}{6}$
9	圆锥		$M=\pi rl=\pi r\sqrt{r^2+h^2}$	$V=\frac{\pi r^2 h}{3}$
10	接头圆锥		$M=\pi l(r+r_1)$	$V=\frac{\pi h(r^2+r_1^2+r_1 r)}{3}$

(三) 常用型材理论质量计算公式(表 4-27)

1. 基本公式

m(质量,kg)$=F$(截面积,mm²)$\times L$(长度,m)$\times\rho$(密度,g/cm³)$\times 1/1000$

型材制造中有允许偏差值,上式仅作估算之用。

2. 钢材截面积的计算公式

钢材截面积的计算公式 **表 4-27**

序号	钢材类别	计算公式	代号说明
1	方钢	$F=a^2$	a—边宽
2	圆角方钢	$F=a^2-0.8584r^2$	a—边宽;r—圆角半径
3	钢板、扁钢、带钢	$F=a\times\delta$	a—宽度;δ— 厚度
4	圆角扁钢	$F=a\delta-0.8584r^2$	a—宽度;δ— 厚度;r—圆角半径
5	圆钢、圆盘条、钢丝	$F=0.7854d^2$	d — 外径

续表

序号	钢材类别	计算公式	代号说明
6	六角钢	$F=0.866a^2=2.598s^2$	a—对边距离；s—边宽
7	八角钢	$F=0.8284a^2=4.8284s^2$	
8	钢管	$F=3.1416\delta(D-\delta)$	D—外径；δ—壁厚
9	等边角钢	$F=d(2b-d)+0.2146(r^2-2r_1^2)$	d—边厚；b—边宽； r—内面圆角半径； r_1—端边圆角半径
10	不等边角钢	$F=d(B+b-d)+0.2146(r^2-2r_1^2)$	d—边厚；B—长边宽； b—短边宽 r—内面圆角半径； r_1—端边圆角半径
11	工字钢	$F=hd+2t(b-d)$ $+0.8584(r^2-2r_1^2)$	h—高度；b—腿宽； d—腰高；t—平均腿厚； r—内面圆角半径； r_1—端边圆角半径
12	槽钢	$F=hd+2t(b-d)$ $+0.4292(r^2-2r_1^2)$	

第二篇

应 用 知 识

第五章　建筑材料基本性质

第一节　建筑材料的分类

建筑材料涉及范围非常广泛，但在概念上并未明确界定，所有用于建筑物施工的原材料、半成品和各种构配件、零部件（有时也叫“部品”，如卫生洁具、水嘴等）都可视作为建筑材料。

建筑材料的种类繁多，可从不同角度对其进行分类。为有助于掌握不同建筑材料的基本性质，有必要简略地叙述一下不同的分类方法。

一、按建筑材料的使用历史分类

传统建筑材料——使用历史较长的，如砖、瓦、砂、石及作为三大材的水泥、钢材和木材等；

新型建筑材料——针对传统建筑材料而言，使用历史较短，尤其是新开发的建筑材料。

二、按建筑材料的主要用途分类

结构性材料——主要指用于构造建筑结构部分的承重材料，例如水泥、骨料（包括砂、石、轻骨料等）、混凝土外加剂、混凝土、砂浆、砖和砌块等墙体材料、钢筋及各种建筑钢材、公路和市政工程中大量使用的沥青混凝土等，在建筑物中主要利用其具有一定力学性能。

功能性材料——主要是在建筑物中发挥其力学性能以外特长的材料，例如防水材料、建筑涂料、绝热材料、防火材料、建筑玻璃、防腐涂料、金属或塑料管道材料等，它们赋予建筑物以必要的防水功能、装饰效果、保温隔热功能、防火功能、围护和采光功能、防腐蚀功能及给水排水等功能。正是凭借了这些材料的一项或多项功能，才使建筑物具有或改善了使用功能，产生了一定的装饰美观效果，也使人们对生活在一个安全、耐久、舒适、美观的环境中的愿望得以实现。当然，有些功能性材料除了其自身特有的功能外，也还有一定的力学性能，而且，人们也正在不断创造更多更好的多功能材料和既具有结构性材料的强度、又具有其他功能复合特性的材料。

三、按建筑材料的成分分类

无机材料——大部分使用历史较长的建筑材料属此类。无机建材又分为金属材料和非金属材料，前者如钢筋及各种建筑钢材（属黑色金属）、有色金属（如铜及铜合金、铝及铝合金）及其制品，后者如水泥、骨料（包括砂、石、轻骨料等）、混凝土、砂浆、砖和砌块等墙体材料、玻璃等。

有机高分子材料——建筑涂料（无机涂料除外）、建筑塑料、混凝土外加剂、泡沫聚苯乙烯和泡沫聚氨酯等绝热材料、薄层防火涂料等。

复合材料——常用不同性能和功能的材料进行复合制造成性能更理想的材料，可以都是无机材料复合而成或都是有机材料复合而成，也可以由无机和有机材料复合而成。钢筋混凝土是由钢筋和混凝土复合而成，由钢筋承担抗拉荷载，由混凝土承担抗压负荷，是得到极好复合效果的一个典型例子。又如彩钢夹心板就是由彩色钢板和聚苯乙烯或聚氨酯等泡沫塑料或矿岩棉等绝热材料复合而成的。

这里还应提及人们经常称为化学建材的概念，其实这也是一个没有明确定义的叫法。化学建材可指用一种或多种合成高分子材料作主要成分，添加各种辅助的改性组分后加工制成的用于各种工程的建筑材料。因此，化学建材属于有机高分子材料的范畴，但有时会采取复合材料的面貌出现。化学建材是继钢材、木材、水泥之后发展最快的第四大类的重要建筑材料，建筑涂料、新型防水材料、塑料管道、塑料门窗等是其中最主要的四种化学建材产品。

当然，还可以按建筑材料的构造，将其分为匀质材料、非匀质材料和复合结构材料等各类，这里就不一一列举了。值得一提的是节能环保材料。在提倡建筑节能的时代，为了加强建筑节能管理，降低建筑使用过程中的能源消耗，提高能源利用效率，国家推广使用建筑节能的新技术、新工艺、新材料等，限制使用或者禁止使用能源消耗高的技术、工艺、材料等，节能环保材料作为建筑节能中主要环节之一，新型墙体材料、绝热材料、门窗材料等节能环保材料得到大力发展。

第二节　建筑材料的性质

一、建筑材料的物理性质

（一）与质量有关的性质

1. 密度

物体的质量与体积的比值，符号为 ρ，常用单位为 g/cm^3。

2. 表观密度

又称视密度，材料在规定的温度下，材料的视体积（包括实体积和孔隙体积）的单位质量，符号一般为 ρ_0。

3. 堆积密度

一般指砂、碎石等的质量与堆积状态下的实际体积的比值，符号一般用 ρ_0'。

4. 密实度

一般指土、骨料或混合料在自然状态或受外界压力后的密实程度，以最大单位体积质量表示砂土的密实度，通常按孔隙率的大小分为密实、中密、稍密和松散四种。

5. 空隙率

材料在松散或紧密状态下的空隙体积，占总体积的百分率，空隙率越高，表观密度越低。

6. 孔隙率

材料孔隙体积与材料总体积的百分率。

$$V_v = \frac{V_0}{V_{总}} \times 100\%$$

式中　V_v——孔隙率（%）；

V_0——孔隙体积；

$V_{总}$——材料总体积。

7. 填充率

一般指在骨料中填入符合骨料级配填充理论的小粒料材料体积所占总体积的百分比。

$$V_v-\frac{V_0}{V_{总}}\times100\%$$

式中　V_v——填充率（%）；

V_0——填充料体积；

$V_{总}$——骨料总体积。

（二）与水有关的性质

1. 亲水性与憎水性

水分与不同固体材料表面之间的相互作用情况各不相同，如水分子之间的内聚力小于水分子与材料分子间的相互吸引力，则材料容易被水浸润，此种材料称为亲水性材料。反之，为憎水性材料。

2. 吸水性

表示材料在水中能吸收水分的性质称为吸水性，由吸水率 $W_{水}$ 表示。

$$W_{水}=\frac{G_{水}-G_{干}}{G_{干}}\times100\%$$

式中　$W_{水}$——材料吸水率（%）；

$G_{干}$——材料在干燥状态下的质量；

$G_{水}$——材料在吸水饱水状态下的质量。

3. 吸湿性

材料在潮湿空气中吸收水分的性能。这些水分可以被吸收，又可向外扩散，最后与空气湿度达到平衡为止。吸湿性用含水率 $W_{含}$ 表示，其式为：

$$W_{含}=\frac{G_{含}-G_{干}}{G_{干}}\times100\%$$

式中　$W_{含}$——材料含水率（%）；

$G_{干}$——材料在干燥状态下的质量；

$G_{含}$——材料在吸水饱水状态下的质量。

4. 抗渗性能

抗渗性能是指材料抵抗液体压力作用下发生渗透的性能。抗渗性与材料内部孔隙的数量、大小及特性（封闭或连通）有关，一般情况下，材料的内部孔隙越小，与外界相连的毛细管孔道和缝隙越少，则抗渗性越好。

5. 抗冻性能

材料耐周期性冻融的性能，抗冻性能试验是通过对材料试件反复进行冻结融解，然后观察有无剥落，裂纹等现象来判断其抗冻性能的。

（三）与热有关的性质

1. 导热系数

又称导热率，当材料层单位厚度内的温差为1K（等同于温差为1℃）时，在1h内通过$1m^2$表面积的热量，称为"导热系数"，其单位为W/(m·K)，材料的导热系数越小，其绝热性能越好。

上述计量单位中的"K"为开氏温度，因实际上是温差，所以也可使用摄氏温度"℃"。

2. 耐燃性

材料耐高温燃烧的能力。根据不同的材料，通常用氧指数、燃烧时间、不燃性、加热线收缩等表达。

二、建筑材料力学性质

（一）力学变形

1. 弹性变形

材料受外力作用而发生变形，外力去掉后能完全恢复原来形状，这种变形称为弹性变形，材料能保持弹性变形的最大应力则称为弹性极限。

2. 塑性变形

材料受外力作用而发生变形，外力去掉后不能恢复的变形称为塑料变形。

3. 弹性模量

又称弹性模数或弹性系数。指材料弹性极限应力与应变的比值。它反映材料的刚度，是度量物体在弹性范围内受力时变形大小的因素之一。

（二）力学强度

1. 抗折（抗弯）强度

材料在外力作用下抗折断（弯曲）的强度，亦即材料在折断破坏时的最大折拉（弯拉）应力。

材料抗折强度按下式计算：

$$f_f=\frac{FL}{bh^2}$$

式中 f_f——试件抗折强度（MPa）；

F——试件破坏荷载（N）；

L——支座间跨度（mm）；

h——试件截面高度（mm）；

b——试件截面宽度（mm）。

2. 抗压强度

材料在压缩时，在破坏前承受的最大负荷除以负载截面积所得的应力。它表示材料在压力作用下抵抗破坏的最大能力。

材料抗压强度按下式计算：

$$f_{cc}=\frac{P}{A}$$

式中 f_{cc}——材料立方体试件抗压强度（MPa）；

P——破坏荷载（N）；

A——试件承压面积（mm^2）。

3. 抗剪强度

材料在剪切时，在破坏前所承受的最大负荷除以原横截面积所得的应力。它表示材料在剪切作用下抵抗破坏的最大能力。

4. 抗冲击

通常指某一材料受另一规定质量的物体的较高速度同其相接触后所能承受的能力，冲击能量用焦耳（1J＝1N・m）表示。

5. 挠度

材料或构件在荷载或其他外界条件影响下，其材料的纤维长度与位置的变化，沿轴线长度方向的变形称为轴向变形，偏离轴线的变形称为挠度。

6. 拉伸强度

材料在拉伸时，在破坏前所承受的最大负荷除以原横截面面积所得的应力。它表示材料在拉力作用下抵抗破坏的最大能力。

材料抗拉强度按下式计算：

$$R_m=\frac{F_m}{S_0}$$

式中 R_m——材料立方体试件抗拉强度（MPa）；

F_m——破坏荷载（N）；

S_0——试件原始横截面积（mm^2）。

三、建筑材料的化学性质及其耐久性能

建筑材料的化学性质及其物理化学性能会直接影响其自身及建筑物的使用性能及寿命，这里选择一部分作些介绍。

（一）建筑材料的酸碱度（pH 值）

建筑材料由各种化学成分组成，而且绝大部分建筑材料是多孔材料，会吸附水分，许多胶凝材料还需要加水拌合才能固结硬化。因此，在实际使用时，与建筑材料固相部分共存的水溶液（孔隙液或水溶出液）中就会存在一定的氢离子和氢氧根离子，化学领域里通常用 pH 值表示氢离子的浓度，pH＝7 为中性，pH＜7 的为酸性，pH＞7 的为碱性，pH 越小，酸性越强，越大则碱性越强。

水泥在用水拌合后发生水化反应，水化生成物中有大量氢氧化钙等，不仅未硬化的水泥浆中呈很强的碱性，而且硬化后的水泥石孔隙中仍有很浓的氢氧根离子，所以硬化的水泥石，以及由其构成的砂浆、混凝土仍保持了很强的碱性，往往 pH 值可达 12～13（这样强的碱性会对人体皮肤、眼睛角膜造成伤害，因此施工时应采取必要的劳动保护）。随着时间的推移，空气中弱酸性的 CO_2 气体逐渐渗透进来，发生酸碱中和反应，水泥石逐渐被“碳酸化”（也叫“碳化”），其 pH 值慢慢下降，对钢筋混凝土中钢筋的保护作用逐步丧失，就容易发生钢筋锈蚀，危及建筑物的安全使用。

新鲜砂浆和混凝土的高碱度，对某些抗碱性能不佳的涂料却是致命的，有时在新硬化墙面上涂刷涂料后发生局部变色、“泛碱”（即涂料泛白霜等）、起皮等现象，原因之一即在于此。为此往往需采用抗碱较好的底涂作隔离，或待墙面稍稍“陈化”，碱性有所降低后再进行涂装施工。

另如奥氏体不锈钢管道隔热保温用的绝热材料，其溶出液的 pH 值和氯离子、硅酸根离子等浓度均有一定要求，否则就有可能导致管道腐蚀。

这些例子均说明了材料 pH 值对其使用的实际意义，作为材料员，应对此有所了解。

（二）建筑材料的性能变化及其耐久性

各种材料的性能均会随着时间发生变化。水泥砂浆、混凝土在硬化后的几个月内可能会因进一步的水化而使强度逐渐提高，某些人造石（如不饱和聚酯树脂制作的人造大理石、人造玛瑙）又可能因原先固化不足，在储存、使用过程中进一步固化而提高强度，但一般而言，材料在储存、使用过程中往往出现性能下降。

水泥及建筑石膏粉之类的水硬性胶凝材料在储存过程中会因受潮而结块，再使用时其硬化后强度就会下降，因此应注意保持仓库内的干燥，并按出厂日期先后使用，这已是一般的常识。建筑涂料储存时间过长或储存温度过低，则会因乳液自身凝聚成冻状而不能正常使用。

使用过程中材料性能逐步退化的情况会在不知不觉中发生，水泥砂浆、混凝土的逐步碳酸化造成强度下降及钢筋腐蚀，金属材料的疲劳现象，高分子材料的老化等，都导致材料的寿命终止。有的材料使用寿命长些，人们认为其耐久性好，反之亦然。

所有这些在储存和使用过程中的性能变化均伴随着一系列化学反应或复杂的物理化学过程，例如水化、交联固化、凝胶化、碳酸化、再结晶及电化学等过程，并往往与外界相互作用有关。尤其是使用中的这些性能退化往往一开始并无法察觉，如不防患于未然，其后果常常难以设想。因此，这里就建筑材料中大家最为关心的几个耐久性问题展开一下。

1. 建筑材料的碳（酸）化

碳酸化（简称碳化）是胶凝材料中的碱性成分，主要是氢氧化钙与二氧化碳（CO_2）发生反应，生成碳酸钙（$CaCO_3$）的过程。

众所周知，过去在内墙粉刷层上广泛使用的纸筋石灰糊，其硬化就主要依赖这种碳酸化过程，碳酸化使消化石灰中的 $Ca(OH)_2$ 变成具有一定的强度的 $CaCO_3$ 固体构架。然而碳酸化作用对现今广泛使用的水硬性胶凝材料的耐久性则不利。

在水泥砂浆、混凝土以及粉煤灰硅酸盐砌块等制品中，均有大量 $Ca(OH)_2$ 及水化硅酸钙等水化产物，它们形成了一个具有一定强度的固体构架，空气中 CO_2 渗入浆体后首先就与 $Ca(OH)_2$ 反应生成中性的 $CaCO_3$，从而使浆体的碱度降低，$CaCO_3$ 则以不同的结晶形态沉积出来。因其孔隙液中钙离子浓度下降，其他水化产物会分解出 $Ca(OH)_2$，进一步的碳酸化反应持续进行，直至水化硅酸钙等水化产物全部分解，所有钙都结合成 $CaCO_3$。因碳化后由 $CaCO_3$ 构成的固体构架强度远不如原先生成的固体构架，在材料的孔隙结构上也往往使外界水汽、离子等更容易侵入，因此在强度降低的同时还伴随着抗渗性能劣化等一系列不利于耐久性的变化。

水泥及胶凝材料本身的化学组成对抗碳化性能有着直接的影响，但如何减缓 CO_2 进入水泥浆体，从而提高水泥砂浆、混凝土的抗碳化性能一直是人们十分关心的问题。如在砂浆、混凝土表面涂刷保护层，掺入硅粉、矿粉等外掺料、掺加减水剂以减小砂浆、混凝土的水灰比，使水泥石中的孔隙变小，变窄等措施均是常用的方法。但在使用过程中严格控制水灰比，做好振捣减少蜂窝麻面，使砂浆、混凝土密实，做好浇捣后的养护等均是十分方便而有效的措施，务必引起重视。

2. 建筑材料的抗冻性能

建材的抗冻性是指其抵御反复冻融的能力。

对金属、玻璃等致密材料而言，其抗冻问题并不突出，除非使用温度低于其出现冷脆（这在自然环境下一般不会出现）的温度，塑料管道甚至因其强度低，有延性，管道内结冰引起的膨胀破坏反而比金属管道更容易得到缓解，似乎能“更耐冻”，但由于大多数建材是多孔材料，其孔隙中往往存在水化剩余水，或从大气中吸附的水分，或从外界渗入的水，当环境温度低于其冰点（虽然因孔隙液中含有其他成分，其冰点往往低于0℃）时，这些水将结冰，而冰的体积比水约增大9%，从而在孔隙中产生膨胀应力，造成对孔壁的破坏。这种破坏往往由建筑材料表面的剥落开始，直至影响材料的整体强度等性能，尤其是反复冻融，其破坏更甚。

几乎所有使建筑材料减少水分进入的方法都对其抗冻性能的提高有益。例如对水泥砂浆、混凝土及其制品，上述提高其抗碳化性能的措施都能有效提高其抗冻性；对绝热材料，则不可能采取使其内部致密的方法，则采用外覆铝箔等阻断水分进入的方法就非常适用，也有利于其产品的绝热性能的保持。对水泥砂浆、混凝土及其制品而言，有时适当掺加一些加气剂，以产生一些能使结冰膨胀应力得以缓冲的大孔（但不能增加毛细孔隙尺寸的数量），也能有效提高其抗冻性。材料的抗冻性能用抗冻等级F表示，F50表示该材料能抵抗50个冻融循环。

3. 建筑材料的抗渗透性能

指建筑材料抵抗气体，液体（水及油等）在一定压力差作用下渗透的性能。

由于抗渗透性能与材料内部的孔隙数量、孔经大小、孔隙封闭与否密切有关，因此越致密的材料，与外表面连通的孔隙（也叫“开口孔”）越少，孔隙直径越小的材料，其抗渗性能越好。一般情况下，人们希望建筑材料具有较好的抗渗透性能，但有些场合下则不然，例如随着对生活质量要求的提高，要求住宅办公楼等建筑中使用的材料能透气而不透水，以提高人们感觉的舒适度。

但对水泥砂浆、混凝土而言，抗水渗透性越好，其抗碳化性能、抗冻性能也越好，同时则意味着耐久性也越好。为了考核其抗渗透性能的好坏，相应标准分别规定了28天龄期砂浆和混凝土标准试件在一定压力差下作水渗透试验的方法，以确定其抗渗等级P，等级越高，抗渗性能越好。P6、P8表示该材料能经受0.6MPa或0.8MPa压力水而不渗透。防水材料也有相应方法标准测试其透水性能。

我国及国际上还对越来越多的防水材料和绝热材料规定了水蒸气透过性能要求。我国早在1997年就发布了相应的水蒸气透过性能试验方法的国家标准。

由于抗渗透性能与抗碳化、抗冻等性能密切相关，所以几乎所有提高这些性能的措施都类似。

4. 混凝土的抗硫酸盐侵蚀性能

海港工程中，混凝土受海水浸泡出现硫酸盐侵蚀而发生膨胀破坏，这种侵蚀在海水水位交变区尤为明显。某些地下水中含硫酸盐成分较多的场合也会出现这种混凝土破坏的现象。笔者曾遇到过一个矿井中混凝土护壁筒体，因地下水中硫酸盐含量过高而造成大表面积失去强度而破坏的实例。

硫酸盐侵蚀是因为各种碱的硫酸盐能与已硬化水泥石中的氢氧化钙发生反应，生成硫酸钙，因硫酸钙的水中溶解度低，所以有可能以二水石膏（$CaSO_4 . 2H_2O$）晶体的形式析出；即使孔隙液中硫酸根浓度还不足以析出二水石膏，但当已饱和了 $Ca(OH)_2$ 的孔隙液中还含有不少水泥水化时常产生的高铝水化铝酸钙（如 C_4AH_{13}）时，仍会析出针状的水化硫铝酸钙晶体（即“钙矾石”—$3CaO \cdot Al_2O_3 \cdot 3CaSO_4 \cdot 32H_2O$）。无论是生成二水石膏还是钙矾石，都会伴随着晶体体积的明显增大，对已硬化的混凝土，就会在其内部产生可怕的膨胀应力，导致混凝土结构的破坏，轻则使强度下降，重则混凝土分崩离析。

因此，在海港工程或水利工程、地下工程（尤其是地下水中硫酸盐含量较高的地区）和某些特种工程中，人们往往不使用普通的水泥来制作混凝土，而是采用抗硫酸盐硅酸盐水泥，这种水泥的矿物组成较特殊，生产中严格控制其水泥熟料中的硅酸三钙、铝酸三钙和铁铝酸四钙的含量，使其在水化时的碱度下降，水化铝酸钙成分得以控制，从而提高其抗硫酸盐侵蚀性能。当然，在混凝土中加入适当的矿渣等外掺料时也可能提高混凝土的抗硫酸盐侵蚀性能，其原理实际上也是类似的。

对于水泥砂浆或混凝土的抗硫酸盐侵蚀性能，也有相应的测试方法，——强度法和测长法，以胶砂试件在硫酸盐溶液中浸泡一定时间后发生的强度或长度的变化情况来做出判定，并有相应国家标准。

5. 钢筋混凝土中的钢筋锈蚀

钢筋混凝土结构中的钢筋承受了主要的拉应力，因此一旦钢筋严重锈蚀就将使整个钢筋混凝土结构失去支撑而溃塌。然而钢筋锈蚀是个比较复杂的电化学过程，对浇捣密实的正常混凝土而言，由于碱度高，钢筋会被钝化，即使在浇捣混凝土时钢筋表面有轻微锈蚀，也会被溶解，但随后其表面则因阳极控制而形成稳定相或吸附膜，抑制了铁变成离子状态的阳极过程，不再锈蚀，即强碱性的混凝土保护了钢筋，使之免遭氧气和湿气等介质的侵害，除非混凝土的碱度很低，或混凝土内因骨料、外加剂等含有过多的氯化物，妨碍了钢筋的钝化，或仅仅处于一种很不稳定的钝化。

但其实钢筋锈蚀的出现不可避免，即使没有混凝土自身的不利因素（即碱度低、氯化物含量高等），在外部因素的影响下，经过若干时间后，钢筋也会出现锈蚀并持续严重化，只是时间迟早而已。

因各种外力（为撞击、振动、磨损）或冻融等外部的物理作用，使原先在钢筋外面裹覆的混凝土保护层破坏，钢筋直接裸露在有害的介质中而锈蚀，这是发生钢筋锈蚀的一种情况。

另一种则是由于外部介质进入混凝土，发生一系列化学作用和物理化学作用而导致钢筋锈蚀。如发生前面所说的碳酸化作用、硫酸盐侵蚀作用，还有外界氯离子的进入等，均改变了混凝土孔隙液中的成分，或使 pH 值下降，或水泥石结构遭到破坏，混凝土对钢筋的保护作用丧失殆尽，结果钢筋发生了锈蚀。在保护层干湿交替的情况下，钢筋锈蚀速度往往会比直接暴露在水中时发生锈蚀的速度更快。

钢筋锈蚀是个恶性循环的过程。一旦锈蚀，其锈蚀产物引起的体积膨胀使混凝土承受内部的巨大拉应力，从而进一步破坏保护层，又加快了钢筋锈蚀，反复加重了对整个钢筋混凝土的破坏。

因此，为了减缓钢筋混凝土中钢筋锈蚀的速度，提高钢筋混凝土结构的耐久性，可以采取各种措施以提高混凝土的致密程度，使混凝土的抗冻性能、抗渗透性能、抗碳化性能及其他抗腐蚀性能得以改善，也包括在混凝土表面，甚至钢筋表面涂覆耐化学腐蚀的覆盖层（当然以不降低钢筋与混凝土间的粘结力为前提）等措施。又如对重大工程，也有采用阴极保护等措施的。

总之，对钢筋混凝土中钢筋锈蚀的防止是一个十分重要、人们长期为之努力的课题。

6. 高分子材料的耐老化性能（耐候性）

高分子材料的耐老化性能（即耐候性）是指其抵御外界光照、风雨、寒暑等气候条件长期作用的能力，这又是一个非常复杂的过程。

高分子材料（不论是天然的还是人工合成的）在储存和使用过程中，会受内外因素的综合作用，性能出现逐渐变差，直至最终丧失使用价值的现象。相对于无机材料而言，高分子材料的这种变化尤为突出，人们称之谓“老化”。建筑涂料因老化而褪色、粉化，建筑塑料、橡胶制品等则变硬、变脆，乃至开裂粉化，或发黏变软而无法使用，胶粘剂则完全丧失粘结力，凡此种种，其过程不可逆转。

老化的内因与高聚物自身的化学结构和物理结构中特有的缺点有关，其外因则与太阳光（尤其是其中能量较高能切断许多高分子聚合物分子链的紫外线）、氧气和臭氧、热量以及空气中的水分等有关，它们都直接或间接地使已聚合的大分子链和网变短、变小，甚至变成单体或分解成其他化合物，这种化学结构的破坏导致高分子材料的物理性能改变，机械性能改变，使原先的高聚物的特性丧失殆尽。

为了减缓这种老化的发生，人们在高分子材料的抗老化剂（抗氧化剂、紫外光稳定剂和热稳定剂等）及加工工艺等一系列问题上作努力，以期改进其抗老化性能，至于其效果则需要通过一系列的人工加速老化试验（耐候试验）来加以验证。因此高分子材料的产品标准中往往会列入光、臭氧和热老化指标。

（三）建筑材料中有害成分的影响

各种建筑材料的有害成分可能会对其使用性能造成不同的影响，轻则影响性能不能达标，重则使其无法使用，甚至给建筑物留下安全隐患。下面列举一些具体例子：

1. 水泥中有害物质引起的问题

(1) 因水泥中的有害物质影响其体积安定性十分常见

水泥体积安定性（简称水泥安定性）不好是指水泥浆体硬化后因体积膨胀而造成一系列不利影响的现象，轻则影响强度发展（不增长乃至倒缩），重则水泥石结构龟裂、崩溃、发酥。

影响水泥安定性的罪魁祸首主要是水泥中含有过量的游离氧化钙、游离氧化镁和硫酸钙，前者主要是水泥浇成时原材料中带入或烧成工艺等因素造成，后者则主要是粉磨配料不准确所致，目前这种现象已较少见。这些有害成分在遇水时会分别水化成氢氧化钙、氢氧化镁，引起晶体体积的增大，但它们出现破坏的时间不同，游离氧化钙的破坏一般在几个月内发生，游离氧化镁的破坏则多数会在几年甚至十几年后出现。

因为水泥安定性问题的多发性，所以建设主管部门明确规定水泥使用前必须进行复检，严禁使用体积安定性不合格的水泥。

(2) 使用工业石膏引起的问题

水泥磨制时要加入适量的石膏，一般使用天然石膏。但有时为利用工业废渣，或降低生产成本，使用了磷石膏或氟石膏（它们均是化工生产的回收废料），这些工业废石膏中含有的某些磷酸盐和氟化物在水泥实际使用时偶尔会引起意外情况，例如曾出现过掺有氟石膏的水泥在搅拌混凝土时导致闪凝而全部报废的特例，原因是这种水泥和所用的混凝土减水剂不相适应。

（3）水泥中的碱含量过高问题

水泥中的碱性成分（K_2O、Na_2O）含量过高时，有可能诱发碱-骨料反应而造成破坏，这个问题我们在下面的碱-骨料反应中一并讨论。

2. 砂石骨料中有害物质的影响及碱-骨料反应

砂石是混凝土中的重要组分，但有时其质量却很容易被忽视，近年通过各级主管部门齐抓共管已大有改观，不少地方明确规定必须对其颗粒级配、泥块含量和含泥量等常规指标复检合格后才能在工程上使用，有些还要求在使用新矿点砂石前作全面的检测。

砂石中有害物质的种类颇多，如砂石中硫化物和硫酸盐含量、云母含量等，均属要控制的有害成分。如果使用海砂则必须严格控制氯化物含量，否则很容易引起钢筋锈蚀。但近年对有些砂石骨料有可能引起碱-骨料反应而破坏混凝土的情况给予了高度重视。

所谓碱-骨料反应是指硬化混凝土中水泥析出的碱（KOH、NaOH）与骨料（砂、石）中活性成分发生化学反应，从而产生膨胀的一种破坏作用。碱-骨料反应与水泥中的碱含量、骨料的矿物组成、气候和环境条件等因素有关，情况比较复杂。

容易发生碱-骨料反应的骨料中的活性成分有两类，其反应机理也不同，因此可把碱-骨料反应分成两大类：一类是因骨料中含有非晶质的活性二氧化硅（如蛋白石、玉髓、火山熔岩玻璃等），当水泥中碱性成分（K_2O、Na_2O）含量较多时，混凝土又长期处于潮湿环境，以至相互作用生成碱的硅酸盐凝胶，产生膨胀而使建筑结构破坏；另一类是含黏土质的石灰岩骨料引起的碱-碳酸盐反应。这两类碱-骨料反应的反应机理虽不相同，但对混凝土造成的破坏是类似的，且往往“潜伏期”很长，从几年到几十年。

为了检查骨料是否含有较多会引发碱-骨料反应的活性成分，必须按相应标准方法进行碱-骨料反应活性检验，先要对骨料进行岩相分析，明确其属于何种矿物，然后选用不同的快速碱-骨料反应活性检验方法，在国标《建设用砂》GB/T 14684 和《建设用卵石、碎石》GB/T 14685 中已有明确规定。

3. 工业废渣利用及骨料中异物引起的麻烦

1970 年代末，笔者在处理红砂（一种硫铁矿冶炼后产生的工业废渣）代替天然砂配制砂浆时产生的膨胀事件时就发现，这种红砂中的有害成分会在一定条件下产生大量水化硫铝酸钙而发生膨胀破坏。在查究某混凝土油罐工程的混凝土发生大块爆裂（最大直径可达 50～60cm，深度 10cm 以上）的原因时，竟发现是因为混凝土所用石子中混有经煅烧的菱镁矿石，其煅烧后产生的方镁石（氧化镁）在混凝土油罐特定的水热条件下发生水化膨胀而导致混凝土爆裂。这种混凝土中所用碎石混入有害方镁石的破坏实例，后来在其他场合也偶有发生。

上述这些建材中，有害成分造成破坏的实例虽然较特殊，但一旦发生其后果十分严重，故作为材料员仍应引起重视，刚开始使用某一供应商提供的砂石料，必须对其作较全面的检验，而不能依赖于几次常规检验项目的结果。在使用工业废渣时，尤其要注意其是否通过足够的科学试验，而不能因为砂石是混凝土中最大宗的材料而掉以轻心。

第三节 建筑材料的环保性能

随着人们对生活质量的要求越来越高，不再满足于建筑物的挡风避雨功能，而希望建筑物向人们提供更多的舒适、方便，因此，无论办公场所抑或居室，各种民用建筑的室内装饰装修日益讲究，而给人们创造舒适温度的空调的普遍使用，又使空气的自然流通日趋恶化，随之而来的则是因许多建筑材料的有害物质或直接、或通过污染室内空气，对人身健康安全构成严重的威胁，引起了广泛的注意，以至国家领导人直接批示要抓好解决建筑材料对人体的危害问题。在这样的背景下，建设部在 20 世纪末开始着手民用建筑工程室内环境污染控制标准制订工作，并于 2001 年 11 月发布了《民用建筑工程室内环境污染控制规范》GB 50325—2001，随后十个建材及装饰装修材料的有害物质限量的强制性标准也于 2001 年 12 月发布。2010 年出新版 GB 50325—2010 这一系列强制性标准的集中出台说明了举国上下对这一问题空前绝后的重视。

然而，为了控制好竣工后室内环境污染，必须实施全过程、全方位的控制，各个部门层层把好勘察设计、材料采购、施工验收等各道关，尤其是如何抓好作为污染源的建筑材料、装修材料的质量则是关键，只有材料具有良好的环保性能，最后的成品—工程室内环境才有可能达到相应要求。

一、材料的放射性

材料的放射性主要是来自其中的天然放射性核素，主要以铀（U）、镭（Ra）、钍（Th）、钾（K）为代表，这些天然放射性核素在发生衰变时会放出 α、β 和 γ 等各种射线，对人体会造成严重影响。^{226}Ra、^{232}Th 衰变后会成为氡（^{222}Rn、^{220}Rn），氡是气体。氡气及其子体又极易随着空气中尘埃等悬浮物进入人体，从人体内造成健康伤害。材料衰变过程中所释放的 γ 射线等则主要以外部辐射方式对人体造成伤害。故相应标准《建筑材料放射性校素限量》GB 6566 中对建材的放射性强度分别以内照射指数和外照射指数来衡量，无论哪一种超标均认为该材料的放射性核素含量超标，会对人体造成放射性伤害（如破坏细胞结构、影响造血系统、破坏免疫功能和致癌等）。

（一）放射性常识

1. 放射性衰变的模式和 3 种射线

放射性衰变的模式有：

（1）α 衰变：放射出 α 射线；

（2）β 衰变：最常见的是放射出 β 射线；

（3）γ 衰变：放射出 γ 射线；

（4）自发裂变和其他一些罕见的衰变模式。

α 射线是氦原子核，携带 2 个电子电量的正电荷。α 射线的穿透能力较低，即使在气体中，它们的射程也只有几个厘米。一般情况下，α 射线会被衣物和人体的皮肤阻挡，不会进入人体。因此，α 射线外照射对人体的损害是可以不考虑的。

β射线是带负电的电子。β射线的穿透能力较α射线要强，在空气中能走几百厘米，可以穿过几毫米的铝片。

γ射线是波长很短的电磁辐射，也称为光子。γ射线的穿透能力比β射线强得多，对人体会造成极大危害。如^{54}Mn的γ射线能量为0.8348兆电子伏特，经过7.5cm厚的铅，γ射线强度还可剩0.1%。

2. 放射性衰变的指数规律和半衰期

原子核的衰变服从量子力学的统计规律。对于任何一个放射性核素，它发生衰变的准确时刻是不能确定的，但对足够多的放射性核素组成的集合，作为一个整体，它的衰变规律是确定的。

设$t=0$时刻，存在放射性原子核数目为N_0，经过t时间后，剩下的放射性原子数目N为：

$$N=N_0e^{-\lambda t}$$

式中 N——放射性原子数目；

N_0——t_0时刻放射性原子数目；

t——衰变时间；

λ——衰变常数，代表一个原子核在单位时间内发生衰变的几率。

这就是放射性衰变服从的指数规律。

放射性核素衰变掉其原有数目的一半所需的时间称为半衰期，用T表示。

既当$t=T$时，$N=N_0/2$，于是从上式可得：

$$T=\ln 2/\lambda$$

式中 T——放射性核素半衰期；

λ——衰变常数。

例如，^{60}Co的半衰期为5.27a，就是说，经过5.27年，^{60}Co原子核减少了一半，再经过5.27年，并未全部衰变完，而是再减少一半，即剩下原来的1/4。

λ（或T）是放射性核素的特征量，每一个放射性核素都有它特有的λ，没有两个核素的λ是一样的。

衰变常数几乎与外界条件没有任何关系。

^{238}U的半衰期为4.468×10^9年，换句话说，地球诞生到现在，^{238}U只衰变了一半；

^{226}Ra的半衰期为1.6×10^3年，但^{226}Ra是^{238}U的子体，只要有^{238}U存在，就会不断产生；

^{232}Th的半衰期更长，为1.41×10^{10}年；

^{40}K的半衰期为1.3×10^9年。

3. 放射性的强度

放射性强度被定义为放射性物质在单位时间内发生衰变的原子核数，又称为活度，用A表示。

放射性强度的单位是贝克勒（Bq），

$$1\text{贝克勒(Bq)}=1\text{次核衰变/秒}$$

放射性强度的另一个单位是居里（Ci），

$$1Ci=3.7\times10^{10}Bq$$

放射性比活度是指：物质中的某种核素放射性活度除以该物质的质量而得的商，用 C 表示：

$$C=A/m$$

式中 A——放射性核素的活度，单位贝克勒（Bq）；

m——物质的质量，单位千克（kg）。

（二）建筑材料放射性核素限量

在日常生活中人体会受到微量的放射核素照射，对人体健康没有影响。但达到一定的剂量时，就会伤害人体。射线粒子会杀死或杀伤细胞，受伤的细胞有可能发生变异，造成癌变、失去正常功能等，使人致病。

我国自 1986 年以后，对建筑材料、建材用工业废渣、天然石材产品等制定了测量、分类控制等标准等，目前最新版的标准为：《建筑材料放射性核素限量》GB 6566—2010。

1. 建筑物及建筑材料的分类

（1）建筑物分为民用建筑和工业建筑。

民用建筑是供人类居住、工作、学习、娱乐及购物等的建筑物。该标准又将民用建筑分为两类：

Ⅰ类民用建筑：如住宅、老年公寓、托儿所、医院和学校、办公楼、宾馆等。

Ⅱ类民用建筑：如商场、文化娱乐场所、书店、图书馆、展览馆、体育馆和公共交通等候室、餐厅、理发店等。

工业建筑是供人类进行生产活动的建筑物。如生产车间、包装车间、维修车间和仓库等。

（2）建筑材料分为建筑主体材料和装修材料。

建筑主体材料是用于建造建筑物主体工程所使用的材料。包括：水泥及水泥制品、砖、瓦、混凝土、混凝土预制构件、砌块、墙体保温材料、工业废渣、掺工业废渣的建筑材料及各种新型墙体材料等。

装修材料是用于建筑物室内、外饰面用的建筑材料。包括：花岗石、建筑陶瓷、石膏制品、吊顶材料、粉刷材料及其他新型饰面材料等。

2. 内照射指数、外照射指数

放射线从外部照射人体的现象称为外照射，放射性物质进入人体并从人体内部照射人体的现象称为内照射。

根据各种放射性核素在自然界的含量、发射的射线类型及射线粒子的能量，真正需要引起人们警惕的放射性物质是铀、镭、钍、氡、钾 5 种。其中，氡是气体，主要带来的是内照射问题。镭（^{226}Ra）比较复杂，除了构成外照射外，其衰变产物为氡（^{222}Rn），直接和空气中氡的含量相关。铀的放射线能量较小，危害较小。其他核素主要引起外照射问题。依据各放射性核素的危害程度，人们采用内照射指数和外照射指数来控制物质中放射性物质的含量。

内照射指数（I_{Ra}）： $I_{Ra}=C_{Ra}/200$

外照射指数（I_γ）： $I_\gamma=C_{Ra}/370+C_{Th}/260+C_K/4200$

式中：C_{Ra}、C_{Th}、C_K 分别是镭-226、钍-232、钾-40 的放射性比活度。

3. 建筑材料放射性核素限量

《建筑材料放射性核素限量》GB 6566—2010 规定的核素限量见表 5-1。

各类材料放射性核素限量值 **表 5-1**

建筑材料类别		限量要求		使用范围
		内照射指数	外照射指数	
建筑主体材料	—	≤1.0	≤1.0	使用范围不受限制
	空心率>25	≤1.0	≤1.3	使用范围不受限制
装修材料	A类	≤1.0	≤1.3	使用范围不受限制
	B类	≤1.3	≤1.9	Ⅱ类工业与民用建筑物内饰面及其他一切建筑的外饰面
	C类	—	≤2.8	建筑物的外饰面及室外其他用途

注：外照射指数大于等于2.8的花岗石只可用于碑石、海堤、桥墩等人类很少涉及的地方。

（三）建筑材料放射性的测量

1. 放射性测量仪器

目前，用于建筑材料放射性测量的主要有采用NaI闪烁探测器和锗半导体探测器的多道γ能谱仪。

对于建筑材料、土壤等放射性比较低的物质的放射性测量，为了降低周围环境中放射性物质和宇宙射线（统称为本底放射性）的影响，应采用低本底的多道γ能谱仪进行测量，即将样品和探头置于铅室中，铅室壁厚一般在100mm以上。这样可有效地屏蔽掉周围的射线，降低本底。

NaI闪烁探测器能谱仪是目前被广泛采用的，特点是，探测效率高，使用方便，能量分辨率一般在7%～9%。

高纯锗半导体探测器能谱仪是一种新型核辐射探测仪，其特点是能量分辨率极高，优于1%，因此测量精度高。为降低噪声，其探头必须用液氮保持在低温下。

2. 取样与制样

一般每份测量样品为3kg。将样品进行破碎，磨细至粒径小于0.16mm。放入与标准样品几何形状一致的样品盒中，装满程度也要与标准样品一致。用胶带密封、称量、待测。

3. 测量

密封后的样品应放置一定时间，使样品中的天然放射性衰变链基本达到平衡，一般约为20天。

放射性衰变链的平衡对测量结果的准确性是非常重要的一个环节。因为，测量时要用到镭-226的子体所发出的γ射线，从天然放射系中的铀系可见，镭-226后面是氡-222。氡-222是气体核素，会扩散到空气中（空气中的氡就是这么来的）。因此，必须使衰变链中氡这个环节达到基本平衡，才能保证测量结果的准确。氡-222的半衰期为3.82天，平衡时间一般为5～7个半衰期。

在与标准样品测量条件相同的情况下，采用低本底多道γ能谱仪对其进行镭-226、钍-232、钾-40的比活度测量，并计算出内照射指数和外照射指数。

对无机非金属的结构材料（如水泥、混凝土、砖瓦砌块等）及如天然石材（尤其是花岗石）、陶瓷砖、卫生陶瓷、石膏板等装饰装修材料，其放射性是否超标应予以足够重视，因为这些材料都是用天然岩矿或土壤烧制而成，岩石土壤中的天然放射性核素有可能因此而进一步富集，尤其是采用了工业废渣的材料（如粉煤灰、煤渣、磷石膏等），其富集程度可能更高，千万不可掉以轻心。大量使用放射性超标的材料，其后果十分严重，且往往难以采取简单的补救措施，尤其是涉及结构时问题更为棘手。

二、装饰装修材料中游离甲醛的危害

甲醛（formaldehyde）是无色、具有强烈气味的刺激性气体。气体比重1.06，略重于空气，易溶于水，其35%～40%的水溶液通称福尔马林。甲醛（HCHO）是一种挥发性有机化合物，污染源很多，污染浓度也较高，是室内主要污染物。

自然界中甲醛是甲烷循环中的一个中间产物，背景值很低。室内空气中的甲醛主要有两个来源，一是来自室外的工业废气、汽车尾气、光化学烟雾；二是来自建筑材料、装饰物品以及生活用品等化工产品。

甲醛由于其反应性能活泼，且价格低廉，故广泛用于化学工业生产已有百年历史。甲醛在化学工业上的用途主要是作为生产树脂的重要原料，例如脲醛树脂、三聚氰胺甲醛树脂、酚醛树脂等，这些树脂主要用作胶粘剂的基料。所以，凡是大量使用胶粘剂的环节（例如各种人造板），都可能会有甲醛释放。树脂释放甲醛的原因主要有三种：一是树脂合成时，残留未反应的游离甲醛；二是树脂合成时，已参与反应生成不稳定基团的甲醛，在一定条件下会释放出来；三是树脂合成时，吸附在胶体粒子周围已质子化的甲醛在电解质作用下也会释放出来。此外，某些化纤地毯、油漆涂料也含有一定量的甲醛。

甲醛是一种有毒物质，其毒作用一般有刺激、过敏和致癌作用，通常人的甲醛嗅觉阈值为0.06mg/m^3，刺激作用主要对鼻和上呼吸道产生刺激症状，引发哮喘、呼吸道或支气管炎。另外，甲醛对眼睛也有强烈刺激作用，引起水肿、眼刺痛、眼红、眼痒、流泪。皮肤直接接触甲醛，可引起皮炎、色斑、坏死。而经常吸入甲醛，能引起慢性中毒，出现黏膜出血、皮肤刺激症、过敏性皮炎、指甲角化和脆弱，全身症状有头痛、乏力、胃纳差、心悸、失眠以及植物神经紊乱等。另外，通过动物试验表明，甲醛对大鼠鼻腔有致癌性。

近年来，还有多项报道表明：甲醛会对人体内免疫水平产生影响，且能引起哺乳动物细胞株的基因突变、DNA单链断裂、DNA链内交联和DNA与蛋白质交联，抑制DNA损伤的修复，影响DNA合成转录，还能损伤染色体。

甲醛的化学性质十分活泼，因此可以采用多种定量分析方法测定甲醛。对于室内装饰装修材料，应测定游离甲醛含量或释放量。涂料、胶粘剂应通过蒸馏后分光光度法测定游离甲醛含量，而一部分人造板、木家具、壁纸及地毯等应通过分光光度法测定游离甲醛释放量。并且，测定结果应符合国家十项强制标准中对甲醛的限量规定。

因此，工程中应选用质量较好的人造板与建筑涂料、建筑胶粘剂等类产品，尤其是装饰装修工程中使用较多（500m^2）人造板或饰面人造板时，必须检验其甲醛释放量，以确保工程的空气污染能得以控制。

三、装饰装修材料中苯及甲苯、二甲苯的危害

苯是一种无色、具有特殊芳香气味的油状液体，微溶于水，能与醇、醚、丙酮和二硫化碳等互溶。甲苯和二甲苯都属于苯的同系物，都是煤焦油分馏或石油的裂解产物。以前使用涂料、胶粘剂和防水材料产品，主要采用苯作为溶剂或稀释剂。而《涂装作业安全规程》劳动安全和劳动卫生管理中规定："禁止使用含苯（包括工业苯、石油苯、重质苯，不包括甲苯、二甲苯）的涂料、稀释剂和溶剂。"所以目前多用毒性相对较低甲苯和二甲苯，但由于甲苯挥发速度较快，而二甲苯溶解力强，挥发速度适中，所以二甲苯是短油醇酸树脂、乙烯树脂、氯化橡胶和聚氨酯树脂的主要溶剂，也是目前涂料工业和胶粘剂应用面最广，使用量最大的一种溶剂。

苯属中等毒类，其嗅觉阈值为 4.8～15.0mg/m^3。苯于 1993 年被世界卫生组织（WHO）确定为致癌物（Group1）。苯对人体健康的影响主要表现在血液毒性、遗传毒性和致癌性三个方面。高浓度苯蒸气吸入主要造成中枢神经症状（痉挛和麻醉作用），引起头晕、头痛、恶心。长期吸入低浓度苯，能导致血液和造血机能改变（急性非淋巴白血病，ANLL）及对神经系统影响，严重的将表现为全血细胞减少症、再生障碍性贫血症、骨髓发育异常综合症和血球减少。此外，苯对皮肤、眼睛和上呼吸道有刺激作用，导致喉头水肿、支气管炎以及血小板下降。经常接触苯，皮肤可因脱脂变干燥，严重的出现过敏性湿疹。

甲苯二甲苯因其挥发性，主要分布在空气中，对眼、鼻、喉等黏膜组织和皮肤等有强烈刺激和损伤，可引起呼吸系统炎症。长期接触，二甲苯可危害人体中枢神经系统中的感觉运动和信息加工过程，对神经系统产生影响，具有兴奋和麻醉作用，导致烦躁、健忘、注意力分散、反应迟钝、身体协调性下降以及头晕、恶心、呼吸困难和四肢麻木等症状，严重的导致黏膜出血、抽搐和昏迷。女性对苯以及其同系物更为敏感，甲苯和二甲苯对生殖功能也有一定影响。孕期接触苯系混合物时，妊娠高血压综合、呕吐及贫血等并发症的发病率明显增高，据专家发现接触甲苯的试验室人员自然流产率明显增高。苯还可导致胎儿的畸形、神经系统功能障碍以及生长发育迟缓等多种先天性缺陷。

油漆、涂料、胶粘剂中的苯系物，通常采用气相色谱法进行测定，大多数样品先要采用适当的溶剂萃取，达到分离纯化的目的。经分离后的样品可以进入气相色谱仪进行定性或定量分析。

四、装饰装修材料中可挥发性有机物总量（TVOC）的控制

装饰装修材料大部分是化学合成材料制成，且成分十分复杂。如为了改进涂料、塑料、胶粘剂产品的性能，往往除基料外还要加入各种如溶剂、稀释剂、增塑剂、催干剂、抗氧化剂等，这些化学成分也会挥发，因此进入空气中的有机化学物种类繁多，有资料报导室内空气中的有机化合物可能多达数百种，而这些有机物均会对人体健康不利，为此人们对在规定试验条件下测得的材料中（或空气中）的挥发性有机化合物的总量（TVOC）作出限量规定，以控制它们对空气的污染，保障施工人员或其中生活、工作人员的健康。常用的涂料、胶粘剂、处理剂等，无论是水性还是溶剂型，其 TVOC 限量在相应的标准中均有明确规定。

VOC 是挥发性有机化合物（VolatileOrganicCompounds）的英文缩写，包括碳氢化合物、有机卤化物、有机硫化物等，在阳光作用下与大气中氮氧化物、硫化物发生光化学反应，生成毒性更大的二次污染物，形成光化学烟雾。

TVOC 在室内成为污染物，是极其复杂的，而且新的种类不断被合成出来。由于他们单独的浓度低，但是种类特别多，所以一般不予以分别逐个表示，仅以 VOC 或 TVOC 表示其总量。

TVOC 定义有以下几种：(1) 指任何能参加气相光化学反应的有机化合物；(2) 指一般压力条件下，沸点低于或等于 250℃ 的任何有机化合物；(3) 指世界卫生组织 (WHO) 对总挥发性有机化合物 (TVOC) 的定义：熔点低于室温、沸点范围在 50～260℃之间的挥发性有机化合物的总称。这些定义有共通之处，对于涂料、胶粘剂，VOC 是在一般压力条件下，沸点低于 250℃ 且参加气相化学反应的有机化合物；对于室内空气，TVOC 指在一般压力条件下，沸点低于 250℃的任何有机化合物。

据统计，全世界每年排放的大气中的溶剂约 1000 万 t，其中涂料和胶粘剂释放的挥发性有机化合物是 VOC 的重要来源。

虽然大多数挥发性有机化合物都是以较低的浓度存在，但是若干种 VOC 共同存在于室内时，其联合作用以及对人体健康的影响是决不能忽视的。

VOC 对人体的影响主要可以分为三种类型。

一是气味和感观效应。包括器官刺激、感觉干燥等。

二是黏膜刺激和其他系统毒性导致的病态。轻微的如刺激眼黏膜、鼻黏膜、呼吸道和皮肤等。严重的，还很容易通过血液，形成对大脑的障碍，导致中枢神经系统受到抑制，引起机体免疫水平失调，使人产生头晕、头痛、乏力、嗜睡、胸闷等感觉，还可能影响消化系统，出现食欲不振、恶心等，严重时甚至可损伤肝脏和造血系统，出现变态反应等。

三是基因毒性和致癌性。从室内空气中鉴定出的 500 多种有机物中，有 20 多种挥发性有机化合物都被证明是致癌物或致突变物。

对于各种涂料、胶粘剂、水性处理剂等室内装饰装修材料，VOC 的测定采用重量法。测定的是 105℃下材料中释放的各种挥发性有机化合物的总和。对于地毯、PVC 卷材地板等材料，测定的是材料 VOC 的挥发量。

其实，涂料、塑料、胶粘剂等产品都含有挥发性有机化合物，因此，即使在使用符合环保性能的产品时也应督促做好空气流通等安全措施，避免不应发生的中毒事故。

五、其他污染物的来源和危害

(一) 重金属的来源及危害

重金属主要来源于各种材料生产时加入的各种助剂（如催干剂、防污剂、消光剂）以及颜料和各种填料中所含的杂质。室内环境中重金属污染主要来自溶剂型木器涂料、内墙涂料、木家具、壁纸、聚氯乙烯卷材地板等装饰装修材料。涂料中的重金属主要来自着色颜料，如红丹、铅铬黄、铅白等，木家具、木器涂料中有毒重金属对人体的影响主要是通过木器在使用过程中干漆膜与人体长期接触，如误入口中，其可溶物将对人体造成危害。聚氯乙烯卷材地板中若含有铅、镉，随着地板的使用与磨损，铅、镉向表层迁移，在空气中形成铅尘、镉尘，通过接触误入口中而摄入体内，则造成危害。

铅、镉、铬、汞等重金属元素的可溶物进入人的机体后，会逐渐在体内蓄积，转化成毒性更强的金属有机化合物，对人体健康产生严重影响。过量的铅能损害神经、造血和生殖系统，引起抽搐、头痛、脑麻痹、失明、智力迟钝；铅还可引起免疫功能的变化，包括增加对细菌的易感性，抑制抗体产生，以及对巨噬细胞的毒性而影响免疫。铅对儿童的危害更大，因为儿童对铅有特殊的易感性，铅中毒可严重影响儿童生长发育和智力发展，因此铅污染的控制已成为世界性关注热点。长期吸入镉尘可损害肾、肺功能。长期接触铬化合物可引起接触性皮肤炎或湿疹。慢性汞中毒主要影响中枢神经系统等。

铅、镉、铬等重金属一般采用分光光度法、原子光谱法等方法进行测定。

（二）TDI 的来源和危害

甲苯二异氰酸酯 TDI 是一种无色液体，是溶剂性涂料中较易存在的一种有毒物质。聚氨酯树脂是多异氰酸酯和两个以上活性氢原子反应生成的聚合物。由于聚氨酯树脂反应条件以及其他因素的限制，在以聚氨酯树脂为基料生产的涂料和胶粘剂中，会存在一定量的游离的 TDI 及其他异氰酸酯化合物。

这些异氰酸酯单体都是毒性很大的物质，对呼吸道有明显刺激，可引起头痛、气短、支气管炎及过敏性哮喘呼吸道疾病，刺激阈浓度 0.5ppm。对人的眼睛也有明显刺激，引起眼角发干、疼痛、严重时引起视力下降。与皮肤接触后，会引起过敏性皮炎，严重时引起皮肤开裂、溃烂。

聚氨酯类油漆、胶粘剂中的 TDI，采用气相色谱法进行定性、定量分析。

（三）氨的来源和危害

氨是无色气体，易溶于水、乙醇和乙醚。常温下 1 体积水可以溶解 700 体积的氨，溶于水后的氨形成氢氧化铵，随成氨水。建筑中的氨，主要来自建筑施工中使用的混凝土外加剂。混凝土外加剂的使用有利于提高混凝土的强度和施工速度，冬季在混凝土拌合物中加入会释放氨气的膨胀剂和防冻剂，或为了提高混凝土凝固速度，加入会释放氨气的高碱膨胀剂和早强剂，将留下氨污染隐患。室内家具涂饰时所用的添加剂和增白剂大部分都用氨水，也是造成氨污染的来源之一。

氨气可通过皮肤和呼吸道引起中毒，嗅觉阈值为 $0.1\sim1.0mg/m^3$。因极易溶于水，对眼、喉、上呼吸道作用快，刺激性极强，轻者引起喉炎、声音嘶哑，重者可发生喉头水肿、喉痉挛而引起窒息，出现呼吸困难、肺水肿、昏迷和休克。但是氨污染释放期比较短，不会在空气中长期大量积存，对人体的危害相应小一些，但也应该引起注意。

外加剂中释放氨的测定采用容量滴定法，通过蒸馏分离后，稀硫酸溶液吸收，采用氢氧化钠标准溶液滴定。

六、室内装饰装修材料中有害物质限量

如前几节内容所述，装饰装修材料中含有多种对人体健康有极大危害的污染物。针对备受社会各界关注的室内装修污染问题，国家质检总局和国家标准化管理委员会发布了室内装饰装修材料有害物质限量 10 项国家强制性标准（GB 18580～GB 18588 和 GB 6566），并自 2002 年 1 月 1 日起实施，2008 年起部分标准已经修订，生产企业生产的产品必须严格执行该 10 项国家标准。具体而言，这 10 项强制性标准要求包括人造板及其制品、溶剂型木器涂料、水性内墙涂料、胶粘剂、木家具、壁纸、聚氯乙烯卷材地板、地毯及地毯用胶粘剂、混凝土外加剂、建筑材料等在内的装饰装修材料，其所含的有害物质必须在国家限定的标准之内，否则不允许在市场上销售。

以下列出这 10 项室内装饰装修材料有害物质限量强制标准的具体限量项目和指标要求以及送样检测的要求。

（一）《室内装饰装修材料　人造板及其制品中甲醛释放限量》GB 18580—2001（表 5-2）。

人造板及其制品中甲醛释放限量 表 5-2

产品名称	试验方法	限量值	使用范围	限量标志 b
中密度纤维板、高密度纤维板、刨花板、定向刨花板等	穿孔萃取法	≤9mg/100g	可直接用于室内	E1
		≤30mg/100g	必须饰面处理后可允许用于室内	E2
胶合板、装饰单板贴面胶合板、细木工板等	干燥器法	≤1.5mg/L	可直接用于室内	E1
		≤5.0mg/L	必须饰面处理后可允许用于室内	E2
饰面人造板(包括浸渍纸层压木质地板、实木复合地板、竹地板、浸渍胶膜纸饰面人造板等)	气候箱法	≤0.12mg/m³	可直接用于室内	E1
	干燥器法	≤1.5mg/L		

注:1. 仲裁时采用气候箱法;

2. E1 可直接用于室内的人造板,E2 为必须饰面处理后允许用于室内的人造板。

本标准规定了室内装饰装修用人造板及其制品(包括地板、墙板等)中甲醛释放量的指标值、试验方法和检验规则。

本标准适用于释放甲醛的室内装饰装修用各种类人造板及其制品。

送检时,需 500mm×500mm 无损伤试样至少 4 块。

(二)《室内装饰装修材料 溶剂型木器涂料中有害物质限量》GB 18581—2009(代替 GB 18581—2001,2009 年 9 月 30 日发布,2010 年 6 月 1 日实施)(表 5-3)

室内装饰装修材料溶剂型木器涂料中有害物质限量 表 5-3

项目		限量值				
		聚氨酯类涂料		硝基类涂料	醇酸类涂料	腻子
		面漆	底漆			
挥发性有机化合物(VOC)含量①(g/L) ≤		光泽(60°)≥80,580 光泽(60°)<80,670	670	720	500	550
苯含量①(%) ≤		0.3				
甲苯、二甲苯、乙苯含量总和①(%) ≤		30		30	5	30
游离二异氰酸酯(TDI、HDI)含量总和②(%) ≤		0.4		—	—	0.4(限氨基类腻子)
甲醇含量①(%) ≤		—		0.3	—	0.3(限硝基类腻子)
卤代烃含量①③(%) ≤		0.1				
可溶性重金属含量(限色漆、腻子和醇酸清漆)(mg/kg) ≤	铅 Pb	90				
	镉 Cd	75				
	铬 Cr	60				
	汞 Hg	60				

注:①按产品明示的施工配比混合后测定。如稀释剂的使用量为某一范围时,应按照产品施工配比规定的最大稀释比例混合后进行测定;

②如聚氨酯类涂料和腻子规定了稀释比例或由双组分或多组分组成时,应先测定固化剂(含游离二异氰酸酯预聚物)中的含量,再按产品明示的施工配比计算混合后涂料中的含量。如稀释剂的使用量为某一范围时,应按照产品施工配比规定的最小稀释比例进行计算;

③包括二氯甲烷、1,1-二氯乙烷、1,2-二氯乙烷、三氯乙烷、1,1,1-三氯乙烷、1,1,2-三氯乙烷、四氯化碳

本标准规定了室内装饰装修用聚氨酯类、硝基类和醇酸类溶剂型木器涂料以及木器用溶剂型腻子中对人体和环境有害物质容许限量的要求、试验方法、检验规则、包装标志、涂装安全及防护等内容。

本标准适用于室内装饰装修和工厂化涂装用聚氨酯类、硝基类和醇酸类溶剂型木器涂料（包括底漆和面漆）以及木器用溶剂型腻子。

本标准不适用于辐射固化涂料和不饱和聚酯腻子。

送检时，样品最好用内壁没有涂油漆的清洁的金属罐子或玻璃瓶盛装，注明各个组分间的配比关系，并注明类别是硝基类、聚氨酯类或醇酸类中的哪一种。

（三）《室内装饰装修材料　内墙涂料中有害物质限量》GB 18582—2008（代替 GB 18582—2001，2008 年 4 月 1 日发布，2008 年 10 月 1 日实施）（表 5-4）

室内装饰装修材料内墙涂料中有害物质限量　　**表 5-4**

项目			限量值	
			水性墙面涂料①	水性墙面腻子②
挥发性有机化合物(VOC)		≤	120(g/L)	15(g/kg)
苯、甲苯、乙苯、二甲苯总和(mg/kg)		≤	300	
游离甲醛(mg/kg)		≤	100	
可溶性重金属(mg/kg) ≤	铅 Pb		90	
	镉 Cd		75	
	铬 Cr		60	
	汞 Hg		60	

注：①涂料产品所有项目均不考虑稀释配比；

②膏状腻子所有项目均不考虑稀释配比；粉状腻子除可溶性重金属项目直接测试粉体外，其余 3 项按产品规定的配比将粉体与水或胶粘剂等其他液体混合后测试。如配比为某一范围时，应按照水用量最小、胶粘剂等其他液体用量最大的配比混合后测试。

本标准规定了室内装饰装修用水性墙面涂料（包括面漆和底漆）和水性墙面腻子中对人体有害物质容许限量的要求、试验方法、检验规则、包装标志、涂装安全及防护。

本标准适用于各类室内装饰装修用水性墙面涂料和水性墙面腻子。

（四）《室内装饰装修材料　胶粘剂中有害物质限量》GB 18583—2008（代替 GB 18583—2001，2008 年 9 月 24 日发布，2009 年 9 月 1 日实施）（表 5-5、表 5-6）

溶剂型胶粘剂中有害物质限量值　　**表 5-5**

项目		指标			
		氯丁橡胶胶粘剂	SBS 胶粘剂	聚氨酯类胶粘剂	其他胶粘剂
游离甲醛(g/kg)	≤	0.50		—	—
苯(g/kg)	≤	5.0			
甲苯+二甲苯(g/kg)	≤	200	150	150	150
甲苯二异氰酸酯(g/kg)	≤	—		10	—
二氯甲烷(g/kg)	≤	总量≤5.0	50	—	50

续表

项　　目		指　　标			
		氯丁橡胶胶粘剂	SBS 胶粘剂	聚氨酯类胶粘剂	其他胶粘剂
1,2-二氯乙烷(g/kg)	≤	总量≤5.0	总量≤5.0	—	50
1,1,2-三氯乙烷(g/kg)	≤				
三氯乙烯(g/kg)	≤				
总挥发性有机物(g/L)	≤	700	650	700	700

注：如产品规定了稀释比例或产品有双组分或多组分组成时，应分别测定稀释剂和各组分中的含量，再按产品规定的配比计算混合后的总量。如稀释剂的使用量为某一范围时，应按照推荐的最大稀释量进行计算。

水基型胶粘剂中有害物质限量值　　**表 5-6**

项　　目		指　　标				
		缩甲醛类胶粘剂	聚乙酸乙烯酯胶粘剂	橡胶类胶粘剂	聚氨酯类胶粘剂	其他胶粘剂
游离甲醛(g/kg)	≤	1.0	1.0	1.0	—	1.0
苯(g/kg)	≤	0.20				
甲苯+二甲苯(g/kg)	≤	10				
总挥发性有机物(g/L)	≤	350	110	250	100	350

本标准规定了室内建筑装饰装修用胶粘剂中有害物质限量及其试验方法。

本标准适用于室内建筑装饰装修用胶粘剂。

送检时，最好用内壁没有涂油漆的清洁的金属罐子或玻璃瓶盛装，必要的情况下注明各个组分间的配比关系，并注明类别。

（五）《室内装饰装修材料　木家具中有害物质限量》GB 18584—2001（表 5-7）

木家具中有害物质限量　　**表 5-7**

项　　目		限 量 值
甲醛释放量(mg/L)		≤1.5
家具表面色漆涂层可溶性重金属含量(限色漆)(mg/kg)	可溶性铅	≤90
	可溶性镉	≤75
	可溶性铬	≤60
	可溶性汞	≤60

本标准规定了室内使用的木家具产品中有害物质的限量要求、试验方法和检验规则。

本标准适用于室内使用的各类木家具产品。

送检时，需完整家具一件，如床头柜等。

（六）《室内装饰装修材料　壁纸中有害物质限量》GB 18585—2001（表 5-8）

壁纸中有害物质限量　　**表 5-8**

有害物质名称		限量值(mg/kg)
重金属(或其他)元素	钡	≤1000
	镉	≤25

续表

有害物质名称		限量值(mg/kg)
重金属(或其他)元素	铬	≤60
	铅	≤90
	砷	≤8
	汞	≤20
	硒	≤165
	锑	≤20
氯乙烯单体		≤1.0
甲醛		≤120

本标准规定了壁纸中的重金属（或其他）元素、氯乙烯单体及甲醛三种有害物质的限量、试验方法和检验规则。

本标准主要适用于以纸为基材的壁纸。

壁纸（Wallpapers）：主要以纸为基材，通过胶粘剂贴于墙面或顶棚上的装饰材料，不包括墙毡及其他类似挂件。

送检样最好为未拆封整卷，可避免检测前在存储、运输等过程中引入污染。无未拆封整卷的，应用非聚氯乙烯塑料带密封在阴凉处放置，样品至少要3m。

（七）《室内装饰装修材料　聚氯乙烯卷材地板中有害物质限量》GB 18586—2001（表5-9）

聚氯乙烯卷材地板中有害物质限量　　**表5-9**

项目			指标			
			发泡类卷材地板		非发泡类卷材地板	
			玻璃纤维基材	其他基材	玻璃纤维基材	其他基材
挥发物(g/m^2)	≤		75	35	40	10
氯乙烯(mg/kg)	≤		5			
可溶性重金属(mg/m^2)	≤	铅	20			
		镉	20			

本标准规定了聚氯乙烯卷材地板（又称聚氯乙烯地板革）中聚氯乙烯单体、可溶性镉和其他挥发物的限量、试验方法、抽样和检验规则。

本标准适用于聚氯乙烯树脂为主要原料并加入适当助剂，用涂敷、压延、复合工艺生产的发泡或不发泡的、有基材或无基材的聚氯乙烯卷材地板（以下简称为卷材地板），也适用于聚氯乙烯复合铺炕革、聚氯乙烯车用地板。

试样应用非聚氯乙烯塑料带密封在阴凉处放置，不要进行任何特殊处理，样品的量应以去掉最外层3层后，至少沿产品方向剩余1m为最低限。检测试验应在自生产之日起在仓储条件下放置7天后进行。

卷材地板中不得使用铅盐助剂。

（八）《室内装饰装修材料　地毯、地毯衬垫及地毯胶粘剂有害物质限量》GB 18587—2001（表5-10～表5-12）

地毯有害物质限量 表 5-10

序　号	有害物质	限量(mg/m²·h)	
		A级	B级
1	总挥发性有机化合物(TVOC)	≤0.500	≤0.600
2	甲醛(Formaldehyde)	≤0.050	≤0.050
3	苯乙烯(Styrene)	≤0.400	≤0.500
4	4-苯基环己烯(4-Phenylcyclohexene)	≤0.050	≤0.050

地毯衬垫有害物质释放限量 表 5-11

序　号	有害物质	限量(mg/m²·h)	
		A级	B级
1	总挥发性有机化合物(TVOC)	≤1.000	≤1.200
2	甲醛(Formaldehyde)	≤0.050	≤0.050
3	丁基羟基甲苯(BHT-butylatedhydroxytoluene)	≤0.030	≤0.030
4	4-苯基环己烯(4-Phenylcyclohexene)	≤0.050	≤0.050

地毯胶粘剂有害物质释放限量 表 5-12

序　号	有害物质	限量(mg/m²·h)	
		A级	B级
1	总挥发性有机化合物(TVOC)	≤10.000	≤12.000
2	甲醛(Formaldehyde)	≤0.050	≤0.050
3	2-乙基己醇(2-ethyl-1-hexanol)	≤3.000	≤3.500

本标准规定了地毯、地毯衬垫及地毯胶粘剂中有害物质释放限量、测试方法及检验规则。

本标准适用于生产或销售的地毯、地毯衬垫及地毯胶粘剂。

送样时，样品应从常规方式生产，下机不超过 30 天的产品中抽取。从选取样品到装到包装袋内，不应超过 1h。并立即发送试验室。沿卷装地毯生产方向将样品成卷，用绳紧固，样品应当包裹在不透气的惰性包装袋内。例如，可将样品包裹铝箔，封闭在气密的聚乙烯的袋内，特别要注意的是，每个包装袋只能装一个样品。在产品标签上，应标识产品有害物质释放限量的级别。

(九)《混凝土外加剂中释放氨的限量》GB 18588—2001

本标准规定了混凝土外加剂释放氨的限量。

本标准适用于各类具有室内使用功能的建筑用、能释放氨的混凝土外加剂，不适用于桥梁、公路及其他室外工程用混凝土外加剂。

混凝土外加剂（concreteadmixtures）是指在拌制混凝土过程中掺入，用以改善混凝土性能的物质。

限量要求：混凝土外加剂中释放氨的量≤0.10%（质量分数）。

(十)《建筑材料放射性核素限量》GB 6566—2010（代替 GB 6566—2001，2010 年 9

月 2 日发布，2011 年 7 月 1 日实施)

见表 5-1。

本标准规定了建筑材料放射性核素限量和天然放射性核素镭-226、钍-232、钾-40 放射性比活度的试验方法。

本标准适用于对放射性核素限量有要求的无机非金属类建筑材料。

总之，建筑材料的环保性能应引起材料员的注意，在选用和验收时应进行必要的检验，不使用不符合环保性能要求的材料，更不能指望依靠空气净化或使用所谓甲醛捕捉剂等后处理办法，来解决已发生的因使用不符合环保性能要求的材料而造成的空气质量不达标，不能竣工验收的难题，因为空气净化等方法在经济上会造成很大浪费，而使用所谓甲醛捕捉剂等后处理办法的实际效果则往往未经真正的科学验证，不仅不能根本解决空气污染问题，有时还会造成新的污染。

第四节　建筑材料的防火性能

建筑火灾不但危及人民的生命和财产安全，而且影响社会稳定，近年来我国的火灾形势非常严峻，陆续发生的多场火灾造成了极其惨重的损失，引起了政府和主管部门的高度重视。为了减少各类火灾的发生，必须从源头上控制和避免。

建筑材料的防火性能越来越受到关注。近代建筑物更多地追求舒适、美观，越来越多地采用可燃、易燃建筑材料，装饰装修材料及家具组件，以及各类电器产品，这些建筑材料及装饰装修材料的燃烧性能，对火灾的发生、发展和蔓延以及火灾可能造成的人员伤害和财产损失，有着非常重要的影响。如何能享受舒适生活的同时又能保证建筑火灾安全，成为当今社会关注的一个焦点。

因此，世界上许多国家都在建筑规范中对各类建筑工程中使用的材料的防火性能做了规定。公安部消防局根据《消防法》和《质量法》的要求，更新了《建筑材料及制品燃烧性能分级》GB 8624—2006，出台了《公共场所阻燃制品及组件燃烧性能要求和标识》GB 20286—2006，对建筑材料及制品的燃烧性能做了明确规定。

一、建筑材料的燃烧性能

燃烧是可燃物与氧作用发生的热反应。燃烧通常伴随着发光、发热并产生火焰和烟气等现象。燃烧按照其剧烈的程度可以分为：阴燃、持续燃烧、闪燃、爆燃等。燃烧必须具备三个条件：可燃物、氧和温度（点火源），三者缺一不可。

建筑材料的燃烧性能是指建筑材料及制品对火反应能力，其能力大小可由不同的燃烧特征表示，比如着火性、火焰传播、热释放、产烟性、烟毒性等，这些不同的对火反应特征都有相应的标准试验方法确定。

着火性主要用来测定材料在特定的火灾条件下被点燃的难易程度。在相同的试验条件下，燃点越低的材料越容易被点燃，燃点足够低的材料甚至可能发生自燃。

建筑材料的火焰传播主要考虑火焰传播的范围和速度。火焰传播的范围越大表明材料在火灾条件下损毁越多，火灾扩展的区域越大。而火焰传播的速度则是建筑火灾中影响人们生命财产安全的一个重要因素，火焰传播越缓慢，火灾发展到失控阶段需要的时间越长，火灾就容易扑救，也能为人们争取更长时间的逃生机会。

燃烧热释放包括燃烧热值和热释放速率两个方面。热值是材料燃烧完全后所释放的总热量，用以评定建筑材料火灾荷载的大小，热值越大，材料完全燃烧对火灾的贡献就越大。然而热释放速率对了解火灾的发展过程有重要意义，是作为衡量火灾对生命财产的危险程度的一个重要参数，所以成为近年来各种测试方法关注的重点。

火灾中产生的烟气主要由高温空气和材料分解气体、水蒸气、弥散的烟灰等组成。是造成火灾中人员危害的重大因素，高温容易造成人员缺氧窒息，弥散的烟尘影响视觉妨碍逃生。建筑材料产烟浓度主要通过测定烟气造成光衰减的方法确定。

烟毒性是火灾中引起人员伤亡的重要因素之一，有研究表明火灾中 40%～50%人员伤亡是烟毒性所致。因为现代建筑在追求美观、舒适、节能等功能过程中，大量使用各种各样的有机化合物，这些有机物燃烧会释放大量的有毒烟气，威胁人们的身体健康和生命安全。

二、建筑材料燃烧性能分级方法

《建筑材料及制品燃烧性能分级》GB 8624—2006 标准修改采用了《建筑制品和构件的火灾分级第 1 部分：用对火反应试验数据的分级》EN13501-1：2002，与欧标的差异除了全部采用其规定的试验方法和分级方法外，还增加了燃烧生成烟气毒性等级的划分。

GB 8624—2006 替代了《建筑材料燃烧性能分级方法》GB 8624—1997，与 GB 8624—1997 在原理、分级结构、试验方法等方面有较大差异：

——在标准中对铺地材料和管状隔热保温材料燃烧性能做了单独规定，分别用下标 fl 和 L 来表示；

——对材料燃烧性能的分级由原来的 A 级（匀质材料、复合夹心材料）、B1 级、B2 级、B3 级共 4 个级别变成了 A1、A2、B、C、D、E、F 共 6 个级别；

——所用试验方法也从原来的主要采用小型试验考察材料的着火性、火焰传播性能延伸到考察材料的燃烧热值、热释放速率、烟毒性等方面；

——分级方法的适用范围也有所变化，旧标准包含的部分特殊材料如窗帘幕布类纺织物、电线电缆套管类塑料等不再包含在新标准中。

建筑材料及制品（铺地材料除外）燃烧性能分级要求详见表 5-13，建筑材料及制品是指使用在建筑内的除地面以外的其他所有空间的板状材料，如墙体材料、墙面装饰材料、吊顶材料、通风管道等。新标准分级试验方法根据材料的实际用途来设计，因此同一种材料可能因为其实际使用状态不同而需要进行不同的分级试验，因此材料都是按照申明的用途和安装方式进行试验获得对应的等级。部分级别除主级别的要求外，还有附加分级的要求，附加分级有：产烟量、燃烧滴落物/微粒、产烟毒性三个，分别用 s、d、t 来表示。

建筑材料及制品（铺地材料除外）燃烧性能分级　　表 5-13

等级	试验方法标准	判定指标	附加分级
A1	GB/T 5464 不燃性	平均温升≤30℃ 试样持续燃烧时间≤0s 无持续燃烧 质量损失率≤50%	
	GB/T 14402 燃烧热值	匀质和非匀质主要组分 PCS≤2.0MJ/kg 非匀质外部次要组分 PCS≤2.0MJ/kg 非匀质任一内部次要组分 PCS≤1.4MJ/m^2 整体制品 PCS≤2.0MJ/kg	

续表

等级	试验方法标准		判定指标	附加分级
A2	GB/T 5464 不燃性	或	平均温升≤50℃ 试样持续燃烧时间≤20s 质量损失率≤50%	
	GB/T 14402 燃烧热值	且	匀质和非匀质主要组分 PCS≤3.0MJ/kg 非匀质外部次要组分 PCS≤4.0MJ/m^2 非匀质任一内部次要组分 PCS≤4.0MJ/m^2 整体制品 PCS≤3.0MJ/kg	
	GB/T 20284 单体燃烧 SBI 试验		FIGRA≤120W/s LFS≤试样边缘 THR_{600S}≤7.5MJ	产烟量 燃烧滴落物/微粒
	GB/T 20285 毒性试验			产烟毒性
B	GB/T 20284 单体燃烧 SBI 试验		FIGRA≤120W/s LFS≤试样边缘 THR_{600S}≤7.5MJ	产烟量 燃烧滴落物/微粒
	GB/T 8626 可燃性		点火时间 30s 60s 内 Fs≤150mm	
	GB/T 20285 毒性试验			产烟毒性
C	GB/T 20284 单体燃烧 SBI 试验		FIGRA≤250W/s LFS≤试样边缘 THR_{600S}≤15MJ	产烟量 燃烧滴落物/微粒
	GB/T 8626 可燃性		点火时间 30s 60s 内 Fs≤150mm	
	GB/T 20285 毒性试验			产烟毒性
D	GB/T 20284 单体燃烧 SBI 试验		FIGRA≤750W/s	产烟量 燃烧滴落物/微粒
	GB/T 8626 可燃性		点火时间 30s 60s 内 Fs≤150mm	
E	GB/T 8626 可燃性		点火时间 15s 20s 内 Fs≤150mm	燃烧滴落物/微粒

铺地材料燃烧性能的分级要求详见表 5-14。铺地材料是建筑空间内一个非常重要的部位，根据火灾的规律和铺地材料本身在火灾中的作用，其对应的试验方法和其余部位的试验方法也完全不同，因此采用和墙面、顶面材料完全不同的分级方法，每个对应的等级都用 fl 的下标来表示铺地材料。附加分级的要求有：产烟量、产烟毒性两个，分别用 s、t 来表示，因为铺地材料本身铺设在地面，因此没有燃烧滴落物/微粒的要求。

管状隔热保温材料的燃烧性能分级要求参数等同于一般板状建筑材料及制品，只是个别指标不同。单独提出来的原因在于在建筑中使用许多非平板状材料，如保温管等。管状材料分级仍然分为 7 个级别，每个级别用下标 L 来表示。试验方法中最大的差异在于样品的安装方式不同于一般建筑材料及制品。

铺地材料燃烧性能分级 **表 5-14**

等级	试验方法标准		判定指标	附加分级
$A1_{fl}$	GB/T 5464 不燃性		平均温升≤30℃ 试样持续燃烧时间≤0s 无持续燃烧 质量损失率≤50%	
	GB/T 14402 燃烧热值		匀质和非匀质主要组分 PCS≤2.0MJ/kg 非匀质外部次要组分 PCS≤2.0MJ/kg 非匀质任一内部次要组分 PCS≤1.4MJ/m² 整体制品 PCS≤2.0MJ/kg	
$A2_{fl}$	GB/T 5464 不燃性	或	平均温升≤50℃ 试样持续燃烧时间≤20s 质量损失率≤50%	
	GB/T 14402 燃烧热值	且	匀质和非匀质主要组分 PCS≤3.0MJ/kg 非匀质外部次要组分 PCS≤4.0MJ/m² 非匀质任一内部次要组分 PCS≤4.0MJ/m² 整体制品 PCS≤3.0MJ/kg	
	GB/T 11785 临界辐射通量		临界辐射通量 CHF≥8.0kW/m²	产烟量
	GB/T 20285 毒性试验			产烟毒性
Bfl	GB/T 11785 临界辐射通量		临界辐射通量 CHF≥8.0kW/m²	产烟量
	GB/T 8626 可燃性		点火时间 15s 20s 内 Fs≤150mm	
	GB/T 20285 毒性试验			产烟毒性
C_{fl}	GB/T 11785 临界辐射通量		临界辐射通量 CHF≥4.5kW/m²	产烟量
	GB/T 8626 可燃性		点火时间 15s 20s 内 Fs≤150mm	
	GB/T 20285 毒性试验			产烟毒性
D_{fl}	GB/T 11785 临界辐射通量		临界辐射通量 CHF≥3.0kW/m²	产烟量
	GB/T 8626 可燃性		点火时间 15s 20s 内 Fs≤150mm	
E_{fl}	GB/T 8626 可燃性		点火时间 15s 20s 内 Fs≤150mm	

整个分级方法标准中，都强调了各个实验都应该模拟其实际使用的状态，也都规定了相应的试验基材的选择，分级结果也仅适用于某类基材上按照某种方式安装的应用范围。

三、建筑材料燃烧性能试验方法

GB 8624—2006 中引用了 6 个试验方法，下面对各试验方法介绍如下：

《建筑材料不燃性试验方法》GB/T 5464—2010 用以确定不会燃烧或不会明显燃烧的

建筑制品，用于 A1、A2 的评定。该方法适用于匀质建筑制品和非匀质建筑制品的主要组分，不适用于测试有涂层、有饰面层或多层的复合制品，对于复合制品，可以对组成该制品的各组分材料分别进行试验。测试参数包括试样燃烧引起炉内温升、是否出现持续火焰以及实验结束后试样的质量损失率。

《建筑材料及制品的燃烧性能燃烧热值的测定》GB/T 14402—2007 试验的原理是氧弹法，燃烧热值用以评价 A1、A2 级材料。该方法测定试样完全燃烧后释放的总热值，与样品本身的形态和最终应用状态无关，与材料本身的性能有关。匀质制品直接以实验结果作为制品的热值，非匀质制品需要对每个组分进行完全分离并单独测试，包括每个主要组分和次要组分，整体制品的热值以各组分热值与用量为基础进行计算得出。

《建筑材料或制品的单体燃烧试验》GB/T 20284—2006，是 GB 8624—2006 引进的新方法，也是分级标准中非常重要的一个试验方法，该标准的正确理解和使用在很大程度上决定着分级标准的使用。该方法用于 A2、B、C、D 几个级别材料燃烧性能的评价。其试验原理为耗氧原理，即针对很多有机物而言，消耗 1kg 的氧气所释放的热量大约在 13.1kJ 左右，而且受燃烧材料是否完全燃烧的影响很小。试验通过测量样品燃烧引起氧浓度的变化，计算某时刻材料的热释放速率，而试验过程中热释放速率与时间的商的最大值就是燃烧增长率指数 FIGRA 指数，而点燃样品前 600s 内热释放速率与时间的积分则是前 600s 的总热释放量 THR_{600s}。FIGRA 和 THR_{600s}是建筑材料燃烧性能分级的最主要的参数。该实验装置较为复杂，尤其是燃烧控制系统和数据采集和分析系统，现在国内主要测试实验都进口英国试验装置。测试过程也需要多方确认，样品的安装和最终应用方式得到一定程度的模拟，以代表其最终使用状态的燃烧性能分级，可能不同的最终应用状态下分级结果不同。

《建筑材料可燃性试验方法》GB/T 8626—2007 规定了在没有外部辐射的条件下，用小火焰直接轰击垂直放置的试样的试验方法。用以评定 B、C、D、E 几个级别的材料，主要考察材料在规定的试验条件下是否容易被小火焰点着的特性。点火方式根据材料实际使用状态下是否会边缘受火分为边缘点火、表面点火两种方式，点火时间根据所申请级别的差别分为点火 15s 和 30s，相应观察时间为 20s 和 60s。试验要求在规定的时间内，被点燃样品的火焰尖端不能超过 150mm 高刻度线。实验过程中同时观察燃烧滴落物情况，看滴落物是否引燃样品下端的滤纸。

《铺地材料的燃烧性能测定　辐射热源法》GB/T 11785—2005 用以评价铺地材料在通风条件下收到外加热辐射时水平火焰传播情况，是评价铺地材料的最重要的燃烧性能方法。铺地材料包括：地板、地毯、橡胶塑料地板、地面喷涂材料等。由于样品的各向异性，测试要求经向纬向都需进行测试。试样的安装应按照实际安装的方式安装在模拟实际地面的基材上，背衬材料也应具有实际使用时的代表性。GB 8624—2006 也对铺地材料的产烟性提出要求，要求在此方法中测试烟气总值的数据。

《材料产烟毒性危险分级》GB/T 20285—2006 适用于建筑材料稳定产烟条件下的烟气毒性危险分级。分级数据来源于本标准规定的产烟方法和动物实验评价方法。建筑火灾中造成人员伤亡的最大元凶就是材料燃烧释放出的大量有毒气体。本标准用小白鼠作为实验样本，以动物在染毒过程中以及染毒后的生理反应为依据，观察其是否出现生命终点。

以上每个试验方法标准中都规定了最少的试验次数，分级标准中对分级试验规定个别情况下的附加试验次数。各级别要求的试验项目应全部通过，才能判定为燃烧性能达到某个级别，不能选做、漏做项目。

四、《建筑材料及制品燃料性能分级》GB 8624—2006 分级结果的应用

中华人民共和国公安部公消［2007］182 号规定：《建筑材料及制品燃烧性能分级》GB 8624—2006 已于 2006 年 6 月 19 日发布，并已于 2007 年 3 月 1 日正式实施。现行国家标准《建筑内部装修设计防火规范》GB 50222、《高层民用建筑设计防火规范》GB 50045、《建筑设计防火规范》GB 50016 等关于材料燃烧性能的规定与 GB 8624—1997 的分级方法相对应，在目前这些规范尚未完成相关修订的情况下，为保证现行规范和 GB 8624—2006 的顺利实施，各地可暂参照以下分级对比关系，规范修订后，按规范的相关规定执行：

（1）按 GB 8624—2006 检验判断为 A1 级和 A2 级的，对应于相关规范和 GB 8624—1997 的 A 级；

（2）按 GB 8624—2006 检验判断为 B 级和 C 级的，对应于相关规范和 GB 8624—1997 的 B1 级；

（3）按 GB 8624—2006 检验判断为 D 级和 E 级的，对应于相关规范和 GB 8624—1997 的 B2 级。

第六章　结构性材料

第一节　胶 凝 材 料

建筑上将能够把砂、石子、砖、石块等散粒材料或块状材料粘结成为一个整体的材料，统称为胶凝材料。胶凝材料的品种繁多，按化学成分，将胶凝材料分为有机胶凝材料和无机胶凝材料。有机胶凝材料常用的有各种沥青、树脂、橡胶等。无机胶凝材料按硬化条件分为气硬性胶凝材料和水硬性胶凝材料。气硬性胶凝材料只能在空气中凝结硬化，也只能在空气中保持和发展其强度，即气硬性胶凝材料的耐水性差，不宜用于潮湿环境。常用的气硬性胶凝材料有石膏、石灰、水玻璃、菱苦土等；水硬性胶凝材料既能在空气中硬化，又能在水中更好地硬化，并保持和发展其强度，即水硬性胶凝材料的耐水性好，可用于潮湿环境或水中。常用的水硬性胶凝材料有各种水泥。

本节主要介绍工程中常用的无机胶凝材料水泥、石膏和石灰。

一、水泥

水泥是由石灰质原料、黏土质原料与少数校正原料（如石英砂岩、钢渣等），破碎后按比例配合、磨细并调配成为成分合适的生料，经高温煅烧（1450℃）至部分熔融制成熟料，再加入适量的调凝剂（石膏）、混合材料（如粉煤灰、粒化高炉矿渣等）、活性或非活性混合材料，共同磨细而成的一种粉状无机水硬性胶凝材料，它加水拌合成塑性浆体，能胶结砂石等材料，既能在空气中硬化，又能在水中硬化，并保持和发展其强度。

水泥是当代最重要的建筑材料之一，目前广泛应用于工业、农业、国防、交通、城市建设、水利以及海洋开发等工程建设中。

（一）水泥的分类

水泥品种日益增多，可按其生产工艺、矿物组分、用途或性质等不同方式分为若干类。

1. 按生产工艺

按生产工艺水泥可分为回转窑水泥、立窑水泥和粉磨水泥。回转窑产量较高，产品质量较好，所以在现代化的大型水泥厂中，普遍采用回转窑。立窑设备较简单，投资少，见效快，技术容易掌握，适宜于地方性小水泥厂采用。但立窑煅烧不易均匀，往往有些产品的细度、强度均达不到技术指标要求，还有些水泥因熟料中游离氧化钙含量过多，严重地影响水泥的安定性，因而逐步被淘汰❶。粉磨水泥是将水泥熟料加入掺合料进行磨细，水泥熟料的来源可能是回转窑生产，也可能是立窑生产的，因而在采购时应注意区分。

2. 按矿物组分

❶ 目前上海市已明确规定在建设工程中禁止使用立窑水泥。

按矿物组成分类可分为硅酸盐水泥、铝酸盐水泥、少熟料或无熟料水泥。

3. 按用途和性能

水泥可分为通用水泥、专用水泥和特性水泥，每类水泥按其用途和性能又有若干品种。分类见表 6-1。

水泥按用途和性能分类 **表 6-1**

分类	品　　种
通用水泥	硅酸盐水泥、普通硅酸盐水泥、矿渣硅酸盐水泥、火山灰质硅酸盐水泥、粉煤灰硅酸盐水泥、复合硅酸盐水泥
专用水泥	油井水泥、砌筑水泥、耐酸水泥、耐碱水泥、道路水泥等
特性水泥	白色硅酸盐水泥、快硬硅酸盐水泥、高铝水泥、硫铝酸盐水泥、抗硫酸盐水泥、膨胀水泥、自应力水泥等

（二）硅酸盐水泥的凝结和硬化

硅酸盐水泥的水化和凝结硬化是一个连续的复杂过程。

水泥颗粒与水的反应是从表面开始的，生成相应的水化产物，组成水泥一水一水化产物混合体系。反应初期，水化速度很快，生成的产物迅速扩散到水中，使混合体系内水化产物的浓度不断增加，并迅速形成水化产物的饱和溶液，使水化产物析出，且主要在水泥颗粒的表面或周围析出，从而对水泥的进一步水化起到一定的阻碍作用。

在水化初期，水化产物较少，水泥颗粒之间仍有较多的水，此时水泥浆仍具有良好的可塑性，随着水化的不断进行，水化产物不断生成并不断析出，自由水分不断减少，水化产物颗粒逐渐接近，部分颗粒粘结在一起形成了一定的网架状结构，使水泥浆逐渐变稠，失去可塑性，即逐渐凝结。

随着水化的进一步进行，水化产物不断生成、长大，毛细孔不断被水化产物填充，使整个体系更加紧密。水化产物在范德华力、氢键、表面能等的作用下，粘结在一起，使水泥浆体产生强度并完全达到硬化。

水泥水化的反应过程是由颗粒表面逐渐深入到颗粒内部的。在最初几天，由于水化产物增加迅速，因而强度增加很快；经过长时间的水化后，产物增加速度逐渐缓慢，使强度增加变缓。若温度和湿度适宜，未水化的一部分水泥颗粒内核仍继续水化，填充到孔隙中，使水泥石强度在几年甚至几十年后仍在缓慢增长。

硬化后的水泥浆称为水泥石，主要是由胶凝体（胶体和晶体），未水化的水泥颗粒和毛细孔等组成。水泥石的硬化程度越高，胶凝体含量越多，未水化的水泥颗粒内核和毛细孔含量越少，水泥石的强度越高。除熟料矿物成分、水泥细度对水泥石的硬化程度有较大影响外，下列因素也有不同程度的影响：

1. 石膏掺量

生产水泥时掺入石膏，主要是为了延缓水泥的凝结硬化速度。当不掺石膏或掺量较少时，则凝结硬化速度很快，但水化并不充分。当掺入适量石膏（一般为水泥质量的 3%～5%）时可延缓水化的进一步进行，从而减缓了水泥浆体的凝结速度。但当石膏掺量过多时，会造成促凝效果，会在后期造成体积安定性不良。

2. 温度、湿度和养护时间（龄期）

温度升高，反应速度加快，凝结硬化速度加快；湿度较大时，水泥水化需要的水分充足，水化及凝结硬化速度都很快；反之亦然。水泥水化及凝结硬化都需要足够的时间作保证，随着时间的延长，水泥的水化程度不断增大，水化产物也不断增加。因此，温度、湿度和龄期是水泥凝结硬化的必要条件。

3. 水灰比（W/C）

拌合水泥浆时，水与水泥的质量比称为水灰比。水灰比越大，水泥浆越稀，凝结硬化和强度发展越慢，且硬化后的水泥石毛细孔含量越多，强度也越低；水灰比过小时，会影响到水泥浆的施工性质，造成施工困难。只有在满足施工的前提下，水灰比越小，凝结硬化和强度发展较快，强度越高。

（三）通用水泥

1. 通用水泥的定义

通用水泥主要是指硅酸盐水泥、普通硅酸盐水泥、矿渣硅酸盐水泥、火山灰质硅酸盐水泥、粉煤灰硅酸盐水泥和复合硅酸盐水泥六种。

（1）硅酸盐水泥

凡由硅酸盐水泥熟料、0～5%石灰石或粒化高炉矿渣、适量石膏磨细制成的水硬性胶凝材料，称为硅酸盐水泥（国外通常称波特兰水泥）。硅酸盐水泥分为两种类型，不掺加混合材料的称Ⅰ型硅酸盐水泥，代号P·Ⅰ。在硅酸盐水泥熟料粉磨时掺加不超过水泥质量5%石灰石或粒化高炉矿渣混合材料的称Ⅱ型硅酸盐水泥，代号P·Ⅱ。

（2）普通硅酸盐水泥

凡由硅酸盐水泥熟料、6%～15%混合材料、适量石膏磨细制成的水硬性胶凝材料，称为普通硅酸盐水泥（简称普通水泥），代号P·O。掺活性混合材料时，最大掺量不得超过20%，其中允许用不超过水泥质量5%的窑灰或不超过水泥质量8%的非活性混合材料来代替。

（3）矿渣硅酸盐水泥

凡由硅酸盐水泥熟料和粒化高炉矿渣、适量石膏磨细制成的水硬性胶凝材料称为矿渣硅酸盐水泥（简称矿渣水泥）。代号为P·S·A的矿渣硅酸盐水泥，水泥中粒化高炉矿渣掺加量按质量百分比计为＞20%且≤50%；代号为P·S·B的矿渣硅酸盐水泥，水泥中粒化高炉矿渣掺加量按质量百分比计为＞50%且≤70%。允许用活性混合材料、非活性混合材料或窑灰中的任一种材料代替矿渣，代替数量不得超过水泥质量的8%。

（4）火山灰质硅酸盐水泥

凡由硅酸盐水泥熟料和火山灰质混合材料、适量石膏磨细制成的水硬性胶凝材料称为火山灰质硅酸盐水泥（简称火山灰水泥），代号P·P。水泥中火山灰质混合材料掺量按质量百分比计为＞20%且≤40%。

（5）粉煤灰硅酸盐水泥

凡由硅酸盐水泥熟料和粉煤灰、适量石膏磨细制成的水硬性胶凝材料称为粉煤灰硅酸盐水泥（简称粉煤灰水泥），代号P·F。水泥中粉煤灰掺量按质量百分比计为＞20%且≤40%。

（6）复合硅酸盐水泥

凡由硅酸盐水泥熟料、两种（含）以上活性混合材料或（和）非活性混合材料、适量石膏磨细制成的水硬性胶凝材料称为复合硅酸盐水泥（简称复合水泥），代号 P·C。允许用不超过水泥质量 8%的窑灰来代替。掺矿渣时混合材料掺量不得与矿渣硅酸盐水泥重复。

2. 通用水泥的强度等级

硅酸盐水泥强度等级分为 42.5、42.5R、52.5、52.5R、62.5、62.5R。

普通硅酸盐水泥强度等级分为 42.5、42.5R、52.5、52.5R。

矿渣硅酸盐水泥、火山灰质硅酸盐水泥、粉煤灰硅酸盐水泥、复合硅酸水泥强度等级分为 32.5、32.5 R、42.5、42.5R、52.5、52.5R（带 R 的为早强型水泥）。

3. 通用水泥的技术要求

（1）硅酸盐水泥、普通硅酸盐水泥技术要求见表 6-2。

硅酸盐水泥、普通硅酸盐水泥技术要求　　表 6-2

项　目	技术要求
不溶物	Ⅰ型硅酸盐水泥中不溶物不得超过 0.75%；Ⅱ型硅酸盐水泥中不溶物不得超过 1.50%
氧化镁	水泥中氧化镁的含量不宜超过 5.0%，如果水泥经压蒸安定性试验合格，则水泥中氧化镁的含量允许放宽到 6.0%
三氧化硫	水泥中三氧化硫的含量不得超过 3.5%
烧失量	Ⅰ型硅酸盐水泥烧失量不得大于 3.0%；Ⅱ型硅酸盐水泥烧失量不得大于 3.5%；普通硅酸盐水泥烧失量不得大于 5.0%
氯离子	水泥氯离子含量不得大于 0.06%
凝结时间	硅酸盐水泥初凝不得早于 45min，终凝不得迟于 390min(6.5h)；普通硅酸盐水泥初凝不得早于 45min，终凝不得迟于 600min(10h)
安定性	用沸煮法检验必须合格
细度	水泥比表面积不小于 $300m^2/kg$
碱含量	水泥中碱含量按 $Na_2O+0.658K_2O$ 计算值来表示。若使用活性骨料，用户要求提供低碱水泥时，水泥中碱含量不得大于 0.60%，或由供需双方商定

强度等级 \ 龄期与强度		抗压强度(MPa)不得低于		抗折强度(MPa)不得低于	
		3 天	28 天	3 天	28 天
硅酸盐水泥	42.5	17.0	42.5	3.5	6.5
	42.5R	22.0	42.5	4.0	6.5
	52.5	23.0	52.5	4.0	7.0
	52.5R	27.0	52.5	5.0	7.0
	62.5	28.0	62.5	5.0	8.0
	62.5R	32.0	62.5	5.5	8.0
普通硅酸盐水泥	42.5	17.0	42.5	3.5	6.5
	42.5R	22.0	42.5	4.0	6.5
	52.5	23.0	52.5	4.0	7.0
	52.5R	27.0	52.5	5.0	7.0

注：化学指标、凝结时间、安定性、强度检验结果任一项不符合技术要求为不合格品。

（2）矿渣硅酸盐水泥、火山灰质硅酸盐水泥、粉煤灰硅酸盐水泥、复合硅酸盐水泥技术要求见表 6-3。

矿渣水泥、火山灰质水泥、粉煤灰水泥、复合水泥技术要求　　表 6-3

项　目	技术要求			
氧化镁	熟料中氧化镁的含量不宜超过 6.0%，如果水泥经压蒸安定性试验合格，则水泥中氧化镁的含量允许放宽到 6.0%			
三氧化硫	矿渣硅酸盐水泥中三氧化硫的含量不得超过 4.0%；火山灰质硅酸盐水泥、粉煤灰硅酸盐水泥、复合硅酸盐水泥中三氧化硫含量不得超过 3.5%			
氯离子	氯离子含量不得超过 0.06%			
凝结时间	初凝不得早于 45min，终凝不得迟于 600min(10h)			
安定性	用沸煮法检验必须合格			
细度	80μm 方孔筛筛余不得超过 10%或 45μm 方孔筛筛余不得超过 30%			
碱含量	水泥中碱含量按 $Na_2O+0.658K_2O$ 计算值来表示。若使用活性骨料，用户要求提供低碱水泥时，水泥中碱含量不得大于 0.60%，或由供需双方商定			
龄期与强度 / 强度等级	抗压强度(MPa)不得低于		抗折强度(MPa)不得低于	
	3天	28天	3天	28天
32.5	10.0	32.5	2.5	5.5
32.5R	15.0	32.5	3.5	5.5
42.5	15.0	42.5	3.5	6.5
42.5R	19.0	42.5	4.0	6.5
52.5	21.0	52.5	4.0	7.0
52.5R	23.0	52.5	4.5	7.0

4. 通用水泥的主要特点及适用范围

通用水泥由于组成成分的不同，因而具有各自的特点和适用范围，表 6-4 为通用水泥的主要特点和适用范围。

通用水泥的主要特点及适用范围　　表 6-4

品种	主要特点	适用范围	不适用范围
硅酸盐水泥	1. 早强快硬。 2. 水化热高。 3. 耐冻性好。 4. 耐热性差。 5. 耐腐蚀性差。 6. 对外加剂的作用比较敏感	1. 适用快硬早强工程。 2. 配制强度等级较高混凝土	1. 大体积混凝土工程。 2. 受化学侵蚀水及压力水作用的工程
普通硅酸盐水泥	1. 早强。 2. 水化热较高。 3. 耐冻性较好。 4. 耐热性较差。 5. 耐腐蚀性较差。 6. 低温时凝结时间有所延长	1. 地上、地下及水中的混凝土、钢筋混凝土和预应力混凝土结构，包括早期强度要求较高的工程。 2. 配制建筑砂浆	1. 大体积混凝土工程。 2. 受化学侵蚀水及压力水作用的工程
矿渣硅酸盐水泥	1. 早期强度低，后期强度增长较快。 2. 水化热较低。 3. 耐热性较好。 4. 抗硫酸盐侵蚀性好。 5. 抗冻性较差。 6. 干缩性较大	1. 大体积工程。 2. 配制耐热混凝土。 3. 蒸汽养护的构件。 4. 一般地上地下的混凝土和钢筋混凝土结构。 5. 配制建筑砂浆	1. 早期强度要求较高的混凝土工程。 2. 严寒地区并在水位升降范围内的混凝土工程

续表

品种	主要特点	适用范围	不适用范围
火山灰质硅酸盐水泥	1. 早期强度低后期强度增长较快。 2. 水化热较低。 3. 耐热性较差。 4. 抗硫酸盐侵蚀性好。 5. 抗冻性较差。 6. 抗渗性较好。 7. 干缩性较大	1. 大体积工程。 2. 有抗渗要求的工程。 3. 蒸汽养护的构件。 4. 一般混凝土和钢筋混凝土工程。 5. 配制建筑砂浆	1. 早期强度要求较高的混凝土工程。 2. 严寒地区并在水位升降范围内的混凝土工程。 3. 干燥环境中的混凝土工程。 4. 有耐磨性要求的工程
粉煤灰硅酸盐水泥	1. 早期强度低，后期强度增长较快。 2. 水化热较低。 3. 耐热性较差。 4. 抗硫酸盐侵蚀性好。 5. 抗冻性较差。 6. 干缩性较小	1. 大体积工程。 2. 有抗渗要求的工程。 3. 一般混凝土工程。 4. 配制建筑砂浆。	1. 早期强度要求较高的混凝土工程。 2. 严寒地区并在水位升降范围内的混凝土工程。 3. 有抗碳化要求的工程
复合硅酸盐水泥	1. 早期强度低，后期强度增长较快。 2. 水化热较低。 3. 耐热性较好	1. 工业和民用建筑。 2. 大体积混凝土。 3. 地下、基础工程	严寒地区有水位升降范围内的混凝土工程

（四）其他品种水泥

除通用水泥外，还有一些其他用途的水泥，如白水泥、快硬硅酸盐水泥、膨胀水泥、快硬硫铝酸盐水泥等。

1. 白水泥

由白色硅酸盐水泥熟料、加入适量石膏，磨细制成的水硬性胶凝材料称为白色硅酸盐水泥（简称白水泥）。

白水泥主要的技术指标中主要增加了白度要求，白水泥主要用于各种装饰混凝土及装饰砂浆中。

2. 快硬硅酸盐水泥

凡以硅酸盐水泥熟料和适量石膏磨细制成的，以3天抗压强度表示强度等级的水硬性胶凝材料，称为快硬硅酸盐水泥（简称快硬水泥）。

与硅酸盐水泥比较，该水泥在组成上适当提高了C_3S和C_3A的含量，达到早强快硬的效果。快硬硅酸盐水泥凝结硬化快，早期、后期强度均高，抗渗性及抗冻性强，水化热大，耐腐蚀性差，适合于早强、高强混凝土以及紧急抢修工程和冬期施工的混凝土工程。但不得用于大体积混凝土及经常处于腐蚀介质的混凝土工程。快硬水泥的有效存储期较其他水泥短。

3. 膨胀水泥

一般水泥在凝结硬化过程中都会产生一定的收缩，使混凝土出现裂纹，影响混凝土的强度和其他许多性能。而膨胀水泥则克服了这一弱点，在硬化过程中能够产生一定的膨胀，增加水泥石的密实度，消除由收缩带来的不利影响。膨胀水泥主要是比一般水泥多了一种膨胀组分，在凝结硬化过程中，膨胀组分使水泥产生一定量的膨胀值。膨胀水泥主要用于制造防水层和防水混凝土；用于加固结构、浇筑机器底座或固结地脚螺栓，并可用于接缝及修补工程；自应力混凝土压力管及其配件等。

4. 快硬硫铝酸盐水泥

凡以适当成分的生料，经煅烧所得以无水硫铝酸钙和硅酸二钙为主要矿物成分的熟料，加入适量石膏磨细制成的早期强度高的水硬性胶凝材料，称为快硬硫铝酸盐水泥。

快硬硫铝酸盐水泥主要用于配制早强、抗渗和抗硫酸盐侵蚀等混凝土；负温施工（冬期施工）混凝土、浆锚、喷锚支护；拼装、节点、地质固井、抢修、堵漏；水泥制品、玻璃纤维增强水泥制品及一般建筑工程。

（五）水泥检验

水泥进场时必须检查验收才能使用。水泥进场时，必须有出厂合格证或进场试验报告，并应对品种、强度等级、包装（或散装仓号）、出厂日期等进行检查验收。验收要求：

(1) 水泥可以袋装或散装，袋装水泥每袋净含量 50kg，且不得少于标志重量的 99%；随机抽取 20 袋总重量不得少于 1000 kg。其他包装形式由供需双方协商确定，但有关袋装质量的要求，必须符合上述原则规定。

(2) 水泥袋上应清楚标明：执行标准、水泥品种、代号、净含量、强度等级、生产者名称、生产许可证标志及编号、出厂编号、包装日期。包装袋两侧应根据水泥品种采用不同颜色印刷水泥名称和强度等级，硅酸盐水泥和普通硅酸盐水泥采用红色；矿渣硅酸盐水泥采用绿色；火山灰质硅酸盐水泥、粉煤灰硅酸盐水泥和复合硅酸盐水泥采用黑色或蓝色。

(3) 散装运输时应提交与袋装标志相同内容的卡片。

（六）质量检验

水泥进入现场后应进行复检。

1. 检验内容和检验批确定

水泥应按批进行质量检验。检验批可按如下规定确定：

(1) 同一水泥厂生产的同品种、同强度等级、同一出厂编号的水泥为一批。但散装水泥一批的总量不得超过 500t，袋装水泥一批的总量不得超过 200t。

(2) 当采用同一旋窑厂生产的质量长期稳定的、生产间隔时间不超过 10d 的散装水泥，可以 500t 作为一检验批。

(3) 取样时应随机从不少于 3 个车罐中各采取等量水泥，经混拌均匀后，再从中称取不少于 12kg 水泥作为检验样。

水泥进场时应对其品种、强度等级、包装或散装仓号、出厂日期进行检查，并对其强度、安定性、标准稠度用水量、凝结时间及其他必要的性能指标进行复验，其质量指标必须符合现行国家标准《通用硅酸盐水泥》GB 175—2007 等的规定。

当在使用中对水泥质量有怀疑或水泥出厂超过三个月（快硬硅酸盐水泥超过一个月）时，应重新采集试样进行复验，并按复验结果使用。

钢筋混凝土结构、预应力混凝土结构中，严禁使用含氯化物的水泥。

2. 检验项目

水泥的复验项目主要有：细度或比表面积、凝结时间、安定性、标准稠度用水量、抗折强度、抗压强度。

（七）水泥储存和使用

水泥在储存和运输工程中，应按不同品种、强度等级及出厂日期分别储运，水泥储存时应注意防潮，地面应铺放防水隔离材料或用木板加设隔离层。袋装水泥的堆放高度不得超过10袋。

即使是良好的储存条件，水泥也不宜久存。在空气中水蒸气及二氧化碳的作用下，水泥会发生部分水化和碳化，使水泥的胶结能力和强度下降。一般储存3个月后，水泥强度降低约10%～20%，6个月后降低15%～30%，一年后降低25%～40%。因此水泥的有效存储期为3个月。

存放时间过长或受潮的水泥要经过试验才能使用。水泥按出厂日期起算，超过三个月（快硬硅酸盐水泥为一个月）时，应视为过期水泥。虽未过期但已受潮结块的水泥，使用时必须重新复验，并按复验结果使用。

不同品种的水泥不能混合使用。不同品种的水泥，具有不同的特性，如果混合使用，其化学反应、凝结时间等均不一致，势必影响混凝土的质量。

对同一品种的水泥，若强度等级不同或出厂日期差距过久，也不能混合使用。

二、石膏

石膏是以硫酸钙为主要成分的传统气硬性胶凝材料之一。在自然界中硫酸钙以两种稳定形态存在，一种是未水化的，叫天然无水石膏（$CaSO_4$）；另一种水化程度最高的，叫二水石膏（$CaSO_4 \cdot 2H_2O$）。

生石膏即二水石膏（$CaSO_4 \cdot 2H_2O$），又称天然石膏。

熟石膏是将生石膏加热至107～170℃时，部分结晶水脱出，即成半水石膏。若温度升高至190℃以上，则完全失水，变成硬石膏，即无水石膏。半水石膏和无水石膏统称熟石膏。熟石膏品种很多，建筑上常用的有建筑石膏、模型石膏、地板石膏、高强石膏四种，在此我们主要介绍建筑石膏。

建筑石膏是将天然二水石膏等原料在一定温度下（一般107～170℃）煅烧成熟石膏，经磨细而成的白色粉状物，其主要成分是β型半水硫酸钙（$CaSO_4 \cdot 1/2H_2O$）。

建筑石膏的用途很广，主要用于室内抹灰、粉刷和生产各种石膏板等。

（一）建筑石膏特点

建筑石膏与其他胶凝材料相比有如下特点：

（1）凝结硬化快：建筑石膏加水拌合后，浆体在几分钟后便开始失去塑性，30min内完全失去塑性而产生强度，2h可达3～6MPa。由于初凝时间过短，容易造成施工成型困难，一般在使用时需加缓凝剂，延缓初凝时间，但强度会有所降低。

（2）凝结硬化时体积微膨胀：石膏浆体在凝结硬化初期会产生微膨胀，这一性质使石膏制品的表面光滑、细腻、尺寸精确、形体饱满、装饰性好，因而特别适合制作建筑装饰制品。

（3）孔隙率大、体积密度小：建筑石膏在拌合时，为使浆体具有施工要求的可塑性，需加入建筑石膏用量的60%～80%的用水量，而建筑石膏的理论需水量为18.6%，大量的自由水在蒸发后，在建筑石膏制品内部形成大量的毛细孔隙。其孔隙率达50%～60%，体积密度为800～1000kg/m^3，属于轻质材料。

（4）保温性和吸声性好：建筑石膏制品的孔隙率大，且均为微细的毛细孔，所以导热系数小。大量的毛细孔隙对吸声有一定的作用。

(5) 强度较低：建筑石膏的强度较低，但其强度发展较快，2h可达3～6MPa，7d抗压强度为8～12MPa（接近最高强度）。

(6) 具有一定的调湿性：由于建筑石膏制品内部的大量毛细孔隙对空气中的水蒸气具有较强的吸附能力，所以对室内的空气湿度有一定的调节作用。

(7) 防火性好，但耐火性差：建筑石膏制品的导热系数小，传热慢，且二水石膏受热脱水产生的水蒸气能阻碍火势的蔓延，起到防火作用。但二水石膏脱水后，强度下降，因而不耐火。

(8) 耐水性、抗渗性、抗冻性差：建筑石膏制品孔隙率大，且二水石膏可微溶于水，遇水后强度大大降低。为了提高建筑石膏及其制品的耐水性，可以在石膏中掺入适当的防水剂，或掺入适量的水泥、粉煤灰、磨细粒化高炉矿渣等。

（二）建筑石膏的水化、凝结与硬化

建筑石膏加水搅拌后，首先溶于水，与水发生水化反应，生成二水石膏，这一过程大约需要7～12min。随着水化的不断进行，生成的二水石膏胶体微粒不断增多，这些微粒较原来的半水石膏更加细小，比表面积很大，吸附着很多水分；同时浆体中的自由水分由于水化和蒸发而不断减少，浆体的稠度不断增加，胶体微粒间的搭接、粘结逐步增强，颗粒间产生摩擦力和粘结力，浆体逐渐粘结。随着水化的不断进行，二水石膏胶体微粒凝聚并转变为晶体。晶体颗粒逐渐长大，且晶体颗粒间相互搭接、交错、共生，使浆体完全失去塑性，产生强度。这一过程不断进行，直至浆体完全干燥，强度不再增加。

（三）建筑石膏的技术指标

建筑石膏按原材料种类分为天然建筑石膏、脱硫建筑石膏和磷建筑石膏；按2h强度分为3.0、2.0和1.6三个等级，各等级建筑石膏具体要求见表6-5。

建筑石膏的技术指标 **表6-5**

指标		3.0等级	2.0等级	1.6等级
细度（孔径0.2mm方孔筛筛余量不超过）(%)		10.0		
抗折强度(烘干至质量恒定后不小于)(MPa)		3.0	2.0	1.6
抗压强度(烘干至质量恒定后不小于)(MPa)		6.0	4.0	3.0
凝结时间(min)	初凝不早于	3		
	终凝不迟于	30		

（四）石膏的储运、保存

建筑石膏在存储中，需要防雨、防潮，储存期一般不宜超过3个月。一般存储3个月后，强度降低30%左右。建筑石膏应分类分等级存储在干燥的仓库内，运输时要采取防水措施。

三、石灰

石灰是一种古老的建筑材料，由于其原料来源广泛，生产工艺简单，成本低廉，所以至今仍被广泛用于建筑工程中。石灰是将含碳酸钙（$CaCO_3$）为主要成分的石灰岩、白云石等天然材料经过适当温度（800～1000℃）煅烧，尽可能分解和排放二氧化碳（CO_2）而得到的主要含氧化钙（CaO）的胶凝材料。

（一）石灰的特点

石灰与其他胶凝材料相比有如下特点：

（1）保水性、可塑性好：熟化生成的氢氧化钙颗粒极其细小，比表面积（材料的总表面积与其质量的比值）很大，使得氢氧化钙颗粒表面吸附一层较厚水膜，即石灰的保水性好。由于颗粒间的水膜较厚，颗粒间的滑移较宜进行，即可塑性好。这一性质常被用来改善砂浆的保水性，以克服水泥砂浆保水性差的缺点。

（2）凝结硬化慢、强度低：石灰的凝结硬化很慢，且硬化后的强度很低。

（3）耐水性差：潮湿环境中石灰浆体不会产生凝结硬化。硬化后的石灰浆体的主要成分为氢氧化钙，仅有少量的碳酸钙。由于氢氧化钙可微溶于水，所以石灰的耐水性很差，软化系数接近于零。

（4）干燥收缩大：氢氧化钙颗粒吸附大量的水分，在凝结硬化过程中不断蒸发，并产生很大的毛细管压力，使石灰浆体产生很大的收缩而开裂，因此石灰除粉刷外不宜单独使用。

（二）石灰在建筑上主要用途

有石灰乳涂料和砂浆、灰土和三合土、硅酸盐混凝土及其制品、碳化石灰板等。石灰的品种、特性、用途见表 6-6。

石灰的品种、组成、特性和用途 **表 6-6**

品种	块　灰（生石灰）	磨细生石灰（生石灰粉）	熟石灰（消石灰）	石灰膏	石灰乳（石灰水）
组成	以含碳酸钙（$CaCO_3$）为主的石灰石经过（800～1000℃）高温煅烧而成，其主要成分为氧化钙（CaO）	由火候适宜的块灰经磨细而成粉末状的物料	将生石灰（块灰）淋以适当的水（约为石灰重量的 60%～80%），经熟化作用所得的粉末状材料[$Ca(OH)_2$]	将块灰加入足量的水，经过淋制熟化而成的厚膏状物质[$Ca(OH)_2$]	将石灰膏用水冲淡所成的浆液状物质
特性和细度要求	块灰中的灰分含量越少，质量越高；通常所说的三七灰，即指三成灰粉七成块灰	与熟石灰相比，具快干、高强等特点，便于施工。成品需经 4900 孔/cm^2 的筛子过筛	需经 3～6mm 的筛子过筛	淋浆时应用 6mm 的网格过滤；应在沉淀池内储存两周后使用；保水性能好	
用途	用于配制磨细生石灰、熟石灰、石灰膏等	用作硅酸盐建筑制品的原料，并可制作碳化石灰板、砖等制品，还可配制熟石灰、石灰膏等	用于拌制灰土（石灰、黏土）和三合土（石灰、粉土、砂或矿渣）	用于配制石灰砌筑砂浆和抹灰砂浆	用于简易房屋的室内粉刷

（三）主要技术指标

按石灰中氧化镁的含量，将生石灰和生石灰粉划分为钙质石灰（MgO<5%）和镁质石灰（MgO≥5%）；按消石灰中氧化镁的含量将消石灰粉划分为钙质消石灰粉（MgO<4%）、镁质消石灰粉（4%≤MgO≤24%）和白云石消石灰粉（24%≤MgO≤30%）。建筑石灰按质量可分为优等品、一等品、合格品三种，具体指标应满足表 6-7～表 6-9 的要求。

生石灰的主要技术指标 表 6-7

项目		钙质生石灰			镁质生石灰		
		优等品	一等品	合格品	优等品	一等品	合格品
(CaO+MgO)含量(%)	不小于	90	85	80	85	80	75
未消化残渣含量(5mm 圆孔筛余)(%)	不大于	5	10	15	5	10	15
CO_2 含量(%)	不大于	5	7	9	6	8	10
产浆量(L/kg)	不小于	2.8	2.3	2.0	2.8	2.3	2.0

生石灰粉的技术指标 表 6-8

项目			钙质生石灰粉			镁质生石灰粉		
			优等品	一等品	合格品	优等品	一等品	合格品
(CaO+MgO)含量(%)		不小于	85	80	75	80	75	70
CO_2 含量(%)		不大于	7	9	11	8	10	12
细度	0.90mm 筛筛余(%)	不大于	0.2	0.5	1.5	0.2	0.5	1.5
	0.125mm 筛筛余(%)	不大于	7.0	12.0	18.0	7.0	12.0	18.0

消石灰粉的技术指标 表 6-9

项目		钙质消石灰粉			镁质消石灰粉			白云石消石灰粉		
		优等品	一等品	合格品	优等品	一等品	合格品	优等品	一等品	合格品
(CaO+MgO)含量(%) 不小于		70	65	60	65	60	55	65	60	55
游离水(%)		0.4～2	0.4～2	0.4～2	0.4～2	0.4～2	0.4～2	0.4～2	0.4～2	0.4～2
体积安定性		合格	合格	—	合格	合格	—	合格	合格	—
细度	0.90mm 筛筛余(%) 不大于	0	0	0.5	0	0	0.5	0	0	0.5
	0.125mm 筛筛余(%) 不大于	3	10	15	3	10	15	3	10	15

（四）石灰的储运、保存

生石灰块及生石灰粉须在干燥状态下运输和储存，且不宜存放太久。因在存放过程中，生石灰会吸收空气中的水分熟化成消石灰粉并进一步与空气中的二氧化碳作用生成碳酸钙，从而失去胶结能力。长期存放时应在密闭条件下，并且应防潮、防水。

第二节 骨 料

骨料，是建筑砂浆及混凝土主要组成材料之一。起骨架及减少由于胶凝材料在凝结硬化过程中干缩湿涨所引起体积变化等作用，同时还可以作为胶凝材料的廉价填充料。在建筑工程中骨料有砂、卵石、碎石、煤渣灰等。

一、细骨料（砂）

由天然风化、水流搬运和分选、堆积形成或经机械粉碎、筛分制成的公称粒径小于5.00mm 的岩石颗粒，但不包括软质岩、风化岩石的颗粒。

（一）砂的分类

1. 按产地不同

分为河砂、海砂和山砂。

（1）河砂因长期受流水冲洗，颗粒成圆形，一般工程大都采用河砂。

（2）海砂因长期受海水冲刷，颗粒圆滑，较洁净，但常混有贝壳及其碎片，且氯盐含量较高。

（3）山砂存在于山谷或旧河床中，颗粒多带棱角，表面粗糙，石粉含量较多。

2. 按细度模数

可分为粗砂、中砂、细砂和特细砂四级。

3. 按其加工方法不同

可分为天然砂和人工砂两大类。

（1）不需加工而直接使用的为天然砂，包括河砂、海砂和山砂。

（2）人工砂则是将天然石材破碎而成的或加工粗骨料过程中的碎屑。

（二）砂的技术要求

按照建设部标准《普通混凝土用砂、石质量及检验方法标准》（JGJ 52—2006），关于砂的技术要求有：

1. 细度模数

砂的粗细程度按细度模数（μ_f）分为粗、中、细、特细四级，其范围应符合粗砂（μ_f 为 3.7～3.1）；中砂（μ_f 为 3.0～2.3）；细砂（μ_f 为 2.2～1.6）、特细砂（μ_f 为 1.5～0.7）的规定。

2. 颗粒级配

砂按 0.630mm 筛孔的累计筛余量，分成三个级配区。砂的颗粒级配应处于表 6-10 中的任何一个区以内。砂的实际颗粒级配与表 6-10 中所列的累计筛余百分率相比，除 5.00mm 和 0.630mm 外，允许稍有超出分界线，但其总超出量不应大于 5%。

配制混凝土时宜优先选用Ⅱ区砂，当采用Ⅰ区砂时，应提高砂率，并保持足够的水泥用量，以保证混凝土的和易性；当采用Ⅲ区砂时，宜适当降低砂率，以保证混凝土强度。

当砂颗粒级配不符合表 6-10 要求时，应采取相应措施。经试验证明，能确保工程质量，方允许使用。

砂颗粒级配区 **表 6-10**

累计筛余（%） 级配区 / 筛孔尺寸(mm)	Ⅰ区	Ⅱ区	Ⅲ区
10.0	0	0	0
5.00	10～0	10～0	10～0
2.50	35～5	25～0	15～0
1.25	65～35	50～10	25～0
0.630	85～71	70～41	40～16
0.315	95～80	92～70	85～55
0.160	100～90	100～90	100～90

3. 含泥量、泥块含量

砂中的含泥量和泥块含量应符合表 6-11 的规定。

砂中含泥量、泥块含量 **表 6-11**

混凝土强度等级	≥C60	C55～C30	≤C25
含泥量(%)	≤2.0	≤3.0	≤5.0
泥块含量(%)	≤0.5	≤1.0	≤2.0

4. 坚固性

砂的坚固性用硫酸钠溶液检验，试样经五次循环后其质量损失应符合表 6-12 的规定。

砂的坚固性指标 **表 6-12**

混凝土所处的环境条件	循环后的质量损失(%)
在严寒及寒冷地区室外使用并经常处于潮湿或干湿交替状态下的混凝土	≤8
其他条件下使用的混凝土	≤10

5. 砂中的有害物质

砂中如有云母、轻物质、有机质、硫化物及硫酸盐等有害物质，其含量应符合表 6-13 的规定。

砂中的有害物质 **表 6-13**

项　　目	质量指标
云母含量(%)	≤2.0
轻物质含量(%)	≤1.0
硫化物及硫酸盐含量(折算成 SO_3 按质量计)(%)	≤1.0
有机物含量(用比色法试验)	颜色不应深于标准色，如深于标准色，则应按水泥胶砂强度的方法，进行强度对比试验，抗压强度比不应低于 0.95

6. 重要工程的混凝土所使用的砂

应采用砂浆棒（快速法）或砂浆长度法进行骨料的碱活性检验。

7. 采用海砂配制混凝土时，其氯离子含量应符合规定

(1) 对素混凝土，海砂中氯离子含量不予限制。

(2) 对钢筋混凝土，海砂中氯离子含量不应大于 0.06%（以干砂的质量百分率计）。

(3) 对预应力混凝土不宜用海砂。若必须使用海砂时，则应经淡水冲洗，其氯离子含量不得大于 0.02%（以干砂的质量百分率计）。

（三）砂细度模数的不同，其特点和适用范围也有所不同

粗砂：砂中粗颗粒过多，保水性差，适用于配制水泥用量较多或低流动性混凝土。

中砂：粗细适宜，级配好，配制各类混凝土。

细砂：配制的混凝土拌合物的粘聚性稍差，保水性好，但硬化后干缩较大，表面易产生裂缝。

二、粗骨料（石）

（一）石的分类

（1）按生产工艺不同分为碎石和卵石。

天然卵石有河卵石、海卵石和山卵石。

由天然岩石或卵石经破碎、筛分而得的公称粒径大于5.00mm的岩石颗粒称为碎石。碎石比卵石干净，而且表面粗糙，颗粒富有棱角，与水泥石粘结较牢固。由自然条件作用而形成的，公称粒径大于5.00mm的岩石颗粒称为卵石。

（2）按石了级配不同分为连续粒级和单粒级两种。

连续粒级是指颗粒的尺寸由大到小连续分级，其中每一级骨料都占相当的比例。连续粒级分为5～10mm、5～16mm、5～20mm、5～25mm、5～31.5mm、5～40mm六种规格。

单粒级是省去一级或几级中间粒级的骨料级配。单粒级分为10～20mm、16～31.5mm、20～40mm、31.5～63mm、40～80mm五种规格。

（二）石的技术要求

按照建设部标准《普通混凝土用砂、石质量及检验方法标准》（JGJ 52—2006），关于石的技术要求有：

1. 颗粒级配

碎石或卵石的颗粒级配应符合表6-14的规定。

碎石或卵石的颗粒级配范围 **表6-14**

级配情况	公称粒级(mm)	累计筛余按质量计(%)											
		筛孔尺寸(圆孔筛)(mm)											
		2.50	5.00	10.0	16.0	20.0	25.0	31.5	40.0	50.0	63.0	80.0	100
连续粒级	5～10	95～100	80～100	0～15	0	—	—	—	—	—	—	—	—
	5～16	95～100	85～100	30～60	0～10	0	—	—	—	—	—	—	—
	5～20	95～100	90～100	40～80	—	0～10	0	—	—	—	—	—	—
	5～25	95～100	90～100	—	30～70	—	0～5	0	—	—	—	—	—
	5～31.5	95～100	90～100	70～90	—	15～45	—	0～5	0	—	—	—	—
	5～40	—	95～100	70～90	—	30～65	—	—	0～5	0	—	—	—
单粒级	10～20	—	95～100	85～100	—	0～15	0	—	—	—	—	—	—
	16～31.5	—	95～100	—	85～100	—	—	0～10	0	—	—	—	—
	20～40	—	—	95～100	—	80～100	—	—	0～10	0	—	—	—
	31.5～63	—	—	—	95～100	—	—	75～100	45～75	—	0～10	0	—
	40～80	—	—	—	—	95～100	—	—	70～100	—	30～60	0～10	0

2. 含泥量、泥块含量

碎石或卵石中的含泥量、泥块含量应符合表6-15的规定。

3. 针片状颗粒含量

碎石或卵石中的针片状颗粒含量应符合表6-16的规定。

4. 压碎指标值

（1）碎石的压碎指标值应符合表6-17的规定。

碎石或卵石中含泥量、泥块含量 **表 6-15**

混凝土强度等级	≥C60	C55～C30	≤C25
含泥量(%)	≤0.5	≤1.0	≤2.0
泥块含量(%)	≤0.2	≤0.5	≤0.7

碎石或卵石中的针片状颗粒含量 **表 6-16**

混凝土强度等级	≥C60	C55～C30	≤C25
针、片状颗粒含量(%)	≤8	≤15	≤25

碎石的压碎指标值 **表 6-17**

岩石品种	混凝土强度等级	碎石压碎指标值(%)
沉积岩	C60～C40	≤10
	≤C35	≤16
变质岩或深成的火成岩	C60～C40	≤12
	≤C35	≤20
喷出的火成岩	C60～C40	≤13
	≤C35	≤30

(2) 卵石的压碎指标值应符合表 6-18 的规定。

卵石的压碎指标值 **表 6-18**

混凝土强度等级	C60～C40	≤C35
压碎指标值(%)	≤12	≤16

5. 坚固性

碎（卵）石的坚固性用硫酸钠溶液法检验，经五次循环后其重量损失应符合表 6-19 规定。

碎石或卵石的坚固性指标 **表 6-19**

混凝土所处的环境条件	5 次循环后的质量损失(%)
在严寒及寒冷地区室外使用，并经常处于潮湿或干湿交替状态下的混凝土	≤8
其他条件下使用的混凝土	≤12

6. 碎石或卵石中的有害物质

碎石或卵石中的硫化物和硫酸盐含量，以及卵石中有机杂质等有害物质含量应符合表 6-20 的规定。

碎石或卵石中的有害物质含量 **表 6-20**

项　目	质量指标
硫化物及硫酸盐含量(折算成 SO_3 按质量计)(%)	≤1.0
卵石中有机物含量(用比色法试验)	颜色应不深于标准色，如深于标准色，则应配制成混凝土进行强度对比试验，抗压强度比应不低于 0.95

7. 碱活性检验

重要工程的混凝土所使用的碎石或卵石应进行碱活性检验。

三、轻骨料

堆积密度不大于 1100kg/m^3 的轻粗骨料和堆积密度不大于 1200kg/m^3 的轻细骨料统称为轻骨料。

（一）轻骨料的分类

1. 按材料的属性分类

（1）无机轻骨料　由天然的或人造的无机硅酸盐材料加工而成的轻骨料，如浮石、陶粒等。

（2）有机轻骨料　由天然的或人造的有机高分子材料加工而成的轻骨料，如木屑、聚苯乙烯轻骨料等。

2. 按原材料来源分类

（1）工业废料轻骨料　以工业废料为原料，经加工而成的轻骨料，如粉煤灰陶粒、自燃煤矸石、膨胀矿渣珠、煤渣及其轻砂。

（2）天然轻骨料　天然形成的多孔岩石，经加工而成的轻骨料，如浮石、火山渣及其轻砂。

（3）人造轻骨料　以地方材料为原料，经加工而成的轻骨料，如页岩陶粒、黏土陶粒、膨胀珍珠岩及其轻砂。

3. 按其粒型分类

轻粗骨料按其粒型可分为：

（1）圆球型的　原材料经造粒工艺加工而成的，呈圆球状的轻骨料，如粉煤灰陶粒、磨细成球的页岩陶粒等。

（2）普通型的　原材料经破碎加工而成的，呈非圆球状的轻骨料，如页岩陶粒、黏土陶粒、膨胀珍珠岩等。

（3）碎石型的　由天然轻骨料或多孔烧结块，经破碎加工而成的，呈碎石型的轻骨料，如浮石、自燃煤矸石和煤渣等。

4. 按其性能分类

（1）超轻骨料　堆积密度不大于 500kg/m^3 的保温用或结构保温用的轻粗骨料。

（2）普通轻骨料　堆积密度大于 510kg/m^3 的轻粗骨料。

（3）高强轻骨料　强度等级不小于 25MPa 的结构用轻粗骨料。

（二）轻骨料技术要求

轻骨料的技术要求有：颗粒级配、堆积密度、筒压强度、强度等级、吸水率、软化系数、粒型系数、煮沸质量损失、硫化物和硫酸盐含量、含泥量、烧失量、有机物含量、放射性比活度等。

四、质量验收

（一）资料验收

生产单位应保证出厂产品符合质量要求，产品应有质量保证书，其内容包括生产厂名称及产地、质量保证书的编号、签发日期、签发人员、技术指标和检验结果，如为海砂应注明氯盐含量。

（二）实物验收

1. 砂、石应按批进行质量检验，检验批可按如下规定确定：

(1) 按同厂家（产地）、同品种、同规格分批验收。

(2) 骨料以 1000t 为一验收批。不足上述量者，应按一验收批进行验收。

(3) 当天然砂、粗骨料的质量比较稳定、进料量又较大时，可每周检验不少于 2 次。

2. 检验项目

石：每验收批至少应进行颗粒级配、含泥量、泥块含量、针片状颗粒含量检验。对重要工程或特别工程应根据工程要求，可增加检测项目。如对其他指标的合格性有怀疑时，应予以检验。

砂：每验收批至少应进行颗粒级配、含泥量、泥块含量检验。如为海砂，还应检验其氯离子含量。对重要工程或特别工程应根据工程要求，可增加检测项目。如对其他指标的合格性有怀疑时，应予以检验。

（三）不合格品处理

碎（卵）石的检验结果有不符合《普通混凝土用砂、石质量及检验方法标准》（JGJ 52—2006）标准规定的指标时，可根据混凝土工程的质量要求，结合具体情况，提出相应的措施，经过试验证明能确保工程质量，方可允许用该碎石或砂拌制混凝土。

第三节　掺　合　料

掺合料是在混凝土拌合物制备时，为了节约水泥、改善混凝土性能、调节混凝土强度等级，而加入的天然或人造的矿物材料，统称为混凝土掺合料。

一、掺合料品种及其质量指标

掺合料可按其品种分为粉煤灰、粒化高炉矿渣粉及硅粉、沸石粉等其他品种矿物掺合料。

（一）粉煤灰

从煤粉炉烟道气体中收集到的细颗粒粉末称为粉煤灰。掺粉煤灰能够节约水泥，改善混凝土拌合物的和易性，降低混凝土水化热，提高混凝土的抗渗性和抗硫酸盐性能，早期强度较低。因而主要用于大体积混凝土、泵送混凝土、商品混凝土中。

粉煤灰按煤种分为 F 类和 C 类。F 类粉煤灰是由无烟煤或烟煤煅烧收集的粉煤灰；C 类粉煤灰是由褐煤或次烟煤煅烧收集的粉煤灰。

粉煤灰按其品质分为Ⅰ级、Ⅱ级和Ⅲ级三个等级。

粉煤灰的技术要求应符合表 6-21 的规定。

（二）粒化高炉矿渣粉

粒化高炉矿渣粉（简称矿渣粉）是粒化高炉矿渣经干燥、粉磨达到规定细度的粉体。矿渣粉按其品质分为 S105、S95 和 S75 三个等级。

矿渣粉掺入混凝土，混凝土后期强度增长率较高、收缩值较小。大掺量矿渣粉混凝土可降低水化热峰值，早期强度有所降低。矿渣粉对混凝土有一定的缓凝作用，低温时影响更为明显。因而主要用于大体积混凝土、泵送混凝土、商品混凝土。

矿渣粉的技术要求应符合表 6-22 的规定。

粉煤灰质量指标 **表 6-21**

序号	质量指标		技术要求		
			Ⅰ级	Ⅱ级	Ⅲ级
1	细度(0.045mm 方孔筛筛余)(%) 不大于		12.0	25.0	45.0
2	需水量比(%) 不大于		95	105	115
3	烧失量(%) 不大于		5.0	8.0	15.0
4	含水量(%) 不大于		1.0		
5	三氧化硫(%) 不大于		3.0		
6	游离氧化钙(%) 不大于	F 类粉煤灰	1.0		
		C 类粉煤灰	4.0		
7	安定性 雷氏夹沸煮后增加距离(%) 不大于		5.0		

矿渣微粉质量指标 **表 6-22**

序号	质量指标		技术要求		
			S105	S95	S75
1	密度/(g/cm³) 不小于		2.8		
2	比表面积/(m²/kg) 不小于		500	400	300
3	活性指数(%) 不小于	7d	95	75	55
		28d	105	95	75
4	流动度比(%) 不小于		95		
5	含水量(%) 不大于		1.0		
6	三氧化硫(%) 不大于		4.0		
7	氯离子(%) 不大于		0.06		
8	烧失量(%) 不大于		3.0		
9	玻璃体含量(%) 不小于		85		
10	放射性		合格		

二、质量验收

（一）检验批确定

掺合料应按批进行质量检验，检验批可按如下规定确定：

对同一生产厂家、同一等级、同一品种、进场连续且不超过 10d 的掺合料为一验收批，但一批的总量不宜超过 200t。不足 200t 者应按一验收批进行验收。

（二）检验项日

不同掺合料质量检验的项目有所不同，常用掺合料的检验项目有：

1. 粉煤灰

粉煤灰的检验项目主要有细度、需水量比、含水量和雷氏夹安定性（F 类粉煤灰宜每季度测定一次）检验；每季度应测定烧失量不少于一次；每半年应测定三氧化硫和游离氧化钙含量不少于一次。需要时还应检验其他质量指标。

2. 矿渣粉

矿渣粉的检验项目主要有活性指数、流动度比。需要时还应检验其他质量指标。

（三）不合格品处理

（1）粉煤灰质量检验中，若有任何一项指标不符合要求，可重新从同一批粉煤灰中加倍取样，进行全部项目的复验，评定时以复检结果判定。

（2）矿渣粉质量检验中，若有任何一项不符合要求，应重新加倍取样，对不合格的项目进行复检，评定时以复验结果为准。

第四节　外　加　剂

外加剂是在混凝土拌合过程中掺入的，并能按要求改善混凝土性能的，一般掺量不超过水泥重量5%（特殊情况除外）的材料称为混凝土外加剂。

一、外加剂的分类及其技术要求

（一）外加剂的分类

混凝土外加剂可按其主要功能分类：

（1）改善混凝土拌合物流动性能的外加剂。包括各种减水剂、引气剂和泵送剂。

（2）调节混凝土凝结时间、硬化性能的外加剂。包括缓凝剂、早强剂和速凝剂等。

（3）改善混凝土耐久性的外加剂。包括引气剂、防水剂和阻锈剂等。

（4）改善混凝土其他性能的外加剂。包括加气剂、膨胀剂、防冻剂、防水剂和泵送剂等。

（二）外加剂的技术要求

1. 掺外加剂混凝土的技术指标（表6-23）

2. 外加剂的匀质性

匀质性是指外加剂本身的性能，生产厂主要用来控制产品质量的稳定性。国家标准只规定工厂对各项指标控制在一定的波动范围内，具体指标由生产厂自定。表6-24为外加剂匀质性指标。

3. 外加剂的主要特点和适用范围（表6-25）

二、质量验收

（1）选用外加剂应有供货单位提供的下列技术文件：

1）产品说明书，并应标明产品主要成分。

2）产品质量保证书，并应注明技术要求和出厂检验数据与检验结论。

3）掺外加剂混凝土性能检验报告。

（2）外加剂运到工地（或混凝土搅拌站）应立即取代表性样品进行检验，检验合格后方可入库、使用。

（3）外加剂应按不同生产厂家、不同品种分别储存，并作好明显标识。

（4）粉状外加剂应防止受潮结块，如有结块，经性能检验合格后应粉碎至全部通过0.63mm筛后方可使用。液体外加剂应放置阴凉干燥处，防止日晒、受冻、污染、进水或蒸发，如有沉淀等现象，经性能检验合格后方可使用。

掺外加剂混凝土性能指标 表 6-23

试验项目		外加剂品种												
		高性能减水剂			高效减水剂		普通减水剂			引气减水剂	泵送剂	早强剂	缓凝剂	引气剂
		早强型	标准型	缓凝型	标准型	缓凝型	早强型	标准型	缓凝型					
减水率(%) 不小于		25	25	25	14	14	8	8	8	10	12	—	—	6
泌水率比(%) 不大于		50	60	70	90	100	95	100	100	70	70	100	100	70
含气量(%)		≤6.0	≤6.0	≤6.0	≤3.0	≤4.5	≤4.0	≤4.0	≤5.5	≥3.0	≤5.5	—	—	≥3.0
凝结时间之差(min)	初凝时间	−90～+90	−90～+120	>+90	−90～+120	>+90	−90～+90	−90～+120	>+90	−90～+120	—	−90～+90	>+90	−90～+120
	终凝时间			—		—			—			—	—	
1h经时变化量	坍落度(mm)	—	≤80	≤60	—	—	—	—	—	—	≤80	—	—	—
	含气量(%)	—	—	—	—	—				−1.5～+1.5	—			−1.5～+1.5
抗压强度比(%)不小于	1d	180	170	—	140	—	135	—	—	—	—	135	—	—
	3d	170	160	—	130	—	130	115	—	115	—	130	—	95
	7d	145	150	140	125	125	110	115	110	110	115	110	100	95
	28d	130	140	130	120	120	100	110	110	100	110	100	100	90
收缩率比(%)不大于	28d	110			135		135			135	135	135	135	135
相对耐久性指标(200次)(%)不小于		—			—		—			80	—	—	—	80

注：
1. 表中抗压强度比、收缩率比、相对耐久性为强制性指标；其余为推荐性指标。
2. 除含气量和相对耐久性外，表中所列数据为掺外加剂混凝土与基准混凝土的差值或比值。
3. 凝结时间指标中“－”表示提前，“＋”表示延缓。
4. 相对耐久性指标一栏中，“≥80”表示将 28 d 龄期的掺外加剂混凝土试件冻融循环 200 次后，动弹性模量保留值≥80%。
5. 1h 含气量经时变化量指标中“－”表示含气量增加，“＋”表示含气量减少。
6. 当用户需要时，对其他质量指标的检验由供需双方协商确定。

外加剂匀质性指标 **表 6-24**

试验项目	指标
含固量(%)	S>25%时，应控制在0.95S～1.05S； S≤25%时，应控制在0.90S～1.10S
密度	D>1.1时，应控制在D～±0.03； D≤1.1时，应控制在D～±0.02
氯离子含量(%)	不超过生产厂控制值
含水率(%)	W>5%时，应控制在0.90W～1.10W； W≤5%时，应控制在0.80W～1.20W
细度	应在生产厂控制范围内
pH值	应在生产厂控制范围内
总碱量(%)	不超过生产厂控制值
硫酸钠含量(%)	不超过生产厂控制值

外加剂主要特点和适用范围 **表 6-25**

外加剂类型	主要特点	适用范围
普通减水剂	1. 在保证混凝土工作性及强度不变条件下，可节约水泥用量。 2. 在保证混凝土工作性及水泥用量不变条件下，可减少用水量，提高混凝土强度。 3. 在保持混凝土用水量及水泥用量不变条件下，可增大混凝土流动性	1. 用于日最低气温5℃以上的混凝土施工。 2. 各种预制及现浇混凝土、钢筋混凝土及预应力混凝土。 3. 大模板施工、滑模施工、大体积混凝土、泵送混凝土以及流动性混凝土
高效减水剂	1. 在保证混凝土工作性及水泥用量不变条件下，可大幅度减少用水量，可制备早强、高强混凝土。 2. 在保持混凝土用水量及水泥用量不变条件下，可增大混凝土拌合物的流动性，制备大流动性混凝土	1. 用于日最低气温0℃以上的混凝土施工。 2. 用于钢筋密集、截面复杂、空间窄小及混凝土不易振捣的部位； 3. 凡普通减水剂适用的范围高效减水剂亦适用。 4. 制备早强、高强混凝土以及流动性混凝土
早强剂及早强型减水剂	1. 缩短混凝土热蒸养的时间。 2. 加速自然养护混凝土的硬化	1. 用于日最低温度－3℃以上时，自然气温正负交替的亚寒地区的混凝土施工。 2. 用于蒸养混凝土、早强混凝土
引气剂及引气减水剂	1. 改善混凝土拌合物的工作性，减少混凝土泌水离析。 2. 提高硬化混凝土的抗冻融性	1. 有抗冻融要求的混凝土，如公路路面、飞机跑道等大面积易受冻部位。 2. 骨料质量差以及轻骨料混凝土。 3. 提高混凝土抗渗性，可用于防水混凝土。 4. 改善混凝土的抹光性。 5. 泵送混凝土
缓凝剂及缓凝型减水剂	降低热峰值及推迟热峰出现的时间	1. 大体积混凝土。 2. 夏季和炎热地区的混凝土施工。 3. 用于日最低气温5℃以上的混凝土施工。 4. 预拌混凝土、泵送混凝土以及滑模施工的混凝土
泵送剂	提高混凝土的流动性	1. 泵送混凝土。 2. 大流动性混凝土

三、施工和检验要求

（一）普通减水剂及高效减水剂

（1）进入工地（或混凝土搅拌站）的普通减水剂及高效减水剂应按《混凝土外加剂》GB 8076—2008进行检验，符合要求方可入库、使用。

（2）减水剂掺量应根据供货单位的推荐掺量、气温高低、施工要求，通过试验确定。

（3）减水剂以溶液掺加时，溶液中的水应从拌合水中扣除。

（4）液体减水剂宜与拌合水同时加入搅拌机内，粉状减水剂宜与胶凝材料同时加入搅拌机内，需二次添加外加剂时，应通过试验确定，混凝土搅拌均匀方可出料。

（5）根据工程需要，减水剂可与其他外加剂复合使用。其掺量应根据试验确定。配制溶液时，如产生絮凝或沉淀现象，应分别配制溶液并分别加入搅拌机内。

（6）掺普通减水剂、高效减水剂的混凝土采用自然养护时，应加强初期养护；采用蒸养时，混凝土应具有必要的结构强度才能升温，蒸养制度应通过试验确定。

（二）引气剂及引气减水剂

（1）进入工地（或混凝土搅拌站）的引气剂及引气减水剂应按《混凝土外加剂》GB 8076—2008 进行检验，符合要求方可入库、使用。

（2）抗冻性要求高的混凝土，必须掺引气剂或引气减水剂，其掺量应根据混凝土的含气量要求，通过试验确定。

（3）引气剂及引气减水剂宜以溶液掺加，使用时加入拌合水中，溶液中的水量应从拌合水中扣除。

（4）引气剂及引气减水剂配制溶液时，必须充分溶解后方可使用。

（5）引气剂可与减水剂、早强剂、缓凝剂、防冻剂复合使用。配制溶液时，如产生絮凝或沉淀现象，应分别配制溶液并分别加入搅拌机内。

（6）施工时，应严格控制混凝土的含气量。当材料配合比或施工条件变化时，应相应增减引气剂及引气减水剂的掺量。

（7）检验掺引气剂及引气减水剂混凝土的含气量，应在搅拌机出料口进行取样，并应考虑混凝土在运输和振捣过程中含气量的损失。对含气量有设计要求的混凝土，施工中每间隔一定时间进行现场检验。

（8）掺引气剂及引气减水剂混凝土，必须采用机械搅拌，搅拌时间及搅拌量应通过试验确定。出料到浇筑的停放时间也不宜过长，采用插入式振捣时，振捣时间不超过 20s。

（三）缓凝剂、缓凝型减水剂

（1）进入工地（或混凝土搅拌站）的缓凝剂、缓凝型减水剂应按《混凝土外加剂》GB 8076—2008 进行检验，符合要求方可入库、使用。

（2）缓凝剂、缓凝型减水剂的品种及掺量应根据温度、施工要求的凝结时间、运输距离、停放时间、强度等来确定。

（3）缓凝剂、缓凝型减水剂以溶液掺加时计量必须准确，使用时加入拌合水中，溶液中的水量应从拌合水中扣除。难溶和不溶物较多的应采用干掺法并延长混凝土搅拌时间 30s。

（4）掺缓凝剂、缓凝型减水剂的混凝土浇筑、振捣后，应及时抹压并始终保持混凝土表面潮湿，终凝以后应浇水养护。

（四）早强剂及早强型减水剂

（1）进入工地（或混凝土搅拌站）的早强剂及早强型减水剂应按《混凝土外加剂》GB8076-2008 进行检验，符合要求方可入库、使用。

（2）常用早强剂的掺量限值见表 6-26。

常用早强剂掺量限值　　表 6-26

混凝土种类	使用环境	早强剂名称	掺量限值(水泥质量%)不大于
预应力混凝土	干燥环境	三乙醇胺 硫 酸 钠	0.05 1.0
钢筋混凝土	干燥环境	氯离子[Cl^-] 硫酸钠	0.6 2.0
钢筋混凝土	干燥环境	与缓凝减水剂复合的硫酸钠 三乙醇胺	3.0 0.05
	潮湿环境	硫酸钠 三乙醇胺	1.5 0.05
有饰面要求的混凝土		硫酸钠	0.8
素混凝土		氯离子[Cl^-]	1.8

注:预应力混凝土及潮湿环境中使用的钢筋混凝土中不得掺氯盐早强剂。

(3) 粉剂早强剂和早强减水剂直接掺入混凝土干料中应延长搅拌时间 30s。

(4) 常温及低温下使用早强剂或早强型减水剂的混凝土采用自然养护时宜使用塑料薄膜覆盖或喷洒养护液。终凝后应立即浇水潮湿养护。最低气温低于 0℃除塑料薄膜外还应加盖保温材料。最低气温低于 5℃时应使用防冻剂。

(5) 掺早强剂或早强型减水剂的混凝土采用蒸汽养护时，其蒸汽温度应通过试验确定。

(五) 泵送剂

(1) 进入工地（或混凝土搅拌站）的泵送剂应按《混凝土外加剂》GB 8076—2008 进行检验，符合要求方可入库、使用。

(2) 泵送剂掺量应根据供货单位的推荐掺量、气温高低、施工要求，通过试验确定。

(3) 泵送剂以溶液掺加时计量必须准确，使用时加入拌合水中，溶液中的水量应从拌合水中扣除。

(4) 掺泵送剂的混凝土浇筑、振捣后，应及时抹压并始终保持混凝土表面潮湿，终凝以后应浇水养护。

(六) 防冻剂

防冻剂运到工地（或混凝土搅拌站）首先应检查是否有沉淀、结晶或结块。检验项目应包括密度（或细度），R_{-7}、R_{+28}抗压强度比，钢筋锈蚀试验。合格后方可入库、使用。

四、检验批确定

外加剂应按批进行质量检验。同一厂家、同一品种一次供应的不超过 10t 为一批，不足 10t 者按一批论。存放期超过三个月的外加剂，使用前应重新采集试样进行复验，并按复验结果使用。

五、不合格品处理

外加剂的检验结果如有某一项不符《混凝土外加剂》GB 8076—2008 标准时，应予以退货或更换。

第五节 混 凝 土

混凝土泛指由无机胶结材料（水泥、石灰、石膏、硫磺、菱苦土、水玻璃等）或有机胶结材料（沥青、树脂等）、水、骨料（粗、细骨料和轻骨料等）和外加剂、掺合料，按一定比例拌合并在一定条件下凝结、硬化而成得复合固体材料的总称。

混凝土品种繁多，分类方法各异。一般分类如下。

按密度分为：特重混凝土：干表观密度＞2800kg/m³；普通混凝土：干表观密度为2000～2800kg/m³；次轻混凝土：干表观密度为1950～2300kg/m³；轻混凝土：干表观密度不大于1950kg/m³。

按性能和用途分为：结构混凝土、耐热混凝土、耐火混凝土、不发火混凝土、防水混凝土、绝热混凝土、耐油混凝土、耐酸混凝土、耐碱混凝土、防护混凝土、补偿收缩混凝土等。

按胶结材料分为：硅酸盐水泥混凝土、铝酸盐水泥混凝土、沥青混凝土、硫磺混凝土、树脂混凝土、聚合物水泥混凝土、石膏混凝土等。

按流动性（稠度）分为：干硬性混凝土、塑性混凝土、流动性混凝土、大流动性混凝土。

按强度分为：普通混凝土，强度等级小于C60；高强混凝土，强度等级大于或等于C60 。

按施工方法分为：泵送混凝土、喷射混凝土、离心混凝土、真空混凝土、振实挤压混凝土、升浆法混凝土等。

由于混凝土的种类繁多，下面主要介绍常用的预拌混凝土的配合比设计和性能要求。

预拌混凝土：由水泥、骨料、水及根据需要掺入的外加剂、矿物掺合料等组分按一定比例，在搅拌站经计量、拌制后出售的并采用运输车，在规定时间内运至使用地点的混凝土拌合物。

一、混凝土的配合比设计

混凝土配合比是生产混凝土的重要技术参数，直接关系到混凝土的使用要求、质量和生产成本，是混凝土质量控制中的重要控制环节。

混凝土配合比设计的主要依据：混凝土的强度等级、混凝土拌合物的质量、其他技术性能要求，如抗折性、抗冻性、抗渗性和抗侵蚀性及施工性能等。

（一）原材料品种、规格的选定

拌制混凝土用原材料应符合有关标准的要求，同时要根据工程特点和施工特点，合理选用符合设计要求或标准、规范和规定要求的原材料品种、规格。

1. 水泥

如前所述，水泥的品种主要有硅酸盐水泥、普通硅酸盐水泥、矿渣硅酸盐水泥、火山灰质硅酸盐水泥、粉煤灰硅酸盐水泥和复合硅酸盐水泥六种，通常情况下，预拌混凝土宜选用硅酸盐水泥、普通硅酸盐水泥、矿渣硅酸盐水泥和粉煤灰硅酸盐水泥。对于大体积混凝土等宜选用水化热较低的矿渣硅酸盐水泥。

2. 砂

按砂的细度，砂可分为粗砂、中砂、细砂和特细砂等四种，粗砂中粗颗粒较多，保水性差，细砂的黏聚性较差，同样强度等级的混凝土水泥用量较多，硬化后干缩较大。因此，预拌混凝土宜选用中砂。当选用细砂时要采取技术措施，确保混凝土质量。

3. 石

预拌混凝土应采用连续级配粒径的碎石，碎石的最大粒径应符合泵送和结构要求。目前较多使用粒径为5～25mm和5～31.5mm的碎石。

4. 掺合料

预拌混凝土宜采用Ⅰ级、Ⅱ级粉煤灰和矿渣粉作为掺合料。

5. 外加剂

为了降低混凝土用水量、提高混凝土强度、改善混凝土性能，外加剂在预拌混凝土中得到了广泛采用，尤其是减水剂的使用更为普通。选用外加剂时，除了应正确选用外加剂种类外，还要进行必要的试验工作。

6. 水

混凝土拌合用水按水源可分为饮用水、地表水、地下水、海水以及经适当处理或处置过的工业废水。符合国家标准的生活饮用水，可拌制各种混凝土。地表水和地下水首次使用前应按《混凝土用水标准》JGJ 63—2006规定进行检验。海水可用于拌制素混凝土，但不得用于拌制钢筋混凝土和预应力混凝土。采用其他类型水拌制混凝土时应按标准进行检验。

（二）混凝土配制强度的确定

1. 影响混凝土配制强度的因素

（1）混凝土强度保证率

混凝土强度等级是按立方体抗压强度的标准值划分，为使生产的混凝土强度对于设计要求的强度等级的标准值具有一定的保证率，必须使混凝土配制强度高于工程设计要求的强度等级。其提高的数量与工程对混凝土强度保证率的要求有关。

（2）混凝土强度标准差

当保证率一定时，混凝土配制强度与混凝土生产的标准差有关。标准差较大，其配制强度应较高；标准差较小，配制强度也较小。所以，生产单位应控制混凝土强度的离散性，减小标准差，这样就可以在规定的保证率条件下，降低对混凝土配制强度的要求。

（3）混凝土强度的评定方法

混凝土强度评定方法影响混凝土配制强度，当用非统计方法评定混凝土强度时，应适当提高配制强度。

（4）不确定因素

生产实践表明，由于原材料质量、生产、运输和混凝土浇捣等原因，混凝土强度会发生变化，在确定混凝土配制强度时应充分考虑。

2. 混凝土配制强度的确定

合理确定混凝土配制强度十分重要，混凝土配制强度定得过高，将增加成本。但如配制强度定得过低，将影响混凝土强度检验评定的合格率。所以，要合理确定混凝土的配制强度。

混凝土的配制强度一般可按下式确定：

$$f_{cu,0}=f_{cu,k}+1.645\sigma$$

式中 $f_{cu,0}$——混凝土试配强度（MPa）；

$f_{cu,k}$——混凝土立方体抗压强度标准值（MPa），由设计或有关标准提供；

σ——混凝土强度标准差（MPa）。

3. 提高混凝土配制强度的几种情况

（1）当配制重要工程中的混凝土时，应适当提高配制强度，即取：

$$f_{cu,0}>f_{cu,k}+1.645\sigma$$

对于重要工程的混凝土，当其强度检验评定的合格率（或保证率）要求较高时，配制强度应有所提高。配制强度提高的方法可采用提高保证率系数的办法（即取大于 1.645 的系数值）。如当保证率要求达到 97.73%时，系数取 2.0，则配制强度 $f_{cu,0}=f_{cu,k}+2.0\sigma$。

（2）当现场条件与试验室条件相差较大时，配制强度也应有所提高，配制强度提高的方法可将配制强度乘以大于 1.0 的系数予以调整。如当系数取 1.15 时，则配制强度 $f_{cu,0}=1.15\ (f_{cu,k}+1.645\sigma)$。

（3）当混凝土强度的合格评定采用非统计方法时，也可按前述方法乘以大于 1.0 的系数，适当提高配制强度。

配制强度的提高程度及上述系数的取值应根据具体情况合理确定。

（三）设计计算

1. 混凝土水灰比 W/C（混凝土中水与水泥的质量比称为水灰比）

混凝土水灰比可根据混凝土配制强度及所用水泥的品种、强度等级，按下面两种方法确定：

（1）统计方法

根据混凝土生产企业的经验和统计资料，按混凝土强度与水灰比关系曲线选定水灰比。

（2）计算方法

当混凝土生产企业缺乏有关资料时，可按下式计算：

$$W/C=\frac{\alpha_a\cdot f_{ce}}{f_{cu,0}+\alpha_a\cdot\alpha_b\cdot f_{ce}}$$

式中 $f_{cu,0}$——混凝土试配强度（MPa）；

f_{ce}——水泥 28 天抗压强度实测值（MPa）；

α_a、α_b——回归系数，对碎石混凝土取 $\alpha_a=0.46$，$\alpha_b=0.07$；

对卵石混凝土取 $\alpha_a=0.48$，$\alpha_b=0.33$。

当无水泥 28d 抗压强度实测值时，上述公式中的 f_{ce}可按下式确定：

$$f_{ce}=\gamma_c\cdot f_{ce,g}$$

式中 γ_c——水泥强度等级值富余系数，可按实际统计资料确定；

$f_{ce,g}$——水泥强度等级值（MPa）；

f_{ce}值也可根据 3d 强度或快测强度推定 28d 强度关系式推定得出。

2. 选定每立方米混凝土的用水量（m_{w0}）

根据工程的结构种类及钢筋疏密等确定施工要求的拌合物的稠度，再根据骨料品种及最大粒径选定每立方米混凝土的用水量。混凝土用水量一般可根据本单位所用材料的使用经验选定。如使用经验不足，可参照表 6-27 选定。

混凝土的用水量（kg/m^3） **表 6-27**

拌合物稠度		卵石最大粒径(mm)				碎石最大粒径(mm)			
项目	指标	10	20	31.5	40	16	20	31.5	40
坍落度(mm)	10～30	190	170	160	150	200	185	175	165
	35～50	200	180	170	160	210	195	185	175
	55～70	210	190	180	170	220	205	195	185
	75～90	215	195	185	175	230	215	205	195
维勃稠度(s)	16～20	175	160	—	145	180	170	—	155
	11～15	180	165	—	150	185	175	—	160
	5～10	185	170	—	155	190	180	—	165

注：1. 本表用水量系采用中砂时的平均值。如采用细砂，每立方米混凝土用水量可增加 5～10kg，采用粗砂则可减少 5～10kg；

2. 掺用各种外加剂或掺合料时，可相应增减用水量；

3. 本表不适用于水灰比小于 0.4 或大于 0.8 的混凝土。

3. 计算每立方米混凝土的水泥用量（m_{c0}）

根据已选定的每立方米混凝土用水量及已初步确定的水灰比 W/C，计算水泥用量（m_{c0}）。即：

$$m_{c0}=m_{w0}\div(W/C)$$

为保证混凝土的耐久性，计算所得的水泥用量还必须满足有关标准所规定的最小水泥用量的要求，如果计算所得的水泥用量少于规定的最小水泥用量，则应取规定的最小水泥用量。

4. 选定砂率 β_s

根据所用粗骨料品种、最大粒径及计算确定的水灰比，并结合所用细骨料的粗细程度及拌合物的稠度选定混凝土的砂率。一般根据本单位对所用材料的使用经验选定。如经验不足，可参照表 6-28 选定。

混凝土的砂率（%） **表 6-28**

水灰比(W/C)	卵石最大粒径(mm)			碎石最大粒径(mm)		
	10	20	40	16	20	40
0.40	26～32	25～31	24～30	30～35	29～34	27～32
0.50	30～35	29～34	28～33	33～38	32～37	30～35
0.60	33～38	32～37	31～36	36～41	35～40	33～38
0.70	36～41	35～40	34～39	39～44	38～43	36～41

注：1. 表中数值系中砂选用砂率。对细砂或粗砂，可相应地减少或增加砂率。

2. 本砂率表适用于坍落度为 10～60mm 的混凝土。坍落度如大于 60mm 或小于 10mm 时，应相应地增加或减小砂率。

3. 只用一个单粒级粗骨料配制混凝土时，砂率应适当增加。

4. 掺外加剂或混合材料时，其合理砂率应经试验或参照其他有关规定确定。

5. 对薄壁构件砂率取偏大值。

5. 计算粗、细骨料的用量（m_{g0}、m_{s0}）

粗、细骨料的用量可按绝对体积法或重量法计算求得。

（1）绝对体积法

即假定混凝土拌合物的体积等于各组成材料的绝对体积及所含空气体积之和。因此，可依下列关系式计算求得每立方米混凝土拌合物的粗、细骨料用量：

$$m_{c0}/\rho_c + m_{s0}/\rho_s + m_{g0}/\rho_g + m_{w0}/\rho_w + 10\alpha = 1000$$

$$m_{s0}/(m_{s0} + m_{g0}) \times 100\% = \beta_s$$

式中 m_{c0}——每立方米混凝土的水泥用量（kg）；

m_{s0}——每立方米混凝土的细骨料用量（kg）；

m_{g0}——每立方米混凝土的粗骨料用量（kg）；

m_{w0}——每立方米混凝土的用水量（kg）；

ρ_c——水泥的密度（g/cm^3）；

ρ_s——细骨料的表观密度（g/cm^3）；

ρ_g——粗骨料的表观密度（g/cm^3）；

ρ_w——水的密度（g/cm^3）；

α——混凝土拌合物的含气量百分数（%），在不使用引气型外加剂时，可取1；

β_s——砂率（%）。

（2）重量法

重量法也称假定表观密度法。即根据原材料情况及本单位的试验资料，先假定混凝土拌合物的表观密度 m_{cp}（如缺乏试验资料，可根据骨料的表观密度、粒径及混凝土强度等级，在2400～2500kg/m^3 范围内选定），按下列关系式计算 $1m^3$ 混凝土拌合物的粗、细骨料用量：

$$m_{c0} + m_{s0} + m_{g0} + m_{w0} = m_{cp}$$

$$m_{s0} = (m_{cp} - m_{c0} - m_{w0}) \times \beta_s$$

$$m_{g0} = m_{cp} - m_{c0} - m_{w0} - m_{s0}$$

通过上述五个步骤可以求得每立方米混凝土拌合物的水泥、砂、石、水的用量，得到初步计算配合比。

以上混凝土配合比设计用的计算公式及表格参数内，均以干燥骨料为基准（细骨料含水率小于0.5%，粗骨料含水率小于0.2%），如以饱和面干骨料为基准进行计算时，应作相应调整。

（四）混凝土基准配合比的确定

上述求得的各组成材料的用量是根据经验资料及经验公式计算所得，混凝土配合比必须经过试拌、检验和易性，然后进行必要的调整，最后将这个符合和易性要求的配合比作为混凝土基准配合比。其试配调整要求如下：

（1）试配时应采用工程中实际使用的材料，按计算所得的配合比进行试拌。

（2）混凝土的搅拌方法，应尽量与生产时使用的方法相同。

（3）测定混凝土拌合物的稠度（坍落度或维勃稠度），并检查拌合物的黏聚性及保水性。

（4）如果试拌的拌合物的稠度不满足要求，或黏聚性、保水性不良时，则应在保持原计算的水灰比不变的条件下相应调整用水量或砂率。

(5) 如坍落度过小，可增加适量水泥浆。

(6) 如坍落度过大，可在保持砂率不变的条件下增加适量骨料。

(7) 如出现含砂不足，黏聚性、保水性不良时，可适当增大砂率，反之应减小砂率。

(8) 每次调整后须再试拌、检测，直到符合要求为止。

(9) 试拌调整工作完成后，应测出混凝土拌合物的实际表观密度，并重新计算每立方米混凝土各项组成材料用量，得出和易性符合要求的供检验混凝土强度用的基准配合比。

(五) 混凝土配合比的确定

1. 检验混凝土强度

经过试拌调整后的混凝土基准配合比，其和易性符合要求，但其水灰比是依据经验公式计算而得，其强度未必符合要求，所以还应检验混凝土的强度。

检验混凝土强度时至少应采用三个不同水灰比的配合比，其中一个为基准配合比，另外两个配合比的水灰比值应在基准配合比的基础上相应增加和减少 0.05（如需同时确定为满足早龄期混凝土强度要求的配合比时，该值可取 0.10），这两个配合比的用水量与基准配合比相同，但砂率可作适当调整。

2. 检测拌合物质量

在制作这三个配合比的混凝土强度试件时，尚应检测拌合物的坍落度（或维勃稠度）、黏聚性、保水性及表观密度，并以此作为这一配合比的混凝土拌合物的性能参数。

3. 混凝土配合比的确定

混凝土配合比可按下列两种方法确定：

(1) 根据试验结果，在三个配合比中选出一个既满足强度、和易性要求，且水泥用量较少的配合比作为混凝土配合比。

(2) 根据试验所得的混凝土强度，以强度为纵坐标、水灰比为横坐标，绘制出这三个配合比的强度与水灰比的关系曲线，据此关系曲线求出配制强度所对应的水灰比值，计算出混凝土配合比，其各种材料的用量：

① 用水量（m_w）——取基准配合比中的用水量，并根据制作强度试件时测得坍落度（或维勃稠度）值，加以适当调整。

② 水泥用量（m_c）——取上述用水量乘以经试验确定的、能符合配制强度要求的水灰比（或用水量除以水灰比）。

③ 粗、细骨料用量（m_g、m_s）——取基准配合比中的粗、细骨料用量，并按确定的水灰比作适当调整。

4. 校正混凝土配合比

根据上述计算定出的混凝土配合比，还应根据实测的混凝土拌合物表观密度再作必要的校正，根据混凝土拌合物表观密度的实测值与计算值求得校正系数（δ）。

$$\delta = 实测值/计算值$$

当实测值与计算值之差小于 2%时，上述试验计算定出的配合比即确定为混凝土配合比。如两者之差的绝对值大于 2%时，把上述确定的配合比中每项材料用量均乘以校正系数 δ，即为最终确定的混凝土配合比。

混凝土配合比是以干燥状态（或饱和面干）为基准的，而生产现场存放的砂、石均含有一定的水分，且因气候的变化而时有变化。因此，应根据生产混凝土时所用砂、石的实际含水率，对砂、石用量及用水量进行适当修正，即根据砂、石的各自含水率适当增加砂、石用量，并由原用水量中扣除砂、石所含水量。

二、混凝土质量检验

（一）预拌混凝土拌合物的质量要求

1. 抗压强度

混凝土的抗压强度是一个重要的技术指标，根据现行国家标准《混凝土强度检验评定标准》（GB/T 50107—2010）的规定，混凝土强度等级应按抗压强度标准值确定。立方体抗压强度标准值系指按照标准方法制作和养护的边长为150mm的立方体试件，在28d龄期，用标准试验方法测得的混凝土抗压强度总体分布中的一个值，强度低于该值的概率应为5%。

由于混凝土是一种非均质材料，具有较大的不均匀性和强度的离散性，为了要配制满足设计要求的混凝土强度等级，其配制强度应比设计强度增加一定的富余量。这一富余量的大小应根据原材料情况、生产控制水平、施工管理水平以及经济性等一系列情况综合考虑。

2. 抗折强度

混凝土抗折强度同样也是一个重要的技术标准。在道路混凝土工程中，常以混凝土28d的抗折强度作为控制指标。混凝土的抗折强度与抗压强度之间存在一定的相关性，但并不呈线性关系，通常情况下抗压强度增长的同时抗折强度亦增长，但抗折强度增长速度较慢。

影响混凝土抗压强度的因素同样影响混凝土抗折强度，其中粗骨料类型对抗折强度有十分显著的影响。碎石表面粗糙，对提高抗折强度有利，而卵石表面光滑不利于表面粘结，对抗折强度不利。合理的粗骨料及细骨料的级配，对提高抗折强度有利。粗骨料最大粒径适中、针片状含量小的混凝土抗折强度较高。粗细骨料表面含泥量偏高将严重影响抗折强度。另外，养护条件对混凝土抗折强度的影响比抗压强度更为敏感。

3. 坍落度

为能满足施工要求，混凝土应具有一定的和易性（流动性、黏聚性和保水性）。如是泵送混凝土，还必须具有良好的可泵性，要求混凝土具有摩擦阻力小、不离析、不阻塞、黏聚适宜、能顺利泵送。水泥及掺合料、外加剂的品种、骨料级配、形状、粒径，以及配合比是影响可泵性的主要因素。

混凝土坍落度实测值与合同规定的坍落度值之差应符合表6-29的规定

混凝土坍落度允许偏差 **表6-29**

规定的坍落度(mm)	允许偏差(mm)
≤40	±10
50～90	±20
≥100	±30

4. 含气量

混凝土含气量与合同规定值之差不应超过±1.5%。

5. 氯离子总含量（表 6-30）

氯离子总含量的最高限值 **表 6-30**

混凝土类型及其所处环境类别	最大氯离子含量(%)
素混凝土	2.0
室内正常环境下的钢筋混凝土	1.0
室内潮湿环境;非严寒和非寒冷地区的露天环境、与无侵蚀性的水或土壤直接接触的环境下的钢筋混凝土	0.3
严寒和寒冷地区的露天环境、与无侵蚀性的水或土壤直接接触的环境下的钢筋混凝土	0.2
使用除冰盐的环境;严寒和寒冷地区冬季水位变动的环境;滨海室外环境下的钢筋混凝土	0.1
预应力混凝土构件及设计使用年限为 100 年的室内正常环境下的钢筋混凝土	0.06
注:氯离子含量系指其占水泥(含替代水泥量的矿物掺合料)质量的百分比	

6. 放射性核素放射性比活度

混凝土放射性核素放射性比活度应满足《建筑材料放射性核素限量》GB 6566 标准的规定。

7. 其他

当需方对混凝土其他性能有要求时，应按国家现行有关标准规定进行试验，无相应标准要求时应按合同规定进行试验，其结果应符合标准及合同要求。

（二）检验规则

（1）预拌混凝土的检验分为出厂检验和交货检验。出厂检验的取样试验工作应由供方承担，交货检验的取样试验工作应由需方承担。

（2）当判断混凝土质量是否符合要求时，强度、坍落度及含气量应以交货检验结果为依据；氯离子总含量以供方提供的资料为依据；其他检验项目应按合同规定执行。

（3）出厂检验的试验结果应在完成试验后 7d 内通知需方。当发现质量问题时，供方应在 24h 内通知需方和有关部门。当需方发现质量问题时，应在 24h 内通知供方和有关部门。

（4）进行预拌混凝土取样及检验的人员必须具有相应资格。

（三）检验项目

（1）常规应检验混凝土强度和坍落度。

（2）如有特殊要求除检验混凝土强度和坍落度外，还应按合同规定检验其他项目。

（3）掺有引气型外加剂的混凝土应检验其含气量。

（四）取样与组批

（1）用于出厂检验的混凝土试样应在搅拌地点采取，用于交货检验的混凝土试样应在交货地点采取。

（2）交货检验的混凝土试样的采取及坍落度试验应在混凝土运到交货地点时开始算起 20min 内完成，试样的制作应在 40min 内完成。

（3）交货检验的混凝土的试样应随机从同一运输车中抽取，混凝土试样应在卸料过程中卸料量的 1/4～3/4 之间采取。

(4) 每个试样量应满足混凝土质量检验项目所需用量的 1.5 倍，且不宜少于 $0.02m^3$。

(5) 混凝土强度检验的试样，其取样频率应按下列规定进行：

1) 用于出厂检验的试样，每 100 盘且不超过 $200m^3$ 相同配合比的混凝土，取样不得少于 1 次；每一个工作班组相同配合比的混凝土不足 100 盘（不大于 $200m^3$）时，取样不得少于 1 次。

2) 用于交货检验的试样应按如下规定进行。

① 每浇筑 100 m^3 的同一配合比的混凝土，取样不得少于 1 次；

② 当一次连续浇筑超过 $1000m^3$ 时，同一配合比的混凝土每 200 m^3 取样不得少于 1 次；

③ 每一楼层、同一配合比的混凝土，取样不得少于 1 次；

④ 每次取样应至少留置 1 组标准养护试件，同条件养护试件的留置组数应根据实际需要确定。

(6) 混凝土拌合物坍落度检验试样的取样频率应与混凝土强度检验的取样频率一致。

(7) 对有抗渗要求的混凝土进行抗渗检验的试样，用于出厂和交货检验的取样频率均应为同一工程、同一配合比的混凝土不得少于 1 次。留置组数可根据实际需要确定。

(8) 对有抗冻要求的混凝土进行抗冻检验的试样，用于出厂和交货检验的取样频率均应为同一工程、同一配合比的混凝土不得少于 1 次。留置组数可根据实际需要确定。

（五）合格判断

(1) 强度的试验结果应满足《混凝土强度检验评定标准》GB/T 50107—2010 的规定；

(2) 坍落度应满足表 6-29 的要求。

(3) 含气量应满足含气量与合同规定值之差不应超过±1.5%。

第六节　混凝土构件

混凝土构件在建设工程中大量应用，由于混凝土构件的品种多而且质量检验的标准各不相同，因此本节主要介绍常用的预应力混凝土多孔板、大型屋面板、混凝土方桩、预应力混凝土管桩、预应力混凝土板梁、T 形梁、混凝土排水管和地铁管片八种建筑构件的质量检验，下面分别介绍。

一、预应力混凝土多孔板、大型屋面板、混凝土方桩

预应力混凝土多孔板主要有 120 多孔板、180 多孔板和 240 多孔板三种，长度一般在 6m 之内，近年生产的 SP 板长度可达 20m 左右。预应力混凝土多孔板广泛用于住宅建筑和公共建筑的楼面、地面和屋面，是一种量大面广的构件。

大型屋面板主要用于厂房建设。标准大型屋面板长度为 6m，宽度为 1.5m，为了使用需要，还有宽度为 1.0m 的嵌板。

大型屋面板生产工艺可分为长线生产法和钢模生产法两种。

混凝土方桩的断面主要有 250mm×250mm、300mm×300mm、350mm×350mm、400mm×400mm、450mm×450mm 和 500mm×500mm 七种。其长度由设计定，按照混凝土方桩钢筋规格和数量来分，同一断面尺寸的混凝土方桩还有 A 型、B 型和 C 型三种。

混凝土方桩是地基基础中最常用的构件。水利工程和港口码头使用的预应力方桩断面有500mm×500mm、550mm×550mm和600mm×600mm等几种，单节长度可达50m以上。

（一）质量验收

上述三种构件质量检验的主要项目有外观质量、尺寸偏差和结构性能试验等三项。

1. 外观质量要求和检验方法

（1）构件外观质量要求和检验方法应符合表6-31的规定。

构件外观质量要求和检验方法 **表6-31**

项目		缺陷计点	质量要求	检查方法
露筋	主筋	3	不应有	观察和用尺量测
	副筋	1	外露总长度不超过500mm	
孔洞	任何部位	3	不应有	观察和用尺量测
蜂窝	主要受力部位	3	不应有	观察
	次要部位	1	总面积不超过所在构件面面积的1%，且每处不超过0.01mm²	用百格网量测
裂缝	影响结构性能和使用的裂缝	3	不应有	裂缝一个面且延伸到侧面，裂缝≤0.2（收水裂缝≤0.3）
	不影响结构性能和使用的少量裂缝	1	不宜有	只允许一个面有一条且不延伸到侧面，宽度≤0.15（收水裂缝≤0.3）
连接部位缺陷	构件端头混凝土酥松或外伸钢筋松动	3	不应有	观察，摇动
外形缺陷	清水表面	3	不应有	观察，用尺量测
	混水表面	1	不宜有	
外表缺陷	清水表面	3	不应有	观察，用百格网量测
	混水表面	1	不宜有	
外表沾污	清水表面	3	不应有	观察，用百格网量测
	混水表面	1	不宜有	

注：1. 露筋指构件内钢筋未被混凝土包裹而外露的缺陷；
2. 孔洞指混凝土中深度和长度均超过保护层厚度的孔穴；
3. 蜂窝指构件混凝土表面缺少水泥砂浆而形成石子外露的缺陷；
4. 裂缝指伸入混凝土内的缝隙；
5. 连接部位缺陷指构件连接处混凝土酥松或受力钢筋松动等缺陷；
6. 外形缺陷指构件端头不直、倾斜、缺棱掉角、飞边和凸肋疤瘤；
7. 外表缺陷指构件表面麻面、掉皮、起砂和漏抹；
8. 外表沾污指构件表面有油污或粘杂物。

（2）外观质量的检验判定

构件外观质量的检验应按批进行。同一工作班、同一班组生产的同类构件为一检验批。外观质量检验的步骤：

1）产品率计算

构件应按批逐件观察检查，剔除有影响结构性能或安装使用性能缺陷的构件，并按下式计算构件产品率：

$$\beta=\left(1-\frac{m_d}{m_t}\right)\times100\%$$

式中 β——该批构件的产品率；

m_d——该批构件中经检查剔除的有影响构件结构性能或安装使用性能缺陷的构件数；

m_t——检验批构件的总数。

2）合格率计算

检验批在逐件观察检查的基础上，抽检构件外观质量，抽检数量为检验批构件总数的5%，且不少于3件，并按下式计算构件外观质量合格点率。

$$\eta=\left(1-\frac{n_g+3n_s}{n_t}\right)\times100\%$$

式中 η——检验批构件外观质量检查的合格点率；

n_g——不符合表6-31中质量要求为“不应有”项目之外的检查点数；

n_s——不符合表6-31中质量要求为“不应有”项目的检查点数；

n_t——检查总点数。

当检查点的合格点率小于70%但不小于60%时，可在该批构件中再随机抽取同样数量的构件，对检验中不合格点率超过30%的项目进行第二次检验，并应按上式用两次检验的结果重新计算合格点率。

（3）质量（合格）评定

构件外观质量可分为优良、合格和不合格三种。

1）优良

当合格点率大于或等于90%时，该批构件则评为优良。

2）合格

当合格点率大于或等于70%，但小于90%时，该批构件则评为合格。

3）不合格

当合格点率小于70%时，该批构件则评为不合格。

2. 尺寸偏差

（1）尺寸允许偏差和检验方法

构件尺寸允许偏差和检验方法应符合表6-32的规定。

（2）尺寸偏差的检验判定

构件尺寸偏差的检验应按批进行。同一工作班、同一班组生产的同类构件为一检验批，在逐件观察检查的基础上，抽检构件尺寸偏差，抽检数量为检验批构件总数的5%，且不少于3件，并按下式计算构件尺寸偏差合格点率。

$$\alpha=\beta\left(1-\frac{n_g+2n_s}{n_t}\right)\times100\%$$

式中 α——检验批构件尺寸偏差合格点率；

β——检验批产品率；

n_g——不符合表6-32中允许偏差要求，但未超过该项允许偏差值1.5倍的检查点数；

n_s——超过表6-32中允许偏差值1.5倍的检查点数；

n_t——总检查点数。

构件尺寸允许偏差和检验方法 **表 6-32**

项目		允许偏差						检查方法
		薄腹梁桁架	梁	柱	板	墙板	桩	
长		+15 −10	+10 −5	+5 −10	+10 −5	±5	±20	用钢卷尺量平行于构件长度方向的部位
宽		±5	±5	±5	±5	±5	±5	用尺量一端或中部任一部位
高(厚)		±5	±5	±5	±5	±5	±5	用尺量一端或中部任一部位
侧向弯曲		1/1000 且≤20	1/750 且≤20	1/750 且≤20	1/750 且≤20	1/1000 且≤20	1/1000 且≤20	二端填 2cm 厚填块上拉线,用尺量测侧向弯曲最大处
表面平整		5	5	5	5	5	5	用 2m 靠尺和楔形塞尺,量测靠尺与板面两点间的最大缝隙
插筋预埋件	中心位置偏移	10	10	10	10	10	5	用尺量纵横两个方向中心线,取其中较大值
插筋预埋件	混凝土表面平整	5	5	5	5	5	5	用直尺和楔形塞尺量测
预埋螺栓	中心位置偏移	5	5	5	5	5		用尺量纵横两个方向中心线,取其中较大值
预埋螺栓	明露长度	+10 −5	+10 −5	+10 −5	+10 −5	+10 −5		用尺量测
中心位置偏移	预留孔	5	5	5	5	5	5	用尺量纵横两个方向中心线,取其中较大值
中心位置偏移	预留洞	15	15	15	15	15	桩尖 10	用尺量纵横两个方向中心线,取其中较大值
主筋保护层厚		+10 −5	+10 −5	+10 −5	+5 −3	+10 −5	±5	用尺量或用钢筋保护层厚度测定仪量测
对角线差					10	10	桩顶 10	用尺量两个对角线
翘曲					1/750	1/1000	桩顶 3	用尺量测

当检查的合格点率小于 70%但不小于 60%时，可在该批构件中再随机抽取同样数量的构件，对检验中不合格点率超过 30%的项目进行第二次检验，并应按上式用两次检验的结果重新计算合格点率。

(3) 质量（合格）评定

构件尺寸偏差可分为优良、合格和不合格三种。

1) 优良

当合格点率大于或等于 90%时，该批构件评为优良。

2) 合格

当合格点率大于或等于 70%，但小于 90%时，该批构件评为合格。

3) 不合格

当合格点率小于 70%时，该批构件评为不合格。

二、先张法预应力混凝土管桩

先张法预应力混凝土管桩可用于各类建设工程。先张法预应力混凝土管桩分为预应力混凝土管桩（代号为 PC）和预应力高强混凝土管桩（代号为 PHC）两类。管桩外径一般从 Φ300～Φ1400mm。混凝土经离心后密实度提高。经过常压和高压两次蒸养，不仅大大缩短生产周期，而且大幅度提高了混凝土强度。

预应力混凝土管桩应按批进行出厂检验，出厂检验的项目有混凝土抗压强度、外观质量、尺寸允许偏差和抗裂性能试验等三项，同品种、同规格、同型号连续生产 30 万 m，且不超过 3 个月为一检验批，随机抽取 10 件进行外观质量和尺寸允许偏差检测，并在外观质量和尺寸允许偏差检测合格的管桩中随机抽取两件进行抗裂性能检验。

1. 外观质量

（1）外观质量要求

管桩外观质量应符合表 6-33 的规定。

管桩的外观质量　　表 6-33

序号	项目		外观质量要求
1	粘皮和麻面		局部粘皮和麻面累计面积不大于桩总外表面的 0.5%；每处粘皮和麻面的深度不大于 5mm，且应修补
2	桩身合缝漏浆		漏浆深度不大于 5mm，每处漏浆长度不大于 300mm，累计长度不大于管桩长度的 10%，或对称漏浆的搭接长度不大于 100mm，且应修补
3	局部磕损		局部磕损深度不大于 5mm，每处面积不大于 5000mm²，且应修补
4	内外表面露筋		不允许
5	表面裂缝		不得出现环向和纵向裂缝，但龟裂、水纹和内壁浮浆层中的收缩裂缝不在此限
6	桩端面平整度		管桩端面混凝土和预应力钢筋镦头不得高出端板平面
7	断筋、脱头		不允许
8	桩套箍凹陷		凹陷深度不应大于 10mm
9	内表面混凝土塌落		不允许
10	接头和桩套箍与桩身结合面	漏浆	漏浆深度不大于 5mm，漏浆长度不得大于周长的 1/6，且应修补
		空洞和蜂窝	不允许

（2）外观质量评定

1）符合表 6-33 中第 2、4、5、6、7、8、9、10 项规定，其余项经修补能符合相应规定的管桩，外观质量为合格。

2）若抽取的 10 根管桩全部符合 1），则判外观质量合格；若有三根及以上不符合 1），则判外观质量为不合格；若有二根及以下不符合 1），则应从同批产品中抽取加倍数量进行复验，复验产品全部符合 1），判外观质量为合格，若仍有一根不合格，则判外观质量为不合格；不符合表 6-33 中第 2、4、5、6、7、8、9、10 项中任意一项规定的管桩，外观质量为不合格。

2. 尺寸允许偏差

（1）尺寸允许偏差要求

管桩尺寸允许偏差应符合表 6-34 的规定。

管桩的尺寸允许偏差（mm） **表 6-34**

项目		允许偏差
长度(L)		$\pm 0.5\%L$
端部倾斜		$\leqslant 0.5\%D$
外径(D)	300～700mm	+5 −2
	800～1400mm	+7 −4
壁厚(t)		+20 0
保护层厚度		+5 0
桩身弯曲度	$L\leqslant 15$m	$\leqslant L/1000$
	15m$<L\leqslant$30m	$\leqslant L/2000$
桩端板	端面平面度	$\leqslant 0.5$
	外径	0 −1
	内径	0 −2
	厚度	正偏差不限 0

（2）尺寸允许偏差检测的工具和方法

尺寸偏差检测工具与方法，应符合表 6-35 的规定。

外观质量和尺寸的检查工具与检查方法 **表 6-35**

检查项目	检查工具和检查方法	测量工具分度值(mm)
保护层厚度	用深度游标卡尺或钢直尺在管桩的中部同一断面的三处不同部位测量，精确至 0.1mm	0.05
长度	用钢卷尺测量，精确至 1mm	1
外径	用卡尺或钢直尺在同一断面测定相互垂直的两直径，取其平均值，精确至 1mm	1
壁厚	用钢直尺在同一断面相互垂直的两直径上测定四处壁厚，取其平均值，精确至 1mm	0.5
桩端部倾斜	将直角靠尺的一边紧靠桩身，另一边与端板紧靠，测其最大间隙处，精确至 1mm	0.5
桩身弯曲度	将拉线紧靠桩的两端部，用钢直尺测量其弯曲处的最大距离，精确至 1mm	0.5
漏浆长度	用钢卷尺测量，精确至 1mm	1
漏浆深度	用深度游标卡尺测量，精确至 0.1mm	0.02
裂缝宽度	用 20 倍读数放大镜测量，精确至 0.01mm	0.01
端板端面平面度	用钢直尺立起横放在端板面上缓慢旋转，用塞尺测量最大间隙，精确至 0.1mm	0.02

（3）尺寸允许偏差评定

若抽取的10根管桩全部符合表6-34的规定，则判尺寸允许偏差为合格；若有三根及以上不符合表6-34的规定，则判尺寸允许偏差为不合格；若有二根及以下不符合表6-34的规定，应从同批产品中抽取加倍数量进行复验，复验结果全部符合表6-34的规定，判尺寸允许偏差为合格，若有一根不合格，则判尺寸允许偏差为不合格。

3. 抗裂性能检验

管桩抗裂性能应符合相关标准的规定。

结构性能试验的方法和要求应符合《混凝土结构工程施工质量验收规范》GB 50204—2002的要求。

4. 质量评定

在混凝土抗压强度、抗裂性能合格的基础上，外观质量和尺寸允许偏差全部合格，则判该批产品合格，否则判为不合格。

三、先张法预应力混凝土空心板梁

先张法预应力空心板梁用于建造高架道路和桥梁。标准板梁的宽度为0.9m，高度1m，长度按工程需要定，一般在20m左右。为了使用需要，还有边梁和各种异型梁等。先张法预应力混凝土空心板梁通常采用长线台座生产。台座的长度在100m左右，个别的可达200m。

（一）质量检验

板梁质量检验的项目有混凝土质量、外观质量、尺寸偏差和结构性能等四项。

1. 混凝土质量

混凝土原材料和混凝土配合比必须符合有关标准、规范的规定，混凝土强度必须符合设计要求。

2. 外观质量

板梁外观质量应逐根检查，并符合下列规定：

（1）不得有蜂窝、露筋、硬伤和掉角等缺陷。

（2）非预应力部分允许有0.2mm以下的收缩裂缝，其余部分不应出现裂纹。

3. 尺寸偏差

（1）尺寸偏差的检验项目、要求和方法

预应力混凝土板梁尺寸允许偏差的检验项目、要求和方法应符合设计或有关标准的要求，当设计没有要求时，应符合表6-36的要求。

（2）尺寸允许偏差合格点率计算

板梁尺寸允许偏差的合格点率按下式计算：

$$合格点率=\frac{同一检查项目中的合格点数}{同一检查项目中的应检查点}\times 100\%$$

4. 结构性能

板梁结构性能的检验方法和要求应符合设计要求。

（二）质量评定

质量评定分为合格和优良两个等级。

1. 合格

预应力混凝土板梁的尺寸允许偏差的检验项目、要求和方法　　表 6-36

<table>
<tr><th rowspan="2">序号</th><th rowspan="2" colspan="2">实测项目</th><th rowspan="2" colspan="2">允许偏差(mm)</th><th colspan="2">检验频率</th><th rowspan="2">检验方法</th></tr>
<tr><th>范围</th><th>点数</th></tr>
<tr><td rowspan="3">1</td><td rowspan="3">断面尺寸</td><td>宽</td><td colspan="2">0
−10</td><td rowspan="10">每批构件抽查 10%，且不少于 5 件</td><td>5</td><td rowspan="3">用尺量沿全长端部，L/4 处和中间各计 1 点</td></tr>
<tr><td>高</td><td colspan="2">+10
−5</td><td>5</td></tr>
<tr><td>壁厚</td><td colspan="2">±5</td><td>5</td></tr>
<tr><td>2</td><td colspan="2">长度</td><td colspan="2">0
−10</td><td>4</td><td>用尺量，两侧上下各计 1 点</td></tr>
<tr><td>3</td><td colspan="2">侧向弯曲</td><td colspan="2">L/1000≯10</td><td>2</td><td>沿全长拉线，量取最大矢高，左右各计一点</td></tr>
<tr><td>4</td><td colspan="2">麻面</td><td colspan="2">每侧不超过该面积的 1%</td><td>1</td><td>用尺量麻面总面积</td></tr>
<tr><td>5</td><td colspan="2">平整度</td><td colspan="2">8</td><td>2</td><td>用 2m 直尺或小线量取最大值</td></tr>
<tr><td rowspan="2">6</td><td rowspan="2">支座板</td><td>平面高差</td><td colspan="2">±5</td><td>1</td><td rowspan="2">用尺量</td></tr>
<tr><td>位置</td><td colspan="2">10</td><td>1</td></tr>
</table>

当板梁符合下列要求时，为合格。

(1) 主要检查项目（项目栏前有×者）的合格点率应达到 100%。

(2) 其他检查项目的合格点率应大于或等于 70%，且最大偏差不超过允许偏差的 1.5 倍。

2. 优良

当板梁符合下列要求时，为优良。

(1) 符合合格标准的条件。

(2) 其他检查项目合格点率应大于或等于 85%。

四、后张法预应力混凝土 T 形梁

后张法预应力混凝土 T 型梁主要用于建造高架道路和桥梁，长度一般在 30m 左右。

后张法预应力混凝土 T 型梁的质量检验的要求和方法可参见本节先张法预应力空心板梁的有关内容。

五、混凝土和钢筋混凝土排水管

混凝土排水管可分为混凝土管（CP）和钢筋混凝土管（RCP）两类，按其外压荷载等级，混凝土管可分为Ⅰ、Ⅱ两级，钢筋混凝土管可分为Ⅰ、Ⅱ、Ⅲ三级。按其接口的连接方式可分为柔性接口管和刚性接口管两种。在柔性接口管中，按接口形式可分为承插口管、企口管、钢承口管和双插口管和钢承插口管等五种。柔性接口承插口管形式分为 A 型、B 型、C 型等三种。柔性接口承口管形式分为 A 型、B 型、C 型等三种。刚性接口管按接头形式分为平口管、承插口管、企口管等三种。

混凝土排水管常用生产工艺有立式插入式振捣、悬辊工艺、离心工艺、芯模振动工艺、挤压工艺、等五种生产工艺。同一种混凝土排水管可用多种工艺生产制作。

混凝土排水管出厂检验的项目有混凝土抗压强度、外观质量、尺寸偏差（不包括保护层厚度）、内水压力和外压荷载。

混凝土排水管出厂检验应按批进行，由相同原材料、同工艺生产的同一种规格、同一种接头形式、同一种外压荷载级别的混凝土排水管为一检验批，且同一检验批的数量不得超过表 6-37 的规定。在三个月内生产总数不足表 6-37 的规定时，也应作为一个检验批。

出厂检验批量 **表 6-37**

产品品种	公称内径 D_0(mm)	批量(根)
混凝土管	100～300	≤3000
	350～600	≤2500
钢筋混凝土管	200～500	≤2500
	600～1400	≤2000
	1500～2200	≤1500
	2400～3500	≤1000

外观质量和尺寸偏差应按批检验，同一检验批中随机抽取 10 根管子，逐根进行外观质量和尺寸偏差检验。不同型号、规格的混凝土排水管，其外观质量和尺寸偏差检测的项目和要求是不同的。

混凝土和钢筋混凝土排水管内水压力应符合设计或标准的要求。

六、地铁管片

预制钢筋混凝土管片主要用于建造地铁或大型排污（水）管道等。

混凝土管片出厂检验项目：混凝土抗压强度、外观质量、尺寸偏差、水平拼装。

管片出厂检验的批量与抽样数量见表 6-38。

管片出厂检验的批量与抽样数量 **表 6-38**

序号	项　　目	批量	抽样数量
1	混凝土抗压强度	按相关标准	
2	外观质量	30 环	1 环
3	尺寸偏差	30 环	1 环
4	水平拼装	200 环	二环或三环拼装
5	检漏试验	—	—

（一）外观质量

管片成品的外观质量应符合表 6-39 的规定。

管片外观质量要求 **表 6-39**

序号	项　　目	项目类别	质 量 要 求
1	贯穿裂缝	A	不允许
2	拼接面裂缝	B	拼接面方向长度不超过密封槽、且宽度小于 0.20mm
3	非贯穿性裂缝	B	内表面不允许，外表面裂缝宽度不超过 0.20mm
4	内、外表面露筋	A	不允许
5	孔洞	A	不允许
6	麻面、粘皮、蜂窝	B	表面麻面、粘皮、蜂窝总面积不大于表面积的 5%允许修补
7	酥松、夹渣	B	不允许
8	缺棱掉角、飞边	B	不应有，允许修补
9	环、纵向螺栓孔	B	畅通、内圆面平整，不得有塌孔

（二）尺寸偏差

管片尺寸偏差应符合表 6-40 的规定。

管片尺寸允许偏差　　　　表 6-40

序号	项　目	项目类别	允许偏差(mm)
1	宽度	A	±1
2	厚度	A	+3 −1
3	钢筋保护层厚度	B	±5

（三）水平拼装

管片水平拼装尺寸允许偏差应符合表 6-41 的规定。

管片水平拼装尺寸允许偏差　　　　表 6-41

序号	项　目		项目类别	允许误差(mm)
1	环向缝间隙		—	≤2
2	纵向缝间隙		—	≤2
3	成环后内径	≤6000mm	—	±5
4		>6000mm	—	±10

（四）总判定

混凝土抗压强度、外观质量、尺寸偏差、水平拼装均符合标准要求时，则判该批产品为合格。

第七节　砂　　浆

砂浆由胶结料、细骨料、掺加料和水配制而成的建筑工程材料，在建筑工程中起粘结、衬垫和传递力的作用。

一、砂浆的分类

按胶凝材料可分为：水泥砂浆、石灰砂浆和混合砂浆（即水泥、石灰、砂）等；按用途可分为：砌筑砂浆、抹灰（面）砂浆和防水砂浆；按堆积密度可分为：重质砂浆和轻质砂浆等；按生产工艺可分为：传统砂浆、预拌砂浆和干粉砂浆等。本节主要介绍得到广泛使用的预拌砂浆。

预拌砂浆是由专业厂生产的湿拌砂浆或干混砂浆。

湿拌砂浆：水泥、细骨料、矿物掺合料、外加剂、添加剂和水，按一定比例，在搅拌站经计量、拌制后，运至使用地点，并在规定时间内使用的拌合物。

湿拌砂浆按用途分为湿拌砌筑砂浆、湿拌抹灰砂浆、湿拌地面砂浆和湿拌防水砂浆。

按强度等级、抗渗等级、稠度和凝结时间的分类应符合表 6-42 的规定。

干混砂浆：水泥、干燥骨料或粉料、添加剂以及根据性能确定的其他组分，按一定比例，在专业生产厂经计量、混合而成的混合物，在使用地点按规定比例加水或配套组分拌合使用。

湿拌砂浆分类 **表 6-42**

项目	湿拌砌筑砂浆	湿拌抹灰砂浆	湿拌地面砂浆	湿拌防水砂浆
强度等级	M5、M7.5、M10、M15、M20、M25、M30	M5、M10、M15、M20	M15、M20、M25	M10、M15、M20
抗渗等级	—	—	—	P6、P8、P10
稠度(mm)	50、70、90	70、90、110	50	50、70、90
凝结时间(h)	≥8、≥12、≥24	≥8、≥12、≥24	≥4、≥8	≥8、≥12、≥24

干混砂浆按用途分：为干混砌筑砂浆、干混抹灰砂浆、干混地面砂浆、干混普通防水砂浆、干混陶瓷粘结砂浆、干混界面砂浆、干混保温板粘结砂浆、干混保温板抹面砂浆、干混聚合物水泥防水砂浆、干混自流平砂浆、干混耐磨地坪砂浆和干混饰面砂浆。

干混砌筑砂浆、干混抹灰砂浆、干混地面砂浆和干混普通防水砂浆按强度等级、抗渗等级的分类应符合表 6-43 的规定。

干混砂浆分类 **表 6-43**

项目	干混砌筑砂浆		干混抹灰砂浆		干混地面砂浆	干混普通防水砂浆
	普通砌筑砂浆	薄层砌筑砂浆	普通抹灰砂浆	薄层抹灰砂浆		
强度等级	M5、M7.5、M10、M15、M20、M25、M30	M5、M10	M5、M10、M15、M20	M5、M10	M15、M20、M25	M10、M15、M20
抗渗等级	—	—	—	—	—	P6、P8、P10

二、要求

(一) 湿拌砂浆性能

湿拌砂浆性能应符合表 6-44 的规定。

湿拌砂浆性能指标 **表 6-44**

项　　目		湿拌砌筑砂浆	湿拌抹灰砂浆	湿拌地面砂浆	湿拌防水砂浆
保水率(%)		≥88	≥88	≥88	≥88
14d 拉伸粘结强度(MPa)			M5:≥0.15 > M5:≥0.20		≥0.20
28d 收缩率(%)			≤0.20		≤0.15
抗冻性[a]	强度损失率(%)	≤25			
	重量损失率(%)	≤5			

a　有抗冻性要求时，应进行抗冻性试验

湿拌砌筑砂浆的砌体力学性能应符合 GB 50030 的规定，湿拌砌筑砂浆的表观密度不应小于 1800kg/m^3。湿拌砂浆抗压强度应达到相应的等级要求，如强度等级 M5.0 的预拌砂浆，其 28d 抗压强度应大于等于 5.0MPa。

(二) 干混砌筑砂浆、干混抹灰砂浆、干混地面砂浆、干混普通防水砂浆的性能

应符合表 6-45 的规定。

干混砂浆性能指标　　表 6-45

项目		干混砌筑砂浆		干混抹灰砂浆		干混地面砂浆	干混普通防水砂浆
		普通砌筑砂浆	薄面砌筑砂浆[a]	普通抹灰砂浆	薄面抹灰砂浆[a]		
保水率(%)		≥88	≥99	≥88	≥99	≥88	≥88
凝结时间(h)		3～9	—	3～9	—	3～9	3～9
2h 稠度损失率(%)		≤30		≤30		≤30	≤30
14d 拉伸粘结强度(MPa)				M5：≥0.15 >M5：≥0.20	≥0.30		≥0.20
28d 收缩率(%)				≤0.20	≤0.20		≤0.15
抗冻性[b]	强度损失率(%)	≤25					
	重量损失率(%)	≤5					

a　干混薄面砌筑砂浆宜用于灰缝厚度不大于 5mm 的砌筑；干混薄面抹灰砂浆宜用于砂浆层厚度不大于 5mm 的抹灰。

b　有抗冻性要求时，应进行抗冻性试验

三、检验规则

预拌砂浆出厂前应进行出厂检验。出厂检验的取样试验工作应由供方承担。

供需双方应在合同规定的交货地点对湿拌砂浆质量进行检验。湿拌砂浆交货检验的取样试验工作应由需方承担。当需方不具备试验条件时，供需双方可协商明确承担单位，其中包括委托供需双方认可的有检验资质的检验单位，并应在合同中予以明确。

干混砂浆交货时的质量验收可抽取实物试样，以其检验结果为依据，或以同批号干混砂浆的检验报告为依据。采取的验收方法由供需双方商定并应符合国家相关标准的要求，同时在合同中注明。

当判定预拌砂浆质量是否符合要求时，交货检验项目以交货检验结果为依据；其他检验项目按合同规定执行。交货检验的结果应在试验结束后 7d 内通知供方。

预拌砂浆的出厂检验项目，取样与组批应符合相关标准的规定。

四、合格判定

预拌砂浆的检验项目都符合相关要求时，可判该批产品合格；当有一项指标不符合要求时，则判定该批产品不合格。

五、储存

干混砂浆在储存过程中不应受潮和混入杂物。不同品种和规格型号的干混砂浆应分别储存，不应混杂。

散装干混砂浆应储存在散装移动筒仓中，筒仓应密闭，且防雨、防潮。砂浆保质期自生产日起为 3 个月。

袋装干混砂浆应储存在干燥环境中，应有防雨、防潮、防扬尘措施。储存过程中包装袋不应破损。袋装干混砌筑砂浆、抹灰砂浆、地面砂浆、普通防水砂浆、自流平砂浆的保质期自生产日起为 3 个月，其他袋装干混砂浆的保质期自生产日起为 6 个月。

第八节　墙 体 材 料

用于建（构）筑物外围护承重或非承重的填充墙，以及用于内分隔的砌体材料，统称为墙体材料。墙体材料功能各异、品种繁多，是一种使用量大面广、传统而又新型的材料，随着节土、利废、节能，绿色环保概念不断推进，黏土质墙体材料列入国家禁限目录。

根据墙体在房屋建筑中的作用不同，选用的墙体材料也有所不同。建筑物的外墙，因其外表面要受外界气温变化的影响及风吹、雨淋、冰雪等大气的侵蚀作用，故对于外墙材料的选择，除应满足承重要求外，还要考虑保温、隔热、坚固、耐久、防水、抗冻等方面的要求；对于内墙则应考虑选择防潮、隔声、质轻的材料。

墙体材料按其形状和使用功能可分成：砌墙砖、建筑砌块和建筑板材三大类。

一、砌墙砖及产品特点

（一）砌墙砖的分类

以不同原料、不同工艺制成的，用于砌筑墙体的砖统称砌墙砖，外形多为直角六面体。

砌墙砖种类颇多，常用的分类方法有：

（1）按生产方法分类如烧结砖、免烧砖、蒸养砖、蒸压砖、碳化砖等。

（2）按原材料分类如黏土砖、页岩砖、粉煤灰砖、混凝土砖、煤矸石砖、灰砂砖、煤渣砖等。

（3）按孔洞率分类如实心砖、微孔砖、多孔砖、空心砖等。

实际工程中常用两种或两种以上分类方法复合命名。如：烧结普通砖、烧结多孔砖、混凝土多孔砖、蒸养粉煤灰砖、蒸压灰砂空心砖等。

（二）砌墙砖的常用专用术语

（1）石灰爆裂：烧结砖的原料或内燃物质中夹杂着石灰质，熔烧时被烧成生石灰，砖吸水后，体积膨胀而发生的爆裂现象。

（2）泛霜：可溶性盐类在砖表面的盐析现象，一般呈白色粉末、絮团或絮片状。黏土砖标准规定优等品无泛霜，合格品不得有严重泛霜。

（3）欠火砖：砖呈淡红色，质轻、强度小，是因烧结砖未达到烧结温度或保持烧结温度时间不够而造成的缺陷。

（4）过火砖：砖呈铁锈色，音极响亮、强度大，是因烧结砖超过烧结温度或保持烧结温度时间过长而造成的缺陷。

（5）酥砖：是由于砖坯在生产过程中因淋雨、受潮、受冻、或焙烧中预热过急、冷却太快等原因，致使成品砖产生大量网状裂纹，严重降低了砖的强度和抗冻性。

（6）螺旋砖：是由于以螺旋挤出机成型砖坯时，因泥料在出口处愈合不良而形成砖坯内部螺旋状的分层，而在烧结时该螺旋状的分层又难于消除，最终在成品砖上形成了螺旋状裂纹，受冻后螺旋砖会产生层层脱皮现象。

（7）疏松：由于生产控制不当而造成的砖不密实、粉化现象。

（8）凹陷：空心砖外壁的瘪陷现象。

(9) 缺棱：砖棱边缺损的现象。

(10) 掉角：砖的角破损、脱落现象。

(11) 裂缝：砖由表面深入内部的缝隙。

(12) 裂纹：砖表面浅层的细微缝隙。

(13) 龟裂：砖表面的网状缝隙。

(14) 起鼓：砖表面局部鼓出平面的现象。

(15) 脱皮：砖表面片状脱落现象。

(16) 翘曲：在两个相对面上同时发生的偏离平面的现象。

(17) 外观质量：用肉眼或简单工具能断定产品外表的优劣程度。

(三) 各种产品的特点

1. 烧结普通砖

烧结普通砖是以黏土、页岩、煤矸石、粉煤灰为主要原料，经砖窑焙烧而成的普通砖，其标准尺寸为 240mm×115mm×53mm 。根据抗压强度分为 MU30 、MU25 、MU20 、MU15 、MU10 五个等级。按灰缝厚度 10mm 来计算，则 4 块砖的长度，8 块砖的宽度和 16 块砖的厚度均为 1 m，$1m^3$ 砖砌体用砖为 512 块。产品分优等品（A)、一等品（B)、合格品（C）三个质量等级。由于烧结黏土砖需占耗大量农田和能耗，对生存环境造成破坏，1980 年代开始我国政府逐步限制生产和使用的烧结黏土砖，在上海地区严禁使用烧结黏土砖。

2. 烧结多孔砖

烧结多孔砖是以黏土、页岩、煤矸石、粉煤灰为主要原料，经砖窑焙烧而成主要用于承重部位的多孔砖，其标准尺寸为 240mm×115mm×90mm。根据抗压强度分为 MU30、MU25、MU20、MU15、MU10 五个强度等级。与烧结普通砖相比，烧结多孔砖具有自重轻、保温性能好、节能节土、施工效率高、减少砌筑砂浆用量等优点。因为黏土是烧结砖主要原料，所以烧结多孔砖在上海地区被严格限制使用。

3. 混凝土多孔砖

混凝土多孔砖分为承重混凝土多孔砖（产品标准号 GB 25779）和非承重混凝土空心砖（产品标准号 GB/T 24492)。

承重混凝土多孔砖是以水泥、砂、石等为主要原材料，经配料、加水搅拌、成型、养护制成的一种多排小孔的混凝土砖（简称混凝土多孔砖）代号 LPB。

非承重混凝土空心砖是以水泥、砂（石屑）等为主要原料，可加入外加剂及其他材料，经配料、加水搅拌、成型、养护制成的空心率不小于 25%，用于非承重结构部位的砖（简称空心砖)，代号 NHB。

近几年混凝土多孔砖发展不平衡，随着建筑节能要求的不断提高，加上蒸压加气砌块质量的提高，对混凝土砖的要求不断提出新的要求，因此要通过改进工艺、保证质量。混凝土多孔砖其外形为直角六面体（见图 6-1)，长度、宽度、高度应符合下列要求（mm:）290，240，190，180；240，190，115，90；115，90 。最小外壁厚不应小于 15mm（承重的最小外壁厚不应小于 18mm)，最小肋厚不应小于 10mm（承重的最小肋厚不应小于 15mm)。根据抗压强度分：承重的为 MU25 、MU20 、MU15，非承重的为 MU10、MU7.5、MU5。混凝土多孔砖的放射性应符合《建筑材料放射性核素限量》GB 6566 的规定。

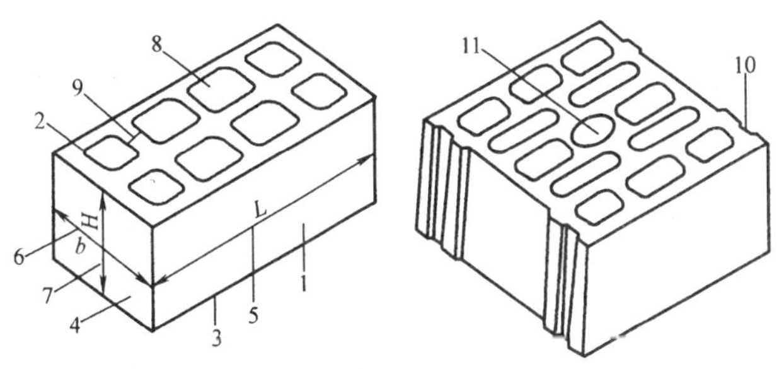

图 6-1　混凝土多孔砖外形

1—条面；2—坐浆面（外壁、肋的厚度较小的面）；3—铺浆面（外壁、肋的厚度较大的面）；4—顶面；5—长度（L）；6—宽度（b）；7—高度（H）；8—外壁；9—肋；10—槽；11—手抓孔。

4. 蒸压灰砂多孔砖

蒸压灰砂砖是以砂和石灰为主要原料，经坯料制备、压制成型、高压蒸汽养护而制成的多孔砖。其外形为直角六面体，标准尺寸为 240mm×115mm×90mm 和 240mm×115mm×115mm，经供需双方协商可生产其他规格的产品。根据抗压强度和抗折强度分为 MU30 、MU25 、MU20 、MU15 四个等级。按其尺寸偏差、外观质量分为：优等品（A）、及合格品（C）二个质量等级。考虑到蒸压灰砂砖的收缩变形较大，故新生产的蒸压灰砂砖应存放 3 天后出厂，并宜存放一段时间再使用，该砖可用于防潮层以上的建筑承重部位，不得用于长期受热 200℃以上、受急冷急热和有酸性介质侵蚀的建筑部位。

5. 混凝土实心砖

以水泥、骨料，以及根据需要加入的掺合料、外加剂等，经加水搅拌、成型、养护制成的砌体材料称为混凝土实心砖。

混凝土实心砖的主规格尺寸：240mm×115mm×53mm，其他尺寸由供需双方协商确定。

按混凝土本身密度分为：A 级（≥2100kg/m^3），B 级（1681kg/m^3～2099kg/m^3）和 C 级（≤1680kg/m^3）三个密度等级。

按抗压强度分为：MU40、MU35、MU30、MU25、MU20、MU15 六个等级。

密度等级为 B 级和 C 级的砖，其强度等级应不小于 MU15，密度等级为 A 级的砖，其强度等级应不小于 MU20。

6. 粉煤灰砖

粉煤灰砖是以火力发电厂排出的粉煤灰为主要原料，掺入适量的石灰或水泥，经坯料制备、成型、高压或常压蒸汽养护而成的实心砖。其外形为直角六面体，标准尺寸为 240mm×115mm×53mm 。根据抗压强度分为 MU30、MU25、MU20、MU15、MU10 五个等级。按其尺寸偏差、外观质量、干燥收缩分为：优等品（A）、一等品（B）及合格品（C）三个质量等级。可用于工业和民用建筑的基础。但由于同一尺寸粉煤灰砖的收缩量远大于混凝土砖，故新生产的粉煤灰砖宜存放一段时间再使用，该砖不得用于长期受热 200℃以上、受急冷急热和有酸性介质侵蚀的建筑部位。

二、建筑砌块及产品特点

砌块为建筑用人造块材，外形多为直角六面体，也有各种异形的。按照砌块系列中主规格高度的大小，砌块可分为小型砌块、中型砌块和大型砌块。按砌块有无孔洞或空心率大小可分为实心砌块和空心砌块。无孔洞或空心率小于 25% 的砌块称为实心砌块，如蒸压加气混凝土砌块等。空心率大于或等于 25% 的砌块称为空心砌块，如普通混凝土小型空心砌块、粉煤灰小型空心砌块等。

用轻骨料混凝土制成的砌块称为轻骨料混凝土砌块。常以骨料名称命名，如陶粒混凝土砌块、煤渣混凝土砌块等。用多孔混凝土或多孔硅酸盐混凝土制成的砌块称为多孔混凝土砌块，目前常用品种有蒸压加气混凝土砌块。

砌块产品具有保护耕地、节约能源，充分利用地方资源和工业废渣，劳动生产率高，建筑综合功能和效益好等优点，符合可持续发展的要求。砌块的尺寸较大，施工效率较高，已成为我国增长速度最快、应用范围最广的新型墙体材料。

（一）砌块的专用术语

砌块产品有许多专用术语（见图 6-2 、图 6-3）

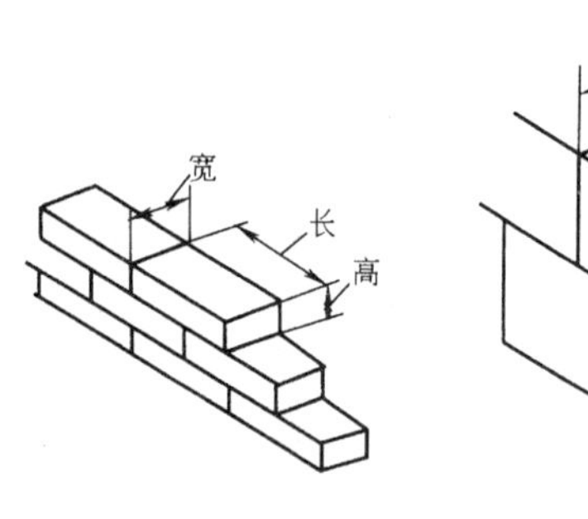

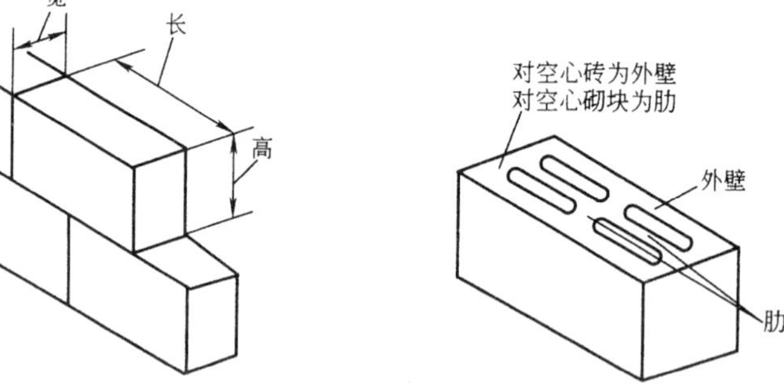

图 6-2　小型砌块

图 6-3　小型空心砌块

（1）长：直角六面体的砌块一般设计使用状态水平面长边尺寸。

（2）宽：直角六面体的砌块一般设计使用状态水平面短边尺寸。

（3）高：直角六面体的砌块一般设计使用状态竖向尺寸。

（4）外壁：空心砌块与墙面平行的外层部分。

（5）肋：空心砌块孔与孔之间的间隔部分以及外壁与外壁之间的连接部分。

（6）铺浆面：砌块承受垂直荷载且朝上的面。空心砌块指壁和肋较宽的面。

（7）坐浆面：砌块承受垂直荷载且朝下的面。空心砌块指壁和肋较窄的面。

（二）常用品种及相关质量要求

1. 普通混凝土小型空心砌块

普通混凝土小型空心砌块是混凝土小型空心砌块中的主要品种之一，它是以水泥、粗骨料石子、细骨料砂、水为主要原材料，必要时加入外加剂，按一定比例（质量比）计量配料、搅拌、成型、养护而成的建筑砌块（见图 6-4 ）。按其强度等级分为 MU3.5 、MU5.0、MU7.5.MU10.0、MU15.0、MU20.0 六个强度级别。产品具有强度高、自重轻、耐久性好、外形尺寸规整，部分类型的混凝土砌块还具有美观的饰面以及良好的保温隔热性能等特点，应用范围十分广泛。

普通混凝土小型空心砌块的技术指标包括：尺寸偏差、外观质量、强度等级、相对含水率、抗渗性和抗冻性等。

普通混凝土小型空心砌块的主规格尺寸为 390mm×190mm×190mm，其他规格尺寸可由供需双方协商。其最小外壁厚应不小于 30mm，最小肋厚应不小于 25mm。空心率应不小于 25%。按尺寸偏差其可分为优等品（A）、一等品（B）和合格品（C）三个等级。

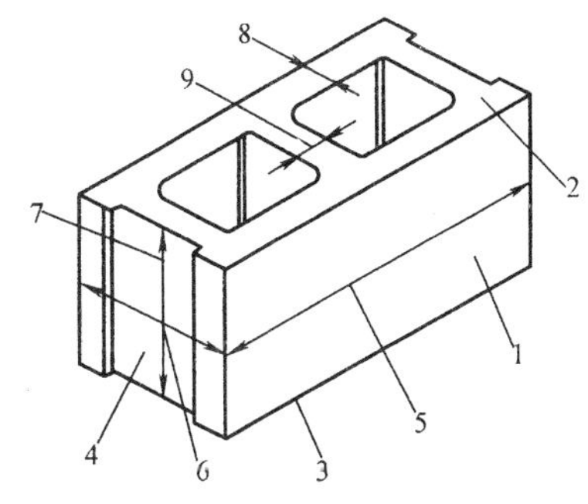

图 6-4 普通混凝土小型空心砌块
1—条面；2—坐浆面（肋厚较小的面）；3—铺浆面（肋厚较大的面）；4—顶面；5—长度；6—宽度；7—高度；8—壁；9—肋

2. 轻骨料混凝土小型空心砌块

轻骨料混凝土小型空心砌块是以水泥、轻骨料、水为主要原材料，按一定比例（质量比）计量配料、搅拌、成型、养护而成的一种轻质墙体材料。分为（MPa:）10.0、7.5 、5.0 、3.5、2.5、1.5 共六个强度等级，轻骨料混凝土小型空心砌块通常具有质轻、高强、热工性能好、抗震性能好、利废等特点，被广泛应用于建筑结构的内外墙体材料，尤其是热工性能要求较高的围护结构上。

轻骨料混凝土小型空心砌块的主规格尺寸为 390mm×190mm×190mm，其他规格尺寸可由供需双方协商。轻骨料混凝土小型空心砌块按尺寸偏差分为一等品（B）和合格品（C）二个等级。

3. 粉煤灰混凝土小型空心砌块

粉煤灰混凝土小型空心砌块是指以粉煤灰、水泥、各种轻重骨料、水为主要组分，经拌合、成型、养护而制成的小型空心砌块。按其强度等级分为 MU3.5、MU5、MU7.5、MU10、MU15 MU20 六个等级，具有质轻、高强、热工性能好、利废等特点。粉煤灰混凝土小型空心砌块的技术性能指标包括：尺寸偏差、外观质量、密度等级、抗压强度、干燥收缩率、相对含水率、抗冻性、碳化系数、软化系数、放射性。

粉煤灰混凝土小型空心砌块的主规格尺寸为 390mm×190mm×190mm，其他规格尺寸可由供需双方商定。其最小外壁厚应不小于 20mm（用于承重墙体应不小于 30mm），最小肋厚应不小于 15mm（用于承重墙体应不小于 25mm）。

4. 蒸压加气混凝土砌块

蒸压加气混凝土砌块是以水泥、石灰、砂、粉煤灰、发气剂、气泡稳定剂和调节剂等为主要原料，经磨细、计量配料、搅拌、浇注、发气膨胀、静停、切割、蒸压养护、成品加工和包装等工序制成的多孔混凝土制品。按主要原材料产品分为（粉煤灰）蒸压加气混凝土砌块和（砂）蒸压加气混凝土砌块两种。具有质轻、高强、保温、隔热、吸声、防火、可锯、可刨等特点。蒸压加气混凝土砌块有 A1.0、A2.0、A2.5. A3.5. A5.0、A7.5. A10 共七个强度级别。

蒸压加气混凝土砌块主要用于框架结构、现浇混凝土结构建筑的外墙填充、内墙隔断，也可用于抗震圈梁构造多层建筑的外墙或保温隔热复合墙体，有时也用于建筑物屋面的保温和隔热。同样，由于收缩大，因此在建筑物的以下部位不得使用蒸压加气混凝土砌块：建筑物±0.000 以下（地下室的非承重内隔墙除外）；长期浸水或经常干湿交替的部位；受化学侵蚀的环境，如强酸、强碱或高浓度二氧化碳等；砌块表面经常处于 80℃以上的高温环境。

三、建筑板材及产品特点

建筑板材作为新型墙体材料，主要分为轻质板材类（平板和条板）与复合板类（外墙板、内隔墙板、外墙内保温板和外墙外保温板），常用的板材产品有：纸面石膏板、玻璃纤维增强水泥轻质多孔隔墙条板、金属面聚苯乙烯夹芯板、纤维增强低碱度水泥建筑平板、蒸压加气混凝土板等。

（一）纸面石膏板

纸面石膏板具有轻质、较高的强度、防火、隔声、保温和低收缩率等物理性能，而且还具有可锯、可刨、可钉、可用螺钉紧固等良好的加工使用性能。

1. 分类及主要质量指标

纸面石膏板按其用途可分为：普通纸面石膏板、耐水纸面石膏板和耐火纸面石膏板三种。

普通纸面石膏板是以建筑石膏为主要原料，掺入适量轻骨料、纤维增强材料和外加剂构成芯材，并与护面纸牢固地粘结在一起的建筑板材。若在板芯配料中加入防水、防潮外加剂，并用耐水护面纸，即可制成耐水纸面石膏板。若在板芯配料中加入无机耐火纤维增强材料，构成耐火芯材，即可制成耐火纸面石膏板。

纸面石膏板主要有楔形板边和直角板边等板边形式（见图 6-5、图 6-6）。

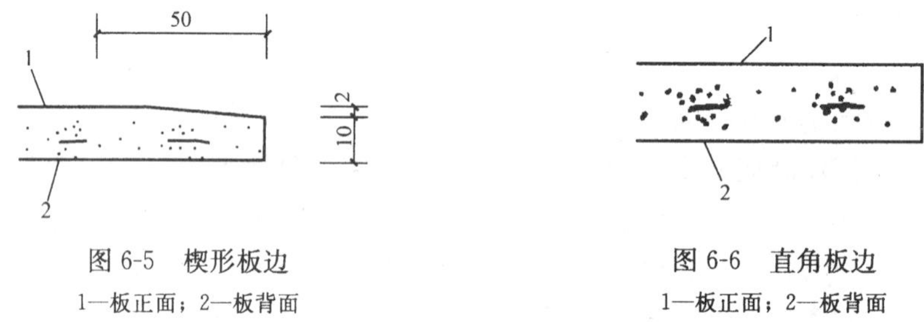

图 6-5　楔形板边

1—板正面；2—板背面

图 6-6　直角板边

1—板正面；2—板背面

纸面石膏板的主要质量指标有：外观质量、尺寸偏差、对角线长度差、楔形棱边断面尺寸、断裂荷载、护面纸与石膏芯的粘结、吸水率、表面吸水量等。

2. 规格尺寸

纸面石膏板的长度为 1800mm、2100mm、2400mm、2700mm、3000mm、3300mm、3600mm。

纸面石膏板的宽度为 900mm、1200mm。

纸面石膏板的厚度为 9.5mm、12.0mm、15.0mm、18.0mm、21.0mm 、25.0mm。

3. 外观质量

纸面石膏板表面应平整，不得有影响使用的破损、波纹、沟槽、污痕、过烧、亏料、边部漏料和纸面脱开等缺陷。

4. 尺寸偏差

纸面石膏板的尺寸偏差应不大于表 6-46 的规定。

（二）玻璃纤维增强水泥轻质多孔隔墙条板（俗称 GRC 条板）

玻璃纤维增强水泥轻质多孔隔墙条板是以水泥为胶凝材料，以玻璃纤维为增强材料，外加细骨料和水，经过不同生产工艺而形成的一种具有若干个圆孔的条形板，具有轻质、高强、隔热、可锯、可钉、施工方便等优点。产品主要用于工业和民用建筑的内隔墙。

纸面石膏板尺寸偏差（mm） 表 6-46

项目	长度	宽度	厚度	
			9.5	≥12.0
尺寸偏差	0 −6	0 −5	±0.5	±0.6

1. 产品分类

GRC 轻质多孔隔墙条板的型号按板的厚度分为 90 型、120 型，按板型分为普通板、门框板、窗框板、过梁板。图 6-7 和图 6-8 所示为一种企口与开孔形式的外形和断面示意图。

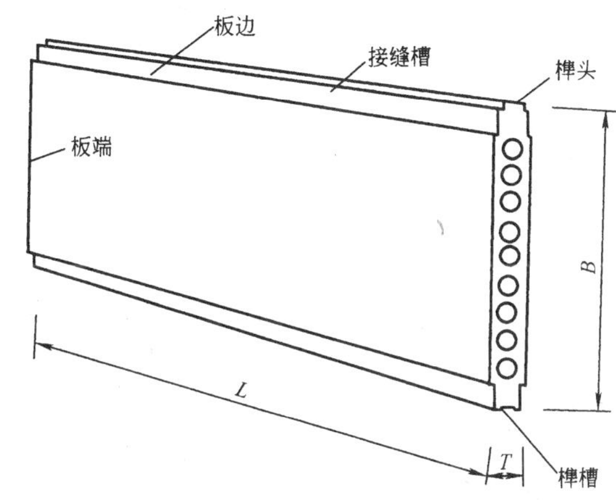

图 6-7 GRC 轻质多孔隔墙条板外形示意图

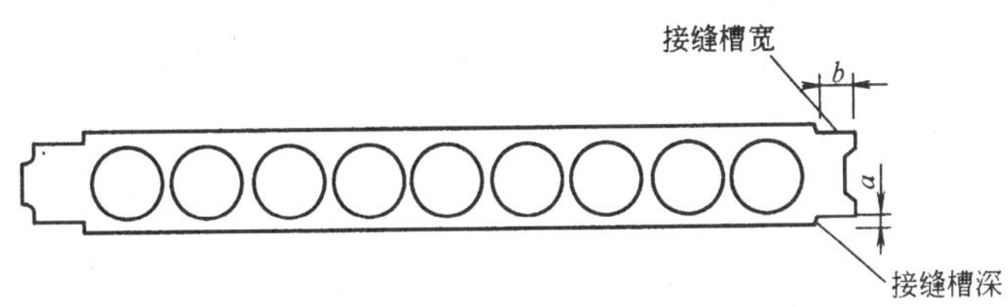

图 6-8 GRC 轻质多孔隔墙条板断面示意图

GRC 轻质多孔隔墙条板可采用不同企口和开孔形式，但均应符合表 6-47 要求。

轻质多孔隔墙条板规格（mm） 表 6-47

型号	L	B	T	a	b
90	2500～3000	600	90	2～3	20～30
120	2500～3500	600	120	2～3	20～30
注：其他规格尺寸可由供需双方协商解决					

2. 尺寸偏差

轻质多孔隔墙条板的尺寸偏差应符合表 6-48 要求。

轻质多孔隔墙条板尺寸允许偏差（mm） 表 6-48

项目 允许值	长度	宽度	厚度	侧向弯曲	板面平整度	对角线差	接缝槽宽	接缝槽深
一等品	±3	±1	±1	≤1	≤2	≤10	+2	+0.5
合格品	±5	±2	±2	≤2	≤2	≤10	+2	+0.5

（三）建筑用金属面绝热夹芯板

建筑用金属面绝热夹芯板是以绝热材料为芯材，以彩色涂层钢板为面材，用胶粘剂复合而成的金属夹芯板（简称夹芯板）。具有保温隔热性能好、重量轻、机械性能好、外观美观、安装方便等特点。适合于大型公共建筑如车库、大型厂房、简易房等，所用部位主要是建筑物的绝热屋顶和墙壁。

1. 规格尺寸

金属夹芯板的规格尺寸应符合表 6-49 要求。

金属夹芯板规格尺寸（mm） **表 6-49**

厚　度	50	75	100	150	200
宽　度	900～1200				
长　度	≤12000				
注：其他规格尺寸由供需双方协商确定					

2. 外观质量

金属夹芯板的外观质量应符合表 6-50 要求。

金属夹芯板外观质量 **表 6-50**

项目	质量要求
板面	板面平整、色泽均匀、无明显凹凸、翘曲、变形、表面清洁、无胶痕与油污、无明显划痕、磕碰、伤痕等
切口	切口平直、切面整齐、无毛刺、面材 与芯材之间粘结牢固、芯材密实
芯板	芯板切面应整齐，无大块剥落，块与块之间接缝无明显间隙

（四）纤维增强低碱度水泥建筑平板

纤维增强低碱度水泥建筑平板是以温石棉、短切中碱玻璃纤维或抗碱玻璃纤维等为增强材料、以Ⅰ型低碱度硫铝酸盐水泥为胶结材料制成的建筑平板。具有轻质、抗折及抗冲击荷载性能好、防潮、防水、不易变形等优点，适用于多层框架结构体系及高层建筑的内隔墙。

1. 等级

按尺寸偏差和物理力学性能，纤维增强低碱度水泥建筑平板分为：优等品（A）、一等品（B）、合格品（C）。

2. 规格尺寸

纤维增强低碱度水泥建筑平板的规格尺寸见表 6-51。

纤维增强低碱度水泥建筑平板规格尺寸 **表 6-51**

规　格	公称尺寸(mm)
长　度	1200,1800,2400,2800
宽　度	800,900,1200
高　度	4,5,6
注：如需其他规格或边缘未经切割的板材，可由供需双方协商确定	

3. 代号

掺石棉纤维增强低碱度水泥建筑平板代号为 TK；无石棉纤维增强低碱度水泥建筑平板代号为 NTK。

4. 尺寸允许偏差

纤维增强低碱度水泥建筑平板的尺寸允许偏差应符合表 6-52 要求。

纤维增强低碱度水泥建筑平板尺寸允许偏差　　表 6-52

规　格	尺寸允许偏差		
	优等品	一等品	合格品
长度(mm) 宽度(mm)	±2	±5	±8
厚度(mm)	±0.2	±0.5	±0.6
厚度不均匀度(%)	≤8	≤10	≤12

注:厚度不均匀度系指同块板厚度的极差除以公称厚度

（五）蒸压加气混凝土板

蒸压加气混凝土板是由石英砂或粉煤灰、石膏、铝粉、水和钢筋等制成的轻质板材。板中含有大量微小的、非连通的气孔，孔隙率达 70%～80%，因而具有自重轻、绝热性好、隔声吸声等特性。该板材还具有较好的耐火性与一定的承载能力。石英砂或粉煤灰和水是生产蒸压加气混凝土板的主要原料，对制品的物理力学性能起关键作用；石膏作为掺合料可改善料浆的流动性与制品的物理性能。铝粉是发气剂，与 $Ca(OH)_2$ 反应起发泡作用；钢筋起增强作用，以提高板材的抗弯强度。在工业和民用建筑中被广泛用于屋面板和隔墙板。

蒸压加气混凝土板按使用功能分为屋面板（JWB），楼板（JLB）外墙板（JQB），隔墙板（JGB）。

蒸压加气混凝土板的规格见表 6-53

蒸压加气混凝土板的规格（mm）　　表 6-53

长度(L)	宽度(B)	厚度(D)
1800～6000(300 模数进位)	600	75、100、125、150、175、200、250、300

注:实际尺寸可由供需双方决定

蒸压加气混凝土板按蒸压加气混凝土强度分为 A2.5、A3.5、A5.0、A7.5 四个强度级别。

蒸压加气混凝土板按蒸压加气混凝土干密度分为 B04、B05、B06、B07 四个干密度级别。

四、常用墙体材料的验收

（一）墙体材料验收的五项基本要求

墙体材料的验收是工程质量管理的重要环节。墙体材料必须按批进行验收，并达到下述五项基本要求。

1. 送货单与实物必须一致

检查送货单上的生产企业名称、产品品种、规格、数量是否与实物相一致，是否有异类墙体材料混送现象。

2. 对墙体材料质量保证书内容进行审核

质量保证书必须字迹清楚、其中应注明：质量保证书编号、生产单位名称、地址、联系电话、用户单位名称、产品名称、执行标准及编号、规格、等级、数量、批号、生产日期、出厂日期、产品出厂检验指标（包括检验项目、标准指标值、实测值）。

墙体材料质量保证书应加盖生产单位公章或质检部门检验专用章。若墙体材料是通过中间供应商购入的，仍应要求提供生产单位出具的质量保证书原件。实在不能提供的，则质量保证书复印件上应注明购买时间、供应数量、买受人名称、质量保证书原件存放单位，在墙体材料质量保证书复印件上必须加盖中间供应商的红色印章，并有送交人的签名。

3. 对产品的标志（标识）等实物特征进行验收

如上海市要求各混凝土小砌块生产企业在所生产的砌块上刷上标识，砌块上不同的标识颜色对应不同的产品强度等级（见表6-54），不同的编号反映不同企业生产的混凝土小砌快产品，并规定砌块上标识的涂刷量应占产品总数的30% 以上。

不同颜色标记所对应的砌块强度值　　表6-54

颜色标记	蓝色	白色	绿色	黄色	红色
代表强度(MPa)	20.0级	15.0级	10.0级	7.5级	5.0级

另外，还可对一些反映企业特征的产品标志（标识）进行鉴别和确认。

4. 核验产品型式试验报告

建筑板材产品应有生产单位出具的有效期内的产品型式试验报告，报告复印件上应注明买受人名称、型式试验报告原件存放单位，在型式试验报告复印件上必须加盖生产单位或中间供应商的红色印章，并有送交人的签名。

5. 建立材料台账

内容可参考第九节建筑钢材的验收。

（二）实物质量的验收

1. 烧结普通砖

每一生产厂家的烧结普通砖到施工现场后，必须对其强度等级进行复检。抽检数量按15万块为一验收批，抽检数量为1组。强度检验试样每组为15块。烧结普通砖的尺寸允许偏差应符合表6-55要求。表中样本极差是抽检的20块砖样中最大测定值与最小值之差值；样品平均偏差是20块砖样规格尺寸的算术平均值减去其公称尺寸的差值。

烧结普通砖尺寸允许偏差（mm）　　表6-55

公称尺寸	优等品		一等品		合格品	
	样本平均偏差	样本极差≤	样本平均偏差	样本极差≤	样本平均偏差	样本极差≤
长度240	±2.0	6	±2.5	7	±3.0	8
宽度115	±1.5	5	±2.0	6	±2.5	7
高度53	±1.5	4	±1.5	5	±2.0	6

2. 烧结多孔砖

每一生产厂家的烧结多孔砖到施工现场后，必须对其强度等级进行复检。抽检数量按3.5～15万块为一验收批次，抽检数量为1组。强度检验试样每组为15块。烧结多孔砖的尺寸允许偏差应符合表6-56要求。

烧结多孔砖尺寸允许偏差（mm）　　表6-56

公称尺寸	优等品		一等品		合格品	
	样本平均偏差	样本极差≤	样本平均偏差	样本极差≤	样本平均偏差	样本极差≤
长度240	±2.0	6	±2.5	7	±3.0	8
宽度115	±1.5	5	±2.0	6	±2.5	7
高度90	±1.5	4	±1.7	5	±2.0	6

3. 混凝土多孔砖

混凝土多孔砖到施工现场后，应对产品进行外观质量进行验收，并抽样进行尺寸偏差、外观质量、强度等级检验。抽检数量按同生产厂、同规格、同等级、同类别的砖，每10万块为一批，不足10万块的按一批计。混凝土多孔砖的尺寸允许偏差应符合表6-57要求。

混凝土多孔砖尺寸允许偏差（mm） **表6-57**

项目名称	要求
长度	−1～2
宽度	−1～2
高度	−2～2

4. 蒸压灰砂多孔砖

蒸压灰砂砖到施工现场后，应对产品进行外观质量进行验收；并抽样进行尺寸偏差、外观质量、强度等级检验。抽检数量按同生产厂、同规格、同等级、同类别的砖，每10万块为一批，不足10万块的按一批计。

蒸压灰砂多孔砖规格及尺寸见表6-58

蒸压灰砂多孔砖产品规格偏差（mm） **表6-58**

项目	允许误差	
	优等品	合格品
长:240	±2.0	±2.5
宽:115	±1.5	±2.0
高:90或115	±1.5	±1.5

5. 混凝土实心砖

同一种原材料、相同生产厂、同一等级的混凝土实心砖到施工现场后，必须对其强度等级进行复检。抽检数量按同强度等级10万块为一验收批，不足10万块的也为一验收批。出厂应提供统一质保书。混凝土实心砖尺寸偏差各强度等级应符合表6-59要求。

混凝土实心砖尺寸允许偏差、强度等级要求 **表6-59**

尺寸允许偏差(mm)		
项目种类	标准值	
长度	−1～+2	
宽度	−2～+2	
高度	−1～+2	
强度等级		
强度等级	抗压强度	
	平均值(MPa)≥	单块最小值(MPa)≥
MU40	40.0	35.0
MU35	35.0	30.0
MU30	30.0	26.0
MU25	25.0	21.0
MU20	20.0	16.0
MU15	15.0	12.0

6. 粉煤灰砖

同一种原材料、相同生产厂、同一等级的粉煤灰砖到施工现场后，必须对其强度等级进行复检。抽检数量按同强度等级 10 万块为一验收批，抽检数量为 1 组。强度检验试样每组为 10 块。粉煤灰砖的尺寸允许偏差应符合表 6-60 要求。

粉煤灰砖尺寸允许偏差（mm）　　表 6-60

项目名称	优等品(A)	一等品(B)	合格品(C)
长度 240	±2	±3	±4
宽度 115	±2	±3	±4
高度 53	±1	±2	±3

7. 普通混凝土小型空心砌块

每一生产厂家的普通混凝土小型空心砌块到施工现场后，必须对其强度等级进行复检，每 1 万块小砌块至少应抽检 1 组。用于多层建筑基础和底层的小砌块抽检数量应不少于 2 组。强度检验试样每组为 5 块。普通混凝土小型空心砌块各强度等级应符合表 6-61 要求。尺寸偏差应符合表 6-62 要求。

普通混凝土小型空心砌块强度等级　　表 6-61

强度等级	砌块抗压强度(MPa)	
	五块平均值≥	单块最小值≥
MU3.5	3.5	2.8
MU5.0	5.0	4.0
MU7.5	7.5	6.0
MU10.0	10.0	8.0
MU15.0	15.0	12.0
MU20.0	20.0	16.0

普通混凝土小型空心砌块外观尺寸偏差（mm）　　表 6-62

项目名称	优等品(A)	一等品(B)	合格品(C)
长度 390	±2	±3	±3
宽度 190	±2	±3	±3
高度 190	±2	±3	+3/−4

8. 轻骨料混凝土小型空心砌块

每一生产厂家的轻骨料小砌块到施工现场后，必须对其强度等级和密度等级进行复检，每 1 万块小砌块至少应抽检 1 组。强度检验试样每组为 5 块，密度检验试样每组为 3 块。

轻骨料混凝土小型空心砌块各强度等级应符合表 6-63 要求。密度等级应符合表 6-64 要求。尺寸偏差应符合表 6-65 要求。

轻骨料混凝土小型空心砌块强度等级 **表 6-63**

强度等级	砌块抗压强度(MPa)		密度等级范围(kg/m³)
	五块平均值≥	单块最小值≥	
1.5	1.5	1.2	≤600
2.5	2.5	2.0	≤800
3.5	3.5	2.8	≤1200
5.0	5.0	4.0	
7.5	7.5	6.0	≤1400
10.0	10.0	8.0	

轻骨料混凝土小型空心砌块密度等级 **表 6-64**

密度等级(kg/m³)	砌块干燥表观密度的范围(kg/m³)
500	≤500
600	510～600
700	610～700
800	710～800
900	810～900
1000	910～1000
1200	1010～1200
1400	1210～1400

轻骨料混凝土小型空心砌块尺寸允许偏差（mm） **表 6-65**

项 目 名 称	一 等 品（B）	合 格 品（C）
长 度 390	±2	±3
宽 度 190	±2	±3
高 度 190	±2	±3

注：1. 承重砌块最小外壁厚应不小于 30mm，最小肋厚不应小于 25mm；
2. 保温砌块最小外壁厚不宜小于 20mm，最小肋厚不宜小于 20mm

9. 粉煤灰小型空心砌块

同一种原材料、相同生产厂、同一等级的粉煤灰小型空心砌块到施工现场后，必须对其强度等级进行复检，每 1 万块小砌块至少应抽检 1 组。强度检验试样每组为 5 块。

粉煤灰小型空心砌块各强度等级应符合表 6-66 的规定。尺寸偏差应符合表 6-67 要求。

粉煤灰小型空心砌块强度等级 **表 6-66**

强度等级	抗压强度(MPa)	
	五块平均值≥	单块最小值≥
MU3.5	3.5	2.8
MU5	5.0	4.0
MU7.5	7.5	6.0
MU10	10.0	8.0
MU15	15.0	12.0
MU20	20.0	16.0

粉煤灰小型空心砌块尺寸允许偏差（mm） **表 6-67**

项目名称	要求
长度 390	±2
宽度 190	±2
高度 190	±2

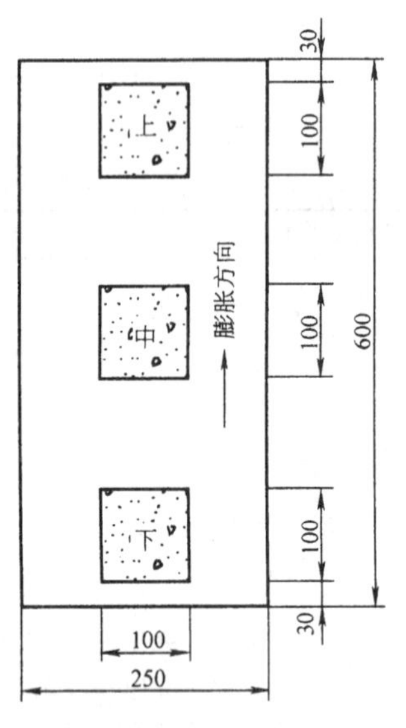

图 6-9

10. 蒸压加气混凝土砌块

每一生产厂家的蒸压加气混凝土砌块到施工现场后，必须对其抗压强度和体积密度进行复检，以同品种、同规格、同等级的砌块 1 万块为一批，不足 1 万块亦为一批。每一批蒸压加气混凝土砌块至少应抽检 1 组。体积密度和抗压强度试件的制备，是沿制品膨胀方向中心部分上、中、下顺序锯取 1 组（见图 6-9），“上”块上表面距离制品顶面 30mm，“中”块在制品正中处，“下”块下表面距离制品底面 30mm。制品的高度不同，试件间隔略有不同。试件的尺寸为 100mm×100mm×100mm立方体试件。强度级别和体积密度检验应制作 3 组（共 9 小块）试件。蒸压加气混凝土砌块的抗压强度应符合表 6-68 要求。砌块的强度级别应符合表 6-69 要求。蒸压加气混凝土砌块的密度等级应符合表 6-70 要求。蒸压加气混凝土砌块的尺寸允许偏差应符合表 6-71 要求。

蒸压加气砌块的抗压强度 **表 6-68**

强度级别	立方体抗压强度(MPa)	
	平均值不小于	单块最小值不小于
A1.0	1.0	0.8
A2.0	2.0	1.6
A2.5	2.5	2.0
A3.5	3.5	2.8
A5.0	5.0	4.0
A7.5	7.5	6.0
A10.0	10.0	8.0

蒸压加气混凝土砌块的强度级别 **表 6-69**

体积密度级别		B03	B04	B05	B06	B07	B08
强度级别	优等品(A)	A1.0	A2.0	A3.5	A5.0	A7.5	A10.0
	合格品(B)			A2.5	A3.5	A5.0	A7.5

蒸压加气混凝土砌块的干体积密度 **表 6-70**

体积密度级别		B03	B04	B05	B06	B07	B08
体积密度（kg/m^3）	优等品(A) ≤	300	400	500	600	700	800
	合格品(B) ≤	325	425	525	625	725	825

蒸压加气混凝土砌块的尺寸允许偏差 **表 6-71**

项 目			指 标	
			优等品(A)	合格品(B)
尺寸允许偏差(mm)	长 度	L	±3	±4
	宽 度	B	±1	±2
	高 度	H	±1	±2

11. 建筑板材

建筑板材的规格尺寸及允许偏差等应符合其产品标准的要求。如设计单位有要求，用于建设工程的建筑板材产品也应按标准进行产品主要性能的检测。

五、墙体材料的运输、储存和现场标识。

（一）运输

由于墙体材料数量多、份量重、有时还是夜间装运，所以在运输途中和装卸货物时极易出现破损情况，必须加强运输和装卸管理，严禁上下抛掷。应采用绑扎、隔垫等手法，尽量减少墙体材料之间的空隙，注意轻拿轻放，不得使用翻斗车装卸砌墙砖和砌块，以免损坏，保证出厂产品的完整性。

（二）储存

墙体材料应按不同的品种、规格和等级分别堆放，垛身要稳固、计数必须方便。有条件时，墙体材料可存放在料棚内，若采用露天存放，则堆放的地点必须坚实、平坦和干净，场地四周应预设排水沟、垛与垛之间应留有走道，以利搬运。堆放的位置既要考虑到不影响建筑物的施工和道路畅通，又要考虑到不要离建筑物太远，以免造成运输距离过长或二次搬运。空心砌块堆放时孔洞应朝下，雨雪季节墙体材料宜用防雨材料覆盖。

自然养护的混凝土小砌块和混凝土多孔砖产品，若不满 28 天养护龄期不得进场使用；蒸压加气混凝土砌块（板）出釜不满 5 天不得进场使用。

（三）现场标识

施工现场堆放的墙体材料应注明“合格”、“不合格”、“在检”、“待检”等产品质量状态，并注明墙体材料生产企业名称、品种规格、进场日期及数量等。

第九节 建筑钢材

用钢作为母料，经过加工取得的不同形状、不同用途的材料，称为钢材；钢材又可分为线材和型材，用于建设工程中的钢材，俗称为建筑钢材。常用的建筑钢材主要品种有：钢筋、钢丝、型钢（扁钢、工字钢、槽钢、角钢）等。它广泛应用于工业与民用房屋建筑、道路桥梁、国防等工程中。

建筑钢材的主要优点是：

强度高：在建筑中可用作各种构件，特别适用于大跨度及高层建筑。在钢筋混凝土中，能弥补混凝土抗拉、抗弯、抗剪和抗裂性能较低的缺点。

塑性和韧性较好：在常温下建筑钢材能承受较大的塑性变形，可以进行冷弯、冷拉、冷拔、冷轧、冷冲压等各种冷加工。

可以焊接和铆接，便于装配。

建筑钢材的主要缺点是容易生锈、维护费用大、防火性能较差、能耗及成本较高。

一、钢种类型基础知识

钢材按化学成分粗分为碳素结构钢和合金钢两类。根据含碳量的高低，碳素结构钢又可分为低碳钢、中碳钢和高碳钢。建筑用钢中使用最多的是低碳钢（即含碳量小于0.25% 的钢）。同样合金钢根据合金元素总量分为低合金钢、中合金钢和高合金钢。建筑用钢中使用最多的是低合金高强度结构钢（即合金元素总含量小于 5% 的钢）。

（一）碳素结构钢

碳素结构钢的化学成分主要是铁，其次是碳，其含碳量在 0.02%～2.06% 之间。

1. 牌号

碳素结构钢以屈服点等级为主划分成五个牌号，即 Q195、Q215、Q235、Q255 和 Q275，如脚手架用钢管的材质一般都是 Q235。各牌号钢又按其硫、磷含量由多到少分为 A、B、C、D 四个质量等级，碳素结构钢的牌号表示是按顺序由代表屈服点的字母 Q 、屈服点数值（MPa）、质量等级符号（A、B、C、D）、脱氧程度符号（F、ZT、Z）等四部分组成。其中脱氧程度符号“F”为沸腾钢、“Z”为镇静钢、“TZ”为特殊镇静钢。在牌号组成表示方法中，“Z”与“TZ”允许省略。例如：Q235 — A·F，它表示：屈服点为 235MPa 的平炉或氧气转炉冶炼的 A 级沸腾碳素结构钢。

2. 力学性能

常用碳素结构钢要求具有良好的力学性能和优良的焊接性，其力学性能应符合表 6-72 的规定。

碳素结构钢（拉伸试验） **表 6-72**

牌号	等级	拉伸试验											
		屈服点 σ_s(MPa) 不小于						抗拉强度 σ_b (MPa)	伸长率 δ_s(%)				
		钢材厚度(直径)(mm)							钢材厚度(直径)(mm)				
		≤16	>16～40	>40～60	>60～100	>100～150	>150～200		≤40	>40～60	>60～100	>100～150	>150～200
		不小于							不小于				
Q195	—	195	185	—	—	—	—	315～430	33	—	—	—	—
Q215	A B	215	205	190	185	175	165	335～450	31	30	29	27	26
Q235	A B C D	235	225	215	205	195	185	370～500	26	25	24	22	21
Q275	A B C D	275	265	255	245	225	215	410～540	22	21	20	18	17

由表可见，随着牌号的增大，对钢材屈服强度和抗拉强度的要求增大，对伸长率的要求降低。

3. 冷弯性能

常用碳素结构钢冷弯试验的弯心直径应符合表 6-73 的规定。

碳素结构钢（冷弯试验） **表 6-73**

牌号	试样方向	冷弯试验 180°	
		钢材厚度(直径)(mm)	
		≤60	>60～100
		弯心直径 d	
Q215	纵 横	$0.5a$ a	$1.5a$ $2a$
Q235	纵 横	a $1.5a$	$2a$ $2.5a$
钢材厚度(或直径)大于 100mm 时，弯曲试验由双方协商确定			

注：a=试样厚度（直径）。

（二）低合金高强度结构钢

低合金高强度结构钢是指炼钢过程中，在碳素钢中加入总量小于 5%的一种或多种合金元素，所制得的具有改进钢材性能的钢种。常用的合金元素有硅、锰、钛、钒、铬等。低合金高强度结构钢具有强度高、塑性和低温冲击韧性好、耐锈蚀等特点。

（1）牌号

低合金高强度结构钢的牌号由代表钢材屈服强度的字母 Q 屈服强度数值（MPa）、质量等级符号（A、B、C、D、E）三个部分按顺序组成。例如：Q345A 表示屈服强度不小于 345MPa 的质量等级为 A 级的低合金高强度结构钢。用低合金高强度结构钢代替碳素结构钢 Q235 可节省钢材 15%～25%，并减轻了结构的自重。

（2）力学性能

常用低合金高强度结构钢要求具有良好的力学性能，其力学性能应符合表 6-74 的规定。

（3）冷弯性能

常用低合金高强度结构钢冷弯试验的弯心直径应符合表 6-75 的规定。

二、钢材力学性能和冷弯性能指标

常规的建筑钢材，一般都要进行钢材的拉伸和弯曲检验。拉伸作用是建筑钢材的主要受力形式，因此屈服点、抗拉强度、断后伸长率是三个重要力学性能指标。冷弯性能是指建筑钢材在常温下易于加工而不被破坏的能力，它是建筑钢材的重要工艺指标，其实质反映了钢材内部组织状态、含有内应力及杂质等缺陷的程度。通过检测基本能判定钢材是否适合用于工程结构中。

1. 屈服点（屈服强度）R_{eL}

金属试样在拉伸过程中，载荷不再增加，而试样仍继续发生变形的现象，称为“屈服”。发生屈服现象时的应力，即开始出现塑性变形时的应力，称为屈服点或屈服极限，用 R_{eL} 表示，单位为 MPa 。

低合金高强度结构钢（拉伸试验）

表 6-74

牌号	质量等级	拉伸试验[a,b,c]																					
		屈服强度(R_{eL})(MPa)									抗拉强度(R_m)(MPa)							断后伸长率(A)(%)					
		公称厚度(直径,边长)									公称厚度(直径,边长)							公称厚度(直径,边长)					
		≤16 mm	>16~40mm	>40~63mm	>63~80mm	>80~100mm	>100~150mm	>150~200mm	>200~250mm	>250~400mm	≤40mm	>40~63mm	>63~80mm	>80~100mm	>100~150mm	>150~250mm	>250~400mm	≤40mm	>40~63mm	>63~100mm	>100~150mm	>150~250mm	>250~400mm
Q345	A																						
	B																	≥20	≥19	≥19	≥18	≥17	
	C	≥345	≥335	≥325	≥315	≥305	≥285	≥275	≥265	—	470~630	470~630	470~630	470~630	450~600	450~600	—						—
	D									≥265							450~600	≥21	≥20	≥20	≥19	≥18	≥17
	E																						
Q390	A																						
	B																						
	C	≥390	≥370	≥350	≥330	≥330	≥310	—	—	—	490~650	490~650	490~650	490~650	470~620	—	—	≥20	≥19	≥18	≥18	—	—
	D																						
	E																						
Q420	A																						
	B																						
	C	≥420	≥400	≥380	≥360	≥360	≥340	—	—	—	520~680	520~680	520~680	520~680	500~650	—	—	≥19	≥18	≥18	≥18	—	—
	D																						
	E																						
Q460	C																						
	D	≥460	≥440	≥420	≥400	≥400	≥380	—	—	—	550~720	550~720	550~720	550~720	530~700	—	—	≥17	≥16	≥16	≥16	—	—
	E																						

续表

牌号	质量等级	拉伸试验[a,b,c]																					
		屈服强度(R_{eL})(MPa)									抗拉强度(R_m)(MPa)							断后伸长率(A)(%)					
		公称厚度(直径,边长)									公称厚度(直径,边长)							公称厚度(直径,边长)					
		≤16 mm	>16~40mm	>40~63mm	>63~80mm	>80~100mm	>100~150mm	>150~200mm	>200~250mm	>250~400mm	≤40mm	>40~63mm	>63~80mm	>80~100mm	>100~150mm	>150~250mm	>250~400mm	≤40mm	>40~63mm	>63~100mm	>100~150mm	>150~250mm	>250~400mm
Q500	C	≥500	≥480	≥470	≥450	≥440	—	—	—	—	610~770	600~760	590~750	540~730	—	—	—	≥17	≥17	≥17	—	—	—
	D																						
	E																						
Q550	C	≥550	≥530	≥520	≥500	≥490	—	—	—	—	670~830	620~810	600~790	590~780	—	—	—	≥16	≥16	≥16	—	—	—
	D																						
	E																						
Q620	C	≥620	≥600	≥590	≥570	—	—	—	—	—	710~880	690~880	670~860	—	—	—	—	≥15	≥15	≥15	—	—	—
	D																						
	E																						
Q690	C	≥690	≥670	≥660	≥640	—	—	—	—	—	770~940	750~920	730~900	—	—	—	—	≥14	≥14	≥14	—	—	—
	D																						
	E																						

a 当屈服不明显时,可测量 Rp0.2 代替下屈服强度。

b 宽度不小于 600mm 扁平材,拉伸试验取横向试样;宽度小于 600mm 的扁平材,型材及棒材去纵向试样,断后伸长率最小值相应提高 1%(绝对值)。

c 厚度>250~400mm 的数值适用于扁平材

低合金高强度结构钢弯心直径（冷弯试验） **表 6-75**

牌 号	试样方向	180°冷弯试验 d=弯心直径;a=试样厚度(直径)	
		钢材厚度(直径)(mm)	
		≤16	>16～100
Q345 Q390 Q420 Q460	宽度不小于 600mm 扁平材，拉伸试验取横向试样，宽度小于 600mm 的扁平材、型材及棒材取纵向试样	$2a$	$3a$

2. 抗拉强度 R_m

指材料被拉断之前，所能承受的最大应力，用 R_m 表示，单位为 MPa 。

屈服点和抗拉强度是工程技术上设计和选材的重要依据。因此，也是金属材料购销和检验工作中的重要性能指标。

工程上所用的建筑钢材往往对屈强比还有一定要求。所谓屈强比是指屈服点 R_{eL} 和抗拉强度 R_m 的比。屈强比愈小，愈不易发生突然断裂，但屈强比太低，钢材的强度水平就不能充分发挥。因此，对有抗震设防要求的结构，其纵向受力钢筋的性能应满足设计要求；当设计无具体要求时，对按一、二、三级抗震等级设计的框架和斜撑构件（含梯段）中的纵向受力钢筋应采用 HRB335E、HRB400E、HRB500E、HRBF335E、HRBF400E 或 HRBF500E 钢筋，其强度和最大力下总伸长率的实测值应符合下列规定：

（1）钢筋的抗拉强度实测值与屈服强度实测值的比值不应小于 1.25；

（2）钢筋的屈服强度实测值与屈服强度标准值的比值不应大于 1.30。

（3）钢筋的最大力总伸长率不小于 9%。

【例】 有一批公称直径为Φ20mm 牌号为 HRB335 的钢筋混凝土用热轧带肋钢筋，复试结果如下：

屈服强度 R_{eL} 为 470MPa，抗拉强度 R_m 为 630MPa，伸长率 A 为 16%，冷弯合格。

从表面来看，上述数据都符合牌号为 HRB335 的钢筋混凝土用热轧带肋钢筋标准要求。

按 $R_{m测}/R_{eL测}=630/470=1.34>1.25$ 也合格

但按 $R_{eL实测}/R_{eL标准}=470/335=1.40>1.3$ 判为不合格

因此，这批热轧带肋钢筋不能用于有抗震要求的纵向受力结构中。

3. 伸长率 A

金属在拉伸试验时，试样拉断后，其标距部分所增加的长度与原标距长度的百分比，称为伸长率。以 A 表示，单位为 %。

标距长度对伸长率影响很大，所以伸长率必须注明标距。

4. 冷弯性能

冷弯性能的测定，是将钢材试件在规定的弯心直径上冷弯到 180°或 90°，在弯曲处的外表及侧面，如无裂纹、起层或断裂现象发生，即认为试件冷弯性能合格。出现裂纹前能承受的弯曲程度愈大，则材料的冷弯性能愈好。弯曲程度一般用弯曲角度或弯芯压头直径 D 对钢筋直径 a 的比值来表示，弯曲角度愈大或弯芯压头直径 D 对钢筋直径 a 的比值愈小，则材料的冷弯性能就愈好。工程上常采用该方法来检验建筑钢材各种焊接接头的焊接质量。

建筑钢材在加工过程中，如发现脆断、焊接性能不良或力学性能显著不正常等现象，应根据现行国家标准对该批建筑钢材进行化学成分检验或其他专项检验。

三、常用建筑钢材

（一）钢筋

钢筋是由轧钢厂将炼钢厂生产的钢锭经专用设备和工艺制成的条状材料。在钢筋混凝土和预应力钢筋混凝土中，钢筋属于隐蔽材料，其品质优劣对工程影响较大。钢筋抗拉能力强，和混凝土粘结成一整体，构成钢筋混凝土构件，就能弥补素混凝土抗剪、抗弯差的缺陷。

我国的钢筋用量非常大，虽然政府已采取了多项管理措施，但是钢筋质量参差不齐的现象未得到根本性的改变。全国目前仍有相当数量的企业生产质量低劣的钢材，给工程质量带来重大安全隐患，轻者建筑工程寿命缩短，重者桥梁断裂、房屋倒塌，还会造成人身伤亡事故。所以从事建筑施工管理的人员均应加强防范，防止假冒伪劣的不合格钢筋混入建筑工地。

1. 钢筋牌号

钢筋的牌号是人们给钢筋所取的名字，牌号不仅表明了钢筋的品种，而且还可以大致判断其质量。

按钢筋的牌号分类，钢筋主要可分为以下几种：

HRB335，HRB400，HRB500，HPB235（Q235），HPB300，CRB550 等。

HRB 为热轧带肋钢筋英文的首字母组成的单词，其中 H 代表热轧，R 代表带肋，B 代表钢筋，后面的阿拉伯数字表示的是钢筋的屈服强度最小值。

同理 HPB 是热轧光圆钢筋的英文首字母组成的单词，其中 H 代表热轧，其中 P 代表光圆，B 代表钢筋。

CRB 是冷轧带肋钢筋的英文首字母组成的单词，其中 C 代表冷轧，R 代表带肋，B 代表钢筋。

工程图纸中，用牌号为 Q235 碳素结构钢制成的热轧光圆钢筋（包括盘圆）常用符号“Φ”表示；牌号为 HRB335 的钢筋混凝土用热轧带肋钢筋常用符号“Φ”表示；牌号为 HRB400 的钢筋混凝土用热轧带肋钢筋常用符号“Φ”表示，牌号为 HRB500 的钢筋用“Φ”表示。

2. 常用的品种

工程中经常使用的钢筋品种有：钢筋混凝土用热轧带肋钢筋、钢筋混凝土用热轧光圆钢筋、低碳钢热轧圆盘条、冷轧带肋钢筋、钢筋混凝土用余热处理钢筋等。建筑施工所用钢筋必须与设计相符，并且满足产品标准要求。

（1）钢筋混凝土用热轧带肋钢筋

钢筋混凝土用热轧带肋钢筋（俗称螺纹钢）是最常用的一种钢筋，它是用低合金高强度结构钢轧制成的条形钢筋，通常带有 2 道纵肋和沿长度方向均匀分布的横肋，按肋纹的形状又分为月牙肋和等高肋。由于表面肋的作用，和混凝土有较大的粘结能力，因而能更好地承受外力的作用，适用于作为非预应力钢筋、箍筋、构造钢筋。热轧带肋钢筋经冷拉后还可作为预应力钢筋。热轧带肋钢筋直径范围为 6～50mm。推荐的公称直径（与该钢筋横截面面积相等的圆所对应的直径）为 6、8、10、12、16、20、25、32、40、50mm。月牙肋钢筋表面及截面形状见图 6-10；等高肋钢筋表面及截面形状见图 6-11

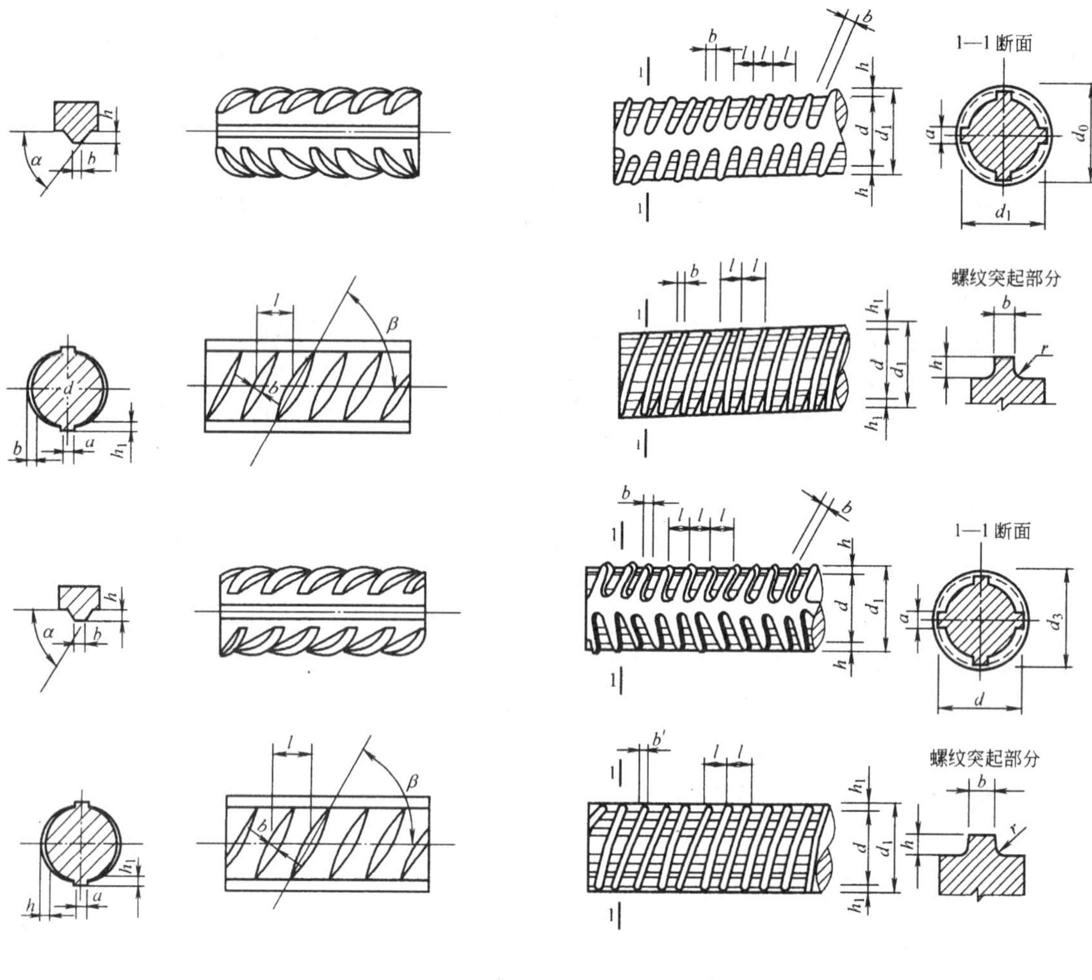

图 6-10　月牙肋钢筋表面及截面形状图

d—钢筋内径；α—横肋斜角；h—横肋高；β—横肋与轴线夹角；h_1—纵肋高度；a—纵肋顶宽；l—横肋间距；b—横肋顶宽

图 6-11　等高肋钢筋表面及截面形状图

d—钢筋内径；α—纵肋宽度；h—横肋高度；b—横肋顶宽；h_1—纵肋高度；l—横肋间距；r—横肋根部圆弧半径

（2）钢筋混凝土用热轧光圆钢筋

热轧光圆钢筋是经热轧成型并自然冷却而成的横截面为圆形，且表面为光滑的钢筋混凝土配筋用钢材，其钢种为碳素结构钢，钢筋级别为Ⅰ级，强度代号为 R235（R 代表热轧，屈服强度数值为 235MPa）。适用于作为非预应力钢筋、箍筋、构造钢筋、吊钩等。热轧光圆钢筋的直径范围为 8～20mm。推荐的公称直径为 mm：8、10、12、16、20。

（3）低碳钢热轧圆盘条

热轧盘条是热轧型钢中截面尺寸最小的一种，大多通过卷线机卷成盘卷供应，故称盘条或盘圆。低碳钢热轧圆盘条由屈服强度较低的碳素结构钢轧制，是目前用量最大、使用最广的线材，适用于非预应力钢筋、箍筋、构造钢筋、吊钩等。热轧圆盘条又是冷拔低碳钢丝的主要原材料，用热轧圆盘条冷拔而成的冷拔低碳钢丝可作为预应力钢丝，用于小型预应力构件（如多孔板等）或其他构造钢筋、网片等。热轧盘条的直径范围为 5.5～14.0mm。常用的公称直径为 mm：5.5、6.0、6.5、7.0、8.0、9.0、10.0、11.0、12.0、13.0、14.0。

（4）冷轧带肋钢筋

冷轧带肋钢筋是以碳素结构钢或低合金热轧圆盘条为母材，经冷轧后在其表面带有沿长度方向均匀分布的三面或二面横肋的钢筋。冷轧带肋钢筋适用于预应力混凝土和普通混凝土，也适用于制造焊接网。与热轧圆盘条相比较，冷轧带肋钢筋的强度提高了 17%左右。

冷轧带肋钢筋的牌号由 CRB 和钢筋的抗拉强度最小值构成，分为 CRB550、CRB650、CRB800、CRB970 四种。其中，CRB550 为普通钢筋混凝土，其他牌号为预应力混凝土钢筋。

CRB550 直径范围为 Φ4～Φ12mm，CRB650 及以上直径范围为 Φ4、Φ5、Φ6。

钢筋表面三面横肋的外形见图 6-12。

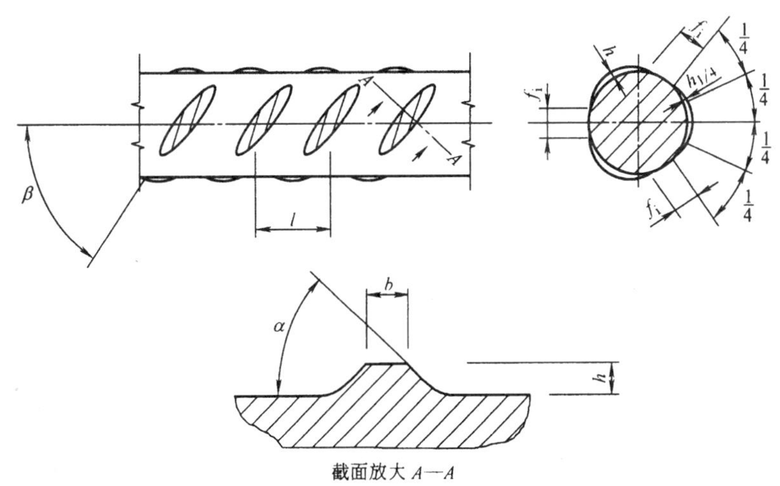

图 6-12　三面肋钢筋表面及截面形状图

α—横肋斜角；β—横肋与钢筋轴线夹角；h—横肋中点高；l—横肋间距；b—横肋顶宽；f_i—横肋间隙

（5）钢筋混凝土用余热处理钢筋

钢筋混凝土用余热处理钢筋是指低合金高强度结构钢经热轧后立即穿水，进行表面控制冷却，然后利用芯部余热自身完成回火处理所得的成品钢筋。其性能均匀，晶粒细小，在保证良好塑性、焊接性能的条件下，屈服点约提高 10%，用作钢筋混凝土结构的非预应力钢筋、箍筋、构造钢筋，可节约材料并提高构件的安全可靠性。余热处理月牙肋钢筋的级别为Ⅲ级，强度等级代号为 KL400（其中“K”表示“控制”）。余热处理钢筋的直径范围为 mm：8～40mm。推荐的公称直径为 mm：8、10、12、16、20、25、32、40。

（二）型钢

型钢在建筑中主要用于承重结构，通过各种形式和不同规格的型钢组成自重轻、承载力大、外形美观的钢结构。钢结构常用的型钢有工字钢、槽钢、角钢、圆钢、方钢、扁钢等。型钢由于截面形式合理，材料在截面上的分布对受力有利，且构件间的连接方便，因而是钢结构中采用的主要钢材。钢结构用钢的钢种和牌号，主要根据结构的重要性、荷载特征、结构形式、应力状态、连接方法、钢材厚度和工作环境等因素选择。对于承受动力荷载或振动荷载的结构、处于低温环境的结构，应选择韧性好，脆性临界温度低的钢材。对于焊接结构应选择焊接性能好的钢材。我国钢结构用热轧型钢主要采用的是碳素结构钢和低合金高强度结构钢。

常用型钢品种及相关质量要求介绍如下：

1. 热轧扁钢

热轧扁钢是截面为矩形并稍带钝边的长条钢材，主要由碳素结构钢或低合金高强度结构钢制成。其规格以厚度×宽度的毫米数表示，如"4×25"，即表示厚度为 4mm，宽度为 25mm 的扁钢。在建筑工程中多用作一般结构构件，如连接板、栅栏、楼梯扶手等。

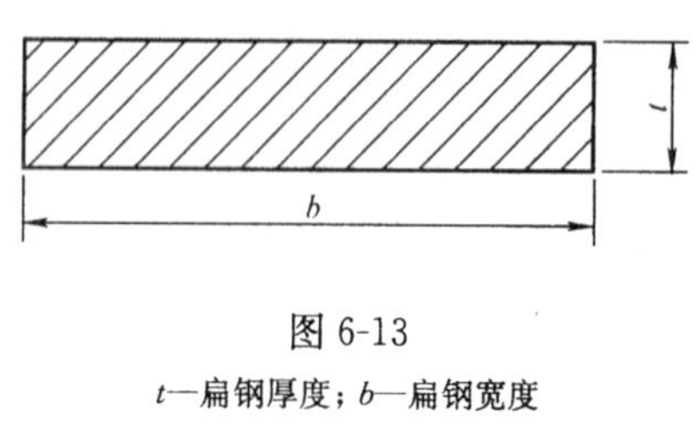

图 6-13

t—扁钢厚度；b—扁钢宽度

扁钢的截面为矩形，其厚度为 3～60mm，宽度为 10～150mm。截面图如图 6-13 所示。

扁钢的截面尺寸、允许偏差应符合表 6-76 的规定。

扁钢截面尺寸、允许偏差（mm） **表 6-76**

宽度			厚度		
尺寸	允许偏差		尺寸	允许偏差	
	普通级	较高级		普通级	较高级
10～50	+0.5 −1.0	+0.3 −0.9	3～16	+0.3 −0.5	+0.2 −0.4
>50～75	+0.6 −1.3	+0.4 −1.2			
>75～100	+0.9 −1.8	+0.7 −1.7	>16～60	+1.5% −3.0%	+1.0% −2.5%
>100～150	+1.0% −2.0%	+0.8% −1.8%			

2. 热轧工字钢

热轧工字钢也称钢梁，是截面为工字形的长条钢材，主要由碳素结构钢轧制而成。其规格以腰高（h）×腿宽（b）×腰厚（d）的毫米数表示，如"工 160×88×6"，即表示腰高为 160mm，腿宽为 88mm，腰厚为 6mm 的工字钢。工字钢规格也可用型号表示，型号表示腰高的厘米数，如工 16＃。腰高相同的工字钢，如有几种不同的腿宽和腰厚，需在型号右边加 a 或 b 或 c 予以区别，如 32a、32b、32c 等。热轧工字钢的规格范围为 10＃～63＃。工字钢广泛应用于各种建筑钢结构和桥梁，主要用在承受横向弯曲的杆件。

热轧工字钢的截面图形及标注符号如图 6-14 所示。

热轧工字钢的高度 h、腿宽度 b、腰厚度 d 尺寸允许偏差应符合表 6-77 的规定。

3. 热轧槽钢

热轧槽钢是截面为凹槽形的长条钢材，主要由碳素结构钢轧制而成。其规格表示方法同工字钢。如 120×53×5，表示腰高为 120mm、腿宽为 53mm、腰厚为 5mm 的槽钢，或称 12# 槽钢。腰高相同的槽钢，如有几种不同的腿宽和腰厚，也需在型号右边加上 a 或 b 或 c 予以区别，如 25a、25b、25c 等。热轧槽钢的规格范围为 5#～40#。

槽钢主要用于建筑钢结构和车辆制造等，30#以上可用于桥梁结构作受拉力的杆件，也可用作工业厂房的梁、柱等构件。槽钢常常和工字钢配合使用。

热轧槽钢的截面图示及标注符号如图 6-15 所示。

热轧槽钢的高度 h、腿宽度 b、腰厚度 d 尺寸允许偏差应符合表 6-77 规定。

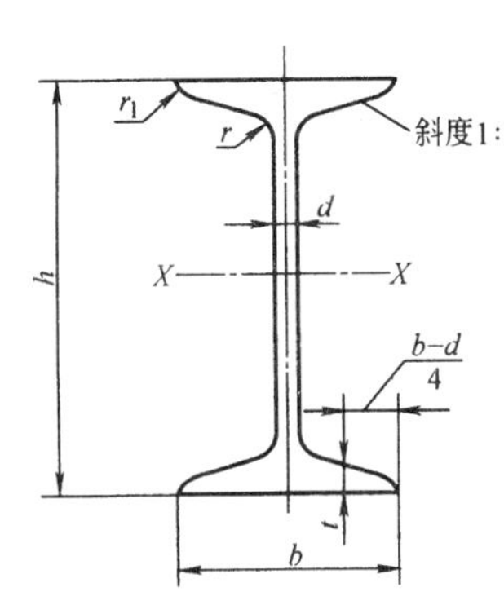

图 6-14

h—高度；b—腿宽度；d—腰厚度；t—平均腿厚度；r—内圆弧半径；r_1—腿端圆弧半径

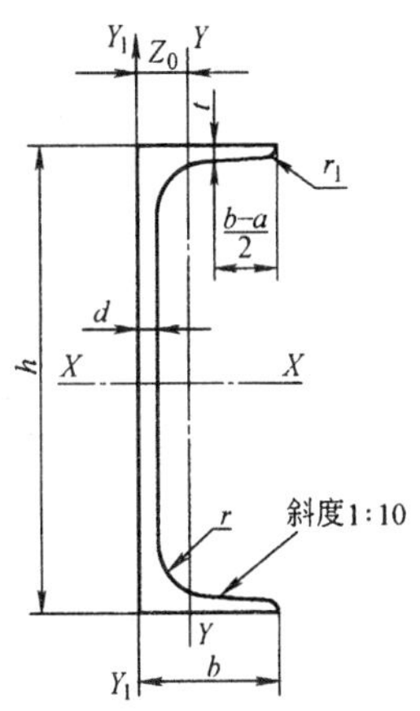

图 6-15

h—高度；b—腿宽度；d—腰厚度；t—平均腿厚度；r—内圆弧半径；r_1—腿端圆弧半径

工字钢、槽钢尺寸允许偏差（mm） **表 6-77**

	高度	允许偏差
高度 (h)	<100	±1.5
	100～<200	±2.0
	200～<400	±3.0
	≥400	±4.0
腿宽度 (b)	<100	±1.5
	100～<150	±2.0
	150～<200	±2.5
	200～<300	±3.0
	300～<400	±3.5
	≥400	±4.0
腰厚度 (d)	<100	±0.4
	100～<200	±0.5
	200～<300	±0.7
	300～<400	±0.8
	≥400	±0.9

4. 热轧等边角钢

热轧等边角钢（俗称角铁），是两边互相垂直成角形的长条钢材，主要由碳素结构钢轧制而成。其规格以边宽×边宽×边厚的毫米数表示。如 30×30×3，即表示边宽为30mm、边厚为 3mm 的等边角钢。也可用型号表示，型号是边宽的厘米数，如3#。型号不表示同一型号中不同边厚的尺寸，因而在合同等单据上应将角钢的边宽、边厚尺寸填写齐全，避免单独用型号表示。热轧等边角钢的规格为 2#～20#。

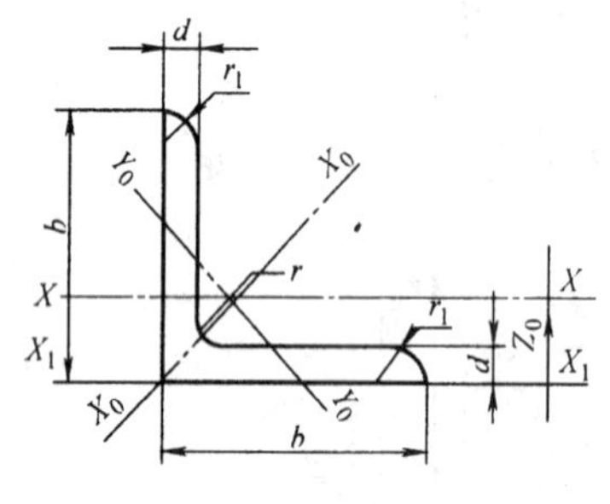

图 6-16

b—边宽度；d—边厚度；r—内圆弧半径；r_1—边端内圆弧半径

热轧等边角钢可按结构的不同需要组成各种不同的受力构件，也可作构件之间的连接件。其广泛应用于各种建筑结构和工程结构上。

热轧等边角钢的截面图示及标注符号如图 6-16 所示。

等边角钢的尺寸允许偏差应符合表 6-78 的规定。

等边角钢尺寸允许偏差 **表 6-78**

项目		允许偏差
边宽度(B,b)	边宽度≤56	±0.8
	>56～90	±1.2
	>90～140	±1.8
	>140～200	±2.5
	>200	±3.5
边厚度(d)	边厚度≤56	±0.4
	>56～90	±0.6
	>90～140	±0.7
	>140～200	±1.0
	>200	±1.4

四、建筑钢材验收

(一) 验收基本要素

建筑钢材从钢厂到施工现场经过了商品流通的多道环节，建筑钢材的检验验收是质量管理中必不可少的环节。建筑钢材必须按批进行验收。

1. 订货和发货资料应与实物一致

(1) 检查发货码单和质量证明书内容是否与建筑钢材标牌标志上的内容相符。

对于钢筋混凝土用热轧带肋钢筋、冷轧带肋钢筋和预应力混凝土用钢材（钢丝、钢棒和钢绞线）应检查生产厂是否有《全国工业产品生产许可证》。其他类型的建筑钢材尚未列入许可发证范围。《全国工业产品生产许可证》可通过国家质量监督检验检疫总局网站(www.aqsiq.gov.cn)进行查询。一般每一捆扎件上都拴有两个产品铭，上面注明生产企业名称或厂标、牌号、规格、炉罐号、生产日期、带肋钢筋生产许可证标记和编号等内容。如按照国家标准规定，带肋钢筋生产企业应在自己生产的热轧带肋钢筋表面轧上明显的牌号、企业标记和代表直径的阿拉伯数字组成。

（2）质量证明书内容审核

质量证明书应清晰内容完整，证明书中应注明：供方名称或厂标；需方名称；发货日期；合同号；标准号及水平等级；牌号；炉罐（批）号、交货状态、加工用途、重量、支数或件数；品种名称、规格尺寸（型号）和级别；标准中所规定的各项试验结果（包括参考性指标）及加盖生产单位公章或质检部门检验专用章。如由经销商供应，则质量证明书复印件上应注明购买时间、供应数量、买受人名称、质量证明书原件存放单位及加盖有经销商红色公章。

（3）质保书与实物

现场钢筋标记与质保书签发是否为同一企业，吊牌是否齐全，品种名称、规格尺寸（型号）和级别是否与质保书内容一致，外观质量是否符合产品标准规定要求等。

2. 建立材料台账

建筑钢材进场后，应及时登记台账。如，施工单位，建立“建设工程材料采购验收检验使用综合台账”。监理单位可设立“建设工程材料监理监督台账”。

台账中应记录材料名称、规格品种、生产单位、供应单位、进货日期、送货单编号、实收数量、生产许可证编号、质量证明书编号、产品标识（标志）、外观质量情况、材料检验日期、检验报告编号、材料检测结果、工程材料报审表签认日期、使用部位、审核人员签名等。

（二）实物质量验收

1. 钢筋混凝土用热轧带肋钢筋

钢筋混凝土用热轧带肋钢筋的力学和冷弯性能应符合表 6-79 的规定，重量偏差应符合表 6-80 的规定。热轧带肋钢筋的力学和冷弯性能及重量偏差检验应按批进行。每批应由同牌号、同一炉罐号、同一规格、同一交货状态的钢筋组成，每批重量不大于 60t。复试项目有力学和冷弯性能及重量偏差三个指标。按 GB 1499.2－2007 中规定每批抽取 5 个试件，并应带有标识的一段，先进行重量偏差检验，再进行力学性能检验。

根据规定应按批检查热轧带肋钢筋的外观质量。钢筋表面不得有裂纹、结疤和折叠。钢筋表面允许有凸块，但不得超过横肋的高度，钢筋表面上其他缺陷的深度和高度不得大于所在部位尺寸的允许偏差。

根据规定应按批检查热轧带肋钢筋的尺寸偏差。钢筋的内径尺寸及其允许偏差应符合表 6-81 的规定。测量精确到 0.1mm。

热轧带肋钢筋力学和冷弯性能 　　表 6-79

牌号	表面形状	公称直径 (mm)	屈服点 σ_s (MPa) 不小于	抗拉强度 σ_b (MPa) 不小于	伸长率 δ_s(%) 不小于	冷弯 d-弯心直径 a-钢筋直径
HRB335	月牙肋	6～25 28～50	335	455	17	180° $d=3a$ 180° $d=4a$
HRB400	月牙肋	6～25 28～50	400	540	16	180° $d=4a$ 180° $d=5a$
HRB500	等高肋	6～25 28～50	500	630	15	180° $d=6a$ 180° $d=7a$

热轧带肋钢筋实际重量与理论重量的允许偏差　　表 6-80

公称直径(mm)	实际重量与理论重量的偏差(%)
6～12	±7
14～20	±5
22～50	±4

热轧带肋钢筋内径尺寸及其允许偏差（mm）　　表 6-81

公称直径	6	8	10	12	14	16	18	20	22	25	28	32	36	40	50
内径尺寸	5.8	7.7	9.6	11.5	13.4	15.4	17.3	19.3	21.3	24.2	27.2	31.0	35.0	38.7	48.5
允许偏差	±0.3	±0.4						±0.5			±0.6			±0.7	±0.8

2. 钢筋混凝土用热轧光圆钢筋

钢筋混凝土用热轧光圆钢筋 HPB235、HPB300 的力学和冷弯性能应符合表 6-82 的规定，重量偏差应符合表 6-83 的规定，热轧光圆钢筋的力学和冷弯性能检验应按批进行。每批应由同一牌号、同一炉罐号、同一规格、同一交货状态的钢筋组成，每批重量不大于 60t。复试项目有力学和冷弯性能及重量偏差三个指标。按 GB 1499.1—2008 中规定每批抽取 5 个试件，并应带有标识的一段，先进行重量偏差检验，再进行力学性能检验。

根据规定应按批检查热轧光圆钢筋的外观质量。钢筋表面不得有裂纹、结疤和折叠。钢筋表面的凸块和其他缺陷的深度和高度不得大于所在部位尺寸的允许偏差。

根据规定应按批检查热轧光圆钢筋的尺寸偏差。钢筋的直径允许偏差不大于 ±0.4mm，不圆度不大于 0.4mm。钢筋的弯曲度每米不大于 4mm，总弯曲度不大于钢筋总长度的 0.4% 。测量精确到 0.1mm。

热轧光圆钢筋的力学和冷弯性能　　表 6-82

表面形状	钢筋级别	强度等级代号	公称直径(mm)	屈服点 σ_s(MPa) 不小于	抗拉强度 σ_b (MPa) 不小于	伸长率 δ_s(%) 不小于	冷弯 d—弯心直径 a—钢筋直径
光圆	Ⅰ	R235 R300	8～20	235 300	370	25.0	180°$d=a$

热轧光圆钢筋实际重量与理论重量的允许偏差　　表 6-83

公称直径(mm)	实际重量与理论重量的偏差/%
6～12	±7
14～20	±5

3. 低碳钢热轧圆盘条

一般用途的低碳钢热轧圆盘条的力学和冷弯性能应符合表 6-84 的规定。

一般用途的低碳钢热轧圆盘条力学和冷弯性能　　表 6-84

牌号	抗拉强度 σ_b(MPa) 不小于	伸长率 δ_{10} (%) 不小于	冷弯 d—弯心直径 a—钢筋直径
Q215	435	28	180°$d=0$
Q235	500	23	180°$d=0.5a$

盘条的力学和冷弯性能检验应按批进行。每批应由同一牌号、同一炉罐号、同一尺寸的盘条组成，每批重量不大于 60t。复试项目有力学和冷弯性能 2 个指标。

根据规定应逐盘检查低碳钢热轧圆盘条的外观质量。盘条表面应光滑，不得有裂纹、折叠、耳子、结疤等。盘条不得有夹杂及其他有害缺陷。

根据规定应逐盘检查低碳钢热轧圆盘条的尺寸偏差。钢筋的直径允许偏差不大于±0.45mm，不圆度（同一截面上最大值和最小直径之差）不大于 0.45mm。

4. 冷轧带肋钢筋

冷轧带肋钢筋的力学和冷弯性能应符合表 6-85 的规定。

冷轧带肋钢筋力学和冷弯性能 **表 6-85**

牌号	抗拉强度 σ_b(MPa) 不小于	伸长率 不小于（%）		弯曲试验 180°	反复弯曲次数
		$\delta_{s\,11.3}$	$\delta_{s\,100mm}$		
CRB550	550	8.0	—	$D=3d$	—
CRB650	650	—	4.0	—	3
CRB800	800	—	4.0	—	3
CRB970	970	—	4.0	—	3

冷轧带肋钢筋的力学和冷弯性能检验应按批进行。每批应由同一牌号、同一规格和同一级别的钢筋组成。每批重量不大于 60t。复试项目有力学和冷弯性能指标检验。

根据规定应按批检查冷轧带肋钢筋的外观质量。钢筋表面不得有裂纹、结疤、折叠、油污及其他影响使用的缺陷，钢筋表面可有浮锈，但不得有锈皮及肉眼可见的麻坑等腐蚀现象。

根据规定应按批检查冷轧带肋钢筋的尺寸偏差。冷轧带肋钢筋尺寸、重量的允许偏差应符合标准规定。

5. 钢筋混凝土用余热处理钢筋

钢筋混凝土用余热处理钢筋的力学和冷弯性能应符合表 6-86 的规定。

余热处理钢筋力学和冷弯性能 **表 6-86**

表面形状	钢筋级别	强度等级代号	公称直径（mm）	屈服点 σ_s(MPa) 不小于	抗拉强度 σ_b(MPa) 不小于	伸长率 δ_s(%) 不小于	冷弯 d—弯心直径 a—钢筋直径
月牙肋	Ⅲ	KL400	8～25 28～40	440	600	14	90°$d=3a$ 90°$d=4a$

余热处理钢筋的力学和冷弯性能检验应按批进行。每批应由同一牌号、同一炉罐号、同一规格的钢筋组成，每批重量不大于 60t。复试项目有力学和冷弯性能指标检验。

根据规定应按批检查余热处理钢筋的外观质量。钢筋表面不得有裂纹、结疤和折叠。钢筋表面允许有凸块，但不得超过横肋的高度，钢筋表面上其他缺陷的深度和高度不得大于所在部位尺寸的允许偏差。

根据规定应按批检查余热处理钢筋的尺寸偏差。钢筋混凝土用余热处理钢筋的内径尺寸及其允许偏差应符合表 6-87 的规定。测量精确到 0.1mm.

余热处理钢筋内径尺寸及其允许偏差（mm） 表 6-87

公称直径	8	10	12	14	16	18	20	22	25	28	32	36	40
内径尺寸	7.7	9.6	11.5	13.4	15.4	17.3	19.3	21.3	24.2	27.2	31.0	35.0	38.7
允许偏差	±0.4						±0.5			±0.6			±0.7

6. 常用型钢

型钢的规格尺寸及允许偏差应符合其产品标准的要求。

检查数量：每一品种、同一规格的型钢抽查 5 处。

检验方法：用钢尺或游标卡尺测量。

如设计单位有要求，用于建设工程的型钢产品也应进行力学性能和冷弯性能的检验。

五、建筑钢材的运输、储存和现场标识

建筑钢材由于重量大、长度长，运输前必须了解所运建筑钢材的长度和单捆重量，以便安排运输车辆和吊车。

建筑钢材应按不同的品种、规格分别堆放。在条件允许的情况下，建筑钢材应尽可能存放在库房或料棚内（特别是有精度要求的冷拉、冷拔等钢材），若采用露天存放，则料场应选择地势较高而又平坦的地面，经平整、夯实、预设排水沟道、安排好垛底后方能使用。为避免因潮湿环境而引起的钢材表面锈蚀现象，雨雪季节建筑钢材要用防雨材料覆盖。

施工现场堆放的建筑钢材应注明“合格”、“不合格”、“在检”、“待检”等产品质量状态，注明钢材生产企业名称、品种规格、进场日期及数量等内容，并以醒目标识标明，工地应由专人负责建筑钢材收货和发料。

第十节 建筑幕墙

建筑幕墙，是由支承结构体系与面板组成的、相对主体结构有一定位移能力、不分担主体结构所受作用的建筑外围护结构或装饰性结构。该结构被广泛应用于建筑立面的围护与装饰，是自 20 世纪 70 年代末传入我国的新型建筑结构型式，以施工快、自重轻、外观美、精度高等优点备受青睐。

在我国，铝合金门窗与建筑幕墙产品经过 30 年的发展取得了长足的进步，技术得到了发展，形成了具有中国特色的产品结构体系。随着国民经济的快速发展，人们对建筑幕墙的需求不断升温。建筑幕墙作为建筑的外墙围护结构和建筑外立面的主要装饰手段，各式建筑幕墙的应用，以其独特的艺术魅力，夺目的装饰效应和丰富的使用功能，装点着城市面貌，丰富着人民的物质和文化生活。

一、产品分类

按幕墙使用面板材料的不同可分为：玻璃幕墙、金属幕墙、石材幕墙、人造板材幕墙和组合面板幕墙。

建筑幕墙按主要支承结构形式分类为：构件式、单元式、点支承、全玻、双层。

建筑幕墙按密闭形式可分类为：封闭式、开放式。

其中构件式玻璃幕墙按其面板支承形式可分类为：点支承形式、隐框结构、半隐框结构、明框结构。

本节主要按介绍玻璃幕墙、金属幕墙、石材幕墙和相关材料、配件。

二、产品的技术要求及检验

（一）产品材料要求

1. 一般规定

（1）幕墙所选用的材料应符合国家现行标准的有关规定及设计要求。尚无相应标准的材料应符合设计要求，并应有出厂合格证，合格证应具有制造厂名称、产品名称、编号、合格等级及出厂日期等信息。

（2）幕墙所选用材料的物理力学和耐候性能应符合设计要求。金属材料和金属零配件除不锈钢及耐候钢外，钢材应进行表面热浸镀锌处理、无机富锌涂料处理或采取其他有效的防腐措施，铝合金材料应进行表面阳极氧化、电泳涂漆、粉末喷涂或氟碳漆喷涂处理等。

（3）幕墙所选用的材料宜采用不燃性材料或难燃性材料，防火密封构造应采用防火密封材料。

（4）硅酮结构密封胶和硅酮建筑密封胶必须在有效期内使用。

（5）材料应进行现场检验，其检验样品应将同一厂家生产的同一型号、规格、批号的材料作为一个检验批进行。

2. 铝合金型材和板材

（1）铝合金建筑型材是铝合金（框架）幕墙的主材，目前使用的主要是 6061（30 号锻铝）和 6063、6063A（31 号锻铝）高温挤压成型、快速冷却并人工时效（T5）[或经固溶热处理（T6）] 状态的型材，经阳极氧化（着色）或电泳涂漆、粉末喷涂、氟碳化喷涂表面处理。

（2）铝合金材料的牌号所对应的化学成分应符合现行国家标准《变形铝及铝合金化学成分》GB/T 3190 的有关规定，铝合金型材质量应符合国家标准《铝合金建筑型材》GB/T 5237的规定，型材尺寸允许偏差应达到高精级或超高精级，具体内容在本书铝合金及建筑门窗的相关章节中详细介绍，本节不再赘述。

（3）铝合金型材采用阳极氧化、电泳涂漆、粉末喷涂、氟碳漆喷进行表面处理时，应符合现行国家标准《铝合金建筑型材》GB/T 5237 规定的质量要求，其中凡与结构胶接触部分的阳极氧化镀膜不应低于 GB 8013 中所规定的 AA15 级要求，详细情况见表 6-88。

铝合金型材表面处理的质量要求 **表 6-88**

表面处理方法		膜厚级别(涂层种类)	厚度 t(μm)	
			平均膜厚	局部膜厚
阳极氧化		AA15	$t \geqslant 15$	$t \geqslant 12$
电泳涂漆	阳极氧化膜	B	$t \geqslant 10$	$t \geqslant 8$
	漆膜	B	—	$t \geqslant 7$
	复合膜	B	—	$t \geqslant 16$
粉末喷涂		—	—	$40 \leqslant t \leqslant 120$
氟碳喷涂	二涂	—	$t \geqslant 30$	$t \geqslant 25$
	三涂		$t \geqslant 40$	$t \geqslant 35$

（4）幕墙面板采用铝合金板材时应符合 GB/T 3880 的有关要求，其一般种类为：单

层铝板、铝塑复合板及蜂窝铝板。

单层铝板即为纯铝板，当面板采用单层铝面板时应符合《一般工业用铝及铝合金板、带材》(GB/T 3880)、《变形铝及铝合金牌号表示方法》GB/T 16474 及《变形铝及铝合金状态代号》GB/T 16475 的规定，幕墙用单层铝板厚度不应小于 2.5mm。

铝塑复合板简称铝塑板，是由经过表面处理并涂装烤漆的铝板作为表层，聚乙烯塑料板作为芯层，经过一系列工艺过程加工复合而成的新型材料。当面板采用铝塑复合板时其上下两层铝合金板的厚度均应为 0.5mm，其性能应符合现行国家标准《铝塑复合板》GB/T 17748规定的外墙板的技术要求，铝合金板与夹心层的剥离强度标准值应大于 7N/mm，普通型聚乙烯铝塑复合板必须符合现行国家标准《建筑设计防火规范》GBJ 16 和《高层民用建筑设计防火规范》GB 50045 的规定。

蜂窝铝板是一种夹层结构，用薄的铝板粘结上相对较厚的轻体铝蜂窝芯材，组成一种坚硬轻型板复合材料，采用蜂窝铝面板时应根据幕墙的使用功能和耐久年限的要求，分别选用厚度为 10mm、12mm、15mm 、20mm 和 25mm 的蜂窝铝板，厚度为 10mm 的蜂窝铝板应由 1mm 厚的正面铝合金板、0.5～0.8mm 厚的背面铝合金板及铝蜂窝粘结而成，厚度在 10mm 以上的蜂窝铝板，其正背面铝合金板厚度均应为 1mm 。

(5) 与幕墙配套用铝合金门窗应符合现行国家标准《铝合金门窗》GB/T 8478 的规定。

3. 钢型材和板材

(1) 幕墙采用钢材的技术要求应符合相关现行国家标准的规定。

(2) 幕墙所选用的碳素结构钢和低合金钢的钢种、牌号和质量等级应符合相关国家标准和行业标准的规定。

碳素结构钢和低合金钢应采用有限的防腐处理，当采用热浸镀锌防腐处理时，锌膜厚度应符合现行国家标准《金属覆盖层钢铁制品热镀锌层技术要求》GB/T 13912 的规定。

(3) 幕墙所选用的不锈钢材宜采用奥氏体不锈钢，且含镍量不应小于 8%。不锈钢材应符合相关国家标准、行业标准的规定。

(4) 钢结构幕墙高度超过 40m 时，钢构件宜采用高耐候结构钢，并应在其表面涂刷防腐涂料。

(5) 钢构件采用冷弯薄壁型钢时，除应符合现行国家标准《冷弯薄壁型钢结构技术规范》GBJ 18 的有关规定外，其壁厚不得小于 3.5mm，强度应按实际工程验算，

(6) 彩钢板应符合 GB/T 12754 的要求，热镀锌钢板应符合 GB 2518 的要求，不锈钢冷轧板应符合 GB/T 3280 的要求。

(7) 支承结构用碳素钢和低合金高强度结构钢采用氟碳漆喷涂或聚氨酯漆喷涂时，涂膜的厚度不宜小于 35μm；在空气污染严重及海滨地区，涂膜厚度不宜小于 45μm。

(8) 钢材之间进行焊接时，应符合现行国家标准《建筑钢结构焊接规程》GB/T 8162、《碳钢焊条》GB/T 5117、《低合金钢焊条》GB/T 51181 及现行行业标准《建筑钢结构焊接技术规程》JGJ 81 的规定。

4. 石材

(1) 幕墙面板采用石材时宜选用花岗石，石材吸水率应小于 0.6%；石材表面应采用机械进行加工，加工后的表面应用高压水冲洗或用水和刷子清理，严禁用溶剂型的化学清洁剂清洗石材；其弯曲强度应经法定检测机构检测确定，并不应小于 8.0MPa；选用的石材应符

合相关国家现行标准或行业标准的技术要求；石材的主要性能试验方法应符合《天然饰面石材试验方法 干燥、水饱和、冻融循环后压缩强度试验方法》GB 9966.1、《天然饰面石材试验方法 弯曲强度试验方法》GB 9966.2、《天然饰面石材试验方法 体积密度、真密度、真气孔率、吸水率试验方法》GB 9966.3、《天然饰面石材试验方法 耐磨性试验方法》GB 9966.5、及《天然饰面石材试验方法 耐酸性试验方法》GB 9966.6 的规定。

（2）当面板材料为含放射物质的石材时，应符合 GB/T 6566 中 A 级、B 级和 C 级的要求（见表 6-89）。

天然石材产品根据放射性水平划分为以下三类 表 6-89

产品分类	指标值	使用范围
A类产品	$I_{Ra}\leqslant 1.0$ $I_r\leqslant 1.3$	使用范围不受限制
B类产品	$I_{Ra}\leqslant 1.3$ $I_r\leqslant 1.9$	可用于Ⅱ类民用建筑物、工业建筑内饰面及其他一切建筑物的外饰面。
C类产品	$I_r\leqslant 2.8$	可用于建筑物的外饰面及室外其他用途

（3）石板的表面处理方法应根据环境和用途决定。

（4）为满足等强度计算的要求，火烧石板的厚度应比抛光石板厚 3mm。

5. 玻璃

（1）玻璃应根据设计要求的功能分别选用适宜品种，一般采用的种类有钢化玻璃、夹层玻璃、中空玻璃、浮法玻璃、防火玻璃、着色玻璃、镀膜玻璃等，其外观质量和性能应符合国家现行标准的有关规定，具体内容详见本书有关建筑玻璃的章节。

（2）幕墙采用阳光控制镀膜玻璃时，离线法生产的镀膜玻璃应采用真空磁控溅射法生产工艺；在线法生产的镀膜玻璃应采用热喷涂法生产工艺。

（3）幕墙采用中空玻璃时，除应符合现行国家标准《中空玻璃》GB/T 11944 的有关规定外，尚应符合下列规定：

1）中空玻璃气体层厚度不应小于 9mm。

2）中空玻璃应采用双道密封。一道密封应采用丁基热熔密封胶。隐框、半隐框及点支承玻璃幕墙用中空玻璃的二道密封应采用硅酮结构密封胶；明框玻璃幕墙用中空玻璃的二道密封宜采用聚硫类中空玻璃密封胶，也可采用硅酮密封胶。二道密封应采用专用打胶机进行混合、打胶。

3）中空玻璃的间隔铝框可采用连续折弯型或插角型，不得使用热熔型间隔胶条。间隔铝框中的干燥剂宜采用专用设备装填。

4）中空玻璃加工过程应采取措施，消除玻璃表面可能产生的凹、凸现象。

（4）幕墙玻璃应进行机械磨边处理，磨轮的目数应在 180 目以上。点支承幕墙玻璃的孔、板边缘均应进行磨边和倒棱，磨边宜细磨，倒棱宽度不宜小于 1mm，有防火要求的幕墙玻璃，应根据防火等级要求，采用单片防火玻璃或其制品。

（5）玻璃幕墙采用夹层玻璃时，应采用干法加工合成，其夹片宜采用聚乙烯醇缩丁醛（PVB）胶片；夹层玻璃合片时，应严格控制温、湿度。

（6）玻璃幕墙采用单片低辐射镀膜玻璃时，应使用在线热喷涂低辐射镀膜玻璃；离线镀膜的低辐射镀膜玻璃宜加工成中空玻璃使用，且镀膜面应朝向中空气体层。

6. 结构胶与密封胶

(1) 幕墙用中性硅酮结构密封胶及酸性硅酮结构密封胶的性能，应符合现行国家标准《建筑用硅酮结构密封胶》GB 16776 的规定。

(2) 结构胶和耐候胶在使用前必须与所接触部位的所有材料作相容性和剥离粘结性试验，并应对邵氏硬度、标准状态拉伸粘结性能进行复验，提交检测报告。所提供的检测报告应证明其相容性符合要求并具有足够的粘结力，必要时由国家或部级建设主管部门批准或认可的检测机构进行检验。胶产品外包装应标有商品名称、产地、厂名、厂址、生产日期和有效期，严禁过期使用。

(3) 隐框和半隐框玻璃幕墙，其玻璃与铝型材的粘结必须采用中性硅酮结构密封胶；全玻璃幕墙和点支承幕墙采用镀膜玻璃时，不应采用酸性硅酮结构密封胶粘结。

(4) 密封胶条应符合国家现行标准《建筑橡胶密封垫一预成型实心硫化的结构密封垫用材料规范》HG/T 3099 及《工业用橡胶板》GB/T 5574 的规定。

(5) 同一幕墙工程应采用同一品牌的单组分或双组分的硅酮结构密封胶，并应有保质年限的质量证书。用于石材幕墙的硅酮结构密封胶还应有证明无污染的试验报告。

7. 五金件及其他配件

(1) 金属材料和金属零配件除不锈钢及耐候钢外，钢材应进行表面热浸锌处理、无机富锌涂料处理或采用其他有效的防腐措施，铝合金材料应进行表面阳极氧化、电泳涂漆、粉末喷涂或氟碳漆喷涂处理。

(2) 幕墙采用的非标准五金件应符合设计要求，并应有出厂合格证。同时应符合现行国家标准《紧固件机械性能 不锈钢螺栓、螺钉和螺柱》GB/T 3098.6 和《紧固件机械性能 不锈钢螺母》GB/T 3098.15 的规定。

(3) 点支承式幕墙用的不锈钢绞线应符合现行国家标准《冷预锻用不锈钢丝》GB/T 4232、《不锈钢丝》GB/T 4240、《不锈钢丝绳》GB/T 9944 的规定。其锚具的技术要求可按国家现行标准《预应力筋用锚具、夹具和连接器》GB/T 14370 及《预应力筋用锚具、夹具和连接器应用技术规程》JGJ 85 的规定执行。

(4) 幕墙的隔热保温材料，宜采用岩棉、矿棉、玻璃棉、防火板等不燃或难燃材料。

(5) 与硅酮结构密封胶配合使用的低发泡间隔双面胶带，应具有透气性。

(二) 产品制作要求

1. 尺寸及组装允许偏差

幕墙主要竖向构件及主要横向构件的尺寸偏差的相关规定见表 6-90，其组装偏差应符合表 6-91 的规定。

幕墙主要竖向构件及主要横向构件的尺寸允许偏差 (mm)　　　表 6-90

序号	部位		材料	允许偏差
1	长度	主要竖向构件	铝型材	±1.0
			钢型材	±2.0
		主要横向构件	铝型材	±0.5
			钢型材	±1.0
2	端头斜度		—	−15°

幕墙竖向和横向构件的组装允许偏差（mm） **表 6-91**

项目	尺寸范围	允许偏差(不大于)		检测方法
		铝构件	钢构件	
相邻两竖向构件间距尺寸(固定端头)	—	±2.0	±3.0	用钢卷尺
相邻两横向构件间距尺寸	间距≤2000mm	±1.5	±2.5	用钢卷尺
	间距>2000mm	±2.0	±3.0	
分格对角线差	对角线长≤2000mm	3.0	4.0	用钢卷尺或伸缩尺
	对角线长>2000mm	3.5	5.0	
竖向构件垂直度	高度≤30m 时	10	15	用经纬仪或激光仪
	高度≤60m 时	15	20	
	高度≤90m 时	20	25	
	高度≤150m 时	25	30	
	高度>150m 时	30	35	
相邻两横向构件的水平标高差	—	1.0	2.0	用钢板尺或水平仪
横向构件水平度	构件长≤2000mm	2.0	3.0	用水平仪或水平尺
	构件长>2000mm	3.0	4.0	
竖向构件直线度	—	2.5	4.0	用 2.0m 靠尺
竖向构件外表面平面度	相邻三立柱	2	3	经纬仪
	宽度≤20m	5	7	
	宽度≤40m	7	10	
	宽度≤60m	9	12	
	宽度>60m	10	15	
同高度内主要横向构件的高度差	长度≤35	5	7	用水平仪
	长度>35	7	9	

2. 玻璃幕墙的制作要求

(1) 明框玻璃幕墙

明框玻璃幕墙是指面板周围由显露在面板外表面的金属框架支撑的玻璃幕墙。制作要求有如下几点。

1) 明框玻璃幕墙的玻璃镶嵌

幕墙玻璃镶嵌时对于插入槽口的配合尺寸可参照表 6-92 及表 6-93 并根据 JGJ102 的规定进行校核计算。配合尺寸见图 6-17 和图 6-18。

单层玻璃与槽口的配合尺寸（mm） **表 6-92**

厚度	*a*	*b*	*c*
6	≥3.5	≥15	≥5
8～10	≥4.5	≥16	≥5
12 以上	≥5.5	≥18	≥5
注:包括夹层玻璃			

中空玻璃与槽口的配合尺寸（mm） **表 6-93**

厚度	a	b	c
6+da+6	≥5	≥17	≥5
8+da+8 以上	≥6	≥18	≥5
注：da 为空气层厚度			

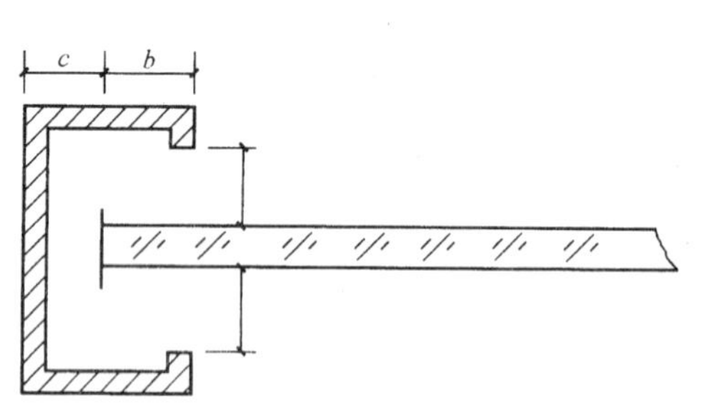

图 6-17 玻璃与槽口的配合尺寸示意图

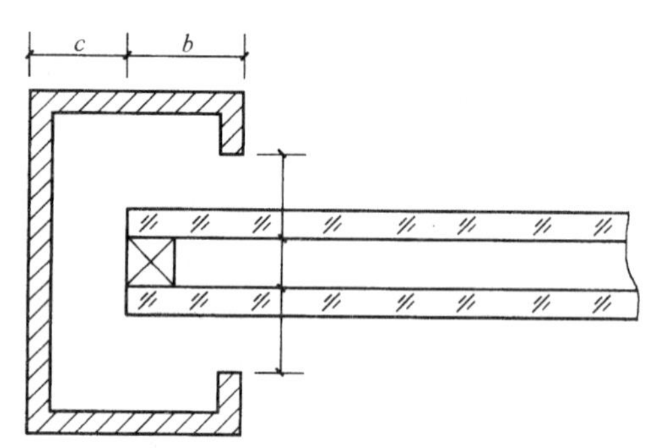

图 6-18 中空玻璃与槽口的配合尺寸示意图

2）在玻璃镶嵌定位后，玻璃定位垫块位置必须正确，数量应满足要求，并要用胶条或密封胶将玻璃与槽口两侧之间进行密封。

3）明框玻璃幕墙玻璃的下方应采用两块压模成型的氯丁橡胶垫块支承，垫块厚度不应小于 5mm，每块长度不应小于 100mm。

（2）隐框玻璃幕墙

隐框玻璃幕墙是指面板周围由完全不显露在面板外表面的金属框架支撑的玻璃幕墙。另外，当幕墙采用金属框架的竖向或横向构件部分显露于面板外表面时，称其为半隐框玻璃幕墙。隐框玻璃幕墙的制作要求有如下几点。

1）隐框玻璃幕墙装配组件（包括半隐框玻璃幕墙）系指用结构胶将玻璃和铝合金型材框架粘结在一起所组成的单体构件，该单体构件为隐框幕墙的基本组件，必须符合设计要求，保证安全。

2）隐框玻璃幕墙玻璃和铝合金框架的粘结部位必须用规定的溶剂和工艺净化表面，注胶和固化过程必须在符合要求的环境时间、气候条件下进行，并在其固化前不允许搬动和严禁上房安装。

3）隐框玻璃幕墙装配组件的注胶空腔必须填满结构胶，并不得出现气泡，胶缝表面应平整光滑。

4）隐框玻璃幕墙装配组件，其铝框应满足强度和刚度要求，注胶之前其表面应平整，不可翘曲。

5）结构胶完全固化后，隐框玻璃幕墙装配组件的尺寸偏差应符合表 6-94 的规定。

6）幕墙安装就位后允许偏差应符合表 6-95 的规定。

7）玻璃幕墙外露表面的质量

明框玻璃幕墙外露表面不应有明显擦伤、腐蚀及斑痕；隐框玻璃幕墙外露表面耐候胶接缝处应按规定工艺施工，应与玻璃粘结牢固，胶线应横平竖直、粗细均匀、目视应无明显弯曲扭斜，胶缝外应无胶渍。

8）幕墙上的开启部分应符合相应窗型的有关产品标准的规定。

结构胶完全固化后隐框玻璃幕墙组件尺寸偏差（mm） **表 6-94**

项目	尺寸范围	允许偏差	检测方法
框长宽尺寸	—	±1.0	用钢卷尺
组件长宽尺寸	—	±2.5	用钢卷尺
框接缝高度差	—	≤0.5	用深度尺
框内侧对角线差及组件对角线差	当长边≤2000 时	≤2.5	用钢卷尺
	当长边>2000 时	≤3.5	
框组装间隙	—	0.5	用塞尺
胶缝宽度	—	±2.0 0	用卡尺或钢板尺
胶缝厚度	≥6	±0.5 0	用卡尺或钢板尺
组件周边玻璃与铝框位置差	—	≤1.0	用深度尺
结构组件平面度	—	≤3.0	用 1m 靠尺
组件厚度	—	±1.5	卡尺或钢板尺

幕墙组件安装就位后允许偏差 **表 6-95**

项目	尺寸范围	允许偏差	检查方法
竖缝及墙面垂直度（幕墙高度 H）	H≤30m	≤10	用激光仪或经纬仪
	30m<H≤60m	≤15	
	60m<H≤90m	≤20	
	90m<H≤150m	≤25	
	H>150m	≤30	
幕墙平面度		≤2.5	用靠尺钢板尺
竖缝直线度		≤2.5	用靠尺钢板尺
横缝水平度		≤2.5	用水平尺
缝宽度与设计值比较		±2	用卡尺
两相邻玻璃之间接缝高低差		≤1	用深度尺

（3）点支承玻璃幕墙

点支承玻璃幕墙是指由点支承装置支撑玻璃面板构成的幕墙结构。它的制作要求有；

1）合理划分拼装单元，单元节点位置的允许偏差为±2mm。

2）构件长度、拼装单元长度的允许正负偏差均可取长度的 1/2000。

3）管件连接焊缝应沿全长连续、均匀、饱满、平滑、无气泡和夹渣；支承管件壁厚小于 6mm 时可不切坡口；角焊缝的焊脚高度不宜大于支管壁厚的 2 倍。

4）其玻璃面板及孔洞边缘应倒棱和磨边，其加工允许偏差见表 6-96。

玻璃面板加工允许偏差 **表 6-96**

项目	边长尺寸	对角偏差	钻孔位置	孔距	孔轴与玻璃平面垂直度
允许偏差	±1.0mm	≤2.0mm	±0.8mm	±1.0mm	±12°

（4）全玻璃幕墙

全玻璃幕墙是指由玻璃肋和玻璃面板构成的玻璃幕墙。它是唯一可以在现场打注硅酮结构胶的玻璃幕墙结构，它制作时要求玻璃边缘经过倒棱并细磨，外露玻璃边缘应精磨，采用钻孔安装时孔洞边缘应进行倒角处理，并不得有崩边。

3. 金属板幕墙的制作

（1）金属板幕墙的竖向构件和横向构件尺寸偏差允许值应符合表 6-89 的规定。

（2）金属板幕墙组件必须符合下列要求：

1）金属板幕墙组件装配尺寸的允许偏差应符合表 6-97 的规定。

金属板幕墙组件装配尺寸允许偏差（mm） **表 6-97**

项　　目	尺寸范围	允许偏差
长度尺寸	≤2000	±2.0
	>2000	±2.5
对边尺寸	≤2000	≤2.5
	>2000	≤3.0
对角线尺寸	≤2000	≤2.5
	>2000	≤3.0
折弯高度		≤1.0

2）金属板幕墙组件平面度的允许偏差应符合表 6-98 的规定。

金属板幕墙组件平面度允许偏差 **表 6-98**

板材厚度(mm)	允许偏差(长边)(%)	检测方法
≥2	≤0.2	钢直尺、塞尺
<2	≤0.5	钢直尺、塞尺

3）当采用复合铝板时，折边部位外层铝板处所保留的塑胶厚度不少于 0.3mm，周边内侧应设置加强框。

4）金属板幕墙组件铝板折边角度允许偏差不大 2°，与组角处缝隙不大于 1mm。

5）金属板幕墙组件中装饰板表面处理层厚度应满足表 6-99 的规定。

装饰板表面的处理层厚度要求（μm） **表 6-99**

表面处理方法	平均厚度 t	
阳极氧化着色	$t≥15$	
静电粉末喷涂	$120≥t≥40$	
氟碳喷涂	喷涂	$t≥30$
	辊涂	$t≥25$
聚氨酯喷涂	$t≥40$	
搪瓷涂层	$450≥t≥120$	

6）装饰表面不得有明显压痕、印痕和凹陷等残迹，装饰表面每平方米内的划伤、擦伤应符合表 6-100 的规定。

装饰表面划伤和擦伤的允许范围 **表 6-100**

项　　目	要　　求
划伤深度	不大于表面处理层厚度
划伤总长度(mm)	≤100
擦伤总面积(mm^2)	≤300
划伤、擦伤总处数	≤4

(3) 金属板幕墙的安装要求

1) 金属板幕墙竖向构件和横向构件的安装允许偏差应满足表 6-90 要求，金属板幕墙安装允许偏差应满足表 6-101 的要求。

金属板幕墙安装允许偏差 **表 6-101**

项　　目		允许偏差(mm)	检查方法
竖缝及墙面垂直度	幕墙高度 H(m)	—	用激光仪或经纬仪
	$H\leqslant30$	10	
	$30<H\leqslant60$	15	
	$60<H\leqslant90$	20	
	$H\leqslant90$	25	
幕墙平面度		2.5	用 2.0m 靠尺、钢板尺
竖缝直线度		2.5	用 2.0m 靠尺、钢板尺
横缝直线度		2.5	用 2.0m 靠尺、钢板尺
缝宽度(与设计值比较)		±2	用卡尺
两相邻面板之间接缝高低差		1.0	用深度尺

2) 金属板幕墙的组装应满足 JGJ 102 中构件及面板伸缩变位的要求。

(4) 幕墙的附件应齐全并符合设计要求，幕墙和主体结构的连接应牢固可靠。

(5) 幕墙设计应便于维护和清洁墙面。

4. 石材幕墙的组装

幕墙用石材宜选用花岗石，可选用大理石、石灰石、石英砂岩等。

(1) 石材

石材面板应符合表 6-102 的要求：

石材面板的弯曲强度、吸水率、最小厚度和单块面积要求 **表 6-102**

项　　目	天然花岗石	天然大理石	其他石材	
(干燥及水饱和)弯曲强度标准值(MPa)	≥8.0	≥7.0	≥8.0	$8.0\geqslant f_c\geqslant4.0$
吸水率(%)	≤0.6	≤0.5	≤5	≤5
最小厚度(mm)	≥25	≥35	≥35	≥40
单块面积(mm^2)	不宜大于 1.5	不宜大于 1.5	不宜大于 1.5	不宜大于 1.0

1) 弯曲强度标准值小于 8.0MPa 的石材面板，应采取附加构造措施保证面板的可靠性；

2）在严寒和寒冷地区，幕墙用石材面板的抗冻系数不应小于0.8；

3）石材表面宜进行防护处理。对于处在大气污染较严重或处在酸雨环境下的石材面板，应根据污染物的种类和污染程度及石材的矿物化学性质、物理性质选用适当的防护产品对石材进行保护。

（2）石材面板加工工艺质量要求：

1）板材外形尺寸允许误差应符合表6-103的要求；

石材面板外形尺寸允许误差（mm）　　表6-103

项　目	长度、宽度	对角线差	平面度	厚度	检测方法
亚光面、镜面板	±1.0	±1.5	1	+2.0 −1.0	卡尺
粗面板	±1.0	±1.5	2	+3.0 −1.0	卡尺

2）板材正面的外观应符合表6-104的要求

板材正面外观缺陷的要求　　表6-104

项目	规定内容	质量要求
缺棱	长度不超过10mm，宽度不超过1.2mm（长度小于5mm不计，宽度小于1.0mm不计），周边每米长允许个数（个）	1个
缺角	面积不超过5mm×2mm（面积小于2mm×2mm不计），每块板允许个数（个）	1个
色斑	面积不超过20mm×30mm，（面积小于10mm×10mm不计），每块板允许个数（个）	1个
色线	长度不超过两端顺延至板边总长的1/10，（长度小于40mm的不计），每块板允许条数（条）	2条
裂纹		不允许
窝坑	粗面板的正面出现窝坑	不明显

（3）石材面板宜在工厂加工，安装槽、孔的加工尺寸及允许误差应符合表6-105、表6-106的要求

石材面板孔加工尺寸及允许误差（mm）　　表6-105

<table>
<tr><th colspan="2" rowspan="2">石材面板固定形式</th><th colspan="2">孔　径</th><th rowspan="2">孔中心线到板边的距离</th><th colspan="2">孔底到板面保留厚度</th><th rowspan="2">检测方法</th></tr>
<tr><th>孔类别</th><th>允许误差</th><th>最小尺寸</th><th>误差</th></tr>
<tr><td rowspan="4">背栓式</td><td rowspan="2">M6</td><td>直孔</td><td>+0.4
−0.2</td><td rowspan="4">最小50</td><td rowspan="4">8.0</td><td rowspan="4">−0.4
+0.1</td><td rowspan="4">卡尺
深度尺</td></tr>
<tr><td>扩孔</td><td>±0.3
软质石材+1/−0.3</td></tr>
<tr><td rowspan="2">M8</td><td>直孔</td><td>+0.4
−0.2</td></tr>
<tr><td>扩孔</td><td>±0.3
软质石材+1/−0.3</td></tr>
</table>

石材面板通槽（短平槽、弧形短槽）、短槽和碟形背卡槽允许偏差（mm） 表 6-106

项目	通槽(短平槽、弧形短槽)		短槽		碟形背卡		检测方法
	最小尺寸	允许偏差	最小尺寸	允许偏差	最小尺寸	允许偏差	
槽宽度	7.0	±0.5	7.0	±0.5	3	±0.5	卡尺
槽有效长度(短平槽槽底处)		±2	100	±2	180		卡尺
槽深(槽角度)		槽深/20		矢高/20	45°	+5° 0°	卡尺 量角器
两(短平槽)槽中心线距离(背卡上下两组槽)		±2		±2	±2		卡尺
槽外边到板端边距离(碟形背卡外槽到与其平行板端边距离)		±2	不小于板材厚度和85，不大于180	±2	50	±2	卡尺
内边到板端边距离		±3		±3			卡尺
槽任一端侧边到板外表面距离	8.0	±0.5	8.0	±0.5			卡尺
槽任一端侧边到板内表面距离(含板厚偏差)		±1.5		±1.5			卡尺
槽深度(有效长度内)	16	±1.5	16	±1.5	垂直10	+2 0	深度尺
背卡的两个斜槽石材表面保留宽度					31	±2	卡尺
背卡的两个斜槽槽底石材保留宽度					13	±2	卡尺

1）异型材、板的加工应符合设计要求；

2）石板连接部位正反两面均不应出现崩缺、暗裂、窝坑等缺陷。

（4）组件组装质量要求

石材面板挂装系统安装偏差应符合表 6-107 的规定

石材面板挂装系统安装允许偏差（mm） 表 6-107

<table>
<tr><th>项目</th><th>通槽长勾</th><th>通槽短勾</th><th>短槽</th><th>背卡</th><th>背栓</th><th>检测方法</th></tr>
<tr><td>托板(转接件)标高</td><td colspan="4">±1.0</td><td></td><td>卡尺</td></tr>
<tr><td>托板(转接件)前后高低差</td><td colspan="4">≤1.0</td><td></td><td>卡尺</td></tr>
<tr><td>相邻两托板(转接件)高低差</td><td colspan="4">≤1.0</td><td></td><td>卡尺</td></tr>
<tr><td>托板(转接件)中心线偏差</td><td colspan="4">≤2.0</td><td></td><td>卡尺</td></tr>
<tr><td>勾锚入石材槽深度偏差</td><td colspan="3">+1.0
0</td><td></td><td></td><td>深度尺</td></tr>
<tr><td>短勾中心线与托板中心线偏差</td><td></td><td colspan="2">≤2.0</td><td></td><td></td><td>卡尺</td></tr>
<tr><td>短勾中心线与短槽中心线偏差</td><td></td><td colspan="2">≤2.0</td><td></td><td></td><td>卡尺</td></tr>
<tr><td>挂钩与挂槽搭接深度偏差</td><td rowspan="2"></td><td colspan="2">+1.0
0</td><td rowspan="2"></td><td rowspan="2"></td><td>卡尺</td></tr>
<tr><td>插件与插槽搭接深度偏差</td><td colspan="2">+1.0
0</td><td>卡尺</td></tr>
<tr><td>挂钩(插槽)中心线偏差</td><td colspan="4"></td><td>≤2.0</td><td>钢直尺</td></tr>
<tr><td>挂钩(插槽)标高</td><td colspan="4"></td><td>±1.0</td><td>卡尺</td></tr>
<tr><td>背栓挂(插)件中心线与孔中心线偏差</td><td colspan="4"></td><td>≤1.0</td><td>卡尺</td></tr>
</table>

续表

项　目	通槽长勾	通槽短勾	短槽	背卡	背栓	检测方法
背卡中心线与背卡槽中心线偏差				≤1.0		卡尺
左右两背卡中心线偏差				≤3.0		卡尺
通长勾距板两端偏差	±1.0					卡尺
同一行石材上端水平偏差	相邻两板块	≤1.0				水平尺
	长度≤35 m	≤2.0				
	长度>35 m	≤3.0				
同一列石材边部垂直偏差	相邻两板块	≤1.0				卡尺
	长度≤35 m	≤2.0				
	长度>35 m	≤3.0				
石材外表面平整度	相邻两板块高低差	≤1.0				卡尺
相邻两石材缝宽(与设计值比)		±1.0				卡尺

1）石材面板安装到位后，横向构件不应发生明显的扭转变形，板块的支撑件或连接托板端头纵向位移应不大于 2mm。

2）相邻转角板块的连接不应采用粘结方式。

（5）外观质量：

每平方米细面和镜面板材的正面质量应符合表 6-108 要求。

细面和镜面板材正面质量的要求　　表 6-108

项　目	规定内容
划伤	宽度不超过 0.3mm(宽度小于 0.1mm 不计)，长度小于 100mm，不多于 2 条
擦伤	面积总和不超过 500mm^2(面积小于 100mm^2 不计)

注：1. 石材花纹出现损坏的为划伤。
2. 石材花纹出现模糊现象的为擦伤

（6）可维护性要求

石材幕墙的面板宜采用便于各板块独立安装和拆卸的支承固定系统，不宜采用 T 形挂装系统。

（三）产品物理性能检验

幕墙的物理性能等级应依据 GB/T 21086 按照建筑物所在地区的地理、气候条件、建筑物高度、体型和环境以及建筑物的重要性等选定。

1. 风压变形性能

建筑幕墙的风压变形性能又称抗风压性能，它是指开启部位处于关闭状态时，幕墙在风压作用下，变形不超过允许范围且不发生结构损坏（如：裂缝、镶嵌材料破损、局部屈服、五金件松动、开启功能障碍、粘结失效等）的能力，具体检测方法详见《建筑幕墙气密、水密、抗风压性能检测方法》GB/T 15227 的相关内容。

以安全检测压力差值 P_3 进行分级，其分级指标应符合表 6-109 的规定。

建筑幕墙抗风压性能分级（kPa） **表 6-109**

分级代号	1	2	3	4	5	6	7	8	9
分级指标值 P_3/kPa	$1.0 \leqslant P_3 < 1.5$	$1.5 \leqslant P_3 < 2.0$	$2.0 \leqslant P_3 < 2.5$	$2.5 \leqslant P_3 < 3.0$	$3.0 \leqslant P_3 < 3.5$	$3.5 \leqslant P_3 < 4.0$	$4.0 \leqslant P_3 < 4.5$	$4.5 \leqslant P_3 < 5.0$	$P_3 \geqslant 5.0$

注：1. 9 级时需同时标注 P_3 的测试值。如：属 9 级（5.5 kPa）。
2. 分级指标值 P_3 为正、负风压测试值绝对值的较小值

在抗风压性能指标值作用下，幕墙的支承体系和面板的相对挠度和绝对挠度不应大于表 6-110 的要求。

幕墙的支承体系和面板的相对和绝对挠度值 **表 6-110**

支承结构类型		相对挠度（L 跨度）	绝对挠度（mm）
构件式玻璃幕墙 单元式幕墙	铝合金型材	$L/180$	20(30)[a]
	钢型材	$L/250$	20(30)[b]
	玻璃面板	短边距/60	
石材幕墙 金属板幕墙 人造板材幕墙	铝合金型材	$L/180$	
	钢型材	$L/250$	
点支承玻璃幕墙	钢结构	$L/250$	
	索杆结构	$L/200$	
	玻璃面板	长边孔距/60	
全玻幕墙	玻璃肋	$L/200$	
	玻璃面板	跨距/60	

a、b：括号内数据适用于跨距超过 4 500mm 的建筑幕墙产品

2. 水密性能

水密性能是指开启部位为关闭状态时，在风雨同时作用下，建筑幕墙阻止雨水渗漏的能力，其具体检测方法详见《建筑幕墙气密、水密、抗风压性能检测方法》GB/T 15227 的相关内容。

以发生渗漏现象的前级压力差值 P 作为分级依据，其分级指标值应符合表 6-111 的规定。

建筑幕墙水密性能分级（Pa） **表 6-111**

分级代号		1	2	3	4	5
分级指标值 ΔP	固定部分	$500 \leqslant \Delta P < 700$	$700 \leqslant \Delta P < 1000$	$1000 \leqslant \Delta P < 1500$	$1500 \leqslant \Delta P < 2000$	$\Delta P \geqslant 2000$
	可开启部分	$250 \leqslant \Delta P < 350$	$350 \leqslant \Delta P < 500$	$500 \leqslant \Delta P < 700$	$700 \leqslant \Delta P < 1000$	$\Delta P \geqslant 1000$

注：5 级时需同时标注固定部分和开启部分 ΔP 的测试值

3. 气密性能

气密性能是指在压力差作用下，其开启部分为关闭状态时幕墙阻止透过空气的能力，其具体检测方法详见《建筑幕墙气密、水密、抗风压性能检测方法》GB/T 15227 的相关内容。

以标准状态下，压力差为 10Pa 的空气渗透量 q 为分级依据，其分级指标应符合表

6-112、表 6-113 的规定。

建筑幕墙开启部分气密性能分级　　表 6-112

分级代号	1	2	3	4
分级指标值 qL[m^3/(m·h)]	$4.0 \geqslant qL > 2.5$	$2.5 \geqslant qL > 1.5$	$1.5 \geqslant qL > 0.5$	$qL \leqslant 0.5$

建筑幕墙整体气密性能分级　　表 6-113

分级代号	1	2	3	4
分级指标值 qA[m^3/(m^2·h)]	$4.0 \geqslant qA > 2.5$	$2.0 \geqslant qA > 1.2$	$1.2 \geqslant qA > 0.5$	$qA \leqslant 0.5$

4. 平面内变形性能

建筑幕墙平面内变形性能以建筑幕墙层间位移角为性能指标。在非抗震设计时，指标值应不小于主体结构弹性层间位移角控制值；在抗震设计时，指标值应不小于主体结构弹性层间位移角控制值的 3 倍。主体结构楼层最大弹性层间位移角控制值可按表 6-114 的规定执行。

主体结构楼层最大弹性层间位移角　　表 6-114

结构类型		建筑高度 H(m)		
		$H \leqslant 150$	$150 < H \leqslant 250$	$H > 250$
钢筋混凝土结构	框架	1/550		
	板柱-剪力墙	1/800		
	框架-剪力墙、框架-核心筒	1/800	线性插值	
	筒中筒	1/1000	线性插值	1/500
	剪力墙	1/1000	线性插值	
	框支层	1/1000		
多、高层钢结构		1/300		

注：1. 表中弹性层间位移角＝Δ/h，Δ 为最大弹性层间位移量，h 为层高。
2. 线性插值系指建筑高度在 150～250m 间，层间位移角取 1/800（1/1000）与 1/500 线性插值

平面内变形性能分级 γ 指标应符合表 6-115 的要求。

平面内变形性能表　　表 6-115

分级代号	1	2	3	4	5
分级指标值	$\gamma < 1/300$	$1/300 \leqslant \gamma < 1/200$	$1/200 \leqslant \gamma < 1/150$	$1/150 \leqslant \gamma < 1/100$	$\gamma \geqslant 1/100$

注：表中分级指标为建筑幕墙层间位移角

5. 保温性能

是指在结构两侧存在空气温差条件下，结构阻止从高温一侧向低温一侧传热的能力，一般以其传热系数与传热阻表示，其具体检测方法详见《建筑外窗保温性能分级及其检测方法》GB 8484。

以传热系数 K 进行分级，其分级指标值应符合表 6-116 的规定。

建筑幕墙传热系数分级（$W/m^2 \times k$） **表 6-116**

分级代号	1	2	3	4	5	6	7	8
分级指标值 K [$W/(m^2 \cdot k)$]	$K \geqslant 5.0$	$5.0>K \geqslant 4.0$	$4.0>K \geqslant 3.0$	$3.0>K \geqslant 2.5$	$2.5>K \geqslant 2.0$	$2.0>K \geqslant 1.5$	$1.5>K \geqslant 1.0$	$K<1.0$
注：8 级时需同时标注 K 的测试值								

6. 隔声性能

以空气声隔声性能分级指标 R_w 进行分级，其分级指标值应符合表 6-117 的规定。

建筑幕墙空气声隔声性能分级 **表 6-117**

分级代号	1	2	3	4	5
分级指标值 R_w/(dB)	$25 \leqslant R_w<30$	$30 \leqslant R_w<35$	$35 \leqslant R_w<40$	$40 \leqslant R_w<45$	$R_w \geqslant 45$
注：5 级时需同时标注 R_w 测试值					

7. 耐撞击性能

撞击能量 E 和撞击物体的降落高度 H 分级指标和表示方法应符合表 6-118。

表 6-118

分级指标		1	2	3	4
室内侧	撞击能量 E(N·m)	700	900	>900	
	降落高度 H(mm)	1500	2000	>2000	
室外侧	撞击能量 E(N·m)	300	500	800	>800
	降落高度 H(mm)	700	1100	1800	>1800

注：1. 性能标注时应按：室内侧定级值/室外侧定级值。例如：2/3 为室内 2 级，室外 3 级。
2. 当室内侧定级值为 3 级时标注撞击能量实际测试值，当室外侧定级值为 4 级时标注撞击能量实际测试值。例如：1200/1900 室内 1200N·m，室外 1900N·m。

8. 幕墙的防火性能要求

幕墙应按建筑防火设计分区和层间分隔等要求采取防火措施，设计应符合 GBJ 16 和 GB 50045 的有关规定。

9. 幕墙的防雷性能要求

幕墙的防雷设计应符合 GB 50057 的有关规定。幕墙应形成自身的防雷体系和主体结构的防雷体系有可靠的连接。

10. 幕墙的抗震性能要求

幕墙的构造应具有抗震性能，并满足主体结构的抗震性能

（四）产品质量检验

1. 检验类别

材料员需要熟知的为出厂检验和型式检验环节，中间检验和材料进场检验仅作了解。

2. 检验项目

检验项目见表 6-119。

3. 型式检验

（1）有下列情况之一时应进行型式检验：

1）新产品或老产品转厂生产时定型鉴定（包括技术转让）；

幕墙的检验项目表 **表 6-119**

序号	项目类别	项目内容	检验类别
一	幕墙材料		
1	主要	型材与板材	材料出厂检验
2	主要	玻璃	材料进厂检验
3	主要	结构胶与密封胶	材料进厂检验
4	一般	五金件及其他配件	材料进厂检验
二	幕墙安装质量		
1	主要	竖向及横向构件尺寸及安装质量偏差要求	中间检验
2	主要	明框幕墙玻璃镶嵌要求	型式检验
3	主要	隐框幕墙结构装配组件的要求	中间检验型式检验
4	主要	隐框幕墙组装允许偏差	出厂检验
5	一般	幕墙外表面的质量要求	出厂检验
6	主要	金属幕墙的组件要求	中间检验型式检验
7	一般	金属幕墙组件的表面质量要求	中间检验出厂检验
8	主要	金属幕墙的构件尺寸要求	中间检验
9	主要	金属幕墙的组装要求	中间检验出厂检验
三	胶的性能		
1	主要	结构胶的相容性和粘结性试验合格报告	进厂检验
2	主要	结构胶和耐候胶切开剥离试验	中间检验
四	幕墙的物理性能		
1	主要	风压变形性能	型式试验
2	主要	雨水渗漏性能	型式试验
3	主要	空气渗漏性能	型式试验
4	一般	保温性能	根据设计要求
5	一般	隔声性能	根据设计要求
6	一般	耐撞击性能	中间试验
7	主要	平面内变形性能	型式试验
8	主要	防火性能	中间试验
9	主要	防雷性能	中间试验
10	主要	抗震性能	中间试验
11	一般	现场渗漏检验	中间试验出厂检查
12	主要	隐蔽项目检验记录	中间试验出厂检查

有下列情况之一时要求进行风压变形性能、雨水渗漏性能、空气渗透性能检验：
1)型式试验；
2)非定型幕墙出厂检验时；
3)用户或设计要求时

2）正常生产时，当结构、材料、工艺有较大改变而可能影响产品性能时；

3）正常生产时每两年检测一次；

4）产品长期停产两年后，恢复生产时；

5）出厂检验结果与上次型式检验有较大差别时；

6）国家质量监督机构提出进行型式检验要求时。

（2）型式检验项目应按规范 GB/T 20186—2007 规定的方法进行检测。

（3）判定规则

按照规定的型式检验的检验项目，确定建筑幕墙的各项性能等级，并不得低于 GB/T 20186—2007 规定的最低要求。

4. 进厂检验

对于进厂的幕墙材料及零配件，按同期、同厂、同类产品作为一检验批，每批随机抽取 3%，且不可少于 5 件。如经检测不合格，可再随机抽取 6%；如仍不合格，则该批材料即判定为不合格，并要求提交结构胶和耐候胶的相容性和粘结性试验报告。

5. 中间检验

（1）隐框幕墙组件，每百个组件随机抽取一件进行剥离试验，应按规范 JG 3035—1996 规定的方法进行检测。如不合格，则该批材料为不合格

（2）幕墙竖向及横向构件允许偏差项目必须抽样 10%，并且不少于 5 件，其所检测点不合格个数不超过 10%，可判为合格。但结构胶的宽度和厚度必须检验合格。

6. 出厂检验

幕墙组装完毕后的检验为出厂检验。

（1）应根据幕墙组件结构胶的剥离试验、试样的试验报告。双组分胶还应检查其折断和蝴蝶试样等小样试验报告。

（2）幕墙在组装中宜进行连接缝部位的渗漏检验，应按规范 GB/T 20186—2007 规定的方法进行检测。

（3）幕墙表面应平整、无锈蚀。装饰表面颜色不应超过一个级差。胶缝应横平竖直、缝宽均匀。

（4）按 JGJ 139—2001 检查幕墙的几何尺寸，每幅幕墙抽检 5%的分格，且不得少于 5 个合格。允许偏差项目中有 80%抽检实测值合格，其余抽检实测值不影响安全和使用，则可判为合格。

（5）检验隐蔽工程记录。

（6）幕墙的主要项目全部合格，一般项目的不合格项数不超过两项，则该幕墙判定为合格。

（7）幕墙出厂应有合格证书。

三、资料验收

幕墙验收时，应提供相关的产品质量保证资料、性能检测报告和复验报告、生产许可文件等。

（一）产品质量保证资料

幕墙的产品质量保证资料包括材料质量保证资料、防火检验质量保证资料、防雷检验质量保证资料、节点与连接检验质量保证资料、安装质量检验质量保证资料等五个部分。

1. 材料质量保证资料

幕墙材料质量保证资料包括铝合金型材的产品合格证及力学性能检验报告，进口型材应有国家商检部门的商检证；钢材的产品合格证及力学性能检验报告，进口钢材应有国家商检部门的商检证；玻璃的产品合格证，中空玻璃的检验报告，热反射玻璃的光学性能检验报告及进口玻璃应有国家商检部门的商检证；结构硅酮胶剥离试验记录，每批硅酮结构胶的质量保证书和产品合格证，硅酮结构胶、密封胶与实际工程用基材的相容性检验报告，进口硅酮结构胶应有国家商检部门的商检证与密封材料及衬垫材料的产品合格证；五金件及其他配件的产品合格证，连接件产品合格证，镀锌工艺处理质量证书，螺栓、螺母、滑撑、限位器等产品合格证，门窗配件的产品合格证及铆钉力学性能检验报告等。

2. 防火检验质量保证资料

包括幕墙的防火设计图纸资料，防火材料产品合格证或材料耐火检验报告及防火构造节点隐蔽工程检查验收记录等

3. 防雷检验质量保证资料

包括幕墙的防雷的设计图纸资料，防雷装置连接测试记录及相关的隐蔽工程检查验收记录等。

4. 节点与连接检验质量保证资料

包括节点与连接构造的设计图纸资料，相关隐蔽工程检查验收记录，淋水试验记录，锚栓拉拔检验报告及幕墙支承装置力学性能检验报告等。

5. 安装质量检验质量保证资料

包括设计图纸资料，幕墙的抗风压性能、气密性、水密性和风压变形性能试验（合称四性试验）的检验报告及设计要求的其他性能的检验报告，幕墙组件出厂质量合格证书，施工安装的自查记录及相关的隐蔽工程验收记录等。

（二）生产许可证文件

工业产品生产许可制度主要适用于在中华人民共和国境内生产、销售属于工业产品生产许可证管理范围内的产品的企业和单位。其中建筑幕墙幕墙部分使用材料属于全国工业产品生产许可证管理的工业产品。工业产品生产许可证采用全国统一证书格式

幕墙生产企业应提供幕墙生产及其部分使用材料供应企业生产许可证复印件。

四、产品标志、包装、运输、储存

（一）标志

（1）在幕墙明显部位应标明制造厂厂名，产品名称和标志及制作日期和编号。

（2）包装箱上的标志应符合 GB/T 6388 的规定。

（3）包装箱上应有明显的“怕湿”、“小心轻放”、“向上”等标志，其图集应符合 GB 191 的规定。

（二）包装

（1）幕墙部分应使用无腐蚀作用的材料包装。

（2）包装箱应用足够的牢固程度，以能保证在运输过程中不会损坏，铝合金材料包装应符合 GB/T 3199 的规定。

(3) 装入箱内的各类部件应保证不会发生相互碰撞。

(三) 运输

(1) 部件在运输过程中应保证不会发生相互碰撞。

(2) 部件搬运时应轻拿轻放，严禁摔、扔、碰撞。

(四) 储存

(1) 部件应放在通风、干燥的地方，严禁与酸碱等类物质接触，并要严防雨水渗入。

(2) 部件不允许直接接触地面，应用不透水的材料在部件底部垫高 100mm 以上。

(3) 已加工好的部件应存放于通风良好的仓库内，按相应要求摆放。

第七章　功能性材料

第一节 建筑防水材料

防水是建筑物的一项主要使用功能，建筑防水材料是实现这一功能的物质基础。随着永久性建筑物的增多、建筑防水功能要求的提高和住宅商品化，建筑防水材料正朝多元化、多功能、环保型方向发展。新型防水材料具有良好的拉伸强度、延伸率及低温柔性，耐老化好等功能，施工安全方便，无污染环境，使用寿命长等特点。本节着重介绍在实际工程中常用的建筑防水卷材和建筑防水涂料，并对其他建筑防水材料做一些简单阐述。

一、建筑防水卷材

建筑防水卷材被广泛地应用于屋面、地下室防水。防水卷材成毯状可卷曲，采用铺贴和粘结方法施工。防水工程应根据建筑物的性质、重要程度、使用功能要求以及防水层合理使用年限、按不同防水等级选择防水材料。屋面工程防水等级分为Ⅰ级、Ⅱ级、Ⅲ级、Ⅳ级，其中防水等级为Ⅰ级的指特别重要或对防水有特殊要求的建筑，防水层合理使用年限25年；防水等级为Ⅱ级的指重要的建筑和高层建筑，防水层合理使用年限15年；防水等级为Ⅲ级的指一般建筑，防水层合理使用年限10年；防水等级为Ⅳ级的指非永久性建筑，防水层合理使用年限5年。地下工程的防水等级分为4级，其中防水等级1级的标准是不允许渗水，结构表面无湿渍；防水等级2级的标准是不允许漏水，结构表面可有少量湿渍；防水等级3级的标准指有少量漏水点，不得有线流和漏泥沙；是防水等级4级的标准指有漏水点，不得有线流和漏泥砂。地下工程的不同防水等级的适用范围是防水等级一级：人员长期停留的场所；防水等级二级：人员经常活动的场所；防水等级三级：人员临时活动的场所；一般战备工程；防水等级四级：对渗漏水无严格要求的工程。

建筑防水卷材是建筑工程防水材料的重要品种之一。目前的建筑防水卷材按产品和成型工艺主要包括沥青防水卷材、高聚物改性沥青防水卷材和合成高分子防水卷材三大类。第一类是传统的防水卷材，但其胎体材料已有很大的发展，目前在我国仍被广泛应用于防水工程中；后两类防水卷材由于其优异的性能，代表了新型防水卷材的发展方向。

（一）建筑防水卷材的性能要求

防水卷材的品种较多，性能各异；但无论何种防水卷材，要满足建筑防水工程的要求，均必须具备以下性能：

1. 耐水性

指在水的作用和被水浸润后其性能基本不变，在压力水作用下具有不透水性，常用不透水性、吸水性等指标表示。

2. 温度稳定性

指在高温下不流淌、不起泡、不滑动，低温下不脆裂的性能。即在一定温度变化下保持原有性能的能力。常用耐热度，耐热性等指标表示。

3. 机械强度、延伸性和抗断裂性

指防水卷材承受一定荷载、应力或在一定变形的条件下不断裂的性能。常用拉力、拉伸强度和断裂伸长率等指标表示。

4. 柔韧性

指在低温条件下保持柔韧的性能。它对保证易于施工，不脆裂十分重要。常用柔度、低温弯折性等指标表示。

5. 大气稳定性

指在阳光、热、臭氧及其他化学侵蚀介质等因素的长期综合作用下抵抗侵蚀的能力。常用耐老化性，热老化保持率等指标表示。

（二）建筑防水卷材的分类

1. 沥青防水卷材

沥青防水卷材最具代表性的是纸胎沥青防水卷材，简称油毡，它是防水材料中历史最早的一种，是用低软化点的石油沥青浸渍原纸。然后用高软化点的石油沥青涂盖油纸的两面，再涂撒隔离材料制成的一种防水卷材。由于沥青具有良好的防水性能，而且资源丰富、价格低廉，所以沥青防水卷材的应用在我国占主导地位。但是由于沥青材料的低温柔性差、温度敏感性强，在大气作用下易老化，因而属于低档的防水卷材，最终将被其他高性能的防水材料所取代。

200 号油毡适用于简易防水、临时性建筑防水、防潮及包装等；350 号和 500 号油毡适用于多层建筑防水的各层。

近年来，通过对油毡胎体材料加以改进、开发，已由最初的纸胎油毡发展成为玻璃布胎沥青油毡等一大类沥青防水卷材，材料的性能也不断地得到了改善，广泛用于地下、水工、工业与民用建筑，尤其是屋面防水工程。

2. 高聚物改性沥青防水卷材

沥青防水卷材由于其温度稳定性差、延伸率小，很难适应基层开裂及伸缩变形的要求。而高聚物改性沥青防水卷材则克服了传统沥青防水卷材的不足，具有高温不流淌、低温不脆裂、拉伸强度较高、延伸率较大等优异性能。

SBS 橡胶改性沥青柔性油毡是以聚酯纤维无纺布为胎体，以 SBS 橡胶改性石油沥青为浸渍涂盖层，以塑料薄膜为防粘隔离层，经过选材、配料、共熔、浸渍、复合成型、卷取等工序加工而成的一种柔性防水卷材。

SBS 改性沥青柔性油毡，耐高低温性能有较明显的提高，同时还提高了卷材的弹性和耐疲劳性，并将传统的沥青油毡热施工改为冷施工。目前在国内属于中低档防水卷材。

SBS 改性沥青防水卷材可广泛用于各类建筑防水工程，特别适用于寒冷地区的防水工程。

3. 合成高分子防水卷材

以合成橡胶、合成树脂或两者的共混体为基料。加入适量的助剂和填充料等，经过特定工序制成的防水卷材称之为合成高分子防水卷材。

合成高分子防水卷材具有拉伸强度高、断裂伸长率大、抗撕裂强度高、耐热性能好、低温柔性好、耐腐蚀、耐老化及可以冷施工等一系列优异的性能，是今后要大力发展的新型高档防水卷材。

（1）聚氯乙烯（PVC）防水卷材：

聚氯乙烯防水卷材是以聚氯乙烯树脂为主要原料，掺加填充料和适量的改性剂、增塑剂、抗氧剂和紫外线吸收剂等，经过捏合、混炼、造粒、挤出或压延、冷却、卷取等工序加工制成的防水卷材。

聚氯乙烯防水卷材根据其基料的组成和特性，分为：S型，以煤焦油与聚氯乙烯树脂混合料为基料的防水卷材；P型，以增塑聚氯乙烯为基料的防水卷材。

聚氯乙烯防水卷材适用于新建和翻修工程的屋面防水，也适用于水池、堤坝等防水抗渗工程。

（2）三元乙丙橡胶防水卷材：

三元乙丙（EPDM）橡胶防水卷材是以乙烯、丙烯及少量双环戊二烯三种单体共聚合成的以橡胶为主体，掺入适量的硫化剂、促进剂、软化剂、填充料等，经过密炼，拉片、过滤、压延或挤出成型、硫化等工序而制成的。可广泛适用于防水要求高、耐用年限长的工业与民用建筑的防水工程。

三元乙丙橡胶防水卷材具有以下显著特点：

1）耐老化性能好，使用寿命长。

由于三元乙丙橡胶分子结构的主链上没有双键，当它受到紫外线、臭氧、湿和热等作用时，主链不易发生断裂，故耐老化性能好、化学稳定性好。

2）拉伸强度高、伸长率大、对基层伸缩或开裂变形的适应性强。

3）耐高低温性能好。

（3）氯化聚乙烯-橡胶共混防水卷材

氯化聚乙烯-橡胶共混防水卷材，是以氯化聚乙烯树脂和合成橡胶为主体，加入适量的硫化剂、促进剂、稳定剂、软化剂和填充料等。经过素炼、混炼、过滤、压延成型、硫化等工序而成的防水卷材。

氯化聚乙烯-橡胶共混防水卷材兼有橡胶和塑料的特点。即不仅具有氯化聚乙烯所特有的高强度和优异的耐臭氧、耐老化性能，而且具有橡胶类材料所特有的高弹性、高延伸性以及良好的低温柔性。最适用于屋面工程作单层外露防水。

4. 自粘聚合物改性沥青防水卷材：

自粘聚合物改性沥青防水卷材（简称自粘卷材）适用于以自粘聚合物改性沥青为基料，非外露使用的无胎基或采用聚酯胎基增强的本体自粘防水卷材。

5. 沥青复合胎柔性防水卷材：

沥青复合胎柔性防水卷材属于国家明令限制使用的防水卷材。以沥青为基料，以两种材料复合为胎体，细砂、矿物粒（片）料、聚酯膜等为覆面材料，以浸涂、滚压工艺而制成的防水卷材。不得用于防水等级为Ⅰ、Ⅱ级的建筑屋面及各类地下工程防水。在防水等级为Ⅲ级的屋面工程使用时，必须采用三层叠加构成一道防水层。按胎体将产品分为沥青聚酯毡和玻纤网格布复合胎柔性防水卷材；沥青玻纤毡和网格布复合胎柔性防水卷材；沥青涤棉无纺布和网格布复合胎柔性防水卷材

（三）建筑防水卷材的验收

建筑防水卷材在进入建设工程被使用前，必须进行检验验收。验收主要分为资料验收

和实物质量验收两部分。

1. 资料验收

(1)《全国工业产品生产许可证》:

国家对建筑防水卷材产品实行生产许可证管理，由各省市质量监督检验检疫局对经审查符合国家有关规定的防水卷材生产企业统一颁发工业产品生产许可证（简称生产许可证)。证书的有效期一般不超过5年。

为防止生产许可证的造假现象，施工单位、监理单位可通过国家质量监督检验检疫总局网站（www.aqsiq.gov.cn）进行建筑防水卷材生产许可证获证企业查询。

(2) 防水卷材质量证明书:

防水卷材在进入施工现场时应对质量证明书进行验收。质量证明书必须字迹清楚，应注明供方名称或厂标、产品标准、生产日期和批号、产品名称、规格及等级、产品标准中所规定的各项出场检验结果等。质量证明书应加盖生产单位公章或质检部门检验专用章。

(3) 建立材料台账:

防水卷材进场后，施工单位应及时建立“建设工程材料采购验收检验使用综合台账”，监理单位可设立“建设工程材料监理监督台账”。台账内容包括材料名称、规格品种、生产单位、供应单位、进货日期、送货单编号、实收数量、生产许可证编号、质量证明书编号、外观质量、材料检验日期、复验报告编号和结果，工程材料报审表确认日期、使用部位、审核人员签名等。

(4) 产品包装和标志:

卷材可用纸包装或塑胶带成卷包装、纸包装时应以全柱面包装，柱面两端未包装长度总计不应超过100mm。标志包括生产厂名、产品标记、生产日期或批号、生产许可证号、贮存与运输注意事项。

同时核对包装标志与质量证明书上所示内容是否一致。

2. 实物质量验收

实物质量验收分为外观质量验收、厚度选用、物理性能复验、胶粘剂验收四个部分。

(1) 外观质量验收:

必须对进场的防水卷材进行外观质量的检验，该检验可在施工现场通过目测和尺具测量进行，前面介绍过的常用防水卷材分属三大类，由于各大类的防水卷材的外观质量要求基本一致，下面就按产品大类分别介绍外观质量要求:

1) 沥青防水卷材的外观质量要求，见表7-1。

沥青防水卷材外观质量表 **表7-1**

项　目	质量要求
孔洞、硌伤	不允许
露胎、涂盖不匀	不允许
折纹、皱折	距卷芯1000mm以外，长度不大于100mm
裂纹	距卷芯1000mm以外，长度不大于10mm
裂口、缺边	边缘裂口小于20mm以外；缺边长度小于50mm，深度小于20mm
每卷卷材的接头	不超过1处，较短的一段不应小于2500mm，接头处应加长150mm

2）高聚物改性沥青防水卷材的外观质量要求，见表 7-2。

高聚物改性沥青防水卷材外观质量 **表 7-2**

项　　目	质 量 要 求
孔洞、缺边、裂口	不允许
边缘不整齐	不超过 10mm
胎体露白、未浸透	不允许
撒布材料粒度、颜色	均匀
每卷卷材的接头	不超过 1 处，较短的一段不应小于 1000mm，接头处应加长 150mm

3）合成高分子防水卷材的外观质量要求，见表 7-3。

合成高分子防水卷材外观质量 **表 7-3**

项　　目	质 量 要 求
折痕	每卷不超过 2 处，总长度不超过 20mm
杂质	大于 0.5mm 颗粒不允许，每 $1m^2$ 不超过 $9mm^2$
胶块	每卷不超过 6 处，每处面积不大于 $4mm^2$
凹痕	每卷不超过 6 处，深度不超过本身厚度的 30%；树脂类深度不超过 5%
每卷卷材的接头	橡胶类每 20m 不超过 1 处，较短的一段不应小于 3000mm，接头处应加长 150mm；树脂类 20m 长度内不允许有接头

（2）卷材的厚度选用：

该环节本是防水设计中应重点考虑的，但是目前不论是生产方面还是施工方面，都存在偷工减料的现象，故将卷材的厚度选用要求列出来供大家参考，而且检验方法很简单，用较精密的尺具就可以在现场测量，卷材厚度选用分为屋面工程和地下工程两种要求，前面介绍的防水卷材在下列各表中有专门表述的，按照专门表述的要求；如没有则可以按产品所属大类的要求；若产品大类和具体产品在表中都没有提到，则表明该产品不适用该表所列防水等级。

屋面工程卷材防水层厚度选用应符合表 7-4 的规定。

地下工程卷材防水层厚度选用应符合表 7-5 的规定。

屋面工程卷材厚度选用表 **表 7-4**

屋面防水等级	设防道数	合成高分子防水卷材	高聚物改性沥青防水卷材	沥青防水卷材和沥青复合胎柔性防水卷材	自粘聚酯胎改性沥青防水卷材	自粘橡胶沥青防水卷材
Ⅰ级	三道或三道以上设防	不应小于 1.5mm	不应小于 3mm	—	不应小于 2mm	不应小于 1.5mm
Ⅱ级	二道设防	不应小于 1.2mm	不应小于 3mm	—	不应小于 2mm	不应小于 1.5mm
Ⅲ级	一道设防	不应小于 1.2mm	不应小于 4mm	三毡四油	不应小于 3mm	不应小于 2mm
Ⅳ级	一道设防	—	—	二毡三油	—	—

地下工程防水卷材厚度选用表 **表 7-5**

防水等级	设防道数	合成高分子防水卷材	高聚物改性沥青防水卷材
1 级	三道或三道以上设防	单层：不应小于 1.5mm；双层：每层不应小于 1.2mm	单层：不应小于 4mm；双层：每层不应小于 3mm
2 级	二道设防		
3 级	一道设防	不应小于 1.5mm	不应小于 4mm
	复合设防	不应小于 1.2mm	不应小于 3mm

(3) 防水卷材的进场复验

进场的卷材，应进行抽样复验，合格后方能使用，复验应符合下列规定：

1) 同一品种、型号和规格的卷材，抽样数量：大于 1000 卷抽取 5 卷；500～1000 卷抽取 4 卷；100～499 卷抽取 3 卷；小于 100 卷抽取 2 卷。

2) 将受检的卷材进行规格尺寸和外观质量检验，全部指标达到标准规定时，即为合格。其中若有一项指标达不到要求，允许在受检产品中另取相同数量卷材进行复验，全部达到标准规定为合格。复验时仍有一项指标不合格，则判定该产品外观质量为不合格。

3) 在外观质量检验合格的卷材中，任取一卷做物理性能检验，若物理性能有一项指标不符合标准规定，应在受检产品中加倍取样进行该项复验，复验结果如仍不合格，则判定该产品为不合格。

4) 进场的卷材物理性能应检验下列项目：

由于屋面工程和地下工程对防水卷材的性能要求有所不同，故下面将按产品大类即 3 大类卷材分别从屋面工程、地下工程来介绍物理性能要求。其中沥青防水卷材在工程实践中一般仅用于屋面工程，而高聚物改性沥青防水卷材中的 SBS 防水卷材、APP 防水卷材、改性沥青聚乙烯胎防水卷材可用于屋面工程和地下工程，合成高分子防水卷材也可用于屋面工程和地下工程。

具体性能指标见表 7-6～表 7-9。

屋面工程中沥青防水卷材物理性能 **表 7-6**

项目		性能要求	
		350 号	500 号
纵向拉力(25±2℃时)(N)		≥340	≥440
耐热度(85±2℃,2h)		不流淌，无集中性气泡	
柔度(18±2℃时)		绕 φ20mm 圆棒无裂纹	绕 φ25mm 圆棒无裂纹
不透水性	压力(MPa)	≥0.10	≥0.15
	保持时间(min)	≥30	≥30

屋面工程中高聚物改性沥青防水卷材物理性能 **表 7-7**

项目	性能要求				
	聚酯毡胎体	玻纤毡胎体	聚乙烯胎体	自粘聚酯胎体	自粘无胎体
可溶物含量(g/m^2)	3mm 厚≥2100 4mm 厚≥2900		—	2mm 厚≥1300 3mm 厚≥2100	—

续表

项目		性能要求				
		聚酯毡胎体	玻纤毡胎体	聚乙烯胎体	自粘聚酯胎体	自粘无胎体
拉力(N/50mm)		≥450	纵向≥350 横向≥250	≥100	≥350	≥250
延伸率(%)		最大拉力时 ≥30	—	断裂时≥200	最大拉力时 ≥30	断裂时≥450
耐热度(℃,2h)		SBS卷材 90 APP卷材 110 无滑动、流淌、滴落		PEE卷材 90, 无流淌、起泡	70,无滑动、 流淌、滴落	70,无起泡、滑动
低温柔度(℃)		SBS卷材-18,APP卷材-5,PEE卷材-10			−20	
		3mm厚,r=15mm;4mm厚,r=25mm;3s, 弯180°,无裂纹			r=15mm,3s, 弯180°,无裂纹	ϕ20mm,3s,弯180°, 无裂纹
不透水性	压力(MPa)	≥0.3	≥0.2	≥0.3	≥0.3	≥0.2
	保持时间(min)	≥30				≥120

注:SBS卷材——弹性体改性沥青防水卷材;
APP卷材——塑性体改性沥青防水卷材;
PEE卷材——高聚物改性沥青聚乙烯胎防水卷材

地下工程中高聚物改性沥青防水卷材的物理性能　　表7-8

项目		性能要求		
		聚酯毡胎体	玻纤毡胎体	聚乙烯胎体
拉伸性能	拉力(N/50mm)	≥800(纵横向)	≥500(纵横向) ≥300(纵横向)	≥140(纵横向) ≥120(纵横向)
	最大拉力时延伸率(%)	≥40(纵横向)	—	≥250(纵横向)
低温柔度(℃)		≤−15		
		3mm厚,r=15mm;4mm厚,r=25mm;3s,弯180°,无裂纹		
不透水性		压力0.3MPa,保持时间30min,不透水		

合成高分子防水卷材部分物理性能指标(包括屋面和地下)　　表7-9

项目			性能要求								
			硫化橡胶			非硫化橡胶		树脂类		纤维增强类	
			屋面要求	地下要求JL1	地下要求JL2	屋面要求	地下要求JF3	屋面要求	地下要求JS1	屋面要求	地下要求JL1
拉伸强度(MPa)		≥	6	8	7	3	5	10	8	9	8
扯断伸长率(%)		≥	400	450	400	200	200	200	200	10	10
低温弯折℃			−30	−45	−40	−20	−20	−20	−20	−20	−20
不透水性	压力(MPa)	≥	0.3	0.3	0.3	0.2	0.3	0.3	0.3	0.3	0.3
	保持时间(min)	≥	30								
加热收缩率(%)<			1.2	—	—	2.0	—	2.0	—	1.0	—
热老化保持率(80℃168h)	拉伸强度(%)	≥	80								
	扯断伸长率(%)	≥	70								

(4) 防水卷材胶粘剂、胶粘带的质量要求和进场验收

防水卷材在施工中需要胶粘剂、胶粘带等配套材料，配套材料的质量如果不符合有关要求，将影响防水工程的整体质量，所以也是至关重要的。

1) 防水卷材胶粘剂、胶粘带的质量应符合下列要求：

改性沥青胶粘剂的剥离强度不应小于 8N/10mm；合成高分子胶粘剂的剥离强度不应小于 15N/10mm，浸水 168h 后的保持率不应小于 70%；双面胶粘带的剥离强度不应小于 6N/10mm，浸水 168h 后的保持率不小于 70%。

2) 防水卷材胶粘剂、胶粘带的进场验收：

进场的卷材胶粘剂和胶粘带物理性能应检验下列项目：

改性沥青胶粘剂应检验剥离强度；合成高分子胶粘剂应检验剥离强度和浸水 168h 后的保持率；双面胶粘带应检验剥离强度和浸水 168h 后的保持率。

(四) 防水卷材和胶粘剂的储运与保管

(1) 不同品种、型号和规格的卷材应分别堆放；

(2) 卷材应储存在阴凉通风的室内，避免雨淋、日晒和受潮，严禁接近火源；

(3) 沥青防水卷材储存环境温度不得高于 45℃；

(4) 沥青防水卷材宜直立堆放，其高度不宜超过两层，并不得倾斜或横压，短途运输平放不宜超过四层；

(5) 卷材应避免与化学介质及有机溶剂等有害物质接触；

(6) 不同品种、规格的卷材胶粘剂和胶粘带，应分别用密封桶或纸箱包装；

(7) 卷材胶粘剂和胶粘带应储存在阴凉通风的室内，严禁接近火源和热源。

二、建筑防水涂料

建筑防水涂料是将在常温下呈黏稠液状态的物质，涂布在基层表面，经溶剂或水分挥发或各组分间的化学反应，形成有一定弹性和一定厚度的连续薄膜，使基层表面与水隔绝，起到防水、防潮作用。广泛适用于工业与民用建筑的屋面防水工程、地下混凝土工程的防潮防渗等。外观一般为液体状，可涂刷在需要防水的基面上，防水涂料的使用应考虑建筑的特点、环境条件和使用条件等因素，结合防水涂料的特点和性能指标选择。防水涂料按液态类型可分为溶剂型、水乳型和反应型三种；按其成分可分为高聚物改性沥青防水涂料、合成高分子防水涂料、无机防水涂料等三类。

(一) 常用建筑防水涂料分类

1. 高聚物改性沥青防水涂料

高聚物改性沥青防水涂料以建筑物屋面防水为主要用途，以石油沥青为基料，用高分子聚合物进行改性，配制成的水乳性或溶剂型防水涂料。代表性的材料为水性沥青基防水涂料。

水性沥青基防水涂料是以乳化沥青为基料的防水涂料，分为薄质和厚质。薄质在常温时为液体，具有流平性。厚质在常温时为膏体或黏稠体，不具有流平性。该产品属于国家限制使用的建筑材料，一般仅用于屋面防水。

2. 合成高分子防水涂料

合成高分子防水涂料在混凝土材料的基面上涂刷后，能形成均匀无缝的防水层，具有良好的防水渗作用。由于涂料在成膜过程中没有接缝，不仅能够在平屋面上，而且

还能够在立面、阴阳角和其他各种复杂表面的基层上形成连续不断的整体性防水涂层。比较常用的品种有聚氨酯防水涂料、聚合物乳液防水涂料、聚氨酯硬泡体防水保温材料等。

（1）聚氨酯防水涂料：

以合成橡胶为主要成膜物质，配制成的单组分或多组分防水涂料。产品按组分分为单组分和双组分，按拉伸性能分为Ⅰ、Ⅱ型。在常温固化成膜后形成无异味的橡胶状弹性体防水层。该产品具有拉伸强度高、延伸率大、耐寒、耐热、耐化学稳定性、耐老化、施工安全方便、无异味、不污染环境、粘结力强、也能在潮湿基面施工、能与石油沥青及防水卷材相溶、维修容易等特点。

（2）聚合物乳液建筑防水涂料：

以聚合物乳液为主要原料，加入其他添加剂而制得的单组分水乳型防水涂料。以高固含量的丙烯酸酯乳液为基料，掺加各种原料及不同助剂配制而成。该防水涂料色彩鲜艳，无毒无味、不燃、无污染、具有优异的耐老化性能、粘结力强、高弹性、延伸率、耐寒、耐热、抗渗漏性能好，施工简单，工效高，维修方便等特点。

3. 聚合物水泥防水涂料

以丙烯酸酯等聚合物乳液和水泥为主要原料，加入其他外加剂制得的双组分水性建筑防水涂料。

产品分为Ⅰ、Ⅱ型，Ⅰ型为以聚合物为主的防水涂料，主要用于非长期浸水环境下的建筑防水工程；Ⅱ型为以水泥为主的防水涂料，适用于长期浸水环境下的建筑防水工程

4. 水泥基渗透结晶型防水材料

以硅酸盐水泥或普通硅酸盐水泥、石英砂等为基料，掺入活性化学物质制成的水泥基渗透结晶型防水材料。

按施工工艺不同可分为水泥基渗透结晶型防水涂料、水泥基渗透结晶型防水剂。

（二）常用建筑防水涂料的验收

建筑防水涂料在进入建设工程被使用前，必须进行检验验收。验收主要分为资料验收和实物质量验收两部分。

1. 资料验收

（1）防水涂料质量证明书：

防水涂料在进入施工现场时应对质量证明书进行验收。质量证明书必须字迹清楚，应注明供方名称或厂标、产品标准、生产日期和批号、产品名称、规格及等级、产品标准中所规定的各项出厂检验结果等。质量证明书应加盖生产单位公章或质检部门检验专用章。产品质量保证书。

（2）建立材料台账：

防水涂料进场后，施工单位应及时建立“建设工程材料采购验收检验使用综合台账”，监理单位可设立“建设工程材料监理监督台账”。台账内容包括材料名称、规格品种、生产单位、供应单位、进货日期、送货单编号、实收数量、生产许可证编号、质量证明书编号、外观质量、材料检验日期、复验报告编号和结果，工程材料报审表确认日期、使用部位、审核人员签名等。

（3）产品包装和标志：

防水涂料包装容器必须密封，容器封面应标明涂料名称、生产厂名、执行标准号、生产日期和产品有效期并分类存放。同时核对包装标志与质量证明书上所示内容是否一致。

2. 实物质量验收

实物质量验收分为外观质量验收、物理性能复验两个部分。

（1）外观质量验收：

必须对进场的防水涂料进行外观质量的检验，该检验可在施工现场通过目测进行，下面分别介绍5种防水涂料的外观质量要求：

1）水性沥青基防水涂料：水性沥青基厚质防水涂料经搅拌后为黑色或黑灰色均质膏体或黏稠体，搅匀和分散在水溶液中无沥青丝；水性沥青基薄质防水涂料搅拌后为黑色或蓝褐色均质液体，搅拌棒上不粘任何颗粒。

2）聚氨酯防水涂料：为均匀黏稠体，无凝胶、结块。

3）聚合物乳液建筑防水涂料：产品经搅拌后无结块，呈均匀状态。

4）聚合物水泥防水涂料：产品的双组分经分别搅拌后，其液体组分应为无杂质、无凝胶的均匀乳液；固体组分应为无杂质、无结块的粉末。

5）水泥渗透结晶型防水涂料：按施工工艺不同可分为水泥基渗透结晶型防水涂料、水泥基渗透结晶型防水剂。水泥基渗透结晶型防水涂料是一种粉状材料，经与水拌合可调配成刷涂或喷涂在水泥混凝土表面的浆料，亦可将其以干粉撒覆并压入未完全凝固的水泥混凝土表面。水泥基渗透结晶型防水剂是一种掺入混凝土内部的粉状材料。

（2）物理性能复验：

进场的卷材，应进行抽样复验，合格后方能使用，复验应符合下列规定：

1）同一规格、品种的防水涂料，每10t为一批，不足10t者按一批进行抽样。

2）防水涂料的物理性能检验，全部指标达到标准规定时，即为合格。其中若有一项指标达不到要求，允许在受检产品中加倍取样进行该项复检，复检结果如仍不合格，则判定该产品为不合格。

3）进场的涂料物理性能应检验下列项目：

由于屋面工程和地下工程对防水涂料的性能要求有所不同，其中水性沥青基防水涂料在工程实践中一般仅用于屋面工程，而合成高分子防水涂料、聚合物水泥防水涂料可用于屋面工程和地下工程，水泥基渗透结晶性防水材料一般用于地下工程。

具体性能指标见表7-10～表7-15。

水性沥青基防水涂料质量指标 **表7-10**

项目			质量要求	
			L	*H*
固体含量(%)		≥	45	
耐热性			(80℃2h)无流淌、滑动、滴落	(110℃2h)无流淌、滑动、滴落
低温柔性(℃2h)			−15℃，绕 ϕ30mm 圆棒无裂纹、断裂	−0℃，绕 ϕ30mm 圆棒无裂纹、断裂
不透水性	压力(MPa)	≥	0.1	0.1
	保持时间(min)	≥	30	30
断裂伸长率(%)		≥	600	
粘结强度(MPa)		≥	0.30	

聚氨酯防水涂料部分物理性能指标　　表 7-11

项目			质量要求	
			Ⅰ类	Ⅱ类
固体含量(%)		≥	80(单组分),92(多组分)	
拉伸强度(MPa)		≥	1.90	2.45
低温柔性(℃2h)			−40℃(单组分),−35℃(多组分)弯折无裂纹	
表干时间(h)		≤	12(单组分),8(多组分)	
实干时间(h)		≤	24	
不透水性	压力(MPa)	≥	0.3	
	保持时间(min)	≥	30	
断裂伸长率%		≥	550(单组分) 450(多组分)	450
潮湿基面粘结强度(MPa)		≥	0.50,仅用于地下工程潮湿基面时要求	

聚合物乳液建筑防水涂料部分物理性能指标　　表 7-12

项目			质量要求	
			Ⅰ	Ⅱ
固体含量(%)		≥	65	
拉伸强度(MPa)		≥	1.0	1.5
低温柔性(℃2h)			−10℃,绕 ϕ10mm 圆棒无裂纹	−20℃,绕 ϕ10mm 圆棒无裂纹
表干时间(h)		≤	4	
实干时间(h)		≤	8	
不透水性	压力(MPa)	≥	0.3	
	保持时间(min)	≥	30	
断裂伸长率(%)		≥	300	

聚合物水泥防水涂料部分物理性能指标　　表 7-13

项目		质量要求		
		Ⅰ型	Ⅱ型	Ⅲ型
固体含量(%)	≥	70		
拉伸强度(MPa)	≥	1.2	1.8	1.8
低温柔性(℃2h)		−10℃,绕 ϕ10mm 圆棒无裂纹	—	—
不透水性(Ⅱ、Ⅲ型用于地下工程时该项目可不测)		压力≥0.3MPa,保持 30min 以上		
断裂伸长率(%)	≥	200	80	30
无处理粘结强度(MPa)	≥	0.5	0.7	1.0
抗渗性(MPa)	≥	—	0.6	0.8

水泥基渗透结晶型防水涂料部分物理性能指标　　表 7-14

项目		质量要求
抗折强度,7d(MPa)	≥	3
潮湿基面粘结强度(MPa)	≥	1
抗渗压力,28d(MPa)	≥	0.8

水泥渗透结晶型防水剂部分物理性能指标 **表 7-15**

项　目		质量要求
抗压强度比,7d(%)	≥	120
渗透压力比,28d(%)	≥	200

（三）防水涂料的储运与保管

（1）不同类型、规格的产品应分别堆放，不应混杂；

（2）避免雨淋、日晒和受潮，严禁接近火源；

（3）防止碰撞，注意通风。

第二节　密 封 材 料

建筑密封材料是能使建筑上的各种接缝或裂缝、变形缝（沉降缝、伸缩缝、抗震缝）保持水密、气密性能，并具有一定强度、能连接构件的填充材料。建筑密封材料可分为定形和非定形密封材料两大类。定形密封材料是指具有一定形状和尺寸的密封材料。非定形密封材料（密封膏）又称密封胶、密封剂，是溶剂型、水乳型、化学反应型等黏稠状的密封材料。建筑密封材料的品种较多，主要表现在材质和形态的不同，根据材质的不同，可将密封材料分为合成高分子密封材料和改性沥青密封材料两大类。沥青、油灰类嵌缝材料在用途上与密封材料相似，在广义上也称为密封材料。

近年来，以合成高分子为主体，加入适量的化学助剂、填充材料和着色剂，经过特定的生产工艺加工制成的合成高分子材料得到了广泛使用。合成高分子材料主要品种有硅酮建筑密封胶、聚硫建筑密封胶和聚氨酯建筑密封胶和丙烯酸建筑密封胶、建筑用硅酮结构密封胶等。它们主要用于中空玻璃、窗户、幕墙、石材和金属屋面的密封，卫生间和高速公路接缝的防水密封，在水利工程和板缝方面也有应用。

一、建筑用密封材料

1. 硅酮建筑密封胶

硅酮建筑密封胶是以聚硅氧烷为主剂，加入硫化促进剂、填料和颜料等组成的高分子非定形密封材料。

硅酮建筑密封胶分单组分和双组分，单组分应用较多。按固化机理分为脱酸（酸性）和脱醇（中性）两种类型；按用途分为镶装玻璃用和建筑接缝用两种类别；产品按位移能力分为 25、20 两个级别；按拉伸模量分为高模量（HM）和低模量（LM）两个次级别。

硅酮建筑密封胶具有优异的耐热、耐寒性及较好的耐候性，疏水性能良好等优点。高模量有机硅密封胶主要用于建筑物的结构型密封部位，如玻璃幕墙、门窗等；低模量有机硅密封胶主要用于建筑物的非结构型密封部位，如预制混凝土墙板、水泥板、大理石板、花岗石的外墙板缝、混凝土与金属框架的粘接、卫生间和高速公路接缝的防水密封等。

2. 聚硫建筑密封胶

聚硫建筑密封胶是以液态聚硫橡胶为主剂，以金属过氧化物（多数以二氧化铅）为固化剂的双组分密封材料。

按流动性分为 N 型用于立缝或斜缝而不塌落的非下垂型和 L 型用于水平接缝能自动

流平形成光滑平整表面的自流平型；按位移能力分为25、20两个级别；按拉伸模量分为高模量和低模量两个次级别。

聚硫建筑密封胶具有良好的耐候性，耐油、耐湿热、耐水、耐低温等性能；能承受持续和明显的循环位移；抗撕裂性强，对金属（钢、铝等）和非金属（混凝土、玻璃、木材等）等材质均具有良好的粘结力，可在常温下或加温条件下固化。

本品可用于高层建筑接缝及窗框周围防水、防尘密封；中空玻璃的周边密封；建筑门窗玻璃装嵌密封；游泳池、储水槽、上下管道、冷藏库等接缝的密封，特别适用于自来水厂、污水处理厂等。

3. 建筑用硅酮结构密封胶

建筑用硅酮结构密封胶分为单组分型和双组分型。按产品适用基材分为金属（代号M)、玻璃（代号G）和其他（代号Q）三种。建筑用硅酮结构密封胶适用于建筑幕墙及其他结构粘结装配。

产品具有高强度、高伸长率、中等模量；可提供较高的安全系数；有优异的耐气候老化性能，耐高低温性卓越等性能。适用于高层、超高层幕墙；大板块玻璃、铝板幕墙、钢结构主体幕墙等建筑密封。

4. 聚氨酯建筑密封胶

聚氨酯建筑密封胶是以异氰酸基（—NCO）为基料，与含有活性氰化物的固化剂组成的一种常温固化弹性密封材料。

聚氨酯建筑密封胶产品按包装形式分为单组分和双组分两个品种；产品按流动性分为非下垂型（N）和自流平型（L）两个类型；按位移能力分为25、20两个级别。产品按拉伸模量分为高模量（HM）和低模量（LM）两个次级别。

聚氨酯密封胶使用范围广，具有模量低、机械强度高、弹性高、粘结性好、耐低温、耐水、耐油、水密性、气密性好，材料性能稳定、抗疲劳、抗老化性等特点，广泛用于各种装配式建筑的屋面板、楼地板、阳台、窗框、卫生间的接缝、施工缝的密封，以及水池、水渠的接缝密封和混凝土裂缝的修补。

5、丙烯酸酯建筑密封胶

丙烯酸酯建筑密封胶是以丙烯酸酯乳液为主要成分，掺以少量表面活性剂、增塑剂、改性剂及填充料和色料等配置而成的非定形密封材料。

水乳性丙烯酸酯建筑密封胶无溶剂污染，无毒，不燃，安全可靠，因此易于施工，适用于垂直缝施工。本品适用于钢筋混凝土墙板、屋面板和楼板的接缝密封；钢、铁、铝、石棉板、石膏板等建筑节点的防水密封；各种上下水管、通风管与墙体、楼板的节点密封；各种门、窗与墙体的密封等。

二、常用建筑密封材料的验收

1. 资料验收

(1) 建筑密封材料质量证明书验收：

建筑密封材料在进入施工现场时应对质量证明书进行验收。质量证明书必须字迹清楚，证明书中应证明：供方名称或厂标；产品标准；生产日期和批号；产品名称；规格及等级；产品标准中所规定的各项出厂检验结果等。质量证明书应加盖生产单位公章。

(2) 建立材料台账：

建筑密封材料进场后，施工单位应及时建立“建设工程材料采购验收检验使用综合台账”。监理单位可设立“建设工程材料监理监督台账”。内容包括：材料名称、规格品种、生产单位、供应单位、进货日期、送货单编号、进货数量、质量证明书编号、外观质量、材料检验日期、复验报告编号和结果、工程材料报审表确认日期、使用部位、审核人员签名等。

（3）产品包装和标志：

建筑密封材料可用支装或桶装，包装容器应密闭。标志包括生产厂名、产品标记、产品颜色、生产日期或批号及保质期、净重或净容量、商标、使用说明及注意事项。

2. 实物质量的验收

实物质量验收分为外观质量验收、物理性能验收 2 个部分。

（1）外观质量验收：

密封材料应为均匀胶状物，无结皮、凝胶或不易分散的固体团块。产品的颜色与供需双方商定的样品相比，不得有明显差异。

（2）建筑密封材料的送样检验要求：

进场的密封材料送样检验应符合下列规定：

1）单组分密封材料以出厂的同等级同类型产品每 2t 为一批，进行出厂检验。不足 2t 也可为一批；双组分密封材料以同一等级、同一类型的 200 桶产品为一批（包括 A 组分和配套的 B 组分）。不足 200 桶也作一批。

2）将受检的密封材料进行外观质量检验，全部指标达到标准规定时，即为合格。

3）在外观质量检验合格的密封材料中，取样做物理性能检验，若物理性能有三项不合格，则为不合格产品；有二项以下不合格，可在该批产品中双倍取样进行单项复试，如仍有一项不合格，则该批为不合格产品。

4）进场的密封材料物理性能应检验下列项目：

具体性能指标见表 7-16～表 7-20。

硅酮建筑密封胶的理化性能　　表 7-16

序号	项目		技术指标			
			25HM	20HM	25LM	20LM
1	密度（g/cm³）		规定值±0.1			
2	下垂度（mm）	垂直	≤3[a]			
		水平	无变形			
3	表干时间（h）		≤3			
4	挤出性（mL/min）		≥80			
5	弹性恢复率（%）		≥80			
6	拉伸模量（MPa）	23℃	>0.4 或		≤0.4 和	
		−20℃	>0.6		≤0.6	
7	定伸粘结性		无破坏			
8	紫外线辐照后粘结性[b]		无破坏			
9	冷拉—热压后粘结性		无破坏			
10	浸水后定伸粘结性		无破坏			
11	质量损失率（%）		≤10			

注：a. 允许采用供需双方商定的其他指标值。

b. 此项仅适用于 G 类产品

聚硫建筑密封胶的物理力学性能 **表 7-17**

<table>
<tr><th rowspan="2">序号</th><th rowspan="2" colspan="2">项　目</th><th colspan="3">技术指标</th></tr>
<tr><th>20HM</th><th>25LM</th><th>20LM</th></tr>
<tr><td>1</td><td colspan="2">密度(g/cm³)</td><td colspan="3">规定值±0.1</td></tr>
<tr><td rowspan="2">2</td><td rowspan="2">流动性</td><td>下垂度(N型)(mm)</td><td colspan="3">≤3</td></tr>
<tr><td>流平性(L型)</td><td colspan="3">光滑平整</td></tr>
<tr><td>3</td><td colspan="2">表干时间(h)</td><td colspan="3">≤24</td></tr>
<tr><td>4</td><td colspan="2">适用期(h)</td><td colspan="3">≥2</td></tr>
<tr><td>5</td><td colspan="2">弹性恢复率(%)</td><td colspan="3">≥70</td></tr>
<tr><td rowspan="2">6</td><td rowspan="2">拉伸模量(MPa)</td><td>23℃</td><td rowspan="2">>0.4或>0.6</td><td rowspan="2" colspan="2">≤0.4和≤0.6</td></tr>
<tr><td>-20℃</td></tr>
<tr><td>7</td><td colspan="2">定伸粘结性</td><td colspan="3">无破坏</td></tr>
<tr><td>8</td><td colspan="2">浸水后定伸粘结性</td><td colspan="3">无破坏</td></tr>
<tr><td>9</td><td colspan="2">冷拉—热压后粘结性</td><td colspan="3">无破坏</td></tr>
<tr><td>10</td><td colspan="2">质量损失率(%)</td><td colspan="3">≤5</td></tr>
<tr><td colspan="6">注:适用期允许采用供需双方商定的其他指标值</td></tr>
</table>

建筑用硅酮结构密封胶的物理力学性能 **表 7-18**

<table>
<tr><th>序号</th><th colspan="3">项　目</th><th>技术指标</th></tr>
<tr><td rowspan="2">1</td><td rowspan="2">下垂度</td><td colspan="2">垂直放置(mm)</td><td>≤3</td></tr>
<tr><td colspan="2">水平放置</td><td>不变形</td></tr>
<tr><td>2</td><td colspan="3">挤出性[a](s)</td><td>≤10</td></tr>
<tr><td>3</td><td colspan="3">适用期[b](min)</td><td>≥20</td></tr>
<tr><td>4</td><td colspan="3">表干时间(h)</td><td>≤3</td></tr>
<tr><td>5</td><td colspan="3">硬度(Shore A)</td><td>20～60</td></tr>
<tr><td rowspan="7">6</td><td rowspan="7">拉伸
粘结性</td><td rowspan="5">拉伸粘结强度
(MPa)</td><td>23℃</td><td>≥0.60</td></tr>
<tr><td>90℃</td><td>≥0.45</td></tr>
<tr><td>-30℃</td><td>≥0.45</td></tr>
<tr><td>浸水后</td><td>≥0.45</td></tr>
<tr><td>水—紫外线光照后</td><td>≥0.45</td></tr>
<tr><td colspan="2">粘结破坏面积(%)</td><td>≤5</td></tr>
<tr><td colspan="2">23℃时最大拉伸强度时伸长率(%)</td><td>≥100</td></tr>
<tr><td rowspan="3">7</td><td rowspan="3">热老化</td><td colspan="2">热失重(%)</td><td>≤10</td></tr>
<tr><td colspan="2">龟裂</td><td>无</td></tr>
<tr><td colspan="2">粉化</td><td>无</td></tr>
<tr><td colspan="5">注:[a]仅适用于单组分产品。
[b]仅适用于双组分产品</td></tr>
</table>

聚氨酯建筑密封胶物理力学性能 表 7-19

试验项目		技术指标		
		20HM	25LM	20LM
密度(g/cm³)		规定值±0.1		
流动性	下垂度(N型)(mm)	≤3		
	流平性(L型)	光滑平整		
表干时间(h)		≤24		
挤出性[a]/(mL/min)		≥80		
适用期[b](h)		≥1		
弹性恢复率(%)		≥70		
拉伸模量(MPa)	23℃	>0.4 或	≤0.4 和	
	−20℃	>0.6	≤0.6	
定伸粘结性		无破坏		
浸水后定伸粘结性		无破坏		
冷拉—热压后的粘结性		无破坏		
质量损失率(%)		≤7		

注:[a]仅适用于单组分产品。
[b]仅适用于多组分产品,允许采用供需双方商定的其他指标值

丙烯酸酯建筑密封胶产品理化性能 表 7-20

序号	项 目	技术要求		
		12.5E	12.5P	7.5P
1	密度(g/cm³)	规定值±0.1		
2	下垂度(mm)	≤3		
3	表干时间(h)	≤1		
4	挤出性(mL/min)	≥100		
5	弹性恢复率(%)	≥40	见表注	
6	定伸粘结性	无破坏	—	
7	浸水后定伸粘结性	无破坏	—	
8	冷拉热压后订水粘结性	无破坏	—	
9	断裂伸长率(%)	—	≥100	
10	浸水后断裂伸长率(%)	—	≥100	
11	同一温度下拉伸—压缩循环后粘结性	—	无破坏	
12	低温柔性(℃)	−20	−5	
13	体积变化率(%)	≤30	—	

注:报告实测值

三、密封材料的储运与保管

不同品种、型号和规格的密封材料应分别堆放;聚硫建筑密封胶应在干燥、通风、阴凉的场所储存,储存温度不宜超过 27℃。自生产之日起,保存期不得少于 6 个月。运输

时应防止日晒雨淋，撞击、挤压包装。

四、施工常见问题及处理方法

1. 现浇刚性屋面开裂

在开裂处开一条V形槽，清除浮渣后涂刷底涂料，即可进行密封施工。施工完后的密封胶应高出界面10mm，然后再在其上加上一布二油，材料可选用聚乙烯防水涂料、改性沥青密封材料、水乳丙烯酸密封胶等。

2. 板面裂缝

采用裂缝封闭法，可用防水油膏二布三油或环氧树脂进行密封处理，将裂缝的周围50mm宽的界面清净，将裂缝周边的浮渣或不牢的灰浆清除，用腻子刀或喷枪挤入其中，在嵌缝材料上覆盖一层保护层。

3. 山墙、女儿墙渗水

主要是对渗水部位进行密封，让雨水沿新的防水材料向下流淌，不渗入到结构里面。

4. 非承重山墙渗水

非承重山墙渗水治理施工：增加压顶宽度，使水落在治理后的防水面上，铲除原防水面上废旧、老化的东西，重新做二毡三油并在转角处增加一层干铺卷材，在新做防水层上再用水泥粉刷美观；在压顶下做滴水线，让雨水滴落在水泥砂浆面层上，用油膏将卷材收头处钉在非承重山墙上，钉子钉入油膏内。

5. 排气通风道伸出屋面部分漏水

现浇混凝土开裂渗水按刚性屋面渗水处理，女儿墙渗水按非承重墙渗水处理。

第三节　节 能 材 料

节约能源是当今世界的大趋势，有效地利用能源、节能降耗是节约能源的有效途径。随着我国每年大量的民用建筑的投入使用，建筑能耗占我国总能耗的比例逐年上升，目前已占全国总能耗的30%左右。因此，1980年代，我国提出了建筑节能的概念，其含义是“在建筑中合理使用和有效利用能源，不断提高能源利用效率”。

建筑节能的主要途径之一便是提高建筑围护结构保温隔热性能，如提高围护结构墙体、屋面、地面的保温隔热性能；提高采暖空调设备的能效比，采用管网水平衡技术，以及加强供热管道保温等。

如何提高围护结构的保温隔热性能，目前通用的技术是将建筑保温隔热材料用于建筑围护结构、采暖空调设备中，是建筑节能工程的主要方式。因此，本节所谓的“节能材料”是指应用于建筑节能工程中的保温隔热材料及其他与之配套使用的建筑材料。

保温隔热材料系指不易传热的、对热流具有显著阻抗作用的材料或材料的复合体。用于建筑节能工程的保温隔热材料其导热系数λ一般小于0.10W/(m·K)。

导热系数λ表征的是通过材料本身热量传导能力大小的量度。

对于均质的，各向同性的物体在稳定的单向（一维）热流的情况下，导热系数的公式为

$$\lambda = Q\delta / A(t_1 - t_2)$$

式中：λ——导热系数，W/(m·K)；

Q——热流量，W；

δ——沿热流方向的厚度，m；

A——导热面积，m^2；

t_1——热面温度，K；

t_2——冷面温度，K。

导热系数是衡量保温隔热材料性能的一个重要指标。导热系数越小，则说明材料的绝热性能越好。材料的导热系数受材料的物质构成、空隙率、表观密度、材料所处的温度、材料的含水率及热流方向等的影响。一般来说，化学组成和分子结构比较简单的物质比结构复杂的物质有较大的导热系数；材料的空隙率越大，材料的导热系数越小；材料的表观密度越轻，导热系数越小；随着材料所处温度的升高，材料的导热系数也随之增大；材料含水率的增加也会导致导热系数的增大；对于纤维材料，热流方向与纤维排列方向垂直时的导热系数较小。

用于建筑节能的保温隔热材料应符合以下基本要求：1. 具有较低的导热系数。一般导热系数不大于0.1W/(m·K)。2. 具有防水作用。由于大多数保温隔热材料吸水受潮后，其绝热性能会显著下降。3. 具有一定的强度。保温隔热材料的强度必须保证建筑上的最低强度要求。4. 具有良好的尺寸稳定性。5. 具有一定的防火防腐能力。

保温隔热材料的种类很多，按产品的化学性质分类，可以分为无机非金属材料、有机高分子材料和金属材料三类；按产品的状态分类，可以分为纤维状、无机多孔状、有机气泡状和层状。纤维状保温隔热材料有：岩棉、矿渣棉、玻璃棉、硅酸铝棉及其制品等。无机多孔状保温隔热材料有：微孔硅酸钙、膨胀珍珠岩、泡沫玻璃等。有机气泡状保温隔热材料有：聚苯乙烯、硬质聚氨酯、橡塑、酚醛、聚乙烯等。

随着建筑节能的兴起，一些新的墙体绝热材料如胶粉聚苯颗粒保温浆料、无机保温砂浆、新型有机纤维复合板材的市场占有率也正在逐步提高。

2007年国家发布了《建筑节能工程施工质量验收规范》GB 50411—2007，该规范中将节能工程分为墙体节能工程、幕墙节能工程、屋面节能工程、地面节能工程、门窗节能工程、采暖节能工程、通风与空调节能工程等10部分。大部分节能工程中都采用了保温隔热材料，下面就按各项节能工程中使用到的节能材料分别进行介绍。

一、墙体节能工程

墙体节能的形式通常按保温隔热材料在墙体中的位置与建筑的关系进行划分，主要分为：外墙外保温、外墙内保温和夹芯保温三种方式。其中外墙外保温是目前普遍的墙体节能工程的施工技术。

（一）外墙外保温

将保温隔热材料复合在建筑物外墙的外侧，并覆以保护层，这种体系也称为外墙外保温系统。这样，建筑物的外表面被保温材料所覆盖，使建筑物具有优良的保温隔热性能。目前，使用比较广泛的外墙外保温系统包括：膨胀聚苯板薄抹灰外墙外保温系统、胶粉聚苯颗粒保温浆料外墙外保温系统、硬泡聚氨酯喷涂外墙外保温系统、水泥基保温砂浆外墙外保温系统以及钢丝网架聚苯板整浇外墙外保温系统等。

1. 膨胀聚苯板薄抹灰外墙外保温系统

该系统由膨胀聚苯板（简称EPS板）保温层、薄抹面层和饰面涂层构成，EPS板用

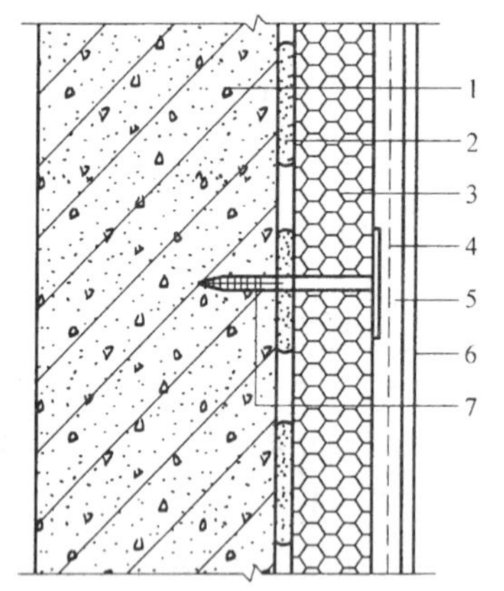

图 7-1 膨胀聚苯板薄抹灰外墙外保温系统基本构造

1—基墙；2—胶粘剂；3—膨胀聚苯板；4—耐碱网布；5—抹面胶浆；6—饰面层；7—锚栓

胶粘剂固定在基材上，必要时使用锚栓来加强固定，薄抹面层由抹面胶浆和耐碱网布组成。其基本构造如图7-1所示。

膨胀聚苯板是指可发性聚苯乙烯泡沫塑料粒子经加热预发泡后，在模具中加热成型而制得的具有闭孔结构的硬质泡沫塑料。

胶粘剂的作用是将EPS板牢固的粘结在基层墙体上，用以抵抗外保温系统的自重以及克服所在地区和高度的风压。胶粘剂产品的形式可以分为两种：一种为单组分干粉状胶粘剂，即在工厂里已将胶粉、水泥等预混合好成干粉状，在施工现场只需按使用说明加入一定比例的水，搅拌均匀后使用即可；另一种为双组分胶粘剂，即由工厂生产的液态胶粘剂，在施工现场按使用说明加入一定比例厂商提供的干粉料或水泥中，搅拌均匀后使用。

薄抹面层的作用是保证外保温系统由足够的机械强度和耐久性。聚合物抹面胶浆是由水泥基或其他无机胶凝材料、高分子聚合物和填料等材料组成。高分子聚合物的添加起到了增加抹面层柔韧性的作用，以减少材料变形带来的开裂。抹面胶浆产品的形式与胶粘剂一样，既可以是单组分的，也可以为双组分的。耐碱网布埋入抹面胶浆中，形成薄抹灰增强防护层，用以提高抹面层的机械强度和抗裂性。

锚栓的作用是将EPS板固定于基层墙体中。如建筑物高度在20m以上时，受负风压作用较大的部分就应使用锚栓辅助固定EPS板。

饰面涂层是该系统的最外层，对薄抹面层有防止风化，提高抗裂性的作用。一般应采用弹性涂料或其他厂商所提供的配套涂料。

2. 胶粉聚苯颗粒保温浆料外墙外保温系统

胶粉聚苯颗粒保温浆料外墙外保温系统（以下简称保温浆料系统）是一种在现场搅拌施工成型的外保温系统。该系统由界面层、胶粉聚苯颗粒保温层、抗裂防护层和饰面层构成。其基本构造如图7-2所示。

界面层的作用是增强保温层与墙体的粘结性能，由界面砂浆构成。

保温层即胶粉聚苯颗粒保温浆料，该浆料有胶粉料和聚苯颗粒组成并且聚苯颗粒体积比不小于80%，施工现场按比例加水搅拌成膏状，用手工或机喷方式抹在外墙上。

抗裂防护层的作用是提高系统的抗冲击能力、耐候性和透气性，防止系统的开裂，主要由抗裂砂浆复合耐碱涂塑玻纤网格布组成。

饰面层可采用涂料或面砖。当使用涂料饰面时，应采用柔性耐水腻子来提高系统的抗裂性能。

3. 硬泡聚氨酯喷涂外墙外保温系统

该系统也是在施工现场通过机械方式喷涂在墙面发泡成型的外保温系统。该系统由找平层、保温层、界面剂层、抹面层和饰面层组成，其基本构造如图7-3所示。

找平层的作用是增加了基层墙面与喷涂硬泡聚氨酯之间的结合力，一般可以采用水泥

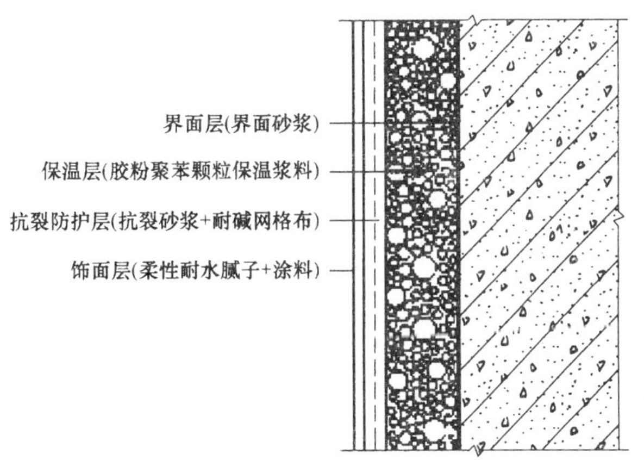

(*a*) 涂料饰面保温浆料系统基本构造

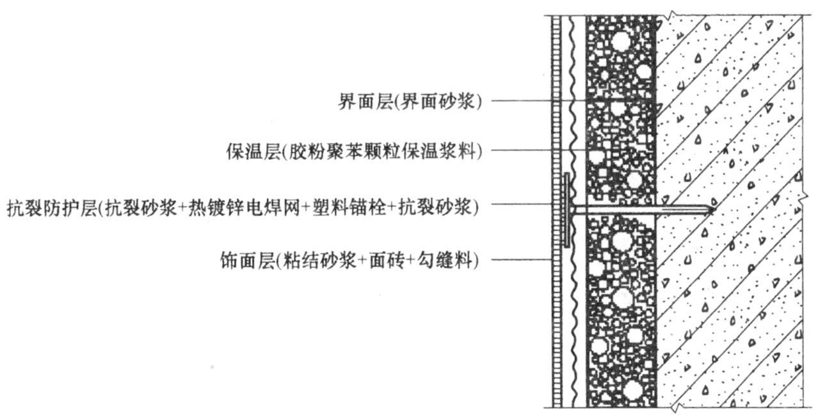

(*b*) 面砖饰面保温浆料系统基本构造

图 7-2　保温浆料系统基本构造

砂浆进行找平处理，也可采用聚氨酯防潮底漆进行找平处理。

保温层使用的材料为喷涂硬泡聚氨酯。在现场使用专门喷涂设备在外墙上连续多遍喷涂发泡聚氨酯后，形成无接缝的硬质泡沫体。

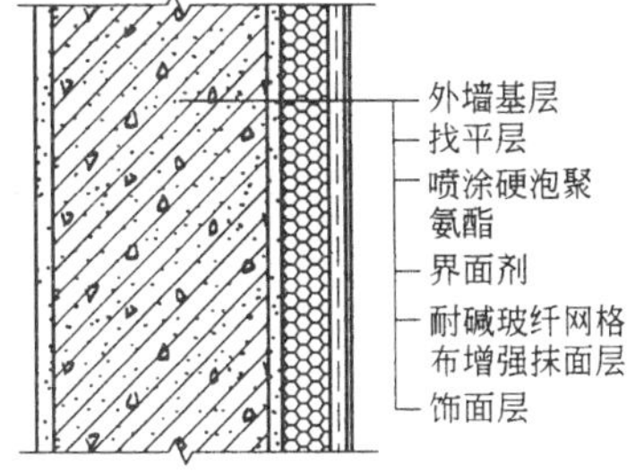

图 7-3　硬泡聚氨酯喷涂外墙外保温系统基本构造

界面剂层既可以增强保温层和抹面层之间的结合性能，又能够起到找平的作用。一般采用界面砂浆材料。

抹面层主要由抹面胶浆，中间夹铺耐碱玻纤网布构成。其作用是提高系统的抗冲击能力、耐候性和透气性，防止系统的开裂。

饰面层可采用涂料或面砖。当使用涂料饰面时，应采用柔性耐水腻子来提高系统的抗裂性能。

4. 水泥基保温砂浆外墙外保温系统

水泥基保温砂浆外墙外保温系统是一种在现场搅拌施工成型的外保温系统。该系统由界面层、水泥基保温砂浆保温层、抗裂防护层和饰面层构成。其基本构造和胶粉聚苯颗粒保温浆料外墙外保温系统类似。

界面层采用界面砂浆材料，其作用是增强基层墙体与保温砂浆间的粘结力，防止保温砂浆产生起壳、空鼓等缺陷。

保温层是由水泥基保温砂浆构成，所谓水泥基保温砂浆主要是由水泥基胶凝材料、聚合物胶粉、矿物轻集料、外加剂等材料复合而成。一般常见的矿物轻集料有玻化微珠、膨胀珍珠岩、膨胀蛭石等。

抗裂防护层是由抗裂砂浆复合耐碱玻纤网布构成，其作用是保护保温层，并且具有防止开裂、抗冲击和耐候性等作用。

5. 其他外墙外保温系统

上述介绍的四种外墙外保温系统是目前民用建筑上常用的外墙外保温技术，随着外墙外保温技术的不断发展，一些新型的外墙外保温系统也在不断的推出，如挤塑聚苯板外墙外保温系统、矿岩棉板外墙外保温系统、泡沫玻璃外墙外保温系统等。这些系统的基本构造和膨胀聚苯板外墙外保温系统类似，都是由保温层、薄抹面层和饰面层组成，必要时添加界面剂作为界面层提高基层墙体与保温材料的粘结力。

对于多层及高层建筑现浇混凝土剪切墙体系而言，还可以采用 EPS 板现浇混凝土外墙外保温系统或 EPS 钢丝网架板现浇混凝土外墙外保温系统。下面简单介绍一下这两个系统的基本构造。

(1) EPS 板现浇混凝土外墙外保温系

该系统以现浇混凝土外墙作为基层，EPS 板作为保温层，EPS 板与现浇混凝土接触的表面沿水平方向开有矩形齿槽，EPS 板的两个表面均抹上界面砂浆。施工时将 EPS 板置于外模板内侧，并安装锚栓辅助固定。浇灌混凝土后，墙体与 EPS 板及锚栓成为整体，然后在 EPS 板外表面涂抹抗裂砂浆复合耐碱玻纤网布作为抗裂层，饰面层为涂料。该系统的基本构造如图 7-4 所示。

(2) EPS 钢丝网架板现浇混凝土外墙外保温系

该系统也以现浇混凝土外墙作为基层，EPS 单面钢丝网架板置于外墙外模板内侧，并安装直径为 6mm 的钢筋作为辅助固定件。浇灌混凝土后，EPS 钢丝网架板挑头钢丝和直径 6mm 钢筋与混凝土结合为整体，在 EPS 钢丝网架板表面涂抹水泥砂浆形成厚抹面层，然后涂抹抗裂砂浆复合耐碱玻纤网布作为抗裂层，饰面层为涂料。该系统的基本构造如图 7-5 所示。

(二) 外墙内保温

外墙内保温是指在外墙内侧铺设保温隔热材料。常用的有龙骨干挂内填矿物棉制品内保温系统、增强粉刷石膏聚苯板内保温系统、保温装饰板等系统。

外墙内保温的优势是施工便捷，不受气候影响。但是这种施工方法对抗震柱、楼板、隔墙等部位不能进行保温，从而在这些部位形成“热桥”，影响保温效果；另外内保温占用建筑使用面积，业主在装修时可能损坏保温层。在外墙外保温技术日益成熟以及节能50%设计标准的条件下，外墙内保温技术的工程使用已越来越低。

(三) 夹心保温

夹心保温是指保温层在墙体中间部位。这种保温技术目前也被称为外墙自保温系统，

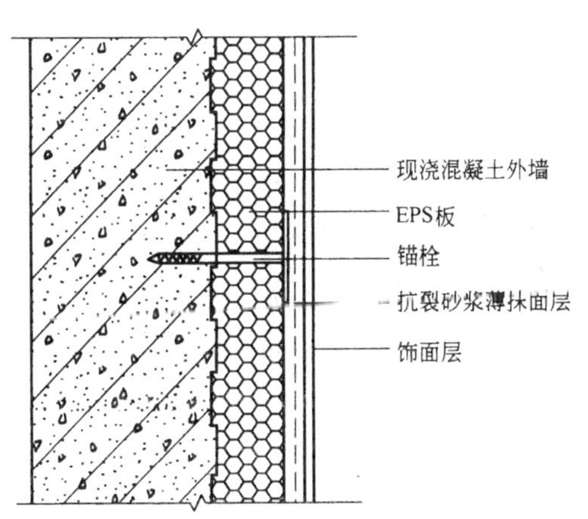

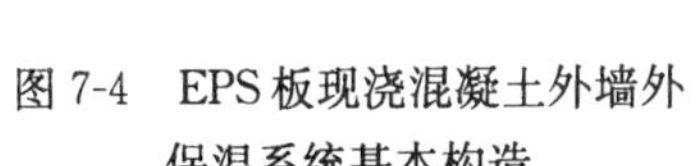
图 7-4　EPS 板现浇混凝土外墙外保温系统基本构造

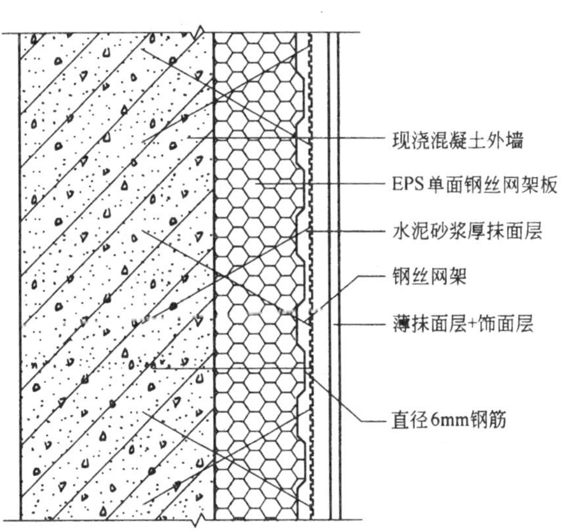

图 7-5　EPS 钢丝网架板现浇混凝土外墙外保温系统基本构造

它是指由具有良好保温性能的、单一墙体材料为主构成的，在混凝土热桥部位附加必要保温措施的外墙保温系统。目前常用的自保温材料为加气混凝土砌块或粉煤灰加气混凝土砌块。使用加气混凝土砌块专用胶粘剂进行砌筑。

用于自保温系统的加气混凝土砌块的性能应符合《蒸压加气混凝土砌块》GB 11968—2006 标准，其部分性能要求见第二章第八节墙体材料中相关部分。值得注意的是一般用于自保温系统的砌块其干密度一般不大于 500kg/m^3。

蒸压加气混凝土砌块在施工时应采用专门的砌筑砂浆和抹面砂浆，这类抹面砂浆可以分为水泥基和石膏基的。专用砌筑砂浆和抹面砂浆的性能应符合《蒸压加气混凝土用砌筑砂浆和抹面砂浆》JC 890—2001（2009）标准的规定，其部分性能要求见表 7-21。

砌筑砂浆和抹面砂浆部分性能　　**表 7-21**

项　　目	单　　位	性能指标	
		砌筑砂浆	抹面砂浆
干密度	kg/m^3	≤1800	水泥砂浆：≤1800 石膏砂浆：≤1500
分层度	mm	≤20	水泥砂浆：≤20
凝结时间	h	贯入阻力达到 0.5MPa 时，3～5h	水泥砂浆：贯入阻力达到 0.5MPa 时，3～5h 石膏砂浆：初凝≥1，终凝≤8
导热系数	W/(m·K)	≤1.1	石膏砂浆：≤1.0
抗折强度	MPa	—	石膏砂浆：≥2.0
抗压强度	MPa	2.5、5.0	水泥砂浆：2.5、5.0 石膏砂浆：≥4.0
抗冻性	%	质量损失≤5 强度损失≤20	水泥砂浆：质量损失≤5 强度损失≤20
收缩性能	mm/m	收缩值≤1.1	水泥砂浆：收缩值≤1.1 石膏砂浆：收缩率≤0.06%

（四）外墙外保温系统产品验收

1. 资料验收

外墙外保温系统的资料验收分为两个部分：一是外墙外保温系统的资料验收；二是组成外墙外保温系统的材料的资料验收。

（1）外墙外保温系统资料验收：

当墙体节能工程采用成套的外墙外保温技术时，其资料验收的内容主要是查看供应商提供的系统型式检验报告。在查看检测报告时应注意设计要求的外墙外保温系统与报告中的系统是否相符合；型式检验内容是否齐全，特别需注意的是检验内容中是否包括系统耐候性和安全性的检测项目；型式检验报告的试验日期，一般每两年进行一次型式检验；报告是否具有计量章（又称 CMA 章）等。

不同种类的外墙外保温系统，其型式检验内容详见表 7-22。

几种主要外墙外保温系统型式检验项目 **表 7-22**

外墙外保温系统	执行标准	型式检验内容
膨胀聚苯板薄抹灰系统	JG 149—2003	吸水量、抗冲击强度、抗风压值、耐冻融、水蒸气湿流密度、不透水性、耐候性
	JGJ 144—2004	抗风荷载性能、抗冲击性、吸水量、耐冻融性能、热阻、抹面层不透水性、保护层水蒸气渗透阻
胶粉聚苯颗粒保温浆料系统	JG 158—2004	耐候性、吸水量、抗冲击性、抗风压值、耐冻融、水蒸气湿流密度、不透水性、耐磨损、系统抗拉强度[a] 饰面砖粘结强度[a] 火反应性
	JGJ 144—2004	抗风荷载性能、抗冲击性、吸水量、耐冻融性能、热阻、抹面层不透水性、保护层水蒸气渗透阻
硬泡聚氨酯喷涂系统	GB 50404—2007	耐候性、抗风压值、耐冻融性能、抗冲击强度、吸水量、热阻、抹面层不透水性、水蒸气湿流密度
EPS 板现浇混凝土系统/EPS 钢丝网架板现浇混凝土系统	JGJ 144—2004	抗风荷载性能、抗冲击性、吸水量、耐冻融性能、热阻、抹面层不透水性、保护层水蒸气渗透阻

注：a. 系统抗拉强度项目适用于饰面层为涂料的胶粉聚苯颗粒保温浆料外保温系统；饰面砖粘结强度项目适用于饰面层为外墙面砖的胶粉聚苯颗粒保温浆料外保温系统

其他外墙外保温系统如水泥基保温砂浆外保温系统、挤塑聚苯板薄抹灰外墙外保温系统等，其检验项目和试验方法参照《外墙外保温工程技术规程》JGJ 144—2004 的规定进行。

（2）外墙外保温系统的组成材料资料验收：

资料验收的内容包括产品质保书、产品合格证、相关性能的检测报告以及产品使用说明书。

质保书中应标明产品名称、产品标记、商标；生产日期；产品数量；产品的种类、规格以及出厂检验项目。

产品合格证应包括产品名称、产品执行标准、商标；生产企业名称、地址；产品规格、等级；生产日期、质量保证期（特别是液态胶粘剂）；检验部门印章、检验人员代号等。

系统供应商提供的系统组成材料的性能检测报告或者材料生产商提供相关材料的型式检测报告。保温隔热材料的检测报告内容必须包含该材料的导热系数、密度、抗压强度（或压缩强度）和燃烧性能这几项检测内容；在寒冷和严寒地区使用的外保温系统的粘结材料，其检测报告内容应包括冻融试验后的粘结强度。几种常用的外墙外保温系统组成材料的出厂检验项目和型式检验项目如表 7-23 所示。

几种主要外墙外保温系统组成材料的出厂检验和型式检验项目　　表 7-23

<table>
<tr><th colspan="2">外墙外保温系统及其材料</th><th>执行标准</th><th>出厂检验项目</th><th>型式检验项目</th></tr>
<tr><td rowspan="5">膨胀聚苯板薄抹灰系统</td><td>膨胀聚苯板</td><td>JG 149—2003、GB/T 10801.1—2002</td><td>垂直于板面方向的抗拉强度、尺寸、外观、密度、压缩强度、熔结性</td><td>垂直于板面方向的抗拉强度、尺寸、外观、密度、压缩强度、熔结性、导热系数、吸水率、尺寸稳定性、水蒸气透过系数、燃烧性能</td></tr>
<tr><td>胶粘剂</td><td>JG 149-2003</td><td>拉伸粘结强度原强度、可操作时间</td><td>拉伸粘结强度原强度、耐水后拉伸粘结强度、可操作时间</td></tr>
<tr><td>抹面胶浆</td><td>JG 149—2003</td><td>拉伸粘结强度原强度、可操作时间</td><td>拉伸粘结强度原强度、耐水后拉伸粘结强度、耐冻融后拉伸粘结强度、柔韧性[a]、可操作时间</td></tr>
<tr><td>耐碱网布</td><td>JG 149—2003</td><td>单位面积质量</td><td>单位面积质量、耐碱断裂强力、耐碱断裂强力保留率、断裂应变</td></tr>
<tr><td>锚栓</td><td>JG 149—2003</td><td>—</td><td>单个锚栓抗拉承载力、单个锚栓对系统传热增加值</td></tr>
<tr><td rowspan="6">胶粉聚苯颗粒保温浆料系统</td><td>界面砂浆</td><td rowspan="6">JG 158—2004</td><td>压剪粘结原强度</td><td>压剪粘结原强度、耐水压剪粘结强度、耐冻融压剪粘结强度</td></tr>
<tr><td>胶粉聚苯颗粒保温浆料</td><td>湿表观密度</td><td>湿表观密度、干表观密度、导热系数、抗压强度、蓄热系数、压剪粘结强度、软化系数、线性收缩率、难燃性</td></tr>
<tr><td>抗裂剂和抗裂砂浆</td><td>抗裂剂—不挥发物含抗裂量
抗裂砂浆—可操作时间</td><td>抗裂剂—不挥发物含抗裂量、贮存稳定性
抗裂砂浆—可使用时间、拉伸粘结强度、浸水拉伸粘结强度、压折比</td></tr>
<tr><td>耐碱网布</td><td>外观、长度、宽度、网孔中心距、单位面积质量、断裂强力、断裂伸长率</td><td>外观、长度、宽度、网孔中心距、单位面积质量、断裂强力、断裂伸长率、耐碱强力保留率、涂塑量、玻璃成分</td></tr>
<tr><td>塑料锚栓</td><td>塑料圆盘直径、单个塑料锚栓抗拉承载力标准值</td><td>塑料锚栓有效锚固深度、套管外径、塑料圆盘直径、单个塑料锚栓抗拉承载力标准值</td></tr>
<tr><td>热镀锌电焊网</td><td></td><td>丝径、网孔大小、焊点抗拉力、镀锌层质量</td></tr>
</table>

续表

外墙外保温系统及其材料		执行标准	出厂检验项目	型式检验项目
硬泡聚氨酯喷涂系统	喷涂硬泡聚氨酯	GB 50404—2007[b]	—	密度、导热系数、压缩性能、尺寸稳定性、拉伸粘结强度、吸水率、氧指数
		JC/T 998—2006	密度、导热系数、抗压强度、拉伸强度、断裂伸长率、吸水率、粘结强度	密度、导热系数、抗压强度、拉伸强度、断裂伸长率、吸水率、粘结强度、尺寸变化率、闭孔率、水蒸气透过率。抗渗性、燃烧性能
	胶粘剂	GB 50404—2007	—	拉伸粘结强度原强度、耐水后拉伸粘结强度、可操作时间
	抹面胶浆		—	拉伸粘结强度原强度、耐水后拉伸粘结强度、耐冻融后拉伸粘结强度、柔韧性、可操作时间
	耐碱玻纤网格布		—	单位面积质量、耐碱断裂强力、耐碱断裂强力保留率、断裂应变
	锚栓		—	单个锚栓抗拉承载力、单个锚栓对系统传热增加值
水泥基保温砂浆系统	水泥基保温砂浆	GB/T 20473—2006	外观质量、堆积密度、分层度	外观质量、堆积密度、分层度、放射性、石棉含量、干密度、抗压强度、导热系数、线收缩率、压剪粘结强度、燃烧性能

注：a. 水泥基抹面胶浆，用压折比来表示其柔韧性；非水泥基抹面胶浆，用开裂应变来表示其柔韧性。
b. GB 50404—2007 标准中无出厂检验和型式检验相关内容，表格中给出的为相关产品的性能要求

外墙外保温系统是由专业的施工企业（能提供节能工程施工资质的）在现场施工形成，是否能达到设计要求的节能效果，施工质量是很关键的部分。因此，系统供应商的使用说明书也应成为资料验收的一部分。使用说明书中主要包含了材料的使用范围、材料的特点和选用方法、使用环境、使用方法、储存方式等。

2. 实物验收

(1) 材料进场时，应对产品的品种、规格、外观和尺寸进行验收。

1) 保温隔热材料：

这类产品按进场批次，每批次随机抽取三个试样进行检查，检查时可以通过目视、测量、称重等方式进行。

对于膨胀聚苯板产品应该在自然光线下对产品进行外观的检查。外观验收，应从色泽、外形、熔结和杂质 4 个方面着手，外观质量应符合 JG 149—2003 标准的要求，见表 7-24：

膨胀聚苯板外观要求 **表 7-24**

项　目	要　求
色泽	色泽均匀，阻燃型应掺有颜色的颗粒，以示区别
外形	表面平整，无明显收缩变形和膨胀变形
熔结	熔结良好
杂质	无明显油渍和杂质

外观检查后，要仔细核对产品的规格尺寸是否符合设计要求，特别是产品的厚度直接与绝热效果相关。可以用钢直尺或钢卷尺在离长边、短边 20mm 和中间位置测量产品的长度、宽度和厚度。膨胀聚苯板的尺寸允许偏差应符合表 7-25 的要求

膨胀聚苯板尺寸允许偏差（mm） **表 7-25**

项目		允许偏差	项目	允许偏差
厚度	≤50	±1.5	对角线差	±3.0
	＞50	±2.0	板边平直	±2.0
长度		±2.0	板面平整度	±1.0
宽度		±1.0		
注:本表的允许偏差值以长 1200mm×600mm 宽的膨胀聚苯板为基准				

对于胶粉聚苯颗粒浆料，是在现场进行搅拌然后上墙施工。因此，这种材料进场时通常有两种包装方法：一种是胶粉料和聚苯颗粒分别包装，另一种是胶粉料和聚苯颗粒按配比混合在一起包装。若胶粉料和聚苯颗粒分别包装，则应分别检查其外包装是否完好；两者是否匹配，包装上或者使用说明书上是否标注两者的配比，生产日期等；另外应打开胶粉料的包装袋，观察胶粉料是否存在结块凝结现象，若存在该现象，则该批材料不能进场使用。若胶粉料和聚苯颗粒按配比混合在一起包装，则应检查包装是否完好，产品的生产日期、使用期限，包装上或使用说明书上是否标注与水的配比；同时，也应打开包装袋观察胶粉料是否发生结块凝结现象。

对于喷涂硬泡聚氨酯产品，也是在现场通过机械方式进行喷涂的。进场时不是成品，而是原材料。组成该产品的原材料为异氰酸酯和多元醇，两者都是置于容器中的液体。因此，原材料进场时，应仔细检查容器的外标识，内容包括：容器是否完好无损坏、外标识是否注明异氰酸酯或多元醇，异氰酸酯和多元醇的型号是否匹配、原材料的生产日期或生产批号、储存期等。

水泥基保温砂浆也是在现场进行搅拌然后上墙施工。材料进场实物检查方法与胶粉聚苯颗粒保温浆料类似，这里就不再重复。

2）胶粘剂和抹面胶浆（抗裂砂浆）：

这类产品的形式通常可以分为两类：一是单组分干粉状；另一种为双组分，由液体胶粘剂和干粉料组成。

单组分干粉状材料一般采用编织袋包装，材料进场时应检查编织袋是否完好无泄漏，编织袋上外标识是否齐全，包括：产品型号规格、数量、生产日期或生产批号、储存期、与水的配比等。同时，也应打开编织袋观察干粉料是否发生结块凝结现象。

双组分材料中的液体胶粘剂采用塑料桶包装，干粉料则采用编织袋包装。材料进场时，两者应同时检查。干粉料的检查方式与单组分干粉状材料相同；液体胶粘剂材料则应检查塑料包装桶是否完好无损坏，外标识是否齐全，包括产品型号规格、数量、生产日期或生产批号、储存期、与干粉料之间的配比等。同时，也应打开塑料桶搅拌后观察液体是否发生结块现象。

3）耐碱网格布：

耐碱网格布进入现场后，应通过目测观察和实物测量的方式来进行实物验收。

首先应检查产品的外包装和包装上的标识，标识应包括：产品名称、产品标记或型号规格、生产日期或生产批号、卷长和净质量等。

然后抽取三个试样，用钢直尺或钢卷尺测量试样的宽度和长度，若长度过长，现场无法测量，则可以用台秤称量试样的质量。同时，观察试样表面可见的缺陷；若材料为系统集成商提供，则应观察试样表面是否印由集成商的商标或企业名称。

下面简单介绍一下耐碱（耐碱型）网格布产品标记方法，详见表 7-26 以及耐碱网格布外观质量和尺寸偏差的性能要求详见表 7-27。

耐碱（耐碱型）网格布产品标记方法　　　表 7-26

要　素	标记代号	示　例
所用玻璃的类型	AR——耐碱玻璃 E——无碱玻璃 C——中碱玻璃	示例 1 经纬纱密度为 6 根/25mm，宽度为 100cm，单位面积为 180g/cm^2，纱罗组织的耐碱玻纤网格布代号为： ARNP6×6—100L(180) 示例 2 经纬纱密度为 6 根/25mm，宽度为 100cm，单位面积为 130g/cm^2，纱罗组织的中碱玻纤网格布代号为： CNP6×6—100L(130)
网布类型	NP——经涂覆处理的网布	
经纱密度	以根/25mm 为单位表示的数值，后接乘号“×”	
纬纱密度	以根/25mm 为单位表示的数值，后接乘号“—”	
网布的宽度	以 cm 为单位	
网布组织	L——纱罗组织 P——平纹组织	
单位面积质量	放在括号内，以 g/cm^2 为单位	

耐碱网格布外观质量和尺寸偏差性能要求　　　表 7-27

项　目	执行标准	性能要求
外观质量	JC/T 814—2007	不允许有双根或双根长度≥20mm 的断经、断纬、缺经、缺纬 不允许有长度≥100mm 的纬斜
宽度和长度		实测值应在标称值的±1.5%范围内
经纬密度		实测值应在标称值的±10%范围内
净质量		实测值应在标称值的±8%范围内

值得注意的是，膨胀聚苯板薄抹灰外墙外保温系统和胶粉聚苯颗粒保温浆料外墙外保温系统对耐碱网格布的要求是不同的：前者是指耐碱型玻璃纤维网格布，即采用的玻璃类型可以是无碱、中碱或耐碱，表面再涂覆耐碱材料；后者则是耐碱玻璃纤维网格布，即玻璃类型必须是耐碱型，表面再涂覆耐碱材料。

其他外保温系统采用的耐碱网格布应按设计要求或系统供应商提供的材料检测报告为准，材料进场时应将材料与设计要求或检测报告进行核查。

（2）材料进场复检

墙体节能工程中使用到的保温隔热材料、胶粘剂、网格布等材料，进场时应对材料进行复验，复验的形式为见证取样送检，由具备见证资质的检测机构进行试验。见证取样试验应由建设单位委托。外保温系统组成材料复检批次与复检项目详见表 7-28。

其他外墙外保温系统组成材料的复检批次和项目也参考上表的内容进行。值得注意的是，以下两种情况需要进行现场拉拔试验：一是保温板材与基层的粘结强度；二是当外保温系统采用后置锚固件时。每个检验批的抽查数量不少于 3 处。

几种主要外保温系统组成材料复检批次与复检项目　　表 7-28

外墙外保温系统组成材料	复检批次	复检项目
膨胀聚苯板	同一厂家同一品种的产品，当单位工程建筑面积在 20000m² 以下时各抽检不少于 3 次；当单位工程建筑面积在 20000m² 以上时各抽检不少于 6 次	导热系数、压缩强度、密度
胶粉聚苯颗粒保温浆料[a]		干密度、导热系数、抗压强度
水泥基保温砂浆[a]		干密度、导热系数、抗压强度
喷涂硬泡聚氨酯[b]		导热系数、压缩强度、密度
胶粘剂		拉伸粘结原强度(与水泥砂浆/与 EPS 板)耐水拉伸粘结强度(与水泥砂浆/与 EPS 板)
抹面胶浆		拉伸粘结原强度(与 EPS 板)耐水拉伸粘结强度(与 EPS 板)
界面砂浆		压剪粘结原强度、耐水压剪粘结强度
抗裂砂浆		拉伸粘结原强度、耐水拉伸粘结强度
面砖胶粘剂		拉伸粘结原强度、压剪粘结原强度、耐水压剪粘结强度
耐碱网格布		耐碱断裂强力、耐碱断裂强力保留率
镀锌钢丝网		焊点抗拉力、镀锌层质量

注：a. 胶粉聚苯颗粒保温浆料和水泥基保温砂浆应在施工中制作同条件养护试件，用以见证取样检测其干密度、导热系数和抗压强度等项目。

b. 喷涂硬泡聚氨酯应在施工中制作，然后实行见证取样试验

膨胀聚苯板薄抹灰外墙外保温系统组成材料进场复检项目的试验方法和技术要求应符合《膨胀聚苯板薄抹灰外墙外保温系统》JG 149—2003 的规定，各材料的性能要求见表 7-29。

膨胀聚苯板薄抹灰系统组成材料的部分性能要求　　表 7-29

材料名称	试验项目	性能指标
膨胀聚苯板	导热系数[W/(m·K)]	≤0.041
	表观密度(kg/m³)	18.0～22.0
	垂直于板面的抗拉强度(MPa)	≥0.10
	尺寸稳定性(%)	≤0.30
	压缩强度(kPa)	≥100
胶粘剂	拉伸粘结强度(与水泥板)(MPa)	原强度≥0.60 耐水≥0.40
	拉伸粘结强度(与 EPS 板)(MPa)	原强度≥0.10，破坏界面在膨胀聚苯板上 耐水≥0.10，破坏界面在膨胀聚苯板上
抹面胶浆	拉伸粘结强度(与 EPS 板)(MPa)	原强度≥0.10，破坏界面在膨胀聚苯板上 耐水≥0.10，破坏界面在膨胀聚苯板上 耐冻融≥0.10，破坏界面在膨胀聚苯板上
	柔韧性	压折比(水泥基)≤3.0 开裂应变(非水泥基)≥1.5%
耐碱网布	单位面积质量(g/m²)	≥130
	耐碱断裂强力(经、纬向)(N/50mm)	≥750
	耐碱断裂强力保留率(经、纬向)(%)	≥50
锚栓	单个锚栓抗拉承载力标准值(kN)	≥0.30

胶粉聚苯颗粒保温浆料外墙外保温系统组成材料进场复检项目的试验方法和技术要求应符合《胶粉聚苯颗粒外墙外保温系统》JG 158—2004 的规定，各材料的性能要求见表7-30。

胶粉聚苯颗粒保温浆料系统组成材料的部分性能要求　　表 7-30

材料名称	试验项目	性能指标
胶粉聚苯颗粒保温浆料	干密度(kg/m³)	180～250
	导热系数[W/(m·K)]	≤0.060
	抗压强度(kPa)	≥200
	压剪粘结强度(kPa)	≥50
	难燃性	B1 级
界面砂浆	压剪粘结强度(MPa)	原强度≥0.7 耐水≥0.5 耐冻融≥0.5
抗裂砂浆	拉伸粘结强度(MPa)	原强度≥0.7 耐水≥0.5
	压折比	≤3.0
耐碱网布	单位面积质量(g/m²)	普通型≥160 加强型≥500
	断裂强力(经、纬向)(N/50mm)	普通型≥1250 加强型≥3000
	耐碱断裂强力保留率(经、纬向)(%)	≥90
锚栓	单个锚栓抗拉承载力标准值,kN	≥0.80
镀锌钢丝网	焊点抗拉力(N)	>65
	镀锌层质量(g/m²)	≥122
面砖胶粘剂	拉伸粘结强度(MPa)	≥0.60
	压剪粘结强度(MPa)	原强度≥0.5 耐水≥0.5 耐冻融≥0.5 耐热≥0.5

硬泡聚氨酯喷涂外墙外保温系统组成材料进场复检项目的试验方法和技术要求应符合《硬泡聚氨酯保温防水工程技术规范》GB 50404—2007 的规定，各材料的性能要求见表7-31。

硬泡聚氨酯喷涂系统组成材料的部分性能要求　　表 7-31

材料名称	试验项目	性能指标
喷涂硬泡聚氨酯	导热系数[W/(m·K)]	≤0.024
	密度(kg/m³)	≥35
	拉伸粘结强度(与水泥砂浆)(MPa)	≥0.10,且破坏部位不得位于粘结界面
	尺寸稳定性(%)	≤1.5
	压缩强度(kPa)	≥150
	燃烧性能	氧指数≥26,或满足设计要求

续表

材料名称	试验项目	性能指标
胶粘剂	拉伸粘结强度(与水泥板)(MPa)	原强度≥0.60 耐水≥0.40
	拉伸粘结强度(与硬泡聚氨酯)(MPa)	原强度≥0.10,且破坏部位不得位于粘结界面 耐水≥0.10,且破坏部位不得位于粘结界面
抹面胶浆	拉伸粘结强度(与硬泡聚氨酯)(MPa)	原强度≥0.10,且破坏部位不得位于粘结界面 耐水≥0.10,且破坏部位不得位于粘结界面 耐冻融≥0.10,且破坏部位不得位于粘结界面
	柔韧性	压折比(水泥基)≤3.0 开裂应变(非水泥基)≥1.5%
耐碱网布	单位面积质量(g/m^2)	标准型≥160 加强型≥280
	耐碱断裂强力(经、纬向)(N/50mm)	标准型≥750 加强型≥1500
	耐碱断裂强力保留率(经、纬向)(%)	≥50
锚栓	单个锚栓抗拉承载力标准值(kN)	≥0.30

水泥基保温砂浆进场复检项目的试验方法和技术要求应符合《建筑保温砂浆》GB/T 20473—2006 中的规定，其主要性能要求见表 7-32。

水泥基保温砂浆主要性能要求 **表 7-32**

项　目	指　标	
	Ⅰ型	Ⅱ型
干密度(kg/m^3)	240～300	301～400
导热系数[W/(m·K)]	≤0.070	≤0.085
抗压强度(MPa)	≥0.20	≥0.40
压剪粘结强度(kPa)	≥50	≥50
线收缩率(%)	≤0.30	≤0.30
燃烧性能	应符合 GB 8624 规定的 A 级	应符合 GB 8624 规定的 A 级

（五）外墙自保温系统产品验收

1. 资料验收

这里的资料验收主要是对组成系统的材料的资料验收，即查看加气混凝土砌块、砌筑砂浆和抹面砂浆的产品质保书、产品合格证、相关性能的检测报告以及产品使用说明书。

质保书中应标明产品名称、产品标记、商标；生产日期；产品数量；产品的种类、规格以及出厂检验项目。

产品合格证应包括产品名称、产品执行标准、商标；生产企业名称、地址；产品规格、等级；生产日期、质量保证期（特别是液态胶粘剂）；检验部门印章、检验人员代号等。

系统供应商提供的系统组成材料的性能检测报告或者材料生产商提供相关材料的型式检测报告。加气混凝土砌块的检测报告内容必须包含该材料的导热系数、密度、抗压强度

（或压缩强度）和燃烧性能这几项检测内容；在寒冷和严寒地区使用的自保温系统的粘结材料，其检测报告内容应包括冻融试验后的粘结强度。

2. 实物验收

（1）材料进场时，应对产品的品种、规格、外观和尺寸进行验收。

加气混凝土砌块和粘结材料按进场批次每批次随机抽取三个试样进行检查，检查时可以通过目视、测量、称重等方式进行。

加气混凝土砌块的外观通过目测和测量检查制品的缺棱掉角、裂纹、爆裂、粘模、表面疏松和表面油污。用钢卷尺、游标卡尺等测量制品的尺寸偏差。外观和尺寸偏差应符合表 7-33 的要求。

加气混凝土砌块外观质量和尺寸允许偏差　　表 7-33

<table>
<tr><th colspan="3" rowspan="2">项　目</th><th colspan="2">指　标</th></tr>
<tr><th>优等品(A)</th><th>合格品(B)</th></tr>
<tr><td colspan="2" rowspan="3">尺寸允许偏差(mm)</td><td>长度</td><td>±3</td><td>±4</td></tr>
<tr><td>宽度</td><td>±1</td><td>±2</td></tr>
<tr><td>高度</td><td>±1</td><td>±2</td></tr>
<tr><td rowspan="3">缺棱掉角</td><td colspan="2">最小尺寸不得大于(mm)</td><td>0</td><td>30</td></tr>
<tr><td colspan="2">最大尺寸不得大于(mm)</td><td>0</td><td>70</td></tr>
<tr><td colspan="2">大于以上尺寸的缺棱掉角个数，不多于(个)</td><td>0</td><td>2</td></tr>
<tr><td rowspan="3">裂纹长度</td><td colspan="2">贯穿一棱二面的裂纹长度不得大于裂纹所在面的裂纹方向尺寸总和的</td><td>0</td><td>1/3</td></tr>
<tr><td colspan="2">任意面上的裂纹长度不得大于裂纹方向尺寸的</td><td>0</td><td>1/2</td></tr>
<tr><td colspan="2">大于以上尺寸的裂纹条数，不多于(条)</td><td>0</td><td>2</td></tr>
<tr><td colspan="3">爆裂、粘模和损坏深度，不得大于(mm)</td><td>10</td><td>30</td></tr>
<tr><td colspan="3">平面弯曲</td><td colspan="2">不允许</td></tr>
<tr><td colspan="3">表面疏松、层裂</td><td colspan="2">不允许</td></tr>
<tr><td colspan="3">表面油污</td><td colspan="2">不允许</td></tr>
</table>

砌筑砂浆和抹面砂浆一般采用有塑料内衬的包装袋包装。材料进场时应检查包装袋是否完好无泄漏，编织袋上外标识是否齐全，包括：产品型号规格、数量、生产日期或生产批号、储存期、与水的配比等。同时，也应打开编织袋观察干粉料是否发生结块凝结现象。

（2）材料进场复检

外墙自保温系统的组成材料蒸压加气混凝土砌块，砌筑砂浆、抹面砂浆等，进场时应进行复验，复验的形式为见证取样送检，由具备见证资质的检测机构进行试验。见证取样试验应由建设单位委托。自保温系统组成材料复检批次与复检项目详见表 7-34。

自保温系统组成材料复检批次与复检项目　　表 7-34

<table>
<tr><th>外墙外保温系统组成材料</th><th>复检批次</th><th>复检项目</th></tr>
<tr><td>蒸压加气混凝土砌块</td><td rowspan="3">同一厂家同一品种的产品，当单位工程建筑面积在 20000m^2 以下时各抽检不少于 3 次；当单位工程建筑面积在 20000m^2 以上时各抽检不少于 6 次。</td><td>导热系数、压缩强度、干密度</td></tr>
<tr><td>砌筑砂浆</td><td>压剪粘结强度</td></tr>
<tr><td>抹面砂浆</td><td>压剪粘结强度</td></tr>
</table>

蒸压加气混凝土砌块复检项目应符合《蒸压加气混凝土砌块》GB 11968—2006 标准的要求，其性能指标见表 7-35。

蒸压加气混凝土砌块复检项目性能要求　　表 7-35

干密度等级		B03	B04	B05	B06	B07	B08
干密度 (kg/m³)	优等品 ≤	300	400	500	625	700	800
	合格品 ≤	325	425	525	600	725	825
导热系数[W/(m·K)]		0.10	0.12	0.14	0.16	0.18	0.20
强度级别		A1.0	A2.0	A2.5	A3.5	A5.0	A7.5
立方体抗压强度(MPa)	平均值 ≥	1.0	2.0	2.5	3.5	5.0	7.5
	单组最小值 ≥	0.8	1.6	2.0	2.8	4.0	6.0

砌筑砂浆和抹面砂浆复检项目应符合《蒸压加气混凝土用砌筑砂浆和抹面砂浆》JC 890—2001（2009）标准的规定，其性能指标见 7-36：

砌筑砂浆和抹面砂浆复检项目性能要求　　表 7-36

项　目	单　位	性能指标	
		砌筑砂浆	抹面砂浆
粘结强度	MPa	≥0.20	水泥砂浆：≥0.15 石膏砂浆：≥0.30

（六）外墙外保温系统和外墙自保温系统材料储存

1. 膨胀聚苯板类有机保温隔热材料

这类材料一般可用塑料袋或塑料捆扎带包装。由于是有机材料，在运输中应远离火源、热源和化学药品，以防止产品变形、损坏。产品堆放在施工现场时，应放在干燥通风处，能够避免日光暴晒，风吹雨淋，也不能靠近火源、热源和化学药品，一般在 70℃以上，泡沫塑料产品会产生软化、变形甚至熔融的现象。

2. 胶粉聚苯颗粒保温浆料、水泥基保温砂浆

胶粉料或胶凝材料应采用有内衬防潮塑料袋的编织袋或防潮纸袋包装，聚苯颗粒应用塑料编织袋包装。若胶粉料和聚苯颗粒已按配比混合在一起或者水泥基保温砂浆也应采用内衬防潮塑料袋的编织袋或防潮纸袋包装。包装应无破损。在运输的过程中应采用干燥防雨的运输工具，运输时给产品盖上油布或采用，有顶的运输工具等以防止产品受潮、淋雨，在装卸的过程中，也应注意不能损坏包装袋。在堆放时，应放在有顶的库房内或有遮雨淋的地方，地上可以垫上木块等物品以防产品受潮，聚苯颗粒应放在远离火源及化学药品的地方。

3. 喷涂硬泡聚氨酯原料

这类材料采用铁桶包装，放置时应将异氰酸酯和多元醇分类摆放。摆放在施工现场时应选择干燥通风、能够避免风吹雨淋的仓库，同时不能靠近火源、热源。铁桶不应堆垛放置。

4. 胶粘剂、抹面胶浆（抗裂砂浆）、界面剂

这类材料通常为干粉状，用编织袋包装。对于双组分中的液体用塑料桶包装。在运输的过程中应避免材料的碰撞、挤压、日晒雨淋。在工地现场放置时，应避免风吹雨淋，干

粉状材料可以堆垛放置，塑料桶的堆垛高度不应超过 2m，防止应堆放不稳摔落造成包装损坏。另外需要注意的是，液体材料的保质期一般比较短，每批进场材料应分别放置，并做好材料进库台账，避免材料储存期限超过材料的保质期。加气混凝土砌块用的砌筑砂浆和抹面砂浆的储存期为生产之日起的三个月，过期则不能使用。

5. 耐碱网格布、锚栓

耐碱网格布和锚栓在运输中应防止雨淋。在工地现场放置时，应放在干燥的地方，有防风防雨的措施。按型号规格分别放置材料。

6. 蒸压加气混凝土砌块

外墙自保温系统使用的蒸压加气混凝土砌块必须捆扎加塑料薄膜封包，一旦受潮或淋雨，产品的机械强度会降低，绝热效果显著下降。在运输时也必须考虑到这点，应采用干燥防雨的运输工具，运输时如给产品盖上油布或采用，有顶的运输工具等，装卸时应轻拿轻放。储存在有顶的库房内或有遮雨淋的地方，地上可以垫上木块等物品以防产品浸水，库房干燥、通风。同品种、同规格、同等级的产品应摆放在一起，并且做好标记。

二、屋面节能工程

屋面节能工程中常使用到的保温隔热材料的形式可以为板材、块材，喷涂保温材料、松散保温材料等。常用的保温隔热材料类型有挤塑聚苯乙烯泡沫塑料、硬质聚氨酯泡沫板材、喷涂硬质聚氨酯、泡沫玻璃等。在 20 世纪末，当时常采用膨胀珍珠岩颗粒和膨胀珍珠岩板，但是由于这类材料吸水率很大，一旦屋面防水层不起作用，保温材料将吸入大量水分，其导热系数迅速增加，从而失去保温隔热的效果。因此目前已很少使用在屋面保温中。

（一）挤塑聚苯乙烯泡沫塑料

聚苯乙烯泡沫塑料是以聚苯乙烯树脂或其共聚物为主要成分的泡沫塑料。

按成型的工艺不同可以分为模塑聚苯乙烯泡沫塑料和挤塑聚苯乙烯泡沫塑料。挤塑聚苯乙烯泡沫塑料是以聚苯乙烯树脂或其共聚物为主要成分，添加少量添加剂，通过加热挤塑成型而制得的具有闭孔结构的硬质泡沫塑料。

挤塑聚苯乙烯泡沫塑料较多地应用于屋面的保温，也可用于墙体、地面的保温隔热。

挤塑聚苯乙烯泡沫塑料按强度和有无表皮分类。带表皮按抗压强度值分为 150kPa、200kPa、250kPa、300kPa、350kPa、400kPa、450kPa、500kPa；无表皮按抗压强度值分为 200kPa 和 300kPa。带表皮的挤塑聚苯乙烯泡沫塑料通常用于屋面节能工程，其部分性能要求见表 7-37。

挤塑聚苯乙烯泡沫塑料主要性能　　表 7-37

<table>
<tr><th rowspan="2">项　目</th><th rowspan="2">单位</th><th colspan="8">带皮</th><th colspan="2">不带皮</th></tr>
<tr><th>X150</th><th>X200</th><th>X250</th><th>X300</th><th>X350</th><th>X400</th><th>X450</th><th>X500</th><th>W200</th><th>W300</th></tr>
<tr><td>吸水率，浸水 96h</td><td>%(体积分数)</td><td colspan="2">≤1.5</td><td colspan="6">≤1.0</td><td>≤2.0</td><td>≤1.5</td></tr>
<tr><td>透湿系数，23℃±1℃，RH50%±5%</td><td>ng/(m·s·Pa)</td><td colspan="2">≤3.5</td><td colspan="3">≤3.0</td><td colspan="3">≤2.0</td><td>≤3.5</td><td>≤3.0</td></tr>
<tr><td>尺寸稳定性 70℃±2℃ 48h</td><td>%</td><td colspan="5">≤2.0</td><td colspan="3">≤1.5</td><td>≤1.0</td><td>≤2.0</td></tr>
<tr><td>燃烧性能</td><td>—</td><td colspan="10">按 GB 8624 分级应达到 B2</td></tr>
</table>

（二）硬质聚氨酯泡沫塑料

聚氨酯（PU）泡沫塑料是以含有羟基的聚醚树脂或聚酯树脂与异氰酸酯反应生成的聚氨基甲酸酯为主体，以异氰酸酯与水反应生成的二氧化碳（或以低沸点氟碳化合物）为发泡剂制成的一类泡沫塑料。用于节能工程中的聚氨酯的主要是硬质聚氨酯泡沫塑料，其具有很低的导热系数，节能效果显著，同时具有较高的强度和粘结性。

聚氨酯按所用原料可以分为聚酯型和聚醚型两种；按其发泡方式可以分为喷涂和模塑等类型。

建筑用硬质聚氨酯泡沫板材按用途可分为Ⅰ类、Ⅱ类和Ⅲ类。Ⅰ类适用于无承载要求的场合，如不上人屋顶；Ⅱ类适用于有一定承载要求，且有抗高温和抗压缩蠕变的场合，如上人屋顶、彩钢夹心板的衬填材料等。Ⅲ类适用于有更高承载要求的场合，如地面节能工程等。Ⅰ类和Ⅱ类产品部分性能要求见表 7-38。

建筑用硬质聚氨酯板材（Ⅰ类和Ⅱ类）部分性能要求　　表 7-38

项目　指标　分类		类型	
		Ⅰ	Ⅱ
尺寸稳定性(%)			
高温尺寸稳定性(70℃,48h)　长、宽、厚	≤	3.0	2.0
低温尺寸稳定性(−30℃,48h)　长、宽、厚	≤	2.5	1.5
吸水率 V/V(%)	≤	4	4
水蒸气透湿系数(23±2℃),相对湿度梯度 0%～50%(ng/Pa·m·s)	≤	6.5	6.5
压缩蠕变(%)			
80℃、20kPa、48h 压缩蠕变	≤	—	5
70℃、40kPa、7d 压缩蠕变	≤	—	—
燃烧性能		应符合相关法规和规范的要求，应达到所标明的燃烧性能等级	

喷涂硬质聚氨酯泡沫不仅可以用于墙体节能工程，同时也可用于屋面节能工程。用于屋面节能工程的喷涂硬泡聚氨酯可以分为Ⅰ型、Ⅱ型和Ⅲ型。Ⅰ型用于一般不上人屋面节能工程；Ⅱ型屋面复合防水保温层；Ⅲ型用于屋面保温防水层。所谓复合防水保温层是指喷涂硬泡聚氨酯除具有保温功能外，还有一定的防水功能，在其上刮抹抗裂聚合物水泥砂浆，构成保温防水复合层。而保温防水层是指喷涂硬泡聚氨酯形成高闭孔率的具有保温防水一体化功能的层次。屋面用喷涂硬泡聚氨酯的部分性能要求见表 7-39。

屋面用喷涂硬泡聚氨酯的部分性能　　表 7-39

项目		性能要求		
		Ⅰ型	Ⅱ型	Ⅲ型
尺寸稳定性(70℃,48h)(%)	≤	1.5	1.5	1.0
吸水率 V/V(%)	≤	3	2	1
不透水性(无结皮)0.2MPa,30min		—	不透水	不透水
闭孔率	≥	90	92	95

硬质聚氨酯泡沫塑料本身属于可燃物质，但添加阻燃剂和协效剂等制成的阻燃泡沫具有良好的防火性能，能达到离火自行熄灭的要求。燃烧性能应符合设计的要求。若设计无

相应要求，则应符合相关产品标准。

（三）泡沫玻璃

泡沫玻璃是一种以磨细玻璃粉为主要原料，通过添加发泡剂，经烧熔发泡和退火冷却加工处理后制得的具有均匀的独立密闭气隙结构的绝热无机材料。这种材料低温绝热性能好，具有防潮、防火、防腐、防虫、防鼠、抗冻的作用，并且具有长期使用性能不劣化的优点。作为一种绝热材料在地下、露天、易燃、易潮以及有化学侵蚀等条件下广泛使用，尤其在深冷绝热方面一直有其独到的特点。泡沫玻璃不仅广泛应用于石油、化工等部门的基础设施设备的保冷，近年来在了建筑行业已逐步推广应用，大量用于建筑物的屋面等围护结构的保温隔热。

泡沫玻璃制品按外形可分为平板、弧形板和管壳，一般建筑上使用的以平板为主。按制品密度可分为 140 号、160 号 180 号和 200 号四种。按质量可分为优等品和合格品。泡沫玻璃制品的部分性能见表 7-40。

泡沫玻璃制品部分性能 **表 7-40**

项目 分类	140		160		180	200
等级	优等(A)	合格(B)	优等(A)	合格(B)	合格(B)	合格(B)
抗折强度(MPa) 最小值	0.3	0.5	0.4	0.6	0.8	
体积吸水率(%) 最大值	0.5		0.5		0.5	
透湿系数[ng/(Pa·s·m)] 最大值	0.007	0.05	0.007	0.05	0.05	0.05

（四）产品验收

1. 资料验收

资料验收包括产品质保书、产品合格证及相关性能的检测报告。质保书中应标明产品名称、产品标记、商标；生产日期；产品数量；产品的种类、规格及主要性能指标如表观密度、压缩强度、导热系数、尺寸稳定性、燃烧性能等。

产品进场后，供货方应提供该产品的相关的检测报告，在查看检测报告时应注意进场产品的规格型号与报告中的规格型号是否相符合；产品燃烧性能要求是否满足设计要求；报告是否具有计量章（又称 CMA 章）等。

2. 实物验收

（1）材料进场时，应对产品的品种、规格、外观和尺寸进行验收。

这类产品按进场批次每批次随机抽取三个试样进行检查，检查时可以通过目视、测量、称重等方式进行。

挤塑聚苯乙烯泡沫塑料的外观验收应从外表面、颜色、夹杂物、外观缺陷着手。要求这类产品的外观表面平整，无夹杂物，颜色均匀，不应有明显的影响使用的外观缺陷，如气泡、裂口、变形等。

硬质聚氨酯泡沫板材的外观验收要求板材表面基本平整，无严重凹凸不平。

喷涂硬泡聚氨酯是在施工现场喷涂的，因此是对其组成原材料进行实物验收。验收内容与外墙外保温系统用硬泡喷涂聚氨酯相同，上面章节已介绍，这里就不再重复。

泡沫玻璃绝热制品的外观质量有如下的要求：不得有长度超过 20mm 同时深度超过 10mm 的缺棱、缺角。不得有直径超过 10mm 同时深度超过 10mm 的不均匀孔洞。不得有贯穿制品的裂纹及大于边长 1/3 的裂纹。

外观检查后，要仔细核对产品的规格尺寸是否符合设计要求，特别是产品的厚度直接与绝热效果相关。可以用钢直尺或钢卷尺在离长边、短边 20mm 和中间位置测量产品的长度、宽度和厚度。挤塑聚苯乙烯泡沫塑料板材、硬质聚氨酯泡沫板材和泡沫玻璃板状制品的尺寸允许偏差见表 7-41～表 7-43。

挤塑聚苯乙烯泡沫塑料允许偏差（mm）　　表 7-41

长度和宽度		厚　度	
尺寸 L	允许偏差	尺寸 h	允许偏差
$L<1000$ $1000\leqslant L<2000$ $L\geqslant 2000$	±5 ±7.5 ±10	$h<50$ $h>50$	±2 ±3

硬质聚氨酯泡沫板材尺寸允许偏差（mm）　　表 7-42

长度、宽度	允许偏差	厚度	允许偏差	对角线差	
<1000	±8	<50	±2	<1000	≤5
≥1000	±10	50～100	±3	≥1000	≤5
		>100	供需双方协商		

泡沫玻璃板状制品的尺寸允许偏差（mm）　　表 7-43

长　度	宽　度	厚　度
±3	±3	$^{+3}_{0}$

（2）材料进场复检

屋面节能工程中使用到的保温隔热材料进场时应对材料进行复验，复验的形式为见证取样送检，由具备见证资质的检测机构进行试验。见证取样试验应由建设单位委托。屋面节能工程中使用的保温隔热材料复检批次与复检项目详见表 7-44。

屋面节能工程用保温隔热材料复检批次与复检项目表　　表 7-44

保温隔热材料	复检批次	复检项目
挤塑聚苯乙烯泡沫塑料板材	同一厂家同一品种的产品，各抽查不少于 3 组	导热系数、压缩强度、密度
硬质聚氨酯泡沫板材		芯密度、导热系数、压缩强度
喷涂硬泡聚氨酯[a]		密度、导热系数、压缩强度
泡沫玻璃		体积密度、导热系数、抗压强度

注：a. 喷涂硬泡聚氨酯应在施工中制作，然后实行见证取样试验

屋面节能工程中使用的挤塑聚苯乙烯泡沫塑料板材复检项目应符合《绝热用挤塑聚苯乙烯泡沫塑料》GB/T 10801.2—2002 标准、其性能要求见表 7-45：

屋面节能工程中使用的硬质聚氨酯泡沫板材复检项目应符合《建筑用绝热材料　硬质聚氨酯泡沫塑料》GB/T 21558—2008 标准，其性能要求见表 7-46：

挤塑聚苯乙烯泡沫塑料复检项目性能要求　　表 7-45

项目	单位	带皮								不带皮	
		X150	X200	X250	X300	X350	X400	X450	X500	W200	W300
压缩强度	kPa	≥150	≥200	≥250	≥300	≥350	≥400	≥450	≥500	≥200	≥300
导热系数(25℃)	W/(m·K)	≤0.030					≤0.029			≤ 0.035	≤ 0.032
注：密度项目《绝热用挤塑聚苯乙烯泡沫塑料》GB/T 10801.2—2002 中无相应技术要求											

建筑用硬质聚氨酯板材（Ⅰ类和Ⅱ类）复检项目性能要求　　表 7-46

项目　指标　分类		类型	
		Ⅰ	Ⅱ
芯密度(kg/m³)	≥	25	30
压缩强度或变形 10%压缩应力(kPa)	≥	80	120
导热系数[W/(m·K)]			
平均温度 10℃,28d	≤	—	0.022
平均温度 23℃,28d	≤	0.026	0.024

屋面节能工程中使用的喷涂硬泡聚氨酯复检项目应符合《硬泡聚氨酯保温防水工程技术规范》GB 50404—2007 标准，其性能要求见表 7-47：

屋面用喷涂硬泡聚氨酯复检项目性能要求　　表 7-47

项目		性能要求		
		Ⅰ型	Ⅱ型	Ⅲ型
密度(kg/m³)	≥	35	45	55
压缩强度(变形 10%)(kPa)	≥	150	200	300
导热系数,[W/(m·K)]		0.024		

屋面节能工程中使用的泡沫玻璃制品复检项目应符合《泡沫玻璃绝热制品》JC/T 647—2005 标准，其性能要求见表 7-48：

泡沫玻璃板材制品复检项目性能要求　　表 7-48

项目	分类	140		160		180	200
	等级	优等(A)	合格(B)	优等(A)	合格(B)	合格(B)	合格(B)
体积密度(kg/m³) 最大值		140		160		180	200
抗压强度(MPa) 最小值		0.4		0.5	0.4	0.6	0.8
导热系数[W/(m·K)] 最大值 平均温度							
308K(35℃)		0.048	0.052	0.054	0.064	0.066	0.070
278K(25℃)		0.046	0.050	0.052	0.062	0.064	0.068
213K(−40℃)		0.037	0.040	0.042	0.052	0.054	0.058

（五）材料储存

1. 挤塑聚苯乙烯泡沫塑料板材和硬质聚氨酯泡沫板材

这类材料一般可用塑料袋或塑料捆扎带包装。由于是有机材料，在运输中应远离火源、热源和化学药品，以防止产品变形、损坏。产品堆放在施工现场时，应放在干燥通风处，能够避免日光暴晒，风吹雨淋，也不能靠近火源、热源和化学药品，一般在70℃以上，泡沫塑料产品会产生软化、变形甚至熔融的现象。产品堆放时不能受重压，并且应按类别、规格分别堆放。

2. 喷涂硬泡聚氨酯

喷涂硬泡聚氨酯原材料的储存注意事项在上一节墙体节能工程中已做介绍，详见该节的内容。

3. 泡沫玻璃

泡沫玻璃制品一般采用纸箱包装，并且在包装上应标明“易碎物品”和“堆垛层数”。在运输中应有防振、防潮措施，装卸时应轻拿轻放，防止机械损伤。

产品应按不同等级、不同形状和型号规格在室内堆放，堆垛高度应符合包装上的要求。堆放场地应坚实、平整、干燥和通风。

三、幕墙节能工程

建筑幕墙是由面板与支承结构体系（支承装置与支承结构）组成的，可相对主体结构有一定位移能力或自身有一定变形能力、不承担主体结构所受作用的建筑外围护墙建筑。目前按其面板材料可以分为玻璃幕墙、石材幕墙、金属板幕墙等，其中玻璃幕墙为透明幕墙，其他幕墙多位非透明幕墙。

玻璃幕墙中的节能效果主要通过玻璃和遮阳材料来实现，其具体内容详见有关标准。而对于非透明幕墙或者是幕墙的非透明部分，通常将保温层附着在建筑主体的实体墙上来实行节能效果。

目前，幕墙节能工程中的保温层通常使用的保温隔热材料的种类有矿岩棉制品、玻璃棉制品、挤塑聚苯乙烯泡沫塑料等。保温隔热材料的形式主要以板状制品、毡状制品和毯状制品为主。

（一）矿岩棉制品和玻璃棉制品

两种材料都属于无机纤维状保温隔热材料，这类材料是指天然的或人造的以无机矿物为基本成分的一类纤维材料。该类材料在外观上具有相同的纤维形态和结构，性能上有密度低、导热系数小、不燃烧、耐腐蚀、化学稳定性强等优点。

1. 岩棉、矿渣棉制品

矿岩棉是石油化工、建筑等其他工业部门中对作于绝热保温的岩棉和矿渣棉等一类无机纤维状绝热材料的总称。

岩棉是以天然岩石如玄武岩、安山岩、辉绿岩等为基木原料，经熔化、纤维化而制成的。矿渣棉是以工业矿渣如高炉矿渣、粉煤灰等为主要原料，经过重熔、纤维化而制成的。

建筑保温隔热用的岩棉、矿渣棉制品形式一般为板、毡、毯。其部分性能要求见表7-49。

岩棉、矿渣棉板、毡和毯的部分性能 **表 7-49**

<table>
<tr><th colspan="2" rowspan="2">项 目</th><th colspan="2">性能要求</th></tr>
<tr><th>板</th><th>毡或贴面毡</th></tr>
<tr><td colspan="2">渣球含量(粒径大于 0.25)(%) ≤</td><td colspan="2">10</td></tr>
<tr><td colspan="2">纤维平均直径(μm) ≤</td><td colspan="2">7.0</td></tr>
<tr><td rowspan="5">热阻(平均温度 25℃)[(m²·K)/W] ≥</td><td>密度范围(kg/m³)</td><td colspan="2"></td></tr>
<tr><td>40～60</td><td colspan="2">0.71(厚度 30mm)
1.20(厚度 50mm)
2.40(厚度 100mm)
3.57(厚度 150mm)</td></tr>
<tr><td>61～80</td><td colspan="2">0.75(厚度 30mm)
1.25(厚度 50mm)
2.50(厚度 100mm)
3.75(厚度 150mm)</td></tr>
<tr><td>81～120</td><td colspan="2">0.79(厚度 30mm)
1.32(厚度 50mm)
2.63(厚度 100mm)
3.95(厚度 150mm)</td></tr>
<tr><td>121～200</td><td colspan="2">0.75(厚度 30mm)
1.25(厚度 50mm)
2.50(厚度 100mm)
3.75(厚度 150mm)</td></tr>
<tr><td>压缩强度(kPa) ≥</td><td>密度范围(kg/m³)
100～120
121～160
161～200</td><td>
10
20
40</td><td>
10
20
40</td></tr>
<tr><td colspan="2">燃烧性能</td><td colspan="2">A 级均质材料不燃性</td></tr>
<tr><td colspan="2">施工性能</td><td>—</td><td>1min 内不断裂</td></tr>
<tr><td colspan="2">质量吸湿率(%) ≤</td><td>5.0</td><td>5.0</td></tr>
<tr><td colspan="2">吸水率(%) ≤</td><td>10</td><td>10</td></tr>
<tr><td colspan="2">憎水率(%) ≥</td><td>98</td><td>98</td></tr>
<tr><td colspan="2">甲醛释放量(mg/L) ≤</td><td>5.0</td><td>5.0</td></tr>
<tr><td colspan="2">放射性</td><td colspan="2">应符合 GB 6566 中建筑主体材料的要求</td></tr>
</table>

2. 玻璃棉制品

玻璃棉是采用天然矿石如石英砂、白云石、石蜡等，配以其他化工原料，在熔融状态下借助外力拉制、吹制或甩成极细的纤维状材料。目前，玻璃棉的生产工艺主要以离心喷吹法为主，其次是火焰法。

玻璃棉制品是在玻璃棉纤维中，加入一定量的胶粘剂和其他添加剂，经固化、切割、贴面等工序而制成。

玻璃棉制品按成型工艺分为：a. 火焰法；b. 离心法。所谓火焰法是将熔融玻璃制成玻璃球、棒或块状物，使其再二次熔化，然后拉丝并经火焰喷吹成棉。离心法是对粉状玻璃原料进行熔化，然后借助离心力使熔融玻璃直接制成玻璃棉。

玻璃棉制品按产品的形态可分为玻璃棉板、玻璃棉毡、玻璃棉带、玻璃棉毯和玻璃棉管壳。用于建筑物隔热的玻璃棉制品主要为玻璃棉毡和玻璃棉板，在板、毡的表面可贴外覆层如铝箔、牛皮纸等材料；成型工艺为离心法。其部分性能要求见表 7-50。

玻璃棉板、玻璃棉毡部分性能 **表 7-50**

项　目		性能要求	
		板	毡或贴面毡
渣球含量(粒径大于 0.25)(%)	≤	0.3	
纤维平均直径(μm)	≤	8.0	
燃烧性能			
无外覆层		不低于 GB 8624—2006 中 A2 级	
带外覆层		由供需双方商定或满足设计要求	
施工性能		—	1min 内不断裂
质量吸湿率(%)	≤	5.0	5.0
吸水性		由供需双方商定或满足设计要求	
憎水率(%)	≥	98.0	98.0
甲醛释放量(mg/L)	≤	1.5	1.5

（二）挤塑聚苯乙烯泡沫塑料

该产品已在屋面节能材料中作了介绍，在这里需要指出的是此处的该材料应该使用不带表皮的挤塑聚苯乙烯泡沫板材，并且在施工时应先在基层墙体上涂刷一道界面剂，然后再将板材粘结在墙体上，这样可以提高基层墙体与挤塑板之间的粘结强度。不带表皮的挤塑板的部分物理性能见表 7-37。

（三）产品验收

1. 资料验收

资料验收包括产品质保书、产品合格证及相关性能的检测报告。

应注意质保书上是否包含以下的内容：产品名称、商标；生产企业名称、详细地址；产品净重或数量；生产日期或批号；产品主要性能指标；产品“怕湿”标志；重要的是是否有指导使用温度的提示语如：使用该产品工作温度应不超过 xxx℃。对于岩棉、矿渣棉来说，一般岩棉绝热制品最高使用温度可达 700℃，矿渣棉的最高使用温度为 600℃；但是就是岩棉制品，不同的类型如板、毡等的使用温度也会不同。玻璃棉制品的使用温度一般在 200～300℃左右。因此质保书中标注的工作温度是很关键的。

产品进场后，供货方应提供该产品的相关的检测报告，在查看检测报告时应注意进场产品的规格型号与报告中的规格型号是否相符合，特别应注意的是产品的燃烧性能是否满足产品标准的要求以及工程设计要求，报告是否由具有检测资质的第三方检测机构出具，如检验报告是否加盖计量章（又称 CMA 章）等。

2. 实物验收

（1）材料进场时，应对产品的品种、规格、外观和尺寸进行验收

这类产品按进场批次每批次随机抽取三个试样进行检查，检查时可以通过目视、测量、称重等方式进行。

在自然光线下对产品进行外观的检查，结果应符合各类产品的外观质量要求。

岩棉、矿渣棉制品的外观要求表面平整，不能有妨碍使用的伤痕、污痕、破损。贴面毡的贴面（指牛皮纸、金属网等）与基材的粘贴平整、牢固。

玻璃棉制品的外观要求表面平整，不能有妨碍使用的伤痕、污痕、破损，树脂分布基本均匀。制品若有外覆层（指牛皮纸、铝箔、金属网等），外覆层与基材的粘结平整牢固。

对于矿岩棉、玻璃棉制品的尺寸，可用钢直尺或钢卷尺在离长边、短边 20mm 和中间位置测量产品的长度、和宽度。观察制品的密实程度来判定产品的密度，一般来说密度越大的制品越密实。也可以通过台秤称量的方式来检查制品的密度。

岩棉、矿渣棉板和毡的尺寸允许偏差应符合表 7-51 的要求

岩棉、矿渣棉板和毡尺寸允许偏差 **表 7-51**

制品种类	标称密度（kg/m^3）	密度允许偏差（%）	长度允许偏差（mm）	宽度允许偏差（mm）	厚度允许偏差（mm）
板	40～120	±15	+10 −3	+5 −3	+5 −3
	121～200	±10			±3
毡	40～120	±10	正偏差不限 −3	+5 −3	不允许负偏差

玻璃棉板的尺寸允许偏差应符合表 7-52 的要求

玻璃棉板尺寸允许偏差 **表 7-52**

种类	密度（kg/m^3）	厚度	允许偏差	宽度	允许偏差	长度	允许偏差
		（mm）		（mm）		（mm）	
2号	24	25～40	+5 0	600	+10 −3	1200	+10 −3
		50,85	+8 0				
		100	+10 0				
	32,40	25～10	3 −2				
	48,64	15～20					
	80,96,120	12～40	±2				

玻璃棉毡的尺寸允许偏差应符合表 7-53 的要求

玻璃棉毡的尺寸允许偏差（mm） **表 7-53**

种类	长度	长度允许偏差	宽度	宽度允许偏差	厚度	厚度允许偏差
2号	1000 1200 2800	+10 −3	600 1200 1800	+10 -3	25 30 40 50 75 100	不允许负偏差
	5500 11000 20000	不允许负偏差				

挤塑聚苯乙烯泡沫塑料的实物检查方法与屋面节能工程中挤塑板的检查方法相同，详见该节内容，这里就不再重复叙述。

(2) 材料进场复检

幕墙节能工程中使用到的保温隔热材料进场时应对材料进行复验，复验的形式为见证取样送检，由具备见证资质的检测机构进行试验。见证取样试验应由建设单位委托。幕墙节能工程中使用的保温隔热材料复检批次与复检项目详见表7-54。

幕墙节能工程用保温隔热材料复检批次与复检项目　　　表7-54

<table>
<tr><th>保温隔热材料</th><th>复检批次</th><th>复检项目</th></tr>
<tr><td>矿岩棉板、矿岩棉毡</td><td rowspan="3">同一厂家同一品种的产品，各抽查不少于1组</td><td>导热系数、密度</td></tr>
<tr><td>玻璃棉板、玻璃棉毡</td><td>密度、导热系数</td></tr>
<tr><td>挤塑聚苯乙烯泡沫板</td><td>表观密度、导热系数</td></tr>
</table>

幕墙节能工程中使用的矿岩棉板、毡制品复检项目应符合《建筑用岩棉、矿渣棉绝热制品》GB/T 19686—2005标准，其性能要求见表7-55：

用于幕墙节能矿岩棉板、毡制品复检项目性能　　　表7-55

<table>
<tr><th>产品形状</th><th>密度(kg/m³)</th><th>允许偏差(%)</th><th>导热系数(平均温度70℃)
[W/(m·K)]
不小于</th></tr>
<tr><td rowspan="3">毡</td><td>40～100</td><td rowspan="2">±10</td><td>0.044</td></tr>
<tr><td>101～120</td><td rowspan="2">0.043</td></tr>
<tr><td>121～160</td><td>±15</td></tr>
<tr><td rowspan="5">板</td><td>40～80</td><td>±15</td><td rowspan="2">0.044</td></tr>
<tr><td>81～100</td><td>±15</td></tr>
<tr><td>101～120</td><td>±15</td><td>0.043</td></tr>
<tr><td>121～160</td><td>±10</td><td>0.043</td></tr>
<tr><td>161～200</td><td>±10</td><td>0.044</td></tr>
<tr><td colspan="4">注：导热系数性能要求数据来源于GB/T 11835—2008标准</td></tr>
</table>

幕墙节能工程中使用的玻璃棉板、毡制品的复检项目应符合《建筑绝热用玻璃棉制品》GB/T 17795—2008标准，其性能要求见表7-56：

用于幕墙节能玻璃棉板、毡制品复检项目性能要求　　　表7-56

<table>
<tr><th>产品形状</th><th>密度(kg/m³)</th><th>密度允许偏差
(%)</th><th>导热系数(平均温度25℃)，
[W/(m·K)]不小于</th></tr>
<tr><td rowspan="6">毡</td><td>10
12</td><td>不允许负偏差</td><td>0.050</td></tr>
<tr><td>14
16</td><td>不允许负偏差</td><td>0.045</td></tr>
<tr><td>20
24</td><td>不允许负偏差</td><td>0.043</td></tr>
<tr><td>32</td><td>+3
−2</td><td>0.040</td></tr>
<tr><td>40</td><td>±4</td><td>0.037</td></tr>
<tr><td>48</td><td>±4</td><td>0.034</td></tr>
</table>

续表

产品形状	密度(kg/m³)	密度允许偏差(%)	导热系数(平均温度25℃),[W/(m·K)]不小于
板	24	±2	0.043
	32	+3 −2	0.040
	40	±4	0.037
	48	±4	0.034
	64 80 96	±6	0.033
注:密度是指去外覆层的制品			

幕墙节能工程中使用的挤塑聚苯乙烯泡沫板的复检项目应符合GB/T 10801.1—2002《挤塑聚苯乙烯泡沫塑料》标准。

（四）产品储存

矿岩棉、玻璃棉制品一般防水性能较差，一旦产品受潮，淋湿，则产品的物理性能特别是导热系数会变高，绝热效果变差。因此，这类产品在包装时应采用防潮包装材料，并且应在醒目位置注明“怕湿”等标志来警示其他人员。

在运输时也必须考虑到这点，应采用干燥防雨的运输工具运输如给产品盖上油布，有顶的运输工具等。

储存在有顶的库房内，地上可以垫上木块等物品以防产品浸水，库房干燥、通风。堆放时还应注意不能把重物堆在产品上。制品应按不同的类别、不同型号、不同规格进行放置。毡状制品不能承受重物压置，使用时应把毡状制品展开放置一定时间使其厚度恢复后才能施工。

矿岩棉、玻璃棉制品在堆放中若发生受潮、淋雨这类突发事件，应烘干产品后再使用。若产品完全变形不能使用，则应重新进货。

在进行保温施工中，要求被保温的表面干净、干燥；对易腐蚀的金属表面，可先作适当的防腐涂层。对大面积的保温，需加保温钉。对于有一定高度，垂直放置的保温层，要有定位销或支撑环，以防止在振动时滑落。

施工人员在施工时应戴好手套、口罩，以防止纤维扎手及粉尘的吸入。

四、通风与空调节能工程，采暖节能工程

通风与空调工程主要是指通风系统和空调系统两部分工程。通风系统是指包括风机、消声器、风口、风管、风阀等部件在内的整个送、排风系统。空调系统包括空调风系统和空调水系统，前者是指包括空调末端设备、消声器、风管、风阀、风口等部件在内的整个空调送、回风系统；后者是指除了空调冷热源和其辅助设备与管道及室外管网以外的空调水系统。

这部分的保温材料主要应用于通风和空调系统的风管、风阀、设备管道部分。对于风阀、设备管道部分，通常使用软质或半硬质的保温隔热材料，如玻璃棉毡、玻璃棉毯、玻璃棉管壳、矿岩棉毡和矿岩棉管壳等。对于风管部分，一种采用将保温材料覆在风管外部，如柔性泡沫橡塑制品、玻璃棉制品、矿岩棉制品、挤塑聚苯乙烯泡沫板等；另外一种直接将带铝箔贴面的保温材料作为风管，如铝箔面硬质聚氨酯泡沫夹心板等。值得注意的是用于空调系统的保温材料应为不燃或难燃材料。

采暖保温工程主要是指室内热水采暖的保温工程，保温材料主要用于系统中的管道、阀门等地方，常用的保温材料有矿岩棉管壳、矿岩棉毡、玻璃棉管壳、玻璃棉毡、玻璃棉毯等无机纤维类制品。对于低温热水地面辐射供暖系统，在无地下室的一层地面以及直接与室外空气相邻的楼板应采用保温层，常用的保温材料如模塑聚苯乙烯泡沫塑料等。

（一）柔性泡沫橡塑制品

柔性泡沫橡塑制品（以下简称橡塑制品）是以天然或合成橡胶和其他有机高分子材料的共混体为基材，加各种添加剂、阻燃剂、稳定剂、硫化促进剂等，经混炼、挤出、发泡和冷却定型、加工而成的具有闭孔结构的柔性绝热制品。橡塑制品一般使用温度不超过105℃。

橡塑制品按燃烧性能分为Ⅰ类和Ⅱ类；按制品的形状分为板状和管状。其部分物理性能见表7-57

柔性泡沫橡塑制品部分性能　　　　表7-57

项目		单位	性能指标	
			Ⅰ	Ⅱ
燃烧性能		—	氧指数≥32%，且烟密度≤75	氧指数≥26%
			当用于建筑领域时，制品的燃烧性能应不低于GB 8624—2006中的C级	
透湿性能	透湿系数	g/(m·s·Pa)	$\leq 1.3\times10^{-10}$	
	湿阻因子		$\geq 1.5\times10^{3}$	
尺寸稳定性 105℃±3℃，7d		%	≤10.0	
压缩回弹率 压缩率50% 压缩时间72h		%	≥70	
抗老化性150h		—	轻微起皱，无裂纹，无针孔，不变形	

（二）铝箔面硬质酚醛泡沫夹心板

酚醛泡沫塑料是热固性（或热塑性）酚醛树脂在发泡剂（如甲醇等）的作用下发泡并在固化剂（硫酸、盐酸等）作用下交联、固化而生成的一种硬质热固性泡沫塑料。

酚醛泡沫具有密度低、导热系数低、耐热、防火性能好，燃烧时烟气量小等特点。铝箔面硬质酚醛泡沫夹心板是指双面经过防腐处理，以硬质酚醛泡沫为芯材的夹心板。这种材料可以直接安装成为通风系统的风管，既有风管的功能，又有保温的功效。

铝箔面硬质酚醛泡沫夹心板的燃烧性能应达到GB 8624—1997中规定的B1级，并且烟密度应不大于25。该产品的部分物理性能见表7-58。

（三）铝箔面硬质聚氨酯泡沫夹心板

这种产品是以硬质聚氨酯泡沫塑料为芯材，双面以经过防腐表面处理的铝箔为面材的

铝箔面硬质酚醛泡沫夹心板部分物理性能 **表 7-58**

项　　目	单　　位	性能指标
180°剥离强度	N/mm	将铝箔从芯材上进行剥离，两个面的剥离强度均应不小于0.15
制品压缩强度	MPa	≥0.15
制品弯曲强度	MPa	≥1.1
尺寸稳定性 长度、宽度、厚度三个方向	%	≤2，且不出现面材与芯材分离现象
甲醛释放量	mg/L	≤1.5，应达到GB 18580中的E1级

夹心板制品。其同样可以直接安装成为通风系统的风管，既有风管的功能，又有保温的功效。铝箔面硬质聚氨酯泡沫夹心板制品的燃烧性能应达到GB 8624—2006中规定的B1级。该产品的部分物理性能见表7-59。

铝箔面硬质聚氨酯泡沫夹心板部分物理性能 **表 7-59**

项　　目	单位	性能指标
180°剥离强度 （双面同时达到）	N/mm	≥0.50
制品压缩强度 （变形10%）	MPa	≥0.10
制品弯曲强度	MPa	≥1.1
尺寸稳定性 长度、宽度、厚度三个方向	%	≤4，且不出现面材与芯材分离现象

（四）模塑聚苯乙烯泡沫塑料

模塑聚苯乙烯泡沫塑料是指可发性聚苯乙烯泡沫塑料粒子经加热预发泡后，在模具中加热成型而制得的具有闭孔结构的硬质泡沫塑料。制品的形状有板状、管壳等。模塑聚苯乙烯泡沫塑料板通常也被称为膨胀聚苯板。

模塑聚苯乙烯根据不同的表观密度可以分为Ⅰ（表观密度≥15.0kg/m^3）、Ⅱ（表观密度≥20.0kg/m^3）、Ⅲ（表观密度≥30.0kg/m^3）、Ⅳ（表观密度≥40.0kg/m^3）、Ⅴ（表观密度≥50.0kg/m^3）、Ⅵ类（表观密度≥60.0kg/m^3）。不同表观密度的材料应用的场合也是不相同的。一般地，Ⅰ类产品应用于夹芯材料（金属面聚苯乙烯夹芯板等），墙体保温材料，不承受负荷。Ⅱ类产品用于地板下面隔热材料，承受较小的负荷。Ⅲ类材料常用于停车平台的隔热。Ⅳ、Ⅴ、Ⅵ类常用于冷库铺地材料、公路地基等。因此从上述应用范围可以看出采暖工程中使用的模塑聚苯乙烯泡沫塑料应为Ⅱ类产品。模塑聚苯乙烯泡沫塑料的部分物理性能见表7-60。

（五）玻璃棉制品和矿岩棉制品

用于通风和空调系统以及采暖系统的玻璃棉制品通常有玻璃棉板、玻璃棉毯、玻璃棉毡、玻璃棉管壳等。玻璃棉毯和玻璃棉毡的区别在于毯制品在制造时不含有胶粘剂，并且制品外面常用铝箔等作为覆面材料；毡制品在制造时添加了热固性胶粘剂形成柔性制品。玻璃棉制品的部分性能见表7-61。

模塑聚苯乙烯泡沫塑料部分物理性能　　表 7-60

项目			单位	性能指标					
				Ⅰ	Ⅱ	Ⅲ	Ⅳ	Ⅴ	Ⅵ
压缩强度		不小于	kPa	60	100	150	200	300	400
尺寸稳定性		不大于	%	4	3	2	2	2	1
水蒸气透过系数		不大于	ng/(Pa·m·s)	6	4.5	4.5	4	3	2
熔结性	断裂弯曲负荷	不小于	N	15	25	35	60	90	120
	弯曲变形	不小于	mm	20			—		
燃烧性能	氧指数	不小于	%	30					
	燃烧分级		达到 B_2 级						

注：1. 断裂弯曲负荷或弯曲变形有一项能符合指标要求即为合格。
2. 普通型聚苯乙烯泡沫塑料板材对燃烧性能不作要求

用于通风与空调系统以及采暖系统的玻璃棉制品部分性能　　表 7-61

制品＼物理性能		密度(kg/m³)	纤维平均直径(μm)	渣球含量(%)	含水率(%)	热荷重收缩温度(℃)	不燃性	浸出液的离子含量	防水要求
板	2号	24	≤8.0	火焰法 ≤4.0 离心法 ≤0.3	≤1.01	≥250	A级 不燃材料	应符合 GB/T 17393 的要求	质量吸湿率 ≤5% 憎水率 ≥95%
		32				≥300			
		40				≥350			
		48							
		64				≥400			
		80							
		96							
		120							
毯	1号	≥24	≤5.0	火焰法 ≤1.0 离心法 ≤0.3		≥350			
	2号	24～40	≤8.0	火焰法 ≤4.00 离心法 ≤0.3					
		41～120				≥400			
毡	2号	10	≤8.0			≥250			
		12							
		16							
		20							
		24				≥300 ≥350			
		32							
		40							
		48				≥400			
管壳		45～90	≤8.0			≥350			

用于通风与空调系统以及采暖系统的矿岩棉制品通常有矿岩棉毡、矿岩棉管壳等。其部分物理性能见表 7-62。

用于通风与空调系统以及和采暖系统的矿岩棉制品部分性能　　表 7-62

<table>
<tr><th>物理性能 / 制品</th><th>密度（kg/m³）</th><th>渣球含量（%）</th><th>纤维平均直径（μm）</th><th>有机物含量（%）</th><th>热荷重收缩温度（℃）</th><th>不燃性</th><th>浸出液的离子含量</th><th>防水要求</th></tr>
<tr><td rowspan="3">毡、缝毡、贴面毡</td><td>40～100</td><td rowspan="3">≤10.0</td><td rowspan="3">≤7.0</td><td rowspan="2">≤1.5</td><td>≥400</td><td rowspan="3">不燃材料</td><td rowspan="3">应符合 GB/T 17393 的要求</td><td rowspan="3">质量吸湿率≤5%，憎水率≥95%</td></tr>
<tr><td>101～160</td><td>≥600</td></tr>
<tr><td>40～200</td><td>≤5.0</td><td>≥600</td></tr>
</table>

（六）产品验收

1. 资料验收

资料验收包括产品质保书、产品合格证及相关性能的检测报告。

应注意质保书上是否包含以下的内容：产品名称、商标；生产企业名称、详细地址；产品净重或数量；生产日期或批号；产品主要性能指标；玻璃棉、矿岩棉制品“怕湿”标志；重要的是是否有指导使用温度的提示语如：使用该产品工作温度应不超过 xxx℃。对于岩棉、矿渣棉来说，一般岩棉绝热制品最高使用温度可达 700℃，矿渣棉的最高使用温度为 600℃；但是就是岩棉制品，不同的类型如管壳、毡等的使用温度也会不同。玻璃棉制品的使用温度一般在 200～300℃左右。因此质保书中标注的工作温度是很关键的。

另外对于橡塑、铝箔面硬质酚醛泡沫夹心板、铝箔面硬质聚氨酯泡沫夹心板和模塑聚苯乙烯泡沫塑料板等有机类保温材料，应检查其产品检测报告中是否有燃烧性能的指标，并且产品的燃烧性能等级是否符合产品标准的要求以及设计、规范的要求。

2. 实物验收

（1）材料进场时，应对产品的品种、规格、外观、尺寸以及密度进行验收

这类产品按进场批次每批次全数进行检查，检查时可以通过目视、测量、称重等方式进行。

在自然光线下对产品进行外观的检查，结果应符合各类产品的外观质量要求

柔性泡沫橡塑绝热制品的外观一般呈黑色，表面平整，允许有细微、均匀的皱折，但不能有明显影响使用质量的气泡、裂口等缺陷。

铝箔面硬质酚醛泡沫夹心板和铝箔面硬质聚氨酯泡沫夹心板的外观要求板面平整、无翘曲、表面清洁无污迹，没有影响使用的变形、划痕、磕碰、开裂等，面材与芯材之间粘结牢固。

模塑聚苯乙烯泡沫塑料板的外观要求与墙体节能工程中膨胀聚苯板的内容相同，可以详见该节相关内容。

玻璃棉制品和矿物棉制品的外观要求表面平整，不能有妨碍使用的伤痕、污痕、破损，树脂分布基本均匀。制品若有外覆层（指牛皮纸、铝箔等），外覆层与基材的粘结平整牢固。

对板状制品的尺寸，可用钢直尺或钢卷尺在离长边、短边 20mm 和中间位置测量产品的长度、宽度和厚度。玻璃棉和矿岩棉管壳制品可用钢卷尺测量制品的长度、用游标卡尺测量制品的厚度；玻璃棉和矿岩棉毡状制品的厚度可以用针形测厚仪来测定。

观察制品的密实程度来判定产品的密度，一般来说密度越大的制品越密实。也可以通过台秤称量的方式来检查制品的密度。

柔性泡沫橡塑绝热制品的尺寸允许偏差应符合表 7-63 的要求：

柔性泡沫橡塑绝热制品尺寸允许偏差（mm）　　表 7-63

<table>
<tr><td colspan="6">板　材</td></tr>
<tr><td colspan="2">长</td><td colspan="2">宽</td><td colspan="2">厚(h)</td></tr>
<tr><td>尺寸</td><td>允许偏差</td><td>尺寸</td><td>允许偏差</td><td>尺寸</td><td>允许偏差</td></tr>
<tr><td>2000
4000
6000</td><td>±10
±10
±15</td><td rowspan="2">1000
1500</td><td rowspan="2">±10</td><td>$3\leqslant h\leqslant15$</td><td>+3
0</td></tr>
<tr><td>8000
10000
15000</td><td>±20
±25
±30</td><td>$15>h$</td><td>+5
0</td></tr>
<tr><td colspan="6">管</td></tr>
<tr><td colspan="2">长</td><td colspan="2">内径(d)</td><td colspan="2">壁厚(h)</td></tr>
<tr><td>尺寸</td><td>允许偏差</td><td>尺寸</td><td>允许偏差</td><td>尺寸</td><td>允许偏差</td></tr>
<tr><td rowspan="3">1800
2000</td><td rowspan="3">±10</td><td>$6\leqslant d\leqslant22$</td><td>+3.5
+1.0</td><td rowspan="2">$3\leqslant h\leqslant15$</td><td rowspan="2">+3
0</td></tr>
<tr><td>$22<d\leqslant108$</td><td>+4.0
+1.0</td></tr>
<tr><td>$d>108$</td><td>+6.0
+1.0</td><td>$15>h$</td><td>+5
0</td></tr>
</table>

铝箔面硬质酚醛和硬质聚氨酯泡沫夹心板制品的尺寸允许偏差应符合表 7-64 的要求：

铝箔面硬质酚醛和硬质聚氨酯泡沫夹心板制品的尺寸允许偏差（mm）　　表 7-64

<table>
<tr><td>项　目</td><td>尺　寸</td><td>允 许 偏 差</td></tr>
<tr><td rowspan="4">长度(L)或宽度(W)</td><td>$L(W)\leqslant1000$</td><td>±5</td></tr>
<tr><td>$1000<L(W)\leqslant2000$</td><td>±7.5</td></tr>
<tr><td>$2000<L(W)\leqslant4000$</td><td>±10</td></tr>
<tr><td>$L(W)>4000$</td><td>正偏差不限
−10</td></tr>
<tr><td>厚度(t)</td><td>$t\geqslant20$</td><td>±1</td></tr>
</table>

模塑聚苯乙烯泡沫塑料板的尺寸允许偏差应符合表 7-65 的要求：

模塑聚苯乙烯泡沫塑料板的尺寸允许偏差（mm）　　表 7-65

长度和宽度尺寸	允许偏差	厚度尺寸	允许偏差	对角线尺寸	允许偏差
＜1000	±5	＜50	±2	＜1000	5
1000～2000	±8	50～75	±3	1000～2000	7
2001～4000	±10	76～100	±5	2001～4000	13
＞4000	正偏差不限 −10	＞100	供需双方商定	＞4000	15

玻璃棉毯和玻璃棉管壳制品的尺寸允许偏差，见表 7-66。

玻璃棉毯和玻璃棉管壳制品的尺寸允许偏差（mm）　　表 7-66

<table>
<tr><th colspan="2">种类</th><th>长度</th><th>长度允许偏差</th><th>宽度</th><th>宽度允许偏差</th><th>厚度</th><th>厚度允许偏差</th></tr>
<tr><td rowspan="3">毯</td><td>1 号</td><td>2500</td><td>不允许负偏差</td><td>600</td><td>不允许负偏差</td><td>25
30
40
50
75</td><td>不允许负偏差</td></tr>
<tr><td rowspan="2">2 号</td><td>1000
1200</td><td>+10
−3</td><td rowspan="2">600</td><td rowspan="2">+10
−3</td><td rowspan="2">25
40
50
75
100</td><td rowspan="2">不允许负偏差</td></tr>
<tr><td>5000</td><td>不允许负偏差</td></tr>
<tr><th colspan="2">种类</th><th>长度</th><th>长度允许偏差</th><th>厚度</th><th>厚度允许偏差</th><th>内径</th><th>内径允许偏差</th></tr>
<tr><td colspan="2" rowspan="3">管壳</td><td rowspan="3">1000</td><td rowspan="3">+5
−3</td><td>20
25
30</td><td>+3
−2</td><td>22,38,45,
57,89</td><td>+3
−1</td></tr>
<tr><td rowspan="2">40
45</td><td rowspan="2">+5
−2</td><td>108,133,
159,194</td><td>+4
−1</td></tr>
<tr><td>219,245,
273,325</td><td>+5
−1</td></tr>
</table>

矿岩棉管壳制品的尺寸允许偏差，见表 7-67。

矿岩棉管壳制品尺寸允许偏差（mm）　　表 7-67

<table>
<tr><th>种类</th><th>长度</th><th>长度允许偏差</th><th>厚度</th><th>厚度允许偏差</th><th>内径</th><th>内径允许偏差</th></tr>
<tr><td rowspan="2">管壳</td><td rowspan="2">910
1000
1200</td><td rowspan="2">+5
−3</td><td>30
40</td><td>+4
−2</td><td>22～89</td><td>+3
−1</td></tr>
<tr><td>50
60
80
100</td><td>+5
−3</td><td>102～325</td><td>+4
−1</td></tr>
</table>

（2）材料进场复检

通风与空调以及采暖节能工程中使用到的保温材料进场时应对材料进行复验，复验的形式为见证取样送检，由具备见证资质的检测机构进行试验。见证取样试验应由建设单位委托。通风与空调以及采暖节能工程中使用的保温材料复检批次与复检项目详见表 7-68。

通风与空调以及采暖节能工程用保温材料复检批次与复检项目　　表 7-68

<table>
<tr><th>保温隔热材料</th><th>复检批次</th><th>复检项目</th></tr>
<tr><td>矿岩棉管壳、矿岩棉毡</td><td rowspan="6">同一厂家同一品种的产品，各抽查不少于 2 组</td><td>导热系数、密度、吸水率</td></tr>
<tr><td>玻璃棉板、玻璃棉毡、玻璃棉毯、玻璃棉管壳</td><td>密度、导热系数、吸水率</td></tr>
<tr><td>柔性泡沫橡塑板、柔性泡沫橡塑管</td><td>表观密度、导热系数、真空吸水率</td></tr>
<tr><td>铝箔面硬质酚醛泡沫夹心板</td><td>密度、芯材导热系数、芯材吸水率</td></tr>
<tr><td>铝箔面硬质聚氨酯泡沫夹心板</td><td>密度、芯材导热系数、芯材吸水率</td></tr>
<tr><td>模塑聚苯乙烯泡沫塑料板</td><td>表观密度、导热系数，吸水率</td></tr>
</table>

通风与空调以及采暖节能工程中使用到的柔性泡沫橡塑制品复检项目应符合《柔性泡沫橡塑绝热制品》GB/T 17794—2008 标准，其性能要求见表 7-69。

柔性泡沫橡塑复检项目性能要求 **表 7-69**

项目		单位	性能指标	
			Ⅰ	Ⅱ
表观密度		kg/m³	≤95	
导热系数	平均温度 40℃ 平均温度 0℃ 平均温度 -20℃	W/(m·K)	≤0.043 ≤0.036 ≤0.034	
真空吸水率		%	≤10	

通风与空调以及采暖节能工程中使用到的铝箔面硬质酚醛泡沫夹心板和铝箔面硬质聚氨酯泡沫夹心板复检项目应分别符合《铝箔面硬质酚醛泡沫夹心板》JC/T 1051—2007 和《铝箔面硬质聚氨酯泡沫夹心板》JC/T 1061—2007 标准，其性能要求见表 7-70。

铝箔面硬质酚醛泡沫夹心板和铝箔面硬质聚氨酯泡沫夹心板复检项目性能要求 **表 7-70**

项目	单位	性能指标	
		铝箔面硬质酚醛泡沫夹心板	铝箔面硬质聚氨酯泡沫夹心板
密度	kg/m³	—	—
导热系数 平均温度 25℃	W/(m·K)	≤0.035	≤0.025
芯材吸水率	%	≤7.5	≤4
注：制品的密度在产品标准中无相应的技术指标，但应符合设计或合同要求			

通风与空调以及采暖节能工程中使用到的模塑聚苯乙烯泡沫塑料板复检项目应符合《绝热用模塑聚苯乙烯泡沫塑料》GB/T 10801.1—2002 标准中Ⅱ类产品的性能要求，见表 7-71。

模塑聚苯乙烯泡沫塑料板复检项目性能要求 **表 7-71**

项目		单位	性能指标					
			Ⅰ	Ⅱ	Ⅲ	Ⅳ	Ⅴ	Ⅵ
表观密度	不小于	kg/m³	15.0	20.0	30.0	40.0	50.0	60.0
导热系数(25℃)	不大于	W/(m.k)	0.041		0.039			
吸水率(体积分数)	不大于	%	6	4	2			

通风与空调以及采暖节能工程中使用到的玻璃棉制品的复检项目应符合《绝热用玻璃棉及其制品》GB/T 13350—2008 标准，其性能要求见表 7-72。

玻璃棉制品复检项目性能要求 **表 7-72**

制品 \ 物理性能		密度(kg/m³)	允许偏差(%)	导热系数(平均温度 70℃)[W/(m·K)]	吸水率(%)
毯	1号	≥24	+15 −10	≤0.047	由供需双方协商决定
	2号	24～20		≤0.048	
		41～120		≤0.043	

续表

制品		密度(kg/m³)	允许偏差(%)	导热系数(平均温度70℃)[W/(m·K)]	吸水率(%)
毡	2号	10	+20 −10	≤0.062	由供需双方协商决定
		12 16		≤0.058	
		20		≤0.053	
		24 32 40		≤0.048	
		48		≤0.043	
管壳		45～90	+15 0	≤0.043	

通风与空调以及采暖节能工程中使用到的矿岩棉制品的复检项目应符合《绝热用岩棉、矿渣棉及其制品》GB/T 11835—2007标准，其性能要求见表7-73。

岩棉、矿渣棉制品复检项目性能要求　　表7-73

制品	密度(kg/m³)	密度允许偏差(%)	导热系数(平均温度70℃)[W/(m·K)]	吸水率(%)
毡	40～100	平均值与标称值:±15 单值与平均值:±15	≤0.044	由供需双方协商决定
	101～160		≤0.043	
管壳	40～200		≤0.044	

（六）产品储存

柔性泡沫橡塑制品、铝箔面硬质酚醛泡沫夹心板、铝箔面硬质聚氨酯泡沫夹心板以及模塑聚苯乙烯泡沫塑料可用塑料袋带包装。由于是有机材料，在运输中应远离火源、热源和化学药品，以防止产品变形、损坏。产品堆放在施工现场时，应放在干燥通风处，能够避免日光暴晒，风吹雨淋，也不能靠近火源、热源和化学药品，一般在70℃以上，泡沫塑料产品会产生软化、变形甚至熔融的现象，对于柔性泡沫橡塑产品，温度不宜超过105℃。产品堆放时也不可受到重压和其他机械损伤。制品应按不同的类别、不同型号、不同规格进行放置。

玻璃棉制品、矿岩棉制品的储存在幕墙节能工程一节中已有比较详细的叙述，可以参见该部分内容，值得注意的是毡状和毯状制品不能承受重物压置，使用时应把毡状制品展开放置一定时间使其厚度恢复后才能施工。

五、地面节能工程

这里所指的地面节能工程主要包括采暖空调房间接触土壤的外墙、毗邻不采暖空调房间的楼地面、采暖地下室与土壤接触的外墙、不采暖地下室上面的楼板、不采暖车库上面的楼板、接触外空气或外挑楼板的地面。

对于采暖空调房间、采暖地下室接触土壤的外墙，其保温形式与外墙外保温形式相同，主要可采用膨胀聚苯板薄抹灰外墙外保温系统和胶粉聚苯颗粒保温浆料外墙外保温系统。上述两个系统的组成材料、材料的性能在墙体节能工程一节中已详细叙述，这里就不再重复。对于其他地面节能工程，主要是楼板的保温隔热，常用的保温隔热材料包括：挤塑聚苯乙烯泡沫塑料板、模塑聚苯乙烯泡沫塑料板或者胶粉聚苯颗粒保温浆料等。这些材料的性能在前面几节中都有阐述，这里就不再重复。

下面主要介绍一下产品的验收和储存

（一）资料验收

资料验收包括产品质保书、产品合格证及相关性能的检测报告。质保书中应标明产品名称、产品标记、商标；生产日期；产品数量；产品的种类、规格及主要性能指标如表观密度、压缩强度、导热系数、尺寸稳定性、燃烧性能等。

产品进场后，供货方应提供该产品的相关的检测报告，在查看检测报告时应注意进场产品的规格型号与报告中的规格型号是否相符合；产品燃烧性能要求是否满足设计要求；报告是否具有计量章（又称 CMA 章）等。

资料验收的批次应按照其出厂检验批次进行核查。

（二）实物验收

1. 材料进场时，应对产品的品种、规格、外观、尺寸以及密度进行验收。

地面节能工程使用的保温隔热材料按进场批次每批次随机抽取三个试样进行检查，检查时可以通过目视、测量、称重等方式进行。

模塑聚苯乙烯泡沫塑料板（膨胀聚苯板或 EPS 板）的外观质量应符合标准表 5-2 的技术要求。用于地面墙体保温的膨胀聚苯板的尺寸偏差应符合标准表 5-5 的要求，用于地面楼板保温的模塑聚苯乙烯泡沫塑料板的尺寸偏差应符合标准表 5-45 的要求。

挤塑聚苯乙烯泡沫塑料板（XPS 板）的外观质量和尺寸偏差应符合标准表 5-21 的要求。

胶粉聚苯颗粒保温浆料的外观质量与外墙外保温系统用胶粉聚苯颗粒保温浆料外观质量相同，详见该节内容。

2. 材料进场复检

地面节能工程中使用到的保温隔热材料进场时应对材料进行复验，复验的形式为见证取样送检，由具备见证资质的检测机构进行试验。见证取样试验应由建设单位委托。地面节能工程中使用的保温隔热材料复检批次与复检项目详见表 7-74。

地面节能工程用保温隔热材料复检批次与复检项目　　表 7-74

保温隔热材料	复检批次	复检项目
挤塑聚苯乙烯泡沫塑料板材	同一厂家同一品种的产品，各抽查不少于 3 组	导热系数、压缩强度、密度
模塑聚苯乙烯泡沫塑料板（膨胀聚苯板）		表观密度、导热系数、压缩强度
胶粉聚苯颗粒保温浆料		干密度、导热系数、抗压强度

用于地面墙体保温隔热的膨胀聚苯板和胶粉聚苯颗粒产品的复检项目应分别符合 JG 149—2003 和 JC 158—2004 标准，其性能要求分别见标准表 5-9 和表 5-10。

用于地面楼板保温隔热的模塑聚苯乙烯泡沫塑料板和挤塑聚苯乙烯泡沫塑料板应分别符合 GB/T 10801.1—2002 和 GB/T 10801.2—2002 标准，其性能要求分别见标准表 5-51 中的Ⅱ类产品和表 5-17。

（三）产品的储存

1. 聚苯乙烯泡沫塑料板

包括模塑和挤塑两种类别，这类材料一般可用塑料袋或塑料捆扎带包装。由于是有机材料，在运输中应远离火源、热源和化学药品，以防止产品变形、损坏。产品堆放在施工现场时，应放在干燥通风处，能够避免日光暴晒，风吹雨淋，也不能靠近火源、热源和化学药品，一般在70℃以上，泡沫塑料产品会产生软化、变形甚至熔融的现象。产品堆放时不能受重压，并且应按类别、规格分别堆放。

2. 胶粉聚苯颗粒保温浆料

胶粉料或胶凝材料应采用有内衬防潮塑料袋的编织袋或防潮纸袋包装，聚苯颗粒应用塑料编织袋包装。若胶粉料和聚苯颗粒以按配比混合在一起或者水泥基保温砂浆也应采用内衬防潮塑料袋的编织袋或防潮纸袋包装。包装应无破损。在运输的过程中应采用干燥防雨的运输工具运输如给产品盖上油布，有顶的运输工具等以防止产品受潮、淋雨，在装卸的过程中，也应注意不能损坏包装袋。在堆放时，应放在有顶的库房内或有遮雨淋的地方，地上可以垫上木块等物品以防产品受潮，聚苯颗粒应放在远离火源及化学药品的地方。

第四节　建筑玻璃

玻璃是一种非晶态固体，具有长程无序短程有序的结构特征，在热力学上处于介稳状态。建筑玻璃以硅酸盐系统为基础，这类系统的高温熔体具有较高的黏度，在快速冷却时，结晶过程即原子或分子的有序排列过程难以发生，因而在低温下保留了高温熔体的结构特征。建筑钠钙硅玻璃的基本化学成分：

（Na_2O—CaO—SiO_2系列）

硅砂——70％～72％

纯碱——14％

石灰石——10％

其他氧化物：氧化铝、氧化镁

早期玻璃在建筑上主要应用于封闭、采光和装饰，应用的品种主要是普通平板玻璃和各种装饰玻璃（彩色玻璃、激光玻璃、压花玻璃、磨花玻璃及刻蚀玻璃等）。随着建筑业和玻璃制造业的发展，功能性建筑玻璃应用日趋广泛，其功能也延伸到节能和环保等领域。应用到节能领域的主要有中空玻璃、镀膜玻璃和贴膜玻璃等；应用于环境保护功能的主要有具备隔绝噪声功能的中空玻璃、夹层玻璃，能隔绝紫外线的防紫外夹层玻璃等。同时现代建筑玻璃的发展趋势是向高强度和高安全性的方向发展，如各种钢化玻璃、半钢化玻璃、贴膜玻璃、夹层玻璃、防火玻璃等。下面对当前建筑工程上最常用的平板玻璃、中空玻璃、钢化玻璃、夹层玻璃、镀膜玻璃、防火玻璃作详细的介绍。

一、平板玻璃

平板玻璃按颜色属性分为无色透明平板玻璃和本体着色平板玻璃；按其制造方法和工艺可分为两类，一是采用垂直引上法、平拉法等工艺制造的普通平板玻璃；二是采用浮法工艺制造的浮法平板玻璃。垂直引上法生产工艺是将熔融的玻璃液垂直向上拉引制造平板玻璃的工艺过程；平拉法是通过水平拉制玻璃液的手段生产平板玻璃的方法。两种生产方法的原料制备和熔化工艺都相同，只是成形和退火工艺不同，平拉法与垂直引上法相比，其优点是玻璃质量好，生产周期短，拉制速度快，生产效率高，但其主要缺点是玻璃表面容易出现麻点。这两种工艺主要用于生产厚度在5mm以下的薄玻璃，其平整度与厚薄差指标都相对较差。其用途包括：用于普通民用建筑的门窗玻璃；经喷砂、雕磨、腐蚀等方法后，可做成屏风、黑板、隔断墙等；质量好的，也可用作做某些深加工玻璃产品的原片玻璃（即原材料玻璃）。

浮法平板玻璃的生产过程是在通入保护气体（N_2）的锡槽中完成的。熔融的玻璃液从池窑中连续流入并浮在相对密度更大的熔化的锡液上，在重力和表面张力的作用下，玻璃液在锡液面上铺开、摊平，形成上下表面平整的玻璃带，再经过拉引、抛光、拉薄、硬化、冷却、切裁、退火等一系列工艺就得到浮法平板玻璃。浮法平板玻璃不需要磨光，但其平整度及光滑度比双面磨光的玻璃有过之而无不及；且有玻璃质量高、生产效率高、品种规格全等优点。浮法玻璃各项性能均优于普通平板玻璃，既可直接用于较高档的建筑工程，又是各种深加工玻璃（中空、钢化、夹层等）的主要原片玻璃。

二、钢化玻璃

平板玻璃经切裁、磨边、清洗等预处理后，送入钢化生产线进行钢化处理。钢化玻璃按照钢化方法可分为物理钢化玻璃和化学钢化玻璃，建筑用钢化玻璃多为物理钢化玻璃。最常用的物理钢化方法是风冷钢化，按玻璃的输送方式又可分为垂直钢化法和水平钢化法，后者生产工艺较为先进。玻璃先进入加热电炉，在电炉中加热到600℃左右，此温度已达到玻璃的软化点。然后将加热好的玻璃迅速送到冷却工位，鼓风机的强大风力通过风栅均匀吹到玻璃表面，使玻璃迅速冷却。由于玻璃是表面先降温，内部后降温，当内部逐步冷却时，其内部的收缩受到先期冷却的外表层制约，于是在表层形成了压应力，在内部形成了拉应力。当玻璃受弯时，表面的压应力可抵消部分受弯引起的拉应力，即减小了实际受拉应力，从而使玻璃强度、抗冲击性、耐热冲击性大幅度地提高。

钢化玻璃的抗冲击强度是普通平板玻璃的3～5倍；抗弯强度是普通平板玻璃的2.5倍。钢化玻璃能经受的温度突变范围为200～250℃，普通平板玻璃仅为70～100℃。当钢化玻璃破坏时会产生没有尖锐角的碎片，且面积很小，不易伤人，具备一定的使用安全性。

由于钢化玻璃具有较高的机械强度和破碎后的安全性，在建筑业常应用于建筑物的幕墙、门、窗、自动扶梯栏板等。

三、夹层玻璃

夹层玻璃是玻璃与玻璃和/或塑料等材料，用中间层分隔并通过处理使其粘结为一体的复合材料的统称。常见和大多使用的由两片或两片以上玻璃，用中间层分隔并通过处理使其粘结为一体的玻璃构件。夹层玻璃的原材料玻璃可以是平板玻璃，也可以是钢化玻璃、半钢化玻璃、镀膜玻璃、吸热玻璃、热弯玻璃等等。中间层的有机材料最常用的是聚乙烯醇缩丁醛（PVB）胶片，还有甲基丙烯酸甲酯、有机硅、聚氯酯等等。由于夹层玻璃的中间层材料属弹塑性材料，柔软而强韧，所以夹层玻璃不但具有较高的抗冲击强度，而且在受到破坏时，产生辐射状裂纹或圆形裂纹，碎片不易脱落。同时由于PVB胶片具有对声波的阻尼作用，夹层玻璃对声波的传播能起到较好的控制作用，具有良好的隔声效果。建筑用夹层玻璃还能有效地减弱太阳光的透射，防止眩光，而不致造成色彩失真，能使建筑物获得良好的美学效果，并有阻挡紫外线的功能，可保护家具、陈列品或商品免受紫外光辐射而发生褪色。

由于夹层玻璃具有很好的抗冲击强度、使用安全性、隔声、控制阳光和防紫外线特性，因而被广泛用于建筑物的门窗、隔墙、橱窗、楼梯与阳台栏板等。

四、中空玻璃

中空玻璃是一种节能型复合玻璃，主要用于节能建筑和需要隔声的场合。生产时将两片及两片以上玻璃组合起来，中间间隔干燥的空气或充入惰性气体，四周用密封材料包裹加工制成。用于制造中空玻璃的玻璃可采用浮法玻璃、夹层玻璃、钢化玻璃、半钢化玻璃及镀膜玻璃等。

普通平板玻璃的传热系数（K值）为 0.8W/(m^2 · K)，而空气的传热系数为 0.03W/(m^2 · K)，所以中空玻璃的隔热性能非常突出。由于中空玻璃比普通单层玻璃的热阻大得多，所以可大大降低结露的温度，而且中空玻璃内部密封，空间的水分被干燥剂吸收，也不会在隔层出现露水。由于空气隔层的作用，中空玻璃能降低噪声 30～40dB。

由于中空玻璃的优异性能，现在越来越多的应用于建筑幕墙、门窗、天窗等部位，可以既增加采光面积，又起到节能的效果。

五、镀膜玻璃

镀膜玻璃是在玻璃表面涂镀一层或多层金属、合金或金属化合物薄膜，以改变玻璃的光学性能，满足某种特定要求的一种平板玻璃深加工制品。镀膜玻璃按不同的产品特性，可分为阳光控制镀膜玻璃和低辐射镀膜玻璃两种。阳光控制镀膜玻璃一般采用喷涂法或阴极溅射法在玻璃表面镀上金、银、铝、铜等金属或金属氧化物等薄膜。玻璃色彩丰富，能吸收较多紫外线，保持适当透光性，反射较多红外线，是对波长范围 350mm～1800nm 的太阳光具有一定控制作用的镀膜玻璃。由于具有较好的隔热和装饰效果，多用于建筑门窗及幕墙玻璃。

低辐射镀膜玻璃一般采用热喷涂法或磁控溅射法在玻璃表面镀一层或几层金属、合金或金属氧化物薄膜制成，是一种对波长范围 4.5μm～25μm 的远红外线有较高反射比的镀膜玻璃。由于低辐射镀膜玻璃对可见光有较大透射率，对近红外反射率低，对远红外线反射率很高，故使用低辐射镀膜玻璃有利于白天室内的自然采光和夜晚室内的温度保持。低辐射镀膜玻璃有良好的隔热性能，一般用于合成中空玻璃和建筑物的门窗和幕墙等部位。

六、防火玻璃

防火玻璃是指在防火时能控制火势蔓延或隔烟的特种玻璃，是一种措施型的防火材料。防火玻璃按结构可分为单片防火玻璃和复合防火玻璃；按耐火性能可分隔热型防火玻璃和非隔热型防火玻璃。防火玻璃防火的效果以耐火性能进行评价，耐火性能包括耐火隔热性和耐火完整性。一般复合防火玻璃既能满足耐火完整性，又具备耐火隔热性，而单片防火玻璃只具备耐火完整性。

复合防火玻璃按生产工艺可分为干法复合防火玻璃和灌注型防火玻璃两种。干法复合防火玻璃是由两层或多层玻璃与一层或多层水溶性无机防火胶夹层复合而成。防火时向火面玻璃很快炸裂，防火胶夹层发泡膨胀形成坚硬的泡状防火胶板，能有效阻断火焰、隔绝高温及有害气体。灌注型防火玻璃是在两层或两层以上玻璃中间灌注防火胶液，玻璃四周再以特制阻燃胶条密封而成。防火时玻璃中间防火胶层迅速硬结成防火隔热板，隔绝火焰和高温。单片防火玻璃是一种单层玻璃构造的防火玻璃。防火时在一定时间内能保持耐火完整性，隔绝明火及有毒有害气体，但不具备隔热功能。

复合防火玻璃适用于建筑物房间、走廊、通道等重要部位的防火门窗及防火隔断墙等；单片防火玻璃适用于建筑物外门窗、幕墙以及无隔热要求的隔断墙等。

七、建筑工程中玻璃的验收

（一）资料的验收

对于各类玻璃来说，在工程上验收时，首先要验收供货商提供的各种资料，主要包括出厂合格证、质保书、检验报告。特别要注意的是：安全玻璃还需要检查其3C认证的标志及年度监督检查报告，如果中空玻璃的原片玻璃经过钢化，也需要追溯检查其钢化玻璃的3C认证标志和年度监督检查报告。根据我国国家标准的定义，安全玻璃包括钢化玻璃和夹层玻璃。前者强度高，是普通玻璃的2～3倍，并且破碎后碎片边缘无锋利快口，可保障人体安全；后者在破坏后碎片仍粘附在夹层上不脱落，特别适用于高层建筑。

1. 出厂合格证、质保书和3C认证

出厂合格证上通常列出该批产品出厂检验的数据，检验人员的工号，并标明该批产品是合格产品。

质保书比出厂合格证内容更丰富，是厂商对自己所提供的产品质量的一种承诺，厂家应在质保书上列出该批产品出厂检验的检测数据；指明该产品标准（国家标准或行业标准）；标清该批产品所属的质量等级，比如平板玻璃分优等品、一等品、合格品三个等级；并在质保书上承诺该产品在一定使用年限内保证质量（通常为三年或五年）。

3C认证即中国强制认证，英文缩写“CCC”（China Compulsory Certification），认证标志的基本图案如图7-6所示：

图7-6　3C认证标志基本图案

在国家认证认可监督委员会的网站上可以查询强制性认证证书数据库，对产品认证的真实性进行确认。

2. 检验报告

在工程中检查厂商提供的产品检测报告时，要注意报告上应有“CMA”（即计量认证）标志，如果报告上有“CNAS”标志，则证明出具该检测报告的检测机构已通过实验室国家认可，管理及技术水平属该领域层次较高的检测机构之一。另外厂商提供的报告还可分为厂商自行送样的检测报告和厂商委托检测机构抽样的检测报告，后者比前者可信度更高。

（二）产品验收

1. 平板玻璃的验收

平板玻璃在工程上验收时，要检查厂商的质保书、出厂合格证，检查时应注意产品的质量等级。平板玻璃分优等品、一等品、合格品三个等级。不同等级之间的外观质量要求不同。必要时应该抽查产品的尺寸偏差、外观等指标。

平板玻璃的厚度分为（mm）：2、3、4、5、6、8、10、12、15、19、22、25十二种规格，其尺寸偏差与厚度允许偏差见表7-75、表7-76。

平板玻璃尺寸偏差（mm） **表 7-75**

公称厚度	尺寸偏差	
	尺寸≤3000	尺寸>3000
2～6	±2	±3
8～10	+2，-3	+3，-4
12～15	±3	±4
19～25	±5	±5

平板玻璃厚度允许偏差（mm） **表 7-76**

厚度	允许偏差	厚度	允许偏差
2～6	±0.2	19	±0.7
8～12	±0.3	22～25	±1.0
15	±0.5		

平板玻璃优等品外观要求见表 7-77。

平板玻璃优等品外观质量要求 **表 7-77**

<table>
<tr><td>缺陷种类</td><td colspan="3">质量要求</td></tr>
<tr><td rowspan="4">点状缺陷[a]</td><td>尺寸(L)/mm</td><td colspan="2">允许个数限度</td></tr>
<tr><td>0.3≤L≤0.5</td><td colspan="2">1×S</td></tr>
<tr><td>0.5<L≤1.0</td><td colspan="2">0.2×S</td></tr>
<tr><td>L>1.0</td><td colspan="2">0</td></tr>
<tr><td>点状缺陷密集度</td><td colspan="3">尺寸≥0.3mm 的点状缺陷最小间距不小于 300mm；直径 100mm 圆内尺寸≥0.1mm 的点状缺陷不超过 3 个</td></tr>
<tr><td>线道</td><td colspan="3">不允许</td></tr>
<tr><td>裂纹</td><td colspan="3">不允许</td></tr>
<tr><td rowspan="2">划伤</td><td>允许范围</td><td colspan="2">允许条数限度</td></tr>
<tr><td>宽≤0.1mm，长≤30mm</td><td colspan="2">2×S</td></tr>
<tr><td rowspan="5">光学变形</td><td>公称厚度</td><td>无色透明平板玻璃</td><td>本体着色平板玻璃</td></tr>
<tr><td>2mm</td><td>≥50°</td><td>≥50°</td></tr>
<tr><td>3mm</td><td>≥55°</td><td>≥50°</td></tr>
<tr><td>4～12mm</td><td>≥60°</td><td>≥55°</td></tr>
<tr><td>≥15 mm</td><td>≥55°</td><td>≥50°</td></tr>
<tr><td>断面缺陷</td><td colspan="3">公称厚度不超过 8mm 时，不超过玻璃板的厚度；8mm 以上时，不超过 8mm</td></tr>
</table>

注：1. S 是以平方米为单位的玻璃板面积数值，按 GB/T 8170 修约，保留小数点后两位。点状缺陷的允许个数限度及划伤的允许条数限度为各系数与 S 相乘所得的数值，按 GB/T 8170 修约至整数。

2. a 为点状缺陷中不允许有光畸变点

平板玻璃一等品外观要求见表 7-78。

平板玻璃合格品外观要求见表 7-79。

平板玻璃一等品外观质量要求 **表 7-78**

<table>
<tr><th>缺陷种类</th><th colspan="6">质量要求</th></tr>
<tr><td rowspan="5">点状缺陷[a]</td><td colspan="3">尺寸(L)/mm</td><td colspan="3">允许个数限度</td></tr>
<tr><td colspan="3">0.3≤L≤0.5</td><td colspan="3">2×S</td></tr>
<tr><td colspan="3">0.5<L≤1.0</td><td colspan="3">0.5×S</td></tr>
<tr><td colspan="3">1.0<L≤1.5</td><td colspan="3">0.2×S</td></tr>
<tr><td colspan="3">L>1.5</td><td colspan="3">0</td></tr>
<tr><td>点状缺陷密集度</td><td colspan="6">尺寸≥0.3mm的点状缺陷最小间距不小于300mm；直径100mm圆内尺寸≥0.2mm的点状缺陷不超过3个</td></tr>
<tr><td>线道</td><td colspan="6">不允许</td></tr>
<tr><td>裂纹</td><td colspan="6">不允许</td></tr>
<tr><td rowspan="2">划伤</td><td colspan="3">允许范围</td><td colspan="3">允许条数限度</td></tr>
<tr><td colspan="3">宽≤0.2mm，长≤40mm</td><td colspan="3">2×S</td></tr>
<tr><td rowspan="5">光学变形</td><td colspan="2">公称厚度</td><td colspan="2">无色透明平板玻璃</td><td colspan="2">本体着色平板玻璃</td></tr>
<tr><td colspan="2">2mm</td><td colspan="2">≥50°</td><td colspan="2">≥45°</td></tr>
<tr><td colspan="2">3mm</td><td colspan="2">≥55°</td><td colspan="2">≥50°</td></tr>
<tr><td colspan="2">4～12mm</td><td colspan="2">≥60°</td><td colspan="2">≥55°</td></tr>
<tr><td colspan="2">≥15 mm</td><td colspan="2">≥55°</td><td colspan="2">≥50°</td></tr>
<tr><td>断面缺陷</td><td colspan="6">公称厚度不超过8mm时，不超过玻璃板的厚度；8mm以上时，不超过8mm</td></tr>
</table>

注：1. S是以平方米为单位的玻璃板面积数值，按GB/T 8170修约，保留小数点后两位。点状缺陷的允许个数限度及划伤的允许条数限度为各系数与S相乘所得的数值，按GB/T 8170修约至整数。

2. a为点状缺陷中不允许有光畸变点

平板玻璃合格品外观质量要求 **表 7-79**

<table>
<tr><th>缺陷种类</th><th colspan="6">质量要求</th></tr>
<tr><td rowspan="5">点状缺陷[a]</td><td colspan="3">尺寸(L)/mm</td><td colspan="3">允许个数限度</td></tr>
<tr><td colspan="3">0.5≤L≤1.0</td><td colspan="3">2×S</td></tr>
<tr><td colspan="3">1.0<L≤2.0</td><td colspan="3">1×S</td></tr>
<tr><td colspan="3">2.0<L≤3.0</td><td colspan="3">0.5×S</td></tr>
<tr><td colspan="3">L>3.0</td><td colspan="3">0</td></tr>
<tr><td>点状缺陷密集度</td><td colspan="6">尺寸≥0.5mm的点状缺陷最小间距不小于300mm；直径100mm圆内尺寸≥0.3mm的点状缺陷不超过3个</td></tr>
<tr><td>线道</td><td colspan="6">不允许</td></tr>
<tr><td>裂纹</td><td colspan="6">不允许</td></tr>
<tr><td rowspan="2">划伤</td><td colspan="3">允许范围</td><td colspan="3">允许条数限度</td></tr>
<tr><td colspan="3">宽≤0.5mm，长≤60mm</td><td colspan="3">3×S</td></tr>
<tr><td rowspan="4">光学变形</td><td colspan="2">公称厚度</td><td colspan="2">无色透明平板玻璃</td><td colspan="2">本体着色平板玻璃</td></tr>
<tr><td colspan="2">2mm</td><td colspan="2">≥40°</td><td colspan="2">≥40°</td></tr>
<tr><td colspan="2">3mm</td><td colspan="2">≥45°</td><td colspan="2">≥40°</td></tr>
<tr><td colspan="2">≥4mm</td><td colspan="2">≥50°</td><td colspan="2">≥45°</td></tr>
<tr><td>断面缺陷</td><td colspan="6">公称厚度不超过8mm时，不超过玻璃板的厚度；8mm以上时，不超过8mm</td></tr>
</table>

注：1. S是以平方米为单位的玻璃板面积数值，按GB/T 8170修约，保留小数点后两位。点状缺陷的允许个数限度及划伤的允许条数限度为各系数与S相乘所得的数值，按GB/T 8170修约至整数。

2. a为光畸变点视为0.5～1.0mm的点状缺陷

如果在工地上验收上述外观技术指标需在良好的光照条件下，观察距离约 600mm，视线垂直玻璃。如果发现外观、厚度问题需仲裁，或对其他技术指标如：光学性能、弯曲度等进行验收时应委托专业的检验机构。

2. 钢化玻璃的验收

钢化玻璃属于安全玻璃，工程上验收时除质保书、出厂合格证，近期检测报告外，还必须检查产品是否通过 3C 认证。工地现场可抽查尺寸偏差和外观等技术指标。

建筑用钢化玻璃厚度规格包括 mm：3、4、5、6、8、10、12、15、19 及 19mm 以上等多种规格，其尺寸允许偏差见表 7-80。

钢化玻璃尺寸允许偏差（mm） **表 7-80**

厚度	边长(L)允许偏差				厚度允许偏差
	$L\leqslant1000$	$1000<L\leqslant2000$	$2000<L\leqslant3000$	$L>3000$	
3、4、5、6	−2～+1	±3	±4	±5	±0.2
8、10	−3～+2	±3	±4	±5	±0.3
12	−3～+2	±3	±4	±5	±0.4
15	±4	±4	±4	±5	±0.6
19	±5	±5	±6	±7	±1.0
>19	供需双方商定				

其外观要求见表 7-81。

钢化玻璃的外观质量要求 **表 7-81**

缺陷名称	说明	允许缺陷数
爆边	每片玻璃每米边长上允许有长度不超过 10mm，自玻璃边部向玻璃板表面延伸深度不超过 2mm，自板面向玻璃厚度延伸深度不超过厚度的 1/3 的爆边个数	1 处
划伤	宽度在 0.1mm 以下的轻微划伤，每平方米面积内允许存在条数	长度≤100mm 时，4 条
	宽度大于 0.1mm 的划伤，每平方米面积内允许存在条数	宽度 0.1～1mm，长度≤100mm 时，4 条
夹钳印	夹钳印与玻璃边缘的距离≤20mm，边部变形量≤2mm	
裂纹、缺角	不允许存在	

钢化玻璃的抗冲击性、碎片状态及霰弹袋冲击性能是钢化玻璃极其重要的安全性能，应要求厂商提供近期型式检测报告。型式检验全套检测项目内容包括外观质量、尺寸及厚度偏差、弯曲度、抗冲击性、碎片状态、霰弹袋冲击性能、表面应力和耐热冲击性能。

3. 夹层玻璃的验收

夹层玻璃和钢化玻璃一样，属于安全玻璃，工程上验收时除质保书、出厂合格证，近期检测报告外，还必须检查产品是否通过 3C 认证。同时如果用于制造夹层玻璃的原材料玻璃是钢化玻璃，则需要厂商提供原材料玻璃的 3C 认证及与 3C 认证相符合的采购合同等资料。工地现场可抽查尺寸偏差和外观等技术指标。

夹层玻璃的尺寸允许偏差见表 7-82。

夹层玻璃尺寸允许偏差（mm） **表 7-82**

公称尺寸(边长 L)	公称厚度≤8	公称厚度>8	
		每块玻璃公称厚度<10	至少一块玻璃公称厚度≥10
L≤1100	−2.0～+2.0	−2.0～+2.5	−2.5～+3.5
1100<L≤1500	−2.0～+3.0	−2.0～+3.5	−3.0～+4.5
1500<L≤2000	−2.0～+3.0	−2.0～+3.5	−3.5～+5.0
2000<L≤2500	−2.5～+4.5	−3.0～+5.0	−4.0～+6.0
L>2500	−3.0～+5.0	−3.5～+5.5	−4.5～+6.5

其外观质量要求见表 7-83。

夹层玻璃外观质量要求 **表 7-83**

<table>
<tr><td>缺陷名称</td><td colspan="8">质 量 要 求</td></tr>
<tr><td rowspan="7">可视区点状缺陷</td><td colspan="3">缺陷尺寸(λ)(mm)</td><td>0.5<λ≤1.0</td><td colspan="4">1.0<λ≤3.0</td></tr>
<tr><td colspan="3">玻璃面积(S)(m²)</td><td>S 不限</td><td>S≤1</td><td>1<S≤2</td><td>2<S≤8</td><td>8<S</td></tr>
<tr><td rowspan="4">允许缺陷数(个)</td><td rowspan="4">玻璃层数</td><td>2</td><td rowspan="4">不得密集存在</td><td>1</td><td>2</td><td>1.0m²</td><td>1.2m²</td></tr>
<tr><td>3</td><td>2</td><td>3</td><td>1.5m²</td><td>1.8m²</td></tr>
<tr><td>4</td><td>3</td><td>4</td><td>2.0m²</td><td>2.4m²</td></tr>
<tr><td>≥5</td><td>4</td><td>5</td><td>2.5m²</td><td>3.0m²</td></tr>
<tr><td colspan="8">注：1. 不大于 0.5mm 的缺陷不考虑，不允许出现大于 3mm 的缺陷。
2. 当出现下列情况之一时，视为密集存在：
a)两层玻璃时，出现 4 个或 4 个以上的缺陷，且彼此相距<200mm；
b)三层玻璃时，出现 4 个或 4 个以上的缺陷，且彼此相距<180mm；
c)四层玻璃时，出现 4 个或 4 个以上的缺陷，且彼此相距<150mm；
d)五层以上玻璃时，出现 4 个或 4 个以上的缺陷，且彼此相距<100mm。
3. 单层中间层单层厚度大于 2mm 时，上表允许缺陷数总数增加 1</td></tr>
<tr><td rowspan="3">可视区线状缺陷</td><td colspan="3">缺陷尺寸
(长度 L，宽度 B)(mm)</td><td>L≤30 且
B≤0.2</td><td colspan="4">L>30 或 B>0.2</td></tr>
<tr><td colspan="3">玻璃面积(S)/m²</td><td>S 不限</td><td>S≤5</td><td>5<S≤8</td><td colspan="2">8<S</td></tr>
<tr><td colspan="3">允许缺陷数/个</td><td>允许存在</td><td>不允许</td><td>1</td><td colspan="2">2</td></tr>
<tr><td>周边区缺陷</td><td colspan="8">使用时装有边框的夹层玻璃周边区域，允许直径不超过 5mm 的点状缺陷存在；如点状缺陷是气泡，气泡面积之和不应超过边缘区面积的 5%；
使用时不带边框夹层玻璃的周边区缺陷，由供需双方商定</td></tr>
<tr><td>裂口</td><td colspan="8">不允许存在</td></tr>
<tr><td>爆边</td><td colspan="8">长度或宽度不得超过玻璃的厚度</td></tr>
<tr><td>脱胶</td><td colspan="8">不允许存在</td></tr>
<tr><td>皱痕和条纹</td><td colspan="8">不允许存在</td></tr>
</table>

夹层玻璃的耐热性、耐湿性、耐辐照性、落球冲击剥离性能及霰弹袋冲击性能是夹层玻璃重要的安全性能，应要求厂商提供近期型式检测报告。型式检验全套检测项目内容包括外观质量、尺寸和允许偏差、弯曲度、可见光透射比、可见光反射比、抗风压性能、耐热性、耐湿性、耐辐照性、落球冲击剥离性能及霰弹袋冲击性能。

4. 中空玻璃的验收

中空玻璃在工地上验收时要检查厂商的质保书、出厂合格证，近期的检测报告。如果用于制造中空玻璃的原材料玻璃是钢化玻璃或夹层玻璃，则需要厂商提供原材料玻璃的3C认证及与3C认证相符合的采购合同等资料。

中空玻璃的尺寸规格及允许偏差见表7-84。

中空玻璃尺寸允许偏差（mm）　　表7-84

长(宽)度L(mm)	允许偏差	公称厚度t(mm)	允许偏差
$L<1000$	±2	$t<17$	±1.0
$1000\leqslant L<2000$	−3～+2	$17\leqslant t<22$	±1.5
$L\geqslant 2000$	±3	$t\geqslant 22$	±2.0
注：中空玻璃的公称厚度为玻璃原片的公称厚度与间隔层厚度之和			

除原材料玻璃应符合其标准规定的要求外，中空玻璃的外观要求不得有妨碍透视的污迹、夹杂物及密封胶飞溅现象。

由于中空玻璃的密封性和耐久性对其性能非常重要，应要求厂商提供型式检测报告。型式检验报告的检测内容包括外观、尺寸偏差、密封性能、露点、耐紫外线辐照性能、气候循环耐久性能和高温高湿耐久性能试验。

5. 镀膜玻璃的验收

镀膜玻璃在工地上验收时要检查厂商的质保书、出厂合格证，近期的检测报告。如果用于生产镀膜玻璃的原片玻璃是钢化玻璃或夹层玻璃，则需要厂商提供原片玻璃的3C认证及与3C认证相符合的采购合同等资料。工地现场可抽查尺寸偏差和外观等技术指标。

钢化或半钢化镀膜玻璃中，阳光控制镀膜玻璃的尺寸与厚度允许偏差见表7-85。

部分钢化或半钢化镀膜玻璃尺寸与厚度允许偏差（mm）　　表7-85

公称厚度	边的长度L及允许偏差			厚度偏差	
	$L\leqslant 1000$	$1000<L\leqslant 2000$	$2000<L\leqslant 3000$	钢化玻璃	半钢化玻璃
3、4、5、6	−1.0～+1.0	−2.0～+1.0	−3.0～+1.0	±0.2	±0.2
8、10	−2.0～+1.0	−3.0～+1.0	−4.0～+2.0	±0.35	±0.35
12	−2.0～+1.0	−3.0～+1.0	−4.0～+2.0	±0.4	—

镀膜玻璃分优等品和合格品两个等级，不同等级的外观质量要求不同。阳光控制镀膜玻璃的外观质量要求见表7-86。

阳光控制镀膜玻璃外观质量要求　　表7-86

缺陷名称	说　明	优　等　品	合　格　品
针孔	直径<0.8mm	不允许集中	—
	0.8mm≤直径<1.2mm	中部：3.0×S个，且任意两针孔之间的距离大于300mm； 75mm边部：不允许集中	不允许集中
	1.2mm≤直径<1.6mm	中部：不允许； 75mm边部：3.0×S个	中部：3.0×S个； 75mm边部：8.0×S个

续表

缺陷名称	说　明	优　等　品	合　格　品
针孔	1.6mm≤直径<2.5mm	不允许	中部：2.0×*S*个； 75mm边部：5.0×*S*个
	直径>2.5mm	不允许	不允许
斑点	1.0mm≤直径≤2.5mm	中部：不允许 75mm边部：2.0×*S*个	中部：5.0×*S*个； 75mm边部：6.0×*S*个
	2.5mm<直径≤5.0mm	不允许	中部：1.0×*S*个； 75mm边部：4.0×*S*个
	直径>5.0mm	不允许	不允许
斑纹	目视可见	不允许	不允许
暗道	目视可见	不允许	不允许
膜面划伤	0.1mm≤宽度≤0.3mm， 长度≤60mm	不允许	不限，划伤间距 不得小于100mm
	宽度>0.3mm或长度>60mm	不允许	不允许
玻璃面划伤	宽度≤0.5mm，长度≤60mm	3.0×S条	—
	宽度>0.5mm或长度>60mm	不允许	不允许

注：1. 针孔集中是指在直径为100mm的面积内超过20个；
2. *S*是以平方米为单位的玻璃板面积，保留小数点后两位；
3. 允许个数及允许条数为各系数与S相乘所得的数值，按GB/T 8170修约至整数；
4. 玻璃板的中部是指距玻璃板边缘75mm以内的区域，其他部分为边部

低辐射镀膜玻璃的外观质量要求见表7-87。

低辐射镀膜玻璃外观质量要求 **表7-87**

缺陷名称	说　明	优　等　品	合　格　品
针孔	直径<0.8mm	不允许集中	—
	0.8mm≤直径<1.2mm	中部：3.0×*S*个，且任意两针孔之间的距离大于300mm；75mm边部：不允许集中	不允许集中
	1.2mm≤直径<1.6mm	中部：不允许； 75mm边部：3.0×*S*个	中部：3.0×*S*个； 75mm边部：8.0×*S*个
	1.6mm≤直径<2.5mm	不允许	中部：2.0×*S*个； 75mm边部：5.0×*S*个
	直径>2.5mm	不允许	不允许
斑点	1.0mm≤直径≤2.5mm	中部：不允许 75mm边部：2.0×*S*个	中部：5.0×*S*个； 75mm边部：6.0×*S*个
	2.5mm<直径≤5.0mm	不允许	中部：1.0×*S*个； 75mm边部：4.0×*S*个
	直径>5.0mm	不允许	不允许
膜面划伤	0.1mm≤宽度≤0.3mm， 长度≤60mm	不允许	不限，划伤间距 不得小于100mm
	宽度>0.3mm或长度>60mm	不允许	不允许
玻璃面划伤	宽度≤0.5mm，长度≤60mm	3.0×S条	—
	宽度>0.5mm或长度>60mm	不允许	不允许

注：1. 针孔集中是指在直径为100mm的面积内超过20个；
2. *S*是以平方米为单位的玻璃板面积，保留小数点后两位；
3. 允许个数及允许条数为各系数与S相乘所得的数值，按GB/T 8170修约至整数；
4. 玻璃板的中部是指距玻璃板边缘75mm以内的区域，其他部分为边部

6. 防火玻璃的验收

防火玻璃在工地上验收时要检查厂商的质保书、出厂合格证，近期的检测报告。如果用于制造防火玻璃的原片玻璃是钢化玻璃，则需要厂商提供原片钢化玻璃的3C认证及与3C认证相符合的采购合同等资料。工地现场可抽查尺寸偏差和外观等技术指标。

防火玻璃的尺寸规格及允许偏差见表7-88、表7-89。

复合防火玻璃尺寸与厚度允许偏差（mm） **表7-88**

<table>
<tr><th rowspan="2">公称厚度 d</th><th colspan="2">长度或宽度(L)允许偏差</th><th rowspan="2">厚度允许偏差</th></tr>
<tr><th>L≤1200</th><th>1200<L≤2400</th></tr>
<tr><td>5≤d<11</td><td>±2</td><td>±3</td><td>±1.0</td></tr>
<tr><td>11≤d<17</td><td>±3</td><td>±4</td><td>±1.0</td></tr>
<tr><td>17≤d<24</td><td>±4</td><td>±5</td><td>±1.3</td></tr>
<tr><td>24≤d<35</td><td>±5</td><td>±6</td><td>±1.5</td></tr>
<tr><td>35≤d</td><td>±5</td><td>±6</td><td>±2.0</td></tr>
<tr><td colspan="4">注：当L大于2400mm时，尺寸允许偏差由供需双方商定</td></tr>
</table>

单片防火玻璃尺寸与厚度允许偏差（mm） **表7-89**

<table>
<tr><th rowspan="2">公称厚度</th><th colspan="3">长度或宽度(L)允许偏差</th><th rowspan="2">厚度允许偏差</th></tr>
<tr><th>L≤1000</th><th>1000<L≤2000</th><th>L>2000</th></tr>
<tr><td>5、6</td><td>−2～+1</td><td rowspan="3">±3</td><td rowspan="3">±4</td><td>±0.2</td></tr>
<tr><td>8、10</td><td rowspan="2">−3～+2</td><td>±0.3</td></tr>
<tr><td>12</td><td>±0.3</td></tr>
<tr><td>15</td><td>±4</td><td>±4</td><td></td><td>±0.5</td></tr>
<tr><td>19</td><td>±5</td><td>±5</td><td>±6</td><td>±0.7</td></tr>
</table>

防火玻璃的外观质量要求见表7-90和表7-91。

防火玻璃外观质量要求 **表7-90**

<table>
<tr><th>缺陷名称</th><th>要　求</th></tr>
<tr><td>气泡</td><td>直径300mm圆内允许长0.5～1.0mm的气泡1个</td></tr>
<tr><td>胶合层杂质</td><td>直径500mm圆内允许长2.0mm以下的杂质2个</td></tr>
<tr><td rowspan="2">划伤</td><td>宽度≤0.1mm，长度≤50mm的轻微划伤，每平方米面积内不超过4条</td></tr>
<tr><td>0.1mm<宽度<0.5mm，长度≤50mm的轻微划伤，每平方米面积不超过1条</td></tr>
<tr><td>爆边</td><td>每米边长允许有长度不超过20mm，自边部向玻璃表面延伸深度不超过厚度一半的爆边4个</td></tr>
<tr><td>叠差、裂纹、脱胶</td><td>脱胶、裂纹不允许存在，总叠差不应大于3mm</td></tr>
<tr><td colspan="2">注：复合防火玻璃周边15mm范围内的气泡、胶合层杂质不作要求</td></tr>
</table>

由于防火玻璃的耐火性能和安全性能对其质量有极其重要的影响，应要求厂商提供近期相关项目的型式检测报告。型式检验全套检测项目内容包括外观质量、尺寸与厚度允许偏差、弯曲度、可见光透射比、耐火性能、耐热性能、耐寒性能、耐紫外线辐照性能、抗冲击性能和碎片状态。

单片防火玻璃外观质量要求　　表 7-91

缺陷名称	要　求
爆边	不允许存在
划伤	宽度≤0.1mm，长度≤50mm 的轻微划伤，每平方米面积内不超过 2 条
	0.1mm<宽度<0.5mm，长度≤50mm 的轻微划伤，每平方米面积不超过 1 条
结石、裂纹、缺角	不允许存在

八、运输和储存

由于玻璃是脆性材料，又是薄板状材料，运输时应用木箱或集装箱（架）包装，玻璃应垂直放在箱内，每片玻璃应用塑料膜或纸等材料隔开，玻璃与包装箱之间应使用不易引起玻璃划伤、磨伤等外观缺陷的轻软材料填实。运输、储存和安装时要特别注意保护边部，因为破损绝大多数由边部引起，边部留下缺陷会严重影响玻璃的使用寿命。施工前，玻璃应储存在干燥、隐蔽的场所，避免淋雨、潮湿和强烈阳光照射。在现场搬运过程中，应根据玻璃的重量、尺寸、现场状况和搬运距离等因素，研究采用适当的搬运工具和方法，搬运道路要平，应排除管道障碍，空间的高、宽要有余地。当搬运特别大的平板玻璃时，应尽量避免玻璃正面迎风，以免风吹产生的压力过大使操作人员难以支持，而使玻璃有坠落的危险。

需要注意的是，玻璃叠放时应在玻璃之间垫上一层纸，以防再次搬运时，两块玻璃相互吸附在一起。同时，绝对禁止玻璃之间进水，因为这种玻璃之间的水膜几乎不会挥发，它会吸收玻璃的碱成分，使玻璃表面像发霉一样形成白色的无法去除的污迹，侵蚀玻璃表面，使玻璃在短时间内表面褪色、强度降低。

第五节　建筑涂料

建筑涂料是涂装于建筑物表面（一般指内外墙面）或与建筑物有关的其他结构部位及部件的表面，并能与这些表面材料很好地粘结，形成性能完整的涂膜（层），这层涂膜能够为建筑物表面起到装饰作用、保护作用或特种功能作用。

一、建筑涂料的特点

建筑涂料作为建筑物的装饰材料，与其他涂层材料与贴面材料相比，具有简单、经济、不增加建筑物自重、翻新和维修方便等特点，而且涂膜色彩丰富、装饰质感好、施工效率高。建筑涂料以水性涂料为主，包括水溶性和水乳性的（乳胶涂料），地面涂料以溶剂型涂料为主。外墙使用涂料的优点是无安全危害，这是各种贴面材料所无法相比的。当然，建筑涂料也有一些不足之处，例如水性涂料的耐污染性较差，而溶剂型涂料的使用会对环境造成不好的影响。但随着建筑涂料行业的日益发展，建筑涂料的各种性能正逐步得到改善，建筑涂料的特点相比于其他贴面装饰材料，仍以优点为多，所以其应用也越来越受到重视，应用范围逐渐增大。

建筑涂料还有许多特征是由功能性建筑涂料体现出来。所谓功能性建筑涂料，是指这类涂料除了一般涂料所具有的装饰效果外，还能起到某种预期的功能效果，例如，防火涂料、防霉涂料、防水涂料、保温隔热涂料和防结露涂料等。功能性建筑涂料提高了建筑涂料与其他建筑装饰材料的竞争力，增强了建筑涂料的实用性，拓宽了建筑涂料的应用范围。随着建筑涂料的广泛使用，建筑涂料的应用范围迅速扩大，特别是功能性建筑涂料迅速增多，过去一些在其他领域使用的功能型建筑涂料经过性能的改进开始在建筑领域应用，例如防腐蚀涂料、标志涂料、耐磨涂料、可逆变色涂料和夜光涂料等，使得建筑涂料在涂料行业中的地位和影响逐渐增大。

二、建筑涂料的分类

我国建筑涂料目前还没有统一的分类方法，习惯上常采用以下几种方法对建筑涂料进行分类，即按分散介质的种类划分，按组成涂料的基料类别划分，按涂料成膜后的厚度和质地划分以及按在建筑物上的使用部位划分，见表 7-92。

建筑涂料的分类及类别　　表 7-92

分类方法	类　别	产品举例
按分散介质的种类划分	水性涂料	乳胶漆、无机涂料和有机-无机复合涂料等，例如丙烯酸乳胶漆、双组分硅溶胶外墙涂料、丙烯酸-硅溶胶复合涂料等
	溶剂型涂料	地面罩光涂料、溶剂型外墙涂料和木器涂料等，例如醇酸地面罩光涂料、双组分丙烯酸-聚氨酯复合外墙涂料和丙烯酸木器涂料等
按基料的类别分类	有机类涂料	丙烯酸涂料、复合类丙烯酸涂料、环氧树脂耐磨地面涂料、聚氨酯弹性地面涂料、氟树脂超耐候性外墙涂料、聚醋酸乙烯内墙乳胶漆、VVAE 内、外墙涂料、过氯乙烯地面涂料、氯化橡胶外墙涂料、氯化橡胶防火涂料
	无机类涂料	聚醋酸改性水玻璃涂料、双组分硅酸钾外墙涂料、硅溶胶涂料等
	有机无机复合类涂料	丙烯酸-硅溶胶复合型涂料
按涂膜厚度和质地分类	薄质涂料	平面涂料，例如水性、溶剂型内外墙涂料、地面涂料等，这类涂料种类最多，用量最大
	厚质涂料	砂壁状涂料、复层涂料、拉毛涂料、仿瓷涂料、各种功能性涂料（例如绝热涂料、吸声涂料、防结露涂料）等
按在建筑物上的使用部位分类	内墙涂料	合成树脂乳液内墙涂料、水溶性内墙涂料等，例如丙烯酸乳胶漆、聚醋酸乳胶漆、砂壁状内墙涂料等
	外墙涂料	溶剂型、水性丙烯酸外墙涂料、氟树脂外墙涂料、有机硅-丙烯酸外墙涂料、聚氨酯-丙烯酸外墙涂料、氯化橡胶外墙涂料等
	地面涂料	环氧树脂耐磨地面涂料、聚氨酯弹性地面涂料、聚氨酯地面清漆
	顶棚涂料	顶棚吸声涂料
	其他涂料	各种功能性涂料（例如防火涂料、防霉涂料、绝热涂料）、各种高档装饰性涂料、和特殊涂料（例如石膏线条涂料、夜光涂料等）
按涂料成膜后的功能分类	装饰性涂料	各种墙面、地面及其他结构部位的平面类、非平面类涂料，溶剂型、水性和混合型涂料
	功能性涂料	防火涂料、防结露涂料、绝热涂料、防霉涂料、杀虫涂料、防水涂料、防锈涂料、可逆变色涂料、耐磨地面涂料、弹性地面涂料、耐沾污墙面涂料和耐候性外墙涂料等

三、建筑涂料的组成

建筑涂料由多种不同物质经混合、溶解、分散而组成。按涂料中各组分所起的作用，可分为成膜物质、颜料填料、稀释剂和助剂。

（一）成膜物质

成膜物质是涂料的基础物质，它的作用是将涂料中的其他组分粘结在一起，并能牢固地附着在被涂基层表面，形成连续均匀、坚韧的保护膜，它决定着涂料使用和涂膜的主要性能，成膜物的性质对形成的涂膜的硬度、柔性、耐磨性、耐冲击性、耐水性、耐热性、耐候性及其他物理化学性能起到决定性作用。基料在配制成涂料的储存期间内应相当稳定，不发生明显的物理和化学变化。涂料状态及涂膜固化方式也由成膜物性质决定。当前我国建筑涂料的成膜物主要以合成树脂为主，如醋酸乙烯及其共聚物、丙烯酸及其共聚物、氯乙烯-偏氯乙烯共聚物、环氧树脂、氯化橡胶、聚氨酯树脂等，此外，还有水玻璃、硅溶胶等无机胶结材料。

（二）颜料填料

1. 颜料

颜料是不溶于水或其所分散的介质的有色粉末，颜料与染料不同，染料溶于水且其性能可能会受到分散介质的影响，颜料则不同。颜料在涂膜中的首要作用是能够赋予涂膜以一定的色彩，其次颜料能够增加涂膜的体积，使涂膜具有遮盖基层的能力、增加涂膜的色彩和保护作用，提高涂膜的机械强度。由于颜料能够吸收一定量的紫外线，防止紫外线在涂膜中穿透作用，因而能够提高涂膜的耐久性。

颜料通常是按照生产方法和来源、组成、用途、结构和颜色系来分类的。例如，根据来源地不同，颜料可分为天然颜料和合成颜料；根据化学成分的不同，颜料可分为有机颜料和无机颜料；按在涂料中作用的不同颜料可分为着色颜料、体质颜料和功能性颜料；按颜料所处色系的不同颜料又可分为白色颜料、黑色颜料、黄色颜料、红色颜料、橙色颜料、绿色颜料、蓝色颜料、紫色颜料、棕色颜料等。

2. 填料（体质颜料）

填料是颜料的一类，也称体质颜料，在涂膜中没有着色作用，遮盖作用也很小，但能增加涂膜的厚度和涂膜的体积．提高耐久性。有些填料的使用可以达到某种功能作用，例如防止沉淀、增强性能等。

填料是低折射率的白色和无色颜料，也称体质颜料。这类材料大多数取之于天然产品和工业副产品，因而价格比着色颜料要便宜得多。填料的折射率一般在 1.45～1.7 之间，有些填料（例如轻质碳酸钙、炭黑等）的相对密度小，悬浮力好，在涂料中能够防止相对密度大的颜料的沉淀；有的填料能够改善涂膜的物理性能和化学性能；有的填料可以提高涂膜的耐水性、耐久性、耐磨性等。因而，在建筑涂料的生产中正确地选用填料，除了可以降低生产成本外，还有助于提高产品质量。

3. 稀释剂

溶剂或水是液态建筑涂料的重要成分、涂料涂刷到基层上后，溶剂或水蒸发后，涂料逐渐干燥硬化，最终形成均匀、连续的涂膜。

溶剂是溶解涂料基料或分散涂料组分的分散介质，正确地选用溶剂对于涂料的生产、储存、施工会产生重要作用，也是影响溶剂型涂料的生产成本和涂膜质量的重要因素。具体地说，溶剂在涂料中的作用如下：

（1）溶解涂料中的成膜物质，降低涂料的黏度，使之适合于所选定的施工方式。

（2）增加涂料的储存稳定性，防止成膜物质出现凝胶；在涂料的包装桶内充满了溶剂的蒸汽，能防止涂料表面的结皮。

（3）增加涂料对被涂饰基材表面的润湿性，提高涂膜对基层的附着力。

（4）使涂膜具有良好的流平性，从而避免涂膜出现过厚、过薄或者厚、薄不均以及刷痕和起皱等不良现象。

溶剂在涂料中不是永久性的组分，而是在涂料涂装后的短时间内就会挥发掉的液体。因而，习惯上将溶剂称作涂料的挥发分。根据溶剂对成膜物质的溶解作用，常常将那些能够溶解涂料基料的溶剂称为真溶剂；能够促进涂料基料被溶解的溶剂称为助溶剂；而只能稀释基料溶液的溶剂则称为稀释剂。近年来，人们又开发了一类活性溶剂这类溶剂在成膜过程中，能够和基料产生化学反应而结合进成膜物质中，成为涂膜的一部分。

4. 助剂

涂料是由基料、颜料和分散介质（溶剂和水）三个主要组分组成的。但是，在绝大多数情况下仅这三个组分还难以使涂料具有所要求的性能。例如，由乳液、颜料和水可以构成乳胶漆，但这样的乳胶漆的使用却受到极大的限制：温度稍低不能干燥成膜；存放长了会长霉变质；气泡太多不能得到平整的涂膜，稍微放置颜料可能会沉淀结块等。这样，在涂料的配方设计和生产制造过程中就必须使用一些使涂料具有所需要性能的添加剂，这种材料组分称为助剂。在现代涂料，特别是高性能涂料中，助剂已成为涂料一个不可缺少的组分。

助剂的类别目前尚无统一的分类方法，如根据在涂料生产及施工过程中所起的作用来分类；根据助剂是否有界面活性来分类等。但是，最常用、最方便的方法还是根据助剂的功能来进行分类，能够直观地揭示出其作用本质。按照这种分类方法，涂料助剂可以分成附着力增强剂、消泡剂（抑泡剂）、防浮色发花剂、防缩孔剂、防粘连剂、腐蚀抑止剂、防锈剂、润湿、分散剂、聚结助剂、抗静电剂、导电控制剂、防毒、防腐杀菌剂、防沉剂、防流挂剂、抗胶凝剂、黏度稳定剂、抗氧剂、防结皮剂、消光剂、流平剂、流动控制剂、锤纹助剂、光稳定剂、光敏剂、增光剂、增塑剂、增滑、抗划伤剂、增稠剂、触变剂以及其他功能型涂料专用的功能助剂（防火助剂、电磁波吸收剂……）等，可谓品种繁多，功能各异，其中部分助剂已在建筑涂料中广泛使用。

（1）润湿、分散剂

湿润、分散剂是众多实用性表面活性剂中的一种，它作为建筑涂料助剂的主要种类而得到广泛使用。湿润分散剂能够缩短涂料生产过程中颜、填料的分散研磨时间，并使涂料中颜、填料能长时间地处于分散稳定状态，对于水性建筑涂料的某些性能甚至可起决定性作用。

（2）消泡剂

对于涂料来说消泡剂总是以微细粒子渗入到泡沫体系之中，在接触到泡沫后即捕获泡沫表面的憎水链端，再经过迅速铺展，并形成很薄的双膜层，然后进一步侵入到泡沫体系中。低表面张力的消泡剂总是带动一些液体流向高表面张力的泡沫体系中，促使膜壁逐渐变薄，最终导致气泡的破裂。

（3）成膜助剂

能够降低乳胶漆的最低成膜温度（MFFT）和在短时间内降低其玻璃化温度（Tg）的助剂称为成膜助剂，也称聚结助剂。聚合物颗粒的密堆和变形是乳液或其涂料成膜的必不可少的条件。就聚合物颗粒的变形来说，它要受聚合物弹性模量的制约。如果聚合物颗粒过硬，则不会变形，也就不能成膜，因此，必须首先使聚合物“变软”，亦即降低聚合物的玻璃化温度 Tg。乳液通常在接近 Tg 的温度下形成连续涂膜，或者更准确地说，只有在高于乳液最低成膜温度（MFFT）时，才能形成连续涂膜。因聚合物颗粒中所含的水与皂有增塑作用，所以 MFFT 不同于 Tg，且低于 Tg。

成膜助剂的作用像一种“临时”增塑剂，用以降低聚合物 Tg 值恢复至初始值。通常情况下，大多数成膜助剂在室温下挥发比水滞后 1～2h。不过在有些情况下，涂膜室温干燥后、残存的成膜助剂会在聚合物涂膜内保留几天甚至几周。如果涂膜涂得很厚，或者成膜助剂与树脂组成之间的亲和力非常强，更容易产生上述情形。因此，成膜助剂应该由挥发性较慢的溶剂组成。作为成膜肋剂的最大先决条件就是在干燥过程中。水分挥发、而成膜助剂仍留在涂层中，但是在其后的短时间内又必须从涂层中自行挥发。否则就会充当永久性的增塑剂．使聚合物的 Tg 值一直较低。在热带地区，环境温度高于大多数建筑乳胶涂料的 MFFT，为什么还需要成膜助剂呢？毫无疑问，在这种情况下不加成膜助剂，涂料也会成膜，但是加成膜助剂后，聚结质量，即成膜质量会显著提高，使涂料的综合性能得到显著改善。

(4) 防霉剂

涂料中因会有微生物生长的营养成分和有微生物的存在，因而只要环境温度和湿度等适合微生物生存的条件存在，微生物便会大量繁殖、使产品的原有性质遭到破坏而质量下降，甚至腐败变质而报废。对于加有有机增稠剂（例如各种纤维素）的水性涂料，微生物（例如细菌和霉菌）很容易在其中生长，因而这类涂料更容易腐败和生霉。此外，微生物的存在不仅能使涂料因腐败而失去效用，还能在涂料施工成膜后使涂膜的表面变污，甚至使涂膜逐渐降解而失去装饰效果。因而，水性涂料的防霉一直是其生产和使用过程中需要给予注意的问题。所以，水性涂料配方中一般都使用防霉剂，有时也称为罐内防霉剂。

对防霉剂的基本性能要求，一般从效能、毒性、经济性和经时稳定性等方面考虑，见表 7-93。

对防霉剂的基本性能要求 **表 7-93**

性　　能	作用或意义
毒性	防霉、杀菌剂对人的毒性应尽可能低或者无毒
效能	防霉、杀菌剂应具有广谱的抗微生物活性，药效高、活性持久、对各种防霉剂和细菌有广泛的致死或抑制作用，要求使用浓度要能够尽可能低，以便从另一角度减小其毒性
对涂料和涂膜性能的影响	防霉、杀菌剂加入涂料中不与涂料组分起化学变化，成膜后不影响其物理、化学性能
残效性	防霉、杀菌剂的挥发性要低，在涂料中相容性好，容易分散，而在水中不溶或难溶
经济型	防霉、杀菌剂应该价廉易得，使用方便
经时稳定性	所选用的防霉、杀菌剂应具有耐紫外线、耐热、抗氧化等性能，并能在较长时间内保持其防霉、杀菌作用
pH 值	对于无机和水性防霉涂料来说，由于涂料的 pH 值均处在碱性状态下，而且均涂装于碱性基层上，因此还要求防霉剂能在碱性状态下有效

(5) 增稠剂

能够显著提高涂料黏度的助剂称为增稠剂。增稠剂在涂料的生产、储存和施工过程中起着重要作用。增稠剂的主要作用是增加涂料的黏度，使之满足不同阶段的使用要求。但是，涂料在不同的阶段要求的黏度是不同的。例如，在储存过程中，希望黏度越大越好，以防止颜料的沉淀；在施工过程中则希望黏度适中，保证涂料既有较好的涂刷性又不致沾漆过多；在施工后就希望黏度经过短时间的滞后（流平过程），能迅速恢复到高的黏度，以防止流挂。

从化学组成来说，增稠剂分为有机和无机两大类。无机类的有膨润土、凹凸棒土和硅酸铝镁等，有机类的如甲基纤维素、羟乙基纤维素、聚丙烯酸盐、聚甲基丙烯酸盐、丙烯酸或甲基丙烯酸均聚物或共聚物以及聚氨酯等。从对涂料流变性能的影响来说，增稠剂分为触变型增稠剂和缔合型增稠剂。从性能要求来说，增稠剂应该用量少而增稠效果好；不易受酶的侵蚀；在体系的温度或 pH 值发生变化时，不会使涂料黏度明显下降，不会使颜、填料絮凝，储存稳定性好；保水性好，无明显起泡现象以及对涂膜性能无不良影响等。

（6）消光剂

消光剂、平光剂或光泽控制剂已广泛用于制造不同级别光泽的表面装饰涂料，这种经消光的涂料光泽低、光反射少，适用于家具、医院或球场的涂装，减少表面眩光，减少视觉错乱，更好地集中注意力。表面消光和制备高光泽涂料相比，前者有时更难一些。经表面消光的装饰涂料又称亚光涂料，可根据消光的程度分为全亚光、半亚光等。它已成为某些建筑、设计或家具行业工程技术人员喜欢使用的流行涂料。

光泽是涂膜表面把投射其上的光线向一个方向反射出去的能力。反射光量越大，则光泽越高。消光则是把投射在涂膜表面的光线通过折射、扩散、吸收等多种方式大大减弱的能力。反射光量越小，则光泽越低，消光效果越好。光泽是用光泽计以不同的角度测定其相对的反射率的数字。

（7）光稳定剂

能够抑制或延缓有机高分子材料在紫外线照射下发生老化的功能性助剂称为光稳定剂。涂膜在紫外线的照射下而发生的失光、褪色、变色、粉化、龟裂或大面积剥落的现象称为涂膜的光老化。按其作用原理的不同，光稳定剂可以分为紫外线屏蔽剂、吸收剂、激发态能量猝灭剂、自由基捕获剂和过氧化物分解剂等，见表 7-94。

光稳定剂的种类与作用原理 **表 7-94**

种　类	作用原理	典型品种
紫外线屏蔽剂	通过吸收或反射紫外线而引起屏蔽紫外线的作用	炭黑、氧化铁红、氧化铁黄、金红石型钛白粉、氧化锌等
紫外线吸收剂	优先于聚合物分子中易于光氧化的集团，有选择地强烈吸收紫外线，并将其转化成无害的低能量材料	二苯甲酮类、苯丙三唑类、芳香酯类、取代丙烯酸酯类和甲脒类等的化合物
猝灭剂	又称激发态能量减活剂，它根本不吸收或极少吸收光线，其作用功能在于聚合物分子吸光后其分子结构到高能量的跃迁状态而猝灭激发态的能量，使激发态的分子回到稳定的状态，避免光降解的发生	有机镍合物和某些受阻胺类
自由基捕获剂	在聚合物发生光化学反应前能够迅速地移除激发能量，使其回到稳定的基态，通过捕获自由基并生成稳定的化合物而阻止进一步的自动氧化降解	哌啶化合物
过氧化物分解剂	将过氧化物分解为非自由基性产物	哌啶化合物、硫代酯类、亚磷酸酯类

四、建筑涂料的种类

随着我国经济建设飞速发展，城乡建筑业的建设更是一日千里。到处林立的高楼大厦、深宅大院，远郊别墅、运动操场、酒家剧院等都被建筑涂料点缀得五彩斑斓，精致清雅。不仅如此，建筑涂料还具有优良的耐候性、耐污染性、防腐蚀性、延长被涂建筑物的使用寿命等功能。在此特介绍几种实际工程中应用较多的建筑涂料。

（一）合成树脂乳液内墙涂料

内墙涂料主要应用在内墙立面、顶棚、地面等。内墙涂料除对颜色、平整度、丰满度等有一定的要求外，还应有较好的稳定性，包括一定的硬度、耐干擦和湿擦性。内墙涂料有一些不同与外墙涂料的特征要求。内墙涂料是直接涂装于建筑物的内表面，与人们的工作生活更为密切。从这一意义上讲，内墙涂料的装饰效果（例如涂膜手感、平整度、颜色和质感等）、对室内环境的影响（透气性和吸湿性）以及健康环保性受到人们的更多关注。

该种涂料是以合成乳液，颜料填料及各种助剂等经加工而成的。其主要特点是色彩丰富、细腻调和。它的功能是装饰保护、美化环境、居住宜人。其主要技术指标应符合现行国家标准《合成树脂乳液内墙涂料》GB/T 9756 的规定（如表 7-95 所示）和《室内装饰装修材料内墙涂料有害物质限量》GB 18582（如表 7-96 所示）以及《民用建筑工程室内环境污染控制规范》GB 50325 的环保要求。

合成树脂乳液内墙涂料质量要求　　表 7-95

项　目		指　标		
		合格品	一等品	优等品
容器中状态		无硬块，搅拌后呈均匀状态		
施工性		刷涂二道无障碍		
低温稳定性(3 次循环)		不变质		
涂膜外观		正常		
干燥时间(表干)(h)	≤	2		
对比率(白色和浅色[a])	≥	0.90	0.93	0.95
耐碱性(24h)		无异常		
耐洗刷性(次)	≥	300	1000	5000

注：[a] 浅色是指以白色涂料为主要成分，添加适量色浆后配制成的浅色涂料形成的涂膜所呈现的浅颜色，按 GB/T 15608 中规定明度值为 6～9 之间(三刺激值中的 $Y_{D65} \geqslant 31.26$)

室内装饰装修材料内墙涂料中有害物质限量质量要求　　表 7-96

项　目				限　量　值	
				水性墙面涂料[a]	水性墙面腻子[b]
挥发性有机化合物含量(VOC)			≤	120g/L	15g/kg
苯、甲苯、乙苯、二甲苯总和(mg/kg)			≤	300	
游离甲醛(mg/kg)			≤	100	
可溶性重金属(mg/kg)	≤	铅 Pb	≤	90	
		镉 Cd	≤	75	
		铬 Cr	≤	60	
		汞 Hg	≤	60	

注：[a]涂料产品所有项目均不考虑稀释配比。

[b]膏状腻子所有项目均不考虑稀释配比；粉状腻子除可溶性重金属项目直接测试粉体外，其余 3 项按产品规定的配比将粉体与水或胶粘剂等其他液体混合后测试。如配比为某一范围时，应按照水用量最小、胶粘剂等其他液体用量最大的配比混合后测试

目前，我国内墙涂料应用的主要品种有丙烯酸酯乳液类、叔醋乳液类、聚醋酸乙烯乳液类、乙烯-醋酸乙烯酯乳液类等。表 7-97 为以上涂料所对应的性能。

内墙涂料的主要品种及特性表 **表 7-97**

涂料种类	特　性
叔醋乳液类	叔醋乳液是叔碳酸乙烯酯和醋酸乙烯酯共聚的乳液，该类涂料具有良好的流平性和手感，涂膜的装饰性能较好
丙烯酸酯乳液类	该涂料以丙烯酸酯均聚乳液或丙烯酸酯共聚（主要指苯乙烯-丙烯酸酯共聚或醋酸乙烯酯-丙烯酸酯共聚）乳液为基料制成的建筑涂料。这类涂料具有良好的耐水性、耐碱性、耐紫外光降解性和良好的保色保光能力
聚醋酸乙烯乳液类	该类涂料的特点是成本低、流平性好，但涂膜耐碱、耐水及耐洗刷性能均较差
乙烯-醋酸乙烯酯乳液	该类涂料的性能和聚醋酸乙烯乳液类涂料相近，但涂膜耐碱、耐水性和耐洗刷性均有所提高。特别是耐碱性好，能够和灰钙粉一起使用而涂料性能稳定

（二）合成树脂乳液外墙涂料

外墙涂料主要应用在外墙立面、房檐、窗套等部位，长年累月处于风吹雨淋日晒的环境下，所用涂料必须具备足够的耐水性、耐候性、耐沾污性和耐冻融性，才能保证外墙涂料有较好的装饰效果和耐久性。外墙涂料主要包括粉末涂料、醇酸树脂涂料、氨基树脂涂料、丙烯酸树脂涂料、聚氨酯树脂涂料、环氧树脂涂料、有机硅树脂涂料、乙烯类树脂涂料、PU 涂料、氟碳涂料等。目前，我国建筑外墙涂料的品种主要有苯烯酸乳胶漆、苯丙乳胶漆、环氧外墙乳胶漆、醋酸乙烯-苯乙烯-丙烯酸三元共聚体外墙乳胶漆、氯化橡胶外墙涂料、硅溶胶系有机无机复合型外墙涂料、丙烯酸聚氨酯外墙涂料以及有机硅改性丙烯酸涂料。它具有优良的耐候性、耐沾污性、保色性、耐久性等性能。并使建造物色彩丰富、整洁美观、经久耐用。它的主要技术指标应符合现行国家标准《合成树脂乳液外墙涂料》GB/T 9755 的规定，如 7-98 所示。

合成树脂乳液外墙涂料质量要求 **表 7-98**

项　目		指　标		
		优等品	一等品	合格品
容器中状态		无硬块，搅拌后呈均匀状态		
施工性		刷涂二道无障碍		
低温稳定性		不变质		
干燥时间（表干）(h)	≤	2		
涂膜外观		正常		
对比率（白色和浅色[a]）	≥	0.93	0.90	0.87
耐水性		96h 无异常		
耐碱性		48h 无异常		
耐洗刷性（次）	≥	2000	1000	500
耐人工气候老化性(h) 白色和浅色[a]		600h 不起泡、不剥落、无裂纹	400h 不起泡、不剥落、无裂纹	250h 不起泡、不剥落、无裂纹
粉化，级	≤	1		
变色，级	≤	2		
其他色		商定		

续表

项　目		指　标		
		优等品	一等品	合格品
耐沾污性(白色和浅色[a])(%)	≤	15	15	20
涂层耐温变性(5次循环)		无异常		

注:[a] 浅色是指以白色涂料为主要成分,添加适量色浆后配制成的浅色涂料形成的涂膜所呈现的浅颜色,按GB/T 15608—1995中4.3.2规定明度值为6到9之间(三刺激值中的Y_{D65}≥31.26)

（三）弹性建筑涂料

弹性外墙涂料主要用于建筑物外墙的涂装，除具有美化、装饰和保护作用外，还具有遮蔽外墙裂纹、防止水分向墙体渗透的功能，因而是一种功能型建筑涂料。建筑物的外表面在进行表面涂装建筑涂料以前，大多数是以水泥砂浆抹面找平的。水泥是无机脆性材料，开裂是其最常见的性能缺陷。当墙体的水泥基层受到温度变化、干湿交替、冻融循环等环境因素影响时，常常会产生裂纹。这种裂纹对建筑物的危害在于，当有水分的侵蚀时，水分会向裂缝中渗入并通过裂纹向墙体中渗透。这有可能引起混凝土内部钢筋的锈蚀，加快混凝土的碳化。在情况严重时，水分还会向建筑物内部渗透甚至会影响到建筑物的使用功能。

由于弹性外墙涂料的涂膜具有很高的弹性，因而当墙体出现裂缝时，涂膜受到拉伸变形而不破坏。这样，就防止了墙体的裂缝直接暴露于大气中，从而阻隔了各种腐蚀性物质向墙体中的侵入，有效地保护墙体免受危害，充分发挥其保护功能。

弹性建筑涂料是以交联型的弹性合成树脂乳液为基料，与颜料、填料及涂料助剂配制而成。施涂此涂料一定厚度（干膜厚度≥150μm）后，具有弥盖因基材伸缩（运动）产生细小裂纹的有弹性功能性涂料。此类涂料使用越来越广泛，大有发展前途。此类涂料也有内外墙之分。内墙弹性涂料的断裂延伸率稍低，低温柔性无要求。它的主要技术指标应符合现行国家行业标准《弹性建筑涂料》JG/T 172—2005的规定，如表7-99所示。

弹性建筑涂料技术要求　　表7-99

项　目	技术指标	
	外墙	内墙
容器中状态	搅拌混合后无硬块,呈均匀状态	
施工性	施工无障碍	
涂膜外观	正常	
干燥时间(表干)(h)	≤2	
对比率(白色和浅色[a])	≥0.90	≥0.93
低温稳定性	正常	
耐水性	96h无异常	—
耐碱性	48h无异常	
耐洗刷性(次)	≥2000	≥1000
耐人工老化性(白色和浅色[a])	400h不起泡、不剥落、无裂纹粉化≤1级;变色≤2级	—

续表

<table>
<tr><td colspan="2" rowspan="2">项　　目</td><td colspan="2">技术指标</td></tr>
<tr><td>外墙</td><td>内墙</td></tr>
<tr><td colspan="2">耐沾污性(5 次)(白色和浅色[a])(%)</td><td>≤30</td><td>—</td></tr>
<tr><td colspan="2">涂层耐温变性(5 次循环)</td><td colspan="2">无异常</td></tr>
<tr><td colspan="2">拉伸强度 MPa(标准状态下)</td><td>≥1.0</td><td>≥1.0</td></tr>
<tr><td rowspan="3">断裂伸长率(%)</td><td>(标准状态下)</td><td>≥200</td><td>≥150</td></tr>
<tr><td rowspan="2">−10℃
热处理</td><td>≥40</td><td>—</td></tr>
<tr><td>≥100</td><td>≥80</td></tr>
</table>

注:根据 JGJ 75 在夏热冬暖地区使用,指标为 0℃时的断裂伸长率≥40%。

[a]浅色是指以白色涂料为主要成分,添加适量色浆后配制成的浅色涂料形成的涂膜所呈现的浅颜色,按 GB/T 15608—1995 中 4.3.2 规定明度值为 6 到 9 之间(三刺激值中的 Y_{D65}≥31.26)

(四) 合成树脂乳液砂壁状建筑涂料

砂壁状建筑涂料系指其涂膜外观具有像堆叠一层砂粒一样的涂膜饰面效果、由基料和粒径与颜色相同或不同的彩砂颗粒制成，又由于涂膜酷似天然岩石，因而也称为石头漆、真石漆，主要用于建筑物外墙的涂装，不过近来用于内墙面的涂装也趋于增多其主要特征是涂膜质朴粗犷、质感丰满、装饰效果极具个性，但因外观粗糙，耐污染性差，稍显不足。为了克服此性能之不足，目前已有专用于该类涂料的耐沾污型合成树脂乳液（例如有机硅丙烯酸乳液）。

此种涂料是以合成树脂乳液为主要胶粘剂，以砂料和天然石粉为骨料，在建筑物上形成具有仿石质感涂层的涂料。此涂料既可用于外墙，也可以用于内墙，但其质量要求完全不同。用于外墙时，其质量要求同于外墙涂料，其耐沾污性要小于 30%。它主要技术指标应符合行业标准《合成树脂乳液砂壁状建筑涂料》JG/T 24。如表 7-100 所示。

合成树脂乳液砂壁状建筑涂料质量要求　　表 7-100

<table>
<tr><td rowspan="2">项　　目</td><td colspan="2">指　　标</td></tr>
<tr><td>N 型(内用)</td><td>W 型(外用)</td></tr>
<tr><td>容器中状态</td><td colspan="2">搅拌后无硬块,呈均匀状态</td></tr>
<tr><td>施工性</td><td colspan="2">喷涂无困难</td></tr>
<tr><td>涂料低温储存稳定性</td><td colspan="2">3 次试验后,无结块、凝聚及组成物的变化</td></tr>
<tr><td>涂料热储存稳定性</td><td colspan="2">1 个月试验后,无结块、变霉、凝聚及组成物的变化</td></tr>
<tr><td>初期干燥抗裂性</td><td colspan="2">无裂纹</td></tr>
<tr><td>干燥时间(表干)(h)</td><td colspan="2">≤4</td></tr>
<tr><td>耐水性</td><td>—</td><td>96h 涂层无起鼓、开裂、剥落,与未浸泡部分相比,允许颜色轻微变色</td></tr>
<tr><td>耐碱性</td><td>48h 无异常,涂层无起鼓、开裂、剥落,与未浸泡部分相比,允许颜色轻微变色</td><td>96h 涂层无起鼓、开裂、剥落,与未浸泡部分相比,允许颜色轻微变色</td></tr>
<tr><td>耐冲击性</td><td colspan="2">涂层无裂纹、剥落及明显变形</td></tr>
<tr><td>涂层耐温变性[a]</td><td>—</td><td>10 次涂层无粉化、开裂、剥落、起鼓、与标准相比,允许颜色轻微变色</td></tr>
</table>

续表

项目		指标	
		N型(内用)	W型(外用)
耐沾污性		—	5次循环试验后≤2级
耐人工气候老化性(h)		—	500h涂层无开裂、剥落、起鼓、粉化0级、变色≤1级
粘结强度(MPa)	标准状态	≥0.70	
	浸水后	—	≥0.50

注:a. 涂层耐温变性即为涂层耐冻融循环性

（五）溶剂型外墙涂料

溶剂型外墙涂料是由合成树脂（如丙烯酸树脂，氯化橡胶树脂，硅丙树脂，聚氨酯树脂等）溶液为基料，以有机溶剂为分散介质而制成的建筑涂料。这类涂料的特点是流平性好，涂膜装饰效果好，物理力学性能优异，例如涂膜致密，对水、气等物质的阻隔性好，光泽度高，这类涂料主要应用于建筑物外墙面的涂装，也用于建筑物的门、窗及其他建筑结构构件的涂装。一般采用刷涂和喷涂的方法涂装。

溶剂型外墙涂料是种类较多的一类建筑涂料，主要种类有丙烯酸类、聚氨酯类、氯化橡胶类、有机氟树脂类、有机硅类以及一些复合型的涂料。在溶剂型建筑涂料中集中了目前各种高性能的涂料。这类涂料大多数具有优异的涂膜性能，且施工温度范围宽，但溶剂造成的环境污染至今仍是很难有效解决的问题。该类涂料的主要技术指标参照《溶剂型外墙涂料》GB/T 9757。见表7-101所示。

溶剂型外墙涂料质量要求 **表7-101**

项目		指标		
		合格品	一等品	优等品
容器中状态		无硬块,搅拌后呈均匀状态		
施工性		刷涂二道无障碍		
干燥时间(表干)(h)	≤	2		
涂膜外观		正常		
对比率(白色和浅色[a])	≥	0.87	0.90	0.93
耐水性		168h无异常		
耐碱性		48h无异常		
耐洗刷性(次)	≥	2000	3000	5000
耐人工气候老化性 白色和浅色[a]		300不起泡、不剥落、无裂纹	500不起泡、不剥落、无裂纹	1000不起泡、不剥落、无裂纹
粉化(级)	≤	1		
变色(级)	≤	2		
其他色		商定		
耐沾污性(白色和浅色[a])(%)	≤	15	10	10
涂层耐温变性(5次循环)		无异常		

注:[a] 浅色是指以白色涂料为主要成分,添加适量色浆后配制成的浅色涂料形成的涂膜所呈现的浅颜色,按GB/T 15608—1995中4.3.2规定明度值为6到9之间(三刺激值中的Y_{D65}≥31.26)

（六）外墙无机建筑涂料

无机类建筑涂料是以无机硅酸盐为主要成膜物质或者无机硅溶胶为主要成膜物质制成的涂料。以无机硅溶胶为主要成膜物质时尚需用合成树脂乳液复合以增强涂膜的柔韧性。无机硅酸盐主要是硅酸钾和硅酸钠。前者一般为双组分涂料，后者常常使用酸改性技术，也需要复合一定的合成树脂乳液。但是，酸改性的钠水玻璃涂料虽然涂膜性能较好，但因施工性、储存性在掌握得不好时常存在一定问题，因而应用量不大。无机类建筑涂料的特征是耐老化性好，主要用于外墙面的涂装。无机类建筑涂料施工技术简单，施工方便、速度快，一般采用辊涂和刷涂相结合的涂装方法施工，也可以采用喷涂方法施工。

外墙无机建筑涂料是以碱金属硅酸盐及硅溶胶等无机高分子为主要成膜物质，加入适量固化剂，颜料填料及助剂配制而成的涂料。若以硅酸盐为主要成膜物质时，其涂膜的色彩不够鲜艳。主要技术指标应参照《外墙无机建筑涂料》JG/T 26。如表 7-102 所示。

外墙无机建筑涂料质量要求　　**表 7-102**

项　　目	指　　标
容器中状态	搅拌后无结块，呈均匀状态
施工性	刷涂二道无障碍
涂膜外观	涂膜外观正常
对比率（白色和浅色[a]）	≥0.95
热储存稳定性（30d）	无结块、凝聚、变霉现象
低温储存稳定性（3 次）	无结块、凝聚现象
干燥时间（表干）（h）	≤2
耐洗刷性（次）	≥1000
耐水性（168h）	无起泡、裂纹、剥落、允许轻微掉粉
耐碱性（168h）	无起泡、裂纹、剥落、允许轻微掉粉
耐温变性（10 次）	无起泡、裂纹、剥落、允许轻微掉粉
耐沾污性（白色和浅色[a]）（%）Ⅰ Ⅱ	≤20 ≤15
耐人工气候老化性（h） （白色和浅色[a]） （Ⅰ800h） （Ⅱ500h）	无起泡、剥落、裂纹、粉化≤1 级，变色≤2 级 无起泡、剥落、裂纹、粉化≤1 级，变色≤2 级

注：[a] 浅色是指以白色涂料为主要成分，添加适量色浆后配制成的浅色涂料形成的涂膜所呈现的浅颜色，按 GB/T 15608—1995 中 4.3.2 规定明度值为 6 到 9 之间（三刺激值中的 Y_{D65}≥31.26）

（七）复层建筑涂料

复层建筑涂料又称喷塑涂料、浮雕涂料、凹凸涂层涂料等。其涂层由封底层、主涂层、罩面层和罩光层等组成。适用于内、外墙面涂装，装饰效果极具个性。底涂层用于封闭基层并增强中间涂层的附着力。中间涂层用于形成凹凸不平的饰面，有一定厚度要求（1～5mm）。面涂层用于表面的装饰着色，要求具有优良的耐候性、耐沾污性、防水性等功能。三层用料应相互匹配，涂层与涂层间应结合牢固。通常采用喷涂施工。根据主涂料组成材料的不同，复层涂料分为四类：聚合物水泥类（CE 类），由聚合物（例如聚乙烯醇胶液或羧甲基纤维胶液）和普通硅酸盐水泥、重质碳酸钙、石英砂等组成，现场调配，在规定时间内用完；硅酸盐类（Si类），系以无机硅酸盐（如硅溶胶）为基料配制而成；合成树脂乳液类（E类），系以合成树脂乳液为基料配制而成；反应固化型合成树脂乳液类（RE类），系以双组分环氧树脂乳液为基料配制。这四类复层涂料中应用较多的是合成树脂乳液类，其对墙面的粘结强度高，装饰质感好，耐水、耐碱，不需要现场拌合等，并适用于内、外墙面的涂装。其次是硅酸盐水泥类，一般配以合成树脂乳液涂料罩面。这类涂料只能采用喷涂法施工。此类涂料的主要技术指标参照《复层建筑涂料》GB/T 9779。如表7-103所示。

复层建筑涂料质量要求　　表7-103

项　目			指　标		
			优等品	一等品	合格品
容器中状态			无硬块，呈均匀状态		
涂膜外观			无开裂、无明显针孔、无气泡		
低温稳定性			不结块、无组成物分离、无凝聚		
初期干燥抗裂性			无裂纹		
粘结强度（MPa）	标准状态 ≥	RE	1.0		
		E、Si	0.7		
		CE	0.5		
	浸水后 ≥	RE	0.7		
		E、Si、CE	0.5		
涂层耐温变性（5次循环）			不剥落；不起泡；无裂纹；无明显变色		
透水性（mL）	A型， <		0.5		
	B型， <		2.0		
耐冲击性	无裂纹、剥落以及明显变形				
耐沾污性（白色和浅色[a]）	平状，% ≤		15	15	20
	立体状（级） ≤		2	2	3
耐候性（白色和浅色[a]）	老化时间（h）		600	400	250
	外观		不起泡、不剥落、无裂纹		
	粉化（级） ≤		1		
	变色（级） ≤		2		

注：a. 浅色是指以白色涂料为主要成分，添加适量色浆后配置成的浅色涂料形成的涂膜所呈现的浅颜色，按GB/T 15608—1995中4.3.2规定明度值为6到9之间（三刺激值中的 $Y_{D65} \geqslant 31.26$）；其他颜色的耐候性要求由供需双方商定

（八）内外墙腻子

墙面腻子的作用是填嵌墙面基层的孔隙，为涂装涂料提供合乎要求的平整基层。从腻子的外观形态划分，墙面腻子有膏状和粉状两类；从腻子在建筑物上的使用部位划分，有内墙腻子和外墙腻子等；从腻子的功能划分，有弹性腻子和一般腻子。不管腻子处于什么状态，其在批嵌时必须是柔软的膏状才能便于批刮施工。

墙面腻子的组成材料分成膜物质、填料、助剂和水，有时根据涂装的要求也加入很少

量的颜料。腻子的成膜物质使用合成树脂乳液，例如丙烯酸类乳液或者聚醋酸乙烯乳液。从技术性能来说，配制外墙腻子以使用丙烯酸类乳液为佳，内墙腻子既可以使用丙烯酸类乳液．也可以使用聚醋酸乙烯乳液、当要求不高时，还可以使用聚乙烯酸类成膜物质并加入少量合成树脂乳液增强性能；填料中大量使用的是重质碳酸钙，有时为了改善批刮性能和满足打磨性能的需要，也加入少量的轻质碳酸钙和滑石粉等；助剂则是根据乳液配制涂料的需要而加入的各种材料，例如分散剂、成膜助剂、防霉剂和增稠剂等。

内外墙腻子也有不少专业厂家生产。它是一种封底材料，对其选用很重要。它既需要与墙基有很好的附着力，又要与其上面的涂层牢固地结合。内墙腻子材料的主要技术应符合 JC/T 3049 的要求，外墙腻子材料技术指标可参照《建筑外墙腻子》JG/T 157。如表 7-104 所示。

建筑内外墙腻子质量要求 **表 7-104**

	项目		指标	
			Y类	N类
内墙腻子	容器中状态		无结块，均匀	
	施工性		刷涂无障碍	
	干燥时间(表干)(h)		<5	
	耐磨性(%)		20～80	
	耐水性(48h)		—	无异常
	耐碱性(24h)		—	无异常
	粘结强度(MPa)	标准状态	>0.25	>0.50
		浸水后	—	>0.30
	低温稳定性		−5℃冷冻 4h 无变化，刮涂无困难	

	项目		指标		
			P型	R型	弹性(T)
外墙腻子	容器中状态		无结块，均匀		
	施工性		刮涂无障碍		
	干燥时间(表干)(h)		≤5		
	初期干燥抗开裂性(6h)	单道施工厚度≤1.5mm 的产品	1mm 无裂纹		
		单道施工厚度≥1.5mm 的产品	2mm 无裂纹		
	耐磨性		手工可打磨		
	吸水量(g/10min)		≤2.0		
	耐水性		96h 无异常		
	耐碱性		48h 无异常		
	粘结强度(MPa)	标准状态	≥0.60		
		冻融循环(5 次)	≥0.40		
	动态抗开裂性		≥0.04，<0.08	≥0.08，<0.3	≥0.3
	低温储存稳定性		三次循环不变质		

（九）外墙封闭底漆

封闭底漆一般用于外墙涂装，是新、旧墙面涂装的第一道涂料，具有很高的渗透能力。这类涂料的组成材料中一般含有少量的颜料、填料。封闭底漆的功能和作用见表7-105所示。

封闭底漆的功能和作用　　表 7-105

功　能	作　用
封闭和阻隔功能	外墙基层所使用的材料一般为水泥、石灰、砂、石膏以及添加剂等材料，这类涂料中含有许多可溶性碱、盐，在涂料涂装后这些材料有可能渗透到涂膜中起破坏作用，或留在涂膜表面，使涂膜表面"泛碱""起霜"。封闭底漆所具有的封闭和阻隔功能能够避免或减少这些情况的出现。有些时候外墙涂料在配色时使用耐碱性差的色彩鲜艳的有机颜料，这时对封闭底漆的封闭和阻隔功能就有更高的要求，以防止基层中碱分、盐分的渗出造成涂膜褪色。不过，封闭底漆在起到这些功能的同时，还应当具有适当的透气性，以便墙体中的水分能够被释放而不会引起涂膜的起泡、开裂等问题
加固和稳定功能	封闭底漆应具有加固粉化、酥松和脆化的基层，起到表面处理或稳定的作用外墙基层一般比较粗糙，封闭底漆渗透到基层的孔隙中，增加基层的强度和基层与后道涂料的附着力，这种加固和稳定功能对于多孔，而且可能也出现酥松脆化的旧墙面尤为重要
粘结和过渡功能	封闭底漆渗透到基层中，对基层有很好的粘结性，封闭底漆对后道涂料也有很好的粘结力。因而，封闭底漆涂膜相当于基层和表面涂膜的"过渡层"而能够增加涂膜和基层之间的粘结力

建筑内外墙封闭底漆的性能指标可参照 JG/T 210—2007《建筑内外墙用底漆》，如表7-106 所示。

建筑内外墙封闭底漆的质量要求　　表 7-106

项　目	内　墙	外墙	
		Ⅰ型	Ⅱ型
容器中状态	无结块，搅拌后呈均匀状态		
施工性	刷涂无障碍		
低温稳定性[a]	不变质		
涂膜外观	正常		
干燥时间(表干)(h)	≤2		
耐水性	—	96h 无异常	
耐碱性	24h 无异常	48h 无异常	
附着力(级)	≤2	≤1	≤2
透水性(mL)	≤0.5	≤0.3	≤0.5
抗碱性	48h 无异常	72h 无异常	48h 无异常
抗盐析性	—	144h 无异常	72h 无异常
有害物质限量[b]	b	—	—
面涂适应性	商定		

注：a. 水性底漆测试此项内容。
　　b. 水性内墙底漆符合 GB 18582 技术要求，溶剂型内墙底漆符合 GB 50325 技术要求

（十）有害物质限量

建筑涂料除应满足相应标准外，还应符合《建筑用外墙涂料中有害物质限量》GB 24408（如表 7-107 所示）以及《民用建筑工程室内环境污染控制规范》GB 50325 的环保要求。

（十一）地坪涂装材料

地坪涂装材料主要涂装在水泥砂浆、混凝土等基面上，对地面起装饰、保护作用，以及具有特殊功能（防静电性、防滑性等）要求的材料，其质量要求见表 7-108、表 7-109。

建筑用外墙涂料中有害物质限量 表 7-107

项目	限量值					
	水性外墙涂料			溶剂型外墙涂料(包括底漆和面漆)		
	底漆[a]	面漆[a]	腻子[b]	色漆	清漆	闪光漆
挥发性有机化合物(VOC)含量(g/L) ≤	120	150	15g/kg	680[c]	700[c]	760[c]
苯含量[c](%) ≤	—			0.3		
甲苯、乙苯和二甲苯含量总和[c](%) ≤	—			40		
游离甲醛含量(mg/kg) ≤	100			—		
游离二异氰酸酯(TDI 和 HDI)含量总和[d](%) ≤ (限以异氰酸酯作为固化剂的溶剂型外墙涂料)	—			0.4		
乙二醇醚及醚酯含量总和[a,b,c](%) ≤ (限乙二醇甲醚、乙二醇甲醚醋酸酯、乙二醇乙醚、乙二醇乙醚醋酸酯和二乙二醇丁醚醋酸酯)	0.03					
重金属含量(mg/kg) ≤ (限色漆和腻子) 铅(Pb)	1000					
镉(Cd)	100					
六价铬(Cr^{6+})	1000					
汞(Hg)	1000					

注:a. 水性外墙底漆和面漆所有项目均不考虑稀释配比。
b. 水性外墙腻子中膏状腻子所有项目均不考虑稀释配比;粉状腻子除重金属项目直接测试粉体外,其余三项是指按产品规定的配比将粉体与水或胶粘剂等其他液体混合后测试。如配比为某一范围时,应按照水用量最小、胶粘剂等其他液体用量最大的施工配比混合后测试。
c. 溶剂型外墙涂料按产品规定的配比和稀释比例混合后测定。如稀释剂的使用量为某一范围时,应按照产品施工配比规定的最大稀释比例混合后进行测定。
d. 如果产品规定了稀释比例或由双组分或多组分组成时,应先测定固化剂(含二异氰酸酯预聚物)中的二异氰酸酯含量,再按产品明示的施工配比计算混合后涂料中的含量。如稀释剂的使用量为某一范围时,应按照产品施工配比规定的最小稀释比例进行计算

地坪涂装材料有害物质限量要求 表 7-108

项目		限量值		
		水性	溶剂型	无溶剂型
挥发性有机化合物(VOC)[a](g/L) ≤		120	500	60
游离甲醛(g/kg)[a] ≤		0.1	0.5	0.1
苯[b](g/kg) ≤		0.1	1	0.1
甲苯、二甲苯的总和[b](g/kg) ≤		5	200	10
游离甲苯二异氰酸酯(TDI)[c](g/kg)(聚氨酯类) ≤		—	2	
可溶性重金属[d](mg/kg) ≤	铅(Pb)	30	90	30
	镉(Cd)	30	50	30
	铬(Cr)	30	50	30
	汞(Hg)	10	10	10

注:a. 按产品规定的配比和稀释比例混合后测定。如稀释剂的使用量为某一范围时,应按照推荐的最大稀释量稀释后进行测定。
b. 若产品规定了稀释比例或产品由双组分组成或多组分组成时,应分别测定稀释剂和各组分中的含量,再按产品规定的配比计算混合后地坪涂装材料中的总量。如稀释剂的使用量为某一范围时,应按照推荐的最大稀释量进行计算。
c. 若聚氨酯类地坪涂装材料规定了稀释比例或由双组分或多组分组成时,应先测定固化剂(含甲苯二异氰酸酯预聚物)中的含量,再按产品规定的配比计算混合后地坪涂装材料中的含量。如稀释剂的使用量为某一范围时,应按照推荐的最小稀释量进行计算。
d. 仅对有色地坪涂装材料进行检测

地坪涂装材料底涂要求 **表 7-109**

项目		指标		
		水性	溶剂型	无溶剂型
容器中状态		搅拌混合后均匀,无硬块		
干燥时间(h)	表干 ≤	8	4	6
	实干 ≤	48	24	
耐碱性(48h)		漆膜完整,不起泡,不剥落,允许轻微变色		
附着力(级) ≤		1		

一般场合使用的地坪涂装材料面涂的基本性能应符合表 7-110 的要求。

地坪涂装材料面涂基本性能要求 **表 7-110**

项目		指标		
		水性	溶剂型	无溶剂型
容器中状态		搅拌混合后均匀,无硬块		
涂膜外观		涂膜外观正常		
干燥时间(h)	表干 ≤	8	4	6
	实干 ≤	48	24	48
硬度	铅笔硬度(擦伤)≥	H		—
	邵氏硬度(D型)	—		商定
附着力(级) ≤		1.1　1		1.2　—
拉伸粘结强度(MPa)	标准条件 ≥	—		2.0
	浸水后 ≥	—		2.0
抗压强度[a](MPa) ≥		—		45
耐磨性(750g/500r)(g) ≤		1.3　0.060	1.4　0.030	
耐冲击性	Ⅰ级	500g 钢球,高 100cm,涂膜无裂纹、无剥落		
	Ⅱ级	1000g 钢球,高 100cm,涂膜无裂纹、无剥落		
防滑性(干摩擦系数)≥		0.50		
耐水性(168h)		不起泡,不剥落,允许轻微变色,2h 后恢复		
耐化学性	耐油性(120 号溶剂汽油,72h)	不起泡,不剥落,允许轻微变色		
	耐碱性(20%NaOH,72h)	不起泡,不剥落,允许轻微变色		
	耐酸性(10%H_2SO_4,48h)	不起泡,不剥落,允许轻微变色		

注:[a] 抗压强度仅适于无溶剂型地坪涂装材料,对于高承载地面如停车场、工业厂房等应用场合,抗压强度的要求可由供需双方商定

特殊场合使用的地坪涂装材料面涂的性能除应符合表 7-110 的要求外,还应符合表 7-111 的要求。

五、建筑涂料的验收

(1) 建筑涂料在进入工程使用前,应按上述的外观质量和物理性能进行验收。

(2) 对建筑涂料质量保证书内容进行验收。质量保证书字迹清楚,质量保证书中应注

地坪涂装材料面涂特殊性能要求 表 7-111

项目		指标		
		水性	溶剂型	无溶剂型
流动度[a](mm) ≥		—		140
防滑性[b]	干摩擦系数 ≥	0.70		
	湿摩擦系数 ≥			
体积电阻,表面电阻[c](Ω)	导静电型	$5\times10^4\sim<1\times10^6$		
	静电耗散型	$1\times10^6\sim1\times10^9$		
拉伸粘结强度[d](MPa)	热老化后 ≥	—		2.0
	冻融循环后 ≥	—		2.0
耐人工气候老化性[d],(400h)		不起泡,不剥落,无裂纹;粉化≤1级,ΔE≤6.0		
燃烧性能[e]		商定		
耐化学性[f](化学介质商定)		商定		

注:[a]仅适用于自流平地坪涂装材料。
[b]仅适用于使用场所为室外或潮湿环境的工作室和作业区域。
[c]仅适用于需防静电的场所。
[d]仅适用于户外场所。
[e]仅适用于对燃烧性能有要求的场所。
[f]仅适用于需接触高浓度酸、碱、盐等化学腐蚀性药品的场所

明：供方名称或厂标；需方名称；合同号；进场时均应有产品名称，执行标准，产品等级、种类、颜色、生产日期、生产企业的质量保证书或已通过法定质量检验机构检验并具有全性能检测报告，要在一定的有效期内，且必须经施工方验收合格后方可使用。

（3）建筑涂料进场时，必须符合上述有关国家标准。供需双方应对产品的包装、数量以及标志进行检查、核对，标志包括生产企业名称、产品名称，执行标准，产品等级、种类、颜色、生产日期、批号及储存与运输时的注意事项。如发现包装有漏损、数量有出入、标志不符合规定等现象，即认为不合格。

（4）建筑涂料检测对颜色应使用相同批号的，当同一颜色批号不同时，应预先混合均匀，以保证同一墙面不产生色差。

（5）建筑涂料施工后成为涂膜。是否符合标准中的对比率（遮盖力）可在现场小面积的模拟施工。这样不仅可检验建筑涂料的施工性能，而且还展示了有关性能及涂刷面积等是否符合要求。

六、建筑涂料储存和保管

（1）建筑涂料在储存和运输过程中，应按不同批号、型号及出厂日期分别储运；建筑涂料储存时，应在指定专用库房内，应保证通风、干燥、防止日光直接照射，其储存温度介于5～35℃。

（2）溶剂型建筑涂料存放地点必须防火，必须满足国家有关的消防要求，其他同上。

（3）对未用完的建筑涂料应密封保存，不得泄漏或溢出。

（4）存放时间过长要经过检验才能使用。

第六节 人 造 板

人造板是以木材或其他木材植物纤维为原料，经过一定机械或化学加工，分离成各种单元材料，继而施加或不施加胶粘剂并加热加压而制成的板材。主要包括胶合板、中密度纤维板，刨花板三类板材，在工程上主要用于室内装饰装修。

本节主要介绍工程中常见的人造板产品

一、胶合板

(一) 胶合板制作工艺和分类

胶合板按其结构主要可分为单板胶合板和木芯胶合板。

单板胶合板：由原木沿年轮方向旋切成大张单板，经干燥、涂胶后按相邻单板层木纹方向相互垂直的原则组坯、胶合而成的板材。最外层的正面单板称为面板，反面的称为背板，内层板称为芯板，工程上常见的有三层、五层及九、十一层胶合板等。

木芯胶合板：木芯胶合板又分为细木工板和层积板，工程上常用的是细木工板。细木工板（俗称大芯板）是由两片单板中间粘压拼接木板而成，其竖向（以芯材走向区分）抗弯强度差，但横向抗弯强度较高。

按胶合板使用的场所分：干燥条件下使用、潮湿条件下使用、室外条件下使用。

按表面加工状况分：未砂光板、砂光板、预饰面板（装饰单板、薄膜、浸渍等）工程上常用的是装饰单板贴面胶合板，装饰单板贴面胶合板是利用天然木质装饰单板或人造木质装饰单板贴在胶合板表面而制成的板材。

目前胶合板在工程中使用最多的是：细木工板、三层及多层普通胶合板和装饰单板贴面胶合板。为消除木材各向异性的缺点，增加强度，制作胶合板时遵守两个原则：一是对称原则，对称层的单板厚度、树种、含水率、木纹方向、制造方法都相同，以使各种内应力平衡。二是奇数原则，就是胶合板由奇数层单板胶合而成。胶合板在室内装饰装修中被广泛用于制作木门、木地板基层、门套线、护墙板、厨房家具、书桌、床、吊顶和各类装饰性家具等。

(二) 胶合板主要技术指标

(1) 甲醛释放量：E1 级甲醛释放量不超过 1.5mg/L，E2 级甲醛释放量不超过 5.0mg/L，造成甲醛醛释放量不合格的主要原因是胶粘剂配方落后，胶粘剂中含有较多的游离甲醛。

(2) 含水率指标（表 7-112）

胶合板含水率技术指标 **表 7-112**

胶合板材种	Ⅰ、Ⅱ类	Ⅲ
阔叶树材(含热带阔叶树材)	6%～14%	6%～16%
针叶树材		

(3) 胶合强度指标（表 7-113）

(三) 胶合板进场的实物验收

(1) 胶合板产品进场时外包装应清楚标明：产品名称，规格型号，甲醛释放量等级，

胶合板强度技术指标　　表 7-113

树种名称或木材名称或国外商品材名称	类别	
	Ⅰ、Ⅱ类(MPa)	Ⅲ类(MPa)
椴木、杨木、拟赤杨、泡桐、橡胶木、柳安、奥克榄、白梧桐、异翅香、海棠木	≥0.7	≥0.7
水曲柳、荷木、枫香、槭木、榆木、柞木、阿必东、克隆、山樟	≥0.8	
桦木	≥1.00	
马尾松、云南松、落叶松、云杉、辐射松	≥0.80	

生产者名称和地址，出厂编号，执行标准，产品等级，树种，张数和批号等，并对其进行验收。

（2）胶合板产品一般外包装必须用塑料膜进行包装，每包产品一般在 50～100 张板不等。现场一般抽取 8～13 片板对其尺寸偏差、外观质量进行检验。国家标准规定胶合板长度和宽度公差为±2.5mm。普通胶合板按板上可见的材质缺陷和加工缺陷的数量和范围分成三个等级，即优等品、一等品和合格品。这三个等级的面板均应砂（刮）光，特殊需要的可不砂（刮）光，或两面均砂光。一般通过目测胶合板上的允许缺陷来判定其等级。

进行外观分等的缺陷种类主要有：活节、木材异常结构、裂缝、孔洞、变色、腐朽、表板拼接离缝、表板叠层、芯板叠离、长中板叠离、鼓泡、分层、凹陷、压痕、鼓包、毛刺沟痕、表板砂透、透胶及其他人为污染、补片、补条、等。

（3）胶合板的常见问题主要是甲醛释放量超标、胶合强度达不到国家标准规定值。胶合强度是胶合板产品一项重要性能指标，该项指标不合格将直接影响产品的使用寿命，使产品无法使用而成为废品。

甲醛释放量超标则直接影响到装修后的室内空气质量，并且由于甲醛释放是一个长期的过程所以一旦出现甲醛释放量超标的问题，就很难去控制它，因此在使用胶合板及其他人造板制品时一定要注意板材的甲醛释放量的问题，即使是使用了符合环保要求的板材也要注意控制板材在每套房间中的用量，因为室内的甲醛是一个积聚的过程，所以即使使用了环保的板材如果用量太多也会造成室内空气中的甲醛超标。

（四）胶合板资料验收

胶合板产品进场时必须对甲醛释放量等级、出厂合格证、进场试验报告、备案证明、生产许可证、品种、产品等级、出厂日期、产品执行标准等资料进行检查验收。

（五）实物质量检验

胶合板进入现场后应进行甲醛释放量复检。

检验内容和检验批确定：胶合板应按批进行质量检验。检验批可按如下规定确定：

（1）同一厂生产的同品种、规格型号、树种、等级为一批。但胶合板一批的总量一般不超过 1000 张。

（2）取样时应随机从不少于 3 大板中中间切割成 500×500（mm）5 块作为检验样。

（3）物理力学性能的主要检验项目：含水率、胶合强度、静曲强度、表面胶合强度等。

（六）包装、储存、保管的要求

每包胶合板应挂有标签，其上应注明：生产厂名、品名、商标、产品标准编号、规格、树种、类别、等级、甲醛释放量级别、张数和批号等。

胶合板在运输过程中，应保证清洁干燥，防止雨淋和机械损伤。胶合板在储存过程中，应保证不受潮、受损、污染等，堆放时保持板垛水平。

二、中密度纤维板

（一）中密度纤维板制作工艺和分类

中密度纤维板是由木质纤维或其他植物纤维为原料，施加脲醛树脂或其他合成树脂，在加热加压条件下，压制而成的一种板材，也可加入其他合适的添加剂以改善板材特性。纤维板很容易进行涂饰加工。各种油质，胶质的漆类均可涂饰在纤维板上，使其美观耐用，中密度纤维板本身又是一种美观的装饰板材，可覆贴在被装饰或需要保温的结构件上，也可用各种花样美观的胶纸薄膜及塑料贴面，单板或轻金属薄板等材料胶贴在纤维板表面上。

中密度纤维板是木材的优良代用品，可用于室内地面装饰，也可用于室内墙面装饰、装修，制作硬质纤维板室内隔断墙，用双面包厢的方法达到隔声的目的，经冲制，钻孔，纤维板还可制成吸声板应用于建筑的吊顶工程。

中密度纤维板分类及类型符号见表 7-114。

中密度纤维板分类及适用条件　　表 7-114

类　型	适用条件	类型符号
普通型中密度纤维板	干燥	MDF—GP　REG
	潮湿	MDF—GP　MR
	高湿度	MDF—GP　HMR
	干燥	MDF—GP　EXT
家具型中密度纤维板	干燥	MDF—FN　REG
	潮湿	MDF—FN　MR
	高湿度	MDF—FN　HMR
	干燥	MDF—FN　EXT
承重型中密度纤维板	干燥	MDF—LB　REG
	潮湿	MDF—LB　MR
	高湿度	MDF—LB　HMR
	干燥	MDF—LB　EXT

附加分类：

还可附加分类为阻燃（FR）、防虫害（I）、抗真菌（F）等。

中密度纤维板的优点：在结构上不仅比天然木材均匀，而且完全避免了节子、腐蚀、虫蛀等缺陷，同时中密度纤维板胀缩性小；便于加工、起线；表面平整，易于粘贴饰面；变形小，翘曲小；内部结构均匀，有较高的抗弯强度和冲击强度。

中密度纤维板的缺点是游离甲醛释放量较高，受潮后容易膨胀变形。

（二）中密度纤维板主要技术指标

甲醛释放量应符合国家强制性标准《室内装饰装修用人造板及其制品中甲醛释放量的

限量》GB 18580—2001 E1 级甲醛释放量不超过 9mg/100g，E2 甲醛释放量不超过 30mg/100g，E2 级不可直接用于室内，必须经饰面处理后才允许用于室内。

主要物理力学性能指标是内结合强度、弹性模量、静曲强度、吸水厚度膨胀率等（见表 7-115）。

干燥状态下使用的普通型中密度纤维板主要物理性能要求　　表 7-115

性能	单位	公称厚度范围/mm						
		≥1.5～3.5	>3.5～6	>6～9	>9～13	>13～22	>22～34	>34
静曲强度	MPa	27.0	26.0	25.0	24.0	22.0	20.0	17.0
弹性模量	MPa	2700	2600	2500	2400	2200	1800	1800
内结合强度	MPa	0.60	0.60	0.60	0.50	0.45	0.40	0.40
吸水厚度膨胀率	%	45.0	35.0	20.0	15.0	12.0	10.0	8.0
含水率	%	3.0～13.0						

（三）中密度纤维板进场的实物验收

（1）观察板材表面是否有粗糙、均匀性较差等缺陷这样会影响板材装饰效果。

（2）观察板材表面是否污染严重，如胶斑，油污等，影响板材的再次加工（见表 7-116）。

（3）观察板材表面是否厚度偏差较大及局部松软。

（4）检查甲醛释放量指标：甲醛释放量超标，影响人身健康。目前甲醛释放超标仍是中密度纤维板产品不合格的主要原因，因此中密度纤维板在民用建筑装修使用时，一定要控制好用量，并且要把暴露部分封闭。

中密度纤维板正表面外观质量要求　　表 7-116

缺陷名称	缺陷规定	允许范围	
		优等品	合格品
分层、鼓泡或炭化	—	不允许	
局部松软	单个面积≤2000mm²	不允许	3 个
板边缺损	宽度≤10mm	不允许	允许
油污斑点或异物	单个面积≤40mm²	不允许	1 个
压痕	—	不允许	允许
注：同一张板不应有两项或以上的外观缺陷			

（四）中密度纤维板资料验收

纤维板产品进场时甲醛释放量必须检查验收合格后才能使用。纤维板进场时，必须对出厂合格证、进场试验报告、备案证明、生产许可证、品种、甲醛释放量等级、产品等级、出厂日期、产品执行标准等资料进行检查验收。

（五）质量检验

纤维板进入现场后应进行甲醛释放量复检。

检验内容和检验批确定：纤维板应按批进行质量检验。检验批可按如下规定确定：

（1）同一厂生产的同品种、规格型号、树种、等级为一批。但纤维板一批的总量一般不超过 1000 张。

(2) 取样时应随机从不少于 3 张大板中取中切割成 500×500 (mm) 5 块作为检验样。

(3) 物理力学性能的检验项目：胶合强度、静曲强度、吸水厚度膨胀率、握螺钉力等。

(六) 标志、包装、运输和储存

产品应加盖表明产品类型符号、幅面尺寸、生产日期和甲醛释放限量等标志。应按不同类型、规格分别妥善包装。每个包装应附有注明产品名称、类型、等级、生产厂名、商标、幅面尺寸、数量、产品标准号、生产许可证号、QS 标志和甲醛释放限量标志的检验标签。产品在运输过程中应注意防潮、防雨、防晒、防变形。

三、刨花板

(一) 刨花板制作工艺和分类

刨花板是利用施加胶料和辅料或未施加胶料和辅料的木材或非木材植物制成的刨花材料（如木材刨花、亚麻屑、甘蔗渣等）压制成的板材。

根据刨花板结构可分为单层结构刨花板、三层结构刨花板、渐变结构刨花板、定向刨花板、华夫刨花板、模压刨花板。

刨花板优点：有良好的吸声和隔声性能；各部方向的性能基本相同，结构比较均匀；加工性能好，可按照需要加工成较大幅面的板件，根据用途选择厚度规格，不需要再在厚度上加工；易于实现自动化、连续化生产，便于储存；刨花板表面平整，纹理逼真，密度均匀，厚度误差小，耐污染，耐老化，美观，可进行油漆和各种贴面；不需经干燥，可以直接使用。

刨花板缺点：密度较大，因而用其加工制作的家具重量较大；刨花板边缘粗糙，容易吸湿，家具边缘暴露部位要采取相应的封边措施处理，以防止变形；握螺钉力低于木材。

(二) 刨花板主要技术指标

刨花板技术指标按使用状态有所区别，在干燥状态下使用的普通用板要求、在干燥状态下使用的家具及室内装修用板要求、在干燥状态下使用的结构用板要求、在潮湿状态下使用的结构用板要求、在干燥状态下使用的增强结构用板要求、在潮湿状态下使用的增强结构用板要求。其主要技术指标有游离甲醛释放量、静曲强度、内结合强度、表面胶合强度、2h 吸水厚度膨胀率等（见表 7-117）。

在干燥状态下使用的家具及室内装修用刨花板物理性能指标要求　　表 7-117

性能	单位	公称厚度范围(mm)							
		>3～4	>4～6	>6～13	>13～20	>20～25	>25～32	>32～40	>40
静曲强度	MPa	≥13	≥15	≥14	≥13	≥11.5	≥10	≥8.5	≥7
弯曲弹性模量	MPa	≥1800	≥1950	≥1800	≥1600	≥1500	≥1350	≥1200	≥1050
内结合强度	MPa	≥0.45		≥0.40	≥0.35	≥0.30	≥0.25	≥0.20	
表面结合强度	MPa	≥0.8							
2h 吸水厚度膨胀率	%	≤8.0							

(三) 刨花板进场的实物验收

家具及室内装修用板必须砂光，砂光后的板面外观质量应符合表 7-118。

刨花板板面外观质量要求 **表 7-118**

<table>
<tr><th colspan="2">缺陷名称</th><th>允许值</th></tr>
<tr><td colspan="2">压痕</td><td>不允许</td></tr>
<tr><td colspan="2">漏砂</td><td>不允许</td></tr>
<tr><td rowspan="2">在任意 400cm² 板面上各种刨花尺寸的允许个数</td><td>≥20mm²</td><td>不允许</td></tr>
<tr><td>5～20mm²</td><td>3</td></tr>
</table>

（四）刨花板资料验收

刨花板产品进场时甲醛释放量必须检查验收合格后才能使用。必须对出厂合格证、进场试验报告、备案证明、生产许可证、品种、甲醛释放量等级、产品等级、出厂日期、产品执行标准等资料进行检查验收。(其中生产许可证只针对有要求的省市，如：上海)

（五）质量检验

（1）刨花板进入现场后应进行甲醛释放量复检。

（2）刨花板应按批进行质量检验。检验批可按如下规定确定：

1）同一厂生产的同品种、规格型号、树种、等级为一批。但刨花板一批的总量一般不超过 1000 张。

2）取样时应随机从不少于 3 在大板中取中切割成 500×500（mm）5 块作为检验样。

3）物理力学性能的检验项目：静曲强度、内结合强度、表面胶合强度、2h 吸水厚度膨胀率等。

（六）包装、储存、保管的要求

产品应按不同类型、规格、等级分别妥善包装。每个包装应挂有注明生产厂名、品名、商标、规格、等级、张数和产品标准号的标志。产品在运输过程中应注意防潮、防雨、防晒、防变形。

第七节 木 地 板

木地板是现在装修中最常用的地面铺设材料，具有良好的脚感，最常使用的包括：实木地板、浸渍纸层压木质地板（强化木地板）、实木复合地板。

一、实木地板

（一）实木地板制作工艺和分类

实木地板（又叫原木地板）就是用木材直接加工而成，现在市场上常见的是漆板，具有无污染、花纹自然、质感强、富有弹性等优点。

分类：

（1）按形状分类：榫接实木地板、平接实木地板、仿古实木地板。

（2）按表面有无涂饰分类：涂饰实木地板、未涂饰实木地板。

（3）按表面涂饰类型分类：漆饰实木地板、油饰实木地板。

（二）实木地板主要技术指标

我国现行的是推荐标准《实木地板》GB/T 15036—2009，该标准对实木地板在外观质量、加工精度和物理力学性能三个方面规定了指标。

我国实木地板标准规定实木地板分为优等品、一等品和合格品三个等级。如有其他分等形式均不符合我国实木地板标准（例如有的厂家标识等级为“AAA”）

1. 外观质量主要指标

板表面腐朽、缺棱，漆膜鼓泡、漏漆、漆膜皱皮：三个等级都不允许有；

地板表面裂纹：优等品不允许有，一等品、合格品允许有，但对裂纹的长度、宽度有要求；

地板表面活节：优等品、一等品都允许有 5～10 个、合格品个数不限，但有尺寸限制。板背面的活节尺寸与个数不限。

死节与蛀孔：优等品不允许有，一等品有数量限制、死节合格品个数不限、蛀孔合格品有数量限制。

色差：标准对此不做要求。

2. 实木地板的加工精度

主要指标有长度、宽度、厚度、翘曲度的偏差及拼装离缝和拼装高度差。

3. 物理力学主要性能指标（表 7-119）

实木地板物理性能要求 **表 7-119**

名　称	单　位	优等	一等	合格
含水率	%	7.0≤含水率≤我国各使用地区的木材平衡含水率		
		同批地板试样间平均含水率最大值与最小值之差不得超过 4.0，且同一板内含水率最大值与最小值之差不得超过 4.0		
漆板表面耐磨	g/100r	≤0.08	≤0.10	≤0.15
		且漆膜未磨透		
漆膜附着力	级	≤1	≤2	≤3
漆膜硬度	—	≥2H	≥H	

注：1. 我国各省(区)、直辖市木材平衡含水率按标准 GB/T 15036.1—2009 中的附录 B 规定执行。
2. 仿古地板表面漆膜耐磨性能不作要求。
3. 油饰地板表面耐磨、附着力和硬度不作要求

（三）实木地板进场的实物验收

对实木地板进行现场验收时应注意以下几点：

（1）产品必须是外包装完好的，并且外包装上各类标识明确。

（2）树种假冒现象严重：商品标明树种和鉴定结果不符的现象十分普遍，并且大多是以次充好。如用桦木冒充樱桃木或枫木，用东南亚杂木假冒进口紫檀木、柚木、山毛榉等。还有个别生产企业和经销商随意更改木材标准商品名，套用近似木材，引起误导。因此必须要求供货方提供国家标准的规范命名，必要时可进行树种鉴定。

（3）加工精度：主要表现在部分产品厚薄不一，榫头企口不合缝和大小头宽窄不一等，特别是相邻两块地板拼接后的高度差严重，这使得铺装后的地面不平整，铺设后板与板之间存在较大的缝隙，影响装修质量和视觉效果。

（4）漆膜质量：主要表现在漆膜不够丰满，耐磨性较差、硬度较低。使用后表现为地板板面有划伤的现象。漆膜附着力是反映油漆地板较为重要的一项指标，如果漆膜附着力较差，铺设后地板油漆易产生开裂和剥落的现象。检验漆板表面附着力的好坏，一般可用

钥匙在漆板表面用力划痕，如果表面漆膜成块状脱落则说明地板的漆膜附着力较差，应慎重使用。

(5) 验收时应抽取十块地板在平地上进行铺装，看地板是否有无法铺装或铺装后有无明显高低差、缝隙等异常现象。

(四) 实木地板资料验收

实木地板进场时，必须对出厂合格证、进场试验报告、备案证明、生产许可证、品种、产品等级、出厂日期、产品执行标准等资料进行检查验收。

(五) 质量检验

实木地板应按批进行质量检验。检验批可按如下规定确定：

(1) 实木地板的产品质量检验应在同一批次、同一规格、同一类产品中按规定抽取试样。

(2) 取样时应随机抽取不少于 6 块作为检验样。

(3) 物理力学性能的检验项目：加工精度、含水率、漆膜表面耐磨、漆膜附着力等。

(六) 包装、储存、保管的要求

产品在运输和储存过程中应平整堆放、防止污损、潮湿、雨淋、防晒、防水、防火、防虫蛀。

产品包装箱或包装袋外表应印有或贴有清晰且不易脱落的标志，用中文注明生产厂名、厂址、商标、执行标准号、生产许可证编号、产品名称、规格、木材名称及拉丁文、等级、数量 (m^2)、涂饰方式和批次号等标志，仿古地板应在外包装上注明。

产品入库时应按树种、规格、批号、等级，数量用聚乙烯吹塑薄膜密封后装入硬纸板箱内或装入包装袋内。

二、浸渍纸层压木质地板 (强化木地板)

(一) 强化木地板制作工艺和分类

浸渍纸层压木质地板俗称强化木地板是以高密度纤维板 (大部分产品)、中密度纤维板和刨花板为基材的浸渍纸胶膜贴面层压复合而成，表面再覆以三聚氰胺和三氧化二铝等耐磨材料 (俗称强化木地板)。该地板的特点是耐磨性强，表面花纹整齐，色泽均匀，节约木材资源，是今后地面铺设材料的发展趋势。

分类：

1. 按地板基材分

(1) 以刨花板为基材的浸渍纸层压木质地板；(2) 以高密度纤维板为基材的浸渍纸层压木质地板。

2. 按装饰层分

(1) 单层浸渍装饰纸层压木质地板；(2) 热固性树脂浸渍纸高压装饰层积板层压木质地板。

3. 按表面的模压形状分

(1) 浮雕浸渍纸层压木质地板；(2) 光面浸渍纸层压木质地板。

4. 按用途分

(1) 商用级浸渍纸层压木质地板 (耐磨转数≥9000 转)；(2) 家用Ⅰ级浸渍纸层压木质地板 (耐磨转数≥6000 转)；(3) 家用Ⅱ级浸渍纸层压木质地板 (耐磨转数≥4000 转)。

5. 按甲醛释放量分

(1) E_0 级浸渍纸层压木质地板；(2) E_1 级浸渍纸层压木质地板。

(二) 强化木地板的技术要求

强化木地板执行的国家标准是《浸渍纸层压木质地板》GB/T 18102—2007，该标准对强化木地板在外观质量、规格尺寸及偏差和理化性能三个方面规定了指标，其中强化木地板的质量问题主要集中在理化指标上，理化指标是强化木地板性能的综合反映。

(1) 国家标准中规定家用Ⅱ级强化木地板表面耐磨需≥4000 转，家用Ⅰ级强化木地板表面耐磨需≥6000 转，商用级表面耐磨需≥9000 转。市场上产品质量差异很大：有些地板由于厂商为了降低成本没有在地板表面压贴耐磨纸，或使用质量达不到要求的耐磨纸，这样就大大降低了地板的使用寿命。

(2) 甲醛释放量：强化木地板通过干燥器法测试，必须达到 E1 级标准即甲醛释放量不超过 1.5mg/L 或 E0 级标准即甲醛释放量不超过 0.5mg/L。

(3) 基材密度：强化木地板目前主要有两种基材，一种是高密度纤维板，密度为 0.82～0.94g/cm^3，另一种是特殊形态的刨花板。国家标准规定，基材密度大于等于 0.85g/cm^3 为合格。

(4) 吸水厚度膨胀率：国家标准规定，吸水厚度膨胀率≤18%为合格。

(5) 尺寸稳定性：该指标反映室内温湿度变化所引起的产品尺寸变化，以≤0.9mm 为合格。

(6) 含水率：反映产品干缩湿胀程度的指标，根据国家标准，以 3.0%～10.0% 为宜。

(7) 表面胶合强度：该指标反映强化木地板的表面装饰层与基材之间的胶合质量，应大于等于 1.0MPa。如果胶合质量差，产品在使用一段时间后，装饰层会产生剥离。

(8) 内结合强度：该指标是反映基材内部纤维之间胶合质量好坏的关键，应大于等于 1.0MPa。

(9) 静曲强度：该指标是反映产品机械强度的重要指标，反映产品抵抗弯曲破坏的能力，厚度＞8mm 时应大于等于 30.0MPa，厚度≤8mm 时应大于等于 25.0MPa。

(10) 表面耐划痕：该指标反映产品抵抗尖锐硬物的能力。以 4.0N 表面装饰花纹未划破为合格。

(11) 表面耐香烟灼烧：该指标反映产品的表面阻燃性能。香烟灼烧后，地板无黑斑、裂纹和鼓泡为合格。

(12) 表面抗冲击性：该指标反映产品耐冲击能力。采取落球试验，观察在重球落下后，试件表面有无凹陷。该指标不超过 10mm 为合格。

(13) 表面耐污染腐蚀、耐干热、耐冷热循环、耐龟裂：以经过相应测试后，表面无污染、无腐蚀、无龟裂、无鼓泡、用 6 倍放大镜观察，表面无裂纹等为合格。

(三) 强化木地板进场的实物验收

(1) 产品必须是外包装完好的，并且外包装上各类标识明确。

(2) 真正的强化木地板应是以高密度纤维板为基材，基材密度越高，地板的力学性能、抗冲击性能越高。但它也不是越大越好，在同样条件下，基材密度越高，其吸水厚度膨胀率就偏大，尺寸稳定性差。国际标准厚度为 8mm，低于此厚度的产品应慎重对待。

(3) 观察强化木地板表面应无污染、无腐蚀、无龟裂、无鼓泡、无突起、无变色等为宜。

(4) 现在市场上的强化地板通常为锁扣地板，验收时应随机抽取十块地板在平地上进行铺装，看地板是否有无法铺装或铺装后有无明显高低差等异常现象。

(四) 强化地板资料验收

强化地板产品进场时甲醛释放量必须检查验收合格后才能使用。强化地板进场时，必须对出厂合格证、进场试验报告、备案证明、生产许可证、品种、甲醛释放量等级、产品等级、表面耐磨等级及相应转数、出厂日期、产品执行标准等资料进行检查验收。

(五) 质量检验

强化木地板应按批进行质量检验，检验批可按如下规定确定：

(1) 强化木地板的产品质量检验应在同一批次、同一规格、同一类产品中按规定抽取试样。

(2) 取样时应随机抽取不少于6块作为检验样。

(3) 物理力学性能的检验项目：加工精度、含水率、静曲强度、内结合强度等。

(六) 包装、储存、保管的要求

包装标签上应有生产厂家名称、地址、出厂日期、产品名称、数量及防潮、防晒等标记、产品出厂时应按产品类别、规格、等级分别包装。企业应根据自己产品的特点提供详细的中文安装使用说明书。包装要做到产品免受磕碰、划伤、和污损。包装要求亦可由供需双方商定。

产品入库前，应在产品适当的部位标记产品型号、商标、生产日期、甲醛释放量标志、表面耐磨等级及相应转数等。

三、实木复合地板

(一) 实木复合地板制作工艺和分类

以实木拼板或单板为面层、实木条为芯层、单板为底层制成的企口地板和以单板为面层、胶合板为基材制成的企口地板，以面层树种来确定地板树种名称。由于它是由不同树种的板材交错层压而成，因此克服了实木地板单向同性的缺点，干缩湿胀率小，具有较好的尺寸稳定性，可以做成相对大的规格，并保留了实木地板的自然木纹和舒适的脚感。

分类：

1. 按面层材料分

(1) 实木拼板作为面层的实木复合地板；

(2) 单板作为面层的实木复合地板。

2. 按结构分

(1) 三层结构实木复合地板；

(2) 以胶合板为基材的实木复合地板。

3. 按表面有无涂饰分

(1) 涂饰实木复合地板；

(2) 未涂饰实木复合地板。

(二) 实木复合地板的技术要求

实木复合地板执行的国家标准为《实木复合地板》GB/T 18103—2001，标准根据产品外观质量、理化性能分为优等品、一等品和合格品。标准规定了实木复合地板的外观质量要求、规格尺寸和尺寸偏差、理化性能指标（见表 7-120）。

实木复合地板主要的物理性能要求 **表 7-120**

检验项目	单位	优等	一等	合格
浸渍剥离	—	每一边的任一胶层开胶的累计长度不超过该胶层长度的 1/3(3mm 以下不计)		
静曲强度	MPa	≥30		
弹性模量	MPa	≥4000		
含水率	%	5～14		
表面耐磨	g/100r	≤0.08，且漆膜未磨透	≤0.15，且漆膜未磨透	
漆膜附着力	—	割痕及割痕交叉处允许有少量断续剥落		
表面耐污染	—	无污染痕迹		

其中实木复合地板最主要的理化性能指标是浸渍剥离、静曲强度、弹性模量、漆膜附着力、表面耐磨、表面耐污染等。

考核实木复合地板的尺寸偏差的指标主要有地板的厚度偏差、直角度、边缘不直度、翘曲度、拼装离缝、拼装高度差等。

甲醛释放量应符合国家强制性标准《室内装饰装修用人造板及其制品中甲醛释放量的限量》GB 18580—2001 E1 级，甲醛释放量不超过 1.5mg/L。

（三）实木复合地板的实物验收

（1）产品必须是外包装完好的，并且外包装上各类标识明确。

（2）观察实木复合地板表层和底层材质、厚度是否对称，如不对称易产生弯曲变形。

（3）实木复合地板有些表层厚度仅在 0.2～0.4mm 之间，这样的厚度只能用来做装饰，而做地板则耐磨性不够，建议使用表层厚度应在 0.8mm 以上。

（4）取出几片地板观察，地板有无开胶、裂纹、漆膜鼓泡等影响外观及使用的现象。

（5）验收时应随机抽取 10 块地板在平地上进行铺装，看地板是否有无法铺装或铺装后有无明显高低差、缝隙等异常现象。

（四）实木复合地板资料验收

实木复合地板产品进场时甲醛释放量必须检查验收合格后才能使用。实木复合地板必须对出厂合格证、进场试验报告、备案证明、生产许可证、品种、甲醛释放量等级、产品等级、出厂日期、产品执行标准等资料进行检查验收。

（五）质量检验

实木复合地板应按批进行质量检验。检验批可按如下规定确定：

（1）实木复合地板的产品质量检验应在同一批次、同一规格、同一类产品中按规定抽取试样。

（2）取样时应随机抽取不少于 6 块作为检验样。

（3）物理力学性能的检验项目：浸渍剥离、静曲强度、弹性模量、漆膜附着力、表面耐磨、表面耐污染等。

（六）包装、储存、保管的要求

应按产品类别、规格、等级分别包装。企业应根据自己产品的特点提供详细的中文安装使用说明书。包装要做到产品免受磕碰、划伤、和污损。包装要求亦可由供需双方商定。

产品入库前，应在产品适当的部位标记制造厂名称、产品名称、产品型号、商标、生产日期及产品类别、等级规格等。

包装标签上应有生产厂家名称、地址、出厂日期、产品名称、数量及防潮、防晒等标记。

第八节　石　　材

建筑装饰用石材主要分为天然石材、人造石材、超薄天然石材型复合板。

天然石材在建筑装饰中使用最广泛的主要有花岗石、大理石、砂岩和石灰石。花岗石商业上指以花岗岩为代表的一类石材，包括岩浆岩和各种硅酸盐类变质岩石材。大理石商业上指以大理岩为代表的一类石材，包括结晶的碳酸盐类岩石和质地较软的其他变质岩类石材。砂岩商业上指矿物成分以石英和长石为主，含有岩屑和其他副矿物机械沉积岩类石材。石灰石商业上主要指由方解石、白云石或两者混合化学沉积形成的石灰石类石材。

人造石材是以石料、不饱和聚酯树脂或水泥为主要原料，经搅拌混合、真空加压、振动成型、固化、锯磨、切割等工序加工而成的人造石材。

超薄天然石材型复合板是由两种及两种以上不同板材用胶粘剂粘结而成的面材为天然石材的新型建筑装饰材料。

一、石材分类

天然花岗石按形状分为：毛光板、普型板、圆弧板、异型板；按表面加工程度分为：镜面板、细面板、粗面板；按用途分为：一般用途和功能用途；按等级分为：优等品、一等品、合格品。

天然大理石按形状分为：普型板和圆弧板；按等级分为：优等品、一等品、合格品。

天然砂岩按形状分为：毛板、普型板、圆弧板、异型板；按矿物组成种类分为：杂砂岩、石英砂岩、石英岩；按等级分为：优等品、一等品、合格品。

天然石灰石按形状分为：毛光板、普型板、圆弧板、异型板；按密度分为：低密度石灰石、中密度石灰石、高密度石灰石；按等级分为：优等品、一等品、合格品。

人造石按粘合剂材料分为：树脂型和水泥型；按石材颗粒大小分为：细骨料和粗骨料；树脂型按成型方法分为：方料法和压板法。

超薄天然石材型复合板按基材类型分为：石材一瓷砖复合板、石材一石材复合板、石材一玻璃复合板、石材一铝蜂窝复合板；按形状分为：普型板和圆弧板；按面材表面加工程度分为：镜面板、亚光面板、粗面板；按等级分为：优等品、一等品、合格品。

二、石材质量要求

（一）天然花岗石主要质量要求

包括：一般要求、加工质量、外观质量、物理性能、放射性。物理性能指标应符合表7-121规定、放射性应符合GB 6566标准中的规定。

（二）天然大理石主要质量要求

包括：规格尺寸允许偏差、平面度允许公差、角度允许公差、外观质量、镜面板材的

天然花岗石物理性能指标 **表 7-121**

<table>
<tr><th colspan="3" rowspan="2">项　目</th><th colspan="2">技术指标</th></tr>
<tr><th>一般用途</th><th>功能用途</th></tr>
<tr><td colspan="2">体积密度(g/cm³)</td><td>≥</td><td>2.56</td><td>2.56</td></tr>
<tr><td colspan="2">吸水率(%)</td><td>≤</td><td>0.60</td><td>0.40</td></tr>
<tr><td rowspan="2">压缩强度(MPa)</td><td rowspan="2">≥</td><td>干燥</td><td rowspan="2">100</td><td rowspan="2">131</td></tr>
<tr><td>水饱和</td></tr>
<tr><td rowspan="2">弯曲强度(MPa)</td><td rowspan="2">≥</td><td>干燥</td><td rowspan="2">8.0</td><td rowspan="2">8.3</td></tr>
<tr><td>水饱和</td></tr>
<tr><td colspan="2">耐磨性[a](1/cm³)</td><td>≥</td><td>25</td><td>25</td></tr>
<tr><td colspan="5">注：a. 使用在地面、楼梯踏步、台面等严重踩踏或磨损部位的花岗石石材应检验此项</td></tr>
</table>

镜向光泽度、物理性能、放射性。物理性能指标应符合表 7-122 规定；放射性应符合 GB 6566 标准中的规定。

天然大理石物理性能指标 **表 7-122**

<table>
<tr><th colspan="3">项　目</th><th>指　标</th></tr>
<tr><td colspan="2">体积密度(g/cm³)</td><td>≥</td><td>2.30</td></tr>
<tr><td colspan="2">吸水率(%)</td><td>≤</td><td>0.50</td></tr>
<tr><td colspan="2">干燥压缩强度(MPa)</td><td>≥</td><td>50.0</td></tr>
<tr><td rowspan="2">弯曲强度(MPa)</td><td rowspan="2">≥</td><td>干燥</td><td rowspan="2">7.0</td></tr>
<tr><td>水饱和</td></tr>
<tr><td colspan="2">耐磨性[a](1/cm³)</td><td>≥</td><td>10</td></tr>
<tr><td colspan="4">注：a 使用在地面、楼梯踏步、台面等严重踩踏或磨损部位的大理石石材应检验此项</td></tr>
</table>

（三）天然砂岩主要质量要求

包括：一般要求、加工质量、外观质量、物理性能、放射性。物理性能指标应符合表 7-123 规定、放射性应符合 GB 6566 标准中的规定。

天然砂岩物理性能指标 **表 7-123**

<table>
<tr><th colspan="3" rowspan="2">项　目</th><th colspan="3">技术指标</th></tr>
<tr><th>杂砂岩</th><th>石英砂岩</th><th>石英岩</th></tr>
<tr><td colspan="2">体积密度(g/cm³)</td><td>≥</td><td>2.00</td><td>2.40</td><td>2.56</td></tr>
<tr><td colspan="2">吸水率(%)</td><td>≤</td><td>8</td><td>3</td><td>1</td></tr>
<tr><td rowspan="2">压缩强度(MPa)</td><td rowspan="2">≥</td><td>干燥</td><td rowspan="2">12.6</td><td rowspan="2">68.9</td><td rowspan="2">137.9</td></tr>
<tr><td>水饱和</td></tr>
<tr><td rowspan="2">弯曲强度(MPa)</td><td rowspan="2">≥</td><td>干燥</td><td rowspan="2">2.4</td><td rowspan="2">6.9</td><td rowspan="2">13.9</td></tr>
<tr><td>水饱和</td></tr>
<tr><td colspan="2">耐磨性[a](1/cm³)</td><td>≥</td><td>2</td><td>8</td><td>8</td></tr>
<tr><td colspan="6">注：a 使用在地面、楼梯踏步、台面等严重踩踏或磨损部位的砂岩石材应检验此项</td></tr>
</table>

（四）天然石灰石主要质量要求

包括：一般要求、加工质量、外观质量、物理性能、放射性。物理性能指标应符合表7-124规定、放射性应符合GB 6566标准中的规定。

天然石灰石物理性能指标　　表7-124

项目		技术指标		
		低密度石灰石	中密度石灰石	高密度石灰石
吸水率（%）　≤		12.0	7.5	3.0
压缩强度（MPa）　≥	干燥	12	28	55
	水饱和			
弯曲强度（MPa）　≥	干燥	2.9	3.4	6.9
	水饱和			
耐磨性[a]（$1/cm^3$）　≥		10	10	10
注：a. 使用在地面、楼梯踏步、台面等严重踩踏或磨损部位的石灰石石材应检验此项				

（五）用于干挂的饰面石材主要质量要求

包括：规格尺寸要求、规格尺寸允许偏差、平面度允许极限公差、角度允许极限公差、外观质量、光泽度、物理性能指标应符合表7-125规定；干挂石材与挂件组成挂件组合单元的挂装强度应符合设计要求，正常情况下应满足表7-126规定；干挂石材与挂件组成挂装系统的结构强度应符合设计要求，正常情况下应满足表7-127规定；干挂天然石材放射性应符合GB 6566标准中的规定。

干挂石材物理性能指标　　表7-125

项目		天然花岗石	天然大理石	天然石灰石	天然砂岩
体积密度（g/cm^3）　≥		2.56	2.60	2.16	2.40
吸水率（%）　≤		0.60	0.50	3.00	3.00
干燥压缩强度（MPa）　≥		100.0	50.0	28.0	68.9
弯曲强度（MPa）　≥	干燥	8.0	7.0	3.4	6.9
	水饱和				
剪切强度（MPa）　≥		4.0	3.5	1.7	3.5
抗冻系数（%）　≥		80	80	80	80

挂件组合单元挂装强度指标　　表7-126

项目	安装部位	
	室内饰面	室外饰面
挂件组合单元挂装强度	不低于0.65kN	不低于2.80kN

石材挂装系统结构强度指标　　表7-127

项目	室内饰面	室外饰面
石材挂装系统结构强度	不低于1.20kPa	不低于5.00kPa

（六）人造石主要质量要求

包括：规格公差、平度偏差、角度偏差、磨光板材的光泽度、外观质量、色调与花纹、物理性能指标应符合表 7-128 规定。

人造石物理性能指标　　表 7-128

项　目			指　标			
			树脂型		水泥型	
			方料法、压板法细骨料	方料法粗骨料	细骨料	粗骨料
密度(g/cm^3)		≥	2.5	2.5	2.5	2.5
吸水率(%)		≤	0.2	0.3	4.0	3.5
抗冲击强度(cm)		≥	40	40	30	30
抗折强度(MPa) ≥	干态		16	10	7.5	7.5
	湿态		18	12	7.5	7.5
抗压强度(MPa) ≥	干态		90	80	70	70
	湿态		95	85	75	75
磨损度(g/cm^2)		<	7×10^{-3}		20×10^{-3}	
莫氏硬度		≥	3			
线性热膨胀(1/℃)		≤	$1.9\pm0.1\times10^{-5}$			

（七）超薄天然石材型复合板主要质量要求

包括：规格尺寸要求、平面度允许公差、角度允许公差、外观质量、镜面板镜向光泽度、面密度、石材-瓷砖复合板、石材-石材复合板、石材-玻璃复合板物理性能指标应符合表 7-129 规定；石材-铝蜂窝复合板物理性能指标应符合表 7-130 规定。

石材复合板物理性能指标　　表 7-129

项　目			指　标
抗折强度(MPa)	≥	干燥	7.0
		水饱和	7.0
弹性模量(GPa)	≥	干燥	10.0
剪切强度(MPa)	≥	标准状态	4.0
		热处理 80℃(168h)	4.0
		浸水(168h)	3.2
		冻融循环 25 次	2.8
落球冲击强度(300mm)			表面不得出现裂纹、凹陷、掉角
耐磨度($1/cm^3$)	≥	面材为天然大理石	10
		面材为天然花岗石	25

三、石材验收

石材进场时必须检查验收才能使用，石材进场时必须先查看出厂合格证和出厂试验报告。天然石材出厂试验报告中应包括尺寸偏差、平面度公差、角度公差、镜向光泽度、外观质量。人造石材出厂检验报告中应包括规格公差、平面度偏差、角度偏差、光泽度、外观质量。

石材-铝蜂窝复合板物理性能指标 **表 7-130**

项目			指标
抗折强度(MPa)	≥	干燥(面材向下)	7.0
		干燥(面材向上)	18.0
弹性模量(GPa)	≥	干燥(面材向下)	1.5
		干燥(面材向上)	3.0
粘结强度(MPa)	≥	标准状态	1.0
		热处理 80℃(168h)	1.0
		浸水(168h)	0.8
		冻融循环 25 次	0.7
落球冲击强度(300mm)			表面不得出现裂纹、凹陷、掉角
耐磨度($1/cm^3$)	≥	面材为天然大理石	10
		面材为天然花岗石	25

(一) 天然花岗石技术要求

(1) 普型板尺寸允许偏差应符合表 7-131 规定。

尺寸允许偏差 (mm) **表 7-131**

项目		镜面和细面板材			粗面板材		
		优等品	一等品	合格品	优等品	一等品	合格品
长度、宽度		0～−1.0		0～−1.5	0～−1.0		0～−1.5
厚度	≤12	±0.5	±1.0	+1.0～−1.5	—		
	>12	±1.0	±1.5	±2.0	+1.0～−2.0	±2.0	+2.0～−3.0

(2) 普型板平面度允许公差应符合表 7-132 规定。

平面度允许公差 (mm) **表 7-132**

板材长度	镜面和细面板材			粗面板材		
	优等品	一等品	合格品	优等品	一等品	合格品
≤400	0.20	0.35	0.50	0.60	0.80	1.00
>400～≤800	0.50	0.65	0.80	1.20	1.50	1.80
>800	0.70	0.85	1.00	1.50	1.80	2.00

(3) 普型板角度允许公差应符合表 7-133 规定;

角度允许公差 (mm) **表 7-133**

板材长度	优等品	一等品	合格品
≤400	0.30	0.50	0.80
>400	0.40	0.60	1.00

(4) 毛光板的平面度公差和厚度偏差应符合表 7-134 规定。

(5) 外观质量：同一批板材的色调应基本调和，花纹应基本一致，板材正面的外观质量应符合表 7-135 规定，毛光板外观缺陷不包括缺棱和缺角。

毛光板平面度公差和厚度偏差（mm） 表 7-134

项目		镜面和细面板材			粗面板材		
		优等品	一等品	合格品	优等品	一等品	合格品
平面度		0.80	1.00	1.50	1.50	2.00	3.00
厚度	≤12	±0.5	±1.0	+1.0～−1.5	—		
	>12	±1.0	±1.5	±2.0	+1.0～−2.0	±2.0	+2.0～−3.0

天然花岗石外观质量 表 7-135

缺陷名称	规定内容	优等品	一等品	合格品
缺棱	长度≤10mm，宽度≤1.2mm（长度<5mm，宽度<1.0mm不计），周边每米长允许个数（个）	不允许	1	2
缺角	沿板材边长，长度≤3mm，宽度≤3mm（长度≤2mm，宽度≤2mm不计），每块板允许个数（个）			
裂纹	长度不超过两端顺延至板边总长度的1/10（长度<20mm的不计），每块板允许条数（条）			
色斑	面积≤15mm×30mm（面积<10mm×10mm不计），每块板允许个数（个）		2	3
色线	长度不超过两端顺延至板边总长度的1/10（长度<40mm的不计），每块板允许条数（条）			
注：干挂板材不允许有裂纹存在				

（6）镜面板材的镜向光泽度应不低于80光泽单位或按供需双方协商确定。

（二）天然大理石技术要求

（1）普型板尺寸允许偏差见表7-136规定。

尺寸允许偏差（mm） 表 7-136

项目		等级		
		优等品	一等品	合格品
长度、宽度		0～−1.0		0～−1.5
厚度	≤12	±0.5	±0.8	±1.0
	>12	±1.0	±1.5	±2.0
干挂板材厚度		+2.0～0		+3.0～0

（2）普型板平面度允许公差应符合表7-137规定。

平面度允许公差（mm） 表 7-137

板材长度	优等品	一等品	合格品
≤400	0.2	0.3	0.5
>400～≤800	0.5	0.6	0.8
>800	0.7	0.8	1.0

（3）普型板角度允许公差应符合表7-138规定。

（4）外观质量：同一批板材的色调应基本调和，花纹应基本一致，板材正面的外观质量应符合表7-139规定。

角度允许公差（mm） **表 7-138**

板材长度	优等品	一等品	合格品
≤400	0.3	0.4	0.5
>400	0.4	0.5	0.7

天然大理石外观质量 **表 7-139**

缺陷名称	规定内容	优等品	一等品	合格品
缺棱	长度≤8mm，宽度≤1.5mm（长度≤4mm，宽度≤1mm不计），每米长允许个数（个）	0	1	2
缺角	沿板材边长顺延方向，长度≤3mm，宽度≤3mm（长度≤2mm，宽度≤2mm不计），每块板允许个数（个）	0	1	2
裂纹	长度>10mm的不允许条数（条）	0	0	0
色斑	面积≤6cm²（面积<2cm²不计），每块板允许个数（个）	0	1	2
砂眼	直径在2mm以下	0	不明显	有，不影响装饰效果
注：板材允许粘结和修补，粘结和修补后应不影响板材的装饰效果和物理性能				

（5）镜面板材的镜向光泽度应不低于70光泽单位或按供需双方协商确定。

（三）天然砂岩（毛板）技术要求

（1）普型板尺寸允许偏差见表7-140规定。

尺寸允许偏差（mm） **表 7-140**

项目		技术指标		
		优等品	一等品	合格品
长度、宽度		0～−1.0		0～−1.5
厚度	≤12	±0.5	±0.8	±1.0
	>12	±1.0	±1.5	±2.0

（2）普型板平面度允许公差应符合表7-141规定。

平面度允许公差（mm） **表 7-141**

板材长度	技术指标		
	优等品	一等品	合格品
≤400	0.60	0.80	1.00
>400～≤800	1.20	1.50	1.80
>800	1.50	1.80	2.00

（3）普型板角度允许公差应符合表7-142规定。

角度允许公差（mm） **表 7-142**

板材长度	技术指标		
	优等品	一等品	合格品
≤400	0.30	0.50	0.80
>400	0.40	0.60	1.00

（4）毛板的平面度公差和厚度偏差应符合表 7-143 规定。

平面度公差和厚度偏差（mm） **表 7-143**

项目		技术指标		
		优等品	一等品	合格品
平面度		1.50	1.80	2.00
厚度	≤12	±0.5	±0.8	±1.0
	>12	±1.0	±1.5	±2.0

（5）外观质量：同一批板材的色调应基本调和，花纹应基本一致，板材正面的外观质量应符合表 7-144 规定，毛板外观缺陷不包括缺棱和缺角。

砂岩外观质量 **表 7-144**

缺陷名称	规定内容	优等品	一等品	合格品
缺棱	长度≤8mm，宽度≤1.5mm（长度≤4mm，宽度≤1mm 不计），每米长允许个数（个）	0	1	2
缺角	沿板材边长顺延方向，长度≤3mm，宽度≤3mm（长度≤2mm，宽度≤2mm 不计），每块板允许个数（个）	0	1	2
裂纹	长度≥10mm 的条数（条）	0	0	0
色斑	面积≤6cm²（面积<2cm² 不计），每块板允许个数（个）	0	1	2
砂眼	直径<2mm	0	不明显	有，不影响装饰效果
注：板材允许粘结和修补，粘结和修补后应不影响板材的装饰效果和物理性能				

（四）天然石灰石技术要求

（1）普型板尺寸允许偏差见表 7-145 规定。

尺寸允许偏差（mm） **表 7-145**

项目		技术指标		
		优等品	一等品	合格品
长度、宽度		0～−1.0		0～−1.5
厚度	≤12	±0.5	±0.8	±1.0
	>12	±1.0	±1.5	±2.0

（2）普型板平面度允许公差应符合表 7-146 规定。

平面度允许公差（mm） **表 7-146**

板材长度	技术指标		
	优等品	一等品	合格品
≤400	0.20	0.30	0.50
>400～≤800	0.50	0.60	0.80
>800	0.70	0.80	1.00

（3）普型板角度允许公差应符合表 7-147 规定。

（4）毛光板的平面度公差和厚度偏差应符合表 7-148 规定。

角度允许公差（mm） **表 7-147**

板材长度	技术指标		
	优等品	一等品	合格品
≤400	0.30	0.40	0.50
>400	0.40	0.50	0.70

平面度公差和厚度偏差（mm） **表 7-148**

项目		技术指标		
		优等品	一等品	合格品
平面度		0.80	1.00	1.50
厚度	≤12	±0.5	±0.8	±1.0
	>12	±1.0	±1.5	±2.0

（5）外观质量：同一批板材的色调应基本调和，花纹应基本一致，板材正面的外观质量应符合表 7-149 规定，毛光板外观缺陷不包括缺棱和缺角。

砂岩外观质量 **表 7-149**

缺陷名称	规定内容	优等品	一等品	合格品
缺棱	长度≤8mm，宽度≤1.5mm（长度≤4mm，宽度≤1mm 不计），每米长允许个数（个）	0	1	2
缺角	沿板材边长顺延方向，长度≤3mm，宽度≤3mm（长度≤2mm，宽度≤2mm 不计），每块板允许个数（个）	0	1	2
裂纹	长度≥10mm 的不允许条数（条）	0	0	0
色斑	面积≤6cm²（面积<2cm² 不计），每块板允许个数（个）	0	1	2
砂眼	直径<2mm	0	不明显	有，不影响装饰效果
注：板材允许粘结和修补，粘结和修补后应不影响板材的装饰效果和物理性能				

（五）干挂饰面石材技术要求

1. 普型板尺寸允许偏差

普型板尺寸允许偏差见表 7-150 规定。

尺寸允许偏差（mm） **表 7-150**

项目	镜面和亚光面板材			粗面板材		
	优等品	一等品	合格品	优等品	一等品	合格品
长度、宽度	0～−1.0		0～−1.5	0～−1.0		0～−1.5
厚度	±1.0	+2.0～−1.0	+3.0～−1.0	+3.0～−1.0	+4.0～−1.0	+5.0～−1.0

2. 平面度允许极限公差

天然花岗石应符合表 7-132、表 7-134 要求，天然大理石应符合表 7-137 要求，天然砂岩应符合表 7-141、表 7-143 要求，天然石灰石应符合表 7-146、表 7-148 要求。

3. 角度允许极限公差

天然花岗石应符合表 7-133 要求，天然大理石应符合表 7-138 要求，天然砂岩应符合

表 7-142 要求，天然石灰石应符合表 7-147 要求。

4. 外观质量

干挂石材不允许有裂纹存在，天然花岗石应符合表 7-135 要求，天然大理石应符合表 7-139 要求，天然砂岩应符合表 7-144 要求，天然石灰石应符合表 7-149 要求。

5. 光泽度

天然花岗石镜面板材镜向光泽度不低于 80 光泽单位或按供需双方协商确定，天然大理石镜面板材镜向光泽度不低于 70 光泽单位或按供需双方协商确定。

（六）超薄天然石材型复合板技术要求

（1）普型板尺寸允许偏差见表 7-151 规定。

尺寸允许偏差（mm） **表 7-151**

项　目	镜面和亚光面板材			粗面板材		
	优等品	一等品	合格品	优等品	一等品	合格品
长度、宽度	0～－1.0		0～－1.5	0～－1.0		0～－1.5
厚度	±1.0		±1.5	+1.5～－1.0		+2.0～－1.5

（2）普型板平面度允许公差应符合表 7-152 规定。

平面度允许公差（mm） **表 7-152**

板材长度	镜面和亚光面板材			粗面板材		
	优等品	一等品	合格品	优等品	一等品	合格品
≤400	0.30	0.40	0.50	0.40	0.50	0.60
>400～≤800	0.60	0.70	0.80	0.70	0.80	0.90
>800	0.80	0.90	1.00	0.90	1.00	1.10

（3）普型板角度允许公差应符合表 7-153 规定。

角度允许公差（mm） **表 7-153**

板材长度	镜面和亚光面板材			粗面板材		
	优等品	一等品	合格品	优等品	一等品	合格品
≤400	0.30	0.50	0.80	0.40	0.60	0.90
>400	0.40	0.60	1.00	0.50	0.70	1.00

（4）外观质量：同一批复合板的色调应基本调和，花纹应基本一致。面材为天然花岗石复合板的外观质量应符合表 7-135 的要求，面材为天然大理石复合板的外观质量应符合表 7-139 的要求。

（5）镜面板镜向光泽度：面材为天然花岗石复合板的镜向光泽度不低于 80 光泽单位或按供需双方协商确定，面材为天然大理石复合板的镜向光泽度不低于 70 光泽单位或按供需双方协商确定。

（6）面密度：企业应明示产品的面密度值。

（七）人造石技术要求

（1）规格尺寸允许公差应符合表 7-154 规定。

规格尺寸允许偏差（mm）　　表 7-154

产品名称	公差		
	长	宽	厚
树脂型单面磨光板材	−1～0	−1～0	±1.5
水泥型单面磨光板材	−1.2～0	−1.2～0	±1.5

（2）平面度允许偏差应符合表 7-155 规定。

平面度允许偏差（mm）　　表 7-155

板材长度范围	最大偏差值	板材长度范围	最大偏差值
<400	0.5	≥800	1.0
≥400	0.8	≥1000	1.2

（3）角度允许偏差应符合表 7-156 规定。

角度允许偏差（mm）　　表 7-156

正方形和矩形板材长度范围	最大偏差值
<400	0.4
≥400	0.6

磨光板材的光泽度：树脂型制品≥60，水泥型制品≥35。

（4）外观质量：一块板棱角缺陷应符合表 7-157 规定。

棱角缺陷（mm）　　表 7-157

缺陷部位	不允许的缺陷范围(长×宽之积)	
	树脂型	水泥型
正面棱	3×6 之积	5×6 之积
正面角	4×4 之积	5×6 之积
底面棱角	20×15 之积	30×20 之积
正面棱角深度	>板材厚度的 1/4	>板材厚度的 1/4
注：板材安装后被遮盖部位的棱角缺陷不得超过被遮盖部位的 1/2		

其他外观质量应符合表 7-158 规定。

其他外观质量　　表 7-158

缺陷名称	技术要求
砂眼	板材磨光面不得带有直径超过 2mm 的明显砂眼
划痕	板材磨光面在自然光下，距 1.5m 目测不允许有明显划痕
裂纹	板材磨光面不允许有裂纹，不包括石粒自身裂纹，底面裂纹不允许超过其顺延方向长度的 1/4
粘结与修补	人造石板材允许粘结修补，粘结或修补后正面不得有明显痕迹，颜色应与正面花色近似，不影响装饰质量和物理性能

（5）色调与花纹：以 500m^2 为一验收批，应达到色调基本调和，不得与标准板的颜色和特征有明显差异。非标规格配套工程产品每一部位色调深浅应逐步过渡，花纹特征基

本调和，不得有突然变化。

四、质量检验

天然石材的优劣取决于荒料的品质和加工工艺。优质的石材表面，不含太多的杂色，布色均匀，没有忽淡忽浓的情况，而质次的石材经加工后会有很多无法弥盖的“缺陷”，所以说，石材表面的花纹色调是评价石材质量优劣的重要指标。如果加工技术和工艺不过关，加工后的成品就会出现翘曲、凹陷、色斑、污点、缺棱掉角、裂纹、色线、坑窝等现象，优质的天然石材，应该是板材切割边整齐无缺棱缺角，面光洁、亮度高，用手摸没有粗糙感。工程上采购天然石材时应注意以上几点，其次还应注意石材背面是否有网格，出现这种情况有两种：①石材本身材质较脆，必须加网格。②偷工减料，这些石材的厚度被削薄了，强度不够，所以加了网格，一般颜色较深的石材如果有网格，多数是这个因素。应根据不同的部位使用不同的石材，在室内装修中，电视机台面、窗台台面、室内地面等适合使用大理石。而门槛、厨柜台面、室外地面、外墙就适合使用花岗石。按不同的使用部位确定放射性 A、B、C 类，应查看检验报告，并且应该注意检验报告的日期，由于同一品种的石材因其矿点、矿层、产地的不同其放射性都存在很大的差异，所以在选择或使用石材时不能单一只看其一份检验报告，尤其是工程上大批量使用时应分批或分阶段多次检测。

人造石在选择时应注意以下几点：(1) 从表面上看，优质产品打磨抛光后表面晶莹光亮，色泽纯正，用手抚摸有天然石的质感，无毛细孔；劣质产品表面发暗，光洁度差，颜色不纯，用手抚摸有毛细孔（对着光线 45°角斜视，像针眼一样的气孔）。(2) 优质产品具有较强的硬度和机械强度，用最坚锐的硬质塑料划其表面也不会留下划伤，差的产品质地较软，很容易划伤，而且容易变形。(3) 优质产品容易打磨，加工开料时，劣质产品发出刺鼻的味道。(4) 把一块人造石使劲往水泥地上摔，质量差的人造石会摔成粉碎性的很多小块，质量好的顶多碎成二、三块，而且如果用力不够，还能从地上弹起来。(5) 取一块细长的人造石小条，放在火上烧，质量差人造石很容易烧着，而且还燃烧的很旺，质量好的人造石是烧不着的，除非加上助燃的东西，而且会自动熄灭。

超薄天然型石材复合板的选择参考天然石材。

天然石材进入现场后按照不同品种及使用场合应对物理性能进行复检，天然石材同一品种、类别、等级的板材为一批，人造石同一配方、同一规格和同一工艺参数的产品每 $500m^2$ 为一批，不足 $500m^2$ 以一批计算，超薄天然型石材复合板同天然石材。

五、运输和储存

天然石材运输过程中应防碰撞、滚摔，板材应在室内储存，室外储存应加遮盖，按板材品种、规格、等级或工程安装部位分别码放。

人造石材应储存于阴凉、通风干燥的库房内，距热源不小于 1m，储存期超过半年时，应重新检测后方可交付使用。

超薄天然型石材复合板同天然石材。

第九节　陶　瓷　砖

陶瓷砖是指由黏土或其他无机非金属原料，经成型、烧结等工艺处理，用于装饰与保护建筑物、构筑物墙面及地面的板状或块状陶瓷制品。也可称为陶瓷饰面砖。随着国民经济的快速发展，陶瓷砖的应用也越来越广泛，主要分为内墙砖、外墙砖、室内地砖、室外地砖、广场砖、陶板、瓷板、配件砖等。

一、陶瓷砖的分类

陶瓷砖按其成型方式、生产工艺等不同方式分为若干类。

（一）按成型方式

陶瓷砖主要有两种成型方式：干压和挤出，干压陶瓷砖就是将坯粉置于模具中高压下压制成型的陶瓷砖，挤出砖就是将可塑性坯料经过挤压机挤出，再切割成型的陶瓷砖。

（二）按生产工艺

陶瓷砖按生产工艺可分为有釉砖、无釉砖、抛光砖、渗花砖等，有釉砖就是正面施釉的陶瓷砖，无釉砖就是不施釉的陶瓷砖，抛光砖就是经过机械研磨、抛光，表面呈镜面光泽的陶瓷砖，渗花砖就是将可溶性色料溶液渗入坯体内，烧成后呈现色彩或花纹的陶瓷砖。

二、陶瓷砖质量要求

陶瓷砖按吸水率不同分为瓷质砖（吸水率不超过0.5%的陶瓷砖）、炻瓷砖（吸水率大于0.5%，不超过3%的陶瓷砖）、细炻砖（吸水率大于3%，不超过6%的陶瓷砖）、炻质砖（吸水率大于6%，不超过10%的陶瓷砖）、陶质砖（吸水率大于10%的陶瓷砖）五大类。由于使用状况及工艺的特殊性，对干挂空心陶瓷板、建筑幕墙用瓷板、陶瓷马赛克（陶瓷锦砖）、广场用陶瓷砖、陶瓷板、微晶玻璃陶瓷复合砖、纤维陶瓷板专门制定了相关的质量要求。

（一）干压瓷质砖主要质量要求内容

（1）尺寸偏差。

（2）表面质量。

（3）吸水率。

（4）破坏强度和断裂模数。

（5）抗热震性（急冷急热）：经10次抗热震性试验后报告试验结果。

（6）抗釉裂性：有釉陶瓷砖经抗釉裂性试验后，釉面应无釉裂。

（7）抗冻性：陶瓷砖经100次冻融循环试验后应无裂纹或剥落。

（8）耐磨性：无釉砖耐深度磨损体积不大于175mm^3；有釉砖报告表面耐磨性磨损等级和转数。

（9）抛光砖光泽度：不低于55。

（10）耐家庭化学试剂和游泳池盐类：经试验后有釉陶瓷砖不低于GB级，无釉陶瓷砖不低于UB级。

（11）耐污染性：有釉砖试验后不低于3级；无釉砖报告试验结果。

（12）地砖摩擦系数：试验后报告产品的摩擦系数和试验方法。

（二）其他陶瓷砖主要质量要求内容

其他陶瓷砖包括：干压炻瓷砖、干细炻砖、干压炻质砖、干压陶质砖及各种不同吸水率的挤压陶瓷砖。

其他陶瓷砖主要质量要求内容基本与干压瓷质砖相同，均为11项（而干压瓷质砖为12项，多一项“(9) 抛光砖光泽度”）；其中在耐磨性对无釉砖深度磨损体积的要求上有所区别，如干压炻瓷砖与干压瓷质砖相同为不大于175mm^3，其他均不同：干细炻砖为不大于345mm^3，干压炻质砖为不大于540mm^3，挤压陶瓷砖根据其吸水率的不同分别为mm^3：不大于275、393、541、649、1062、2365；另外，干压陶质砖和挤压陶瓷砖的抗冻性，要求在100次冻融循环试验后报告试验结果，而不是“应无裂纹或剥落”。

（三）干挂空心陶瓷板主要质量要求内容

(1) 规格；(2) 尺寸允许偏差；(3) 表面质量；(4) 吸水率；(5) 破坏强度；(6) 抗热震性：经10次抗热震性试验不出现裂纹或炸裂；(7) 抗冻性：经25次抗冻性试验后无裂纹或剥落；(8) 耐化学腐蚀性：经试验后有釉干挂空心陶瓷板不低于GLB级，无釉干挂空心陶瓷板不低于ULB级；(9) 耐污染性：有釉干挂空心陶瓷板试验后不低于3级，无釉干挂空心陶瓷板报告试验结果。

（四）建筑幕墙用瓷板主要质量要求内容

(1) 厚度、单片面积；(2) 表面质量；(3) 尺寸及偏差；(4) 边直度；(5) 对角线差；(6) 表面平整度；(7) 直边弯曲度；(8) 吸水率；(9) 抗热震性：经抗热震试验后不出现炸裂或裂纹（循环次数：10次）；(10) 抗釉裂性（有釉表面）：经抗釉裂性试验后，有釉表面应无裂纹或剥落（循环次数：1次）；(11) 抗冻性：经抗冻性试验后应无裂纹或剥落（循环次数：100次）；(12) 光泽度（抛光板）：光泽度不低于55；(13) 耐磨性：非施釉表面耐深度磨损体积不大于175mm^3，施釉表面耐磨不低于3级；(14) 放射性核数限量：不低于C类；(15) 色差：同一品种、同一批号瓷板颜色花纹基本一致；(16) 弯曲强度；(17) 剪切强度；(18) 耐化学腐蚀性：经试验后施釉幕墙瓷板不低于GLB级，非施釉幕墙瓷板不低于ULB级；(19) 耐污染性：污染深度≤1mm，污染宽度≤1mm。

（五）陶瓷马赛克（陶瓷锦砖）主要质量要求内容

(1) 尺寸允许偏差；(2) 吸水率；(3) 耐磨性：无釉陶瓷马赛克耐深度磨损体积不大于175mm^3，用于铺地的有釉陶瓷马赛克报告表面耐磨性磨损等级和转数；(4) 抗热震性：经5次抗热震性试验后不出现炸裂或裂纹；(5) 成联陶瓷马赛克质量要求。

（六）广场用陶瓷砖主要质量要求内容

(1) 外观质量；(2) 尺寸偏差；(3) 吸水率；(4) 破坏强度和断裂模数；(5) 耐磨性：经试验后磨损量不大于0.1g；(6) 抗热震性：经试验后应无裂纹或破损；(7) 抗冻性：经抗冻试验后应无裂纹、剥落或破损，强度损失量不大于20.0%；(8) 耐化学腐蚀性：耐低浓度酸和碱，经试验后应不低于ULB级，耐高浓度酸和碱，经试验后应不低于UHB级；(9) 耐污染性：报告耐污染级别；(10) 防滑性：防滑坡度不低于12°；(11) 放射性核素限量：应符合GB 6566的要求。

（七）陶瓷板主要质量要求内容

(1) 表面质量；(2) 尺寸；(3) 吸水率；(4) 破坏强度和断裂模数；(5) 耐磨性：无釉陶瓷板耐磨损体积不大于150mm^3，有釉陶瓷板表面耐磨性应不低于3级（转数750转）；(6) 抗热震性：经抗热震性试验应无裂纹或剥落；(7) 抗釉裂性：有釉陶瓷板经抗釉裂性试验后，釉面应无裂纹或剥落；(8) 抗冻性：经抗冻试验后应无裂纹或剥落；(9) 摩擦系数：试验后报告产品的摩擦系数和试验方法；(10) 光泽度：抛光瓷质板光泽度不小于 55；(11) 耐化学腐蚀性：无釉陶瓷板应不低于 UB 级，有釉陶瓷板应不低于 GB 级；(12) 耐污染性：有釉陶瓷板经耐污染试验后，应不低于 3 级，无釉陶瓷板经耐污染试验后，报告耐污染性等级；(13) 放射性核素限量：应符合 GB 6566 的要求；(14) 弹性限度：弹性限度不小于 12mm；(15) 防滑坡度：陶瓷板的防滑坡度不小于 12°。

(八) 微晶玻璃陶瓷复合砖主要质量要求内容

(1) 外观质量；(2) 尺寸偏差；(3) 吸水率；(4) 破坏强度和断裂模数；(5) 地砖耐磨性：耐磨损体积不大于 150mm^3，报告表明耐磨级别和转数；(6) 抗热震性：经抗热震性试验应无裂纹或破损；(7) 抗裂性：经抗裂性试验后，应无裂纹、无剥落、无破损；(8) 抗冻性：经试验应无裂纹、无剥落、无破损；(9) 镜面砖光泽度：镜面砖的光泽度平均值不小于 90 光泽单位，单值不小于 85 光泽单位；(10) 地砖摩擦系数：应报告其摩擦系数和试验方法；(11) 耐家庭化学试剂和游泳池盐类：经试验后有釉陶瓷砖不低于 GA 级；(12) 耐污染性：经试验后应不低于 4 级；(13) 放射性核素限量：应符合 GB 6566 中的 A 类产品要求。

(九) 纤维陶瓷板主要质量要求内容

(1) 外观质量；(2) 尺寸偏差；(3) 吸水率；(4) 破坏强度；(5) 断裂模数；(6) 抗热震性：经抗热震性试验后应无裂纹或剥落；(7) 抗釉裂性：经抗釉裂性试验后，釉面应无裂纹或剥落；(8) 抗冻性：经抗冻性试验后，应无裂纹或剥落；(9) 耐污染性：经耐污染试验后应不低于 4 级；(10) 耐低溶度酸和碱：经试验后，应不低于 GLA 级；(11) 耐家庭化学试剂和游泳池盐类：经试验后，应不低于 GA 级；(12) 放射性：应符合 GB 6566 中 A 类产品要求；(13) 弹性：墙面纤维陶瓷板的弹性≥12mm；(14) 摩擦系数：试验后应报告摩擦系数和试验方法；(15) 耐磨性：地面用纤维陶瓷板表面耐磨性应不小于 3 类.(转数 750 转)。

三、陶瓷砖验收

陶瓷砖进场时必须检查验收才能使用，陶瓷砖进场时必须先查看出厂合格证和出厂试验报告。干压和挤压陶瓷砖出厂试验报告中应包括尺寸偏差、表面质量、吸水率、破坏强度和断裂模数，干挂空心陶瓷板出厂试验报告中应包括规格、尺寸允许偏差、表面质量、吸水率、破坏强度，建筑幕墙用瓷板出厂试验报告中应包括厚度、单片面积、表面质量、尺寸及偏差、边直度、对角线差、表面平整度、直边弯曲度、吸水率、弯曲强度、剪切强度，陶瓷马赛克出厂试验报告中应包括尺寸允许偏差、吸水率、成联陶瓷马赛克质量要求，广场用陶瓷砖出厂试验报告中应包括外观质量、尺寸偏差、吸水率、破坏强度和断裂模数，陶瓷板出厂试验报告中应包括表面质量、尺寸、吸水率、破坏强度和断裂模数，微晶玻璃陶瓷复合砖出厂试验报告中应包括外观质量、尺寸偏差、吸水率、破坏强度和断裂模数，纤维陶瓷板出厂试验报告中应包括外观质量、尺寸偏差、吸水率、破坏强度和断裂模数。

(一) 干压和挤压陶瓷砖技术要求（表 7-159～表 7-182）

(1) 干压陶瓷砖（瓷质砖）应符合表 7-159 规定。

(2) 干压陶瓷砖（炻瓷砖）应符合表 7-160 规定。

干压陶瓷砖（瓷质砖）技术要求 表 7-159

序	技术要求						
	尺寸和表面质量		产品表面积 S(cm²)				
			S≤90	90<S≤190	190<S≤410	410<S≤1600	S>1600
1	长度和宽度	每块砖(2条或4条边)的平均尺寸与工作尺寸(W)的允许偏差(%)	±1.2	±1.0	±0.75	±0.6	±0.5
			每块抛光砖(2条或4条边)的平均尺寸相对于工作尺寸的允许偏差为±1.0mm				
		每块砖(2条或4条边)的平均尺寸相对于10块砖(20或40条边)平均尺寸的允许偏差	±0.75	±0.5	±0.5	±0.5	±0.4
2	厚度:每块砖厚度的平均值相对于工作尺寸厚度的允许偏差		±10	±10	±5	±5	±5
3	边直度(正面) 相对于工作尺寸的最大允许偏差(%)		±0.75	±0.5	±0.5	±0.5	±0.3
			抛光砖的边直度允许偏差为±0.2%,且最大偏差≤2.0mm				
4	直角度 相对于工作尺寸的最大允许偏差(%)		±1.0	±0.6	±0.6	±0.6	±0.5
			抛光砖的直角度允许偏差为±0.2%,且最大偏差≤2.0mm。边长>600mm的砖,直角度用对边长度差和对角线长度差表示,最大偏差≤2.0mm				
5	表面平整度最大允许偏差(%)	相对于由工作尺寸计算的对角线的中心弯曲度	±1.0	±0.5	±0.5	±0.5	±0.4
		相对于由工作尺寸的边弯曲度	±1.0	±0.5	±0.5	±0.5	±0.4
		相对于由工作尺寸计算的对角线的翘曲度	±1.0	±0.5	±0.5	±0.5	±0.4
		抛光砖的表面平整度允许偏差为±0.2%,且最大偏差≤2.0mm。边长>600mm的砖,表面平整度用上凸和下凹表示,其最大偏差≤2.0mm					
6	表面质量		至少95%的砖其主要区域无明显缺陷				
	物理性能		要求				
7	吸水率(%)		平均值≤0.5,单值≤0.6				
8	破坏强度(N)	厚度≥7.5mm	≥1300				
		厚度<7.5mm	≥700				
9	断裂模数(MPa)(不适用于破坏强度≥3000N的砖)		平均值≥35,单值≥32				

干压陶瓷砖（炻瓷砖）技术要求 表 7-160

序	技术要求					
	尺寸和表面质量		产品表面积 S(cm²)			
			S≤90	90<S≤190	190<S≤410	S>410
1	长度和宽度	每块砖(2条或4条边)的平均尺寸与工作尺寸(W)的允许偏差(%)	±1.2	±1.0	±0.75	±0.6
		每块砖(2条或4条边)的平均尺寸相对于10块砖(20或40条边)平均尺寸的允许偏差(%)	±0.75	±0.5	±0.5	±0.5
2	厚度: 每块砖厚度的平均值相对于工作尺寸厚度的允许偏差(%)		±10	±10	±5	±5

续表

序	尺寸和表面质量		产品表面积 $S(cm^2)$			
			$S \leqslant 90$	$90 < S \leqslant 190$	$190 < S \leqslant 410$	$S > 410$
3	边直度(正面) 相对于工作尺寸的最大允许偏差(%)		±0.75	±0.5	±0.5	±0.5
4	直角度 相对于工作尺寸的最大允许偏差(%)		±1.0	±0.6	±0.6	±0.6
5	表面平整度最大允许偏差(%)	相对于由工作尺寸计算的对角线的中心弯曲度	±1.0	±0.5	±0.5	±0.5
		相对于由工作尺寸的边弯曲度	±1.0	±0.5	±0.5	±0.5
		相对于由工作尺寸计算的对角线的翘曲度	±1.0	±0.5	±0.5	±0.5
6	表面质量		至少95%的砖其主要区域无明显缺陷			
	物理性能		要　求			
7	吸水率(%)		0.5<平均值≤3,单个最大值≤3.3			
8	破坏强度(N)	厚度≥7.5mm	≥1100			
		厚度<7.5mm	≥700			
9	断裂模数(MPa)(不适用于破坏强度≥3000N的砖)		平均值≥30,单个最小值≥27			

(3) 干压陶瓷砖（细炻砖）应符合表7-161规定。

干压陶瓷砖（细炻砖）技术要求　　表7-161

序	技术要求					
	尺寸和表面质量		产品表面积 $S(cm^2)$			
			$S \leqslant 90$	$90 < S \leqslant 190$	$190 < S \leqslant 410$	$S > 410$
1~6	尺寸和表面质量要求同表7-160①					
	物理性能		要　求			
7	吸水率(%)		3<平均值≤6,单个最大值≤6.5			
8	破坏强度(N)	厚度≥7.5mm	≥1000			
		厚度<7.5mm	≥600			
9	断裂模数(MPa)(不适用于破坏强度≥3000N的砖)		平均值≥22,单个最小值≥20			

① 为节省篇幅，相同的栏目及内容省略（下同）——编者注。

(4) 干压陶瓷砖（炻质砖）应符合表7-162规定。

干压陶瓷砖（炻质砖）技术要求　　表7-162

序	技术要求					
	尺寸和表面质量		产品表面积 $S(cm^2)$			
			$S \leqslant 90$	$90 < S \leqslant 190$	$190 < S \leqslant 410$	$S > 410$
1~6	尺寸和表面质量要求同表7-160					
	物理性能		要　求			
7	吸水率(%)		6<平均值≤10,单个最大值≤11			
8	破坏强度(N)	厚度≥7.5mm	≥800			
		厚度<7.5mm	≥600			
9	断裂模数(MPa)(不适用于破坏强度≥3000N的砖)		平均值≥18,单个最小值≥16			

（5）干压陶瓷砖（陶质砖）应符合表7-163规定。

干压陶瓷砖（陶质砖）技术要求　　　表7-163

<table>
<tr><td rowspan="2">序</td><td colspan="3">技术要求</td><td></td><td></td></tr>
<tr><td colspan="3">尺寸和表面质量</td><td>无间隔凸缘</td><td>有间隔凸缘</td></tr>
<tr><td rowspan="2">1</td><td rowspan="2">长度和宽度</td><td colspan="2">每块砖(2条或4条边)的平均尺寸与工作尺寸(W)的允许偏差(%)</td><td>L≤12cm,±0.75
L>12cm,±0.50</td><td>−3～6</td></tr>
<tr><td colspan="2">每块砖(2条或4条边)的平均尺寸相对于10块砖(20或40条边)平均尺寸的允许偏差(%)</td><td>L≤12cm,±0.5
L>12cm,±0.3</td><td>±0.25</td></tr>
<tr><td>2</td><td colspan="3">厚度
每块砖厚度的平均值相对于工作尺寸厚度的允许偏差(%)</td><td>±10</td><td>±10</td></tr>
<tr><td>3</td><td colspan="3">边直度(正面)
相对于工作尺寸的最大允许偏差(%)</td><td>±0.3</td><td>±0.3</td></tr>
<tr><td>4</td><td colspan="3">直角度
相对于工作尺寸的最大允许偏差(%)</td><td>±0.5</td><td>±0.3</td></tr>
<tr><td rowspan="3">5</td><td rowspan="3" colspan="2">表面平整度最大允许偏差(%)</td><td>相对于由工作尺寸计算的对角线的中心弯曲度</td><td>−0.3～0.5</td><td>−0.3～0.5</td></tr>
<tr><td>相对于由工作尺寸的边弯曲度</td><td>−0.3～0.5</td><td>−0.3～0.5</td></tr>
<tr><td>相对于由工作尺寸计算的对角线的翘曲度</td><td>±0.5</td><td>±0.5</td></tr>
<tr><td>6</td><td colspan="3">表面质量</td><td colspan="2">至少95%的砖其主要区域无明显缺陷</td></tr>
<tr><td></td><td colspan="3">物理性能</td><td colspan="2">要求</td></tr>
<tr><td>7</td><td colspan="3">吸水率(%)</td><td colspan="2">平均值>10,单个最小值>9</td></tr>
<tr><td rowspan="2">8</td><td rowspan="2" colspan="2">破坏强度(N)</td><td>厚度≥7.5mm</td><td colspan="2">≥600</td></tr>
<tr><td>厚度<7.5mm</td><td colspan="2">≥350</td></tr>
<tr><td>9</td><td colspan="3">断裂模数(MPa)(不适用于破坏强度≥3000N的砖)</td><td colspan="2">平均值≥15,单个最小值≥12</td></tr>
</table>

（6）挤压陶瓷砖（吸水率≤3%，AⅠ类）应符合表7-164规定。

AⅠ类挤压陶瓷砖技术要求　　　表7-164

<table>
<tr><td rowspan="2">序</td><td colspan="2">技术要求</td><td></td><td></td></tr>
<tr><td colspan="2">尺寸和表面质量</td><td>精　细</td><td>普　通</td></tr>
<tr><td>1</td><td rowspan="2">长度和宽度</td><td>每块砖(2条或4条边)的平均尺寸与工作尺寸(W)的允许偏差(%)</td><td>±1.0
最大±2mm</td><td>±2.0
最大±4mm</td></tr>
<tr><td>1′</td><td>每块砖(2条或4条边)的平均尺寸相对于10块砖(20或40条边)平均尺寸的允许偏差(%)</td><td>±1.0</td><td>±1.5</td></tr>
<tr><td>2</td><td colspan="2">厚度
每块砖厚度的平均值相对于工作尺寸厚度的允许偏差(%)</td><td>±10</td><td>±10</td></tr>
<tr><td>3</td><td colspan="2">边直度(正面)
相对于工作尺寸的最大允许偏差(%)</td><td>±0.5</td><td>±0.6</td></tr>
<tr><td>4</td><td colspan="2">直角度
相对于工作尺寸的最大允许偏差(%)</td><td>±1.0</td><td>±1.0</td></tr>
</table>

续表

序	技术要求			
	尺寸和表面质量		精细	普通
5	表面平整度最大允许偏差(%)	相对于由工作尺寸计算的对角线的中心弯曲度	±0.5	±1.5
		相对于由工作尺寸的边弯曲度	±0.5	±1.5
		相对于由工作尺寸计算的对角线的翘曲度	±0.8	±1.5
6	表面质量		至少95%的砖其主要区域无明显缺陷	
	物理性能		要求	
7	吸水率(%)		平均值≤3.0,单个最大值≤3.3	
8	破坏强度(N)	厚度≥7.5mm	≥1100	
		厚度<7.5mm	≥600	
9	断裂模数(MPa)(不适用于破坏强度≥3000N的砖)		平均值≥23,单个最小值≥18	

(7) 挤压陶瓷砖(3%<吸水率≤6%,AⅡa类——第1部分)应符合表7-165规定。

AⅡa_1类挤压陶瓷砖技术要求 **表7-165**

序	技术要求			
	尺寸和表面质量		精细	普通
1	长度和宽度	每块砖(2条或4条边)的平均尺寸与工作尺寸(W)的允许偏差(%)	±1.25 最大±2mm	±2.0 最大±4mm
1′~6		尺寸和表面质量其他内容同表7-164		
	物理性能		要求	
7	吸水率,%		3.0<平均值≤6.0,单个最大值≤6.5	
8	破坏强度(N)	厚度≥7.5mm	≥950	
		厚度<7.5mm	≥600	
9	断裂模数(MPa)(不适用于破坏强度≥3000N的砖)		平均值≥20,单个最小值≥18	

(8) 挤压陶瓷砖(3%<吸水率≤6%,AⅡa类——第2部分)应符合表7-166规定。

AⅡa_2类挤压陶瓷砖技术要求 **表7-166**

序	技术要求			
	尺寸和表面质量		精细	普通
1	长度和宽度	每块砖(2条或4条边)的平均尺寸与工作尺寸(W)的允许偏差(%)	±1.5 最大±2mm	±2.0 最大±4mm
1′		每块砖(2条或4条边)的平均尺寸相对于10块砖(20或40条边)平均尺寸的允许偏差(%)	±1.5	±1.5
2	厚度 每块砖厚度的平均值相对于工作尺寸厚度的允许偏差(%)		±10	±10

续表

序	技术要求			
	尺寸和表面质量		精细	普通
3	边直度(正面) 相对于工作尺寸的最大允许偏差(%)		±1.0	±1.0
4	直角度 相对于工作尺寸的最大允许偏差(%)		±1.0	±1.0
5	表面平整度最人允许偏差(%)	相对于由工作尺寸计算的对角线的中心弯曲度	±1.0	±1.5
		相对于由工作尺寸的边弯曲度	±1.0	±1.5
		相对于由工作尺寸计算的对角线的翘曲度	±1.5	±1.5
6	表面质量		至少95%的砖其主要区域无明显缺陷	
	物理性能		要求	
7	吸水率(%)		3.0<平均值≤6.0,单个最大值≤6.5	
8	破坏强度(N)	厚度≥7.5mm	≥800	
		厚度<7.5mm	≥600	
9	断裂模数(MPa)(不适用于破坏强度≥3000N的砖)		平均值≥13,单个最小值≥11	

(9) 挤压陶瓷砖 (6%<吸水率≤10%, AⅡb类——第1部分) 应符合表7-167规定。

AⅡb_1类挤压陶瓷砖技术要求 **表7-167**

序	技术要求			
	尺寸和表面质量		精细	普通
1	长度和宽度	每块砖(2条或4条边)的平均尺寸与工作尺寸(W)的允许偏差(%)	±2.0 最大±2mm	±2.0 最大±4mm
1′~6		序1′~6的尺寸和表面质量同表7-166		
	物理性能		要求	
7	吸水率(%)		6<平均值≤10,单个最大值≤11	
8	破坏强度(N)		≥900	
9	断裂模数(MPa)(不适用于破坏强度≥3000N的砖)		平均值≥17.5,单个最小值≥15	

(10) 挤压陶瓷砖 (6%<吸水率≤10%, AⅡb类——第2部分) 应符合表7-168规定。

AⅡb_2类挤压陶瓷砖技术要求 **表7-168**

序	技术要求			
	尺寸和表面质量		精细	普通
1	长度和宽度	每块砖(2条或4条边)的平均尺寸与工作尺寸(W)的允许偏差(%)	±2.0 最大±2mm	±2.0 最大±4mm
1′~6		序1′~6的尺寸和表面质量同表7-166		

续表

序	技术要求		
	尺寸和表面质量	精细	普通
	物理性能	要求	
7	吸水率(%)	6<平均值≤10,单个最大值≤11	
8	破坏强度(N)	≥750	
9	断裂模数(MPa)(不适用于破坏强度≥3000N的砖)	平均值≥9,单个最小值≥8	

(11) 挤压陶瓷砖(吸水率>10%，AⅢ类)应符合表7-169规定。

AⅢ类挤压陶瓷砖技术要求 **表7-169**

序	技术要求			
	尺寸和表面质量		精细	普通
1	长度和宽度	每块砖(2条或4条边)的平均尺寸与工作尺寸(W)的允许偏差(%)	±2.0 最大±2mm	±2.0 最大±4mm
1′～6		序1′～6的尺寸和表面质量同表7-166		
	物理性能		要求	
7	吸水率(%)		平均值>10	
8	破坏强度(N)		≥600	
9	断裂模数(MPa)(不适用于破坏强度≥3000N的砖)		平均值≥8,单个最小值≥7	

(二) 干挂空心陶瓷板技术要求

1. 规格

干挂空心陶瓷板有效宽度≤600mm。

名义厚度≤18mm的干挂空心陶瓷板承载力壁厚≥5.5mm。

18mm<名义厚度≤30mm的干挂空心陶瓷板承载力壁厚≥7.7mm。

2. 尺寸允许偏差(表7-170)

尺寸允许偏差 **表7-170**

长度、宽度	边直度	直角度	平整度			厚度
			边弯曲度	中心弯曲度	翘曲度	
±1.0%,长度最大值±1.0mm,宽度最大值±2.0mm	±0.5%,长度最大值±2.5mm,宽度最大值±0.6mm	±0.5%,最大值±2.5mm	±1.0%,最大值±2.5mm	±1.0%,最大值±3.0mm	±1.0%,最大值±3.0mm	±10%,最大值±2.0mm

注:异型干挂空心陶瓷板尺寸允许偏差由供需双方商定

3. 表面质量

不应有裂纹、釉裂、缺釉、不平整、针孔、桔釉、斑点、釉下缺陷、磕碰、釉泡、毛边、釉缕等缺陷。至少有95%的砖主要区域无明显缺陷。

4. 吸水率和破坏强度要求(表7-171)

吸水率和破坏强度 表 7-171

物理性能	要求	
吸水率(%)	平均值≤10,单个值≤12	
破坏强度(N)	名义厚度≤18mm	平均值≥2100,单个值≥1900
	18mm<名义厚度≤30mm	平均值≥4500,单个值≥4200

(三)建筑幕墙用瓷板技术要求

1. 厚度、单片面积

幕墙瓷板的实测厚度不应小于12mm(不包括背纹),单片面积不宜大于1.5m^2。

2. 表面质量

不应有裂纹、正面边磕碰、缺棱、正面角磕碰、缺角、釉裂、釉面龟裂、釉面针孔、气泡、桔釉、釉下缺陷、缺釉、不平整、窝坑、斑点、毛边等。幕墙瓷板的表面质量综合合格率不应小于95%。

3. 普型板尺寸及偏差要求(表 7-172)

普型板尺寸允许偏差 表 7-172

项目	允许相对偏差(%)	允许偏差(mm)
长度、宽度	±0.5	±1.5
厚度	—	−0.3~+1.5
注:毛面板的厚度偏差,由双方协商确定		

4. 边直度

普型板边直度允许相对偏差:不应大于0.5%,允许偏差:不应大于1.2mm。

5. 对角线差

普型板对角线差不应大于2.0mm。

6. 表面平整度要求(表 7-173)

普型板表面平整度允许偏差 表 7-173

瓷板类别	允许相对偏差(%)	允许偏差(mm)
毛面板	≤0.5	≤2.0
釉面板	≤0.3	≤1.5
抛光板	≤0.3	≤1.5
亚光板	≤0.3	≤1.5

7. 直边弯曲度

拱形时不应超过0.5%,波形时不应超过0.3%。

8. 吸水率

平均值≤0.5%,单个值≤0.6%。

9. 弯曲强度

平均值≥30.0MPa,最小值≥27.0MPa。

10. 剪切强度

平均值≥15.0MPa，最小值≥13.5MPa。

（四）陶瓷马赛克、成联陶瓷马赛克质量、技术要求

1. 尺寸允许偏差

单块陶瓷马赛克尺寸允许偏差和每联陶瓷马赛克的线路、联长的尺寸允许偏差要求（表 7-174）

尺寸允许偏差 **表 7-174**

单块陶瓷马赛克尺寸允许偏差（mm）		
项　目	允许偏差	
	优等品	合格品
长度和宽度	±0.5	±1.0
厚度	±0.3	±0.4
每联陶瓷马赛克的线路、联长的尺寸允许偏差（mm）		
项　目	允许偏差	
	优等品	合格品
线路	±0.6	±1.0
联长	±1.5	±2.0

2. 吸水率

无釉陶瓷马赛克的吸水率不大于 0.2%，有釉陶瓷马赛克的吸水率不大于 1.0%。

3. 成联陶瓷马赛克质量要求（表 7-175）

成联陶瓷马赛克质量要求 **表 7-175**

项　目	要　求
色差	单色陶瓷马赛克及联间同色砖色差优等品目测基本一致
	单色陶瓷马赛克及联间同色砖色差合格品目测稍有色差
铺贴衬材的粘结性	陶瓷马赛克与铺贴衬材经粘结性试验后，不允许有马赛克脱落
铺贴衬材的剥离性	表贴陶瓷马赛克的剥离时间不大于 40min
铺贴衬材的露出	表贴、背贴陶瓷马赛克铺贴后，不允许有铺贴衬材露出

（五）广场用陶瓷砖技术要求

其技术要求见表 7-176。

广场用陶瓷砖技术要求 **表 7-176**

技术要求					
尺寸和外观质量		产品表面积 S(cm^2)			
		$S\leqslant90$	$90<S\leqslant190$	$190<S\leqslant410$	$S>410$
长度和宽度	每块砖(2 条或 4 条边)的平均尺寸与工作尺寸(W)的允许偏差(%)	±1.5	±1.2	±0.75	±0.6
	每块砖(2 条或 4 条边)的平均尺寸相对于 10 块砖(20 或 40 条边)平均尺寸的允许偏差(%)	±1.2	±1.0	±0.5	±0.5

续表

<table>
<tr><th colspan="6">技术要求</th></tr>
<tr><th colspan="2" rowspan="2">尺寸和外观质量</th><th colspan="4">产品表面积S(cm^2)</th></tr>
<tr><th>$S \leq 90$</th><th>$90 < S \leq 190$</th><th>$190 < S \leq 410$</th><th>$S > 410$</th></tr>
<tr><td colspan="2">厚度
每块砖厚度的平均值相对于工作尺寸厚度的允许偏差(%)</td><td>±10</td><td>±10</td><td>±7.5</td><td>±7.5</td></tr>
<tr><td colspan="2">边直度(正面)
相对于工作尺寸的最大允许偏差(%)</td><td>±0.75</td><td>±0.5</td><td>±0.5</td><td>±0.5</td></tr>
<tr><td colspan="2">直角度
相对于工作尺寸的最大允许偏差(%)</td><td>±1.0</td><td>±0.6</td><td>±0.6</td><td>±0.6</td></tr>
<tr><td rowspan="3">表面平整度最大允许偏差(%)</td><td>相对于由工作尺寸计算的对角线的中心弯曲度</td><td>±1.0</td><td>±0.5</td><td>±0.5</td><td>±0.5</td></tr>
<tr><td>相对于由工作尺寸的边弯曲度</td><td>±1.0</td><td>±0.5</td><td>±0.5</td><td>±0.5</td></tr>
<tr><td>相对于由工作尺寸计算的对角线的翘曲度</td><td>±1.0</td><td>±0.5</td><td>±0.5</td><td>±0.5</td></tr>
<tr><td colspan="2">表面质量</td><td colspan="4">至少95%的砖其主要区域无明显缺陷,应无明显色差</td></tr>
<tr><th colspan="2">物理性能</th><th colspan="4">要求</th></tr>
<tr><td colspan="2">吸水率(%)</td><td colspan="4">平均值≤5.0,单个最大值≤5.5</td></tr>
<tr><td colspan="2">破坏强度(N)</td><td colspan="4">≥1500</td></tr>
<tr><td colspan="2">断裂模数(MPa)</td><td colspan="4">平均值≥20,单个最小值≥18</td></tr>
</table>

(六)微晶玻璃陶瓷复合砖技术要求

其技术要求见表7-177。

微晶玻璃陶瓷复合砖技术要求 **表7-177**

<table>
<tr><th colspan="3">技术要求</th></tr>
<tr><th colspan="2">尺寸和外观质量</th><th>允许偏差</th></tr>
<tr><td>长度和宽度</td><td>每块砖(2条或4条边)的平均尺寸与工作尺寸(W)的允许偏差(mm)</td><td>±1.0</td></tr>
<tr><td>厚度</td><td>每块砖厚度的平均值相对于工作尺寸厚度的允许偏差(%)</td><td>±5</td></tr>
<tr><td colspan="2">边直度(正面)
相对于工作尺寸的最大允许偏差(%)</td><td>±0.20
且最大偏差≤2.0mm</td></tr>
<tr><td colspan="2">直角度
相对于工作尺寸的最大允许偏差(%)(适用于最大边长$L \leq 600$mm的产品)</td><td>±0.20
且最大偏差≤2.0mm</td></tr>
<tr><td colspan="2">对边长度差(mm)
(适用于最大边长$L > 600$mm的产品)</td><td>≤1.0</td></tr>
<tr><td colspan="2">对角线长度差(mm)
(适用于最大边长$L > 600$mm的产品)</td><td>600mm$< L \leq$800mm时:≤1.5
800mm$< L \leq$1000mm时:≤2.0
$L >$1000mm时:≤3.0</td></tr>
</table>

续表

技术要求	
尺寸和外观质量	允许偏差
表面平整度 最大允许偏差(%)	±0.20 且最大偏差≤2.0mm
表面质量	至少95%的产品其主要区域无明显缺陷， 同一批产品应无明显可见色差 不允许有夹层
物理性能	要求
吸水率(%)	平均值≤0.5，单个最大值≤0.6
破坏强度(N)	≥3000
断裂模数(MPa)	平均值≥35，单个最小值≥32

（七）陶瓷板技术要求

1. 表面质量

至少95%的陶瓷板主要区域无明显缺陷。

2. 尺寸允许偏差

尺寸允许偏差应符合表7-178要求。

尺寸最大允许偏差 **表7-178**

项　　目	允许偏差(mm)
长度和宽度	±1.0
厚度	±0.3
对边长度差	≤1.0
对角线长度差	≤1.5

3. 吸水率

瓷质板吸水率平均值：E≤0.5%；单值E≤0.6%；

炻质板吸水率平均值：0.5%<E≤10.0%；单值：E≤11.0%；

陶质板吸水率平均值：E>10.0%；单值：E>9.0%。

4. 破坏强度和断裂模数要求（表7-179）

破坏强度和断裂模数 **表7-179**

产品类别		破坏强度(N)	断裂模数(MPa)
瓷质板	厚度 d≥4.0mm	≥800	平均值≥45 单值≥40
	厚度 d<4.0mm	≥400	
炻瓷板		≥750	平均值≥40 单值≥35
陶质板	厚度 d≥4.0mm	≥600	平均值≥40 单值≥35
	厚度 d<4.0mm	≥400	平均值≥30 单值≥25

（八）纤维陶瓷板技术要求

（1）外观质量应符合表 7-180 要求。

产品装饰面表面缺陷最大允许范围　　表 7-180

缺陷名称	最大允许范围
不平整	≤5 个/m^2且 ϕ 最大尺寸≤3mm
斑点	≤2 个/m^2
装饰缺陷	≤3 个/m^2
釉下缺陷	不允许
釉泡	≤3 个/m^2

（2）尺寸偏差应符合表 7-181 要求。

尺寸偏差　　表 7-181

项目		允许偏差(mm)
长度	边长>1000mm	±0.5
	边长≤1000mm	±1.0
厚度		±0.3
直角度		±1.0

（3）吸水率、破坏强度和断裂模数应符合表 7-182 要求。

吸水率、破坏强度、断裂模数要求　　表 7-182

项目		要求
吸水率(%)	中吸水率	6<平均值≤11
	高吸水率	11<平均值≤15
破坏强度(N)	厚度≤7.5mm	≥350
	厚度>7.5mm	≥600
断裂模数(MPa)		平均值≥30，最小单值≥25

查看合格证书和出厂试验报告后应再看包装箱，包装箱应标有企业名称和地址、产品名称（吸水率）、型号规格、商标、数量、等级、生产日期、执行标准的编号、名义尺寸和工作尺寸等。

四、质量检验

工程上采购陶瓷砖后，根据不同的使用部位应对产品进行检测，当使用在外墙时，应对产品的尺寸、表面质量、抗冻性、耐污染性及吸水率等进行重点检测，特别是吸水率，如果产品吸水率过大，在以后的使用过程中，有可能会产生墙面渗水及面砖脱落，无釉砖（通常称通体砖）的吸水率最好小于等于 0.5%；当使用在内墙时，应对产品的尺寸、表面质量、耐污染性、抗釉裂性、放射性进行重点检测，由于内墙砖铺贴时砖与砖的间隔较小，特别是无缝砖，如果尺寸偏差过大会严重影响装饰效果，由于内墙砖的吸水率较大，材质较疏松，当胚体与釉面的膨胀系数相差过大时容易产生釉裂，考虑到安全性应进行放射性的检测；当使用在地面时，应对产品的尺寸、表面质量、破坏强度和断裂模数、耐磨性、吸水率 、光泽度（抛光砖）、放射性（使用于室内）进行重点检测，由于有釉地砖的耐磨性只是参考性项目没有指标，所以以下给出参考性建议：0 级建议该等级的上釉砖不适用于地面；1 级建议该等级的地砖适用于柔软的鞋袜或不带有划痕灰尘的光脚使用的地面（例如：没有直接通向室外通道的卫生间或卧室使用的地面）；2 级建议该等级的地砖适用于柔软的鞋袜或普通鞋袜使用的地面，大多数情况下，偶尔有少量划痕灰尘（例如：家中起居室，但不包括厨房、入口处和其他有较多来往的房间），该等级的砖不能用于特殊的鞋袜，例如带平头钉的鞋子；3 级建议该等级的地砖适用于平常的鞋袜，带有少量划痕灰尘的地面（例如：家庭的厨房、客厅、走廊、阳台、凉廊和平台），该等级的砖不能用于特殊的鞋袜，例如带平头钉的鞋子；4 级建议该等级的地砖适用于有划痕灰尘，有规律来往行人的地面，使用条件比 3 级地砖恶劣（例如：入口处、饭店的厨房、旅店、展览馆和商店）；5 级建议该等级的地砖适用于有在行人来往很多并能经受划痕灰尘的地面，甚至于上釉砖能使用环境较恶劣的情况（公共场所如商务中心、机场大厅、旅馆门厅、公共过道和工业应用场所）。

陶瓷砖由于是装饰产品，因此尺寸和表面质量是最直观的，首先要检查陶瓷砖的尺寸是否都一致，色调是否一致，有无裂纹缺角等缺陷，其次敲击瓷砖声音是否清亮，如果是内墙砖，取几块砖浸入水中半小时左右，取出用毛巾把表面水擦去，看瓷砖釉面下是否有水的痕迹，如果有，可能以后釉面会有裂纹及背面的水泥颜色会渗到釉面下，釉面会发黑。玻化砖是一种高温烧制的瓷质砖，吸水率很低，如果玻化砖的吸水率偏高，经打磨后，毛气孔容易暴露在外，污物尘土容易渗入砖体，一旦渗入是擦不掉的，铺装前为避免施工中损伤砖面，应用编织袋等不易脱色的物品把砖面盖住。

陶瓷砖进入现场后，按照不同的品种，参照相应的标准应对主要技术性能进行复检，以同种产品，同一级别、同一规格实际的交货量大于 5000m^2 为一批，不足 5000m^2 以一批计。取样数量为 1m^2 且大于 32 片陶瓷砖。

五、运输和储存

产品在搬运时应轻拿轻放，严禁摔扔，以防破损，应按品种、规格、级别分别整齐堆放，在室外堆放时应有防雨设施，产品堆码高度应适当，以免压坏包装箱或产品，防止撞击。

第十节　建筑用轻钢龙骨

建筑用轻钢龙骨是建设工程中用于轻质隔墙和装饰吊顶的主要受力材料，随着建筑的发展，人们越来越注重对公共建筑、工业建筑及住宅的装饰，由轻钢龙骨和纸面石膏板、装饰石膏板、矿（岩）棉吸声板等轻质材料组成隔墙和吊顶，因其具有自重轻、防火及隔声效果好、施工便捷等特点，被大量使用于非承重内隔墙和大面积装饰吊顶中。

建筑用轻钢龙骨（简称龙骨）是以冷轧钢板（带）、镀锌钢板（带）或彩色涂层钢板（带）做原料，采用冷弯工艺生产的薄壁型钢。

龙骨主要是作为轻质隔墙和吊顶的龙骨，与传统的木龙骨相比，它具有重量轻、强度高、防火、防腐等优点。龙骨能与各种装饰板材配套使用，具有良好的性能及装饰效果，用这种轻质墙板可以对房间进行随意分隔，吊顶可以做成各种形状的装饰吊顶。

龙骨可以用镀锌钢板（带）或彩色涂层钢板（带）直接加工成龙骨，也可以用冷轧钢板（带）加工成龙骨后再进行镀锌处理。

一、龙骨的分类和组成

1. 龙骨的分类

龙骨按适用场合分为墙体龙骨和吊顶龙骨两种，按断面形状分为 U、C、CH、T、H、V 和 L 形七种形式。

2. 龙骨的组成

墙体龙骨由横龙骨、竖龙骨、通贯龙骨、支撑卡组成。（见图 7-7）

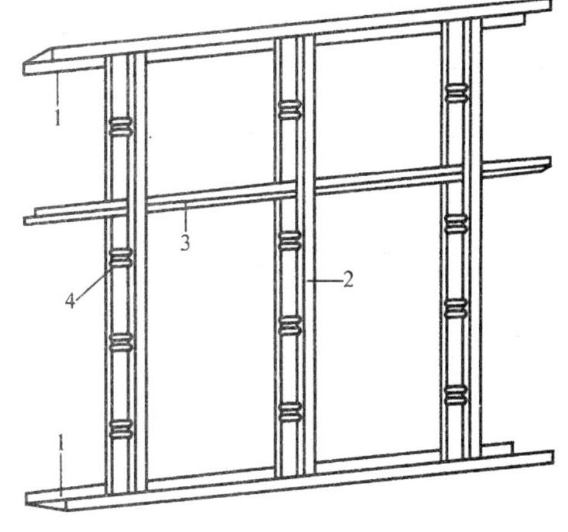

图 7-7 墙体龙骨示意图

1—横龙骨；2—竖龙骨；3—通贯龙骨；4—支撑卡

U 形吊顶龙骨由承重龙骨、覆面龙骨、承载龙骨连接件、覆面龙骨连接件、挂件、挂插件、吊件、吊杆组成（见图 7-8）。

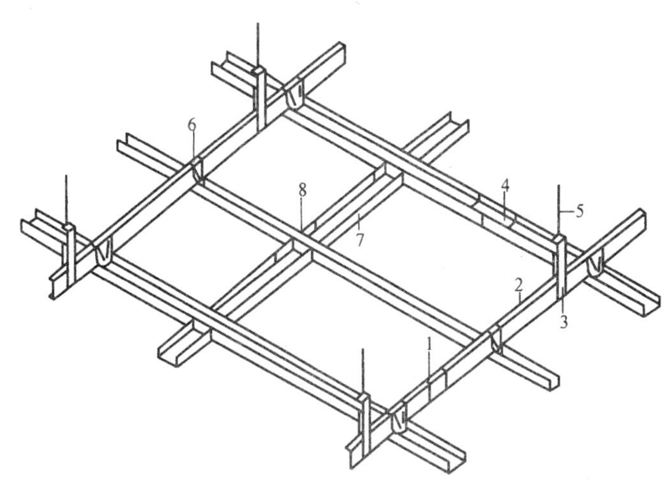

图 7-8 U 形吊顶龙骨示意图

1—承载龙骨连接件；2—承载龙骨；3—吊件；4—覆面龙骨连接件；5—吊杆；6—挂件；7—覆面龙骨；8—挂插件

T 形吊顶龙骨由主龙骨、次龙骨、边龙骨、吊件、吊杆组成。（见图 7-9）

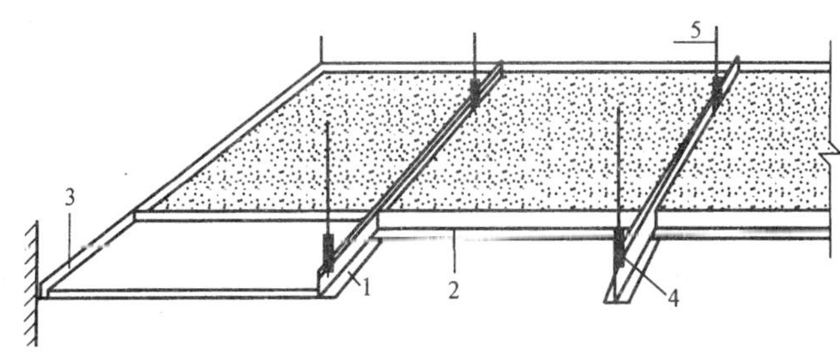

图 7-9 T 形吊顶龙骨示意图

1—主龙骨；2—次龙骨；3—边龙骨；4—吊件；5—吊杆

H形吊顶龙骨由承载龙骨、H型龙骨、插片、吊件、挂件组成。(见图7-10)

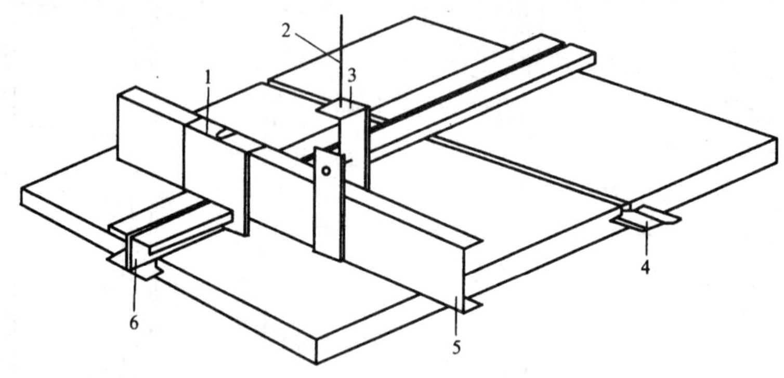

图7-10 H形吊顶龙骨示意图

1—挂件；2—吊杆；3—吊件；4—插片；5—承载龙骨；6—H形龙骨

V形直卡式吊顶龙骨由V形承载龙骨、覆面龙骨、吊件组成。(见图7-11)

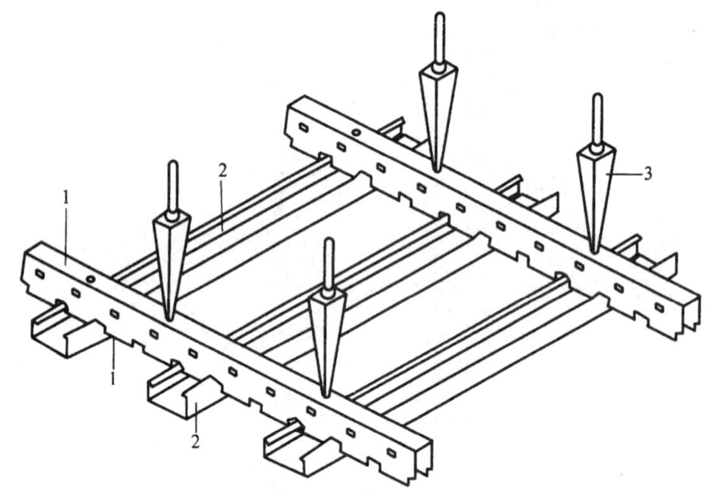

图7-11 V形直卡式吊顶龙骨示意图（L形代替V形为L形直卡式吊顶龙骨示意图）

1—V形承载龙骨；2—覆面龙骨；3—吊件

二、龙骨的验收

建筑用轻钢龙骨在进入建设工程被使用前，必须进行检验验收。验收主要包括资料验收和实物验收两部分。

1. 资料验收

(1) 龙骨质量证明书：

龙骨产品在进入施工现场时应对质量证明书进行验收。质量证明书必须字迹清晰，证明书中应注明：生产厂名；产品名称；规格及等级；生产日期和批号；产品标准及产品标准中所规定的各项出厂检验结果等。质量证明书应加盖生产单位公章或质检部门检验专用章。还应提供有效的产品性能检测报告。

(2) 建立材料台账：

龙骨产品在进入施工现场后，施工单位应及时建立“建设工程材料采购验收检验使用综合台账”。监理单位可设立“建设工程材料监理监督台账”。内容可包括：材料名称、规格等级、生产单位、供应单位、进货日期、送样单编号、实收数量、质量证明书编号、外观质量、材料检验日期、复验报告编号和结果、工程材料报审表确认日期、使用部位、审核人签名等信息。

（3）包装和标志

包装：产品应打捆包装，每捆重量不得超过 50kg，有彩色钢板复合的龙骨宜用纸箱包装，产品配件用木箱或其他合适的材料包装，每件不得超过 50kg。

标志：在每一包装件上应标明制造厂名、产品标记、数量、质量等级、制造日期或批号。

产品标记由产品名称、代号、断面形状的宽度、高度、钢板厚度和标准号组成。

如断面形状为 U 形，宽度为 50mm，高度为 15mm，钢板带厚度为 1.2mm 的吊顶承载龙骨标记为：建筑用轻钢龙骨 DU50×15×1.2 GB/T 11981—2008。

代号为：Q 表示墙体龙骨；D 表示吊顶龙骨；ZD 表示直卡式吊顶龙骨。

如断面形状为 C 形，宽度为 75mm，高度为 45mm，钢板带厚度为 0.7mm 的墙体竖龙骨标记为：建筑用轻钢龙骨 QC75×45×0.7 GB/T 11981—2008。

U 表示龙骨断面形状为 U 形；C 表示龙骨断面形状为 C 形；T 表示龙骨断面形状为 T 形；L 表示龙骨断面形状为 L 形；H 表示龙骨断面形状为 H 形；V 表示龙骨断面形状为⌣或△形；CH 表示龙骨断面形状为 LH 形。

2. 实物质量的验收

实物质量验收分为外观质量验收、力学性能复验和送样检验。

（1）外观质量要求：

龙骨外形要平整、棱角清晰，切口不许有毛刺和变形。镀锌层应无起皮、起瘤、脱落等缺陷。无影响使用的腐蚀、损伤、麻点。面积不大于 $1cm^2$ 的黑斑每米长度内不多于 3 处。涂层应无气泡、划伤、漏涂、颜色不均匀等影响使用的缺陷。

龙骨的断面形状、尺寸及公称厚度见表 7-183。

龙骨产品分类及规格（mm） **表 7-183**

类别	品种		断面形状	规格	备注
墙体龙骨 Q	CH 形龙骨	竖龙骨	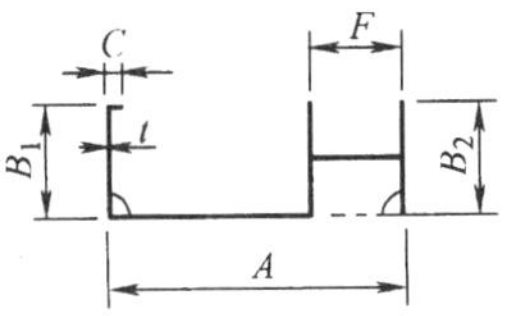 C F t B_1 B_2 A	$A \times B_1 \times B_2 \times t$ 75(73.5)$\times B_1 \times B_2 \times$0.8 100(98.5)$\times B_1 \times B_2 \times$0.8 150(148.5)$\times B_1 \times B_2 \times$0.8 $B_1 \geqslant 35$；$B_2 \geqslant 35$	当 $B_1 = B_2$ 时，规格为 $A \times B \times t$
	C 形龙骨	竖龙骨	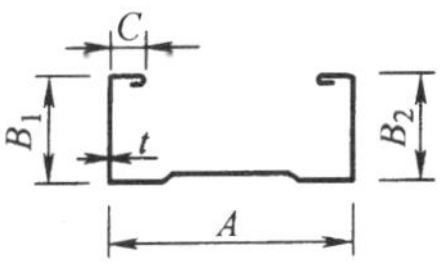 C t B_1 B_2 A	$A \times B_1 \times B_2 \times t$ 50(48.5)$\times B_1 \times B_2 \times$0.6 75(73.5)$\times B_1 \times B_2 \times$0.6 100(98.5)$\times B_1 \times B_2 \times$0.7 150(148.5)$\times B_1 \times B_2 \times$0.7 $B_1 \geqslant 45$；$B_2 \geqslant 45$	

续表

类别	品种		断面形状	规格	备注
墙体龙骨Q	U形龙骨	横龙骨	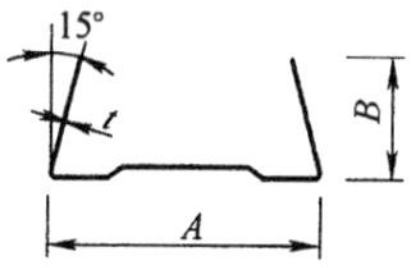	$A\times B\times t$ 52(50)×B×0.6 77(75)×B×0.6 102(100)×B×0.7 152(150)×B×0.7 $B\geqslant35$	
		通贯龙骨	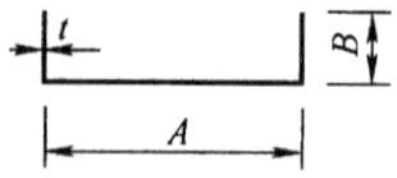	$A\times B\times t$ 38×12×1.0	
吊顶龙骨D	U形龙骨	承载龙骨	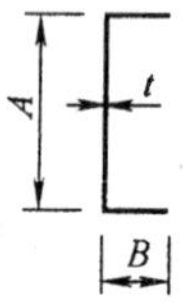	$A\times B\times t$ 38×12×1.0 50×15×1.2 60×B×1.2	B=24～30
	C形龙骨	承载龙骨		$A\times B\times t$ 38×12×1.0 50×15×1.2 60×B×1.2	
		覆面龙骨	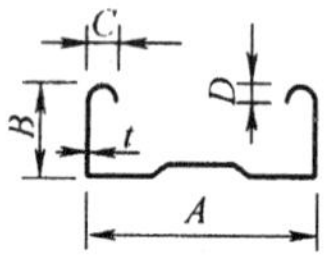	$A\times B\times t$ 50×19×0.5 60×27×0.6	
	T形龙骨	主龙骨	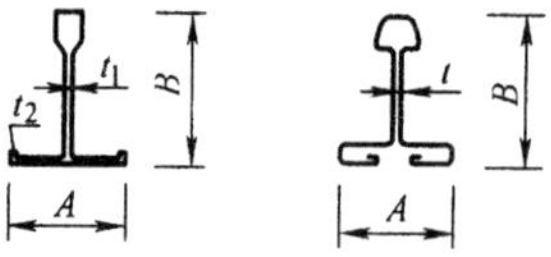	$A\times B\times t_1\times t_2$ 24×38×0.27×0.27 24×32×0.27×0.27 14×32×0.27×0.27	1. 中型承载龙骨 $B\geqslant38$，轻型承载龙骨 $B<38$； 2. 龙骨由整片钢板(带)成型时，规格为 $A\times B\times t$
		次龙骨	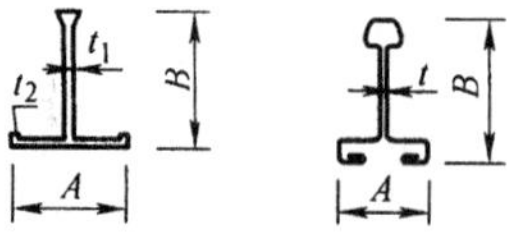	$A\times B\times t_1\times t_2$ 24×28×0.27×0.27 24×25×0.27×0.27 14×25×0.27×0.27	
	H形龙骨		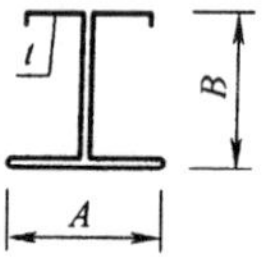	$A\times B\times t$ 20×20×0.3	

续表

类别	品种		断面形状	规格	备注
吊顶龙骨D	V形龙骨	承载龙骨	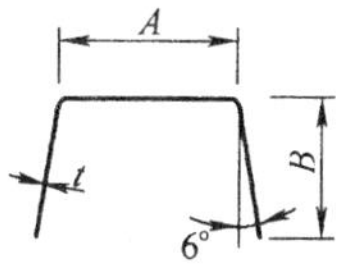	$A\times B\times t$ 20×37×0.8	造型用龙骨规格为20×20×1.0
		覆面龙骨	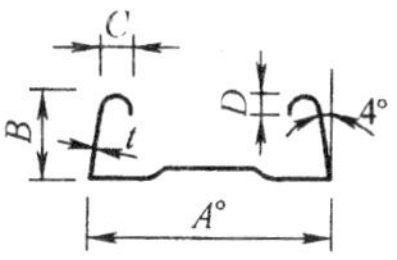	$A\times B\times t$ 49×19×0.5	
	L形龙骨	承载龙骨	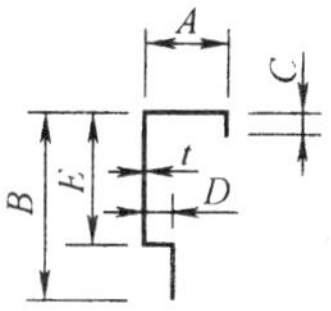	$A\times B\times t$ 20×43×0.8	
		收边龙骨	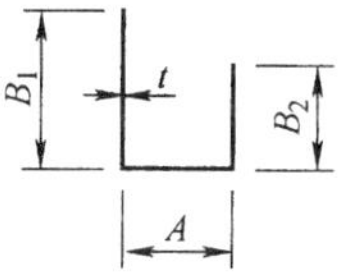	$A\times B_1\times B_2\times t$ $A\times B_1\times B_2\times 0.4$ $A\geqslant 20$；$B_1\geqslant 25$、$B_2\geqslant 20$	
		边龙骨	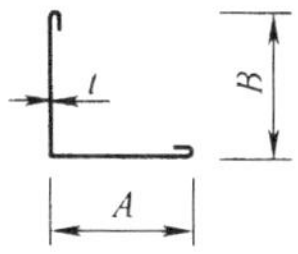	$A\times B\times t$ $A\times B\times 0.4$ $A\geqslant 14$；$B\geqslant 20$	

尺寸允许偏差应符合表7-184规定，尺寸C、D、E应符合表7-185规定。

尺寸允许偏差（mm） **表7-184**

项目		允许偏差
长度L	U、C、H、V、L、CH形	±5
	T形孔距	±0.3
覆面龙骨断面尺寸	尺寸A	≤1.0
	尺寸B	≤0.5
其他龙骨断面尺寸	尺寸A	≤0.5
	尺寸B	≤1.0
	尺寸F(内部净空)	≤0.5
厚度t、t_1、t_2		应符合GB/T 2518—2004表7中“公称宽度大于60mm小于等于1200mm栏”的要求

尺寸 *C*、*D*、*E*（mm） 表 7-185

项目	品　种	要　求
尺寸 *C*	CH 形墙体竖龙骨、C 形吊顶覆面龙骨、L 形承载龙骨	≥5.0
	C 形墙体竖龙骨	≥6.0
尺寸 *D*	覆面龙骨	≥3.0
	L 形承载龙骨	≥7.0
尺寸 *E*	L 形承载龙骨	≥30.0

底面和侧面的平直度应符合表 7-186 的规定。

底面和侧面平直度 表 7-186

类　别	品　种	检 测 部 位	平直度(mm/1000mm)
墙体	横龙骨和竖龙骨	侧面	≤1.0
		底面	≤2.0
	通贯龙骨	侧面和底面	
吊顶	承载龙骨和覆面龙骨	侧面和底面	≤1.5
	T 形、H 形龙骨	底面	≤1.3

弯曲内角半径 *R* 应符合表 7-187 的规定。

弯曲内角半径 *R*（mm）（不包括 T 形、H 形和 V 形龙骨） 表 7-187

钢板厚度 *t*	*t*≤0.70	0.70<*t*≤1.00	100<*t*≤1.20	*t*>1.20
弯曲内角半径 *R*	≤1.50	≤1.75	≤2.00	≤2.25

角度偏差应符合表 7-188 的规定。

角度允许偏差 表 7-188

成型角较短边尺寸 *B*	允 许 偏 差
B≤18mm	≤2°00′
B>18mm	≤1°30′

龙骨表面采用镀锌防锈时，其双面镀锌量或双面镀锌层厚度应符合表 7-189 的规定。在经外观尺寸检查和力学性能测试后的三根试件上，各切取一块约 900mm^2 的样品用于双面镀锌量的测量。

双面镀锌量和双面镀锌层厚度 表 7-189

项　目	技 术 要 求
双面镀锌量(g/m^2)	≥100
双面镀锌层厚度(μm)	≥14
注：表面镀锌防锈的最终裁定以双面镀锌量为准	

龙骨表面采用彩色涂层（烤漆涂层）防锈时，彩色涂层钢板（带）的性能应符合表 7-190 的规定。在经外观尺寸检查和力学性能测试后的三根试件上，烤漆带沿长度方向各

切 150mm 用于测定铅笔硬度和 100mm 用于耐盐雾试验性能试验。

彩色涂层钢板（带）的性能　　表 7-190

项　目	技术要求
涂镀层厚度(μm)	≥35
涂层铅笔硬度	≥HB(HB 铅笔硬度)

在高湿度、高盐环境或室外使用时，根据需方要求并经供需双方商定，可增加耐盐雾性能试验，龙骨表面应无起包、生锈现象。

（2）物理性能试验

以 2000m 同型号、同规格的轻钢龙骨为一批，不足 2000m 的为一批。

1）墙体龙骨力学性能试验，按表 7-191 规定抽取试样；其中横、竖龙骨可采用经外观尺寸检查后的试件。

墙体龙骨力学性能试验用试件和配套材料的数量和尺寸　　表 7-191

规格	横龙骨		竖龙骨		支撑卡	通贯龙骨	
	数量(根)	长度(mm)	数量(根)	长度(mm)	数量(只)	数量(根)	长度(mm)
Q100 以上	2	1200	3	5000	27	4	1200
Q75	2	1200	3	4000	21	3	1200
Q50	2	1200	3	2700	15	—	—

注：1. 根据用户需求，确定是否安装支撑卡及通贯龙骨。
2. Q50 竖龙骨不应开通贯孔，Q75 以上竖龙骨上通贯孔间距≥1200mm

墙体龙骨组件的力学性能应符合表 7-192 的规定。

墙体龙骨组件的力学性能　　表 7-192

类　别	项　目	要　求
墙体	抗冲击试验	残余变形量不大于 10.0mm，龙骨不得有明显的变形
	静载试验	残余变形量不大于 2.0mm

2）吊顶龙骨力学性能试验，按表 7-193、表 7-194、表 7-195 规定抽取试样。

U、C、V、L 形吊顶龙骨力学性能试验用试件和配套材料的数量和尺寸　　表 7-193

品　种	数　量	长度(mm)
承载龙骨	2 根	1200
覆面龙骨	2 根	1200
吊件	4 件	—
挂件	4 件	—

注：V、L 形直卡式吊顶龙骨组件的力学性能不需要配套材料。

T形吊顶龙骨力学性能试验用试件和配套材料的数量和尺寸　　表 7-194

品种		数　量	长度(mm)
试件	主龙骨	2根	1200
配套材料	次龙骨	1200mm长主龙骨上安装次龙骨的孔数	600
	吊件或挂件		—

H形吊顶龙骨力学性能试验用试件和配套材料的数量和尺寸　　表 7-195

品种		数　量	长度(mm)
试件	H龙骨	2根	1200
配套材料	吊件	4件	—
	挂件	4件	—

吊顶龙骨组件的力学性能应符合表 7-196 的规定。

吊顶龙骨组件的物理性能要求　　表 7-196

吊顶	U、C、V、L形(不包括造型用V形龙骨)	静载试验	覆面龙骨	加载挠度不大于5.0mm 残余变形量不大于1.0mm
			承载龙骨	加载挠度不大于4.0mm 残余变形量不大于1.0mm
	T、H形吊顶		主龙骨	加载挠度不大于2.8mm

三、龙骨的运输、储存和保管

1. 运输

产品在运输过程中，不允许扔摔、碰撞。产品要平放，以防变形。

2. 储存和保管

产品应存放在无腐蚀性危害的室内，注意防潮。产品堆放时，底部需垫适当数量的垫条，防止变形。堆放高度不得超过1.8m。

第十一节　住宅厨房、卫生间排气道

住宅厨房、卫生间排气道是用于排除厨房炊事活动产生的烟气或卫生间浊气的管道制品，是住宅厨房、卫生间共用排气管道系统的基本组成部分。住宅厨房、卫生间排气道制品基本尺寸由其长度 L、横截面长边 A 和短边 B 的尺寸组成，其长度 L 一般为建筑层高。

一、住宅厨房、卫生间排气道制品的分类

(1) 住宅厨房、卫生间排气道制品按使用场所不同分为三类，其代号分别为PC、PW、PWW。PC使用在厨房中；PW使用在卫生间中；PWW使用在户内毗连卫生间中。

(2) 住宅厨房、卫生间排气道制品按进风口开口位置分为两类，其代号分别为S、X。S型为进风口开口位置位于排气道上部三分之一以内；X型为进风口开口位置位于排气道下部三分之一以内。

(3) 住宅厨房、卫生间排气道制品按增强材料分为两类，钢丝网水泥排气道制品和玻璃纤维网增强水泥排气道制品。

二、原材料

(1) 钢丝网水泥排气道制品使用的水泥强度等级不应低于 32.5 级，硅酸盐水泥、普通硅酸盐水泥、矿渣硅酸盐水泥、火山灰质硅酸盐水泥、粉煤灰质硅酸盐水泥及复合硅酸盐水泥性能应符合标准 GB 175—2007 的规定，快硬硅酸盐水泥的性能应符合标准 GB199 的规定。增强材料宜使用 22 号～26 号钢丝网及 ϕ4 钢筋，钢丝网网眼尺寸宜为 10mm ×10mm。

(2) 玻璃纤维网增强水泥排气道制品使用的水泥强度等级不应低于 32.5 级，水泥性能应符合标准 GB 175—2007 的规定，低碱度硫铝酸盐水泥性能应符合 JC/T 659 的规定，硫铝酸盐水泥性能应符合 GB 20472 的规定。耐碱玻璃纤维网格布应符合 JC/T 841 的规定。

(3) 骨料性能应符合 JGJ 52—2006 的规定，其粒径不应大于排气道壁厚的三分之一。

(4) 允许采用耐老化、耐腐蚀、耐潮湿并符合防火及环保规定的化学建材或其他轻质材料。

(5) 排气道进风口处须配有符合 GB 15930、GA/T 798 要求的进风口接口件，其耐火极限不应低于 1.0h。

三、质量要求和质量检验

1. 外观质量

(1) 住宅厨房、卫生间排气道制品的内外表面应平整，无麻面、蜂窝和空洞。

(2) 住宅厨房、卫生间排气道制品不允许有裂纹，内壁交界处宜制成圆角或倒角。

(3) 住宅厨房、卫生间排气道制品端面应平整无飞边，且与管体外壁面相垂直。

(4) 有下列情况的住宅厨房、卫生间排气道制品允许修补：

1) 每侧壁面的麻面、蜂窝不应超过两处，每处面积不应超过 0.01m^2；

2) 端面碰损，外壁纵深度不应超过 50mm，宽度不应超过 100mm。

注：目测检查 (1) ～ (3) 项目，用精度为 1mm 直尺测量住宅厨房、卫生间排气道制品壁面的麻面、蜂窝、端面碰损。

2. 尺寸与形位允许偏差

住宅厨房、卫生间排气道制品尺寸与形位偏差应符合表 7-197 要求。

尺寸与形位允许偏差 **表 7-197**

<table>
<tr><th colspan="2">项目</th><th>允许偏差(mm)</th><th>测量方法</th></tr>
<tr><td colspan="2">长度 L</td><td>0，−9</td><td rowspan="4">用精度为 0.5mm 的钢卷尺测量</td></tr>
<tr><td rowspan="2">横截面外廓公差</td><td>A</td><td>+2，−4</td></tr>
<tr><td>B</td><td>+2，−3</td></tr>
<tr><td colspan="2">端面对角线差值</td><td>≤7</td></tr>
<tr><td colspan="2">垂直度</td><td>≤1:400</td><td>将直角尺靠在排气道制品端面上，用塞尺测量直角尺另一边与排气道制品表面的最大间隙</td></tr>
<tr><td colspan="2">平整度</td><td>≤7</td><td>将长为 2m，精度为 0.5m 的靠尺放置在排气道制品表面对角线上，用塞尺检验排气道表面与靠尺间的最大间隙</td></tr>
</table>

注：垂直度系指管体外壁面相对于管体端面而言。

3. 垂直承载力

住宅厨房、卫生间排气道制品垂直承载力不应小于90kN。其试验按JG/T 194—2006标准要求进行。

4. 抗柔性冲击

使用10kg砂袋，由1m高度自由落下，在同一位置冲击5次的条件下，住宅厨房、卫生间排气道制品不开裂。其试验按JG/T 194—2006标准要求进行。

5. 耐火极限

住宅厨房、卫生间排气道制品耐火极限不应低于1.0h。其试验按GB 17928的规定进行。

四、检验规则

1. 检验分类

住宅厨房、卫生间排气道制品检验分为出厂检验和型式检验两种。出厂检验包括外观质量检验和尺寸与形位偏差检验，应逐件检验。型式检验包括外观质量、尺寸与形位偏差、垂直承载力、抗柔性冲击、耐火极限。

2. 组批与抽样

型式检验按批量采用随机抽样方法抽样。

出厂制品以相同原材料，相同工艺成型的排气道为一个批次。在一个批次内，每5000根为一个组批，每个组批抽取3根。当排气道制品总数不足一个组批时，按一个组批抽样。

3. 判定规则

住宅厨房、卫生间排气道制品检在出厂检验时，其检验结果符合外观质量和尺寸与形位偏差要求的制品，则判定为合格品；若有2项或2项以上不符合外观质量和尺寸与形位偏差要求的规定时，则判该批产品为不合格品。若有1项不符合外观质量和尺寸与形位偏差要求的规定时，在原样本中抽取双倍样品对不合格项进行复检，若全部合格则判该批产品合格，若仍有不合格者则判该批产品为不合格品。

住宅厨房、卫生间排气道制品在进行型式检验时，其检验结果符合质量要求的制品，则判定为合格；若有2项或2项以上不符合质量要求的规定时，则判该批产品为不合格品。若有1项不符合质量要求的规定时，在原样本中抽取双倍样品对不合格项进行复检，若全部合格则判该批产品合格，若仍有不合格者则判该批产品为不合格品。

第十二节　建筑管道

建筑管道作为一种重要的建筑工程材料，在工程实践中越来越受到关注，尤其是国家对塑料管道的大力应用推广政策，应运而生了各种塑料管道，逐步取代传统的金属管道、水泥管道等制品。塑料管道是节能的建筑材料，生产能耗和输水能耗低，产品生产对环境影响小，还具有耐蚀、耐久、资源可再利用等特点。本节着重介绍在实际工程中常用的建筑管道，并对其他建筑管道做一些简单阐述。

一、建筑排水管道

建筑排水管道的产品标准、应用技术规程和施工安装图现已配套，国内新建改建的高层和多层建筑已普遍采用塑料管道，与原有铸铁管相比提高了使用功能。目前工程上应用有以下几个品种：

(一) 常见建筑排水管道

1. 室内排水管

(1) 建筑排水用硬聚氯乙烯管材、管件：

以聚氯乙烯树脂为主要原料，加入必需的添加剂，管材经挤出成型，管件经注塑成型，适用于民用建筑物内排水系统。我们通常也称其为直壁管，管径由 D_e40～$D_e250$mm，管材管件采用承插粘结，目前被广泛应用于多层和高层建筑中，受到工程界普遍欢迎。

(2) 排水用芯层发泡硬聚氯乙烯管材：

建筑排水用芯层发泡硬聚氯乙烯管材以聚氯乙烯树脂为主要原料，加入必要的添加剂，经复合共挤成型的芯层发泡复合管材，适用于建筑物内外或埋地排水用。该管管壁内外壳体间有聚氯乙烯发泡层，密度为 0.9～1.2，在确保一定刚度条件下树脂用量比直壁管少 15%～20%，由于中间有发泡层能吸收一些因管壁振动而产生的噪声，与实壁管相比可降低噪声 2～3dB。采用实壁管件承插粘接连接。

(3) 建筑排水用硬聚氯乙烯内螺旋管材：

管材以聚氯乙烯树脂为主要原料，经挤压成型，内壁有数条凸出三角形螺旋肋的圆管，其三角形肋具有引导水流沿管内壁螺旋下落的功能，是一种建筑物内部生活排水管道系统上用作立管的专用管材。管件也是以聚氯乙烯树脂为主要原料，接入支管与立管但中线不在同一平面上的三通和四通管件，具有侧向导流使进水沿立管内壁旋转状下落的功能，是横管接入螺旋管立管的专用管件。正常排水时水流自上而下沿管壁旋转而下，在一定排量条件中间能形成柱状空隙，以平衡立管压力，确保系统正常工作。螺旋管特点在高层建筑内可设计为单立管系统，螺旋管在支管接入连接部位采用粘接或螺纹连接特种管件，其余管件与直壁管件相同，适用于中小高层建筑。

2. 建筑用硬聚氯乙烯雨落水管材、管件

以聚氯乙烯树脂为主要原料，加入适量的防老化剂及其他助剂，挤出成型的硬聚氯乙烯雨落水管材和注射成型的管件。产品分为矩形管材、管件和圆形管材、管件。适用于室外沿墙、柱敷设的雨水重力排放系统。当建筑高度超过 50m 时屋面雨水排水管经常出现正压状态，管道应布置在室内。管材应采用 R-R 承口的橡胶密封圈连接的直壁排水管，屋面不应采用水平箅子的雨水斗，以免污物或塑料膜覆盖雨水斗表面，造成流水不畅或暴雨时立管部分管段抽泄真空而损坏管道。敷设在外墙屋面雨落水管，采用不加胶粘剂或橡胶密封圈的承插连接形式。

3. 室外埋地排水管

埋地排水管要求水利性能和系统密闭性好，有利于地下水资源保护，管道开挖面小，排水速度快对城市环境及交通影响小。埋地塑料排水管材的使用寿命不得低于 50 年。埋地排水管必须有刚度要求，管材的管壁结构形式是增加刚度重要部位，管材的环向弯曲刚度应根据管道承受外压荷载的受力条件选用。管道位于道路及车行道下，其环向弯曲刚度不宜小于 8kN/m^2，住宅小区非车行道及其他地段不宜小于 4kN/m^2。随加工技术发展有各种管壁结构，目前实际运用中最大的矛盾是管径执行的标准问题，目前有的标准尚还未完善。现市场主要有以下几个品种：

(1) 埋地用硬聚氯乙烯排污、排废水管材：

以聚氯乙烯树脂为主要原料，经挤出成型的埋地排污、废水用硬聚氯乙烯管材。适用于外径从 110～630mm 的弹性密封圈连接和外径从 110～200mm 的粘接式连接的埋地排污、排废水用管材。管壁结构与室内排水直壁管相似，采用扩口粘接或橡胶密封圈连接。

(2) 埋地用硬聚氯乙烯排水双壁波纹管材：

以聚氯乙烯树脂为主要原料，经挤出成型的埋地排水用硬聚氯乙烯双壁波纹管材。适用于市政排水、埋地无压农田排水和建筑物外排水。刚度大小 2～16kN/m^2。管壁内表面光滑，外表面呈波纹状，中间为不连通的空隙薄性壳体结构，产品用料省，刚性好，管道采用管端扩口橡胶密封圈连接，因用料省、价格低，目前广泛应用于建筑小区室外排水和市政排水工程。

(3) 埋地用硬聚氯乙烯加筋管材：

以聚氯乙烯树脂为主要原料，管内壁光滑、外壁带有等距排列环形肋的管材，管材结构合理，刚性好，管道采用扩口橡胶密封圈连接，目前尚无国家或行业标准。

(4) 埋地用聚乙烯缠绕结构壁管材：

以聚乙烯树脂单体为主，以相同或不同材料作为辅助支撑结构，采用缠绕成型工艺，经加工制成的结构壁管材、管件。适用于长期温度在 45℃以下的埋地排水用工程。

管材按结构形式分为 A 型和 B 型。A 型管具有平整的外表面，在内外壁之间由内部的螺旋形肋连接的管材或内表面光滑，外表面平整，管壁中埋螺旋形中空管的管材；B 型管的内表面光滑，外表面为中空螺旋形肋的管材。

管件采用相应类型的管材或实壁管二次加工成型，主要有各种连接方式的弯头、三通和管堵等。管材、管件可采用弹性密封件连接方式、承插口电熔焊接连接方式，也可采用其他连接方式。

(5) 玻璃纤维增强塑料夹砂管：

以玻璃纤维及其制品为增强材料，以不饱和聚酯树脂、环氧树脂等为基本材料，以石英砂及碳酸钙等无机非金属颗粒材料为填料作为主要原料，采用定长缠绕工艺、离心浇铸工艺和连续缠绕工艺制成的，公称直径为 200～2500mm，压力在 0.1～2.5MPa，管刚度在 1.25～10.0kN/m^2。地下或地面用玻璃纤维增强塑料夹砂管，可用于给、排水，用于给水系统时，必须达到生活饮用水标准。

(二) 常用建筑排水管道的验收

建筑排水管道在进入建设工程被使用前，必须进行检验验收。验收主要分为资料验收和实物质量验收两个部分。

1. 资料验收

(1) 建筑排水管道质量证明书：

建筑排水管道在进入施工现场时应对质量证明书进行验收。质量证明书必须字迹清楚，应注明产品名称、规格及等级、供方名称或厂标、产品标准、生产日期和批号，产品标准中所规定的各项出厂检验结果等。质量证明书应加盖生产单位公章或质检部门检验专用章。

(2) 近一年内该产品的型式检验报告：

要求生产厂商提供近一年内的产品型式检验报告，型式检验报告是指按产品标准的规定所做的全性能检测，包括外观质量、物理性能等，报告应由法定检测部门出具的合格检测报告。因目前尚未要求在使用前对建筑排水管道进行复验，故要求提供型式检验报告。

(3) 建立材料台账：

建筑排水管道进场后，施工单位应及时建立“建设工程材料采购验收检验使用综合台账”，监理单位可设立“建设工程材料监理监督台账”。台账内容包括材料名称、规格品种、生产单位、供应单位、进货日期、送货单编号、实收数量、生产许可证编号、质量证明书编号、外观质量、材料检验日期、复验报告编号和结果，工程材料报审表确认日期、使用部位、审核人员签名等。

(4) 产品包装和标志：

产品包装上应有明显标志，包括产品名称、标准编号、产品规格、生产厂名、生产日期。管件不同规格尺寸分别装箱，不允许散装。管材、管件上应有永久性标志，同时核对包装标志与质量证明书上所示内容是否一致。

2. 实物质量验收

实物质量验收分为外观质量验收、尺寸验收两个部分。由于排水管道种类较多，而本书篇幅有限，在建筑管道的实物质量验收中我们就介绍最常用的几种排水管道，比如建筑排水用硬聚氯乙烯管材、管件，建筑用硬聚氯乙烯雨落水管材、管件，埋地排水用硬聚氯乙烯双壁波纹管材，埋地用硬聚氯乙烯加筋管材等四个产品。

(1) 外观质量验收：

必须对进场的建筑排水管道进行外观质量的检验，该检验可在施工现场通过目测进行。

1) 建筑排水用硬聚氯乙烯管材、管件

管材、管件内外壁应光滑、平整，不允许有气泡、裂口和明显的痕纹、凹陷、色泽不均及分解变色线。管件应完整无缺损，浇口及溢边应修除平整。

2) 建筑用硬聚氯乙烯雨落水管材、管件

管材、管件内外表面应光滑、平整，无凹陷、分解变色线和其他影响性能的表面缺陷。管材不可有可见杂质。管材端面应切割平整并与轴线垂直。管件内外表面应光滑，不允许有气泡、脱皮和严重冷斑、明显的痕纹和杂质以及色泽不匀等。

3) 埋地排水用硬聚氯乙烯双壁波纹管材

管材内外壁不允许有气泡、砂眼、明显的杂质和不规则波纹。内壁应光滑平整，不应有明显的波纹。管材的两端应平整并与轴线垂直。

4) 埋地用硬聚氯乙烯加筋管材

管壁内表面光滑，外壁为同心圆呈履带状加强筋，管材的两端应平整并与轴线垂直。

(2) 尺寸验收：

必须对进场的建筑排水管道进行尺寸的检验，该检验可在施工现场通过目测和简单尺具测量。

1) 建筑排水用硬聚氯乙烯管材外径和壁厚的规格见表 7-198。

2) 建筑用硬聚氯乙烯雨落水管材有矩形管和圆形管两种，规格与外径、壁厚的尺寸，矩形管见表 7-199，圆形管见表 7-200。

管材公称外径与壁厚（mm）　　表 7-198

公称外径	平均外径极限偏差	壁厚	
		基本尺寸	极限偏差
40	0.3 0	2	0.4 0
50	0.3 0	2	0.4 0
75	0.3 0	2.3	0.4 0
90	0.3 0	3.2	0.6 0
110	0.4 0	3.2	0.6 0
125	0.4 0	3.2	0.6 0
160	0.5 0	4	0.6 0

注：管件壁厚应大于或等于同规格管材的壁厚。

矩形雨水管材规格尺寸及偏差（mm）　　表 7-199

规格	基本尺寸及偏差		壁厚		转角半径 *R*
	A	*B*	基本尺寸	偏差	
63×42	63.0+0.3	42.0+0.3	1.6	0.2	4.6
75×50	75.0+0.4	50.0+0.4	1.8	0.2	5.3
110×73	110.0+0.4	73.0+0.4	2	0.2	5.5
125×83	125.0+0.4	83.0+0.4	2.4	0.2	6.4
160×107	160.0+0.5	107.0+0.5	3	0.3	7
110×83	110.0+0.4	83.0+0.4	2	0.2	5.5
125×94	125.0+0.4	94.0+0.4	2.4	0.2	6.4
160×120	160.0+0.5	120.0+0.5	3	0.3	7

圆形雨水管材规格尺寸及偏差（mm）　　表 7-200

公称外径	允许偏差	壁厚	
		偏差	基本尺寸
50	50.0+0.3	1.8	0.3
75	75.0+0.3	1.9	0.4
110	110.0+0.3	2.1	0.4
125	125.0+0.4	2.3	0.5
160	160.0+0.5	2.8	0.5

3）埋地排水用硬聚氯乙烯双壁波纹管材规格见表 7-201。

4）埋地用硬聚氯乙烯加筋管材规格见表 7-202。

埋地排水用双壁波纹管工程中常用规格（mm）　　表 7-201

公称直径 *DN*	最小平均内径 *DI*	公称直径 *DN*	最小平均内径 *DI*
110	97	315	270
(125)	107	400	340
160	135	(450)	383
200	172	500	432
250	216	(630)	540

硬聚氯乙烯加筋管最小平均内径和最小壁厚（mm）　　表 7-202

公称直径(*DN*)	最小平均内径(*DI*)	最小壁厚(*e*)
150	145	1.3
200	195	1.5
225	220	1.7
250	245	1.8
300	294	2.0
400	392	2.5
500	490	3.0
600	588	3.5
800	785	4.5
1000	985	5.0

（三）标志、包装、运输

（1）产品在装卸运输时，不得受剧烈撞击、抛摔和重压。

（2）堆放场地应平整，堆放应整齐，堆高不超过 1.5m，距热源 1m 以上，当露天堆放时，必须遮盖，防止暴晒。

（3）储存期自生产日起一般不超过 18 个月或 2 年。

（4）一般情况下管件每包装箱重量不超过 25kg，管件不同规格尺寸分别装箱，不允许散装。

二、建筑给水管道

建筑给水管道在卫生性能、公称压力方面有比较严格的要求，故工程实践中对建筑给水管道的总体要求较高，各省市还对建筑给水管道实施了卫生许可批件管理，塑料管道在给水管道中所占比例日益增加。下面介绍几种较常见的建筑给水管道：

（一）常见建筑给水管道

1. 给水用聚氯乙烯管材、管件

以聚氯乙烯树脂为主要原料，经挤出或注塑成型的给水用硬聚氯乙烯管材、管件，适用于建筑物内外（架空或埋地）在规定压力下输送温度不超过 45℃的水，包括一般用途和饮用水的输送。该产品具有足够的机械强度，且有相当的安全系数，管道连接主要采用溶剂型胶粘剂承插粘结。管材、管件及连接组合件，必须符合卫生要求。

2. 冷热水用聚丙烯（PP-R）管道

聚丙烯管道分为均聚聚丙烯（PPH）、耐冲击共聚聚丙烯（PPB）无规共聚聚丙烯（PPR）管道。现在工程中比较常用的是无规共聚聚丙烯管道，在本章节中将着重介绍。其他可见产品标准 GB/T 18742—2002。

无规共聚聚丙烯管材以无规共聚聚丙烯材料为原料，经挤出成型的管材。适用于建筑物内冷热水管道系统，包括工业及民用冷热水、饮用水和采暖系统等。该产品具有优良的耐热性和较高强度，管材管件连接采用承插热熔连接，也可带电热丝配件电热熔连接，与金属阀门采用铜镀铬金属丝扣连接，施工工具应由生产企业配套。

3. 给水用聚乙烯（PE）管材

用聚乙烯树脂为主要原料，经挤出成型的给水用管材。适用于温度不超过 40℃，一般用途的压力输水以及饮用水的输送。

根据材料类型和分级数，可分为 PE63、PE80、PE100 级聚乙烯给水管材；标准尺寸比（SDR）是管材的公称外径与公称壁厚的比值。管道采用承插热熔连接，其具有抗低温脆性、柔韧性及卫生性好等特点，在工程中也被广泛采用。

4. 交联聚乙烯（PE-X）管材

以高密度聚乙烯树脂为主要原料，加入必要助剂，经化学交联挤出成型的管材。适用于工作温度不超过 95℃（瞬间不大于 110℃）的建筑给水用。交联聚乙烯分子结构呈性能稳定的网状结构，从而提高了聚乙烯耐热、耐压、耐化学物质腐蚀性及使用寿命，被广泛用于热水系统。管道连接方式采用机械连接，管件应是金属材质，目前市场主要是内套式铜质（59 铜）或不锈钢（304）压制或精密铸造管件，采用外套金属箍专用工具卡紧的卡箍式管件。交联聚乙烯管材由于回缩率较大，有的企业在工程中曾采用卡套式管件，因连接部位承受拉拔力小，管道从连接口拉脱情况时有发生，工程中造成严重后果。

5. 给水衬塑复合钢管

采用复合工艺在钢管内衬硬聚氯乙烯、氯化聚氯乙烯、聚丙烯、聚乙烯、交联聚乙烯、耐热聚乙烯（PE-RT）。适用于工作压力不大于 1.0MPa，输送生活饮用冷热水。内衬硬聚氯乙烯、聚乙烯时，仅能用于冷水输送。钢塑两种材料结合，材质材性特点互补，取长补短，具有表面硬度高、刚性好、管材耐蚀耐久等特点，管道可明敷暗设，管材管件采用丝扣连接，螺帽压紧式卡套连接，这类管道要求管件基体材料加工精度高，衬塑层厚度均匀，内径偏差小，管道施工时丝扣要求精确，且做好管材端部的防腐处理。

6. 铜水管

采用拉制工艺生产的无缝铜水管。一般采用 T2 或 TP2 合金，状态分为硬态、半硬态、软态，又可分为直管和盘管。一般采用焊接、扩口或压紧的方式与管接头连接。因其成本高，在工程中没有大量使用。

（二）常见建筑给水管道的验收

建筑给水管道在进入建设工程被使用前，必须进行检验验收。验收主要分为资料验收和实物质量验收两部分。

1. 资料验收

(1) 卫生许可批件：

大部分省市卫生管理部门对建筑给水管道实行卫生许可批件管理制度，证书有效期一般为 4 年。少数省市没有实行卫生许可批件管理的，生产企业应提供有效期内的合格的卫生性能检测报告。

(2) 建筑给水管道质量证明书：

建筑给水管道在进入施工现场时应对质量证明书进行验收。质量证明书必须字迹清楚，应注明供方名称或厂标、产品标准、生产日期和批号、产品名称、规格及等级、产品标准中所规定的各项出厂检验结果等。质量证明书应加盖生产单位公章或质检部门检验专用章。

(3) 近一年内该产品的型式检验报告：

要求生产商提供近一年内的产品型式检验报告，型式检验报告是指按产品标准的规定所做的全性能检测，包括外观质量、物理性能等，报告应由法定检测部门出具的合格检测报告。因目前尚未要求在使用前对建筑给水管道进行复验，故要求供应商提供近一年内的合格的型式检验报告。

(4) 建立材料台账：

建筑给水管道进场后，施工单位应及时建立“建设工程材料采购验收检验使用综合台账”，监理单位可设立“建设工程材料监理监督台账”。台账内容包括材料名称、规格品种、生产单位、供应单位、进货日期、送货单编号、实收数量、生产许可证编号、质量证明书编号、外观质量、材料检验日期、复验报告编号和结果，工程材料报审表确认日期、使用部位、审核人员签名等。

(5) 产品包装和标志：

管材、管件上应有永久性标志，包括产品名称、标准编号、产品规格、生产厂名、生产日期，公称压力或管系列或标准尺寸率，注明冷热水用途。同时核对包装标志与质量证明书上所示内容是否一致。

2. 实物质量验收

实物质量验收分为外观质量验收、尺寸验收两个部分。由于给水管道种类较多，而本书篇幅有限，在建筑管道的实物质量验收中我们就介绍最常用的几种给水管道，比如给水用硬聚氯乙烯管材管件、无规共聚聚丙烯管材管件、给水用聚乙烯管材、给水衬塑复合钢管等4个产品。

(1) 外观质量：

1) 给水用硬聚氯乙烯管材、管件：

管材内外表面应光滑平整，无凹陷、分解变色线和其他影响性能的表面缺陷。管材不应含有可见杂质。管材端面应切割平整并与轴线垂直。管材应不透光。

管件内外表面应光滑，不允许有脱层、明显气泡、痕纹、冷斑以及色泽不匀等缺陷。

2) 无规共聚聚丙烯管材、管件：

管材的内外表面应光滑、平整、无凹陷、气泡和其他影响性能的表面缺陷。管材不应含有可见杂质。管材端面应切割平整并与轴线垂直。管材应不透光。

管件表面应光滑、平整，不允许有裂纹、气泡、脱皮和明显的杂质、严重的缩形以及色泽不均、分解变色等缺陷。管件应不透光。

3) 给水用聚乙烯（PE）管材：

管材的内外表面应清洁、光滑、不允许有气泡、明显的划伤、凹陷、杂质、颜色不均等缺陷。管端头应切割平整，并与管轴线垂直。

4）给水衬塑复合钢管：

钢管内外表面应光滑，不允许有伤痕或裂纹等。钢管内应拉去焊筋，其残留高度不应大于 0.5mm。衬塑钢管形状应是直管，两端截面与管轴线成垂直。衬塑钢管内表面不允许有气泡、裂纹、脱皮，无明显裂纹、凹陷、色泽不均及分解变色线。

（2）尺寸验收：

1）给水用硬聚氯乙烯管材管件：工程中常见规格见表 7-203。

管材公称压力和规格尺寸（mm）　　表 7-203

公称外径	允许偏差	壁厚				
		公称压力				
		0.6MPa	0.8MPa	1.0MPa	1.25MPa	1.6MPa
20	+0.3	—				2.0
25	+0.3	—				2.0
32	+0.3	—			2.0	2.4
50	+0.3	—	2.0	2.4	3.0	3.7
63	+0.3	2.0	2.5	3.0	3.8	4.7
75	+0.3	2.2	2.9	3.6	4.5	5.6
90	+0.3	2.7	3.5	4.3	5.4	6.7
110	+0.4	3.2	3.9	4.8	5.7	7.2
160	+0.5	4.7	5.6	7.0	7.7	9.5

壁厚偏差见产品标准 GB/T 10002.1—2006 中 6.4.4.1 的规定。

管件承插部位以外的主体壁厚不得小于同规格同压力等级管材壁厚。

其他规格尺寸详见管材产品标准 GB/T 10002.1—2006 中 5.3 和管件产品标准 GB/T 10002.2—2003 中 5.2 的规定。

2）无规共聚聚丙烯管材规格见表 7-204。

管系列 S 是用以表示管材规格的无量纲数值系列。

管材管系列（S）和规格尺寸（mm）　　表 7-204

公称外径	平均外径	管系列				
		S5	S4	S3.2	S2.5	S2
20	20.0-20.3	2.0	2.3	2.8	3.4	4.1
25	25.0-25.3	2.3	2.8	3.5	4.2	5.1
32	32.0-32.3	2.9	3.6	4.4	5.4	6.5
50	50.0-50.5	4.6	5.6	6.9	8.3	10.1
63	63.0-63.6	5.8	7.1	8.6	10.5	12.7
75	75.0-75.7	6.8	8.4	10.3	12.5	15.1
90	90.0-90.9	8.2	10.1	12.3	15.0	18.1
110	110.0-111.0	10.0	12.3	15.1	18.3	22.1
160	160.0-161.5	14.6	17.9	21.9	26.6	32.1

当管道系统总使用（设计）系数 C 为 1.25 时，管系列 S 与公称压力 *PN* 的关系。见表 7-205。

管系列 S 与公称压力 *PN* 的关系　　表 7-205

管系列	S5	S4	S3.2	S2.5	S2
公称压力 *PN*(MPa)	1.25	1.6	2.0	2.5	3.2

当管道系统总使用（设计）系数 C 为 1.5 时，管系列 S 与公称压力 *PN* 的关系，见表 7-206。

管系列 S 与公称压力 *PN* 的关系　　表 7-206

管系列	S5	S4	S3.2	S2.5	S2
公称压力 *PN*(MPa)	1.0	1.25	1.6	2.0	2.5

壁厚偏差见产品标准 GB/T 18742.2—2002 中 7.4.4 的规定。

管件按管系列 S 分类与管材相同，具体尺寸见产品标准 GB/T 18742.2—2002 规定，管件的壁厚应不小于相同管系列 S 的管材的壁厚。

3）给水用聚乙烯管材：给水用 PE80 级聚乙烯管材公称压力和规格见表 7-207

PE80 级聚乙烯管材公称压力和规格尺寸　　表 7-207

公称外径(mm)	公称壁厚(mm)				
	标准尺寸比				
	SDR33	SDR21	SDR17	SDR13.6	SDR11
	公称压力(MPa)				
	0.4	0.6	0.8	1.0	1.25
25	—	—	—	—	2.3
63	—	—	—	4.7	5.8
75	—	—	4.5	5.6	6.8
110	—	5.3	6.6	8.1	10.0
160	4.9	7.7	9.5	11.8	14.6
200	6.2	9.6	11.9	14.7	18.2

给水用 PE100 级聚乙烯管材公称压力和规格见表 7-208。

PE100 级聚乙烯管材公称压力和规格尺寸　　表 7-208

公称外径(mm)	公称壁厚(mm)				
	标准尺寸比				
	SDR33	SDR21	SDR17	SDR13.6	SDR11
	公称压力(MPa)				
	0.6	0.8	1.0	1.25	1.6
32	—	—	—	—	3
63	—	—	—	4.7	5.8

续表

公称外径(mm)	公称壁厚(mm)				
	标准尺寸比				
	SDR33	SDR21	SDR17	SDR13.6	SDR11
	公称压力(MPa)				
	0.6	0.8	1.0	1.25	1.6
75	—	—	4.5	5.6	6.8
110	4.2	5.3	6.6	8.1	10.0
160	4.9	7.7	9.5	11.8	14.6
200	6.2	9.6	11.9	14.7	18.2

4）给水衬塑复合钢管规格见表 7-209。

衬塑复合钢管公称压力和规格尺寸　　表 7-209

公称通径(mm)		内衬塑料管厚度
(*DN*)	(in)	
15	1/2	1.5±0.2
20	3/4	
25	1	
32	$1_{1/4}$	
40	$1_{1/2}$	
50	2	
65	$2_{1/2}$	
80	3	2.0±0.2
100	4	
125	5	
150	6	2.5±0.2

（三）标志、包装、运输、储存

(1) 在运输时不得暴晒、沾污、抛摔、重压和损伤。

(2) 应合理堆放，远离热源。管材堆放高度不超过 1.5m，如室外堆放，应有遮盖物。

(3) 管件应存放在库房内，远离热源。

(4) 按品种规格分类挂牌堆放。

第十三节　电气材料

民用建筑安装工程中，电气材料是工程建设的一个重要组成部分，它主要由电线导管、电线电缆、微型断路器和开关与插座、配电柜（箱）和照明器具组成。由于工程中配电柜（箱）是根据电器设计文件和操作性能要求，一般是外加工委托专业厂家成套制作。而照明器具由建设单位选定品牌产品，施工单位仅安装。故本书对配电柜（箱）和照明器具中的灯具不予介绍。

因此根据建筑电气安装施工常用的主要材料和常见的主要存在问题，本节着重介绍三类产品：一是电线导管，二是电线、电缆，三是微型断路器和 86 型系列开关与插座。从产品性能、规格和简要的施工方法进行分析与介绍，有助于帮助材料员对产品选购和管理以及了解安装施工基本的要求和方法。

一、电线导管

（一）电线导管的分类

电线导管分三类：绝缘导管、金属导管和柔性导管。

1. 绝缘导管

绝缘导管又称 PVC 电气导管，有三种规格：轻型管、中型管和重型管。由于轻型管不适用于建设工程，根据规范要求，目前在建设工程中通常使用中型管、重型管。

中型管、重型管的产品规格见表 7-210。

中型管、重型管的产品规格 **表 7-210**

序号	公称口径		外径尺寸	壁厚		极限偏差
	(mm)	(in)	(mm)	中型管(mm)	重型管(mm)	(mm)
1	16	5/8	16	1.5	1.9	−0.3
2	20	3/4	20	1.57	2.1	−0.3
3	25	1	25	1.8	2.2	−0.4
4	32	$1_{1/4}$	32	2.1	2.7	−0.4
5	40	1	40	2.3	2.8	−0.4
6	50	2	50	2.85	3.4	−0.5
7	63	$2_{1/2}$	63	3.3	4.1	−0.6

2. 金属导管

金属导管分为薄壁钢管和厚壁钢管两种。

（1）薄壁钢管：

薄壁钢管又分为非镀锌薄壁钢管俗称电线管和镀锌薄壁钢管。除镀锌薄壁钢管外，目前工程中还常用两种，即：套接紧定式钢导管（JDG）和套接扣压式钢导管（KBJ）。

非镀锌薄壁钢管的产品规格见表 7-211。

非镀锌薄壁钢管的产品规格 **表 7-211**

序号	公称口径		外径尺寸	壁厚	理论重量
	(mm)	(in)	(mm)	(mm)	(kg/m)
1	16	5/8	15.88	1.6	0.581
2	20	3/4	19.05	1.8	0.766
3	25	1	25.40	1.8	1.048
4	32	$1_{1/4}$	31.75	1.8	1.329
5	40	$1_{1/2}$	38.10	1.8	1.611
6	50	2	63.5	2.0	2.407
7	63	$2_{1/2}$	76.2	2.5	3.76

镀锌薄壁钢管的产品规格见表 7-212。

镀锌薄壁钢管的产品规格　　　　表 7-212

序号	公称口径		外径尺寸	壁厚	理论重量
	(mm)	(in)	(mm)	(mm)	(kg/m)
1	16	5/8	15.88	1.6	0.605
2	19	3/4	19.05	1.8	0.796
3	25	1	25.40	1.8	1.089
4	32	$1\frac{1}{4}$	31.75	1.8	1.382
5	40	$1\frac{1}{2}$	38.10	1.8	1.675
6	50	2	63.5	2.0	2.503
7	63	$2\frac{1}{2}$	76.2	2.5	3.991

套接紧定式（JDG）镀锌薄壁钢导管产品规格见表 7-213。

套接紧定式（JDG）镀锌薄壁钢导管产品规格　　　　表 7-213

序号	规格(mm)	ϕ16	ϕ20	ϕ25	ϕ32	ϕ40	ϕ50
1	外径 *D*(mm)	16	20	25	32	40	50
2	外径允许偏差(mm)	0 −0.30	0 −0.30	0 −0.30	0 −0.40	0 −0.40	0 −0.40
3	壁厚 *S*(mm)	1.50	1.60	1.60	1.60	1.60	1.60
4	壁厚允许偏差(mm)	±0.15	±0.15	±0.15	±0.15	±0.15	±0.15
5	长度 *L*(mm)	4000	4000	4000	4000	4000	4000
6	长度允许偏差(mm)	±5.00	±5.00	±5.00	±5.00	±5.00	±5.00

套接扣压式（KBG）镀锌薄壁钢导管产品规格见表 7-214。

套接扣压式（KBG）镀锌薄壁钢导管产品规格　　　　表 7-214

序号	规格(mm)	ϕ16	ϕ20	ϕ25	ϕ32	ϕ40
1	外径 *D*(mm)	16	20	25	32	40
2	外径允许偏差(mm)	0 −0.30	0 −0.30	0 −0.30	0 −0.40	0 −0.40
3	壁厚 *S*(mm)	1.0	1.0	1.2	1.2	1.2
4	壁厚允许偏差(mm)	±0.08	±0.08	±0.10	±0.10	±0.10

（2）厚壁钢管：

厚壁钢管又分为焊接钢管俗称“黑铁管”和镀锌焊接钢管俗称“白铁管”。

焊接钢管的产品规格见表 7-215。

镀锌焊接钢管的产品规格见表 7-216。

3. 柔性导管

柔性导管又分为绝缘柔性导管、金属柔性导管和镀塑金属柔性导管三种，它的产品、规格应与电线导管规格和设备接线孔径相匹配。

焊接钢管的产品规格 **表 7-215**

序号	公称口径		外径尺寸	壁厚	理论重量
	(mm)	(in)	(mm)	(mm)	(kg/m)
1	15	1/2	21.3	2.75	1.26
2	20	3/4	26.8	2.75	1.63
3	25	1	33.5	3.25	2.42
4	32	$1_{1/4}$	42.3	3.25	3.13
5	40	$1_{1/2}$	48.0	3.50	3.84
6	50	2	60.0	3.50	4.88
7	65	$2_{1/2}$	77.5	3.75	6.64
8	80	3	88.5	4.00	8.34
9	100	4	114.0	4.00	10.85

镀锌焊接钢管的产品规格 **表 7-216**

序号	公称口径		外径尺寸	壁厚	理论重量
	(mm)	(in)	(mm)	(mm)	(kg/m)
1	15	1/2	21.3	2.75	1.34
2	20	3/4	26.8	2.75	1.73
3	25	1	33.5	3.25	2.57
4	32	$1_{1/4}$	42.3	3.25	3.32
5	40	$1_{1/2}$	48.0	3.50	4.07
6	50	2	60.0	3.50	5.17
7	65	$2_{1/2}$	77.5	4.00	7.04
8	80	3	88.5	4.00	8.84
9	100	4	114.0	4.00	11.50

（二）电线导管适用范围

1. 绝缘导管

绝缘导管。主要适用于住宅、公共建筑和一般工业厂房内的照明系统，它可以直接埋设在混凝土中，可以墙面开槽后暗敷，可以在墙面粉刷层外明敷，也可以在吊顶内敷设，作照明电源的配管。

2. 金属导管

(1) 金属薄壁钢管：金属薄壁钢管一般用于工程内照明系统，弱电系统的配管，它的适用范围与绝缘电线导管相同。但不能在潮湿、易燃易爆场合、室外和埋地敷设。

(2) 金属厚壁钢管：金属厚壁电线导管，主要用于工程内的动力系统，可直接敷设在潮湿的地下室、易燃易爆场合，室外、埋地等，也可用作于与绝缘电线导管相同的敷设范围。

3. 柔性导管

柔性电线导管，主要用于电源的接线盒、接线箱与照明灯具、机械设备、母线槽等电源的柔性连接，以及作为电线导管穿越建筑物变形缝作补偿连接。但不能代作绝缘电线导管、金属电线导管使用。

（三）电线导管的连接

1. 绝缘导管

无论导管与导管之间的连接或导管与配件的连接，它只能采用粘接方法进行连接。因此，在选用绝缘导管时，应配备胶粘剂。

2. 金属薄壁钢管

（1）非镀锌薄壁钢管：根据规范规定，该导管连接必须采用内螺钉配件（俗称电束接）作螺纹连接，钢筋电焊接地跨接，严禁采用对口熔焊连接和套管熔焊连接。

（2）镀锌薄壁钢管：根据管材选择有三种连接方法

1）螺纹连接：它的连接方法与非镀锌薄壁钢导管相同。但导管的连接处，严禁钢筋电焊接地跨接，必须采用接地卡子，用导线跨接。因此电线导管选用镀锌薄壁钢管，采用螺纹连接的方法，应根据施工规范规定，配备专用接地卡子和 $4mm^2$ 的多股铜芯软导线。（多股线连接端部必须搪锡）。

2）套接紧定式（JDG）连接：导管不用套丝，不进行导线接地跨接。因该套接的管接头，中间有一道用滚压工艺压出的凹槽，而形成一个锥度，可使导管插紧定位，确保接口处密封性能，在导管预埋混凝土中或预埋在水泥、砂浆中，水泥浆水不能渗入导管内部。管凹槽的深度与导管的壁厚一致，当管接头两端导管塞入后，内壁平整光滑，导线穿越时，不影响绝缘层。因此，当工程中，电线导管决定采用镀锌薄壁钢管，选择紧定式连接方法，应考虑选购紧定式（JDG）直管接头和相关连接配件。

图 7-12　紧定式（JDG）直管连接接头形状

a. 镀锌薄壁钢管采用紧定式（JDG）连接方法，将钢管塞入直管连接接头，紧顶住凹槽，然后必须将紧定螺钉拧断，确保紧密牢固连接。直管连接接头形状和图示见图 7-12、图 7-13。

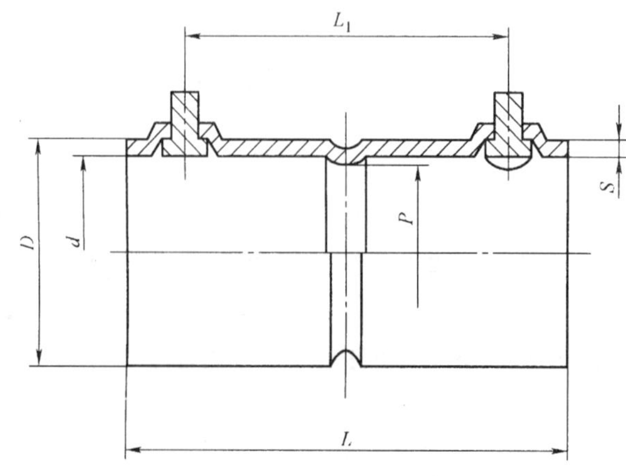

图 7-13　紧定式（JDG）直管连接接头图示

b. 紧定式（JDG）直管连接接头产品规格见表 7-217。

紧定式（JDG）直管连接接头产品规格与允许偏差（mm）　　表 7-217

规　格	ϕ16	ϕ20	ϕ25	ϕ32	ϕ40	ϕ50
内径 d	16	20	25	32	40	50
内径允许偏差	+0.30 0	+0.30 0	+0.30 0	+0.40 0	+0.40 0	+0.40 0
外径 D	19.20	23.20	28.20	35.20	43.20	53.20
壁厚 S	1.60	1.60	1.60	1.60	1.60	1.60
壁厚允许偏差	±0.10	±0.10	±0.10	±0.10	±0.10	±0.10
总长 L	55	60	60	75	95	120
凹槽内径 P	12.80	16.80	21.80	28.80	36.80	46.80
凹槽内径允许偏差	+0.40 0	+0.40 0	+0.40 0	+0.80 0	+0.80 0	+0.80 0
两个锁钮中心距 L_1	33	38	36	47	63	88
两个锁钮中心距允许偏差	0 −1.00	0 −1.00	0 −1.00	0 −1.00	0 −1.00	0 −1.00

c. 紧定式（JDG）螺纹管接头和爪型螺母用作于与接线盒连接，连接时将爪型螺母从螺纹管接头退下，然后将螺纹管接头塞入接线盒预留孔，拧上爪型螺母，用板头收紧，达到电气连接要求。螺纹管接头和爪型螺母见图 7-14、图 7-15。

d. 紧定式（JDG）螺纹接头、爪型螺母产品规格见表 7-218。

e. 紧定螺钉是作为导管连接固定和导管之间达到电气连接效果一个关键点，因此根据产品连接要求，连接时必须螺钉拧断，切勿遗忘。

图 7-14　为螺纹接头、爪型螺母形状

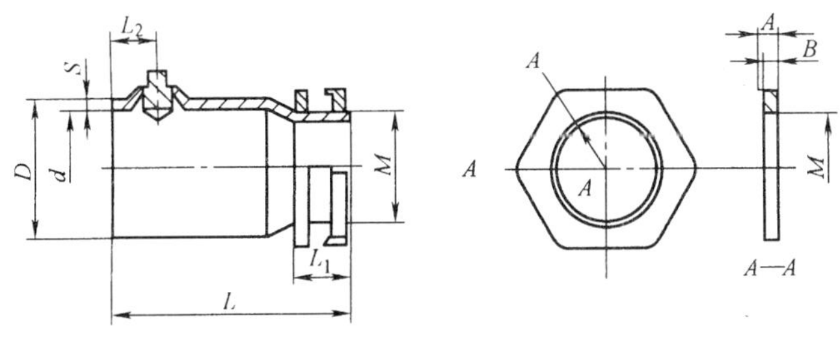

图 7-15　为螺纹接头、爪型螺母图示

紧定式 JDG 螺纹接头、爪型螺母产品规格与允许偏差（mm） 表 7-218

名称＼规格	ϕ16	ϕ20	ϕ25	ϕ32	ϕ40	ϕ50
内径 d	16	20	25	32	40	50
内径允许偏差	+0.30 0	+0.30 0	+0.30 0	+0.30 0	+0.30 0	+0.30 0
壁厚 S	1.60	1.60	1.60	1.60	1.60	1.60
壁厚允许偏差	±0.10	±0.10	±0.10	±0.10	±0.10	±0.10
外径 D	19.20	23.20	28.20	35.20	43.20	53.20
总长 L	45	45	45	50	60	80
缩口处螺纹长度 L_1	10	10	10	10	15	15
缩口处螺纹直径 M	16	20	25	32	40	50
爪型螺母和六角螺母厚度(标准件)	3.00	3.00	3.00	3.00	4.00	4.00
爪型螺母爪子高度	1.00	1.00	1.00	1.00	1.00	1.00
锁钮中心至大直径端面的距离 L_2	11	11	12	14	16	16

紧定螺钉见图 7-16。

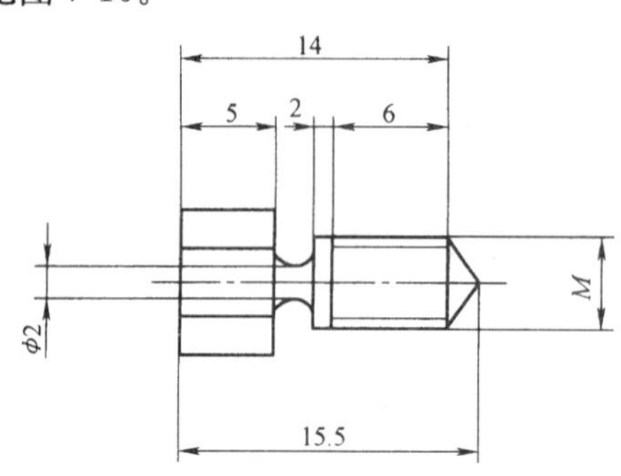

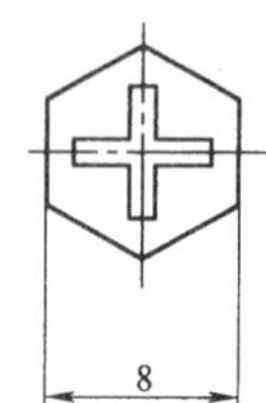

图 7-16 紧定螺钉图示

f. 紧定式（JDG）紧定螺钉产品规格见表 7-219。

JDG 紧定螺钉产品规格（mm） 表 7-219

名称＼规格	ϕ16	ϕ20	ϕ25	ϕ32	ϕ40
长度	15.5	15.5	15.5	15.5	15.5
直径 M	5	5	5	5	5
脖颈直径	2.00	2.00	2.00	2.00	2.00
螺纹长度	6.00	6.00	6.00	6.00	6.00
尖状长度	1.50	1.50	1.50	1.50	1.50
六角螺帽宽度	8	8	8	8	8
六角螺帽厚度	5	5	5	5	5

3）套接扣压式（KBG）连接：该导管连接方法和功能与紧定式基本相同。所不同的是一个采用螺钉紧压固定，另一个采用扣压器，扣压固定。因此，当工程中电线导管决定采用镀锌薄壁钢导管，选择扣压式连接方法时，应考虑选购扣压式直管接头及与相关连接

的配件。如有直管连接接头、螺纹接头、爪型螺母等见图 7-17、图 7-18。

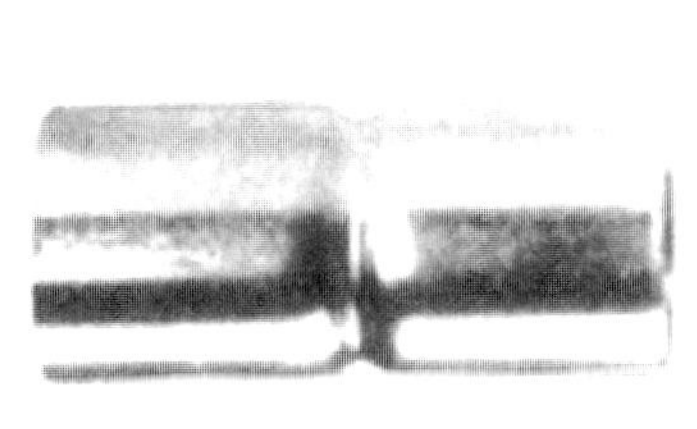

图 7-17 扣压式（KBG）直管连接接头形状

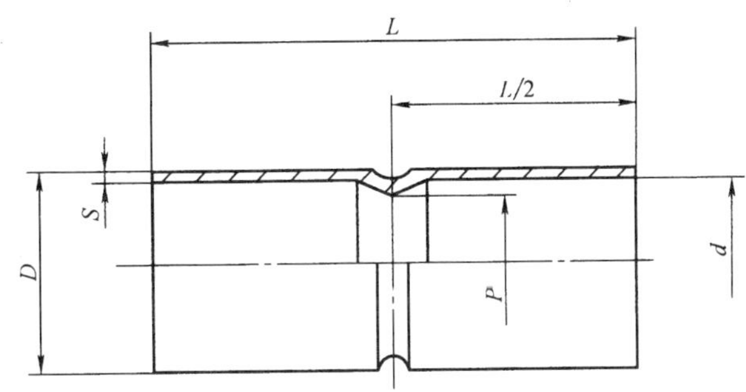

图 7-18 扣压式（KBG）直管连接接头图示

a. 扣压式（KBG）直管连接接头产品规格见表 7-220。

扣压式（KBG）直管连接接头产品规格与允许偏差（mm） **表 7-220**

规格	ϕ16	ϕ20	ϕ25	ϕ32	ϕ40
内径 d	16	20	25	32	40
内径公差	+0.30 +0.10	+0.32 +0.11	+0.32 +0.11	+0.40 +0.12	+0.40 +0.13
壁厚 S	1.0	1.0	1.2	1.2	1.2
壁厚公差	±0.08	±0.08	±0.10	±0.10	±0.10
外径 D	18	22	27.4	34.4	42.4
总长 L	55	55	55	75	95
凹槽内径 P	14	18	22.6	29.6	37.6
凹槽内径公差	+0.40 0	+0.40 0	+0.80 0	+0.80 0	+0.80 0

b. 扣压式（KBG）螺纹管接头和爪型螺母用作于与接线盒连接，分Ⅰ型和Ⅱ型。Ⅰ型连接时将带有螺纹爪型螺母从螺纹管接头逆时针旋转退下，然后将退下的带螺纹爪型螺母塞入接线盒，与螺纹接头连接。Ⅱ型的连接方法与紧定式（JDG）螺纹管接头相同。Ⅰ型和Ⅱ型螺纹管接头和爪型螺母见图 7-19 和图 7-20。

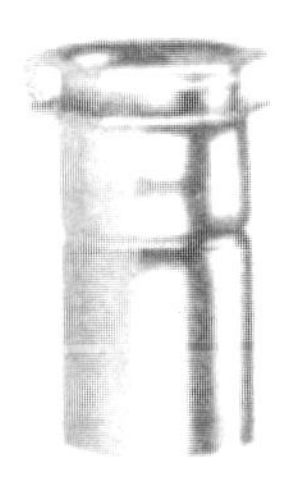

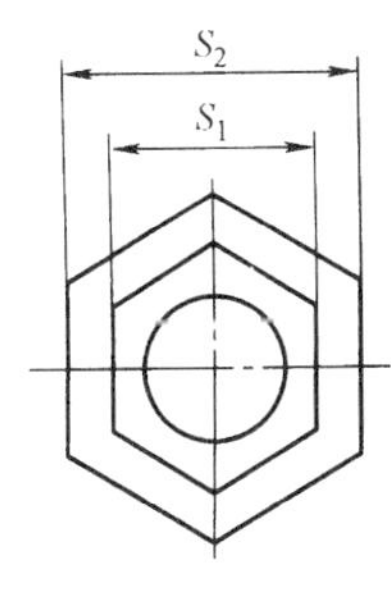

(a)

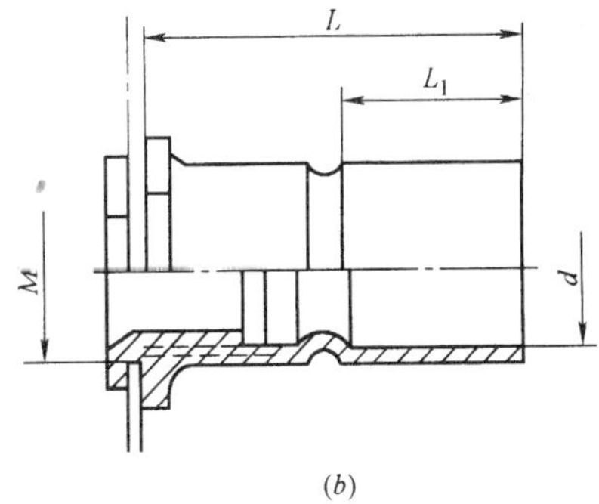

(b)

图 7-19 Ⅰ型螺纹接头形状和图示

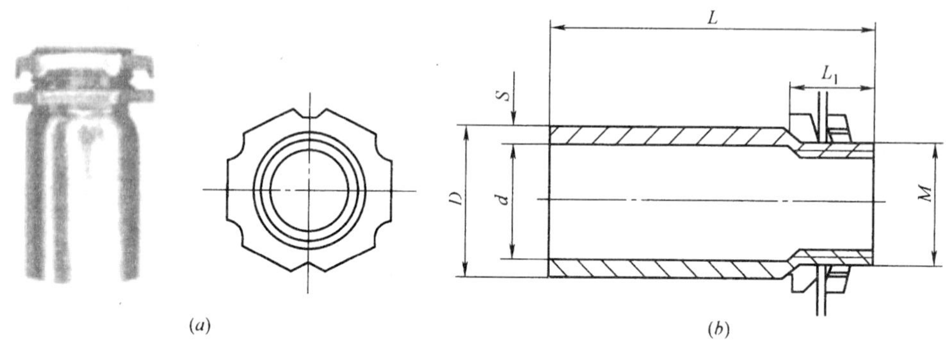

图 7-20 Ⅱ型螺纹接头和图示

c. 扣压式（KBG）螺纹接头Ⅰ型产品规格见表 7-221。

扣压式（KBG）螺纹接头Ⅰ型产品规格与允许偏差（mm）　　表 7-221

规　格		ϕ16	ϕ20	ϕ25	ϕ32	ϕ40
螺纹	M	16×1.5	20×1.5	25×1.5	32×1.5	40×1.5
	精度	$6H/6h$				
插接孔径	d	16	20	25	32	40
	公差	+0.30 +0.10	+0.32 +0.11	+0.32 +0.11	+0.40 +0.12	+0.40 +0.13
插接深度 L_1		25	25	25	35	45
最小通径		14	17	22	29	35
六角对方尺寸	S_1	22	22	27	35	42
	S_2	25	25	30	38	45
长度 L		42	42	50	55	60

d. 扣压式（KBG）螺纹接头Ⅱ型产品规格见表 7-222。

扣压式（KBG）螺纹接头Ⅱ型产品规格与允许偏差（mm）　　表 7-222

规　格		ϕ16	ϕ20	ϕ25	ϕ32	ϕ40
内径	d	16	20	25	32	40
	公差	+0.30 +0.10	+0.32 +0.11	+0.32 +0.11	+0.40 +0.12	+0.40 +0.13
壁厚	S	1.5	1.5	1.5	1.5	1.5
	公差	±0.08	±0.08	±0.08	±0.08	±0.08
外径 D		19	23	28	35	43
外螺纹 M		$\frac{16\times1.5}{20\times1.5}$	20×1.5	25×1.5	32×1.5	40×1.5
总长 L		40	40	40	50	55
螺纹长度 L_1		10	10	10	12	12
螺纹长度公差		0 −0.50	0 −0.50	0 −0.50	0 −0.50	0 −0.50

3. 厚壁钢导管

厚壁钢导管的连接，根据本市传统的做法和规范的要求，常见有两种连接方法。一种是：钢导管直径在2″及以下时，应采用螺纹连接，选用外接头配件（俗称黑铁束接），钢筋接地跨接。另一种是：当钢导管直径在2″以上时，可螺纹连接亦可套管熔焊连接。套管的直径应比钢导管大一个规格，长度是钢导管直径的1.5～3倍，且两端应满焊。要注意钢导管不得对口熔焊连接。

4. 镀锌厚壁钢导管

镀锌厚壁钢导管的连接，根据规范要求。钢导管的连接处不得钢筋电焊接地跨接，原因是电焊破坏钢导管表面的镀锌层，因此钢导管只能作螺纹连接，选用镀锌外接头配件（俗称白铁束接），铜芯导线作接地跨接。当选用镀锌厚壁钢导管时，应配备相应规格的镀锌外接头配件、专用接地卡和$4mm^2$的铜芯软导线。

5. 柔性导管

柔性导管的连接，因该导管主要用于接线盒、接线箱与照明灯具、机械设备、线槽、穿越建筑物变形逢等之间的连接，因此在选用柔性导管时，应根据柔性导管的规格，配备专用的柔性导管接头。金属柔性导管严禁中间有接头，这主要是防止导线穿越时，损坏绝缘层。

（四）验收

1. 总体要求

施工单位对进场材料验收时，一查资料、二查实物。资料在前面管道给排水管道章节中已阐述，本节中省略。验收主要实物方面，相关要求是必须根据设计文件和相关材料的要求，核对电线导管的型号、规格、数量及性能参数，当验收合格应报监理复验，验收不合格应清退出场。监理单位复验时，首先应查看施工单位报审单的验收情况，并根据检查情况进行复验。复验也必须按设计文件和相关材料的要求，核对型号、规格、数量及性能参数，当复验合格方可在报审单上签字，复验不合格不准在报审单上签字。

2. 绝缘电线导管

绝缘电线导管属备案材料，产品进场时应先进行实物检查，首先查它是否有政府主管部门认可的检测机构出具的产品检验报告和企业的产品合格证。然后对产品的实物进行检查。主要有三个方面：(1) 查看导管表面，是否有间距不大于1m的连续阻燃标记和制造厂标。(2) 进行明火试验，检查是否为阻燃产品。(3) 用卡尺对导管壁厚检查，是否出现管壁厚度低于规定值或检验报告内管壁厚度允许偏差最小数值，防止导管厚度因偏薄，施工时受压变形和弯曲时圆弧部位出现弯瘪现象，影响到导线穿入和更换。检查合格应进行见证取样检测，若检测合格，施工单位应将检测报告，送至相关质量监督机构办理备案登记使用现场核验单。

3. 金属电线钢导管

金属电线钢导管，首先应查看产品合格证和二级市场供货商是否在合格证上盖章。然后进行实物检查。根据前面的划分，仍按种类进行检查。(1) 检查非镀锌电线管管壁厚度；(2) 检查镀锌电线管管壁厚度；(3) 检查套接紧定式（JDG）镀锌薄壁钢导管管壁厚度；(4) 检查套接扣压式（KBG）镀锌薄壁钢导管管壁厚度；(5) 检查焊接钢管管壁厚度；(6) 检查镀锌焊接钢管管壁厚度。接着：检查镀锌钢管其表面锌层的质量，是否有漏镀和起皮现象。最后：将导管进行弯曲试验，检查弯曲部位焊缝是否出现有开裂现象。另外在钢管质量验收时，要防止按重量算或按长度算，出现的偏差。如按重量算，一些供货商会提供壁厚超标的钢管，按长度算，提供一些壁厚未达标的钢管。

4. 柔性电线导管

柔性电线导管，首先也应查看产品合格证，然后对不同种类的导管进行实物检查。绝缘柔性导管，要进行明火试验，检查是否能阻燃自灭，以及导管是否有压扁现象。金属镀塑柔性导管，应对镀塑层进行阻燃自灭试验。金属镀锌柔性导管应检查其表面镀锌质量。

二、电线电缆

导体材料是用于输送和传导电流的一种金属，它具有电阻低、熔点高，机械性能好，比重小的特点，目前工程中通常是选用铜质作导体。

（一）电线、电缆进场验收的相关要求

1. 导体绝缘层的要求

（1）一般工程中在室内正常条件下，可选用聚氯乙烯绝缘电线或电缆，有条件时可选用交联聚乙烯绝缘电线或电缆。

（2）消防设备供电线路应选择在火灾时，能满足和确保供电或传输信号的连续要求。

（3）对一类建筑以及重要的公共场所等防火要求高的建筑物，应采用阻燃低烟无卤交联聚乙烯绝缘电力电缆、电线或无烟无卤电力电缆、电线。

2. 导体选择和选购注意事项

（1）选择：

1）必须认真查看施工图纸，按照设计要求的型号、性能、规格等参数选择产品，不得擅自降低电线各项参数。

2）核对施工规范和标准，是否有不相符之处。

（2）选购：

1）查看生产企业是否有国家强制性产品认证证书，查看导线绝缘层表面是否有 3C 认证标志。（电线部分）

2）查看生产企业是否有《工业产品生产许可证》及所需产品的规格是否在许可范围之内。（电缆部分）

3）查看每圈每卷导线或电缆附有产品合格证。

4）检测机构颁发的近一年内产品型式检验报告。

（二）电线、电缆名称、型号、规格和主要用途

电线又名导线，在选用时，电线的额定电压与电流必须大于线路的工作电压。在一般民用建筑工程中，如住宅、公共建筑和一般工业厂房，使用的照明和动力电压一般在 220V 和 380V。因此，当采购电线时，应选用额定电压不低于 500V 的电线。

下面介绍常规电线和阻燃与耐燃电线：

1. 橡皮绝缘电线

橡皮绝缘系列的电线是供室内敷设用，有铜芯和铝芯之分，在结构上有单芯、双芯和三芯之分。长期工程温度不得超过 60℃。

橡皮绝缘电线，具有良好的耐老化性能和不延燃性，并有一定的耐油、耐腐蚀性能，适用于户外敷设。

橡皮绝缘电线的型号、名称和主要用途见表 7-223。

橡皮绝缘电线的型号和主要用途　　表 7-223

序号	型号	名　称	主要用途
1	BX	铜芯橡皮橡绝缘棉纱或其他相当纤维编织电线	供干燥和潮湿场所固定敷设用，用于交流额定电压 250V 和 500V 的电路中，可明敷或暗敷设
2	BLX	铝芯橡皮橡绝缘棉纱或其他相当纤维编织电线	
3	BXR	铜芯橡皮橡绝缘棉纱或其他相当纤维编织软电线	供安装在干燥和潮湿场所，连接电气设备的移动部分用，交流额定电压 500V
4	BXY	铜芯橡皮橡绝缘黑色聚乙烯护套电线	固定敷设，适用于户内明敷和户外，尤其是寒冷地区
5	BLXY	铝芯橡皮橡绝缘黑色聚乙烯护套电线	
6	BXF	铜芯橡皮线橡皮绝缘氯丁或其他相当的合成胶混合物护套电线	固定敷设，适用于户内明敷和户外，尤其是寒冷地区
7	BLXF	铝芯橡皮线橡皮绝缘氯丁或其他相当的合成胶混合物护套电线	

橡皮绝缘电线芯数和截面的选择见表 7-224。

橡皮绝缘电线芯数和截面　　表 7-224

序号	型　号	芯　数	截面范围(mm^2)
1	BX	1	0.75～630
2	BX	2、3、4	1.0～95
3	BXR	1	0.75～400
4	BXY	1	0.75～240
5	BXLY	1	2.5～240
6	BLX	1	2.5～630
7	BLX	2、3、4	2.5～120
8	BXF	1	0.75～240
9	BLXF	1	2.5～240

2. 聚氯乙烯绝缘电线

聚氯乙烯绝缘系列的电线（简称塑料线），具有耐油、耐燃、防潮，不发霉，与耐日光、耐大气老化和耐寒等特点。可供各种交直流电器装置、电工仪表、电信设备、电力及照明装置配线用，也可以穿管使用。其线芯长期允许工作温度不超过+65℃，敷设温度不低于－15℃，如果电线敷设在高温场所，应选用特殊产品。

聚氯乙烯绝缘电线的型号、名称和主要用途见表 7-225。

聚氯乙烯绝缘电线的型号和主要用途　　表 7-225

序号	型号	名　称	主要用途
1	BV	铜芯聚氯乙烯绝缘电线	交流电压 500V 以下，直流电压 1000V 以下室内穿管电气线路
2	BLV	铝芯聚氯乙烯绝缘电线	

续表

序号	型号	名称	主要用途
3	BVV	铜芯聚氯乙烯绝缘护套电线	交流电压500V以下，直流电压1000V以下室内固定明敷设
4	BLVV	铝芯聚氯乙烯绝缘护套电线	
5	BVR	铜芯聚氯乙烯绝缘软电线	交流电压500V以下，要求电线比较柔软的场所敷设
6	BV—105	铜芯橡皮橡绝缘耐热105℃聚氯乙烯电线	用于交流电压250V及以下或直流1000V及以下电气线路，可明敷或暗敷设
7	BLV—105	铝芯橡皮橡绝缘耐热105℃聚氯乙烯电线	

聚氯乙烯绝缘电线芯数和截面选择见表7-226。

聚氯乙烯绝缘电线芯数和截面范围　　表7-226

序号	型号	芯数	截面范围(mm^2)
1	BV	1	0.03～185
2	BLV	1	1.5～185
3	BLVV	2、3	1.5～10
4	BVV	2、3	0.75～10
5	BVR	1	0.75～50
6	BV—105	1	按要求制作
7	BLV—105	1	按要求制作

3. 聚氯乙烯绝缘电线（软）

聚氯乙烯绝缘系列的电线（软）（简称塑料软线），可供各种交直流移动电器、电工仪表、电器设备及自动化装置接线用，其线芯长期允许工作温度不超过+65℃，敷设温度不低于−15℃。截面为0.06mm^2及以下的电线，只适用于做低压设备内部接线。

聚氯乙烯绝缘（软）电线的型号、名称和主要用途见表7-227。

聚氯乙烯绝缘电线（软）的型号和用途　　表7-227

序号	型号	名称	主要用途
1	RV	铜芯聚氯乙烯绝缘软线	供交流250V及以下各种移动电器接线用
2	RVB	铜芯聚氯乙烯绝缘平型软线	
3	RVB	铜芯聚氯乙烯绝缘绞型软线	
4	RVS	铜芯聚氯乙烯绝缘双绞型软线	
5	RVV	铜芯聚氯乙烯绝缘聚氯乙烯护套软线	同上，额定电压为500V及以下

聚氯乙烯绝缘电线（软）芯数和截面范围见表7-228。

聚氯乙烯绝缘电线（软）芯数和截面范围　　表7-228

序号	型号	芯数	截面范围(mm^2)
1	RV	1	0.012～6
2	RVB(平型)	2	0.012～2.5
3	RVB(绞型)	2	0.012～2.5
4	RVS	2	0.012～2.5
5	RVV	2、3、4	0.012～6
6	RVV	5、6、7	0.012～2.5
7	RVV	10、12、14、16、19	0.012～1.5

4. 丁腈聚氯乙烯复合物绝缘软线

丁腈聚氯乙烯复合物绝缘软线（简称复合物绝缘软线），可供各种移动电器、无线电设备和照明灯座等接线用。其线芯的长期允许工作温度为+70℃。

丁腈聚氯乙烯复合物绝缘软线型号和主要用途见表 7-229。

丁腈聚氯乙烯复合物绝缘软线型号和主要用途　　表 7-229

型　号	名　　称	主要用途
RFB	铜芯丁腈聚氯乙烯复合物平型软线	供交流 250V 及以下和直流 500V 及以下各种移动电器接线用
RFS	铜芯丁腈聚氯乙烯复合物绞型软线	

丁腈聚氯乙烯复合物绝缘软线芯数和截面范围见表 7-230。

丁腈聚氯乙烯复合物绝缘软线芯数和截面范围　　表 7-230

序号	型　　号	芯　　数	截面范围(mm^2)
1	RFB	2	0.12～2.5
2	RFS	2	0.12～2.5

5. 橡皮绝缘棉纱编织软线

橡皮绝缘棉纱编织软线适用于室内干燥场所，供各种移动式日用电器设备和照明灯座与电源连接用。线芯的长期允许工作温度不超过+65℃。

橡皮绝缘棉纱编织软线的型号和主要用途见表 7-231。

橡皮绝缘棉纱编织软线的型号和主要用途　　表 7-231

型号	名　　称	主要用途
RXS	橡皮绝缘棉纱编织双绞软线	供交流 250V 及以下和直流 500V 及以下各种移动式日用电器设备和照明灯座与电源连接用
RX	橡皮绝缘棉纱总编织软线	

橡皮绝缘棉纱编织软线的芯数和截面范围见表 7-232。

橡皮绝缘棉纱编织软线的芯数和截面范围　　表 7-232

序　　号	型　　号	芯　　数	截面范围(mm^2)
1	RXS	1	0.2～2
2	RX	2	0.2～2
3	RX	3	0.2～2

6. 聚氯乙烯绝缘尼龙护套电线

聚氯乙烯绝缘尼龙护套电线系铜芯镀锡，用于交流 250V 及以下、直流 500V 及以下的低压线路中。线芯长期允许工作温度为－60℃～＋80℃，在相对湿度为 98%条件下使用环境温度应不小于＋45℃。型号 FVN 聚氯乙烯绝缘尼龙护套电线的芯数为 1，截面范围在 0.3～3mm^2 之间。

7. 目前工程中常见的阻燃与耐火电线

为保证建筑屋内电线、电缆安全可靠，防止电线、电缆引起火灾，以及确保火灾时电气线路的完整性和消防设备正常运行。根据国家规定和设计要求，主要部位的电源线路、报警信号线路必须敷设阻燃或耐火的电线。

阻燃电线的主要种类见表 7-233。

阻燃电线的主要种类　　表 7-233

序号	型　号	名　称	其他级别
1	ZB—BV(阻燃 B 级)	聚氯乙烯绝缘阻燃电线	C、D
2	ZB—BYJ (阻燃 B 级)	交联聚乙烯绝缘阻燃电线	C、D
3	ZB—BVV(阻燃 B 级)	聚氯乙烯绝缘和护套阻燃电线	A、C、D
4	ZB—BVR(阻燃 B 级)	聚氯乙烯绝缘阻燃软电线	C、D

阻燃耐火电线的主要种类见表 7-234。

阻燃耐火电线的主要种类　　表 7-234

序号	型　号	名　称	其他级别
1	ZBN—BV (阻燃耐火 B 级)	聚氯乙烯绝缘阻燃耐火电线	C、D
2	ZBN—BV (阻燃耐火 B 级)	交联聚乙烯绝缘阻燃耐火电线	C、D
3	ZBN—BV (阻燃耐火 B 级)	聚氯乙烯绝缘和护套阻燃耐火电线	C、D
4	ZCN—BV (阻燃耐火 C 级)	聚氯乙烯绝缘阻燃耐火软电线	D

8. 线芯标称截面与结构

一般 $6mm^2$ 以上的电线由多根铜芯线组成，下列表式介绍各种型号规格的多股线线芯结构组成数量和截面。

(1) BX、BLX、BV、BLV、BVV、BXF、BLXF 等型号电线的标称截面与线芯结构见表 7-235。

BX、BLX、BV、BLV、BVV、BXF、BLXF 等型号电线的标称截面与线芯结构　　表 7-235

标称截面(mm^2)	线芯结构	标称截面(mm^2)	线芯结构
	根数/线径(mm)		根数/线径(mm)
0.03	1/0.20	10	7/1.33
0.06	1/0.30	16	7/1.7
0.12	1/0.40	25	7/2.12
0.2	1/0.50	35	7/2.5
0.3	1/0.60	50	19/1.83
0.4	1/0.70	70	19/2.4
0.5	1/0.80	95	19/2.5
0.75	1/0.97	120	37/2.0
1.0	1/1.13	150	37/2.24
1.5	1/1.37	185	37/2.5
2.5	1/1.76	240	61/2.24
4	1/2.24	300	61/2.5
6	1/2.73	400	61/2.85

（2）BVR 型号电线的标称截面与线芯结构见表 7-236。

BVR 型号电线的标称截面与线芯结构　　表 7-236

标称截面(mm^2)	线芯结构	标称截面(mm^2)	线芯结构
	根数/线径(mm)		根数/线径(mm)
0.75	7/0.37	10	49/0.52
1.0	7/0.43	16	49/0.64
1.5	7/0.52	25	98/0.58
2.5	19/0.41	35	133/0.58
4	19/0.52	50	133/0.68
6	19/0.64		

（3）RFB、RFS、RXS、RX 型号电线的标称截面与线芯结构见表 7-237。

RFB、RFS、RXS、RX 型号电线的标称截面与线芯结构　　表 7-237

标称截面(mm^2)	线芯结构	标称截面(mm^2)	线芯结构
	根数/线径(mm)		根数/线径(mm)
0.12	7/0.15	0.75	42/0.15
0.2	12/0.15	1	32/0.2
0.3	16/0.15	1.5	48/0.2
0.4	23/0.15	2.0	64/0.2
0.5	28/0.15	2.5	77/0.2

（三）电缆、电缆名称、型号、规格和主要用途等

电缆的种类很多，它是根据用途对象，敷设部位及电缆本身的结构而选用。通常电缆分成两大类，即电力电缆和控制电缆。电力电缆是用于输送和分配大功率功能的，由于目前工程中，电源的高压部分是由供电部门负责施工。因此在一般情况下，民用建筑和一般厂房，选用的电缆不超过额定电压 1kV。控制电缆是配电装置中传导操作电流，连接电气仪表、继电器。在选用时，应根据图纸要求，选用满足功能要求的多芯控制电缆。

由于电缆的种类较多，性能用途较广，在电缆选用上，往往着重于使用，对是否阻燃这方面不予重视。据有关资料反映在我国的火灾事故中，有相当部分的人因吸入电缆燃烧时释放出来的有毒气体而窒息死亡。因此人们必须根据电缆的有关性能，结合电缆敷设的环境、部位和施工图，严格按设计要求选用电缆的型号。在常见的电缆中辐照交联低烟无卤阻燃耐热电缆在火烟中具有低烟无卤、无毒等功能。

下面介绍常规电缆和阻燃与耐火电缆：

1. 电力电缆

（1）135℃辐照交联低烟无卤阻燃聚乙烯绝缘电缆

该电缆导体允许长期最高工作温度不大于 135℃，当电源发生短路时，电缆温度升至 280℃时，可持续时间达 5min。电缆敷设时环境温度最低不能低于－40℃，施工时应注意电缆弯曲半径，一般不应小于电缆直径的 15 倍。

135℃辐照交联低烟无卤阻燃聚乙烯绝缘电缆的型号、名称、主要用途见表 7-238。

135℃辐照交联低烟无卤阻燃聚乙烯绝缘电缆型号和主要用途　　表 7-238

型　号	名　　称	主要用途
WDZ-BYJ(F)	铜芯辐照交联低烟无卤阻燃聚乙烯绝缘电线电缆	固定布线
WDZ-BYJ(F)R	软铜芯辐照交联低烟无卤阻燃聚乙烯绝缘电线电缆	固定布线要求柔软场合
WDZ-RYJ(F)	铜芯辐照交联低烟无卤阻燃聚乙烯绝缘软电线电缆	固定布线要求柔软场合
WDZ-BYJ(F)EB	铜芯辐照交联低烟无卤阻燃聚乙烯绝缘低烟无卤阻燃聚乙烯护套扁平型电线电缆	固定布线
WDZN-BYJ(F)	铜芯辐照交联低烟无卤阻燃聚乙烯绝缘耐火电线电缆	固定布线

135℃辐照交联低烟无卤阻燃聚乙烯绝缘电缆芯数和截面范围见表 7-239。

135℃辐照交联低烟无卤阻燃聚乙烯绝缘电缆芯数和截面范围　　表 7-239

序号	型　号	芯　数	截面范围(mm²)
1	WDZ-BYJ(F)	1	0.5～400
2	WDZ-BYJ(F)R	1	0.75～300
3	WDZ-RYJ(F)	1	0.5～300
4	WDZ-BYJ(F)EB	2、3	0.75～10
5	WDZN-BYJ(F)	1	0.5～400

WDZ-BYJ（F）型号电缆的标称截面与线芯结构见表 7-240。

WDZ-BYJ（F）型号电缆的标称截面与线芯结构　　表 7-240

标称截面(mm²)	线芯结构	标称截面(mm²)	线芯结构
	根数/线径(mm)		根数/线径(mm)
0.5	1/0.80	35	7/2.52
0.75	7/0.37	50	19/1.78
1	7/0.43	70	19/2.14
1.5	7/0.52	95	19/2.52
2.5	7/0.68	120	37/2.03
4	7/0.85	150	37/2.25
6	7/1.04	185	37/2.52
10	7/1.35	240	61/2.25
16	7/1.70	300	61/2.52
25	7/2.14	400	61/2.85

WDZ-BYJ（F）R 型号电缆的标称截面与线芯结构见表 7-241。

WDZ-RPJ（F）型号电缆的标称截面与线芯结构见表 7-242。

（2）辐照交联低烟无卤阻燃聚乙烯电力电缆

该电缆导体允许长期最高工作温度不大于 135℃，当电源发生短路时，电缆温度升至 280℃时，可持续时间达 5min。电缆敷设时环境温度最低不能低于－40℃。施工时要注意单芯电缆弯曲应大于等于 20 倍电缆外径，多芯电缆应大于等于 15 倍电缆外径。

WDZ-BYJ（F）R 型号电缆的标称截面与线芯结构　　表 7-241

标称截面(mm²)	线芯结构 根数/线径(mm)	标称截面(mm²)	线芯结构 根数/线径(mm)
0.75	19/0.22	35	133/0.58
1	19/0.26	50	133/0.68
1.5	19/0.32	70	259/0.58
2.5	19/0.41	95	259/0.68
4	19/0.52	120	427/0.60
6	49/0.40	150	427/0.67
10	49/0.52	185	427/0.74
16	49/0.64	240	427/0.85
25	133/0.49	300	549/0.83

WDZ-RPJ（F）型号电缆的标称截面与线芯结构　　表 7-242

标称截面(mm²)	线芯结构 根数/线径(mm)	标称截面(mm²)	线芯结构 根数/线径(mm)
0.5	16/0.20	35	285/0.40
0.75	24/0.20	50	399/0.40
1	32/0.20	70	700/0.50
1.5	30/0.25	95	481/0.50
2.5	50/0.25	120	610/0.50
4	56/0.30	150	732/0.50
6	84/0.30	185	915/0.52
10	77/0.40	240	1220/0.50
16	133/0.40	300	1525/0.50
25	190/0.40		

辐照交联低烟无卤阻燃聚乙烯电力电缆的型号、名称与主要用途见表 7-243。

辐照交联低烟无卤阻燃聚乙烯电力电缆的型号、名称与主要用途　　表 7-243

型　号	名　称	主要用途
WDZ-YJ(F)E WDZ-YJ(F)Y	铜芯或铝芯辐照交联低烟无卤阻燃聚乙烯绝缘及低烟无卤阻燃聚乙烯护套电力电缆	敷设在室外，可经受一定的敷设牵引，但不能承受机械外力作用的场合；单芯电缆不允许敷设在磁性管道中
WDZ-YJ(F)E22 WDZ-YJ(F)Y22	铜芯或铝芯辐照交联低烟无卤阻燃聚乙烯绝缘钢带铠装低烟无卤阻燃聚乙烯护套电力电缆	适用于埋地敷设，能承受机械外力作用，但不能承受大的拉力
WDZN-YJ(F)E WDZN-YJ(F)Y	铜芯辐照交联低烟无卤阻燃聚乙烯绝缘及低烟无卤阻燃聚乙烯护套耐火电力电缆	敷设在室内外，可经受一定的敷设牵引，但不能承受机械外力作用的场合；单芯电缆不允许敷设在磁性管道中
WDZN-YJ(F)E22 WDZN-YJ(F)Y22	铜芯辐照交联低烟无卤阻燃聚乙烯绝缘钢带铠装低烟无卤阻燃聚乙烯护套耐火电力电缆	适用于埋地敷设，能承受机械外力作用，但不能承受大的拉力

注：辐照交联低烟无卤阻燃聚乙烯电缆线芯结构可参照 135℃辐照交联低烟无卤阻燃聚乙烯绝缘电缆

辐照交联低烟无卤阻燃聚乙烯电缆芯数及截面范围见表 7-244。

辐照交联低烟无卤阻燃聚乙烯电缆芯数及截面范围　　表 7-244

序号	型　号	芯　数	截面范围(mm^2)
1	WDZ-YJ(F)E WDZ-YJ(F)Y	1～5	1.5～300
2	WDZ-YJ(F)E22 WDZ-YJ(F)Y22	1～5	4～300
3	WDZN-YJ(F)E WDZN-YJ(F)Y	1～5	1.5～300
4	WDZN-YJ(F)E22 WDZN-YJ(F)Y22	1～5	4～300

注：芯数 1 为单芯电缆，标称截面为 1×(导线截面)
　　芯数 2 为双芯电缆，标称截面为 2×(导线截面)
　　芯数 3 为三芯电缆，标称截面为 3×(导线截面)
　　芯数 4 为四芯电缆，标称截面为 3×(导线截面)+1×(导线截面)
　　芯数 5 为五芯电缆，标称截面为 3×(导线截面)+2×(导线截面)

2. 控制电缆

辐照交联低烟无卤阻燃聚乙烯控制电缆

该电缆导体允许长期工作温度不大于 135℃，当电源发生短路时，电缆温度升至 280℃时可持续时间达 5min。电缆敷设时，环境温度最低不能低于－40℃。其弯曲时最小半径为电缆直径的 10 倍。

辐照交联低烟无卤阻燃聚乙烯控制电缆的型号、名称和主要用途见表 7-245。

辐照交联低烟无卤阻燃聚乙烯控制电缆的型号、名称和主要用途　　表 7-245

型　号	名　称	主要用途
WDZ-KYJ(F)E	铜芯辐照交联低烟无卤阻燃聚乙烯绝缘及低烟无卤阻燃聚乙烯护套控制电缆	报警系统、消防系统、门示系统、BA 系统、可视系统等弱电系统，亦可用作于强电配电柜箱内二次线的连接
WDZ-KYJ(F)E22	铜芯辐照交联低烟无卤阻燃聚乙烯绝缘及低烟无卤阻燃聚乙烯护套钢带铠装控制电缆	
WDZ-KYJ(F)E32	铜芯或铝芯辐照交联低烟无卤阻燃聚乙烯绝缘及低烟无卤阻燃聚乙烯护套细钢丝铠装控制电缆	
WDZ-KYJ(F)	铜芯辐照交联低烟无卤阻燃聚乙烯绝缘及低烟无卤阻燃聚乙烯护套铜丝编织屏蔽控制电缆	
WDZ-KYJ(F)EP	铜芯辐照交联低烟无卤阻燃聚乙烯绝缘及低烟无卤阻燃聚乙烯护套铜带屏蔽控制电缆	
WDZN-KYJ(F)E	铜芯辐照交联低烟无卤阻燃聚乙烯绝缘及低烟无卤阻燃聚乙烯护套耐火控制电缆	

辐照交联低烟无卤阻燃聚乙烯控制电缆的芯数和导体的标称截面见表 7-246。

辐照交联低烟无卤阻燃聚乙烯控制电缆的芯数和导体的标称截面　　表 7-246

芯数	标称截面				
	$1mm^2$	$1.5mm^2$	$2.5mm^2$	$4mm^2$	$6mm^2$
4	有	有	有	有	有
5	有	有	有	有	有
6	有	有	有	有	有

续表

芯数	标称截面				
	1mm²	1.5mm²	2.5mm²	4mm²	6mm²
7	有	有	有	有	有
8	有	有	有	有	有
10	有	有	有	有	有
12	有	有	有	有	有
14	有	有	有	有	有
16	有	有	有		
19	有	有	有		
24	有	有	有		
27	有	有	有		
30	有	有	有		
33	有	有	有		
37	有	有	有		
44	有	有	有		
48	有	有	有		
52	有	有	有		
61	有	有	有		

3. 目前工程中常见的阻燃与耐火电缆

(1) 阻燃电力电缆的主要种类见表 7-247。

阻燃电力电缆的主要种类 **表 7-247**

序号	型 号	名 称	其他级别
1	ZB—YJV(阻燃B级)	交联聚乙烯绝缘、聚氯乙烯护套阻燃电缆	A、C、D
2	ZB—VV(阻燃B级)	聚氯乙烯绝缘和护套阻燃电缆	A、C、D

(2) 阻燃控制电缆的主要种类见表 7-248。

阻燃控制电缆的主要种类 **表 7-248**

序号	型 号	名 称	其他级别
1	ZB—KYJV(阻燃B级)	交联聚乙烯绝缘、聚氯乙烯护套绝缘阻燃控制电缆	A、C、D
2	ZB—KYJVP(阻燃B级)	交联聚乙烯绝缘、聚氯乙烯护套阻燃屏蔽控制电缆	A、C、D
3	ZB—KVV(阻燃B级)	聚氯乙烯绝缘和护套阻燃控制电缆	C、D
4	ZB—KVVP(阻燃B级)	聚氯乙烯绝缘和护套阻燃屏蔽控制电缆	C、D

(3) 阻燃耐火电力电缆的主要种类见表 7-249。

阻燃耐火电力电缆的主要种类 **表 7-249**

序号	型 号	名 称	其他级别
1	ZBN—YJV(阻燃N耐火B级)	交联聚乙烯绝缘、聚氯乙烯护套阻燃耐火电缆	A、C、D
2	ZBN—VV(阻燃耐火B级)	聚氯乙烯绝缘和护套阻燃电缆	A、C、D

（4）阻燃耐火控制电缆的主要种类见表 7-250。

阻燃耐火控制电缆的主要种类　　表 7-250

序号	型　号	名　称	其他级别
1	ZB—KYJV(阻燃耐火 B 级)	交联聚乙烯绝缘、聚氯乙烯护套绝缘阻燃耐火控制电缆	A、C、D
2	ZB—KYJVP(阻燃耐火 B 级)	交联聚乙烯绝缘、聚氯乙烯护套阻燃耐火屏蔽控制电缆	A、C、D
3	ZB—KVV(阻燃耐火 B 级)	聚氯乙烯绝缘和护套阻燃耐火控制电缆	C、D
4	ZB—KVVP(阻燃耐火 B 级)	聚氯乙烯绝缘和护套阻燃耐火屏蔽控制电缆	C、D

（四）验收

验收部分的相关要求在前面产品选购章节中已阐述，但在验收时还应检查。具体步骤是：首先应查看该型号电线产品的国家强制性产品认证证书和电缆产品的《工业生产许可证》，并有国家认可的检测机构出具的检测报告和该批产品的合格证。其次查看产品实物，主要从七个方面查看：(1) 导线绝缘层表面上是否有产品生产厂家的全称、3C 认证标志和有关技术参数与所需产品标准是否相符；(2) 电缆绝缘层表面印有的规格、型号与所需产品标准是否相符；(3) 检查金属导体的质量，是否有可塑性。防止再生金属用于产品上；(4) 用卡尺对金属导体的直径进行测量，检查是否达到产品规定的要求；(5) 截取一段多股导线，剥离绝缘层进行根数检查，查验多股导线的总根数量是否达到产品规定的根数；(6) 进行长度测量，检查是否有“短斤缺两”的现象；(7) 根据检测报告，检查导线表面的绝缘层的厚度与防火等级；(8) 导线各种绝缘层颜色的数量，是否满足工程的需要。

（五）电线、电缆节能检测

根据《建筑节能工程施工质量验收规范》GB 50411—2007 规定，新建、改建和扩建民用工程中的低压配电系统，选择的电线、电缆截面不得低于设计值，进场时应对其截面和每芯导体电阻值进行见证取样送检。

电线、电缆见证取样送检规定，工程中使用同一厂家各种规格总数的 10%进行截面和电阻值检测，且不少于 2 个规格。

每芯导体最大电阻值规定见表 7-251。

每芯导体最大电阻值规定　　表 7-251

序号	标称截面 (mm^2)	20℃时导体最大电阻(/Km) 圆铜导体(不镀金属)
1	0.5	36.0
2	0.75	24.5
3	1.0	18.1
4	1.5	12.1
5	2.5	7.41
6	4	4.61
7	6	3.08
8	10	1.83
9	16	1.15

续表

序号	标称截面 (mm²)	20℃时导体最大电阻(/Km) 圆铜导体(不镀金属)
10	25	0.727
11	35	0.524
12	50	0.387
13	70	0.268
14	95	0.193
15	120	0.153
16	150	0.124
17	185	0.0991
18	240	0.0754
19	300	0.0601

0.5～6mm^2 铜单芯线导体直径规格见表 7-252。

0.5～6mm^2 铜单芯线导体直径规格 **表 7-252**

序号	标称截面 (mm²)	铜单芯线直径 (mm)
1	0.5	1/0.80
2	0.6	1/0.90
3	0.8	1/1.00
4	1.0	1/1.13
5	1.5	1/1.37
6	2.5	1/1.76
7	4.0	1/2.24
8	6.0	1/2.73

10～300mm^2 铜紧压绞合圆芯导体最小和最大直径规格见表 7-253。

10～300mm^2 铜紧压绞合圆芯导体最大和最小直径规格 **表 7-253**

序号	标称截面 (mm²)	铜紧压绞合圆芯导体	
		最小直径(mm)	最大直径(mm)
1	10	3.6	4.0
2	16	4.6	5.2
3	25	5.6	6.5
4	35	6.6	7.5
5	50	7.7	8.6
6	70	9.3	10.2
7	95	11.0	12.0
8	120	12.3	13.5
9	150	13.7	15.0
10	185	15.3	16.8
11	240	17.6	19.2
12	300	19.7	21.6

三、微型断路器和 86 型系列开关与插座

在电源线路中，开关的作用是切断或连通电源，而插座是为用电设备提供电源时的一个连接点。下面介绍常见的微型断路器和 86 型系列开关与插座：微型断路器它具有当导线过载、短路和电压突然升高对电气线路进行保护，并具有隔离功能。微型断路器的外壳是采用高绝缘性和高耐热性的材料制成，燃烧时没有熔点，即使是明火，也只会逐步炭化而不熔化，故使用相当安全。86 系列开关与插座具有新颖美观、操作方便、使用灵活，它的面板采用耐高温、抗冲击、阻燃性能好的聚碳酸醋材料制成。开关采用纯银触点，最大程度减小了接触电阻，长时间使用，不会形成发热现象，且通断自如，使用次数高达 40000 次。插座采用加厚磷青铜，弹性极佳，使插头与插座接触紧密。当设备用电负荷过大时不形成温升，增加了使用寿命。因此微型断路器、86 型系列开关、插座，目前在工程上被广泛使用。

（一）微型断路器与开关插座的分类

1. 微型断路器

（1）型号说明

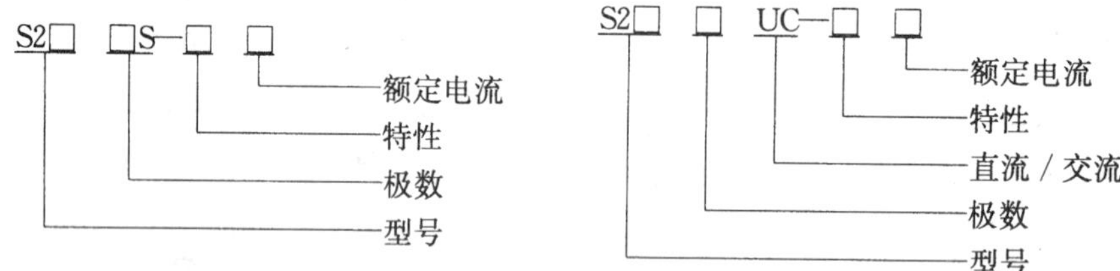

特性 C——对感性负荷和高感照明系统提供线路保护。

特性 D——对高感性负荷和有较大冲击电流产生的配电系统提供线路保护。

特性 K——对额定电流 40A 以下的电动机系统及变压器配电系统提供可靠保护。

（2）实物图形

图 7-21 为 1～4 极微型断路器的实物图形。

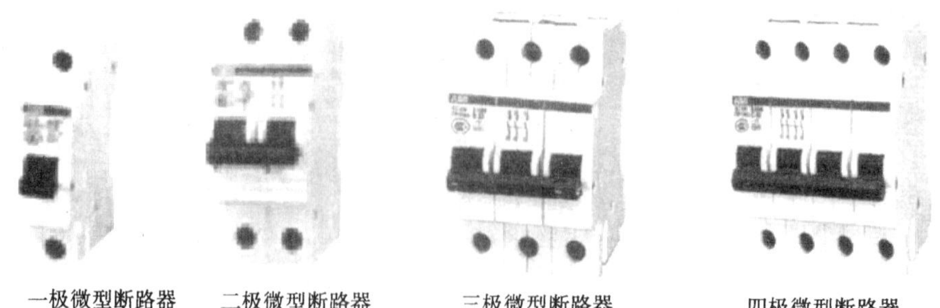

图 7-21　1～4 极微型断路器的实物图形

（3）各系列微型断路器产品的型号、规格见表 7-254。

各系列 S250S、S260、S270、S280、S280DC、S290 产品的型号、规格　　表 7-254

系列名称	额定电流	一极	二极	三极	四极
S250S-C	1～63	S251S-C (1～63)	S252S-C (1～63)	S253S-C (1～63)	S254S-C (1～63)
S250S-D	4～63	S251S-D (4～63)	S252S-D (4～63)	S253S-D (4～63)	S254S-D (4～63)

续表

系列名称	额定电流	一极	二极	三极	四极
S250S-K	1～40	S251S-K (1～40)	S252S-K (1～40)	S253S-K (1～40)	S254S-K (1～40)
S260-C	0.5～63	S261-C (0.5～63)	S262-C (0.5～63)	S263-C (0.5～63)	S264-C (0.5～63)
S260-D	0.5～63	S261-D (0.5～63)	S262-D (0.5～63)	S263-D (0.5～63)	S264-D (0.5～63)
S270-C	6～63	S271 C (6～63)	S272-C (6～63)	S273-D (6～63)	S274-D (6～63)
S280-C	80～100	S281-C (80～100)	S282-C (80～100)	S283-C (80～100)	S284-C (80～100)
S280UC-C	0.5～63	S281UC-C (0.5～63)	S282UC-C (0.5～63)	S283UC-C (0.5～63)	
S280UC-K	0.5～63	S281UC-K (0.5～63)	S282UC-K (0.5～63)	S283UC-K (0.5～63)	
S290-C	80～125	S291-C (80～125)	S292-C (80～125)	S293-C (80～125)	S294-C (80～125)

注：1. 额定电流系列有 0.5、1、2、3、4、6、10、16、20、25、32、40、50、63，14 种分别的规格。
2. 表内额定电流（0.5-63）是系列 14 种规格的合写。
3. 应根据设计要求用电负荷量，按微型断路器的额定电流系列的规格，选择满足功能要求的微型断路器。

2. 86 型开关与插座

(1) 选用说明

产品选择前应查看施工员材料分析预算表，确定开关单联或多联以及单、双控和插座的安培、相位和极数。

(2) 部分 86 型系列开关和插座的实物、名称、规格见 7-255 表。

部分 86 系列开关与插座名称与规格 **表 7-255**

产品外观	名称与规格	产品外观	名称与规格
	10A250V 单联单控开关 10A250V 单联双控开关		25A440V 三相四极插座
	10A250V 双联单控开关 10A250V 双联双控开关		一位四线美式电话插座
	10A250V 三联单控开关 10A250V 三联双控开关		二位四线美式电话插座
	10A250V 四联单控开关 10A250V 四联双控开关		一位六线美式电话插座
	10A250V 五联单控开关 10A250V 五联双控开关		一位普通型电视插座

续表

产品外观	名称与规格	产品外观	名称与规格
	10A250V 单相三极插座 16A250V 单相三极空调插座		二位普通型电视插座
	10A250V 单相二极和单相三极组合插座		0.5A220V 轻触延时开关
	10A250V 单相二极和单相三极，单相三极带开关组合插座组合插座		0.5A220V 声光控延时开关
	10A250V 双联单相二极扁圆双用插座		250V 门铃开关
	16A250V 双联美式电脑插座		250V　门铃开关带指示
	13A250V 单相三极方脚插座		调速开关
	10A250V 单相三极万能插座		开关防潮面板
	10A250V 单相二极和单相三极组合万能插座		插座防溅面板

（二）适用范围

（1）微型断路器的用途较广，在民用住宅、公共建筑、工业厂房内均可使用。民用住宅适用于电表箱和室内分户箱内。公共建筑适用于楼层照明控制，会议室和配电间。工业厂房适用于办公用房和车间内照明。它的特点是容量和控制范围大，能同时切断某个部位的电源，并对电源电流量升高提供线路保护。

（2）86 型开关和插座主要用于住宅、公共建筑、厂房等工程中，电源线路在墙体内暗敷的照明系统，它的特点是集中控制、适用面广、操作灵活、安装方便。

（三）验收

微型断路器和 86 型系列开关与插座验收时，应先查看企业的国家强制性产品认证证书和产品合格证，其次进行实物检查。实物检查的主要内容：一查微型断路器的型号与规格是否与图纸要求相符，二查产品牌号是否与选择牌号相符，三查接线桩头是否完好，螺钉是否齐全，四查开关启闭是否灵活，五查是否阻燃性。

目前，市场上的假冒伪劣产品主要反映在两个方面：一是使用劣质的原料加工成面板。二是使用再生铜加工成铜片，当这些劣质的产品流入市场，在使用多次后，铜片发热，刚性退化，使连接点处的电阻增大，热量上升，从而引发烧毁现象，严重的将燃烧。所以在采购和验收时应特别注意。

第十四节 建筑门窗

建筑门窗是建筑外围护结构的重要组成部分，人们通过门窗得到阳光，得到新鲜空气，观赏室外的景色，所以门窗必须具有采光、通风、防风雨、保温、隔热、隔声等功能，同时门窗作为建筑外墙和室内装饰的一部分，其分格形式、材质、表面色彩对建筑外立面和室内装饰起着十分重要的作用。随着我国建筑业的不断发展，建筑门窗也不断的发展，木门窗、钢门窗、彩色涂层钢板门窗、铝合金门窗、塑料门窗、高性能节能门窗等各种材质的建筑门窗不断出现。

一、建筑门窗分类和构造

（一）建筑门窗分类

按材质分类：铝合金门窗、塑料门窗、彩色涂层钢板门窗、钢门窗、木门窗、复合门窗等。

按功能类型分类：普通型、保温型、隔声型、遮阳型等。

按用途分类：外门窗、内门窗、阳台门、安全门、落地窗、逃生窗、橱窗等。

按开启分类：平开门窗、推拉门窗、弹簧门、提升推拉门窗、推拉下悬门窗、内平开下悬门窗、折叠平开门、折叠推拉窗、转门、卷门、立转窗等。

按构造分类：镶玻璃门、全玻璃门、固定玻璃门窗、百叶门窗、连窗门、双层门窗、单层窗、双层扇窗、组合窗、条形窗、带形窗、凸窗、弓形窗、隐框窗等。

本节主要介绍常用的铝合金门窗、塑料门窗、彩色涂层钢板门窗和节能门窗，以及与门窗相关的材料与配件。

（二）门窗构造及构件名称

门：围蔽墙体门窗洞口，可开启关闭，并可供人出入的建筑部件。

窗：围蔽墙体洞口，可起采光、通风或观察等作用的建筑部件的总称。通常包括窗框和一个或多个窗扇以及五金配件，有时带有亮窗和换气装置。

门窗包括型材、面板、五金配件、密封材料等。立面图中斜线表示窗的开启方向，开启方向线夹角的一侧为安装合页的一侧。

门窗外框总称为门窗框，包括上框、边框、中横框、中竖框及下框。门窗可开启或固定扇的总称为门窗扇，包括上梃、中梃、下梃、边梃。由两樘及两樘以上门之间、或窗之间组合时的框构架的横向和竖向连接杆件为拼樘框，两樘及两樘以上单体窗采用拼樘杆件连接组合的窗为组合窗。构件名称如图 7-22。

二、铝合金门窗

采用铝合金建筑型材制作框、扇杆件结构的门、窗的总称为铝合金门窗。铝合金门窗突出的优点是重量轻、强度高、刚性好、综合性能高、采光面积大、装饰效果好，但铝型

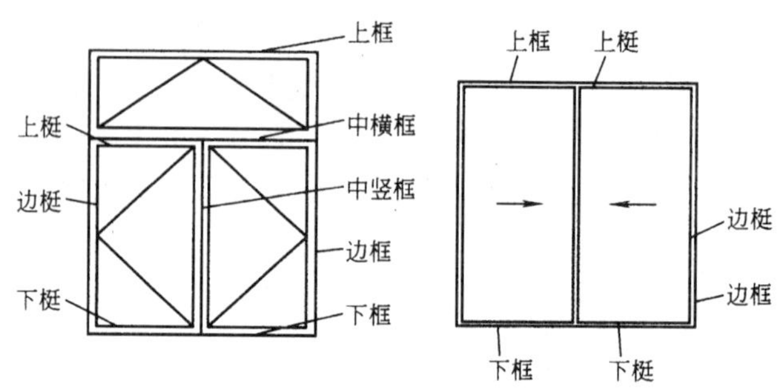

图 7-22 门窗构件名称

材导热系数大，普通铝合金门窗的保温性能较差。

（一）分类及标记方法

(1) 按用途分为外墙用（代号 W）、内墙用（代号 N）。

(2) 按类型分为普通型（代号 PT）、隔声型（代号 GS）、保温型（代号 BW）、遮阳型（代号 ZY）。

(3) 按开启形式品种分为平开旋转类、推拉平移类、折叠类。其中平开旋转类可分为（合页）平开门、地弹簧平开门、平开下悬门、（合页）平开窗、滑轴平开窗、上悬窗、下悬窗、中悬窗、滑轴上悬窗、平开下悬窗、立转窗等。推拉平移类可分为（水平）推拉门、提升推拉门、推拉下悬门、（水平）推拉窗、提升推拉窗、平开推拉窗、推拉下悬窗、提拉窗等。折叠类可分为折叠平开门、折叠推拉门、折叠推拉窗等。

(4) 产品系列、规格：门、窗框厚度构造尺寸小于某一基本系列或辅助系列值时，按小于该系列值的前一级标示其产品系列。如门、窗框厚度构造尺寸为 72mm，其产品系列为 70 系列。以门窗宽、高的设计尺寸-门、窗宽度的构造尺寸（B_2）和高度的构造尺寸（A_2）的千、百、十位数字，前后顺序排列的六位数字表示。例如门窗的 B_2、A_2 分别为 1150mm 和 1450mm 时，其尺寸的规格型号为 115145。

(5) 标记方法：按产品的简称、命名代号-尺寸规格型号、物理性能符号与等级或指标值（抗风压性能 P_3—水密性能 ΔP—气密性能 q_1/q_2—空气声隔声性能 R_WC_{tr}/R_WC—保温性能 K—遮阳性能 SC—采光性能 T_r）、标准代号顺序进行标记。

如：（外墙用）保温型 65 系列平开铝合金门，该产品规格型号 085205，抗风压性能 6 级，水密性能 5 级，气密性能 8 级，其标记为：铝合金门 WBW65PLM-085205（$P_3$6-ΔP5-$q_1$8）GB/T 8478—2008。

（二）铝合金建筑型材质量要求

铝合金建筑型材是铝合金门窗的主要型材，主要使用的是 6061 和 6063、6063A 高温挤压成型、快速冷却并人工时效（T5）或经固溶热处理（T6）状态的型材，经阳极氧化着色、电泳涂漆、粉末喷涂、氟碳漆喷涂表面处理，以及以隔热材料连接铝合金型材而制成的具有隔热功能的复合型材。

1. 基材（是指表面未经处理的铝合金建筑型材）

(1) 合金牌号、供应状态应符合表 7-256 的规定。

合金牌号取决于铝合金建筑型材的化学成分，供应状态 T4、T5、T6 表示热处理状态。

合金牌号及供应状态 **表 7-256**

合金牌号	供应状态
6005、6060、6063、6063A、6463、6463A	T5、T6
6061	T4、T6

注：1. 订购其他牌号和状态时需供需双方协商。

2. 如果同一建筑结构型材同时选用 6005、6060、6061、6063 等不同合金（或同一合金不同状态），采用同一工艺进行阳极氧化，将难以获得颜色一致的阳极氧化表面，建议选用合金牌号和供应状态时，应充分考虑颜色不一致性对建筑结构的影响

（2）除压条、压盖、扣板等需要弹性装配的型材之外，型材最小公称壁厚应不小于 1.2mm。外门窗框、扇、拼樘框等主要受力杆件所用的主型材壁厚应经设计计算或试验确定。主型材截面主要受力部位基材最小实测壁厚，外门不应低于 2.0mm；外窗不应低于 1.4mm。型材壁厚偏差分为普通级、高精级、超高精级。型材壁厚偏差等级由供需双方商定，但有装配关系的型材尺寸偏差，应选择高精级或超高精级。型材的角度、曲面间隙、平面间隙、弯曲度、扭拧度、长度、端头切斜度也应满足要求。

（3）合金牌号和供应状态决定铝合金型材的力学性能，铝合金型材的室温力学性能应符合表 7-257 的规定。

铝合金型材室温力学性能 **表 7-257**

合金牌号	合金状态		壁厚(mm)	拉伸性能				硬度性能[a]		
				抗拉强度(R_m)(N/mm²)	规定非比例伸长应力($R_{P0.2}$)(N/mm²)	断后伸长率(%)		试样厚度(mm)	维氏硬度HV	韦氏硬度HW
						A	A_{50}			
				不小于						
6005	T5		≤6.3	260	240	—	8	—	—	—
	T6	实心型材	≤5	270	225	—	6	—	—	—
			>5～10	260	215	—	6	—	—	—
			>10～25	250	200	8	6	—	—	—
		空心型材	≤5	255	215	—	6	—	—	—
			>5～15	250	200	8	6	—	—	—
6060	T5		≤5	160	120	—	6	—	—	—
			>5～25	140	100	8	6	—	—	—
	T6		≤3	190	150	—	6	—	—	—
			>3～25	170	140	8	6	—	—	—
6061	T4		所有	180	110	16	16	—	—	—
	T6		所有	265	245	8	8	—	—	—
6063	T5		所有	160	110	8	8	0.8	58	8
	T6		所有	205	180	8	8		—	—
6063A	T5		≤10	200	160	—	5	0.8	65	10
			>10	190	150	5	5	0.8	65	10
	T6		≤10	230	190	—	5	—	—	—
			>10	220	180	4	4	—	—	—

续表

合金牌号	合金状态	壁厚(mm)	拉伸性能				硬度性能[a]		
			抗拉强度(R_m)(N/mm²)	规定非比例伸长应力($R_{P0.2}$)(N/mm²)	断后伸长率(%)		试样厚度(mm)	维氏硬度HV	韦氏硬度HW
					A	A_{50}			
			不小于						
6463	T5	≤50	150	110	8	8	—	—	—
	T6	≤50	195	160	10	8	—	—	—
6463A	T5	≤12	150	110	—	6	—	—	—
	T6	≤3	205	170	—	6	—	—	—
		>3～25	205	170	—	8	—	—	—

注：[a] 硬度仅作参考

(4) 型材表面应整洁，不允许有裂纹、起皮、腐蚀、气泡等缺陷存在。型材表面没有明显的色差、凹凸不平、划伤、擦伤、碰伤等缺陷。型材端头允许有锯切产生的局部变形，其纵向长度不应超过10mm。

(5) 型材应成批提交验收，每批应由同一合金牌号、供货状态、规格的型材组成，每批型材应进行化学成分、尺寸偏差、力学性能、外观质量的检查。

(6) 型材标记按产品名称、合金牌号、供应状态、产品规格（由型材代号与定尺长度两部分组成）和标准号的顺序表示。

如：用6063合金制造，供应状态为T5，型材代号为421001，定尺长度为6000mm的铝型材，标记为：

基材 6063-T5 421001×6000 GB 5237.1—2008

2. 阳极氧化型材（是表面经阳极氧化、电解着色或有机着色的建筑用铝合金热挤压型材）

(1) 阳极氧化膜是铝合金建筑型材主要质量特性之一，膜厚会影响到型材的耐腐蚀性、耐磨性、耐候性，影响型材的使用寿命，因此阳极氧化膜的膜厚级别、典型用途、表面处理方式如表7-258所示，膜厚级别应在合同中注明。未注明膜厚级别时，按AA10供货。

阳极氧化膜特性 **表7-258**

膜厚级别	典型用途	表面处理方式
AA10	室内、外建筑或车辆部件	阳极氧化 阳极氧化加电解着色 阳极氧化加有机着色
AA15	室外建筑或车辆部件	
AA20	室外苛刻环境下使用的建筑部件	
AA25		

(2) 阳极氧化膜平均膜厚、局部膜厚应符合表7-259。

装饰面：型材经加工、制作并安装上建筑物后，处于开启和关闭状态时，仍看得见的表面。

局部膜厚：在型材装饰面上某个面积不大于1cm² 的考察面内作若干次（不少于3次）膜厚测量所得的测量值的平均值。

阳极氧化膜膜厚 **表 7-259**

膜厚级别	平均膜厚(μm)不小于	局部膜厚(μm)不小于
AA10	10	8
AA15	15	12
AA20	20	16
AA25	25	20

平均膜厚：在型材装饰面上测出若干个（不少于 5 次）局部膜厚的平均值。

按 GB/T 8478—2008《铝合金门窗》阳极氧化、阳极氧化加电解着色、阳极氧化加有机着色膜厚级别为 AA15。

(3) 阳极氧化膜经硝酸预浸的磷铬酸试验，其重量损失值应不大于 $30mg/dm^2$。

(4) 阳极氧化膜的颜色应与供需双方商定的色板基本一致。

(5) 型材表面不允许有电灼伤、氧化膜脱落等影响使用的缺陷。阳极氧化膜之间不允许相互摩擦、滑动，为了避免型材阳极氧化膜的损坏，应小心搬运和堆放，不许接触水泥，灰浆等污染物，否则会造成氧化膜的损坏。

由于型材表面尘垢沉积，氧化膜吸收水分，尤其空气中含有硫化物时，氧化膜易腐蚀，因此建筑型材在长期使用时氧化膜必须清理，清理的周期一般为半年，通常用手轻轻擦拭，或采用含有适当润滑剂或中性皂液的热水来清洗，也可以用纤维刷来去除附着的灰尘。不允许使用砂纸、钢丝刷或其他摩擦物，也不允许用酸或碱进行清理，以免破坏氧化膜。

(6) 型材应成批提交验收，每批应由同一合金牌号、供货状态、规格、膜厚级别和同一表面处理方式的型材组成，每批型材应进行化学成分、力学性能、尺寸偏差、膜厚、封孔质量、颜色和色差及外观质量的检验。

(7) 型材标记按产品名称、合金牌号、供应状态、产品规格（由型材代号与定尺长度两部分组成）、颜色、膜厚级别和本部分编号的顺序表示。

如：用 6063 合金制造，T5 状态，型材代号为 421001，定尺长度为 3000mm 表面经阳极氧化电解着色处理，古铜色，膜厚级别为 AA15 的型材，标记为：

阳极氧化型材　6063-T5 421001×3000 古铜 AA15 GB 5237.2—2008。

3. 电泳涂漆型材［是表面经阳极氧化和电泳涂漆（水溶性清漆或色漆）复合处理的建筑用铝合金热挤压型材］

(1) 阳极氧化复合膜膜厚级别、漆膜类型、典型用途如表 7-260。膜厚级别应在合同中注明，未注明膜厚级别时，按 B 级供货。

(2) 电泳涂漆型材膜厚应符合表 7-261 规定。表中复合膜局部膜厚指标为强制性要求。

电泳涂漆型材特性 **表 7-260**

膜厚级别	表面漆膜类型	典型用途
A	有光或哑光透明漆	室外苛刻环境下使用的建筑部件
B		室外建筑或车辆部件
S	有光或哑光有色漆	室外建筑或车辆部件

电泳涂漆型材膜厚 **表 7-261**

膜厚级别	膜厚(μm)		
	阳极氧化膜局部膜厚	漆膜局部膜厚	复合膜局部膜厚
A	≥9	≥12	≥21
B	≥9	≥7	≥16
S	≥6	≥15	≥21

按照GB/T 8478—2008《铝合金门窗》，铝合金电泳涂漆型材膜厚级别为B级（有光或哑光透明漆）复合膜局部膜厚≥16μm 和 S（有光或哑光有色漆）复合膜局部膜厚≥21μm。

(3) 电泳涂漆型材颜色应与供需双方商定的色板基本一致。

(4) 电泳涂漆型材经铅笔划痕试验，A、B级漆膜硬度≥3H，S级漆膜硬度≥1H。

(5) 电泳涂漆型材漆膜干附着性和湿附着性均达到0级。

(6) 涂漆后的漆膜应均匀、整洁、不允许有皱纹、裂纹、气泡、流痕、夹杂物、发粘和漆膜脱落等影响使用的缺陷。

(7) 型材应成批提交验收，每批应由同一合金、状态、规格、膜厚级别的型材组成，每批型材应进行化学成分、力学性能、尺寸偏差、颜色和色差、复合膜局部膜厚、漆膜硬度、漆膜附着性及外观质量的检查。

(8) 型材标记按产品名称、合金牌号、供应状态、产品规格（由型材代号与定尺长度两部分组成）、颜色、膜厚级别和本部分编号的顺序表示。

如：用6063合金制造，供应状态为T5，型材代号为421001，定尺长度为6000mm，表面处理方式为阳极氧化电解着古铜色加电泳涂漆处理，膜厚级别为A级的型材，标记为：

电泳型材 6063-T5 421001×6000 古铜 A GB 5237.3—2008。

4. 粉末喷涂型材（是以热固性有机聚合物粉末作涂层的建筑用铝合金热挤压型材）

(1) 涂层的60°光泽值及其允许偏差应符合表7-262（单位：光泽单位）。

涂层的60°光泽值及其允许偏差 **表 7-262**

光泽值范围	允许偏差(光泽单位)
3～30	±5
31～70	±7
71～100	±10

(2) 粉末喷涂型材涂层颜色应与供需双方商定的色板基本一致。

(3) 装饰面上涂层最小局部厚度≥40μm。型材非装饰面如需喷涂，应在合同中注明。

(4) 涂层抗压痕性≥80。

(5) 涂层的干附着性、湿附着性和沸水附着性均应达到0级。

(6) 经冲击试验，涂层无开裂或脱落现象。

(7) 型材装饰面上的涂层应平滑、均匀，不允许有皱纹、流痕、鼓泡、裂纹、发粘等影响使用的缺陷。

(8) 型材应成批提交验收，每批应由同一合金牌号、状态、规格、颜色的型材组成，每批型材应进行化学成分、力学性能、尺寸偏差、光泽、颜色和色差、涂层厚度、压痕硬度、附着性、耐冲击性及外观质量的检验。

(9) 型材标记按产品名称、合金牌号、供应状态、产品规格（由型材代号与定尺长度两部分组成）、颜色代号和本部分编号的顺序表示。

如：用 6063 合金制造，供应状态为 T5，型材代号为 421001，定尺长度为 6000mm，颜色代号为 3003 的型材，标记为：

喷涂型材 6063-T5 421001×6000 色 3003 GB 5237.4—2008。

5. 氟碳漆喷涂型材（是以聚偏二氟乙烯漆作涂层的建筑用铝合金热挤压型材）

(1) 涂层的 60°光泽值与合同规定一致，其允许偏差为±5 个光泽单位。

(2) 涂层颜色应与供需双方商定的色板基本一致。

(3) 涂层种类应符合表 7-263 的规定。

涂层种类 **表 7-263**

二 涂 层	三 涂 层	四 涂 层
底漆加面漆	底漆、面漆加清漆	底漆、阻挡漆、面漆加清漆

装饰面上的漆膜厚度应符合表 7-264 的规定。

漆膜厚度 **表 7-264**

涂 层 种 类	平均膜厚(μm)	最小局部膜厚(μm)
二涂	≥30	≥25
三涂	≥40	≥34
四涂	≥65	≥55

注：由于挤压型材截面形状的复杂性，在型材某些表面（如内角、横沟等）的漆膜厚度允许低于表中规定值，但不允许出现露底现象

按照 GB/T 8478—2008《铝合金门窗》，铝合金门窗采用氟碳漆喷涂型材，其装饰面平均膜厚应≥30μm（二涂）、平均膜厚应≥40μm（三涂）。

(4) 涂层经铅笔划痕试验，硬度≥1H。

(5) 涂层的干、湿和沸水附着性均应达到 0 级。

(6) 经冲击试验后，受冲击的涂层允许有微小裂纹，但粘胶带上不允许有粘落的涂层。

(7) 型材装饰面上的涂层应平滑、均匀，不允许有流痕、皱纹、气泡、脱落及影响使用的缺陷。

(8) 型材应成批提交验收，每批应由同一合金、状态、规格、颜色和涂层种类的型材组成，每批型材应进行化学成分、力学性能、尺寸偏差、颜色和色差、涂层厚度、光泽、外观质量、硬度以及附着力和耐冲击性的检验。

(9) 型材标记按产品名称、合金牌号、供应状态、产品规格（由型材代号与定尺长度两部分组成）、颜色代号（用色××××表示）和本部分号的顺序表示。

如：用 6063 合金制造，供应状态为 T5，型材代号为 421001，定尺长度为 6000mm，

涂层颜色为灰色（代号 8399）的型材，标记为：

氟碳漆喷涂型材 6063-T5 421001×6000 灰色 8399 GB 5237.5—2008。

6. 隔热型材［是以隔热材料（低热导率的非金属材料）连接铝合金型材而制成的具有隔热功能的复合型材］

（1）隔热型材分为穿条式和浇注式。穿条式：通过开齿、穿条、滚压工序，将条形隔热材料穿入铝合金型材穿条槽内，并使之被铝合金型材牢固咬合的复合方式。浇注式：把液态隔热材料注入铝合金型材浇注槽内并固化，切除铝合金型材浇注槽内的临时连接桥使之断开金属连接，通过隔热材料将铝合金型材断开的两部分结合在一起的复合方式。

（2）产品按力学性能特性分为 A、B 两类，如表 7-265 所示。

产品分类 **表 7-265**

类　别	力学性能特性	复合方式
A	剪切失效后不影响横向抗拉性能	穿条式、浇注式
B	剪切失效将引起横向抗拉失效	浇注式

（3）产品纵向剪切试验、横向拉伸试验、高温持续负荷试验和热循环试验结果应符合表 7-266 的规定。需方对产品抗扭性能有要求时，可供需双方商定具体性能指标，并在合同中注明。

性能试验 **表 7-266**

试验项目	复合方式	试验结果						
		纵向抗剪特征值（N/mm）			横向抗拉特征值（N/mm）			隔热材料变形量平均值（mm）
		室温	低温	高温	室温	低温	高温	
纵向剪切试验 横向拉伸试验	穿条式	≥24	≥24	≥24	≥24	—		—
	浇注式	≥24	≥24	≥24	≥24	≥24	≥12	—
高温持久负荷试验	穿条式	—	—	—	—	≥24	≥24	≤0.6
热循环试验	浇注式	≥24	—	—	—	—	—	≤0.6

（4）穿条式隔热型材复合部位允许涂层有轻微裂纹、但不允许铝基材有裂纹。浇注式隔热型材去除金属临时连接桥时，切口应规则、平整。

（5）隔热型材应成批提交验收，每批应同一牌号和状态的铝合金型材与同一种隔热材料通过同一种复合工艺制作成同一类别、规格和表面处理方式的隔热型材组成。每批产品出厂应对铝合金型材、产品尺寸偏差、产品温室纵向抗剪特征值、产品外观质量进行检验。

（6）产品标记按产品名称、产品类别、隔热型材截面代号、隔热材料代号、铝合金型材的牌号和状态及表面处理方式（用与表面处理方式相对应的 GB 5237.2～5237.5 分部分的顺序号表示，有色电泳涂漆型材也采用“3”标识其表面处理方式）隔热材料高度、产品定尺长度和本部分编号的顺序表示。

如：用 6063 合金制造、供应状态为 T5、表面分别采用电泳涂漆处理和粉末静电喷涂处理的两根铝型材以穿条方式与隔热材料 PA66GF25（高度 14.8mm）复合制成的 A 类隔热型材（截面代号 561001、定尺长度 6000mm）标记为：

隔热型材 A561001PA66GF25 6063-T5/3-4 14.8×6000 GB 5237.6—2004。

7. 铝合金建筑型材物理性能（表 7-267）

物理性能 **表 7-267**

弹性模量(MPa)	线膨胀系数 α(1/℃)	密度(kN/m³)	泊松比(γ)
0.70×10^{5}	2.35×10^{-5}	28.0	0.33

（三）产品检验

铝合金门窗检验分出厂检验和型式检验，产品经检验合格后应有合格证。

1. 出厂检验

出厂检验的项目包括：外观、门窗及框扇装配尺寸偏差、装配质量。

组批规则与抽样规则：外观、装配质量为全数检验。门窗及框扇装配尺寸偏差检验，从每个出厂检验（交货）批中的不同品种、系列、规格分别随机抽取 10%且不得少于 3 樘。

判定与复检规则：抽检产品检验结果全部符合标准要求时，判该批产品合格。如有多于 1 樘不符合标准要求时，判该批产品不合格。如有 1 樘（不多于 1 樘）不合格，可再从该批产品中抽取双倍数量产品进行重复检验，重复检验结果全部达到标准要求时判定该项目合格，复检项目全部合格，判定该批产品合格，否则判定该批产品不合格。

2. 型式检验

型式检验项目包括：外观、尺寸、装配质量、构造、性能的全部项目。

组批规则与抽样规则：从产品出厂检验合格的检验批中，按表 7-268 规定的数量随机抽取。

型式检验组批抽样规则 **表 7-268**

试件分组	1			2	3		4(平开旋转类门)		
试件项目及顺序	隔声	采光（外窗）	气密 水密 抗风压	保温	启闭力	反复启闭	耐撞击	抗垂直荷载	抗静扭曲
试件数量樘	3	1	3	1	3	1	1	1	1
试件合计樘	3			1	3		3		

判定与复检规则：抽检产品全部符合项目要求，该产品型式检验合格。

外观、门窗及框扇装配尺寸偏差、装配质量检验项目的判定和复检应符合规定。

性能检验项目中若有不合格项，可再从该批产品中抽取双倍试件对该不合格项进行重复检验，重复检验结果全部达到标准要求时判定该项目合格，否则判定该批产品不合格。

（四）铝合金门窗进场验收

1. 资料验收

铝合金门窗进入生产现场应提供产品合格证书、性能检测报告和复验报告、原材料配件辅助材料质量保证书等。

(1) 每个出厂检验或交货批应有产品合格证书，产品合格证书包括下列内容：产品名称、商标及标记（包括执行产品标准编号）；产品型式检验的物理性能和力学性能参考值；产品批量（樘数、面积）、尺寸规格型号；铝合金型材表面处理种类、色泽、膜厚；玻璃级镀膜品种、色泽及玻璃厚度；门窗生产日期、检验日期、出厂日期、检验员签名及制造商质量检验印章；质量认证或节能性能标识等标志；制造商名称、地址及质量问题受理部门联系电话；用户名称及地址。

(2) 铝合金门窗主要性能要求

门、窗按使用功能划分的类型和代号以及相应性能项目见表 7-269、表 7-270。

门的功能类型和代号　　表 7-269

性能项目	种类	普通型		隔声型		保温型		遮阳型
	代号	PT		GS		BW		ZY
		外门	内门	外门	内门	外门	内门	外门
抗风压性能(P_3)		◎		◎		◎		◎
水密性能(ΔP)		◎		◎		◎		◎
气密性能(q_1;q_2)		◎	○	◎	○	◎	○	◎
空气声隔声性能(R_W+C_{tr};R_W+C)				◎	◎			
保温性能(K)						◎	◎	
遮阳性能(SC)								◎
启闭力		◎	◎	◎	◎	◎	◎	◎
反复启闭性能		◎	◎	◎	◎	◎	◎	◎
耐撞击性能[a]		◎	◎	◎	◎	◎	◎	◎
抗垂直荷载性能[a]		◎	◎	◎	◎	◎	◎	◎
抗静扭曲性能[a]		◎	◎	◎	◎	◎	◎	◎

注：1. ◎为必需性能；○为选择性能。
2. 地弹簧门不要求气密、水密、抗风压、隔声、保温性能。
a 耐撞击、抗垂直荷载、抗静扭曲性能为平开旋转类门必需性能

窗的功能类型和代号　　表 7-270

性能项目	种类	普通型		隔声型		保温型		遮阳型
	代号	PT		GS		BW		ZY
		外窗	内窗	外窗	内窗	外窗	内窗	外窗
抗风压性能(P_3)		◎		◎		◎		◎
水密性能(ΔP)		◎		◎		◎		◎
气密性能(q_1;q_2)		◎		◎		◎		◎
空气声隔声性能(R_W+C_{tr};R_W+C)				◎	◎			
保温性能(K)						◎	◎	
遮阳性能(SC)								◎
采光性能(T_r)		○		○		○		○
启闭力		◎	◎	◎	◎	◎	◎	◎
反复启闭性能		◎	◎	◎	◎	◎	◎	◎

注：◎为必需性能；○为选择性能

建筑门窗应对抗风压性能、气密性、水密性能、保温性能等指标进行复验，门窗的性能应根据建筑物所在的地理、气候、和周围环境以及建筑物的高度、体形、重要性等选定。

1）抗风压性能：外门窗正常关闭状态时在风压作用下不发生损坏（如：开裂、面板破损、局部屈服、粘结失效等）和五金件松动、开启困难等功能障碍的能力。详见《建筑外门窗气密、水密、抗风压性能分级及检测方法》GB/T 7106—2008。

建筑外门窗抗风压性能分级表见表 7-271。

建筑外门窗抗风压性能分级（kP）　　表 7-271

分级代号	1	2	3	4	5	6	7	8	9
分级指标值 P_3	$1.0 \leqslant P_3 < 1.5$	$1.5 \leqslant P_3 < 2.0$	$2.0 \leqslant P_3 < 2.5$	$2.5 \leqslant P_3 < 3.0$	$3.0 \leqslant P_3 < 3.5$	$3.5 \leqslant P_3 < 4.0$	$4.0 \leqslant P_3 < 4.5$	$4.5 \leqslant P_3 < 5.0$	$P_3 \geqslant 5.0$

注：第 9 级应在分级后同时注明具体检测压力差值

采用定级检测压力差值 P_3 为分级指标值，P_3 值与工程的风荷载标准值 W_k 相对比，应大于或等于 W_k。工程的风荷载标准值 W_k 的确定方法见《建筑结构荷载规范》GB 50009。

按《建筑外门窗气密、水密、抗风压性能分级及检测方法》GB/T 7106—2008 不同类型试件主要受力杆件（面板）允许挠度见表 7-272。

主要受力杆件允许挠度　　表 7-272

试件类型	主要构件（面板）允许挠度
窗（门）面板为单层玻璃或夹层玻璃	$\pm L/120$
窗（门）面板为中空玻璃	$\pm L/180$
单扇固定扇	$\pm L/60$
单扇单锁点平开窗（门）	20mm

铝合金外门窗主要受力杆件所用的主型材应经设计计算或试验确定，外门窗在各性能分级指标值风压作用下，主要受力杆件相对（面法线）挠度应符合表 7-273 规定；风压作用后，门窗不应出现使用功能障碍和损坏。

主要受力构件相对挠度（mm）　　表 7-273

支承玻璃种类	单层玻璃、夹层玻璃	中空玻璃
相对挠度	$L/100$	$L/150$
相对挠度最大值	20	

注：L 为主要受力杆件支承跨距

2）气密性能：外门窗在正常关闭状态时，阻止空气渗透的能力。采用标准状态下，压力差为 10Pa 时的单位开启缝长空气渗透量 q_1 值和单位面积空气渗透量 q_2 作为分级指标。分级指标值见表 7-274。

外门窗气密性能分级指标 表 7-274

分级	1	2	3	4	5	6	7	8
单位缝长分级指标值 q_1 [$m^3/(m·h)$]	4.0≥ q_1>3.5	3.5≥ q_1>3.0	3.0≥ q_1>2.5	2.5≥ q_1>2.0	2.0≥ q_1>1.5	1.5≥ q_1>1.0	1.0≥ q_1>0.5	q_1≤0.5
单位面积分级指标值 q_2[$m^3/(m^2·h)$]	12≥ q_2>10.5	10.5≥ q_2>9.0	9.0≥ q_2>7.5	7.5≥ q_2>6.0	6.0≥ q_2>4.5	4.5≥ q_2>3.0	3.0≥ q_2>1.5	q_2≤1.5

3）水密性能：外门窗正常关闭状态时，在风雨同时作用下，阻止雨水渗漏的能力。采用严重渗漏压力差的前一级压力差值作为分级指标。分级指标值 ΔP 见表 7-275。

外门窗水密性能分级指标（Pa） 表 7-275

分级	1	2	3	4	5	6
分级指标 ΔP	100≤ΔP<150	150≤ΔP<250	250≤ΔP<350	350≤ΔP<500	500≤ΔP<700	ΔP≥700

注：第 6 级应在分级后同时注明具体检测压力差值

水密性检测可采用稳定加压法和波动加压法。工程所在地在热带风暴和台风地区的工程检测应采用波动加压法；定级检测和工程所在地为非热带风暴和台风地区的工程检测可采用稳定加压法。其中热带风暴和台风地区的划分按照 GB 50178 的规定执行。

4）保温性能：门窗的传热系数表征门窗保温性能的指标。表示在稳定传热条件下，外门窗两侧空气温差为 1K，单位时间内，通过单位面积的传热量。门、窗保温性能指标以门、窗传热系数 K 值［$W/(m^2·K)$］表示，门、窗保温性能分级及指标值见表 7-276。

门窗保温性能分级及分级指标值［$W/(m^2·k)$］ 表 7-276

分　　级	1	2	3	4	5
分级指标值	K≥5.0	5.0>K≥4.0	4.0>K≥3.5	3.5>K≥3.0	3.0>K≥2.5
分　　级	6	7	8	9	10
分级指标值	2.5>K≥2.0	2.0>K≥1.6	1.6>K≥1.3	1.3>K≥1.1	K<1.1

5）空气声隔声性能：外门、外窗以"计权隔声量和交通噪声频谱修正量之和（R_W+C_{tr}）"作为分级指标；内门、内窗以"计权隔声量和粉红噪声频谱修正量之和（R_W+C）"作为分级指标。门、窗空气声隔声性能分级及指标值见表 7-277。

外门窗空气隔声性能（dB） 表 7-277

分　　级	外门、外窗分级指标值	内门、内窗分级指标值
1	20≤R_W+C_{tr}<25	20≤R_W+C<25
2	25≤R_W+C_{tr}<30	25≤R_W+C<30
3	30≤R_W+C_{tr}<35	30≤R_W+C<35
4	35≤R_W+C_{tr}<40	35≤R_W+C<40
5	40≤R_W+C_{tr}<45	40≤R_W+C<45
6	R_W+C_{tr}≥45	R_W+C≥45

注：用于对建筑内机器、设备噪声源隔声的建筑内门窗，对于中低频噪声宜用外门窗的指标值进行分级；对于中高频噪声仍采用内门窗的指标值进行分级

6）遮阳性能：门窗在夏季阻隔太阳辐射热的能力，遮阳性能用遮阳系数 SC 表示。遮阳系数是在给定的条件下，太阳辐射透过外门、窗所形成的室内得热量与相同条件下透过相同面积的 3mm 厚透明玻璃所形成的太阳辐射得热量之比。遮阳系数采用 JGJ/T 151 规定的夏季标准计算条件，并按该规程计算所得值。门窗遮阳性能分级及指标值见表 7-278。

门窗遮阳性能分级指标　　表 7-278

分　级	1	2	3	4	5	6	7
分级指标值	$0.8 \geqslant SC > 0.7$	$0.7 \geqslant SC > 0.6$	$0.6 \geqslant SC > 0.5$	$0.5 \geqslant SC > 0.4$	$0.4 \geqslant SC > 0.3$	$0.3 \geqslant SC > 0.2$	$SC \leqslant 0.2$

7）采光性能：外门窗采光性能以透光折减系数 T_r 表示，其分级及指标值应符合表 7-279。

外门窗采光性能分级指标　　表 7-279

分　级	1	2	3	4	5
分级指标值	$0.20 \leqslant T_r < 0.30$	$0.30 \leqslant T_r < 0.40$	$0.40 \leqslant T_r < 0.50$	$0.50 \leqslant T_r < 0.60$	$T_r \geqslant 0.60$
注：T_r 值大于 0.60 时应给出具体值					

有采光要求的外窗，其透光折减系数 T_r 不应小于 0.45。同时有遮阳性能要求的外窗，应综合考虑遮阳系数要求确定。

8）启闭力：门窗应在不超过 50N 的启、闭作用下，能灵活的开启和关闭。

9）反复启闭力：门窗在多次开启和关闭作用下，保持正常的使用功能，以不影响正常使用的变形、故障和损坏的反复启闭次数表示。门反复启闭次数不应少于 10 万次，窗反复启闭次数不应少于 1 万次，启闭无异常，使用无障碍。

（3）材料及附件的质量验证

铝合金门窗所有的材料及附件进厂时，检查产品的合格证和质量保证书等随行技术文件，验证其所标示的性能和质量指标值与相应标准符合性。铝合金型材应提供产品质量证明书内容如表 7-280。

铝合金型材质量证明书　　表 7-280

项　目	基材	阳极氧化	电泳涂漆	喷粉喷涂	氟碳漆喷涂	隔热型材
供方名称	√	√	√	√	√	√
产品名称和规格或型号	√	√	√	√	√	√
合金牌号和状态	√	√	√	√	√	√
膜厚级别和颜色		√	√			
涂层颜色或编号					√	
表面处理方式						√
隔热材料名称或代号						√
批号和生产日期	√	√	√	√	√	√
重量和件数	√		√	√	√	√

续表

项　目	基材	阳极氧化	电泳涂漆	喷粉喷涂	氟碳漆喷涂	隔热型材
力学性能检验结果	√					
各项分析检验结果和供方质检部门印记	√	√	√	√	√	√
标准编号	√	√	√	√	√	√
出厂日期(或包装日期)			√	√	√	

注：表中符号“√”表示铝合金型材质保书包含的内容，除此之外还应提供配件、辅助材料相应的质量保证书。

2. 产品实物验收

铝合金门窗的品种、数量、类型、规格、尺寸、性能、开启方向、安装位置、连接方式及铝合金门窗的型材壁厚应符合设计要求。

(1) 外观质量及配件、辅助材料要求

1) 产品表面不应有铝屑、毛刺、油污或其他污迹；密封胶应连续、平滑，连接处不应有外溢的胶粘剂；密封胶条应安装到位，四角应镶嵌可靠，不应有脱开的现象。铝合金型材表面没有明显的色差、凹凸不平、划伤、擦伤、碰伤等缺陷。

2) 铝门窗所使用的钢材宜采用奥氏体不锈钢材料，不同金属材料接触面应采取防止双金属腐蚀措施；玻璃应采用浮法玻璃或以其原片的各种加工玻璃；铝门窗玻璃镶嵌、杆件连接及附件装配所用的密封胶应与所接触的材料相容，并与所需粘结的基材粘接。隐框窗用的硅酮结构密封胶应与所接触的材料附件相容，与所需粘结基材粘结；铝门窗用的五金配件应满足整樘门窗承载能力的要求，其反复启闭性能应满足门窗反复启闭性能要求；铝门窗组装机械连接应采用不锈钢紧固件，不应使用铝及铝合金抽芯铆钉做门窗受力连接用的紧固件。

(2) 尺寸偏差

门窗尺寸及形状允许偏差和框扇组装尺寸偏差符合表 7-281 的规定。

门窗尺寸及组装允许偏差 (mm)　　表 7-281

项　目	尺寸范围	允许偏差	
		门	窗
门窗宽度、高度构造内侧尺寸	<2000	±1.5	
	≥2000　<3500	±2.0	
	≥3500	±2.5	
门窗宽度、高度构造内侧尺寸对边尺寸之差	<2000	≤2.0	
	≥2000　<3500	≤3.0	
	≥3500	≤4.0	
门窗框与扇搭接宽度		±2.0	±1.0
框、扇杆件接缝高低差	相同截面型材	≤0.3	
	不同截面型材	≤0.5	
框、扇杆件装配间隙		≤0.3	

(3) 玻璃镶嵌构造尺寸

门窗框、扇玻璃镶嵌构造尺寸应符合 JGJ 113 规定的玻璃最小安装尺寸要求。型材凹槽宽度应等于前部余隙、玻璃公称厚度和后部余隙之和，凹槽深度应等于边缘间隙和嵌入深度之和。

1）单片玻璃、夹层玻璃和真空玻璃的最小装配尺寸见表 7-282。

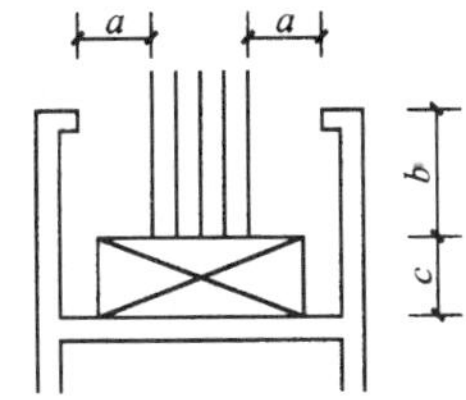

a—玻璃前部余隙或后部余隙；

b—玻璃嵌入深度；

c—玻璃边缘间隙。

玻璃最小装配尺寸（mm） **表 7-282**

玻璃公称厚度	前部余隙和后部余隙 *a*		嵌入深度 *b*	边缘间隙 *c*
	密封胶	胶　条		
3～6	3.0	3.0	8.0	4.0
8～10	5.0	3.5	10.0	5.0
12～19		4.0	12.0	8.0

2）中空玻璃与玻璃槽口的配合见表 7-283。

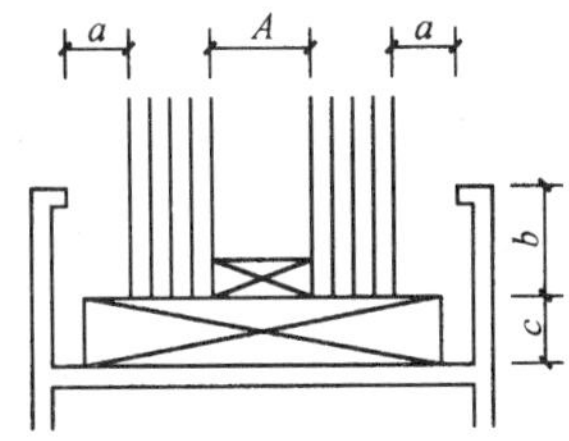

a—玻璃前部余隙或后部余隙；

b—玻璃嵌入深度；

c—玻璃边缘间隙；

A—空气层厚度（*A* 为 mm：6、9、12、15、16）。

中空玻璃与玻璃槽口的配合（mm） **表 7-283**

玻璃公称厚度	前部余隙和后部余隙 *a*		嵌入深度 *b*	边缘间隙 *c*
	密封胶	胶　条		
4+*A*+4	5.0	3.5	15.0	5.0
5+*A*+5				
6+*A*+6				
8+*A*+8	7.0	5.0	17.0	7.0
10+*A*+10				
12+*A*+12				

（五）铝合金门窗产品标志、合格证书、使用说明及包装、运输、储存

（1）铝合金门、窗产品标志包括：产品名称或商标；产品执行的标准编号；制造商名称、生产日期或批号。

（2）产品合格证书包括：产品名称、商标及标记（包括执行的产品标准编号）；产品型式检验的物理性能和力学性能参数值；产品批量（樘数和面积）、尺寸规格型号；门窗框扇铝合金型材表面处理种类、色泽、膜厚；门窗生产日期、检验日期、出厂日期、检验员签名及制造商的质量检验印章；质量认证或节能性能标识等其他标志；制造商名称、地址及质量问题受理部门联系电话等。

（3）产品使用说明应包括产品说明、安装说明、使用说明和维护保养说明等内容。

（4）产品应用无腐蚀作用的材料包装，包装箱应有足够的承载能力，确保运输中不受损坏，包装箱内各类部件避免发生相互碰撞、窜动。

（5）在运输过程中避免包装箱相互碰撞，应轻拿轻放，严禁摔、扔、碰击，运输工具应有防雨措施，并保持清洁无污染。

（6）产品应放置通风、干燥的地方。严禁与酸、碱、盐类物质接触并防止雨水侵入。产品严禁与地面直接接触，底部垫高大于100mm。产品应用垫块垫平，立放角度不小于70°。

三、塑料门窗

由未增塑聚氯乙烯（PVC-U）型材按规定要求使用增强型钢制作的门窗，塑料门窗突出的优点是保温性能和耐化学腐蚀性能好，具有良好的气密性能和隔声性能，但抗风压性能、水密性能较低，单一白色装饰性能较差。

（一）分类

按开启形式分：平开门窗、平开下悬门窗、推拉门窗、推拉下悬门、折叠门、地弹簧门、上悬窗、中悬窗、下悬窗、固定窗。

（二）未增塑聚氯乙烯（PVC-U）型材

1. 型材分类

型材按老化时间、落锤冲击、壁厚分类。

老化时间分类见表7-284、主型材落锤冲击分类见表7-285、主型材壁厚分类见表7-286。

老化时间分类 **表7-284**

项　目	M类	S类
老化试验时间(h)	4000	6000

主型材在−10℃时落锤冲击分类 **表7-285**

项　目	Ⅰ类	Ⅱ类
落锤质量(g)	1000	1000
落锤高度(mm)	1000	1500

主型材壁厚分类（mm） **表7-286**

名　称	A类	B类	C类
可视面	≥2.8	≥2.5	不规定
非可视面	≥2.5	≥2.0	不规定

2. 产品标记

老化时间类别—落锤冲击类别—可视面壁厚分类

老化时间 4000h，落锤高度 1000mm，壁厚 2.5mm，标记为 M-Ⅰ-B

3. 型材性能

应符合表 7-287 规定要求。

型材技术要求 **表 7-287**

项目	要求	
维卡软化温度	≥75℃	
简支梁冲击强度	≥20kJ/m²	
主型材弯曲弹性模量	≥2200MPa	
拉伸冲击强度	≥600kJ/m²	
外观	颜色均匀，表面光滑、平整、无明显凹凸，无杂质。型材端部清洁无毛刺	
外形尺寸和极限偏差	厚度(*D*)≤80mm	极限偏差±3.0mm
	厚度(*D*)>80mm	极限偏差±0.5mm
	宽度(*W*)	±0.5mm
型材直线偏差	长度为 1m 主型材直线偏差≤1mm	
	长度为 1m 纱扇型材直线偏差≤2mm	
主型材的质量	不小于每米长度标称质量 95%	
加热后尺寸变化率	主型材两个相对最大可视面加热后尺寸变化率为±2.0% 每个试样两可视面的加热尺寸变化率之差应≤0.4% 辅型材加热后尺寸变化率为±3.0%	
主型材落锤冲击	在可视面上破裂的试样数≤1 个。对共挤型材，共挤层不能出现分离	
150℃加热后状态	试样无气泡、裂纹、麻点，对共挤型材，共挤层不能出现分离	
老化后冲击强度保留率	≥60%	
主型材可焊性	焊角平均应力≥35MPa，试样的最小应力≥30MPa	

4. 型材标志

主型材的可视面上应贴有保护膜。保护膜上应有标准代号、厂名、厂址、电话、商标等。

型材出厂应具有合格证。合格证上应包括每米质量、规格、生产日期。

主型材应在非可视面上沿型材长度方向，每间隔 1m 应有一组永久性标识，包括老化时间分类、落锤冲击分类、壁厚分类等。

（三）增强型钢要求

(1) 由于塑料型材的拉伸强度和弹性模量与铝型材相比较低，为了满足抗风压性能要求，使塑料门窗的框、扇具有足够的刚度，应根据门窗的抗风压强度、挠度计算结果确定增强型钢的规格，当门窗主型材构件长度大于 450mm 时，其内腔应加增强型钢，门的增强型钢最小的壁厚不应小于 2.0mm，窗的增强型钢最小的壁厚不应小于 1.5mm，增强型钢应采用镀锌防腐处理，增强型钢端头距型材端头距离不宜大于 15mm，且以不影响端头焊接为宜。增强型钢与型材承载方向内腔配合间隙不应大于 1mm。

（2）用于固定每根增强型钢的紧固件不得少于三个，其间距不应大于 300mm，距型材端头内角距离不应大于 100mm，固定后的增强型钢不得松动。

（3）塑料门窗拼樘框内衬增强型钢的规格壁厚必须符合设计要求，型钢应与型材内腔紧密吻合，型钢两端应比拼樘料长出 10～15mm，使其两端与洞口固定牢固。

（四）产品检验

塑料门窗检验分出厂检验和型式检验，产品经检验合格后应有合格证。

1. 出厂检验

出厂检验应在型式检验合格后的有效期内进行出厂检验，出厂检验项目见表 7-288，产品出厂前应按每一批次、品种、规格分别随机抽样 5％且不得少于三樘，当其中某项不合格时，应加倍抽样，对不合格的项目进行复检，如该项仍不合格，则判定该批产品为不合格品；若全部项目符合标准规定的要求，则判定该批产品为合格产品。塑料门窗的物理性能和力学性能应符合订货合同的要求，且不低于标准规定最低值。

出厂检验与型式检验项目 **表 7-288**

项目	型式检验										出厂检验									
	固定窗	平开窗	推拉窗	悬转窗	平开门	平开下悬门	推拉下悬门	折叠门	推拉门	地弹簧门	固定窗	平开窗	推拉窗	悬转窗	平开门	平开下悬门	推拉下悬门	折叠门	推拉门	地弹簧门
抗风压性能	√	√	√	√	√	√	√	√	√	—	—	—	—	—	—	—	—	—	—	—
气密性能	√	√	√	√	√	√	√	√	√	—	—	—	—	—	—	—	—	—	—	—
水密性能	√	√	√	√	√	√	√	√	√	—	—	—	—	—	—	—	—	—	—	—
保温性能	√	√	√	√	√	√	√	√	√	—	—	—	—	—	—	—	—	—	—	—
隔声性能	△	△	△	△	△	△	△	△	△	—	—	—	—	—	—	—	—	—	—	—
采光性能	△	△	△	△	—	—	—	—	—	—	—	—	—	—	—	—	—	—	—	—
焊接角破坏力	√	√	√	√	√	√	√	√	√	√	√	√	√	√	√	√	√	√	√	√
型材壁厚	√	√	√	√	√	√	√	√	√	√	√	√	√	√	√	√	√	√	√	√
外观质量	√	√	√	√	√	√	√	√	√	√	√	√	√	√	√	√	√	√	√	√
增强型钢	√	√	√	√	√	√	√	√	√	√	√	√	√	√	√	√	√	√	√	√
紧固件	√	√	√	√	√	√	√	√	√	√	√	√	√	√	√	√	√	√	√	√
排水通道	—	√	√	√	—	√	√	√	—	√	—	√	√	√	√	√	√	√	√	√
中梃连接处的密封	√	√	√	√	√	√	√	√	√	√	√	√	√	√	√	√	√	√	√	√
外形尺寸	√	√	√	√	√	√	√	√	√	√	√	√	√	√	√	√	√	√	√	√
对角线尺寸	√	√	√	√	√	√	√	√	√	√	√	√	√	√	√	√	√	√	√	√
框、扇相邻构件装配间隙	√	√	√	√	√	√	√	√	√	√	√	√	√	√	√	√	√	√	√	√
相邻构件同一平面度	√	√	√	√	√	√	√	√	√	√	√	√	√	√	√	√	√	√	√	√
框、扇配合间隙	—	√	—	√	√	√	√	√	—	√	—	√	—	√	√	√	√	√	—	√
门扇、门扇配合间隙	—	—	—	—	—	—	—	—	—	—	—	—	—	—	—	—	—	—	—	√
框、扇搭接量	—	√	√	√	√	√	√	√	√	—	—	√	√	√	√	√	√	√	√	—

续表

项目	型式检验										出厂检验									
	固定窗	平开窗	推拉窗	悬转窗	平开门	平开下悬门	推拉下悬门	折叠门	推拉门	地弹簧门	固定窗	平开窗	推拉窗	悬转窗	平开门	平开下悬门	推拉下悬门	折叠门	推拉门	地弹簧门
五金配件装配	—	√	√	√	√	√	√	√	√	√	—	√	√	√	√	√	√	√	√	√
密封条、毛条装配	√	√	√	√	√	√	√	√	√	√	√	√	√	√	√	√	√	√	√	√
压条装配	√	√	√	√	√	√	√	√	√	√	√	√	√	√	√	√	√	√	√	√
玻璃装配	√	√	√	√	√	√	√	√	√	√	√	√	√	√	√	√	√	√	√	√
锁紧器(执手)开关力	—	√	—	√	√	√	√	√	—	—	—	√	—	√	√	√	√	—	—	—
开关力	—	√	√	√	√	√	√	√	√	√	—	√	√	√	√	√	√	√	√	√
悬端吊重(上悬窗、中悬窗、下悬窗除外)	—	√	—	√	√	√	—	√	—	√	—	—	—	—	—	—	—	—	—	—
翘曲	—	√	—	√	√	√	√	√	—	—	—	—	—	—	—	—	—	—	—	—
开关疲劳(上下推拉窗除外)	—	√	√	√	√	√	√	√	√	√	—	—	—	—	—	—	—	—	—	—
大力关闭	—	√	—	√	√	√	—	—	—	—	—	—	—	—	—	—	—	—	—	—
窗撑试验	—	√	—	√	—	—	—	—	—	—	—	—	—	—	—	—	—	—	—	—
弯曲	—	—	√	—	—	—	√	—	√	—	—	—	—	—	—	—	—	—	—	—
扭曲	—	—	√	—	—	—	√	—	√	—	—	—	—	—	—	—	—	—	—	—
开启限位装置受力	—	√	—	√	—	—	—	—	—	—	—	—	—	—	—	—	—	—	—	—
垂直荷载	—	—	—	—	√	—	—	—	—	√	—	—	—	—	—	—	—	—	—	—
软物撞击	—	—	—	—	√	√	√	√	√	√	—	—	—	—	—	—	—	—	—	—
硬物撞击	—	—	—	—	√	√	√	√	√	√	—	—	—	—	—	—	—	—	—	—

注:1. 表中符号"√"表示需检测的项目,符号"—"表示不需检测的项目,符号"△"表示用户提出要求时的检测项目。

2. 内门不检测抗风压性能、气密性能、水密性能、保温性能

2. 型式检验

型式检验项目见表7-288,批量生产时,抽样方法为每二年从出厂检验合格产品中随机抽取三樘进行型式检验。当其中某项不合格时,应加倍抽样,对不合格的项目进行复检,如该项仍不合格,则判定该批产品为不合格品。若检验项目符合标准规定的要求,则判定该批产品为合格产品。

(五) 塑料门窗进场验收

1. 资料验收

塑料门窗进入生产现场应提供产品合格证书、性能检测报告和复验报告及原材料配件辅助材料质量保证书等。

(1) 产品经检验合格后应有合格证,产品合格证符合相关规定的要求。

(2) 塑料门窗物理性能要求

建筑门窗应对抗风压性能、气密性能、水密性能指标进行复验,门窗的性能应根据建

筑物所在的地理、气候、和周围环境以及建筑物的高度、体形、重要性等选定，塑料门窗物理性能除了满足工程设计要求外，还必须满足表 7-289 要求。

塑料门窗物理性能要求　　　　表 7-289

项　目	要　求	
抗风压性能	$P_3 \geqslant 1.0$kPa	
气密性能	单位开启缝长分级指标 q_1[m³/(m·h)]	$q_1 \leqslant 2.5$ [m³/(m·h)]
	单位面积分级指标 q_2[m³/(m²·h)]	$q_2 \leqslant 7.5$[m³/(m²·h)]
水密性能	$\Delta P \geqslant 100$Pa 并满足工程设计要求	
保温性能	$K < 3.0$ W/(m²·K)	
空气声隔声性能	$R_W \geqslant 25$ 分贝	
(塑料窗)采光性能	$T_r \geqslant 0.20$	

(3) 型材配件辅助材料应提供相应质保文件。

2. 产品要求

(1) 外观质量要求

1) 塑料门窗可视面应平滑，颜色基本均匀一致，无裂纹、气泡，不得有严重影响外观的擦、划伤等缺陷。焊缝清理后，刀痕应均匀、光滑、平整。

2) 玻璃压条应安装牢固，压条角部对接处的间隙不应大于 1mm，不得在一边使用两根（含两根）以上的压条。

3) 密封条、毛条装配应均匀、牢固、接口严密，无脱槽、收缩、虚压等现象。

4) 五金配件安装位置应正确，数量齐全、安装牢固，承受往复运动的配件，在结构上应便于更换。当平开窗高度大于 900mm 时，应有两个闭锁点，五金配件承载能力应与门窗扇重量和抗风压要求匹配。门的闭锁点不应少于两个，五金配件开关应灵活，具有足够的强度，满足机械性能要求。五金配件与型材连接应满足物理性能和力学性能要求，滑撑铰链的连接螺钉应全部与框扇增强型钢可靠连接。

5) 玻璃装配应符合 JGJ 113 规定。

(2) 力学性能要求应符合表 7-290 要求

塑料门窗力学性能　　　　表 7-290

项　目	技术要求			
	平开窗、平开下悬窗、上悬窗、中悬窗、下悬窗	平开门、平开下悬门、推拉下悬门、折叠门、地弹簧门	推拉窗	推拉门
锁紧器(执手)开关力	≤80N　(力矩≤10N·m)	≤100N　(力矩≤10N·m)	—	—
开关力	平合页　≤80N 滑撑铰链 ≥30N ≤80N	≤80N	推拉窗　≤100N 上下推拉窗　≤135N	≤100N
悬端吊重	在 500N 力作用下，残余变形不大于 2mm，试件不损坏，仍保持使用功能		—	—

续表

项　目	技术要求			
	平开窗、平开下悬窗、上悬窗、中悬窗、下悬窗	平开门、平开下悬门、推拉下悬门、折叠门、地弹簧门	推拉窗	推拉门
翘曲	在300N作用力下，允许有不影响使用的残余变形，试件不损坏，仍保持使用功能		—	—
开关疲劳	经不少于10000次的开关试验，试件及五金配件不损坏，其固定处及玻璃压条不松脱，仍保持使用功能	经不少于100000次的开关试验，试件及五金配件不损坏，其固定处及玻璃压条不松脱，仍保持使用功能	经不少于10000次的开关试验，试件及五金配件不损坏，其固定处及玻璃压条不松脱	经不少于10000次的开关试验，试件及五金配件不损坏，其固定处及玻璃压条不松脱
大力关闭	经模拟7级风开关10次，试件不损坏，仍保持开关功能		—	—
弯曲	—	—	在300N力作用下，允许有不影响使用的残余变形，试件不损坏，仍保持使用功能	
扭曲	—	—	在200N力作用下，试件不损坏，允许有不影响使用的残余变形	
焊接角破坏力	窗框计算值≥2000N 窗扇计算值≥2500N 实测值>计算值	门框计算值≥3000N 门扇计算值≥6000N 实测值>计算值	窗框计算值≥2500N 窗扇计算值≥1400N 实测值>计算值	门框计算值≥3000N 门扇计算值≥4000N 实测值>计算值
窗撑试验	在200N力作用下，不允许位移，连接处型材不破裂	—	—	—
开启限位装置受力	10N力、开启10次，试件不损坏	—	—	—
垂直荷载强度	—	对门扇施加30kg荷载，门扇卸载后的下垂量不应大于2mm	—	—
软物撞击	—	无破损，开关功能正常	—	无破损，开关功能正常
硬物撞击	—	无破损	—	无破损

注：大力关闭平开下悬窗、中悬窗、下悬窗不检测；
没有凸出把手的推拉门窗不做扭曲试验；
全玻门不检测软、硬物撞击

(3) 门窗尺寸偏差应符合表7-291要求

(六) 塑料门窗标志包装运输储存要求

(1) 在产品的明显部位应注明产品标志，标志的内容包括：制造厂名、产品标记、产品执行标准、制造日期。

塑料门窗尺寸允许偏差（mm） 表 7-291

项目	技术要求	
	塑料窗	塑料门
高度和宽度	尺寸范围≤1500 尺寸偏差≤±2.0	尺寸范围≤2000 尺寸偏差≤±2.0
	尺寸范围>1500 尺寸偏差≤±3.0	尺寸范围>2000 尺寸偏差≤±3.0
对角线之差	≤3.0	
框扇相邻构件装配间隙	≤0.5	
相邻构件同一平面度	≤0.6	
窗框窗扇装配间隙 C 允许偏差	≤±1.0	≤±1.0
框扇搭接宽度 b 偏差与设计值之比	≤±2.0	≤±2.0

注：平开门窗、平开下悬门窗、推拉下悬门、折叠门装配时应有防下垂措施；
推拉窗的窗扇和窗框上下搭接量的实测 b 值（导轨顶部装滑轨时应减去导轨高度）不应小于 6mm；
推拉门的门扇和门框上下搭接量的实测 b 值（导轨顶部装滑轨时应减去导轨高度）不应小于 8mm

（2）产品表面应有保护措施，宜用无腐蚀性的软质材料包装，包装应牢固，并有防潮措施，产品出厂时应附产品清单及产品检验合格证。

（3）装运产品的运输工具应有防雨措施并保持清洁，在运输装卸时，应保证产品不变形、不损伤、表面完好。

（4）产品应放置在通风、防雨、干燥、清洁、平整的地方，严禁与腐蚀物质接触。产品储存环境温度应底于 50℃，距离热源处应不小于 1m。产品不应直接接触地面，底部垫高应不小于 100mm，产品应立放，立放角不小于 70°，并有防倾倒措施。

四、彩色涂层钢板门窗

用彩色涂层钢板型材加工制作的平开门窗、推拉门窗、固定门窗称为彩色涂层钢板门窗，彩色涂层钢板门窗耐腐蚀性好，装饰性好，易成型加工，可操作性好，易于清洁保养，不褪色。

（一）分类

按使用形式分：平开窗、平开门、推拉窗、推拉门、固定窗

（二）彩色涂层钢板门窗型材

1. 型材分类及型号

彩板型材按用途分类分为平开系列（P）和推拉系列（T）

产品的型号：[CB] [分类号（P、T）] [系列号] [板材厚度] [型材序号] [改型序号]

如：平开 46 系列，板厚为 0.8mm，序号为 153 的彩板型材 标记为：CB-P46-0.8-153。

2. 材料要求

彩板型材所用的材料应为建筑外用彩色涂层钢板（简称彩板），板厚为 0.7～1.0mm，基材类型为热浸镀锌平整钢带，其室温力学性能及热浸镀锌量应符合表 7-292 要求。

材料要求 表 7-292

材质	抗拉强度(MPa)	屈服强度(MPa)	伸长率(%)	双面镀锌量(g/m^2)
优质碳素钢	300～400	230～330	28～32	180～200

(1) 涂层底漆为环氧树脂漆或具有相同性能指标的其他涂料，面漆为外用聚酯漆或具有相同性能指标的其他涂料。正表面应至少两涂两烘，背面应至少一涂一烘。涂层厚度≥20μm，彩板表面不应有气泡、龟裂、漏涂及颜色不均等缺陷，色泽应均匀一致，配套型材应使用同一企业生产的彩板钢带。

(2) 彩板型材出厂前按规定进行检验，检验项目包括关键项目和一般项目，关键项目包括：装饰表面及变形角边缘外观质量、咬口、型材截面几何尺寸、弯曲度、波浪度，一般项目包括：色差、长度尺寸偏差、扭曲度、型材端部。关键项目必须达到各自要求，一般项目必须三项以上（含二项）达到要求者为合格品。

(3) 彩板型材打包检验合格后，粘贴合格标志，型材出厂应具有合格证，合格证应注明产品型号、颜色种类、长度、支数、理论重量、批号、制造厂名、制造日期、及检验员代号。

(三) 产品检验

彩色涂层钢板门窗检验分出厂检验和型式检验，产品经检验合格后应有合格证。

1. 出厂检验

出厂检验应在型式检验合格后的有效期内进行出厂检验，否则检验结果无效。

(1) 出厂检验项目有关键项目、主要项目、一般项目

关键项目：框扇四角组装质量。

主要项目：门窗宽度高度尺寸允许偏差、两对角线允许长度差、门窗框扇四角交角缝隙、四角同一平面高低差、表面涂层局部擦伤划痕。

一般项目：平开门窗框扇搭接量、推拉门窗滑块或滑轮调整、零附件安装、分格尺寸、相邻构件色差、密封条安装质量。

(2) 产品出厂前，应按合同号随机抽取10%，且不少于5樘，按品种不同，其关键项目、主要项目必须达到各自要求，一般项目必须三项以上（含三项）达到要求者为合格品。当一樘不符合要求，应加倍抽检，若仍有一樘不符合要求，判定该批均为不合格。全部返修，复检合格后方可出厂。

2. 型式检验

型式检验项目除出厂检验项目外包括抗风压性能、水密性能、气密性能，保温性能、空气声隔声性能等。抽样方法为：批量生产时，每三年在出厂合格产品中随机抽取三樘进行型式检验。按各项指标要求作为判定合格品依据，当其中某项不符合技术要求，应加倍抽样复检，如该项仍不合格，则判定该批产品为不合格产品。

(四) 彩色涂层钢板门窗进场验收

1. 资料验收

彩色涂层钢板门窗进入生产现场应提供产品合格证书、性能检测报告和复验报告、原材料配件辅助材料质量保证书等。

(1) 产品经检验合格后应有合格证，产品合格证包括下列内容：执行产品标准号、检验项目及其检验结论；成批交付的产品还应有批量、批号、抽样受检件的件号等；产品的检验日期、出厂日期、检验员签名或盖章。

(2) 彩色涂层钢板门窗性能要求：

建筑门窗应对抗风压性能、气密性、水密性能指标进行复验，门窗的性能应根据建筑

物所在的地理、气候、和周围环境以及建筑物的高度、体形、重要性等选定。

根据彩色涂层钢板门窗产品标准的要求，彩色涂层钢板门窗物理性能必须满足表7-293要求。

彩色涂层钢板门窗物理性能　　表7-293

项　目	要　求	
抗风压性能	平开窗	P_3≥2.0kPa并且满足工程设计要求
	推拉窗	P_3≥1.5kPa并且满足工程设计要求
	平开、推拉门	P_3≥1.0kPa并且满足工程设计要求
气密性能	平开窗	q_0≤1.5m^3/m·h
	推拉窗	q_0≤2.5m^3/m·h
	平开、推拉门	q_0≤6.0m^3/m·h
水密性能	平开窗	ΔP≥250Pa并满足工程设计要求
	推拉窗	ΔP≥150Pa并满足工程设计要求
	平开、推拉门	ΔP≥50Pa并满足工程设计要求

(3) 型材配件辅助材料应提供相应质保文件。

2. 产品实物验收

(1) 外观质量要求：

1) 彩色涂层钢板门窗装饰表面不应有明显脱漆、裂纹，相邻构件漆膜不应有明显色差；

2) 门窗框、扇四角组装牢固，不应有松动、锤迹、破裂及加工变形等缺陷；

3) 缝隙处密封严密，不应出现透光现象；

4) 零配件位置准确、安装牢固、启闭灵活，不应有阻滞、回弹等缺陷，推拉门窗安装时调整滑块或滑轮使之达到设计及使用要求；

5) 门窗橡胶密封条安装后接头严密，表面平整，玻璃密封条无咬边。

(2) 尺寸偏差应符合表7-294要求

彩色涂层钢板门窗尺寸允许偏差（mm）　　表7-294

项　目	技术要求	
门窗高度宽度尺寸允许偏差	≤1500	+2.5
		−1.0
	>1500	+3.5
		−1.0
两对角线允许长度偏差	≤2000	≤5
	>2000	≤6
搭接量b允许偏差	b≥8	±3.0
	6≤b<8	±2.5
门窗框、扇四角交角缝隙	≤0.5	
四角同一平面高低差	≤0.3	
分格尺寸允许偏差(平开窗)	±2.0	

（五）彩色涂层钢板门窗标志包装运输储存要求

（1）在产品的明显部位应注明产品标志，标志的内容包括：产品名称、产品型号或标记、制造厂名或商标、制造日期或编号、标准代号。

（2）产品应用无腐蚀作用的材料进行包装，包装箱应具有足够强度，并有防潮措施，箱内产品应保证其相互间不发生窜动，箱内须有产品合格证。

（3）装运产品的运输工具应有防雨措施并保持清洁，在运输装卸时，应轻抬、缓放，防止挤压变形及玻璃破损，产品应放置在仓库中或通风干燥的场地，严禁与腐蚀物质接触，并防止雨水侵入，产品存放不应直接接触地面，底部应垫高 100mm 以上。

五、节能门窗

建筑节能是当今世界建筑发展趋势，门窗作为建筑外围护结构的开口部位，不仅要满足采光、日照、通风等基本要求，还要具有优良的保温、隔热、隔声性能。门窗是薄壁轻质构件，是建筑保温、隔热、隔声的薄弱环节，提高门窗的保温性能是降低建筑能耗的主要途径。

塑料门窗保温性能和耐化学腐蚀性能较好，并有良好的气密性能和隔声性能，但明显的不足是抗风压性能，同时单一的白色装饰性能较差。铝合金门窗的特点是强度高、重量轻、刚性好、制造精度高、采光面积大、色彩美观装饰效果好，但铝合金型材传热系数较大，保温隔热性能较差，单一材质的窗不能实现综合高性能，但采用隔热铝合金型材，经粉末喷涂、氟碳漆喷涂等表面处理，配以中空玻璃，有效地克服了保温性能差的缺点，用隔热铝合金型材与低辐射镀膜玻璃 Low-E 中空玻璃、填充惰性气体、玻璃暖边间隔技术能大大提高门窗的保温性能。使高档的隔热铝合金窗成为高档建筑用窗的首选产品。

以铝质材料为基础，将铝型材与木材复合、铝型材与塑料复合，在保证原有铝型材各项优点的基础上有效的降低热传导率。木包铝保温铝合金门窗具有铝合金门窗和木门窗的两大优点，室外采用铝合金，五金件安装牢固，防水性能好，室内采用经过特殊工艺加工制作的优质原木，颜色多样，便于搭配室内装饰。采用铝型材与塑料型材相结合，结构受力用铝型材，断热部件用塑料型材，二者优势互补。

铝塑、铝木、钢塑、木塑复合型门窗，由于铝、钢材导热系数高，通过断热和包覆方式降低其热传导率，钢塑共挤节能门窗就是用复合材料制成的节能型门窗。

全隐框玻璃铝合金窗是很好的隔热节能窗，太阳不能直接照射在铝合金窗框上，玻璃和铝合金之间起结构粘结作用的固化后硅酮结构密封胶，成为玻璃与铝合金之间的断热桥，若采用 Low-E 中空玻璃隐框铝合金平开窗，其节能效果更好。复合材料门窗是高性能节能门窗的发展方向。

六、门窗相关的材料与配件

（一）玻璃

玻璃是建筑门窗主要材料之一，正确选用和安装玻璃十分重要，它直接影响着门窗的性能。建筑门窗常用的玻璃有普通平板玻璃、浮法玻璃、中空玻璃、钢化玻璃、夹层玻璃、镀膜玻璃等。门窗用的玻璃应根据功能要求选用适当的品种和颜色，玻璃的厚度、面积应经过计算确定，计算方法按《建筑玻璃应用技术规程》JGJ 113 规定。

1. 玻璃强度设计值

在短期、长期荷载下，平板玻璃、半钢化玻璃、钢化玻璃强度设计值按表 7-295、表 7-296 取值。

短期荷载下玻璃的强度设计值 f_g（N/mm^2） **表 7-295**

种　类	厚度(mm)	中部强度	边缘强度	端面强度
平板玻璃	5～12	28	22	20
	15～19	24	19	17
	≥20	20	16	14
半钢化玻璃	5～12	56	44	40
	15～19	48	38	34
	≥20	40	32	28
钢化玻璃	5～12	84	67	59
	15～19	72	58	51
	≥20	59	47	42

长期荷载下玻璃的强度设计值 f_g（N/mm^2） **表 7-296**

种　类	厚度(mm)	中部强度	边缘强度	端面强度
平板玻璃	5～12	9	7	6
	15～19	7	6	5
	≥20	6	5	4
半钢化玻璃	5～12	28	22	20
	15～19	24	19	17
	≥20	20	16	14
钢化玻璃	5～12	42	34	30
	15～19	36	29	26
	≥20	30	24	21

2. 建筑安全玻璃管理规定

安全玻璃：指破坏时处于安全状态、应用和破坏时给人的伤害达到最小的玻璃。包括符合国家标准 GB 9962 规定的夹层玻璃、符合国家标准 GB/T 9963 规定的钢化玻璃和符合国家标准 GB 15763.1 规定的防火玻璃以及由它们构成的复合产品。为了保护人身安全，国家发展改革委员会、建设部、国家质量监督检验检疫总局和国家工商行政管理总局规定于 2004 年 1 月 1 日起在新建、改造、装修及维修工程建筑物以玻璃作为建筑材料的下列部位必须使用安全玻璃：

(1) 7 层及 7 层以上的外开窗；

(2) 面积大于 1.5m^2 窗玻璃或玻璃底边离最终装饰面小于 500mm 的落地窗；

(3) 幕墙（全玻幕墙除外）；

(4) 倾斜装配窗、各种天棚（含天窗、采光顶）、吊顶；

(5) 观光电梯及其外围护；

(6) 室内隔断、浴室围护和屏风；

(7) 楼梯、阳台、平台走廊的栏板和中庭内的栏板；

(8) 由于承受行人行走的地面板；

(9) 水族馆和游泳池的观察窗、观察孔；

(10) 公共建筑物的出入口、门厅等部位；

(11) 易遭受撞击、冲击而造成人体伤害的其他部位。

3. 选用的玻璃应满足《建筑玻璃应用技术规程》JGJ 113 关于人体冲击安全规定：

(1) 安全玻璃最大许用面积应符合表 7-297 的规定，有框平板玻璃、真空玻璃和夹丝玻璃的最大许用面积应符合表 7-298 的规定。

安全玻璃最大许用面积　　表 7-297

玻璃种类	公称厚度(mm)	最大许用面积(m^2)
钢化玻璃	4	2.0
	5	3.0
	6	4.0
	8	6.0
	10	8.0
	12	9.0
夹层玻璃	6.38　6.76　7.52	3.0
	8.38　8.76　9.52	5.0
	10.38　10.76　11.52	7.0
	12.38　12.76　13.52	8.0

有框平板玻璃、真空玻璃和夹丝玻璃的最大许用面积　　表 7-298

玻璃种类	公称厚度(mm)	最大许用面积(m^2)
有框平板玻璃 真空玻璃	3	0.1
	4	0.3
	5	0.5
	6	0.9
	8	1.8
	10	2.7
	12	4.5
夹丝玻璃	6	0.9
	7	1.8
	10	2.4

(2) 活动门玻璃、固定门玻璃和落地窗玻璃当选用有框玻璃时应使用符合表 7-297 规定要求的安全玻璃；当选用无框玻璃时应使用公称厚度不小于 12mm 的钢化玻璃。

(3) 室内隔断应采用安全玻璃。且最大使用面积应符合表 7-297 的规定。

(4) 人群集中的公共场所和运动场所装配有框玻璃时应使用符合表 7-297 规定、且公称厚度不小于 5mm 钢化玻璃或公称厚度不小于 6.38mm 夹层玻璃。

(5) 人群集中的公共场所和运动场所装配无框玻璃时应使用符合表 7-297 规定、且公称厚度不小于 10mm 钢化玻璃。

(6) 浴室内淋浴隔断、浴缸隔断玻璃应使用符合表 7-297 规定的安全玻璃。

(7) 浴室内无框玻璃应使用符合表 7-297 规定、且公称厚度不小于 5mm 的钢化玻璃。

(8) 不承受水平荷载的栏板玻璃应使用符合表 7-297 规定、且公称厚度不小于 5mm 的钢化玻璃，或公称厚度不小于 6.38mm 的夹层玻璃。

(9) 承受水平荷载的栏板玻璃应使用符合表 7-297 规定、且公称厚度不小于 12mm 的钢化玻璃或公称厚度不小于16.76mm的钢化夹层玻璃，当栏板玻璃最低点离一侧楼地面高度在3m或3m以上、5m或5m以下时，应使用公称厚度不小于16.76mm的钢化夹层玻璃。当栏板玻璃最低点离一侧楼地面高度大于5m时，不得使用承受水平荷载的栏板玻璃。

4.《建筑装饰装修工程质量验收规范》GB 50210规定

单块玻璃大于1.5mm^2时应使用安全玻璃。

5. 玻璃安装使用要求

门窗玻璃虽不承受主体荷载，但玻璃是最具有代表性的脆性材料，要承受自身荷载、风荷载等以及人为的外力荷载，这些荷载对玻璃正常使用破坏性非常大，为了减少使用破坏，安装结构尺寸和安装方法必须严格要求。

(1) 玻璃和槽口的配合尺寸满足相应标准要求。

(2) 玻璃安装的密封材料应采用弹性密封材料。

(3) 为了防止门窗的框、扇型材胀缩、变形时导致玻璃破碎，门窗玻璃不应直接接触型材，玻璃要用支承块支撑，每块支承块最小长度不得小于50mm，支承块、定位块不得堵塞泄水孔，保证排水通畅。用密封胶安装时，应使用支承块、定位块、弹性止动片，用胶条安装时，应使用支承块、定位块。

(4) 为了保护镀膜玻璃的镀膜层及镀膜层发挥镀膜层作用，单面镀膜玻璃的镀膜层应朝向室内，中空玻璃的单面镀膜玻璃应在最外层，镀膜层应朝向室内，同样磨砂玻璃的磨砂面应朝向室内。

(5) 玻璃密封条和玻璃、玻璃槽口的接触应紧密、平整，密封胶与玻璃、玻璃槽口的边缘应粘结牢固、接缝平齐；带密封条的玻璃压条，其密封条必须与玻璃全部贴紧，压条与型材之间无明显缝隙，压条接缝应不大于0.5mm。

(6) 安全玻璃的暴露边不得存在锋利的边缘和尖锐的角部。钢化玻璃不能再切割、打洞、磨边，各种加工处理必须在钢化前进行，需按实际使用规格订货。玻璃孔径一般不小于玻璃的厚度，小于4mm的孔由供需双方商定。

6. 玻璃验收

(1) 采购用于建筑物的安全玻璃必须具有强制性认证标志且提供证书复印件，对国产的安全玻璃提供产品质量合格证，对进口产品提供检验检疫证明。以上资料作为工程技术资料存档，资料不全的产品不得使用。

(2) 玻璃的品种、规格及质量应符合国家现行产品标准，并有产品出厂合格证，中空玻璃应有检测报告，安全玻璃提供CCC认证证书。

(3) 玻璃的外观质量和尺寸偏差应符合标准的要求。

(二) 密封材料

门窗用的密封材料应按功能要求、密封材料特性、型材的特点选用。常用的密封材料有密封毛条、密封条等。

1. 密封毛条

(1) 分类：

按照《建筑门窗密封毛条技术条件》JC/T 635要求，以丙纶长丝制造的密封毛条

1) 按品种型式分类：平板型（Ⅰ）、平板加片型（Ⅱ）、X型（Ⅲ）如图7-23；

2) 按绒毛密度分类：普通密度（S）、中密度（E）、高密度（P）；

3）按颜色分类：黑（BL）、灰（GR）、白（WH）、棕（BR）；

4）毛条的底板宽度（B）、毛条总高度（H）、底板厚度（S）毛条基本尺寸系列见图7-23和表7-299。

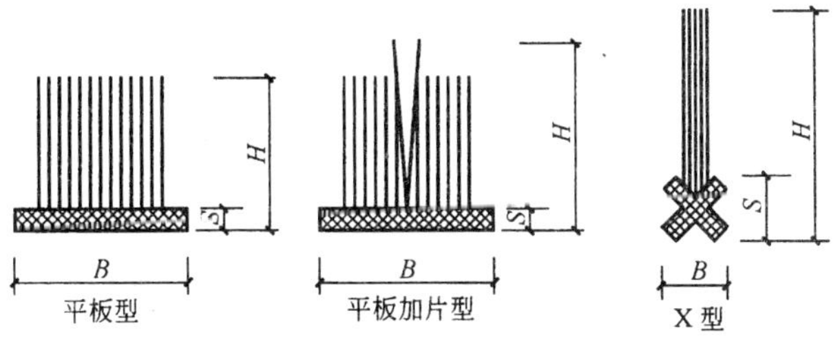

图 7-23　毛条基本尺寸图示

毛条基本尺寸系列（mm）　　**表 7-299**

品　种	B	H	S
Ⅰ、Ⅱ型	4.8、5.8、6.8、9.8、10.8、12.7	3～13 每 0.5 一档	1
Ⅲ型	2.8	9～19 每 0.5 一档	3

（2）质量要求：

1）毛条用绒线需采用丙纶纤维异形长丝，丙纶纤维必须经过紫外线稳定性处理和硅化处理；

2）绒毛应均匀致密，毛簇挺直，切割平整，不得有缺毛及凹凸不齐现象；

3）底板表面光滑平直，不得有裂纹、气泡、粘合不牢固等缺陷；

4）不允许有油污、脏物。

2. 密封条

标准《塑料门窗用密封条》GB 12002 适用于塑料门窗安装玻璃和框扇间用的改性聚氯乙烯（PVC）或橡胶弹性密封条，也适用于钢、铝合金门窗用的弹性密封条。

（1）分类：

1）按用途分类：安装玻璃用密封条（GL）、框扇间用密封条（We）；

2）按使用范围分类：低层和中层建筑用的密封条（Ⅰ）、高层和寒冷地区建筑用的密封条（Ⅱ）；

3）按材质分类：PVC 系列密封条（V）、橡胶系列密封条（R）；

4）按形状分类：安装玻璃密封条有槽型密封条（U）、棒型密封条（J）见图 7-24；

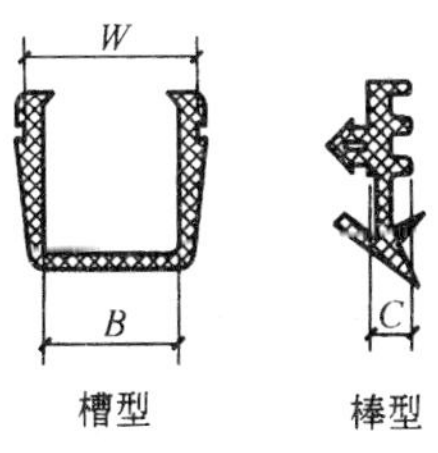

图 7-24　密封条形状

框扇间用密封条有带中空部分密封条（H）和不带中空部分密封条（S）。

5）按尺寸分类：槽型密封条按安装玻璃槽宽尺寸W与所安装玻璃厚度G的配合尺寸分类；棒型密封条按窗框与玻璃面的间隙尺寸C分类；框扇间密封条按窗扇与窗边框间隙尺寸C分类。

（2）质量要求：

外观应光滑、平直无扭曲变形，表面无裂纹，边角无锯齿及其他缺陷。

3. 安装要求

密封条应光滑、平直无扭曲变形、表面无裂纹，边角无锯齿及其他缺陷，密封条产品的加热收缩率应小于2%，截面形状符合标准要求，毛刷条不能太短，毛刷条的绒毛应均匀致密、挺直，不得有脱毛和凹凸不平，底板表面光滑、平直，不得有裂纹、气泡，粘结不牢固，要经过硅化处理，同时密封条和毛刷条与型材槽口配合应均匀、牢固；接口应粘结严密、无脱槽现象。

采购密封材料要求供方提供材料的产品合格证书、性能检测报告。

（三）五金配件

门窗用的五金配件主要包括：滑撑铰链、滑轮、执手、地弹簧、插销、撑挡、拉手、窗锁、门锁、闭门器、球形门锁、合页、传动锁闭器、半圆锁、增强型钢、固定片等。

1. 质量要求

门窗用的五金配件应符合相应的标准：

QB/T 3884 地弹簧；QB/T 3885 铝合金门插销；

QB/T 3886 平开铝合金窗执手；QB/T 3887 铝合金窗撑挡；

QB/T 3888 铝合金窗不锈钢滑撑；QB/T 3889 铝合金门窗拉手；

QB/T 3890 铝合金窗锁；QB/T 3891 铝合金门锁；

QB/T 3892 推拉铝合金门窗用滑轮；QB/T 3893 闭门器；

JG/T 124 聚氯乙烯（PVC）门窗执手；

JG/T 125 聚氯乙烯（PVC）门窗合页；

JG/T 126 聚氯乙烯（PVC）门窗传动闭锁器；

JG/T 127 聚氯乙烯（PVC）门窗滑撑；

JG/T 128 聚氯乙烯（PVC）门窗撑挡；

JG/T 129 聚氯乙烯（PVC）门窗滑轮；

JG/T 130 聚氯乙烯（PVC）门窗半圆锁；

JG/T 131 聚氯乙烯（PVC）门窗增强型钢；

JG/T 132 聚氯乙烯（PVC）门窗固定片。

所有的五金配件外形完整，安装后的外露表面不应有明显的划痕、砂眼凹坑等缺陷；涂层色泽均匀一致，不应有气泡、挂流、脱落、堆漆、橘皮等缺陷；镀层均匀，不应有露底、泛黄、烧焦等缺陷；阳极氧化膜表面色泽一致、均匀，不应有烧焦等缺陷；铆接件应牢固，不得松动；滑动处不应有影响使用功能的松动和卡阻现象。

2. 安装要求

可以根据门窗的规格尺寸、气密性和水密性的不同要求选用不同档次不同规格的五金配件。门窗用五金配件的型号、规格和数量应符合设计要求，安装应牢固，位置应正确，具有足够的强度，启闭灵活、无噪声，承受反复运动的附件、五金配件应便于更换。安装重要五金配件宜在其相应位置的型材内设 3mm 厚的金属衬板，要避免用自攻螺钉或拉铆钉安装重要的五金配件，大型门窗可以考虑采用多个闭锁点。采购五金配件要求供方提供材料的产品合格证书、性能检测报告。

七、门窗节能工程相关的验收规范及标准简介

(一)《民用建筑热工设计规范》GB 50176—93

1. 建筑热工设计分区及设计要求

我国建筑热工设计分区分为严寒地区、寒冷地区、夏热冬冷地区、夏热冬暖地区、温和地区，建筑热工设计分区及设计要求如表 7-300。

建筑热工设计分区和要求 **表 7-300**

分区名称	分区指标		设计要求
	主要指标	辅助指标	
严寒地区	最冷月平均温度≤－10℃	日平均温度≤5℃的天数≥145d	必须充分满足冬季保温要求，一般可不考虑夏季防热
寒冷地区	最冷月平均温度 0～－10℃	日平均温度≤5℃的天数 90～145d	应满足冬季保温要求，部分地区兼顾夏季防热
夏热冬冷地区	最冷月平均温度 0～10℃ 最热月平均温度 25～30℃	日平均温度≤5℃的天数 0～90d，温度≥25℃的天数 40～110d，	必须满足夏季防热要求，适当兼顾冬季保温
夏热冬暖地区	最冷月平均温度>10℃ 最热月平均温度 25～29℃	日平均温度≥25℃的天数 100～200d	必须充分满足夏季防热要求，一般可不考虑冬季保温
温和地区	最冷月平均温度 0～13℃ 最热月平均温度 18～25℃	日平均温度≤5℃的天数 0～90d	部分地区应考虑冬季保温，一般可不考虑夏季防热

2. 其他设计要求

建筑物外部窗户面积不宜过大，应减少窗户缝隙长度，并采取密闭措施。

建筑物夏季防热应采取自然通风，窗户遮阳、围护结构隔热和环境绿化综合措施。

建筑物的向阳面，特别是冬、西向窗户应采取有效的遮阳措施。

建筑物外部窗户当采用单层窗时，窗墙面积比不宜超过 0.30；当采用双层窗或单框双层玻璃时，窗墙面积比不宜超过 0.40。

(二)《公共建筑节能设计标准》GB 50189—2005

(1) 严寒地区、寒冷地区围护结构传热系数、遮阳系数要求见表 7-301；夏热冬冷地区、夏热冬暖地区围护结构传热系数、遮阳系数要求见表 7-302。

(2) 建筑每个朝向的窗（包括透明幕墙）墙面积比均不应大于 0.70。当窗（包括透明幕墙）墙面积比小于 0.40 时，玻璃的可见光透射比不应小于 0.4。当不满足条文规定，必须进行权衡判断。

(3) 外窗的可开启面积不应小于窗面积的 30%。

(4) 外窗气密性能 $q_1 \leqslant 1.5$ ($m^3/m \cdot h$)，$q_2 \leqslant 4.5$ ($m^3/m^2 \cdot h$)，相当于现行标准的 6 级。

严寒、寒冷地区传热系数 K [单位 W/(m² · k)]、遮阳系数　　表 7-301

单一朝向的外窗窗墙面积比	严寒地区 A 区/B 区		寒冷地区			
	体型系数≤0.3 传热系数 K	0.3<体型系数≤0.4 传热系数 K	体型系数≤0.3		0.3<体型系数≤0.4	
			传热系数 K	遮阳系数 SC（东、南、西/北）	传热系数 K	遮阳系数 SC（东、南、西/北）
窗墙面积比≤0.2	≤3.0/≤3.2	≤2.7/≤2.8	≤3.5	—	≤3.0	—
0.2<窗墙面积比≤0.3	≤2.8/≤2.9	≤2.5/≤2.5	≤3.0	—	≤2.5	—
0.3<窗墙面积比≤0.4	≤2.5/≤2.6	≤2.2/≤2.2	≤2.7	≤0.70/—	≤2.3	≤0.70/—
0.4<窗墙面积比≤0.5	≤2.0/≤2.1	≤1.7/≤1.8	≤2.3	≤0.60/—	≤2.0	≤0.60/—
0.5<窗墙面积比≤0.7	≤1.7/≤ 1.8	≤1.5/≤1.6	≤2.0	≤0.50/—	≤1.8	≤0.50/—

注：寒冷地区有外遮阳时，遮阳系数=玻璃的遮阳系数×外遮阳的遮阳系数；无外遮阳时，遮阳系数=玻璃的遮阳系数

夏热冬冷、夏热冬暖地区传热系数 K [单位 W/(m² · k)]、遮阳系数　　表 7-302

单一朝向的外窗窗墙面积比	夏热冬冷地区		夏热冬暖地区	
	传热系数 K	遮阳系数 SC（东、南、西/北）	传热系数 K	遮阳系数 SC（东、南、西/北）
窗墙面积比≤0.2	≤4.7	—	≤6.5	—
0.2<窗墙面积比≤0.3	≤3.5	≤0.55/—	≤4.7	≤0.50/0.60
0.3<窗墙面积比≤0.4	≤3.0	≤0.50/0.60	≤3.5	≤0.45/0.55
0.4<窗墙面积比≤0.5	≤2.8	≤0.45/0.55	≤3.0	≤0.40/0.50
0.5<窗墙面积比≤0.7	≤2.5	≤0.40/0.50	≤3.0	≤0.35/0.45

注：有外遮阳时，遮阳系数=玻璃的遮阳系数×外遮阳的遮阳系数；无外遮阳时，遮阳系数=玻璃的遮阳系数

（三）《夏热冬冷地区居住建筑节能设计标准》JGJ 134—2001

（1）外窗（包括阳台门的透明部分）的面积不应过大。不同朝向、不同窗墙面积比的外窗传热系数见表 7-303 规定。

不同窗墙比的外窗传热系数　　表 7-303

朝　向	窗外环境条件		外窗的传热系数 K[W/(m² · K)]				
			窗墙面积比≤0.25	窗墙面积比>0.25 且≤0.30	窗墙面积比>0.30 且≤0.35	窗墙面积比>0.35 且≤0.45	窗墙面积比>0.45 且≤0.50
北（偏东 60°到偏西 60°范围）	冬季最冷月室外平均温度	>5℃	4.7	4.7	3.2	2.5	—
		≤5℃	4.7	3.2	3.2	2.5	—
东、西（东或西偏北 30°到偏南 60°范围）	无外遮阳措施		4.7	3.2	—	—	—
	有外遮阳措施（其太阳辐射透过率≤20%）		4.7	3.2	3.2	2.5	2.5
南（偏东 30°到偏西 30°范围）	—		4.7	4.7	3.2	2.5	2.5

(2) 建筑物 1~6 层的外窗和阳台门的气密性能 $q_1 \leqslant 2.5$ ($m^3/m \cdot h$)，相当于现行标准的 4 级；7 层及 7 层以上的外窗和阳台门的气密性能 $q_2 \leqslant 1.5$ ($m^3/m \cdot h$)，相当于现行标准的 6 级。

(四) 建筑节能工程施工质量验收规范 GB 50411—2007

(1) 建筑外窗的气密性能、保温性能、中空玻璃露点、玻璃遮阳系数、可见光透射比应符合设计要求。

(2) 建筑外窗进入施工现场时，应按地区类别对其以下性能进行复验，复验应为见证取样送检：

严寒、寒冷地区：气密性、传热系数、中空玻璃露点；

夏热冬冷地区：气密性、传热系数、中空玻璃露点、玻璃遮阳系数、可见光透射比；

夏热冬暖地区：气密性、中空玻璃露点、玻璃遮阳系数、可见光透射比。

(3) 建筑门窗采用玻璃品种应符合设计要求。中空玻璃应采用双道密封，均压管应密封处理。门窗镀（贴）膜玻璃的安装方向应正确。

(4) 严寒、寒冷、夏热冬冷地区建筑外窗，应对其气密性能做现场实体检验，检验结果符合设计要求。

八、影响门窗性能主要原因及处理方法

建筑门窗性能从安全性考虑有抗风压性能、启闭性能、防撬；从节能性考虑有气密性能、保温性能、遮阳性能；从适用性考虑有水密性能、隔声性能、采光性能；从耐久性考虑有启闭力、反复启闭力等，除此之外，门还增加了耐撞击性能、抗垂直荷载性能等性能。

抗风压性能是建筑门窗最基本的性能，从设计选用型材、玻璃、配件时就要考虑门窗受力杆件、玻璃是否能达到门窗所在位置抗风压指标要求。同时型材和玻璃的选用直接关系到门窗传热系数、玻璃可见光透射比和遮阳系数，影响门窗的节能。建筑门窗经常发现一些质量问题，表现为：漏水、失去正常的使用功能（启闭障碍、五金件损坏、密封胶条脱落等)、漏风（冷热风渗透)、结露（结冰或中空玻璃发霉)、安全事故（玻璃破裂、窗扇坠落)，这些质量问题一般由设计、加工、制作、安装不规范引起的。门窗设计引起的结构缺陷；门窗加工、制作不符合尺寸偏差要求；选用配件、辅助材料质量不符合要求，安装不符合要求等。

(一) 抗风压性能

要按工程实际情况设计选用型材，使主要受力杆件、玻璃的强度和刚度满足要求。

正确选用玻璃品种、厚度，保证玻璃和型材的配合尺寸、搭接量符合要求。门窗玻璃镶嵌的支撑与固定，应使玻璃边缘不直接接触型材，使玻璃重量分布均匀，防止框架变形，同时确保门窗闭锁点性能良好。

五金件应根据所选择配置的五金系统能满足的承载能力来设计，五金配件的安装位置准确、数量齐全、安装牢固，五金配件应开关灵活，具有足够的强度，满足门窗力学性能要求，五金配件在结构上便于更换，大的开启扇考虑安装多点锁，安装主要五金配件在相应位置的型材内增设衬板，固定螺钉部位的型材具有一定的厚度。

为了保证安全，推拉门窗必须有防脱落措施，安装防盗块、减振块、上下封堵，制作推拉窗窗扇时，应根据窗框的高度，既要保证窗扇能顺利安装入窗框内，又要保证窗扇在滑槽内有足够的嵌入深度，选择优质滑轮，平开窗应选用90°开启范围内任意角度均可固定的支撑。

门窗选用的锚固件，除不锈钢外，均应采用防腐处理，锚固板应牢靠，不得有松动，固定点距门窗角、中横框、中竖框150～200mm，固定点间距不应大于600mm，对于组合拼装的门窗，拼樘框是比较关键的主要受力杆件，必须与结构可靠连接，拼樘框与砖墙连接时，应先将拼樘框两端插入预留洞口，后用强度等级为C20细石混凝土浇灌固定。在砌体上安装门窗严禁用射钉固定。

（二）气密性能

合理设计门窗断面尺寸和几何形状，提高门窗缝隙空气渗透阻力。

采用耐久性能良好的具有良好弹性的密封胶和密封胶条进行玻璃镶嵌和玻璃密封。

密封胶条和密封毛条应保证门窗四周连续性，形成封闭的密封结构。推拉门窗宜采用胶片毛条。

门窗构件的连接部位和五金配件的装配部位，应采用密封材料进行密封处理。

（三）水密性能

防水构造措施：在门窗的水平缝隙上方设置一定宽度的披水板，下框室内侧应有足够的挡水高度，合理设置门窗的排水孔，推拉窗在关闭状态下下滑道排水孔不应设在窗扇下部，不得堵塞排水孔，保证排水系统通畅。

门窗加工制作精度达到质量要求，窗扇、窗框配合尺寸正确，保证密封材料有足够的搭接量和形成一定的压缩比例，使密封材料充分发挥作用。

选用合格的充填材料在门窗框与洞口墙体间作柔性处理，应采用闭孔泡沫塑料、发泡聚苯乙烯等弹性材料分层填塞，采用有效的密封防水措施。

门窗型材构件连接、附件装配缝隙、连接螺钉处均采取相应的密封防水措施。

（四）保温性能、遮阳性能

1. 门窗玻璃品种、配置

窗大部分面积要用玻璃，窗的传热是型材传热、玻璃传热两部分组成，而玻璃又占窗大部分面积，所以，窗的保温性能主要取决于玻璃保温性能。同样框料的窗，双玻窗、中空玻璃窗和双层窗保温性明显优于同类框型材的单玻窗，中空玻璃中空气层厚度越大，空气层中充惰性气体，保温性能越好。按照要求正确选用玻璃的配置非常重要，镀膜玻璃分为阳光控制镀膜玻璃和低辐射镀膜玻璃，阳光控制镀膜玻璃具有较好的遮阳性能，但透光低颜色深，部分产品反光过强，隔热性能仍不理想。低辐射镀膜玻璃又称为低辐射玻璃、Low-E玻璃，低辐射镀膜玻璃还可以复合阳光控制功能，称为阳光控制低辐射镀膜玻璃，低辐射镀膜玻璃又分为高透型、遮阳型。低辐射玻璃对太阳中的红外线具有较高的反射率，与普通的镀膜玻璃相比允许高可见光透过，低室外反射，寒冷地区低k值，炎热地区高遮阳高通透，所以具有良好的采光、隔热、保温综合节能效果。一般情况下，夏热冬冷地区选择遮阳系数小的玻璃，严寒和寒冷地区选择传热系数小的玻璃。

2. 门窗框、扇的材质和断面设计

不同型材的门窗保温性能相差很大，型材导热系数越小，同样构造材料越厚，保温性能越好，所以非金属材料的窗（如塑料窗）保温性能明显优于金属窗（如铝合金窗），用低导热率的非金属隔热材料制成铝合金隔热型材能适当提高其保温性能，所以隔热铝合金窗保温性能明显优于不断热的铝型材。同时型材断面多腔为好，腔内空气有效减低热辐射作用。断热铝合金截面设计既要满足型材刚度、强度的要求，同时断热桥要有足够的高度和宽度满足其保温性能要求，不能因为五金配件安装造成型材断热，系统不断热。框、扇的隔热部分和玻璃的隔热部分包括与洞口的连接应建立一个隔热的垂直平面层，防止热量溢出和进入，起到真正的隔热作用。断热铝合金型材 Low-E 中空玻璃保温性能更佳。

3. 门窗隔热的主要措施

门窗隔热的主要措施是门窗遮阳，遮阳可分为内遮阳、外遮阳、中间遮阳。炎热地区、夏热冬冷地区在无建筑外遮阳措施的情况下宜采取门窗遮阳配套措施，设置隔热效果良好的门窗外遮阳（外卷帘、外百叶等），可采用窗户的内遮阳（内卷帘、内百叶、隔热窗帘），采用遮阳系数低的玻璃（中空玻璃内置百叶、热反射中空玻璃、遮阳型 Low-E 中空玻璃）。

第八章 周转材料

建筑用周转材料，是指在建设过程中施工企业能够多次使用、逐渐转移其价值但仍保持原有形态不确认为固定资产的材料。在建筑脚手架系统和模板支撑系统中经常用到钢管和钢管脚手架扣件等周转材料。

本节主要介绍建筑工程中常用的钢管与钢管脚手架扣件（简称为扣件）。

第一节 钢 管

钢管主要用于脚手架系统和模板支持系统中受力杆件，和扣件共同组成整个受力体系。

一、钢管种类

按《建筑施工扣件式钢管脚手架安全技术规范》JGJ 130—2001 的要求，脚手架钢管应采用现行国家标准《直缝电焊钢管》GB/T 13793 或《低压流体输送用焊接钢管》GB/T 3091 中规定钢管。

二、钢管的验收

钢管在进入建设工程被使用前，必须进行检验验收。验收主要包括资料验收和实物验收两部分。

（一）资料验收

1. 钢管质量证明书

钢管在进入施工现场时应对质量证明书进行验收。质量证明书必须字迹清晰，证明书中应注明：生产厂名；产品名称；规格及等级；生产日期和批号；产品标准及产品标准中所规定的各项出厂检验结果等。质量证明书应加盖生产单位和租赁单位公章或质检部门检验专用章。还应提供有效的产品性能检测报告。

2. 建立材料台账

钢管在进入施工现场后，施工单位应及时建立“建设工程材料采购验收检验使用综合台账”。监理单位可设立“建设工程材料监理监督台账”。内容可包括：材料名称、规格等级、生产单位、供应单位、进货日期、送样单编号、实收数量、质量证明书编号、外观质量、材料检验日期、复验报告编号和结果、工程材料报审表确认日期、使用部位、审核人签名等信息。

3. 包装和标志

包装、标志应符合 GB/T 2102 的要求。

（二）实物质量的验收

实物质量验收分为外观质量验收、力学性能复验和送样检验。

1. 外观质量要求

应平直光滑。不应有裂缝、结疤、分层、错位、硬弯、毛刺、压痕和深的划道。

钢管的尺寸应按表 8-1 采用。钢管的规格应采用截面尺寸为 Φ48（公称外径为 48.3）×3.5（mm）或 Φ51×3.0（mm），宜使用的钢管是 Φ48×3.5（mm）。

脚手架钢管尺寸（mm）　　表 8-1

截面尺寸		最大长度	
外径 Φ，d	壁厚 t	横向水平杆	其他杆
48.3 51	3.5 3.0	2200	6500

钢管外径、壁厚允许偏差和理论重量，见表 8-2。

钢管外径、壁厚允许偏差　　表 8-2

标准号	规格(mm)	外径允许偏差	壁厚允许偏差	理论重量(kg/m)
GB/T 13793	Φ48.3×3.5	±0.50mm	±10%t	3.87
	Φ51×3.0	±1.0%		3.55
GB/T 3091	Φ48.3×3.5	±0.5mm	±10%t	3.87
	Φ51×3.0	±1%		3.55
JGJ 130—2001	Φ48×3.5	−0.50mm	−0.50mm	3.84
	Φ51×3.0	−0.45mm		3.55

旧钢管的验收检查应符合下列规定：

（1）表面锈蚀深度应符合表 8-3 序号 1 的规定。锈蚀检查应每年一次。检查时，应在锈蚀严重的钢管中抽取三根，在每根锈蚀严重的部位横向截断取样检查，当锈蚀深度超过规定值时不得使用；

（2）钢管弯曲变形应符合表 8-3 序号 2 的规定。

旧钢管的验收要求　　表 8-3

序号	项目	允许偏差 Δ(mm)	检查工具
1	钢管外表面锈蚀深度	≤0.50	游标卡尺
2	钢管弯曲 A 各种杆件钢管的端部弯曲 l≤1.5m	≤5	钢板尺
	B 立杆钢管弯曲 3m<l≤4m 4m<l≤6.5m	 ≤12 ≤20	
	C 水平杆、斜杆的钢管弯曲 l≤6.5m	≤30	

2. 物理性能试验

钢管原材料质量应符合现行国家标准《碳素结构钢》GB/T 700 中牌号为 Q235-A 的规定。钢管应按批进行检查和验收，每批应由同一规格、同一牌号、同一焊接工艺的钢管组成。每批钢管的数量：标准 GB/T 13793 规定，应不超过 50t；标准 GB/T 3091 规定，应不超过 750 根。物理性能试验按表 8-4 要求取样。

钢管性能试验取样数量 **表 8-4**

产品标准	检验项目	取样数量
GB/T 13793	拉伸试验	1 根
	弯曲试样	2 根
GB/T 3091	拉伸试验	1 根
	弯曲试样	1 根

（1）力学性能要求见表 8-5。

力学性能要求 **表 8-5**

标准号	牌号	下屈服强度 R_{eL}(N/mm²)	抗拉强度 R_m(N/mm²)	断后伸长率 A(%)
		不小于		
GB/T 13793	Q235A	235	375	20
GB/T 3091	Q235A	235	370	15

（2）工艺性能（弯曲试验）

标准 GB/T 13793，外径不大于 60mm 的钢管，可用弯曲试验替代压扁试验。试验时，试样应不带填充物，弯曲半径为钢管外径的 6 倍，弯曲角度为 90°，焊缝位于弯曲方向的外侧面。试验后，试样上不允许出现裂纹。

标准 GB/T 3091，外径不大于 60.3mm 的电阻焊钢管应进行弯曲试验。试验时，试样应不带填充物，弯曲半径为钢管外径的 6 倍，弯曲角度为 90°，焊缝位于弯曲方向的外侧面。试验后，试样上不允许出现裂纹。

三、钢管堆放、保管的要求

钢管应按规格堆放，上部必须加盖顶棚，以免被雨淋湿，造成钢管锈蚀。在再次使用前必须进行外观检查，如需要应对钢管进行整修，检查过的钢管应与未检查过的钢管分开堆放。

第二节 扣 件

扣件主要用于脚手架系统和模板支持系统中的连接部件，和钢管共同组成整个受力体系。扣件应符合《钢管脚手架扣件》GB 15831 规定，扣件铸件的材料应采用 GB/T 9440 中所规定的力学性能不低于 KTH 330-08 牌号的可锻铸铁或 GB/T 11352 中 ZG 230-450 铸钢。

一、扣件分类

扣件按材质可分为：浇铸扣件（可锻铸铁、铸钢）、钢板冲压扣件、锻打扣件等。上海地区基本上使用的是可锻铸铁浇铸的扣件。

扣件按结构形式分为：直角扣件、旋转扣件、对接扣件和底座。但在日常脚手架的搭设中没有使用过底座，所以生产厂基本不生产底座。

二、扣件的验收

扣件在进入建设工程被使用前，必须进行检验验收。验收主要包括资料验收和实物验收两部分。

（一）资料验收

1. 扣件质量证明书

扣件在进入施工现场时应对质量证明书进行验收。质量证明书必须字迹清晰，证明书中应注明：生产厂名；产品名称；规格及等级；生产日期和批号；产品标准及产品标准中所规定的各项出厂检验结果等。质量证明书应加盖生产单位和租赁企业公章或质检部门检验专用章。还应提供有效的产品性能检测报告。

2. 建立材料台账

扣件在进入施工现场后，施工单位应及时建立“建设工程材料采购验收检验使用综合台账”。监理单位可设立“建设工程材料监理监督台账”。内容可包括：材料名称、规格等级、生产单位、供应单位、进货日期、送样单编号、实收数量、质量证明书编号、外观质量、材料检验日期、复验报告编号和结果、工程材料报审表确认日期、使用部位、审核人签名等信息。

3. 包装和标志

包装：扣件应分类包装，捆扎要牢固，每袋（箱）重量不得超过 30kg，每包应有产品合格证，包装上应注明：生产厂名、许可证号标记和编号、产品型号、数量。

标志：产品上应铸出：生产年号、商标、产品型号。

4. 扣件代号与型号

扣件代号：GK：钢管脚手架扣件；

形式代号：Z：直角；U：旋转；D：对接；DZ：底座；

变形更新代号：A、B、C……分别为第 1 次更新、第 2 次更新、第 3 次更新……。

扣件型号由扣件代号、形式代号、主参数、变型更新代号以及所执行标准的代号组成。型号说明如下：

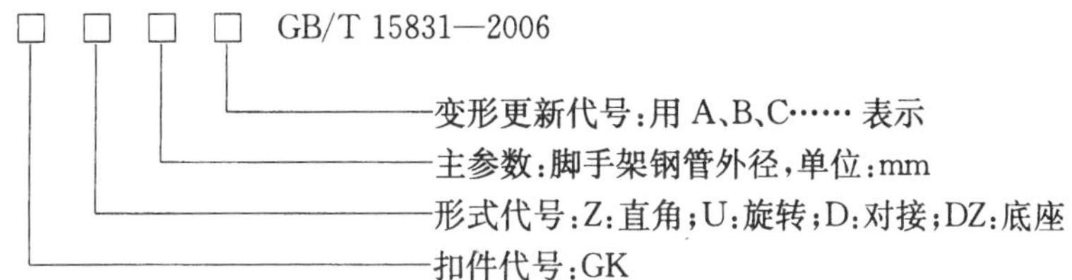

（二）实物质量的验收

实物质量验收分为外观质量验收、力学性能复验和送样检验。

1. 外观质量要求

（1）扣件各部位不应有裂纹；扣件在主要部位不得有缩松、夹渣、气孔等铸造缺陷。

（2）盖板与座的张开距离不得小于 50mm；当钢管公称外径为 51mm 时，不得小于 55mm。

（3）扣件表面大于 $10mm^2$ 的砂眼不应超过三处，且累计面积不应大于 $50mm^2$。

（4）扣件表面粘砂面积累计不应大于 $150mm^2$。

（5）错箱不应大于 1mm。

（6）扣件表面凸（或凹）的高（或深）值不应大于 1mm。

（7）扣件与钢管接触部位不应有氧化皮，其他部位氧化皮面积累计不应大于 150mm^2。

（8）铆接处应牢固，不应有裂缝，铆钉直径应为（8±0.5）mm，铆接头应大于铆孔直径 1mm。

（9）T 型螺栓和螺母应符合 GB/T 3098.1、GB/T 3098.2 的规定，T 型螺栓 M12，其总长应为（72±0.5）mm，螺母对边宽应为（22±0.5）mm，厚度应为（14±0.5）mm。

（10）活动部分应灵活转动，旋转扣件两旋转面间隙应小于 1mm，旋转扣件中心铆钉直径应为（14±0.5）mm。

（11）产品的规格、商标、生产年号应在醒目处铸出，字迹图案要清晰完整。

（12）扣件表面应进行防锈处理（不应采用沥青漆），油漆应均匀美观，不应有堆漆或露铁。

外观检测数量应按 GB 2828.1 中规定的正常检验二次取样方案进行取样（见表 8-6），验收的批量范围，每批扣件必须大于 280 件。当批量超过 10000 件，超过部分应作另一批取样。

外观检测取样数量　　　表 8-6

项目类别	检验项目	批量范围	样本	样本大小	
一般项目	外观	281～500	第一 第二	8	8
		501～1200	第一 第二	13	13
		1200～10000	第一 第二	20	20

2. 物理性能试验

力学性能检测数量按 GB 2828.1 中规定的正常检验二次取样方案进行取样（见表 8-7），验收的批量范围，每批扣件必须大于 280 件。当批量超过 10000 件，超过部分应作另一批取样。

物理性能试验取样数量　　　表 8-7

项目类别	检验项目	批量范围	样本	样本大小	
主控项目	抗滑性能 抗破坏性能 扭转刚度性能 抗拉性能 抗压性能	281～500	第一 第二	8	8
		501～1200	第一 第二	13	13
		1200～10000	第一 第二	20	20

3. 扣件的技术要求

扣件与底座的力学性能应符合表 8-8 的要求。

扣件力学性能要求 **表 8-8**

性能名称	扣件形式	性能要求
抗滑	直角	P=7.0kN时,$\Delta 1\leqslant$ 7.00mm
		P=10.0kN时,$\Delta 2\leqslant$0.50mm
	旋转	P=7.0kN时,$\Delta 1\leqslant$ 7.00mm
		P=10.0kN时,$\Delta 2\leqslant$0.50mm
抗破坏	直角	P=25.0kN时,各部位不应破坏
	旋转	P=17.0kN时,各部位不应破坏
扭转 刚度	直角	扭力矩为900N·m时,$f\leqslant$70.0mm
抗拉	对接	P=4.0kN时,$\Delta\leqslant$2.00mm
抗压	底座	P=50.0kN时,各部位不应破坏

扣件应经过65N·m扭力矩试压，扣件各部位不应有裂纹。

三、扣件堆放、保管的要求

扣件应按种类堆放，上部必须加盖顶棚，以免被雨淋湿，造成扣件锈蚀。使用过的扣件在再次使用前必须进行外观检查，有裂纹、变形的严禁使用，出现丝滑的螺栓必须更换。检修过的扣件应与未检修过的扣件应分开堆放，新、旧扣件均应进行防锈处理。

第九章　建材质量管理

建材质量管理包括生产、销售、使用三个过程管理的综合反映，这三个过程，相互影响、相互制约，是一个闭循环的过程。建材生产过程的质量管理，是保证产品质量的基础；市场流通是销售的必要过程，是产品生产、品种、等级等信息集散地，质量管理可以防止营销假冒伪劣产品，减少产品错误信息的发生；工程建设中使用过程的质量管理，则可以真实反映建材质量水平。如果科学管理，规范操作，可以起到相互促进、相互弥补作用，反之，则不然。没有合格的建材就没有优质的工程，优质的工程需要优质的建材，但是没有科学地使用优质的建材，就不能为工程质量发挥最佳作用，因此抓好建材的产品质量和使用管理是十分重要的。

第一节　质量管理的基本概念

一、质量的概念

在生产和使用过程中，人们对质量有不同的理解，同样，对于用于建设工程的材料也有不同的要求，对生产者而言，只要达到产品标准即可，对使用者来说，产品不但要合格而且质量要稳定。其实质量有广义概念和狭义概念两种理解。

（一）广义的质量

所谓广义的质量是指全面质量，包括产品质量、工程质量、工作质量。产品质量由使用价值来确定，工程质量则和操作者责任性、操作水平、使用方法、施工环境等密切有关；建材进场验收、取样复试、资料登记、使用报审等是否规范，直接关系到建材对工程质量的影响，所以工作质量决定工程质量，工程质量反映产品质量，产品质量又关联工作质量。

（二）狭义的质量

狭义的质量是指产品性能、适用性、可靠性、安全性、经济性、寿命等，以及产品外观和售后的质量跟踪服务等。

(1) 性能，指产品满足需求所具有的技术特性，如钢筋抗拉强度、水泥凝结时间、混凝土耐久性等物理和化学指标。

(2) 寿命，指产品的使用寿命，如建筑节能材料的抗老化程度。

(3) 可靠性，指产品在寿命期内正常使用的状态，如防水材料的抗渗性能。

(4) 适用性，指产品符合工程需求的程度，如混凝土砌块的缺棱掉角程度、蒸压加气砌块体积稳定性、商品砂浆的施工操作性能。

(5) 安全性，产品在使用过程中的安全程度，含人身安全、环境污染等，如水泥安定性、粉煤灰放射性指数、脚手架扣件的抗破坏、保温材料的阻燃性。

(6) 经济性，产品使用价值的大小，如钢筋的可焊性、矿渣粉部分替代水泥、新型墙体材料取代烧结黏土砖等。

(7) 服务，产品的交货期、使用过程的附加质量，如供货时间、数量、品种规格、质保资料到位情况，以及质量有异议时的处置及时程度。

(8) 验收使用，产品交货后的行为质量，如进货验收确认、取样代表性、复试及时性、按技术要求正确使用等。

任何一个环节如果存在问题，都会导致工程质量发生隐患，只有完善工作质量，采购符合设计要求的合格建材，才能保证工程的质量。

二、管理的概念

管理，从汉语词典查的意思，就是根据一定的目标进行科学的组织工作，事先让大家知道的规划目标，能够正确理解这种规划，并理解在实施过程中阶段计划与要求，能发挥主观能动性予以配合实施。因此，管理从思想上来说是哲学的；从理论上来说是科学的；从操作上来说是艺术的。

管理对建材生产方和使用方而言，都是围绕建材质量展开，但在具体操作上是有所区别。管理对建材生产企业，就是企业按照产品标准，制定生产每个过程质量控制的目标，然后按照既定的计划去组织生产、实施质量管理，生产出符合要求的产品。管理对施工现场，就是按照工程设计要求，制定符合工程质量要求的建材采购计划，经过招投标和实地考察，确定材料供应商并明确质量要求，通过验收和实物检验，清除不合格供应商，将合格的建材用于工程中。通过自查和外部检查，将执行中的结果与计划进行比对，保留合理、有效部分，找出差距并改进不足，制定预防措施，达到稳定持续的提高。管理对高层管理者要求做正确的事；对中层管理者则要求正确地做事；对执行层人员只要求事做正确。

三、相关名称解释

(一) 建设单位

建设单位也称业主单位或项目业主，指建设工程项目的投资主体或投资者，它也是建设项目管理的主体。

(二) 施工单位

1. 施工单位是工程项目施工任务的最终完成者，施工单位通过生产活动，把各种工程材料和构配件建成各种建筑物和构筑物，把各种设备组装起来形成各种生产能力，为国民经济的发展提供物质基础，为发展生产和改善人民生活提供服务。

2. 施工单位的作用

工程施工是使建设单位及工程设计意图最终实现并形成工程实体的阶段，也是最终形成工程质量、工程产品功能和使用价值的关键阶段。因此，施工单位质量的管理和控制是工程项目质量管理和控制的重点。

(三) 监理单位

监理单位是工程建设的责任主体之一，接受建设单位委托，代表建设单位对建设工程进行管理

监理工程师拥有对建筑材料、建筑构配件和设备以及每道施工工序的检查权。在施工过程中，对工序、建筑材料、构配件和设备进行检查、检验，根据检查，检验的结果来确定是否允许建筑材料、构配件、设备在工程上使用。

（四）旁站

所谓“旁站”是指工程施工中有关地基和结构安全的关键工序和关键施工过程，进行连续不断地监督检查或检验的监理活动。

（五）巡视

“巡视”主要是强调除了关键点质量控制外，监理工程师还应对施工现场进行面上的巡查监理。

（六）平行检验

“平行检验”，是指一方是承包单位对自己负责施工的工程项目进行检查验收，而另一方是监理机构，他是受建设单位的委托，在施工单位自检的基础上，按照一定的比例，对工程项目进行独立检查和验收。对同一被检验项目的性能在规定的时间里进行的两次检查验收。

第二节　建材的质量管理

一、建材产品生产过程的质量管理

建材产品有国家标准、行业标准、地方标准，国家和地方还有很多质量方面的规定，如有《质量法》、《建设工程质量管理条例》、《上海市建设工程材料管理条例》等行政管理的法律法规，也有《通用硅酸盐水泥》、《预拌混凝土》、《钢筋混凝土用热轧带肋钢筋》等建材产品的国家标准，还有地方的生产、流通、使用的具体管理要求，可以说在我国建材质量处于全面控制，各项规章制度基本齐全。但是，由于建材生产的原材料来自于天然，受自然界形成过程影响，原材料的品位波动起伏是客观存在，加上生产过程各种因素的干扰，对产品质量必然会产生影响，所以必须严格原材料检验、生产过程工序质量控制、抓好出厂检验和售后质量跟踪服务，才能防止不合格产品不流入市场。

二、建材产品流通过程的质量管理

流通经营不生产建材，也不使用建材，但是流通经营将建材产品购入，经过运输、储存、销售等环节，最终供应工程建设，为生产、使用起到承前启后的桥梁作用。由于生产与用户被经销商隔离不通气，中转交易造成的信息不对称，有些建材无明显标识，个别生产企业自我保护不当，产品容易发生张冠李戴和假冒伪劣，所以经营行为的好坏，直接关系到工程用建材的质量。合格供应商和诚信企业考评是对流通领域质量管理的一种补充，但是有利可图、有责难究的现状，不能阻止违规经营的行为发生，因此加强对流通中转过程管理是非常必要，作为工程项目和材料员、资料员要予以重视，做好建材进场的质量验收。

三、建材产品使用过程的质量管理

建材使用过程的管理比较复杂，涉及面也比较广，管理的重点是全过程的。

（一）建材质量是工程质量的生命线

加强和完善建材采购、验收、使用的质量控制，是保证工程质量的生命线。

质量除了有从经济角度所考察的“使用价值”意义以外，还有从文化角度所考察的“精神价值”内涵，它体现了一种企业文化和员工素质。不同的企业有不同的创建、发展历史背景，质量的观点也是不一致的。有的企业追求产品合格目标，质量控制在产品标准的合格底线上，这样容易增加不合格概率；而有的企业则更在乎社会责任，产品质量优异稳定，广受市场欢迎。在营销上有的企业喜欢用价廉质次冲击市场，有些企业则用优质优价来吸引用户，不同的质量认知，形成规范市场的障碍和鸿沟。随着社会的发展，对工程建设的质量目标不断提升，对建材的质量要求也越来越高，建材质量已成为工程质量的生命线。只有通过严格验收和规范质量复试，才能确保优质稳定的建材用于工程中。

（二）建材质量是有波动的

建材生产过程出现波动是正常的，但是要在可控范围内，由于建材属于连续性生产，任何环节的疏忽，都可能造成优质原材料生产出劣质建材。所谓的品质好坏都是相对时间、地点而言的，上一批产品好并不代表下一批也是好，为了减少波动对质量的影响，保障合格的产品用于工程建设中，提出建材产品进场必须验收、复试合格方可使用的理念。

建材质量不合格与经销商的经营行为也有相关关系，有些供应商借用他人的资质证书，供应价廉质次的建材，有的采用瞒天过海的手法，将不安全的材料混入工程。而个别人员出于私欲，采购不合格建材的情况也屡有发生，因此对建材进场严格验收，对供应商资格的验证、建材的品种规格和数量的核对、质保资料的核查，都是阻止不合格建材进入施工现场的有效措施之一。

（三）质保资料与实物质量匹配性

由于建材产品具有流水性生产的特点，批量大、供应范围广是销售质量控制的难点，常会出现质保资料与实物不匹配，质保资料没有代表性。如钢材市场钢筋都是一次进货，然后分级批发销售，质量证明书内容与实际进入工程的钢筋信息内容不一致，更不用说炉批号等信息，要获知其质量状况只有通过检测，所以加强取样复试是材料员、资料员应该做好的工作。

第三节　建材的使用管理

一、使用管理措施

施工现场是建筑安装最终形成建筑产品的场所，建材质量管理是重要的管理工作之一，应该根据工程类型、场地环境，采取科学的管理办法，组织协调和控制使用合格的材料。使用过程的质量管理需要建设方、监理以及项目体各部门的支持，才能顺利地实施。

1. 事先计划

在开工前根据工程设计要求，参与编制建材的品种数量、使用部位、采购来源等，并进行资料和现场考察，初步确定供应商名录，报领导审核批准。需要注意的是实施此项工作时，尽量邀请监理方派员参与，有利于今后计划的展开。

2. 计划进场

按照施工进度，有计划地组织建材分期分批进场，不但是经济成本的考虑，更是对建材质量管理的需要，有些建材产品质量有效期是固定的，如水泥、干混砂浆出厂有效期不得超过三个月；如钢筋遇到雨水容易生锈，特别是酸雨对钢筋的锈蚀更严重，因此不宜长时间的露天堆放，所以按照工程进度计划进场，也是建材在现场质量管理的一部分。

3. 严格验收

按照建材的品种、规格、外观质量、数量要求，严格对进场的材料进行验证查收。验收 分为资料验收和实物验收，资料验收就是查验随建材进场的材料质量证明、合格证书或技术参数资料是否齐全以及进货单填写的内容是否清楚。实物验收就是根据合同约定，查验进场材料品种、规格、数量、外观质量、包装等是否符合要求，因此进场验收是使用质量管理的第一道关口，是保证工程质量的重要条件。需要注意的是，验收时应该通知监理一起参加，并及时办理材料的取样质量复试和报审手续。

4. 妥善存放

按照现场平面布置要求，在方便施工、保证道路畅通、安全可靠的原则下，尽量减少二次搬运。合理存放是前提，如根据各种建材的自然属性，依照材料保管的技术要求和现场客观条件，采取遮雨、防水等有效措施，减少对建材的（材性）质量损害。

5. 监督使用

建材进场后应该按产品、规格分别码放，并有明示产品名称、规格、检验状态的标牌，未经检验合格的材料不得使用，检验合格的同规格材料应该先进先用。每批材料使用前必须经总监批复同意，注意收集使用过程对材料质量的反馈。

周转材料是多次使用且不构成工程实体，在使用过程中又保持其原有的形态，逐步损耗且过程比较复杂，最终丧失使用价值，因此对使用过的周转材料，要报项目部组织人员进行整理，及时清理失效的材料，保证施工安全和质量。

6. 台账资料

台账是现场建材质量管理的极其重要的一环，通过登记台账再次复核进场材料的品种、规格、数量，资料的整理可以核对供应商、材料产地与合同是否一致，因此材料员、资料员要携手配合，及时完成进场资料收集整理并登录台账，在上海推广使用《建设工程材料进场验收检验使用综合台账》，实践证明该台账实用性较强，特别是容易发现使用过程手续的缺漏，可以帮助现场提高建材质量管理。

二、几项主要材料的验收保管

（一）水泥

1. 资料验收

检查水泥出厂散装卡片，查看品种、规格，出厂计量码单，与计划要求是否一致。

2. 数量验收

罐车运送的水泥可以按出厂秤单计量净重，要注意卸车时要卸干净，当罐车压力表为零，泵管的管口无水泥即表明已卸干净。有条件的也可以在现场称重。

3. 质量验收

按照同一厂家、同一品种、同一规格、同一出厂编号原则，其中散装不超过 500t 或不超过 10d 为一验收批次，及时取样送有资质检测机构复试，检测合格的方可使用。

（二）钢材

1. 资料验收

钢材进场必须有标明生产厂、规格、等级、数量的送货单，并要凭钢材质量证明书和生产许可证复核实物，如果钢材是经销商供应的，必须在钢材质量证明书上盖有经销商的企业红印章。

2. 数量验收

查看品种、规格、吊牌标识，出厂计量码单，与计划要求是否一致。同时可以通过称重、点件、检尺换算等方式验收。

3. 质量验收

通过眼看手摸或使用简单工具，检查钢材的表面是否有缺陷，规格尺寸是否有差异，外表是否有锈蚀或镀层脱落，并按适用规范取样送有资质检测机构复试，检测合格的方可使用。

4. 保管

最好入库入棚存放，若条件不允许只能露天堆放时，应做好苫垫。并做到品种、规格、材质、进场先后时间不混淆，保持场地干燥不积水。

（三）墙体材料

1. 资料验收

墙体材料进场必须有标明生产厂、规格、数量的送货单，查看数量、规格与实物是否一致，并要求及时提供质保书，有些地区实行统一质量证明书，有助于减少冒牌、贴牌生产供应墙体材料，减少不合格材料流通。

2. 数量验收

墙体材料进场后在指定的地点码垛，然后定量码垛点数，上海推行生产厂识别码制度，验收时要辨认砌块上的标识，是否与生产企业编号和强度等级规定的颜色一致，标识是否符合不得少于30%的要求，对无标识的应该拒收。

3. 质量验收

通过眼看手摸或使用简单工具，检查材料表面平整情况、缺棱掉角是否超过允许范围，规格尺寸是否有差异等，并应待复试合格后方可使用。

4. 保管

砌块、加气混凝土砌块和蒸压灰砂砖都要有防雨措施，并防止加气蒸压类砌块浸泡于水中。

（四）木材

1. 资料验收

进场木材板方材时，应随货带有板方材材质单，说明板方材使用的树种、等级、含水率及各项技术指标，进场木材制品时，应附有制品生产企业的材质资料。

2. 数量验收

板方材的数量以体积表示，要按规定的方法进行检尺，按材积表查定材积，也可以按计算式算得。木材制品根据制品品种，按延长米、个、副、套等计量。

3. 质量验收

板方材的质量验收包括材种验收和等级验收，应对照木材质量标准和采购合同规定要求，进行查验判定是否符合要求。

4. 保管

板方材应按材种规格等不同码放，要便于抽取和保持通风，板、方材的垛顶部要有遮盖，以防日晒雨淋。经过烘干处理的木材，应放进库房。

（五）其他常用的材料

常用的还有一些成品或半成品，如混凝土构件、建筑门窗、加工钢筋等。其中混凝土构件、加工钢筋等都用于工程的承重结构系统，是重要的工程用材料，因此做好验收、保管显得非常重要。

1. 混凝土构件

混凝土构件一般在工厂生产再运送到现场安装。由于混凝土构件笨重、量大、规格型号多，验收时一定要对照加工计划，分层分段配套码放，要认真核对品种、规格、型号，检验外观质量，及时登记台账，堆放场地应平整。

2. 加工钢筋

加工钢筋包括矫直钢筋和成型钢筋，矫直钢筋应有盘卷钢筋的质量证明书复印件，以及矫直后钢筋的合格证；成型钢筋进场必须要有合格证，并附钢筋原材的质量证明书。根据钢筋适用规范要求，矫直钢筋同原材钢筋要求，应先取样复试合格后方可使用。成型钢筋由于复试前置，监理见证下在加工现场取样复试的，因此钢筋进场后可会同施工人员一起验收，并同时移交使用。但是要注意成型钢筋存放场地要平整无积水，并分规格码放不挤压。

3. 建筑门窗

门窗都是由工厂加工制作后运到现场，如果厂家具有安装资质一般由厂家安装，因此验收比较简单，只要认真核对规格、型号，指定堆放地点，防止碰撞和挤压，有条件的最好入库或室内存放，并及时登记验收台账。

4. 铁活

铁活主要包括金属结构、预埋铁件、楼梯栏杆、垃圾斗等。铁活进场一般应按加工图纸验收，复杂的应会同技术部门验收，要分品种、规格码放整齐，并挂牌标明，按单位工程登记台账。

5. 周转材料

各种周转材料应按规格分别码放，垛间留有通道，露天堆放要有防水措施。装配件要装入容器内保管，按合同发放，按退库验收标准回收、做好记录。租赁材料要把好进场、使用验收关，不合格或外观有缺陷的材料不得使用，并做好回收处理。

三、材料核算

1. 应以材料施工定额为基础，向基层作业队、班组发放材料，进行材料核算。

2. 要经常考核和分析材料消耗定额的执行情况，这种与定额与实际用料的差异，特别要对分包使用材料纳入管理范围，对非公益原因造成的损耗要有分析，找出损耗原因，及时反映定额达到的水平和节约用料的先进经验，不断提高定额管理水平。

3. 应根据实际执行情况积累并提供修订和补充材料定额的数据。

第四节　影响建材使用质量因素分析

一、影响要素

引起建材质量问题的因素很多，根据全面质量管理原理，可以将问题分为人、机、料、环、法五个方面。

1. 人，项目经理、采购员、材料员、资料员

有些项目追求成本，选购价格低廉的建材，有意或无意忽视产品质量；有的材料员不重视学习，不了解各种材料、特别是新材料的性能，容易被误导选购不合适的材料；有的不认真执行相关的规定，随心所欲取样复试，导致不合格建材被用于工程中。

2. 机，施工机械

对机械与建材质量的关系不了解，如干混砂浆在散装筒仓内容易离析，使用时不注意对仓内料位的控制，会造成一会儿黄砂多、一会儿水泥多，砂浆的质量不均衡，因为干混砂浆中的砂是干的，需要吸附一定的水才能符合施工性能，有的因为搅拌时间太短，施工时操作难，工程质量也受影响。

3. 料，建材本身的质量

由于建材本身质量不符合使用要求，管理再佳、措施再好也无法改变对工程质量的影响，因此复试合格再使用是十分必要的。

4. 环，使用的环境

环境对建材质量的影响都知道，但也是最容易被忽视的。如高温太阳直射、冬季低温时必须注意新浇捣混凝土的养护，会早期脱水影响强度；当秋高气爽或刮大风时，对新浇捣的混凝土如果不做好保水养护，特别是楼板、地面等薄层混凝土，容易引起裂缝、起砂，直接影响到工程的质量。

5. 法，施工工艺，操作方法

混凝土在泵送时加水、干混砂浆搅拌时间太短、墙体粉刷时没有根据不同墙料特性进行洒水湿润都会对建材质量的判定产生误导。

要学会分析现状，找出质量问题存在的原因，根据影响因素制定改进措施，不仅是技术人员的事，也是材料员、资料员分内的职责。

二、影响的实案分析

1. 规定执行不力

规定施工现场应该建立标准养护室，但是有的工地养护室非常简陋。

2. 现场责任人员缺位

如夜间施工，现场管理相对松懈，监理到位情况也较差，建材进场验收力度会减弱，对钢筋、防水材料等易混堆和使用较快的材料特别容易漏检。

3. 技术规范执行不到位

如某工地在粉刷时发现施工困难而且发现大片空鼓，施工人员反映砂浆中砂太多，经调查，原来施工人员没有按规定控制散装筒仓的料位，由于砂和粉料离析，造成砂和粉料忽多忽少，同时搅拌时间控制太短，湿砂浆没有搅拌均匀。后来通过控制筒仓的料位，减小了离析影响，并增加搅拌时间后，砂浆质量趋于稳定，再没有发生施工质量问题。

4. 缺少对材料使用的考虑

不少水泥混合材掺加量偏多，有的使用了未经验证的助磨剂，引起水泥强度异常，或早期强度偏低，或后期强度增长缓慢，给施工质量带来很大的影响。

5. 质次材料还有市场

钢筋由于供货中间环节繁多，质量责任不明确，因此价低质次的钢筋仍有市场，特别是矫直钢筋的冷拉冷拔不能完全消除，如不加强复试，不合格钢筋用于工程的现象依然会存在。

6. 标识混乱源头不清

产品质量法的规定应明示产品生产（供应）商名称，但一些生产企业没有严格执行，进场验收也不予重视，特别是砌块和一些节能建筑材料产品，由于没有标识不清楚生产厂家，个别企业为了规避管理，故意在标识上开天窗，鱼目混珠情况时有发生，材料员、资料员要及时联系，确认责任单位，对于屡教不改的供应商应该及时调整。

7. 租赁难题有待破解

租赁市场的不规范经营，经营人的不当牟利，加上缺少对回收件的检验，工程现场使用的脚手架用钢管、扣件质量不尽如人意，失效产品重复使用是周转性材料质量监管的难题，也是现场安全的拦路虎，如何破解尚需时日，材料员应该注意租赁环节，对进场的周转材料要安排专人检查后使用。

第五节　建材管理现状及展望

一、建材管理现状

建材从属于建设工程，建材产品质量的优劣直接关系到工程质量和建筑物的节能效果，也影响到建筑施工安全和施工人员的身心健康。其中，结构性材料是工程建设的最重要的材料，对工程的安全性、耐久性起着最直接的作用，保证结构性材料质量是监督工作重中之重的事。随着质量监督力度的逐年增强，对建材生产和使用形成压力，产品质量和使用性能正在不断提高。

二、建材产品的开发

1. 开发符合适宜居住的建筑产品

（1）加快节能型墙体材料的开发应用：

要根据社会发展需求，积极开发各种类型的商品住宅，特别是要注重对经济适用房、租赁房、普通商品房的开发，让普通老百姓能居住在功能齐全，环境优美的小区，因此要加快新型节能墙体材料的开发应用。

（2）加快装配式构件产品应用：

城镇建筑要满足生活和生产的需要，加强规划设计和管理，注意保护耕地和节约用地，注意生态建筑及洁净能源的采用，重视农村建筑材料与构配件的社会化生产供应，因此要将装配式预制构件生产早日进入住宅建设。

2. 开发标准厂房的通用材料

工业建筑要提高其灵活性和通用性，推广标准厂房的开发建设，认真研究既有工业厂房的改造和新兴工业园区的开发。

3. 注重地上地下的合理开发

重视城市地下空间的开发利用，降低地面建筑容积率，扩大乔木及垂直爬藤植物，和草坪、屋顶绿化一起形成立体绿化；做好地下空间与市政基础设施的配套规划，注重地下空间的防火、防潮、通风、采光，确保使用功能。

4. 新材料开发应用

（1）努力开拓智能建筑、生态建筑、绿色建筑、海洋建筑等高新技术领域的建筑产品的设计研究。

（2）贯彻节约政策，改进施工技术，在推广应用钢的成果上，要继续推进高效经济的低合金钢钢筋的应用，进一步研究解决钢结构的防锈技术，提高节能保温材料的防火和使用性能。

（3）重视建筑材料资源再生利用的研究，积极开展工业废料的综合利用和建筑废料的规模化应用研究，研究开发无污染、无公害的建材新产品，改善城乡生态环境。

5. 加快砂浆等材料深度开发

（1）发展预拌商品砂浆是建筑技术进步、节约资源和环境保护的需要，所以要加速推广预拌商品砂浆，加大对砂浆用原材料性能的研究，改进砂浆的产品性能和使用性能，积极研究干混砂浆离析对策，从储存筒仓和搅拌设施着手，解决产品使用质量不稳定的问题。

（2）加强混凝土预制构件的质量管理，合理使用 PHC 管桩和方桩，提高建筑物抗沉降、桩基抗应变能力。

（3）切实加强砂石料的开发利用，重视机制砂的开发利用，建立规模化的机制砂生产基地，加强机制砂配制混凝土生产技术研究，为综合利用废弃混凝土作准备。

（4）提高混凝土强度的稳定性，逐步由试块评定强度向实体检测过渡；有条件地区积极发展保温混凝土、低容重混凝土、自流平混凝土、聚合物混凝土等高性能混凝土。

（5）研究开发自保温墙体材料，争取早日达到规模化生产和使用。

（6）提高粉煤灰、矿渣粉的质量，并建立科学、合理的综合评价标准，研究混凝土生产使用硅酸盐水泥、大掺量粉煤灰、矿渣粉，提高混凝土质量控制能力。

6. 其他

（1）研究钢管脚手架用的钢管、扣件周转性材料失效的评价标准，研究周转性材料使用、回收管理的标准，提高施工脚手架的安全性。

（2）切实改进墙面和屋面渗漏问题，改进建筑门窗的密封性能，提高建筑节能效果。

（3）研究发展各种防火材料，尤其是防火、防毒化学建材。进一步提高化学建材制品质量，研究解决施工中的质量问题。

（4）重视建筑装饰装修材料的管理，禁止危害人体健康的放射性元素和有毒有害的材料用于室内，加强对绿色、环保型材料的监督检测，使人民有一个健康、安全的生活环境。

三、加强建材质量管理设想

1. 以现场为核心，完善建材质量监管体系

改变建材生产和施工使用分割监管的体制，建设和完善质量监督机构，建立以现场安全质量为核心的网格化管理，重点突出不合格建材速报速处、现场验证验收把关和综合查处的监管体系建设。

2. 强化现场自控，完善现场质量服务意识

发挥监理对建立现场以质量复试、综合台账和建筑材料质量保证书为基本内容的现场建材质量自律机制的保障和促进作用。

3. 进一步完善、规范现场建筑材料质量管理

（1）在按产品分类统一质量保证书的基础上，按产品聚集状态提出产品标识要求。

（2）进一步明确现场混凝土试件制作、见证、养护（或委托养护）等管理要求。

(3) 进一步提高检测中介机构为现场质量服务意识，提高质量检测的及时性、客观性、公正性和准确性。

4. 提高建材质量抽检覆盖率

监督抽检是政府监督的有效途径，多年来作为建材管理的主要手段一直保持着比较强势的市场压力，现场抽样可以比较真实地反映市场的建材质量，加大抽样的覆盖率，则反映的质量现状更客观，实践证明，监督前置，动态抽样，盲样检测是个好办法。

5. 重视诚信建设，发挥行业协会作用

企业的质量意识和质量追求是提高质量自律规范程度的内在动力，应充分发挥行业协会、企业在诚信建设中的积极作用。在总结多年来工作经验的基础上，不断完善诚信评比、业绩考核等行业诚信建设机制。

第十章　建设工程材料质量监督管理

建设工程材料质量的优劣直接关系到工程质量和建筑物的节能效果，也影响到建筑施工安全和施工人员的身心健康，因此必须加强对建设工程材料质量、禁用材料的日常监督管理。每一位建设工程材料的管理人员，应该重视建设工程材料在工程中的作用，通过本章内容，初步了解质量监督管理的意义，建材采购、使用的要求，以及监督检查的基本程序与要求，帮助有关管理人员熟悉相关的法律法规，更好地实施对现场建材的质量管理。

第一节　建设工程材料监督管理概述

一、质量监督管理必要性

建材的质量关系重大，工程质量事故均与所使用劣质的建设工程材料有关，近年来各地频频发生的“瘦身”钢筋、垮桥事故以及央视大楼烟花引起的火灾等，无不是因为材料的质量不符合使用要求引起的。造成材料质量问题除了客观存在的原因外，更与主观因素直接关联，以次充好、以假充真、降低产品使用标准等现象依然存在，为了确保工程质量和安全，维护人民生命财产安全，必须抓好施工现场的材料质量监督管理。

二、建设工程材料质量监督管理的内涵

（一）何谓质量管理

质量管理——广义的解释就是根据一定的目标制定质量方针，通过科学的组织来执行、检查和改进，达到实现既定的质量目标的全部活动。

对建设工程材料而言，质量管理就是按照产品的标准、使用的相关规定，制定满足使用要求的控制计划，并以既定的质量要求为目标，去组织生产、采购、验收、使用。通过抽样检验与控制目标比对，找出差距，制定预防措施的过程，目的是保证使用质量持续稳定的建设工程材料。

（二）质量的内涵演变

随着社会的发展，科技进步带动整个世界发生日新月异的变化，质量的内涵也在不断充实提高，通过对质量理念的分析，寻找到符合时代要求的建设工程材料质量管理。

1. 质量理念的演变

质量的本质是用户对一种产品或服务的某些方面所做出的评价，在 ISO 9000 体系认证中对“质量”的定义是：产品、体系或过程的一组固有特性满足顾客和其他相关方要求的能力。随着时代的发展，质量理念也在不断地演变：

（1）符合性质量

20 世纪 40 年代，符合性质量概念以符合现行标准的程度作为衡量依据，“符合标准”就是合格的产品质量，符合的程度反映了产品质量的水平。

(2) 适用性质量

20世纪60年代，适用性质量概念以适合顾客需要的程度作为衡量的依据，从使用的角度定义产品质量，认为质量就是产品的“适用性”。朱兰博士认为质量是“产品在使用时能够成功满足用户需要的程度”。质量涉及设计开发、制造、销售、服务等过程，形成了广义的质量概念。

(3) 满意性质量

20世纪80年代，质量管理进入到TQC全面质量管理阶段，将质量定义为“一组固有特性满足要求的程度”。它不仅包括符合标准的要求，而且以顾客及其他相关方满意为衡量依据，体现“以顾客为关注焦点”的原则。

(4) 卓越质量

20世纪90年代，摩托罗拉、通用电气等世界顶级企业相继推行6Sigma管理，逐步确定了全新的卓越质量理念——顾客对质量的感知远远超出其期望，使顾客感到惊喜，质量意味着没有缺陷（J. Welch，2001）。

2. 建材质量的认识

目前我国对建材质量的认识尚停留在符合性质量和适用性质量阶段，制约了对产品质量的自我要求，导致行业整体质量水平不高。以水泥为例：通用硅酸盐水泥新标准颁布后，一些水泥厂以符合性来控制质量，较少顾及客户的质量满意度，实物质量与用户的期望值存在差异。用户如果选用的高强度水泥，可能会增加深加工成本浪费；如果使用了低强度的水泥，就会增加深加工产品不合格发生的概率。

对建材质量要求应该是满足用户需要，无论是建材生产商、经销商，还是使用单位、监理单位、包括检测机构，以及建材质量的主管部门，对建材质量的认识亟待提高。产品质量不仅要符合标准，更要最大程度满足用户需要。建材质量除产品本身质量外，还包含各方主体为确保该产品满足产品标准或满足使用要求的质量行为，所以提高建材质量意识迫在眉睫。

三、建设工程材料质量监督管理意义

建材质量，不同地方、不同企业有着不同的创建、发展历史背景，质量的观点也是不一样，这往往会形成规范市场秩序的障碍或鸿沟，随着建设的发展，质量监督显得尤为重要，通过建材质量的监管，引导生产到使用各方主体严格产品标准、遵守操作规范，及时制止各责任方违规行为的发生，保证建设工程质量安全、人身安全和公共利益。

四、建设工程材料质量监督管理的特点

作为一项管理工作，由于管理对象的不同，必有其区别于其他管理工作的自身特点。同样作为建设工程材料质量监督管理也有区别与其他产品质量监督管理的特点：

(一) 产品多、品种杂

建设工程材料包括所有用于工程建设中的各类材料，因此具有产品繁杂、范围广，涉及的生产、制造行业也多，其中既有钢材、水泥等传统产品，也有防水材料、外加剂等新型化学建材；既有砂石料等初级矿产品，也有混凝土、混凝土构件等深加工产品，还有粉煤灰、矿粉等综合利用的次生产品。材料性能、运输保管、检测使用要求不一，部分产品的质量潜在性指标反应滞后，需要较高的专业技术和实践经验，通过监督管理可以减少不

合格产品流入市场。

（二）抽检是监督的必要手段

建材产品具有从原料到成品生产不间断，环节多，连续性强的基本特点，同时建材产品的质量检验采用的是抽样检验，质保书上的检验参数实际上反映的是某一单位时间内生产的产品质量情况，因此出厂合格的产品中仍可能含有不合格品。现场抽检具有随机性、偶然性，能够比较客观反映材料的质量状况，是建材日常监督管理中有效的补充手段。

（三）使用全过程的管理

建材质量管理的特点是，从矿山原材料、生产加工直至使用评定，整个过程都属于监管范畴。建材的生命周期全过程可以划分为资源开采与原材料制备、建材产品的生产与加工、建材产品的使用、建材产品废弃物的处置与资源化再生等四个阶段，在每个阶段都对应不同产业过程（见图 10-1）。

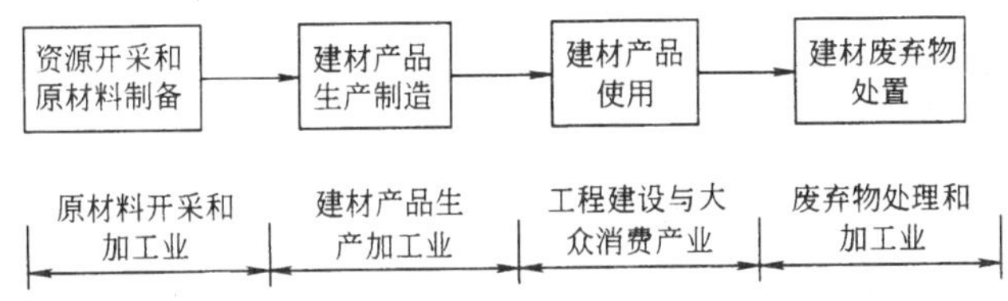

图 10-1　建材产品生命周期与相关产业示意图

建材产品从砂石料等原材料开采，混凝土等结构性材料和防水涂料等功能性材料的生产、运输，工程上的使用、保养，均存在着干扰因素的影响，只有加强管理才能降低或消除这种不利的影响，因此要在三大领域实施全过程、广覆盖的质量管理，满足建材产品生命周期的需要，所谓三大领域即：

（1）建筑材料生产领域，即从生产、加工最终成为建材产品的整个制造过程；

（2）建筑材料流通领域，即产品从出厂到进入使用现场的交易流转所涉及的整个销售过程；

（3）建筑材料使用领域，即建材产品被使用、安装的整个施工过程。

五、建设工程材料质量监督管理的对象

1. 监管对象涵盖建设工程的三大材料

（1）钢材、水泥、预拌混凝土、混凝土构件等结构性材料；

（2）管道、门窗、防水材料等功能性材料；

（3）涂料、板材、石材等装饰装修材料。

2. 监管对象涉及的行为主体（主要有六类）

（1）建材生产企业；

（2）建材经销企业；

（3）建材采购企业；

（4）建材使用企业；

（5）建材监理企业；

（6）建材检测企业。

第二节　我国建设工程材料质量监督管理现状

一、建设行政管理部门

建设工程材料主管部门变动比较频繁，20 世纪 50 年代国家成立建材部，1960 年代撤销建材部，业务归入原建工部，1970 年代末恢复成立建材部，以后随国家体制改革，由建材部变为国家建材总局，1980 年代末改为国家建材局，2001 年机构改革撤销国家建材局，职能划归国家发改委等。

20 世纪 90 年代初，随着沿海地区建设高潮的掀起，质量参差不齐的建材流入施工现场，为了加强对建材质量的监管，一些地区开始对进入本行政区域的建材实行准用管理。通过对建材生产企业发放准用证，整顿和规范建材市场秩序，防止劣质建材流入建设工地，确保建设工程质量。2004 年 7 月 1 日《中华人民共和国行政许可法》正式实施后，各地纷纷取消了准用管理制度，不少地方改为备案管理。备案减少了行政机关审批，但保持了对建材质量的监管。

二、质量技术监督部门

2001 年国家质量技术监督局和国家出入境检验检疫局合并成立国家质量监督检验检疫总局，对建材生产实施归口管理。授权地方质量技术监督机构对辖区建材生产领域进行监督管理，将重要的工业产品纳入生产许可管理，同时还推行产品质量认证制度。目前实行生产许可证的建材产品有：热轧带肋钢筋、冷轧带肋钢筋、钢棒、水泥、防水卷材、人造板等。2001 年 12 月起国家实施了强制性产品认证制度，列入强制认证的建材产品现仅有安全玻璃一种。

三、工商行政管理部门

工商行政管理部门负责流通领域的建材产品质量监管，2001 年国务院赋予工商行政管理机关流通领域商品质量监督管理的职能，同年 10 月国家工商总局出台了《商品质量监督抽查暂行办法》，明确工商行政管理可以对流通领域商品质量抽检，目前主要是对经营范围、假冒侵权、伪劣产品等方面的质量行为进行监管。

四、其他政府职能部门

除此之外，卫生、消防、环保等部门对部分特殊用途的建材产品实施专业管理，如卫生部门对给水管有卫生要求，消防部门对消防管道有消防要求，环保部门对防水材料有环保评价要求。

第三节　建设工程材料相关法律法规规范性文件简介

由于整个法律环境和体制等客观因素的制约，我国在建材质量管理方面的立法相对滞后，全国目前尚未有一部针对建材的国家性大法，地方性的法规也只有《上海市建设工程材料管理条例》一部，而且涉及的只是十大结构性材料和功能性材料，社会普遍关注的装饰装修建材尚无适用的法律法规，难以适应当前建材质量监督管理形势的需要。但是《建筑法》、《产品质量法》等一些法律、法规对建材还是有相应的管理要求，每一位材料员、资料员应该了解、遵守这些法律法规条款，现对有关条款简单介绍于表 10-1。（限于篇幅只列出规定的条款，未列出相应的罚则。）

相关法律法规性文件 **表 10-1**

法律、法规	相关条款
《中华人民共和国建筑法》(1997年11月1日通过)(2011年有修正版)	第二十五条　按照合同约定,建筑材料、建筑构配件和设备由工程承包单位采购的,发包单位不得指定承包单位购入用于工程的建筑材料、建筑构配件和设备或者指定生产厂、供应商
	第三十四条　工程监理单位与被监理工程的承包单位以及建筑材料、建筑构配件和设备供应单位不得有隶属关系或者其他利害关系
	第五十六条　设计文件选用的建筑材料、建筑构配件和设备,应当注明其规格、型号、性能等技术指标,其质量要求必须符合国家规定的标准
	第五十七条　建筑设计单位对设计文件选用的建筑材料、建筑构配件和设备,不得指定生产厂、供应商
	第五十九条　建筑施工企业必须按照工程设计要求、施工技术标准和合同的约定,对建筑材料、建筑构配件和设备进行检验,不合格的不得使用
《中华人民共和国产品质量法》(1993年2月22日通过,2000年7月8日修正)	第二十七条 产品或者其包装上的标识必须真实,并符合下列要求: (一)有产品质量检验合格证明; (二)有中文标明的产品名称、生产厂厂名和厂址; (三)根据产品的特点和使用要求,需要标明产品规格、等级、所含主要成分的名称和含量的,用中文相应予以标明;需要事先让消费者知晓的,应当在外包装上标明,或者预先向消费者提供有关资料; (四)限期使用的产品,应当在显著位置清晰地标明生产日期和安全使用期或者失效日期; (五)使用不当,容易造成产品本身损坏或者可能危及人身、财产安全的产品,应当有警示标志或者中文警示说明
	第二十九条~第三十二条　生产者不得生产国家明令淘汰的产品。 生产者不得伪造产地,不得伪造或者冒用他人的厂名、厂址。 生产者不得伪造或者冒用认证标志等质量标志。 生产者生产产品,不得掺杂、掺假,不得以假充真、以次充好,不得以不合格产品冒充合格产品
	第三十三条~第三十九条　销售者应当建立并执行进货检查验收制度,验明产品合格证明和其他标识。 销售者应当采取措施,保持销售产品的质量。 销售者不得销售国家明令淘汰并停止销售的产品和失效、变质的产品。 销售者销售的产品的标识应当符合本法第二十七条的规定。 销售者不得伪造产地,不得伪造或者冒用他人的厂名、厂址。 销售者不得伪造或者冒用认证标志等质量标志。 销售者销售产品,不得掺杂、掺假,不得以假充真、以次充好,不得以不合格产品冒充合格产品
《建设工程质量管理条例》(2000年9月20日通过)	第八条　建设单位应当依法对工程建设项目的勘察、设计、施工、监理以及与工程建设有关的重要设备、材料等的采购进行招标
	第十四条　按照合同约定,由建设单位采购建筑材料、建筑构配件和设备的,建设单位应当保证建筑材料、建筑构配件和设备符合设计文件和合同要求。 建设单位不得明示或者暗示施工单位使用不合格的建筑材料、建筑构配件和设备

续表

法律、法规	相关条款
《建设工程质量管理条例》（2000年9月20日通过）	第二十二条　设计单位在设计文件中选用的建筑材料、建筑构配件和设备，应当注明规格、型号、性能等技术指标，其质量要求必须符合国家规定的标准。 除有特殊要求的建筑材料、专用设备、工艺生产线等外，设计单位不得指定生产厂、供应商
	第二十九条　施工单位必须按照工程设计要求、施工技术标准和合同约定的，对建筑材料、建筑构配件、设备和商品混凝土进行检验，检验应当有书面记录和专人签字；未经检验和检验产品不合格的，不得使用
	第三十一条　施工人员对涉及结构安全的试块、试件以及有关材料，应当在建设单位或者工程监理单位监督下现场取样，并送具有相应资质等级的质量检测单位进行检测
	第三十五条　工程监理单位与被监理工程的施工承包单位以及建筑材料、建筑构配件和设备供应单位有隶属关系或者其他利害关系的，不得承担该项建设工程的监理业务
	第三十七条　未经监理工程师签字，建筑材料、建筑物构配件、设备不得在工程上使用或者安装，施工单位不得进行下一道工序的施工，未经总监理工程师签字，建设单位不得拨付工程款，不得进行竣工验收
	第五十一条　供水、供电、供气、公安消防等部门或者单位不得明示或者暗示建设单位、施工单位购买其指定的生产供应单位的建筑材料、建筑构配件和设备
《建设工程勘察设计管理条例》（2000年9月20日通过）	第二十七条　设计文件中选用的材料、构配件、设备，应当注明其规格、型号、性能等技术指标，其质量要求必须符合国家规定的标准。除有特殊要求的建筑材料、专用设备和工艺生产线等外，设计单位不得指定生产厂、供应商
	第二十九条　建设工程勘察、设计文件中规定采用的新技术、新材料，可能影响建设工程质量和安全，又没有国家技术标准的，应当由国家认可的检测机构进行试验、论证，出具检测报告，并经国务院有关部门或者省、自治区、直辖市人民政府有关部门组织的建设工程技术专家委员会审定后，方可使用
《实施工程建设强制性标准监督规定》（2000年8月25日发布）	第十条　强制性标准监督检查的内容包括：（三）工程项目采用的材料、设备是否符合强制性标准的规定

上海市在“11.15”特别重大火灾事故后，为了深刻吸取教训，切实加强全市建筑市场的规范管理，针对当前存在的质量和安全问题，以市政府名义出台《关于进一步规范本市建筑市场加强建设工程质量安全管理的若干意见》，对建设审批、违规整治、质量安全风险源头控制、建筑材料质量管理、提高监理现场控制能力、开展建材质量专项抽检、加大违法违规行为查处力度等方面提出22个方面的要求（简称22条），要求通过集中整治，形成长效管理机制，推进上海建筑行业健康有序发展。虽然22条主要是工程质量和安全，但是对建材质量管理也提出具体要求，现将其中涉及建材管理的条款摘抄如表10-2。

上海市有关建材质量管理工作的有关条款　　表10-2

规章、制度	相关条款
《关于进一步规范本市建筑市场加强建设工程质量安全管理的若干意见》（2011年1月11日）	（十一）严格建筑材料质量管理。建设单位、施工总承包单位对工程中使用的建筑材料质量负责，保证建筑材料符合相关标准和设计要求，严禁使用未经检测或经检测质量不合格的建筑材料。……。建筑材料供应商承担建筑材料施工的，应当具备相应资质。对生产和提供不合格以及假冒伪劣建筑材料的，建设管理部门应当将其列入不良名单，禁止其产品在本市建设工程中使用，并联合质量技监、工商等部门依法严肃处理

第四节　建设工程材料质量监督管理

一、建设工程材料管理的形式

为了加强对建设工程材料使用的监督管理，规范建材使用行为，强化建材使用各方主体质量责任，建立建材市场诚信体系，确保建设工程安全和质量维护人民生命财产和城市安全，目前部分省市对建设工程材料实行备案管理。备案管理有两种模式，一种是由建设行政管理部门负责管理，备案的对象是钢筋、水泥、混凝土等重要的结构性材料和功能性材料，另一种则由相关行业协会通过诚信备案的形式来实施，备案的对象通常是没有进入政府部门规定备案目录，而在日常使用又比较重要的材料，如脚手架钢管、扣件，加工钢筋等。实施备案的建材都实施诚信管理，通过监督检查和产品实物检测，来实现对建材质量的日常动态管理。

二、建设工程材料质量监督检查

建设工程材料质量监督管理是通过备案和检查来实施的，建设工程材料质量监督检查分为现场检查和抽样检测两种模式。

（一）监督检查

按照检查性质的不同，监督检查可分为日常检查、举报现场检查、专项（综合）检查三大类。

1. 日常监督检查

日常监督检查又称为日常巡检，质量监督机构按法律、法规、规章和相关规定，对辖区内的建设工程施工现场进行巡视检查，有些地区据此组建网格化管理，取得了显著的效果。由于日常监督具有经常化，又可顾及重点监管对象，监管效能较强，常常能将质量事故苗子及时化解，监督信息比较真实，是建材质量监督最重要的抓手。

2. 举报现场检查

根据举报内容，对涉及的工地现场或建材生产企业进行检查，这类检查具有明确的目的，对质量行为的针对性强，是日常监督管理不可或缺的补充。

3. 专项（综合）检查

这类检查具有明确的时间节点，是依照国家和地方整顿规范建筑建材市场的整体要求，或根据工程现场建材质量状况，开展的建材实物质量和质量行为综合性检查。因为是根据年度工作计划安排及确定的检查对象，因此检查的影响比较大，检查结果的通报威慑力也较大。专项检查对象可以是一个产品，也可以是数类产品；综合检查的对象则是不特定的建材产品，检查地点都是施工现场或混凝土、混凝土制品、商品砂浆、墙体材料、节能保温材料、钢筋加工企业等建材生产现场。建设、工商、质量技监等管理部门联合，组织开展的规范建筑市场整治、打假治劣等检查也属于综合检查。

（二）监督抽样检测

监督抽检具有权威性、随机性、公开性，可以比较真实地反映当前工程中使用的建材质量现状，及时将质量不良产品清出建设市场。监督抽样检测可以分为日常监督抽检、专项监督抽检两种。

1. 日常监督抽检

日常监督抽检通常是在施工现场或混凝土、混凝土制品、商品砂浆等生产现场，由专业人员抽取备案的建材产品，送省级或其他有资质的检测机构检测，检测结果作为衡量该产品是否具有备案资格的依据。日常监督抽检的建材产品种类多、涉及的工程面相当广，是建材动态质量信息最重要的来源之一。

2. 专项监督抽检

专项监督抽检由质量监督机构组织，在施工现场或混凝土、混凝土制品、商品砂浆等生产现场，由专业人员抽取指定的建材产品，并当场确认产品来源、品种规格、进货时间与数量、复试情况、使用情况等，抽样单经使用单位和抽检人员共同签字后，送有资格的检测机构盲样检测，由于检测机构不清楚样品来源、生产单位和使用单位，可以有效地防止人为因素的影响，检测结果比较真实反映建设工程在用建材的质量动态。

3. 抽样注意事项

抽样时必须有两名持证抽样人员，受检单位应派员共同到现场抽样。抽样时必须由抽样人员自己操作，取样的样品必须具有代表性，取样过程应严格执行相关的国家标准，没有国家标准的执行行业标准，没有行业标准的执行经备案的企业标准。抽样后，受检单位应在抽样单上签名，并加盖公章，如无公章则须有两人以上签名方有效。

抽样地点应在施工现场（包括混凝土搅拌站、混凝土构件厂、商品砂浆厂等），不得在未验收的进料运输工具上抽样。

抽样前必须认真核对拟抽取样品的生产企业、品种规格、出厂日期和批次，并查看相应的质保书、进料单、材料台账，对产品标识不清或有疑问的，应了解清楚后再确定生产企业。对砂石料等易产生离析的建材，在散料堆上取样的应取样部位均匀分布，从不同部位取等量的样品，混合均匀后按技术标准操作。

三、建设工程材料质量诚信建设

为了增强建材生产企业的社会责任感，提高施工单位选择优质建材自觉性，减少、慎用存在质量缺陷的建材，开展建材质量诚信建设是很有必要的。各地采用的方式方法不尽相同，评定的形式也有所不同，但是诚信建设在建材选用中发挥越来越重要的作用。目前建设工程材料质量诚信建设主要有两种形式。

（一）合格供应商

合格供应商的评选由行业协会组织，在企业自愿申报基础上，组织专家评审，按照事先拟定的评审方法和考核条件，对申报者经销产品实物质量和经营质量行为的考评，符合要求的企业，经网上社会公示后，成为建材的合格供应商。施工单位优先选用合格供应商提供的产品，对于不是合格供应商的建材企业会产生巨大生存压力。同样合格供应商不是永久的，只要发生质量问题、造成工程质量事故的，将被取消合格供应商资格，因此对所有的建材企业都是巨大的压力，由此形成全行业讲诚信的氛围，引导建材行业健康有序的发展。

（二）质量诚信管理

为了建立扬优汰劣建材市场诚信体制，落实质量责任，实施差别化管理，不少地区开展了质量诚信建设，通过质量诚信档案信息数据库，对建材生产企业进行产品质量和质量行为的综合性考核，评选出质量诚信企业名单。由于质量诚信是参加合格供应商推荐的先决条件，社会上对诚信企业的认可度远远高于其他企业，在市场活动中形成对失信企业的社会化“惩罚链”，引导企业珍视信用、约束经营行为，成为建材质量长效管理的重要环节。

质量诚信信息系统包括，一是企业基本信息；二是动态信息记录：良好信息，记录企业受到的奖励、表扬信息；不良信息，记录产品抽检不合格、质量行为不合格、行政受处罚的时间、原因、处理结果。

第五节　建设工程材料质量监督查处实务

作为施工现场的材料员有必要对施工现场的质量监督检查的相关程序和内容有所了解。同时应掌握使用领域的常见不合格质量行为，以避免一些常见通病的发生。

一、建设工程材料检查的程序与内容

质量监督机构在建设工程施工现场监督检查时，一般实施下列监督程序。

（一）检查程序

(1) 检查人员向被检查单位出示证件，并宣布检查的内容和要求。

(2) 听取被检查人介绍工程进度和建材料采购、使用情况、检测情况、建材报审情况、建材堆放情况、试件试块的取样养护情况等。

(3) 现场实地检查，现场材料使用、标准养护室、材料仓库、堆场和加工点等处。

(4) 资料检查，《建设工程材料采购验收检验使用综合台账》(简称材料台账)、监理的《建设工程材料监理监督台账》(简称监理台账)；核对相应图纸、生产许可证、备案证明、质保书（或合格证）；根据施工验收规范核对批号和数量，检查（已使用或正在使用）建材的复试报告、报审资料，并对相关人员进行询问。

(5) 通报检查结论，并由被检查单位在场负责人在《检查记录表》上签字确认。

(6) 对存在一般性问题的口头警告或开出整改通知书，问题比较严重的，需要进一步调查，作现场检查笔录，并由被检查单位在场负责人确认签字，进入下一调查程序。

（二）检查的主要内容

(1) 现场使用的建材品种是否符合规范、标准，仓库原材料堆放的状态标识是否齐全明了，并将实物与相关资料进行核对，与备案产品目录和生产许可证企业名录进行核对。

(2) 原材料复试的批次、数量是否符合相应的规范要求，质保书是否齐全，是否按规定使用产品；是否使用不合格材料。

(3) 是否采购使用无生产许可证或无备案证明材料，是否使用禁用产品，以及库存情况。必要时清点品种、规格、数量。

(4) 检查建材检验报告。与相应质保书进行核对，并根据施工验收规范核对批号和数量。

(5) 养护室的温湿度是否符合标准要求，核对混凝土试块制作记录，核对取样人员、见证人员的身份。

(6) 检查已使用和正在使用建材的报审资料。

(7) 查阅施工图纸和相关设计变更。对已使用的建材是否与设计图纸相符（产品名称、产品规格等）进行核对。

(8) 检查施工日记、监理日记、隐蔽验收记录、建材销售合同或协议、交易凭证、进货单、退货单等相关资料。作为对违规行为数量、部位、时间上的印证之用。

（9）实物抽样检测。根据现场情况进行产品抽样检测。抽样人员在抽样实施过程中，发现产品质量存在严重问题或正在使用禁用的材料时或无《生产许可证》、无《备案证》材料、应复试而没有复试材料的，应要求使用单位停止使用，妥善保管好，并向相关部门汇报。

（三）被查单位注意事项

（1）不同的检查侧重点不同，其内容要求也有不同，比如专项检查和整顿建筑市场检查或综合检查也是有所区别，但是检查的基本要求和程序还是一致的。作为材料员、资料员应该注重日常的台账及资料整理，不要因为资料收集不全，无法当场验证在用建材的合法性，而被开具整改通知单，接受调查询问、甚至接受行政处罚。

（2）配合检查，当检查人员到达现场后，根据检查组的要求，及时将图纸、建材综合台账、进料（货）单、质量证明书（合格证）、复试检验报告以及生产许可证、备案证等相关资料准备好，提供检查组检查。同时资料员、材料员及相关人员不要在检查时离开。

（3）应该保存的资料没有保存，可以向检查人员作些简洁的解释。

（4）没有做好或做得不够完善的，可以预先告知检查人员，以便检查人员能作出综合性评价。

（5）陪同检查人员在现场检查建材实物时，应及时提交相应的资料予以佐证、确认。

（四）常用建材现场复试要求，见表10-3。

常用建材现场复试的要求　　表10-3

建材品种		使用部位	抽样批划分
胶凝材料	通用水泥	用于拌制混凝土和砂浆等	同一厂家、同一等级、同一品种且连续进场，袋装200t，散装500t为一检验批
	矿渣粉	用于拌制混凝土和砂浆等	同一厂家、同一等级、同一品种，且连续进场，200t为一检验批
	粉煤灰	用于拌制混凝土和砂浆等	同一厂家、同一等级、同一品种，且连续进场，200t为一检验批
墙体材料	普通混凝土小型空心砌块		同一厂家，同规格、同等级，每1万块为一检验批
	蒸压加气混凝土砌块		同一厂家，同等级，每1万块为一检验批
	蒸压灰砂多孔砖		同一厂家，同规格、同等级、同类别，每10万块为一检验批
骨料	建筑用砂	用于拌制混凝土和砂浆等	同一产地，同一规格，每600t为一检验批，混凝土生产可以1000t为一检验批
	建筑用石	用于拌制混凝土等	同一产地，同一规格，每600t为一检验批，混凝土生产可以1000t为一检验批
钢筋	热轧带肋钢筋、热轧光圆钢筋		同一牌号、同一规格、同一炉罐号、同一交货状态，不大于60t为一检验批
	调直热轧带肋钢筋		同一加工厂家、同一牌号、同一规格、同一批进场，不大于30t为一检验批

续表

建材品种		使用部位	抽样批划分
防水材料	防水卷材		同一厂家、同品种、同规格为一检验批
	防水涂料		同一厂家、同品种、同牌号、同规格，有机防水涂料不大于5t为一检验批，无机防水涂料不大于10t为一检验批；双组分中甲组分每5t，乙组分按重量配比
建筑外窗	塑料窗、铝合金窗		同一厂家、同一品种、同一类型产品，不少于三樘（件）为一检验批
保温材料	建筑幕墙	节能保温	同一厂家、同一品种的产品不少于一组；当幕墙面积大于3000m^{2}或建筑外墙面积50%时，现场抽取材料和配件，在试验室安装制作试件进行气密性能检测
	保温材料	外墙保温	同一厂家、同一品种的产品，单位工程建筑面积在20000m^{2}以下时不少于3次；单位工程建筑面积20000m^{2}以上时，不少于6次
		屋面、地面保温	同一厂家、同一品种的产品，不少于3组
	粘结材料	外墙保温	同一厂家、同一品种的产品，单位工程建筑面积在20000m^{2}以下时不少于3次；单位工程建筑面积20000m^{2}以上时不少于6次。保温板材每个检验批不少于3处进行与基层的粘结强度现场拉拔试验
	增强网	外墙保温	同一厂家、同一品种的产品，单位工程建筑面积在20000m^{2}以下时不少于3次；单位工程建筑面积20000m^{2}以上时不少于6次
	锚固件	外墙外保温	相同材料、工艺和施工做法的墙面，每500～1000m^{2}为一检验批。后置锚固件应进行锚固力现场拉拔试验
	保温浆料	外墙保温	相同材料、工艺和施工做法的墙面，每500～1000m^{2}为一检验批，每个检验批制作同条件养护试块不少于3组
装饰材料	人造木板及饰面人造木板	室内装饰	当同种板材使用总面积大于500m^{2}时应进行复试
	天然花岗岩石材或瓷质砖	室内装饰	当同种材料使用总面积大于200m^{2}时，应进行复试

二、常见现场不合格行为

（一）使用不合格行为

有些质量行为在国家法律法规中没有具体涉及，但是一些地方以行政法规的形式进行规定，因此作为材料员、资料员应该有所了解，避免不合格行为的发生。

1. 采购、使用无证建材

前面已述国家对水泥、钢筋混凝土用热轧带肋钢筋、建筑防水卷材、混凝土输水管等实施生产许可证管理；有些地方对混凝土、管道、涂料等实施备案管理，但是个别人员忽视验证环节，监理没有到位监督，使一些无证的建材进入工程使用。

2. 采购、使用禁限建材

违反设计要求使用黏土砖；外墙外保温施工采用易燃、可燃的保温材料；签订商品砂浆采购合同，但在工地上以散装筒作掩护，使用自拌砂浆；采购使用经拉拔的调直钢筋等。

3. 未按要求使用建材

如《建筑安全玻璃管理规定》规定 7 层及 7 层以上建筑物外开窗；面积大于 $1.5m^2$ 的窗玻璃或玻璃底边离最终装修面小于 500mm 的落地窗；幕墙（全玻幕除外）；倾斜装配窗、各类天棚（含天窗、采光顶）、吊顶；观光电梯及其外围护；室内隔断、浴室围护和屏风；楼梯、阳台、平台走廊的栏板和中庭内栏板；用于承受行人行走的地面板；水族馆和游泳池的观察窗、观察孔；公共建筑物的出入口、门厅等部位；易遭受撞击、冲击而造成人体伤害的其他部位等 11 个部位必须使用安全玻璃，有些工程没有完全执行。

4. 未对进场建材进行验收

未按规定对进场建材进行验收；或未验证原始凭证（送货单、质保书（或合格证）、检验报告等资料）；未报审或虽报审监理但未批复同意，已经使用，造成管理制度形同虚设。强制性标准对钢结构用钢材、钢铸件、焊接材料以及防水材料、保温隔热材料、地面工程所使用的材料和防腐蚀材料的质保书有强制要求的，有的责任单位没有按规定严格执行。

5. 总承包没有履行管理职能

施工总承包单位未对双包工程的建材采购、使用行为纳入管理范围，以“谁采购谁负责”为借口，没有对采购的建材进行多层次监管。

（二）监理不合格行为

1. 未对施工单位的建材质量检测进行监督、检查

监理单位应对施工单位是否按批次按数量进行复验、是否先复验后使用等进行监督和检查。现场监理的监督管理对工程减少甚至避免使用劣质建材有着极其重要的作用。尤其是应该在巡视中加强对现场正在使用的建材进行监督检查。因此，若监理无法履行相应的监督检查责任，则应当视作一种质量不合格行为。

2. 未对采购、使用无生产许可证和备案件的建材进行监督、检查

监理单位应当对实施生产许可管理或实施备案管理的建材是否有相应证件进行把关。

（三）质量行为不合格

材料员、资料员除了加强对建材产品质量验证外，还要重视采购、使用过程的不合格行为的发生，从源头上阻止不合格建材被使用。

1. 质保书或出厂检验证明不规范

有的建材生产企业质保书内容填报不全，随意填写生产日期或出厂日期，甚至漏填某些关键质量指数，给现场验收使用带来困难。有的不及时给用户质保书，或者数批合计给一张质保书，失去产品质量承诺的作用；有的钢材经销商随便给份上一年的质保书；有的生产企业将盖有红章的空白质保书给他人，有的以送检报告代替质保书交给消费者。有的企业甚至把整本质保书交给销售单位使用，材料员验收时发现有疑问的质保书应问清楚，在没有弄清事实前应该拒绝建材进场。

2. 提供无生产许可证或备案件的建材

一些经销企业将无证建材混在有证材料中，违反了相关的规定。

3. 产品包装、标识混乱

主要是产品包装袋上未标明企业执行的产品标准的代号、未标明生产日期和有效期。有的企业已更名，但是产品包装上仍用原名称；有的用旁名方式设计标识，在市场上与著名品牌建材混淆，达到从中得利目的；当有建材需分批进场的，某些销售商利用机会，在合格的建材里面混入质量差的建材。因此建材进场时每批都要仔细验收，避免混入劣质建材。

二、建材违法行为

行政处罚法第四条规定："行政处罚遵循公正、公开的原则。"对建材质量行为上的违法按照同一行为不得给予两次以上处罚的规则，对当事人要在法定的幅度和范围内实施处罚。

（一）违法行为的范围

建材质量主要违法行为有：使用无生产许可证的建材；使用禁止使用的建材；未执行建筑节能强制性标准的；未按规定进行质量复试；未留置混凝土、砂浆试块；使用不合格的建材；监理未监督检查、导致未复试材料被用于工程中；监理未监督混凝土试块的留置和见证送检；以及出具虚假报告，涂改、伪造质量检测数据等。依据法律法规等规定，确定违法行为事实和处罚对象。

（二）处罚的种类

1. 行政处罚的种类

责令改正，并处以罚款。

降低资质等级或者吊销资质证书。

责令停止生产、销售，没收违法所得并处罚款等；

2. 典型行为行政处罚介绍

（1）施工单位使用不合格的建筑材料

建材复试不合格仍在继续使用；或边复试边使用，等复试结果是不合格，但是已经使用。

相应罚则：责令改正，处工程合同价款百分之二以上百分之四以下的罚款；造成建设工程质量不符合规定的质量标准的，负责返工、修理，并赔偿并因此造成的损失；情节严重的，责令停业整顿，降低资质等级或者吊销资质证书。《建设工程质量管理条例》

（2）不按照工程设计图纸中列明的材料进行施工

如有的工地由于甲方指定更改材料，或图纸要求的材料采购不到，或其他种种原因，施工单位变更使用的建材，没有得到设计单位同意设计变更的书面签认，如果开始使用，就属于不按照工程设计图纸列明的材料进行施工。

相应罚则：责令改正，处工程合同价款百分之二以上百分之四以下的罚款；造成建设工程质量不符合规定的质量标准的，负责返工、修理，并赔偿并因此造成的损失；情节严重的，责令停业整顿，降低资质等级或者吊销资质证书。《建设工程质量管理条例》

（3）施工单位未对建筑材料、建筑构配件、设备和商品混凝土进行检验，或者未对涉及结构安全的试块、试件以及有关材料的取样进行检测。

国家的施工验收规范对钢筋、水泥、防水材料、砂、石、建筑门窗、人造木板、天然花岗岩石材、混凝土、砂浆等建设工程材料和试件使用前的复试有明确的规定，如果不按批次进行质量复试；或先使用后复试；或检测结论未出监理已签字同意使用。

相应罚则：责令改正，处10万元以上20万元以下的罚款；情节严重的，责令停业整顿，降低资质等级或者吊销资质证书；造成损失的，依法承担赔偿责任。《建设工程质量管理条例》

（4）采用的建材不符合强制性标准的规定（表10-4）。

有关建材强制性标准条款汇总表 **表10-4**

标准名称	条款
《建筑工程施工质量验收统一标准》GB 50300—2001	3.0.3 建筑工程施工质量应按下列要求进行验收： 1. 建筑工程施工质量应符合本标准和相关专业验收规范的规定。 6. 涉及结构安全的试块、试件以及有关材料，应按规定进行见证取样检测。 9. 承担见证取样检测及有关结构安全检测的单位应具有相应资质
《砌体结构工程施工质量验收规范》GB 50203—2011	*5.1.3 砌体砌筑时，混凝土多孔砖、混凝土实心砖、蒸压灰砂砖、蒸压粉煤灰砖等块体的产品龄期不应小于28d
	5.2.1 砖和砂浆的强度等级必须符合设计要求
	6.1.8 承重墙体使用的小砌块应完整、无破损、无裂缝
	10.0.4 冬期施工所采用材料应符合下列规定： 1. 石灰膏、电石膏等应防止受冻，如遭冻结，应经融化后使用； 2. 拌制砂浆用砂，不得含有冰块和大于10mm的冻结块； 3. 砌体用块体不得遭水浸冻
《混凝土结构工程施工质量验收规范》GB 50204—2002（2011年版）	5.2.1 钢筋进场时，应按国家现行相关标准的规定抽取试件作力学性能和重量偏差检验，检验结果必须符合有关标准的规定。 检验数量：按进场的批次和产品抽样检验方案确定。 检验方法：检查产品合格证、出厂检验报告和进场复验报告
	5.2.2 对有抗震设防要求的结构，其纵向受力钢筋的性能应能满足设计要求；当设计无具体要求时，对按一、二、三级抗震等级设计的框架和斜撑构件（含梯段）中的纵向受力钢筋应采用HRB335E、HRB400E、HRB500E、HRBF335E、HRBF400E、HRBF500E钢筋，其强度和最大力下总伸长率的实测值应符合下列规定： 1. 钢筋的抗拉强度实测值与屈服强度实测值的比值不应小于1.25； 2. 钢筋的屈服强度实测值与屈服强度标准值的比值不应大于1.30； 3. 钢筋的最大力下总伸长率不应小于9%。 检验方法：检查进场复验报告
	*5.3.2A 钢筋调直后应进行力学性能和重量偏差的检验，其强度应符合有关标准的规定
	6.2.1 预应力筋进场时，应按现行国家标准《预应力混凝土用钢绞线》GB/T 5224等的规定抽取试件作力学性能检验，其质量必须符合有关标准的规定
	7.2.2 混凝土中掺用外加剂的质量及应用技术应符合现行国家标准《混凝土外加剂》GB 8076、《混凝土外加剂应用技术规范》GB 50119等和有关环境保护的规定。 预应力混凝土结构中，严禁使用含氯化物的外加剂。钢筋混凝土结构中，当使用含氯化物的外加剂时，混凝土中氯化物的总含量应符合现行国家标准《混凝土质量控制标准》GB 50164的规定
	7.4.1 结构混凝土的强度等级必须符合设计要求。用于检查结构构件混凝土强度的试件，应在混凝土的浇筑地点随机抽取
	9.1.1 预制构件应进行结构性能检验。结构性能检验不合格的预制构件不得用于混凝土结构

续表

标准名称	条款
《钢结构工程施工质量验收规范》GB 50205—2001	4.2.1 钢材、钢铸件的品种、规格、性能等应符合现行国家产品标准和设计要求。进口钢材产品的质量应符合设计和合同规定标准的要求
	4.3.1 焊接材料的品种、规格、性能应符合现行国家产品标准和设计要求
	4.4.1 钢结构连接用高强度大六角头螺栓连接副、扭剪型高强度螺栓连接副、钢网架用高强度螺栓、普通螺栓、铆钉、自攻螺钉、拉铆钉、射钉、锚栓(机械型和化学试剂型)、地脚锚栓等紧固标准件及螺母、垫圈等标准配件,其品种、规格、性能等应符合现行国家产品标准和设计要求。高强度大六角头螺栓连接副和扭剪型高强度螺栓连接副出厂时应分别随箱带有扭矩系数和紧固轴力(预拉力)的检验报告
《屋面工程质量验收规范》GB 50207—2002	3.0.6 屋面工程所采用的防水、保温隔热材料应有产品合格证书和性能检测报告,材料的品种、规格、性能等应符合现行国家产品标准和设计要求
	8.1.4 架空隔热制品的质量必须符合设计要求,严禁有断裂和露筋等缺陷
《地下防水工程质量验收规范》GB 50208—2011	*3.0.5 地下工程所使用的防水材料的品种、规格、性能等必须符合现行国家或行业标准和设计要求
	*3.0.6 防水材料必须经具备相应资质的检测单位进行抽样检验,并出具产品性能检测报告
	5.3.4 采用掺膨胀剂的补偿收缩混凝土,其抗压强度、抗渗性能和限制膨胀率必须符合设计要求
《建筑地面工程施工质量验收规范》GB 50209—2010	3.0.3 建筑地面工程采用的材料或产品应符合设计要求和国家现行有关标准的规定。无国家现行标准的,应具有省级住房和城乡建设行政主管部门的技术认可文件。材料或产品进场时还应符合下列规定: 1 应由质量合格证明文件; 2 应对型号、规格、外观等进行验收,对重要材料或产品应抽样进行复验
	3.0.5 厕浴间和有防滑要求的建筑地面应符合设计防滑要求
	*4.8.9 水泥混凝土和陶粒混凝土的强度等级应符合设计要求。陶粒混凝土的密度应在 800～1400 kg/m^3 之间
	4.10.11 厕浴间和有防水要求的建筑地面必须设置防水隔离层。楼层结构必须采用现浇混凝土或整块预制混凝土板,混凝土强度等级不应小于 C20,……
	5.7.4 不发火(防爆)面层中碎石的不发火性必须合格;砂应质地坚硬、表面粗糙,其粒径宜为 0.15～5mm,含泥量不应大于 3%,有机物含量不应大于 0.5%;水泥应采用硅酸盐水泥、普通硅酸盐水泥;面层分格的嵌条应采用不发生火花的材料配制。配制时应随时检查,不得混入金属或其他易发生火花的杂质
《建筑装饰装修工程质量验收规范》GB 50210—2001	3.2.3 建筑装饰装修工程所用材料应符合国家有关建筑装饰装修材料有害物质限量标准的规定
	9.1.8 隐框、半隐框幕墙所采用的结构粘结材料必须是中性硅酮结构密封胶,其性能必须符合《建筑用硅酮结构密封胶》(GB 16776)的规定;硅酮结构密封胶必须在有效期内使用
《建筑防腐蚀工程施工及验收规范》GB 50212—2002	1.0.3 用于建筑防腐蚀工程施工的材料,必须具有产品质量证明文件,其质量不得低于国家现行标准的规定;当材料没有国家现行标准时,应符合本规范的规定
	1.0.4 产品质量证明文件,应包括下列内容: 1 产品质量合格证及材料检测报告。 2 质量技术指标及检测方法。 3 复验报告或技术鉴定文件

标准名称	条　款
《建筑给水排水及采暖工程施工质量验收规范》GB 50242—2002	4.1.2　给水管道必须采用与管材相适应的管件。生活给水系统所涉及的材料必须达到饮用水卫生标准
《通风与空调工程施工质量验收规范》GB 50243—2002	4.2.3　防火风管的本体、框架与固定材料、密封垫料必须为不燃材料，其耐火等级应符合设计的规定
	4.2.4　复合材料风管的覆面材料必须为不燃材料，内部的绝热材料应为不燃或难燃 B1 级，且对人体无害的材料
	5.2.7　防排烟系统柔性短管的制作材料必须为不燃材料
	6.2.1　在风管穿过需要封闭的防火、防爆的墙体或楼板时，应设预埋管或防护套管，其钢板厚度不应小于 1.6mm。风管与防护套管之间，应用不燃且对人体无危害的柔性材料封堵
	7.2.8　电加热器的安装必须符合下列规定： 1　电加热器与钢构架间的绝热层必须为不燃材料；接线柱外露的应加设安全防护罩； 2　电加热器的金属外壳接地必须良好； 3　连接电加热器的风管的法兰垫片，应采用耐热不燃材料
	8.2.7　燃气系统管道与机组的连接不得使用非金属软管
《民用建筑工程室内环境污染控制规范》GB 50325—2010	3.1.1　民用建筑工程所使用的砂、石、砖、砌块、水泥、混凝土、混凝土预制构件等无机非金属建筑主体材料的放射性限量，应符合内照射指数 $I_{Ra} \leqslant 1.0$，外照射指数 $I_{\gamma} \leqslant 1.0$ 的规定
	3.1.2　民用建筑工程所使用的无机非金属装修材料，包括石材、建筑卫生陶瓷、石膏板、吊顶材料、无机瓷质砖粘结材料等，进行分类时，其放射性限量应符合，A 类：内照射指数 $I_{Ra} \leqslant 1.0$，外照射指数 $I_{\gamma} \leqslant 1.3$；B 类：内照射指数 $I_{Ra} \leqslant 1.3$，外照射指数 $I_{\gamma} \leqslant 1.9$ 的规定
	3.2.1　民用建筑工程室内用人造木板及饰面人造木板，必须测定游离甲醛含量或游离甲醛释放量
	3.6.1　民用建筑工程中所使用的能释放氨的助燃剂、混凝土外加剂，氨释放量不应大于 0.10%，测定方法应符合现行国家标准《混凝土外加剂中释放氨的限量》GB 18588 的有关规定
	4.3.1　民用建筑工程室内不得使用国家禁止使用、限制使用的建筑材料
	4.3.2　Ⅰ类民用建筑工程的室内装修采用的无机非金属装修材料必须为 A 类
	4.3.4　Ⅱ类民用建筑工程的室内装修，采用的人造木板及饰面人造木板必须达到 E_1 级要求
	4.3.9　民用建筑工程室内装修中所使用的木地板及其他木质材料，严禁采用沥青、煤焦油类防腐、防潮处理剂
	5.1.2　当建筑材料和装修材料进场检验，发现不符合设计要求及本规范的有关规定时，严禁使用
	5.2.1　民用建筑工程中所采用的无机非金属建筑材料和装修材料必须有放射性指标检测报告，并应符合设计要求和本规范的有关规定
	5.2.3　民用建筑工程室内装修中所采用的人造木板及饰面人造木板，必须有游离甲醛含量或游离甲醛释放量检测报告，并应符合设计要求和本规范的有关规定

续表

标准名称	条　款
《民用建筑工程室内环境污染控制规范》GB 50325—2010	5.2.5　民用建筑工程室内装修中所采用的水性涂料、水性胶粘剂、水性处理剂必须有同批次产品的挥发性有机化合物(TVOC)和游离甲醛含量检测报告；溶剂型涂料、溶剂型胶粘剂必须有同批次产品的挥发型有机化合物(TVOC)、苯、甲苯十二甲苯、游离甲苯二异氰酸脂(TDI)含量检测报告，并应符合设计要求和本规范的有关规定
	5.2.6　建筑材料和装修材料的检测项目不全或对检测结果有疑问时，必须将材料送有资格的检测机构进行检验，检验合格后方可使用
	5.3.3　民用建筑工程室内装修时，严禁使用苯、工业苯、石油苯、重质苯及混苯作为稀释剂和溶剂
	5.3.6　民用建筑工程室内严禁使用有机溶剂清洗施工用具

注：表中带“*”的条款在相关规范中没有列入强制性规定，但是属于比较重要的内容，故特摘录于其中。

相应罚则：责令改正，处工程合同价款2%以上4%以下的罚款；造成建设工程质量不符合规定的质量标准的，负责返工、修理，并赔偿因此造成的损失；情节严重的，责令停业整顿，降低资质等级或者吊销资质证书。《实施工程建设强制性标准监督规定》

(5) 监理将不合格的建材按照合格签字

当不合格检测报告出来后，还按照合格材料同意使用的现象应该说是相当少的。而未检测或检测结果尚未出来时即在材料报审表上签字同意使用，还是有所发生的。而当检测结果出来是不合格的话，便成为“将不合格的建筑材料按照合格签字”了。

相应罚则：责令改正，处50万元以上100万元以下的罚款，降低资质等级或者吊销资质证书；有违法所得的，予以没收，造成损失的，承担连带赔偿责任。《建设工程质量管理条例》

(6) 建设单位的质量不合格行为

明示或者暗示施工单位使用不合格的建筑材料、建筑构配件和设备。

相应罚则：责令改正，处20万元以上50万元以下的罚款。《建设工程质量管理条例》

(三) 常见违反国家有关法律和行政法规但未涉及行政处罚的质量不合格行为

下列质量不合格行为尽管在国家法律法规规章中没有罚则，但有可能间接引发相关罚则，同时也可能在地方性的法律法规规章中设置了具体的罚则。提醒材料员在学习的时候要结合本地区的相关地方性法律法规规章。

1. 施工单位对建筑材料先使用后检测。《建设工程质量管理条例》

有些施工单位对现场建材送样检测制度片面理解为只是为了将来竣工资料齐全，于是往往出现建材进场后先用起来再说，然后再去送检的情况。却没有理解如果检测结论不合格的话，作为使用单位已实施了前述的“使用不合格建材”的条款，并将被处以“工程合同价款百分之二以上百分之四以下的罚款”。

2. 使用未经工程监理签字认可同意使用的建材。《建设工程质量管理条例》

监理单位对施工单位报送的拟进场工程材料，按规定核查相关原始凭证、检测报告等质量证明文件及其质量状况进行审核，并签署审查意见。施工单位在监理未签署审查意见前，或审查意见为不同意使用时，已将材料用于工程。

（四）其他常见的质量不合格行为

下列质量不合格行为尽管在国家法律法规规章中没有具体条款涉及，或仅针对某个建材品种在强制性标准中有所涉及，但在有些省市自治区以地方性行政法规、规章的形式，或以国家、地方相关行政主管部门的规范性文件的形式进行了规定。因此材料员应根据所在地区的具体要求，认真加以对待。

1. 施工单位的质量不合格行为

（1）采购、使用无生产许可证或无备案证的建材

目前国家对水泥、钢筋混凝土用热轧带肋钢筋、建筑防水卷材、混凝土输水管等实施生产许可证管理。施工单位应核验这些进场材料的生产许可证。在一些实施备案管理的地区，施工单位还要核验实施备案管理的进场建材是否有备案证。

（2）采购、使用国家地方明令禁止或限制使用的建材

2007 年建设部发布了第 659 号关于建设事业“十一五”推广应用和限制禁止使用技术（第一批）的公告，简称《技术公告》。公告中明确了各省、自治区、直辖市建设主管部门要采取切实措施，确保《技术公告》的实施。

（3）未按要求使用建材

指规范性文件明确在某些特殊部位应该使用某类建材却未使用的行为。如 2003 年 12 月 4 日国家发展和改革委员会、建设部 、国家质量监督检验检疫总局和国家工商行政管理总局联合发布《建筑安全玻璃管理规定》中就规定 7 层及 7 层以上建筑物外开窗；面积大于 1.5m^2 的窗玻璃或玻璃底边离最终装修面小于 500mm 的落地窗；幕墙（全玻幕除外）；倾斜装配窗、各类天棚（含天窗、采光顶）、吊顶；观光电梯及其外围护；室内隔断、浴室围护和屏风；楼梯、阳台、平台走廊的栏板和中庭内栏板；用于承受行人行走的地面板；水族馆和游泳池的观察窗、观察孔；公共建筑物的出入口、门厅等部位；易遭受撞击、冲击而造成人体伤害的其他部位等 11 个部位必须使用安全玻璃。

（4）现场材料堆放、计量、养护不符合有关规定

大部分建材产品有一定的存放要求，不符合要求的储存、堆放和运输导致产品的受潮、生锈、老化、粘结等等，直接影响建材产品的质量。但是部分建设工地现场存在随意堆放、野蛮运输的现象。而烧结砖和砌块更是如此，现场由于运输的不重视，材料的破损率是相当高的。

（5）未对进场建材进行验收

建材进场时应对其外观质量、原始凭证（质保书、合格证、检验报告、生产许可证、备案件、送货单等）、产品标志等进行核对，符合要求并经监理同意后方可进场使用。另外，强制性标准对钢结构用钢材、钢铸件、焊接材料以及防水材料、保温隔热材料、地面工程所使用的材料和防腐蚀材料的质保书有强制要求，因此这几种材料的质保书不符合要求的话，则将因违反强制性标准受到行政处罚。

（6）总承包企业对分包采购使用建材行为不履行管理职能

施工总承包单位未对双包工程的材料采购、使用行为纳入管理范围，致使材料的管理只是简单的“谁采购谁负责”，未形成有效的多层次监管体系。

2. 监理单位的质量不合格行为

（1）未对施工单位的建材质量检测进行监督、检查

监理单位应对施工单位是否按批次按数量进行复验、是否先复验后使用等进行监督和检查。现场监理的监督管理对工程减少甚至避免使用劣质建材有着极其重要的作用。尤其是应该在巡视中加强对现场正在使用的建材进行监督检查。因此，若监理没有履行相应的监督检查职责，则应当视作一种质量不合格行为。

(2) 未对采购、使用无生产许可证和备案件的建材进行监督、检查

监理单位应当对实施生产许可管理或实施备案管理的建材是否有相应证件进行把关。

四、生产、销售领域常见的违规行为

作为材料员不仅要保证自身采购、使用等行为的正确性，也应了解生产、销售领域的常见不合格质量行为，从源头上避免劣质建材用于工程。

1. 违反规定使用质保书或出厂合格证

有的企业质保书填写随意或漏填某些关键指标数据，给现场验货使用带来困难。有的将质保书交给用户使用，甚至为了某些目的将整本空白质保书给销售单位使用，有的企业以送检报告代替质保书交给消费者。材料员在见到此类不符要求的质保书或出厂检验证明均应拒收。因为此类不正规的质保书背后所代表的不是生产企业混乱的管理、低质的产品，就是混乱的销售渠道和假冒的建材。

2. 提供无生产许可证或备案件的建材

一些经销企业自行其是，将无生产许可证或无备案证的建材供应给工地，如供应无生产许可证的热轧带肋钢筋，供应无备案证的保温材料、防水材料等。

3. 产品包装、标识混乱

主要是产品包装袋上未按产品标准的要求进行标注，未标明企业执行的产品标准代号、生产日期、有效期、商标等；未标全生产地址、电话等。产品标识（标记）不按规定要求进行标识（标记）。由于建材存在分批进场的现象，有些销售企业在送出一批建材的同时混进一批劣质建材，因此材料员在进场验收时要对每批进场材料都要仔细验收，避免混入劣质建材。